나비와 나방
그리고
애벌레의 이해
A Guide to the Larvae of Korean Moths and Butterflies

김성수 Kim, Sung Soo

1957년생. 경희여자고등학교에서 20년간 교사 생활을 하였고, 2007년 이후 곤충 연구에 전념하고 있다. 나비와 나방, 잠자리의 연구에 집중하고 있으며, 많은 저서와 논문이 있다.
e-mail: nabifri@chol.com

김낭희 Kim, Nang Hee

1990년생. 2013년에 목포대학교 생물학과에 입학하여 석사와 박사학위를 받았으며 이때부터 나비목 애벌레에 대해 연구를 시작하였다. 졸업 후, 국립농업과학원에서 박사후 연구원으로 장수풍뎅이, 흰점박이꽃무지, 갈색거저리 유충 등 식용곤충을 사육하였다. 현재 국립생태원에 근무하며, 생태계를 교란하는 생물인 외래 곤충을 집중 조사하고 있다.
e-mail: nanghee12@gmail.com

나비와 **나방** 그리고 **애벌레**의 이해

초판인쇄 | 2022년 11월 4일
초판발행 | 2022년 11월 11일

지 은 이 | 김성수 · 김낭희
펴 낸 이 | 고명흠
펴 낸 곳 | 푸른행복

출판등록 | 2010년 1월 22일 제312−2010−000007호
주   소 | 서울시 서대문구 세검정로1길 93
　　　　　벽산아파트 상가 A동 304호
전   화 | (02)356−8402 / FAX (02)356−8404
E−MAIL | bhappylove@daum.net
홈페이지 | www.munyei.com

ISBN 979−11−5637−439−8 (96490)

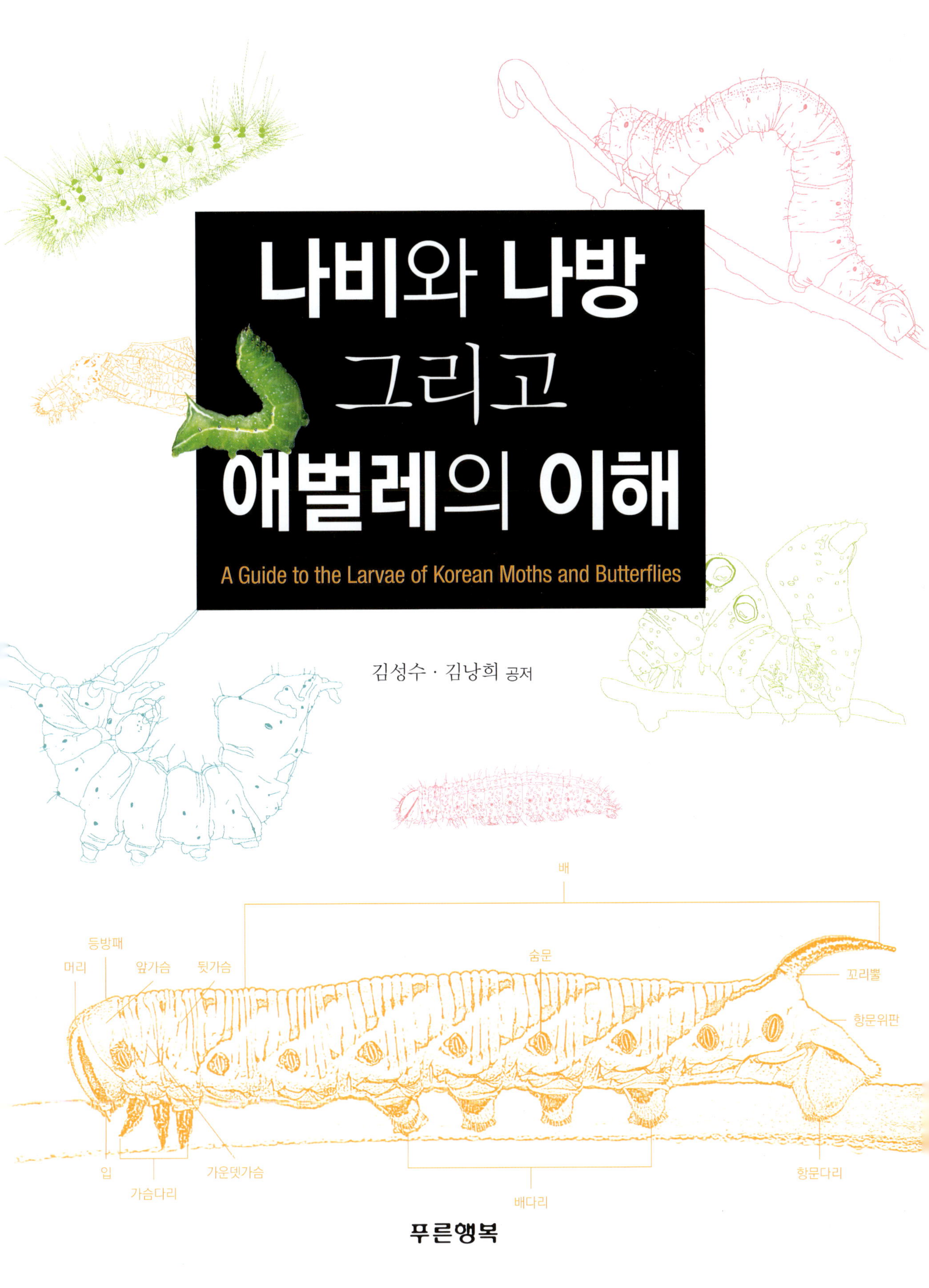

나비와 나방 그리고 애벌레의 이해

A Guide to the Larvae of Korean Moths and Butterflies

김성수 · 김낭희 공저

푸른행복

나비와 나방의 연구는 곤충 중에서 비교적 활발한 편이었으나 우리나라에서는 연구자가 부족해서 손길이 미치지 못한 분야가 의외로 많다. 더구나 애벌레 연구는 거의 이루어지지 못했다.

그동안 방대한 나비목 자료는 주로 어른벌레를 대상으로 만들어졌다. 어른벌레로는 종을 확정하기 쉬워서 분류학자들의 관심이 모아졌기 때문이다. 이와 달리 일부 학자는 애벌레의 구조도 중요하게 여기기도 했지만(Dolinskaya, 2008), 복잡하게 생긴 이유로 관심의 대상에서 비켜 있었다. 그뿐 아니라 애벌레를 사육해야 하는 어려움이 따라 그만큼 연구의 속도가 더디었다. 하지만 요즈음 애벌레로도 유전자 분석이 가능해지면서 연구의 새 지평이 열리고, 생태계 구성원으로서 애벌레의 위치가 중요하게 인식되어 관심이 모아지고 있다.

이런 낯선 학문의 실마리를 들추기 위해, 해마다 5월부터, 움 트는 새싹과 함께 자라나는 온갖 애벌레를 보면서 다음을 묻고 되묻곤 했다. 이 종류는 무얼까? 이 애벌레는 무엇을 먹을까? 해충일까? 어떤 나비와 나방으로 변할까? 이 애벌레는 어떻게 키울 수 있나? 어떤 생태 지위를 가질까? 등이다.

이 책에서는 이렇듯 늘 마주치는 나비, 나방과 그들의 애벌레를 이해하는데 도움이 되도록 꾸몄다. 1,000여 종의 어른벌레의 사진과 함께 설명하였다. 이들 중에는 해충도 있고, 우리의 텃밭이나 정원에서 함께 살거나 경제적으로 중요한 종도 있으며, 대중에게 남달리 관심을 끄는 예쁜 존재도 있다.

최근 우리나라에도 애벌레의 궁금증을 풀어주는 몇몇 도감이 나왔다. 하지만 체계가 덜하고 내용이 깊지 못해 안타깝던 중 이를 해소해보기 위해 이 책을 기획하였다. 여기에서는 학문의 바탕이 될 수 있도록 이론과 용어를 쉽게 설명하고, 나비와 나방의 체계를 파악하기 좋게 '전체로 보는 눈'을 제시하였다. 즉 각 과별 특징과 생김새, 문헌 조사를 통해 본 우리 연구의 역사, 우리 이름의 어원에 대해서도 설명하였다.

이 책을 통해서 무엇보다 애벌레를 불쾌한 존재로 여겼던 분들이 애벌레를 사랑해 줄 수 있으며, 자연을 아끼는 넉넉함이 생기면 좋겠다는 소망을 품게 된다.

끝으로 이 책을 냄에 있어 여러 정보와 자료를 도와주신 다음 분들께 감사한다. 먼저 많은 참고 자료와 격려를 보태주신 박해철 박사님과 목포대학교 최세웅 교수님, 전남대학교 김익수 교수님께 감사드린다. 고(故) 윤인호 선생님은

1980년대에 김성수에게 많은 자료와 따뜻한 가르침이 있었던 분이었는데, 특히 당시에 촬영했던 산왕물결나방과 왕물결나방의 사진 자료를 남겨주신 점에 감사드린다. 굴나방과 등 일부 작은 나방류 자료를 도와주신 국립생물자원관 안능호 박사님께 감사드린다. 이밖에도 사진 자료와 본문의 일러스트 일부를 도와주신 주재성 선생님, 여러 사진을 아낌 없이 보내준 양일주 군, 제주도에서 사진 자료를 협력해주신 오정은 씨, 좌명은 씨, 김완병 박사님, 강갑선 씨, 고유경 씨와 일부 사진을 도와주신 이영준 씨, 안수정 박사님, 조영복 박사님, 김민지 박사님, 백유현 씨, 강신영 자연환경해설사님, 그리고 집나방과 일부를 동정해주신 손재천 교수님께 감사를 드린다. 또 길동생태공원에서 허락을 받아 누에 사진을 촬영하였음을 밝히며, 길동지기 여러분께 감사드린다. 무엇보다 이 책을 완성하는 데 역할이 크신 푸른행복 사장님과 편집부 여러분께 감사를 드린다.

김 성 수

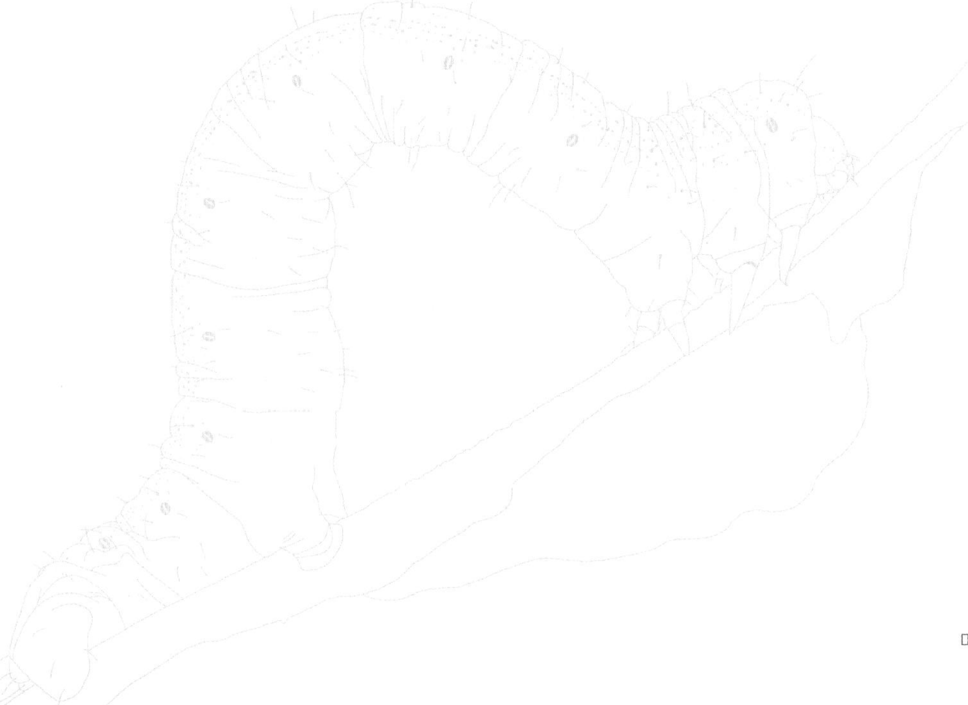

차례

명나방상과 Superfamily **Pyraloidea** Latreille, 1809 … 224

◑ 명나방과 Family **Pyralidae** Latreille, 1809 … 224

Order Lepidoptera 나비목	
Superfamily **Micropterigoidea** Herrich-Schäffer, 1855	원시나방상과
Family **Micropterigidae** Herrich-Schäffer, 1855	원시나방과(신칭) – 아직 우리나라에 기록 없음
Superfamily **Eriocranioidea** Rebel, 1901	좀날개나방상과
Family **Eriocraniidae** Rebel, 1901	좀날개나방과
Superfamily **Hepialoidea** Stephens, 1829	박쥐나방상과
Family **Hepialidae** Stephens, 1829	박쥐나방과
Superfamily **Nepticuloidea** Stainton, 1854	꼬마굴나방상과
Family **Nepticulidae** Stainton, 1854	꼬마굴나방과
Family **Opostegidae** Meyrick, 1893	흰꼬마굴나방과
Superfamily **Adeloidea** Bruand, 1850	긴수염나방상과
Family **Adelidae** Bruand, 1851	긴수염나방과
Family **Incurvariidae** Spuler, 1898	곡나방과
Family **Prodoxidae** Riley, 1881	곡나방사촌과(신칭)
Superfamily **Tischerioidea** Spuler, 1898	어리굴나방상과
Family **Tischeriidae** Spuler, 1898	어리굴나방과
Superfamily **Tineoidea** Latreille, 1810	곡식좀나방상과
Family **Psychidae** Boisduval, 1829	도롱이나방과(주머니나방과, 개칭)
Family **Tineidae** Latreille, 1810	곡식좀나방과
Family **Meessiidae** Căpuşe, 1966	곡식좀나방붙이과
Superfamily **Gracillarioidea** Stainton, 1854	가는나방상과
Family **Gracillariidae** Stainton, 1854	가는나방과
Family **Roeslerstammiidae**	반디가는나방과(빛날개좀나방과, 개칭)
Family **Bucculatricidae**	선가는나방과(선굴나방과, 개칭)
Superfamily **Yponomeutoidea** Stephens, 1829	집나방상과
Family **Yponomeutidae** Stephens, 1829	집나방과
Family **Praydidae** Moriuti, 1977	난쟁이집나방과(신칭)
Family **Argyresthiidae** Meyrick, 1932	새싹집나방과(신칭)
Family **Ypsolophidae** Guenée, 1845	갈고리집나방과(갈고리좀나방과, 개칭)
Family **Plutellidae** Guenée, 1845	좀나방과
Family **Glyphipterigidae** Stainton, 1854	그림날개나방과

| Family **Bedelliidae** Stainton, 1849 | 메꽃굴나방과 |
| Family **Lyonetiidae** Stainton, 1854 | 굴나방과 |

Superfamily **Gelechioidea** Fracker, 1915	뿔나방상과
Family **Lecithoceridae** Le Marchand, 1947	긴수염뿔나방과(남방뿔나방과, 개칭)
Family **Autostichidae** Le Marchand, 1947	점뿔나방과(점원뿔나방과, 개칭)
Family **Xyloryctidae** Meyrick, 1890	판날개뿔나방과
Family **Blastobasidae** Meyrick, 1894	밑두리뿔나방과
Family **Oecophoridae** Bruand, 1850	원뿔나방과
Family **Lypusidae** Herrich-Schäffer, 1857	암작은뿔나방과(신칭)
Family **Elachistidae** Bruand, 1851	풀굴뿔나방과(풀굴나방과, 개칭)
Family **Stathmopodidae** Meyrick, 1913	꼭지뿔나방과(감꼭지나방과, 개칭)
Family **Epimarptidae** Meyrick, 1914	돌기가는뿔나방과
Family **Batrachedridae** Heinemann et Wocke, 1876	가는뿔나방과(백두뿔나방과, 개칭)
Family **Coleophoridae** Hübner, 1825	통나방과
Family **Cosmopterigidae** Heinemann et Wocke, 1876	창날개뿔나방과
Family **Scythrididae** Rebel, 1901	비단뿔나방과(신칭)
Family **Depressariidae** Meyrick	납작뿔나방과(큰원뿔나방과, 개칭)
Family **Gelechiidae** Stainton, 1854	뿔나방과

| Superfamily **Alucitoidea** Leach, 1815 | 깃털나방상과 |
| Family **Alucitidae** Leach, 1815 | 깃털나방과 |

| Superfamily **Pterophoroidea** Latreille, 1802 | 털날개나방상과 |
| Family **Pterophoridae** Latreille, 1802 | 털날개나방과 |

| Superfamily **Carposinoidea** Walsingham, 1897 | 속먹이나방상과 |
| Family **Carposinidae** Walsingham, 1897 | 속먹이나방과(심식나방과, 개칭) |

| Superfamily **Epermenioidea** Spuler, 1910 | 털나방상과(미나리좀나방상과, 개칭) |
| Family **Epermeniidae** Spuler, 1910 | 털나방과(미나리좀나방과, 개칭) |

| Superfamily **Immoidea** Common, 1979 | 꿀벌나방상과 |
| Family **Immidae** Common, 1979 | 꿀벌나방과 |

| Superfamily **Urodoidea** Kyrki, 1988 | 소쿠리나방상과 |
| Family **Urodidae** Kyrki, 1988 | 소쿠리나방과 |

| Superfamily **Choreutoidea** Stainton, 1858 | 뭉뚝날개나방상과 |
| Family **Choreutidae** Stainton, 1858 | 뭉뚝날개나방과 |

| Superfamily **Galacticoidea** Minet, 1986 | 자귀집나방상과(신칭) |
| Family **Galacticidae** Minet, 1986 | 자귀집나방과(신칭) |

Superfamily **Tortricoidea** Latreille, 1803	잎말이나방상과
Family **Tortricidae** Latreille, 1803	잎말이나방과

Superfamily **Cossoidea** Leach, 1815	굴벌레나방상과
Family **Cossidae** Leach, 1815	굴벌레나방과
Family **Sesiidae** Boisduval, 1828	유리나방과

Superfamily **Zygaenoidea** Latreille 1809	알락나방상과
Family **Epipyropidae** Dyar, 1903	매미기생나방과
Family **Limacodidae** Duponchel, 1844	쐐기나방과
Family **Zygaenidae** Latreille, 1809	알락나방과

Superfamily **Thyridoidea** Herrich-Schäffer, 1846	창나방상과
Family **Thyrididae** Herrich-Schäffer, 1846	창나방과

Superfamily **Hyblaeoidea** Hampson, 1903	팔랑나비붙이상과
Family **Hyblaeidae** Hampson, 1903	팔랑나비붙이과

Superfamily **Calliduloidea** Moore, 1877	뿔나비나방상과
Family **Callidulidae** Moore, 1877	뿔나비나방과

Superfamily **Papilionoidea** Latreille, 1802	호랑나비상과
Family **Papilionidae** Latreille, 1802	호랑나비과
Family **Hesperiidae** Latreille, 1809	팔랑나비과
Family **Pieridae** Swainson, 1820	흰나비과
Family **Lycaenidae** Leach, 1815	부전나비과
Family **Nymphalidae** Rafinesque, 1815	네발나비과

Superfamily **Pyraloidea** Latreille, 1809	명나방상과
Family **Pyralidae** Latreille, 1809	명나방과
Family **Crambidae** Latreille, 1810	풀나방과(풀명나방과, 개칭)

Superfamily **Drepanoidea** Boisduval, 1828	갈고리나방상과
Family **Drepanidae** Boisduval, 1828	갈고리나방과

Superfamily **Lasiocampoidea**	솔나방상과
Family **Lasiocampidae** Harris, 1841	솔나방과

Superfamily **Bombycoidea** Latreille, 1802	누에나방상과
Family **Brahmaeidae** Swinhoe, 1892	왕물결나방과
Family **Endromidae** Boisduval, 1828	반달누에나방과
Family **Bombycidae** Latreille, 1802	누에나방과
Family **Saturniidae** Boisduval, 1897	산누에나방과
Family **Sphingidae** Latreille, 1802	박각시과

Superfamily Geometroidea Leach, 1815	자나방상과
Family **Epicopeiidae** Swinhoe, 1892	제비나비붙이과
Family **Uraniidae** Leach, 1815	제비나방과
Family **Geometridae** Leach, 1815	자나방과

Superfamily Noctuoidea Latrille, 1809	밤나방상과
Family **Notodontidae** Stephens, 1829	재주나방과
Family **Erebidae** (Leach, 1815)	태극나방과
Family **Euteliidae** Grote, 1882	비행기나방과
Family **Nolidae** Bruand, 1847	혹나방과
Family **Noctuidae** Latreille, 1809	밤나방과

- 애벌레를 중심으로 소개하였으나 때로 어른벌레로만 소개한 종도 일부 있다. 또 각 항마다 어른벌레 사진을 넣어 이해를 도왔다.
- 과(科)와 종(種)의 배열은 최신의 분류 체계에 따랐는데, 직접 발견하지 못했더라도 우리 기록이 있으면 과(family)를 소개하였다. 여기에 30상과, 76과, 1,000종을 실었다.
- 애벌레의 특징은 생김새(몸길이, 어른벌레의 날개 길이 등)와 습성, 발생, 먹이식물, 분포, 비고로 나누어 설명하였다. 먼저 몸길이는 자란 애벌레를 기준으로, 머리부터 배 끝까지의 길이의 평균값을 나타냈다. 어른벌레의 날개 길이는 앞날개의 양끝을 직선으로 잇는 선을 뜻한다. 특히 생김새는 몸 색과 무늬, 머리에서 배까지의 특징, 항문위판, 다리의 특징 등을 설명하였다. 습성은 각 애벌레의 특정한 습성과 겨울나기 등을 나타내었다. 발생은 애벌레가 나타나는 시기인데, 괄호 안은 어른벌레의 내용이다. 먹이식물은 애벌레의 먹이이다. 분포는 우리나라와 세계 분포를 담았다. 비고에는 분류학에서의 현재 상황, 사람과의 관계, 경제성, 문화 등 화제가 되는 글을 넣었다.
- 애벌레 크기를 설명할 때에 1살 애벌레, 2살 애벌레, … 5살 애벌레로 해야 하는데, 각 나이를 정확히 알 수 없는 경우가 있다. 이런 경우, 1살과 2살은 어린 애벌레, 3살과 4살은 중간 애벌레, 5살 또는 마지막 애벌레를 자란 애벌레로 표시하였다.
- 닮은 종의 비교는 설명문 중에서 하였으며, 사진에서 이 부분을 선으로 표시하여 이해를 도왔다.
- 애벌레의 먹이식물은 직접 확인한 종류도 있지만 그간의 문헌에서 참고한 것도 있다.
- 비고란에서 해충으로 언급된 것들이 있다. 이는 특별한 규정 없이 사람들의 인식에 따른 것이다.
- 색의 표현은 다음의 6가지의 기본 색을 우리말로 통일하였다. 즉 백색은 '희다, 흰', 흑색은 '검다, 검은', 황색은 '노랗다, 노란', 녹색은 '푸르다, 푸른', 청색은 '파랗다, 파란', 적색은 '붉은색, 붉은, 빨간'으로 하였다.
- 식물의 이름은 국가표준식물목록에 따랐다.
- 애벌레의 자모는 애벌레 몸에 난 털, 가시, 돌기들을 말하며, 각각의 설명은 Hinton (1946)을 참고하였다. 다만 종 설명 부분에서는 생략하였다.
- 작은 나방류인 경우, 실체현미경으로 생식기를 검경하여 종을 확정하는 노력을 하였다. 이럼에도 불구하고 일부 꼭 설명해야 할 해결하지 못한 종류는 sp.로 소개하였다.

나방 애벌레 연구사

우리나라에서 나비, 나방의 애벌레보다 어른벌레를 다뤘던 문헌들이 더 오래되고 많으며, 1800년대 후반 서양 학자들이 먼저 기록하기 시작하였다. 아마 애벌레보다 어른벌레로 종을 기록하기가 쉬웠기 때문일 것이다.

우리 역사 속에서 나방 애벌레 기록을 살피기가 쉽지 않다. 조선시대의 왕조실록 DB와 국역 해괴등록(駭怪謄錄)을 통해 황(蝗) 또는 비황(飛蝗)으로 불리던 황충을 분석한 자료가 있긴 하다(박해철 등, 2010). 여기에서도 애벌레와 어른벌레의 기록이 섞여 있는데, 멸강나방이 11건, 나방류가 9건, 이화명나방이 2건, 명충(螟蟲, 명나방), 부진자(浮塵子, 흡혈성 등에와 진디등엣과의 파리류), 야도충(夜盜蟲, 밤나방 애벌레), 송충이(松蟲, 솔나방 애벌레)가 나온다(박해철 등, 2010). 아마 백성들의 삶에 영향을 끼쳤던 농작물이나 산림의 해충을 지배층도 관심을 가졌던 것 같다. 다만 각각이 어떤 종인지 정확히 파악해내기 어렵다는 점은 아쉽다.

일본강점기에는 町田貞一·靑山哲四朗(1930) 등의 해충과 관련된 보고문들이 있었는데, 송충이를 가장 많이 다뤘다.

나방 애벌레를 과학적으로 처음 기록한 우리 학자는 김창환(1955)으로 보인다. 그는 경기도 여주에서 산수유나무의 열매를 파먹는 애벌레를 채집하여 날개돋이 시킨 개체를 산수유속먹이나방('*Carposina coreana* Kim, 1955', 산수유좀나방, 산수유심식나방, 개칭)이라는 이름으로 신종을 기재하였다. 이 종은 우리나라와 중국에 분포하며, 8월 중순부터 9월 말까지 나타난다. 애벌레가 산수유 열매에 파먹는 바람에 열매는 시들어 떨어진다. 과거 경기도 여주 지방에서 대발생하였고, 1971년 9월에는 피해과율이 60%에 이른 적도 있었다고 한다.

김헌규(1960)는 가중나무고치나방의 생활사, 또 김헌규(1962)는 미국흰불나방 방제에서 애벌레를 언급한 적이 있었다.

이후, 임업연구원(산림청 산림과학연구원)과 농업과학기술원(농진청)에서 기관 발행의 애벌레(해충)도감이 나왔다. 아마 이 두 기관은 임업과 농업에 종사하는 사람에게 도움을 주기 위해 펴낸 것으로 보인다. 먼저 산림 해충 쪽에서는 이덕상·조도연(1963)이 산림해충목록, 고제호(1969)가 산림해충목록과 식물보호학회에 병해충잡초명감을 냈다. 이용대 등(1991)은 수목병해충도감을 펴냈다. 또 앞의 내용을 바탕으로 입업연구원에서 1995년에 한국수목해충목록집과 이 기관의 연구원인 이범영·정영진(1997)이 한국수목해충도감을 발행하였다. 다만 그 내용을 국내에서 직접 조사하였는지, 아니면 일본 등의 국외 자료를 참고했는지 불투명한 부분이 있다. 최근 고상현 등(2018)의 생활권 수목 해충도감도 나왔다. 농업 해충 쪽에서는 경제 작물과 관련한 자료가 나왔다. 최귀문 등(1990)의 채소해충, 이문홍 등(1994)의 약용식물, 최귀문 등(1996)의 저장 곡물에 내한 도감이 출간되었나.

이때까지는 애벌레의 연구 대부분이 해충을 다루었다. 그 대표로, 일본강점기에는 송충이가, 1960년대에는 송충이와 미국흰불나방의 애벌레 연구가 대부분이었다. 아마 이 2종의 피해가 가장 심각했던 것으로 보인다. 차츰 연구의 영역이 경제성에서 벗어나 전 나비목 분야로 넓어졌고, 파밤나방, 담배나방,

화랑곡나방 등의 애벌레를 실험 곤충으로 활용한 논문이 많아졌다.

우리나라에서 나방 애벌레를 다룬 체계 있는 생활사 논문은 신유항(1976)의 '흑띠잠자리가지나방 (*Cystidia truncangulata* Wehrli, 1934)의 생활사 보고'가 처음이자 유일하다. 이 논문 이전과 이후의 보고문들은 애벌레의 간략한 정보만 있을 뿐, 대부분 기재문이 불완전하다.

안성복(1984)은 소나무류의 솔방울을 가해하는 명나방과 4종(솔알락명나방, 큰솔알락명나방, 애기솔알락명나방, 세모무늬알락명나방), 잎말이나방과 4종(솔애기잎말이나방, 백송애기잎말이나방, 솔잎말이나방, *Gravitarmata* sp.), 밑두리나방과 1종(*Blastobasis* sp.)을 발표하였다. 김성수(1991)는 일부 나방의 먹이식물과 애벌레를 기록한 적이 있으며, 변봉규 등(1996)은 도롱이나방과 1종을 기록하는 외에도 이후 여러 해충과 경제와 관련한 애벌레를 다룬 논문들을 발표하였다. 또한 Kim과 Bae(2007)가 고사리좀나방의 애벌레를 사육하여 신종을 기재하는 등 그동안 잘 알려지지 않았던 미소나방류의 애벌레에 대한 여러 논문들이 뒤따랐다.

손재천 등(2017)은 나방 애벌레가 신갈나무 잎에 어떤 영향을 끼치는지 살펴보는 생태적 접근도 이루어지고 있다.

최근의 애벌레에 대해 일부 연구자가 관심을 보이면서 여러 책과 자료집들이 나오고 있다. 단행본으로 손재천(2006)의 '주머니속 애벌레도감'과 허운홍(2012, 2016, 2021), 이강운(2015, 2016)의 '나방 애벌레도감'이 있다. 이들 모두 나방 애벌레 소개서라 할 수 있다. 하지만 이들 책의 내용은 앞선 나라와 비교해 여전히 미흡한 상태이다.

외국 자료가 포함된 애벌레의 먹이식물 자료집으로 배양섭·백문기(2006)의 명나방상과, 박규택·손재천·한휘림(2006)의 밤나방과, 조서영 등(2011)의 식품해충, 임종옥 등(2019)의 한국산 잠엽성 나방 등이 있다.

결국 우리나라에서는 애벌레를 연구해야 할 영역이 무궁무진함을 알 수 있다. 앞으로 이 분야에 관심을 갖는 후학들의 분발이 요구된다.

나비목
Order Lepidoptera

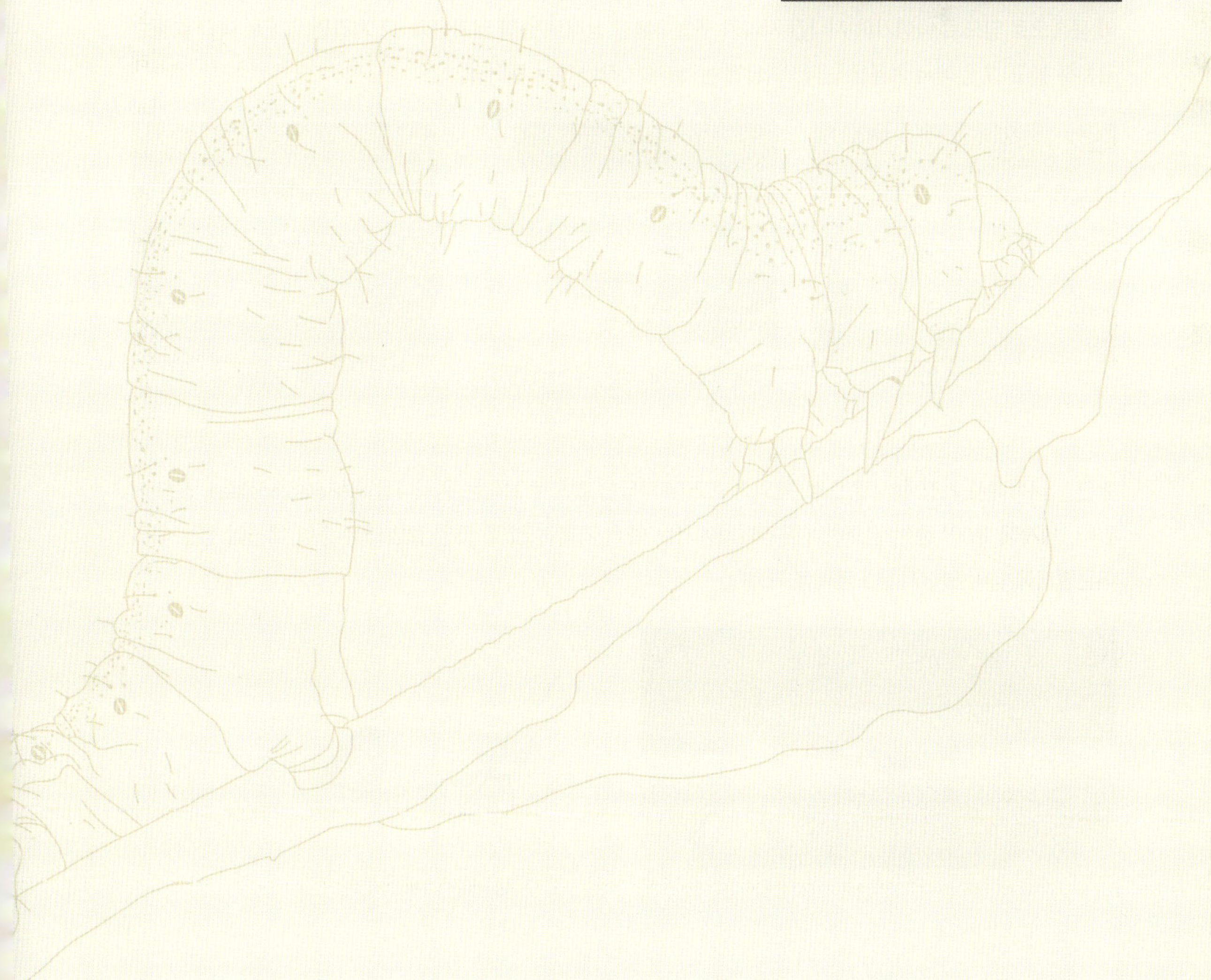

▶Family **Eriocraniidae** Rebel, 1901 좀날개나방과

Eriocrania sp.

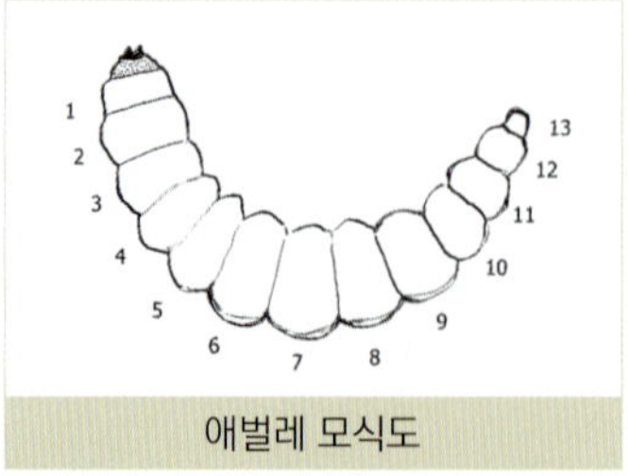

애벌레 모식도

어른벌레는 4~5월에 나타나 새벽과 한낮에 날며, 먹이식물 주위를 벗어나지 않는다. 때때로 밤에 불빛에 날아오기도 하지만 춥고 맑은 날에는 나뭇가지를 건드리면 떨어지는데, 잘 움직이지 못한다.

5mm 안팎의 크기로, 앉을 때에는 날개를 경사가 급한 지붕처럼 세운다. 앞날개는 금속성 광택이 있으며, 그물 모양의 무늬가 있다. 뒷날개는 앞날개만큼 넓다. 머리에는 삐죽삐죽한 비늘가루가 나온다. 입은 짧고 둥근 조각처럼 되어 있으며, 아랫입술수염이 있다. 세계에 30여 종이 알려져 있는데, 우리나라에 1종, 자작나무좀굴나방[Eriocrania sparrmannella (Bosc, 1791)]만 기록되어 있다. 애벌레는 잎살에 들어가 빠르게 자라며, 다리 없이 몸통으로 앞으로 나아가며 지나간 자리가 구불구불한 상태로 똥이 남겨진다. 다 자라면 잎에서 나와 촘촘한 고치를 틀고 그 안에서 겨울을 난다. '좀날개'는 '날개가 작다'라는 뜻이다.

애벌레의 위치

잎속살이 하는 애벌레

자란 애벌레

한편 나비목에서 가장 원시 종으로, 백악기 초기에 나타난 것으로 보이는 원시나방과(Micropterigidae, 신칭)가 있다. 세계에 160여 종이 분포하나 우리나라에서는 아직 기록이 없다. 코일 모양의 주둥이 대신에 씹는 턱이 어른벌레에 남아 있어서 날도래목에 가깝다.

둥근날개날도래(Phryganopsyche latipennis)

원시나방과(Micropterigidae)

Superfamily **Hepialoidea** Stephens, 1829 ·········· 박쥐나방상과

▶ Family **Hepialidae** Stephens, 1829 박쥐나방과

암컷

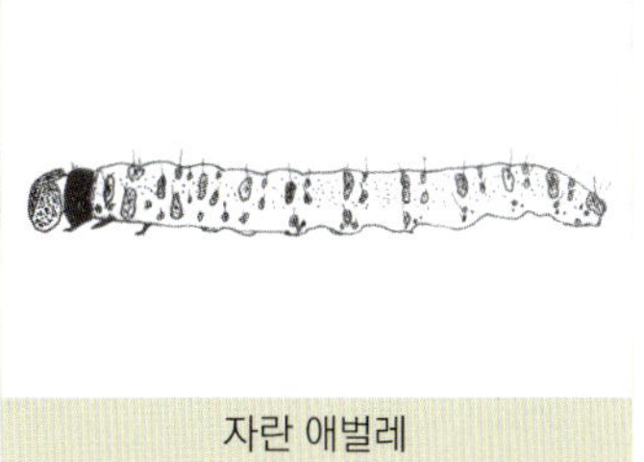

자란 애벌레

박쥐나방[*Endoclita excrescens* (Butler, 1877)]의 날개돋이 탈피 껍질

어른벌레는 개안과 입이 없고, 더듬이가 매우 짧지만 아랫입술수염이 길다. 앞, 뒷날개는 생김새와 날개맥이 거의 일치한다. 수컷 뒷다리 종아리마디에 발음기관이 있으며, 그 부분에 털이 촘촘하다. 어두워질 때 수컷들이 모여 갓 날개돋이 한 암컷에게 구애하는 행동을 한다. 이때 암컷은 낮은 위치의 가지에 앉아 수컷을 유인한다. 수컷의 생식기에는 구상돌기(uncus)가 없고 삽입기도 없다. 암컷은 공중에서 접착력이 없는 알을 떨어뜨린다. 유백색의 애벌레는 식물의 줄기 속에서 목질부를 먹고 자란다. 세계에 600여 종, 우리나라에 4종이 있다. 우리 이름은 날개 모양이 박쥐처럼 생겨서 붙여진 듯하다.

Superfamily **Nepticuloidea** Stainton, 1854 ·········· 꼬마굴나방상과

▶ Family **Nepticulidae** Stainton, 1854 꼬마굴나방과

Stigmella sp. 암컷

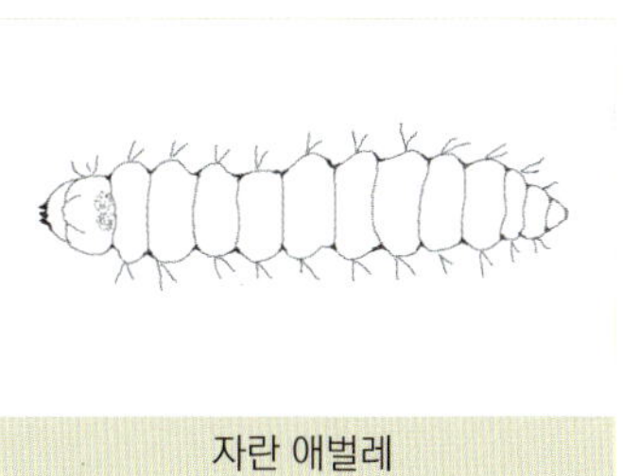

자란 애벌레

잎속살이 애벌레의 뱀처럼 보이는 이동 궤적

애벌레

날개 길이는 3~5mm로 매우 작다. 어른벌레는 더듬이 밑마디가 폭이 넓어서 눈털(眼毛, eye cap)을 만들고, 정수리에는 털다발(冠帽)이 있다. 특히 뒷날개는 침 모양으로 전, 후연에 연모가 길다. 애벌레는 잎속살이를 하며, 먹고 지나간 자리가 뱀처럼 구불구불하다. 자란 애벌레는 잎 속에서 나와 바로 아래로 떨어져 땅위에서 타원형의 견실한 고치를 틀고 번데기가 된다. 세계에 1,000여 종이 알려져 있는 큰 무리지만 우리나라에 4종만 기록되어 있다. 영어 이름은 'Pygmy moths' 또는 'Midget moths'로 크기

가 작다는 뜻이지만 우리 이름이 작은 애벌레가 잎 속에서 굴을 파는 습성을 잘 표현한 것으로 본다. 이 과를 더 알려면 Shin et al. (2020)의 논문을 참고하기 바란다.

▶ Family **Opostegidae** Meyrick, 1893 흰꼬마굴나방과

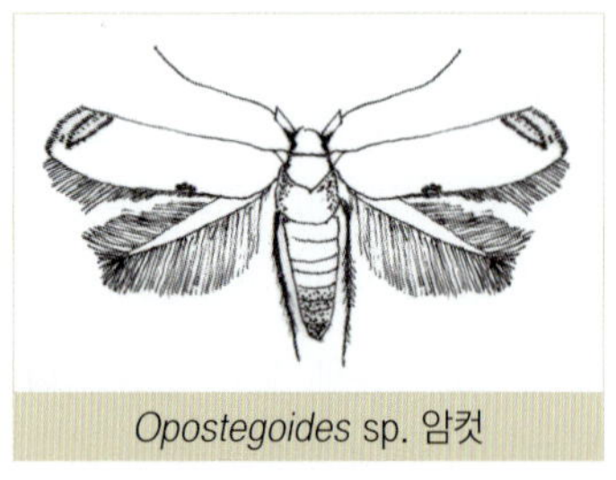

Opostegoides sp. 암컷

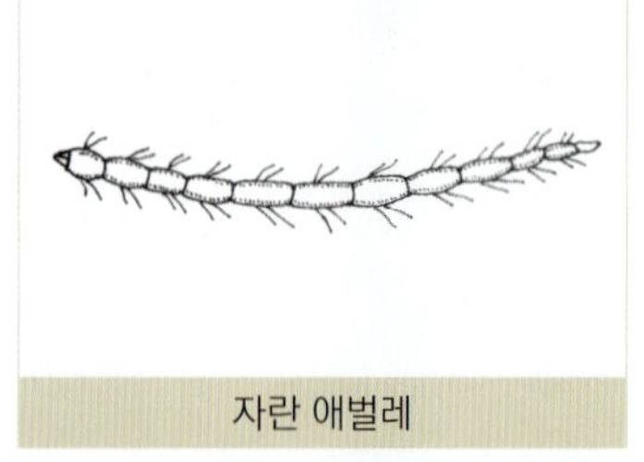

자란 애벌레

날개 길이가 10mm 안팎이다. 어른벌레의 머리는 편평하고, 앉을 때 날개를 지붕처럼 세운다. 더듬이 밑이 비대화하여 큰 눈털(眼毛)이 되는데, 꼬마굴나방과에서는 이 부분이 더 작고 어둡다. 애벌레는 나비목이 아닌 것처럼 가늘고 길다. 식물의 잎과 가지 속에서 살며, 다리가 없다. 유백색 애벌레의 상세한 생활사는 잘 알려지지 않았다. 대부분 신열대구에 분포하고, 90여 종이 알려져 있으며, 우리나라에 1종 흰꼬마굴나방[Opostegoides minodensis (Kuroko, 1982)]이 기록되어 있다. 영어 이름은 'White eyecap moths'이며, 더듬이 밑이 흰색으로 부푼 모습을 뜻한다. 우리 이름은 앞 과와 닮은 점과 어른벌레의 날개와 몸 색으로 지어진 듯 보인다.

Superfamily **Adeloidea** Bruand, 1850 ·········· 긴수염나방상과

▶ Family **Adelidae** Bruand, 1851 긴수염나방과

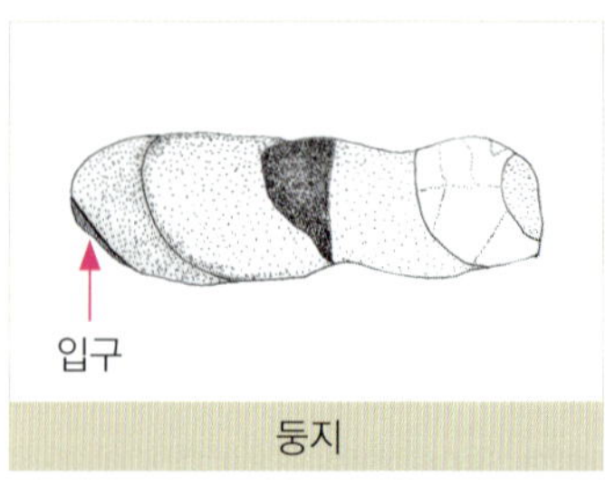

둥지

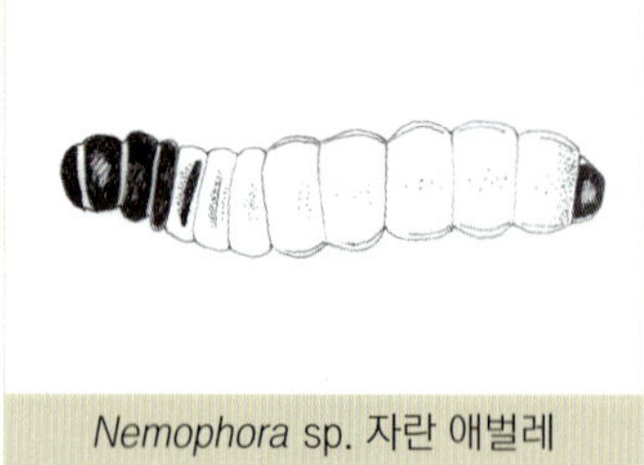

Nemophora sp. 자란 애벌레

날개 길이는 5~13mm이고, 암컷은 수컷보다 작다. 입은 짧고, 더듬이는 앞날개의 4배 이상 길 때도 있다. 영국에서는 긴 뿔이 있다는 뜻의 'Longhorns'이라고 한다. 앞날개는 넓은 편으로, 몇몇 종에서 날개에 금속광택이 나는 노란색, 보라색, 풀색을 띠어 아름답고, 종의 구별에 유용하다. 뒷날개는 앞날개보다 조금 작다. 어른벌레는 앉을 때 날개를 경사가 급한 지붕처럼 세운다. 맑은 날 산지에서 여러 마리가 어울려 나는 모습을 볼 수 있다. 세계에 300여 종, 우리나라에는 20여 종이 있다. 암컷은 먹이식물의 잎과 꽃에 알을 낳는다. 어린 애벌레는 꽃이나 막 맺힌 열매를 먹는다. 어느 정도 자라면 밑으로 떨어져 마른 식물을 재료로 '움직일 수 있는 납작한 통 모양의 집'을 만들어 칩거한다. 점차 애벌레가 자라면서 잎 조각을 덧대 집의 크기가 커지며, 보통 바이올린 몸통처럼 보인다. 대부분의 서식지 땅바닥에서 살아간다. 우리 이름은 긴 더듬이를 수염으로 보고 지어진 것 같다.

Nemophora sp.

그물무늬긴수염나방(*Nematopogon distincta* Yasuda, 1957)

▶Family **Incurvariidae** Spuler, 1898 곡나방과

날개 길이는 10mm 안팎으로 작다. 어른벌레는 앉을 때 날개를 경사가 급한 지붕처럼 세운다. 앞날개는 뒷날개보다 넓으며, 색이 어둡다. 앞날개에 옅은 색의 가로띠가 생기고, 뒷날개는 비늘가루가 적어 색이 밝다. 머리는 투박하며, 털이 가득이 솟는다. 더듬이는 앞날개의 1/2에서 2/3 정도이고, 수컷 더듬이의 빗살이 두드러진다. 아랫입술수염은 짧고 앞으로 향하며, 입은 거의 퇴화된다. 어른벌레는 낮에 활동하나 이따금 밤에 불빛에 모이기도 한다. 암컷은 잎에 알을 낳으며, 깨난 애벌레는 처음에 잎살에 들어가 살다가 먹이식물의 잎 등을 원모양으로 잘라내어 움직일 수 있는 덮개로 쓴다. 번데기도 그 안에서 발견된다. 세계에 50여 종, 우리나라에 3종이 분포한다. 우리 이름은 일본 이름 'マガリ(굽은)科'에서 온 듯 보이나 구체적으로 무엇이 굽는지 불분명하다. 따라서 곡은 곡식이 아니라 굽는다는 뜻이다.

이 종과 가까운 곡나방사촌과(Family **Prodoxidae** Riley, 1881, 신칭)가 최근 우리나라에 1종 기록되었다. 곡나방과와의 차이는 아래 검색표를 참고하기 바란다.

아랫입술수염은 3마디이고, 조금 아래로 흰다. 더듬이는 실 모양 또는 빗살모양으로 굵은 편이다. 애벌레는 움직일 수 있는 덮개를 만든다. ·· **곡나방과(Incurvariidae)**

아랫입술수염은 3마디이고, 앞으로 나오나 뒤로 젖혀진다. 더듬이는 실 모양으로 비늘가루가 덮이지 않고 가늘다. 애벌레는 식물의 줄기와 열매 속에 들어간다. ·························· **곡나방사촌과(Prodoxidae)**

황머리곡나방(곡나방과) *Vespina nielseni* Kozlov, 1987

생김새 몸길이 8mm 안팎(날개 길이 8~10mm)으로 머리는 흑갈색이고, 몸통은 연미색이다. 딱딱한 등방패는 검고 반짝인다. 앞가슴의 L 자모는 3개로, 받침은 거의 보이지 않는다. 배마디에도 L 자모 외에는 거의 보이지 않는다.

암컷

습성 잎에 도장 찍은 것처럼 정교하게 잘라내어 자신의 몸을 덮고, 아래로는 조금 작은 바이올린 모양으로 자른 잎을 덧대 그 사이에서 지낸다. 머리와 가슴만 나와 이 집을 끌고 다니며, 식물 잎을 핥듯이 먹어서, 그 자국(타원형)이 잎에 남는다. 자라면 잎에서 떨어져 땅위에서 겨울을 나고 이듬해에 날개돋이 한다.

아래에서 올려다 본 애벌레 집

자란 애벌레

애벌레 집(a)과 먹은 흔적(b)

Superfamily **Tischerioidea** Spuler, 1898 · · · · · · · · · · 어리굴나방상과

▶ Family **Tischeriidae** Spuler, 1898 어리굴나방과

날개 길이는 5~11mm로 작다. 어른벌레는 앉을 때 머리를 들어 올리며, 날개를 경사가 완만한 지붕처럼 세운다. 앞날개는 일정한 색이고, 뒷날개는 앞날개보다 좁으며, 긴 연모를 갖는다. 특별한 무늬가 없어서 겉보기로 종들을 구별해내기 쉽지 않다. 머리는 빽빽한 털이 솟는다. 더듬이는 실 모양으로 매우 가늘고, 앞날개의 1/2 이하이며, 부풀지 않아 눈털(眼毛)을 만들지 않는다. 아랫입술수염은 짧고, 아래로 처지지 않으며, 입은 짧다. 애벌레는 가슴다리가 없지만 몸통만으로 이동할 수 있다. 잎살에 들어가며, 그 부분이 갈색 무늬처럼 보이는데, 똥을 작은 구멍을 통해 내보내며 살다가 번데기가 된다. 어른벌레는 주로 초여름에 발생하며, 황혼 무렵 날기 시작하고, 밤에 불빛에 일찍 날아온다. 세계에 110여 종, 우리나라에 6종이 기록되어 있다. 우리 이름은 '굴나방보다 작다'인지 애매하다. 여기서 '어리'는 '어리다'로 쓰인 것으로 보이지만 사실 예전에 병아리 가두어 기르던 원통형으로 만든 체라는 뜻도 있는데 어울리지 않다. 영어권에서는 'Trumpet leaf miner moths'라 불리며, 애벌레의 이동 경로와 자라는 장소를 보고 지어진 것으로 보인다.

애벌레 위치(a)와 애벌레 이동 경로(b)

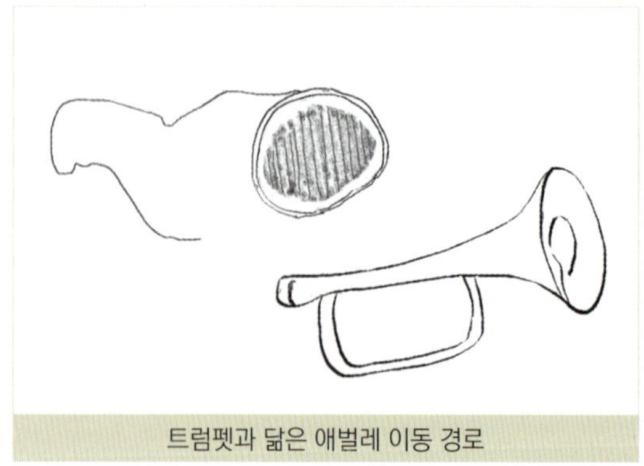
트럼펫과 닮은 애벌레 이동 경로

찔레어리굴나방(어리굴나방과) *Tischeria angusticolella* (Duponchel, 1943)

암컷

생김새 몸길이 6mm 안팎(날개 길이 6.5~8.5mm)으로 머리와 등방패, 항문위판은 갈색이고, 몸통은 옅은 풀색이며, 마디 부분이 퍽 줄어들어 울퉁불퉁하다. 배다리는 제3~6배마디에 있다.

습성 암컷은 잎 위에 알을 낳는 것으로 보이며, 알에서 깨어난 애벌레는 잎살로 파고든다. 점차 자라면서 타원 모양으로 먹는 자리를 잎 속에서 넓혀간다. 이때 먹은 자리는 옅은 풀색 또는 갈색으로 변한다. 애벌레로 겨울을 나는 것으로 보인다.

서식지 활엽수림

발생 6~10월(어른벌레 6~9월, 연 2회)

먹이식물 찔레나무(장미과 Rosaceae)

분포 한국(중 · 남부), 일본, 러시아 극동지역, 투르크메니스탄, 코카서스, 유럽, 튀니지

비고 어른벌레의 더듬이와 날개는 광택이 있는 희박한 암갈색의 한 빛깔로 무늬와 점 등이 없다.

잎속살이 하는 애벌레

번데기

자란 애벌레

자란 애벌레

개칭 ▶ Family **Psychidae** Boisduval, 1829 도롱이나방과(주머니나방과)

날개 길이는 8~20mm로, 소형 또는 중형이다. 수컷 어른벌레는 앉을 때 날개를 경사가 급한 지붕처럼 세운다. 머리에는 털들이 덮이고, 더듬이는 양빗살 또는 실모양이다. 날개는 폭이 넓은 것부터 가늘고 긴 것까지 다양하다. 입은 거의 퇴화된다. 암컷 어른벌레는 날개와 다리가 퇴화하는 일이 많다. 일부는 단위생식을 하는 것으로 알려져 있다. 어른벌레의 수명은 매우 짧으며, 이른 아침 또는 낮에 날아다니는데, 밤에 불빛에도 날아온다. 애벌레는 식물의 조각 또는 모래 알갱이를 붙여 긴 원통형의 집을 짜고 그 속에서 사는데, 위 또는 아래로 머리와 다리가 나와 먹이를 먹거나 이동을 하고, 매달리기도 한다. 암컷은 도롱이 속에서 알을 낳는다. 애벌레는 여러 식물, 지의류 등을 먹는다. 남방차도롱이나방은 과수와 가로수에 해를 입힌다. 이 무리를 이해하려면 애벌레를 채집하여 기르면 좋다. 세계 어디든 분포하며, 1,000여 종이 알려져 있다. 우리나라에는 20여 종이 분포한다. 우리 이름이었던 '주머니'는 생김새로 보면 어색하다. 예전에 비올 때 몸에 두르던 '도롱이'를 넣는 것이 좋을 듯싶다. 영어권에서는 가방벌레(Bagworms)라고 한다.

여러 종류의 도롱이

작은금빛도롱이나방(도롱이나방과) *Bruandella niphonica* (Hori, 1926)

생김새 몸길이 15mm 안팎(날개 길이 10mm 안팎)으로 머리와 등방 패는 검은 바탕에 연미색 줄무늬가 있다. 몸통은 적갈색으로 조금 어둡다.

습성 해안의 돌 위에 붙어 있으며, 이따금 여러 나무에서도 보인다. 도롱이는 8mm 정도의 작은 나뭇가지를 세로로 길게 붙인 모습이다. 머리와 앞다리만 도롱이 밖으로 내놓은 상태로 이동한다.

서식지 풀밭, 해안

발생 6월~이듬해 봄(어른벌레 5월, 연 1회)

먹이식물 지의류(Lichen)

분포 한국(남부, 제주도), 일본

비고 어른벌레는 날개에 검은 비늘가루가 성글게 붙어 있으며, 더듬이의 잔가지가 발달한다.

수컷

갓 날개돋이 한 수컷

움직이는 도롱이

아래에 달린 도롱이

유리도롱이나방(도롱이나방과) *Acanthopsyche nigraplaga* (Wileman 1911)

생김새 몸길이 16~18mm(날개 길이 10mm 안팎)로 머리는 검은색이다. 몸통은 회황색으로 흑갈색의 등밑선, 숨문윗선, 숨문선이 나타난다.

습성 날개와 다리가 없는 암컷이 나온 고치 속에서 알 상태로 겨울을 난다. 4월경 부화하고, 벼과식물이나 여러 마른 부스러기를 길게 붙여 애벌레의 몸을 감싸는 질긴 도롱이를 만들어 나무와 풀에 수직으로 매달린다. 움직이지 않을 때에는 실로 고정하고 있다가 애벌레의 머리와 다리가 나와 조금씩 이동한다. 도롱이 껍데기는 건물 벽면이나 다리 난간, 큰 나무의 줄기에서 보인다.

수컷

서식지 풀밭, 경작지, 활엽수림 가장자리

발생 7~8월(어른벌레 9월 중순~10월, 연 1회)

먹이식물 천일홍, 흰명아주(비름과 Amaranthaceae), 멍석딸기(장미과 Rosaceae), 차조기(꿀풀과 Lamiaceae), 새모래덩굴(새모래덩굴과 Menispermaceae)

분포 한국(중부), 일본, 중국, 인도(시킴), 동양구

애벌레

도롱이

남방차도롱이나방(도롱이나방과) *Eumeta variegata* (Snellen, 1879)

생김새 몸길이 25mm 안팎(날개 길이 25~40mm)으로 머리는 흑갈색이고, 등방패는 황갈색으로 짙은 갈색의 굵은 줄이 2개 있다. 배는 수컷이 옅은 황갈색이고, 암컷은 흑갈색이다. 암컷은 수컷보다 훨씬 크다.

수컷

습성 자란 애벌레 상태로 겨울을 나고 이른 봄에 먹지 않은 채 곧바로 번데기가 된다. 번데기가 될 때에는 작은 가지에 부착하기도 하지만 건물 벽에 붙기도 한다. 암컷은 도롱이 속에 있는 채로 짝짓기가 이루어지고, 날개돋이 한 번데기 껍데기에 알을 낳는다.

서식지 풀밭, 정원, 시가지, 과수원

발생 7월~이듬해 4월(어른벌레 5월 말~7월 초, 연 1회, 가끔 가을에 보이나 드물다.)

먹이식물 여러 활엽수와 침엽수, 초본식물

분포 한국(서해안 섬, 남부, 제주도), 일본, 중국 남부, 타이완, 인도차이나반도, 말레이시아, 인도

비고 우리나라 이 과 중에서 가장 크다. 가끔 대발생하여 도시의 가로수와 정원수에 피해를 입히고, 낙엽이 떨어진 후 도롱이가 가지에 달린 모습을 싫어하는 사람들이 있다.

자란 애벌레

도롱이

차도롱이나방(도롱이나방과) *Eumeta minuscula* (Butler, 1881)

수컷

생김새 몸길이 17mm 안팎(날개 길이 25mm 안팎)으로 도롱이 길이는 40mm 안팎이고, 원통 모양이다. 도롱이는 식물의 가지나 잎맥을 재료로 만들어지기 때문에 튼튼하다. 머리는 흑갈색이고, 황백색 띠가 보인다. 가슴의 등면은 흑갈색으로 황백색 무늬가 있다. 배는 옅은 흑갈색이다.

습성 앞 종과 거의 같다. 중간 정도 자란 애벌레 상태로 겨울을 나는데, 여러 식물에 도롱이가 달린다.

서식지 풀밭, 정원, 시가지

발생 8월~이듬해 6월(어른벌레 6~7월, 연 1회)

먹이식물 여러 활엽수와 침엽수

분포 한국(남부, 제주도), 일본, 중국, 타이완, 인도차이나반도, 말레이시아, 인도

비고 어른벌레는 앞 종과 닮으나 이 종이 작고, 수컷에서 앞날개의 투명한 부분의 위치가 다르다.

자란 애벌레

도롱이

검정도롱이나방(도롱이나방과) *Mahasena aurea* (Butler, 1881)

수컷

생김새 몸길이 17mm 안팎(날개 길이 18mm 안팎)으로 자란 도롱이 길이는 40mm 안팎이고, 방추형이다. 이 도롱이에 먹이식물의 잎 조각을 붙이고, 그 끝 부분에 허물을 벗은 머리껍질을 붙여놓는다. 머리는 짙은 갈색으로, 갈색 무늬가 보인다. 몸통은 유백색으로, 흑갈색 무늬가 퍼져 있다. 배는 옅은 황백색, 자모 받침은 희미하다.

습성 앞 종과 거의 같다. 도롱이가 10mm 안팎인 6살 애벌레 상태로 겨울을 난다. 도롱이를 딜고 여러 식물에 붙는다.

서식지 풀밭, 정원, 시가지, 과수원

발생 8월~이듬해 5월(어른벌레 6~8월 초, 연 1회)

먹이식물 여러 활엽수와 침엽수, 초본식물

분포 한국(전국), 일본, 중국

 이상길 등(1997)은 이 나방이 은행나무를 먹어 미관을 해친다고 하였다.

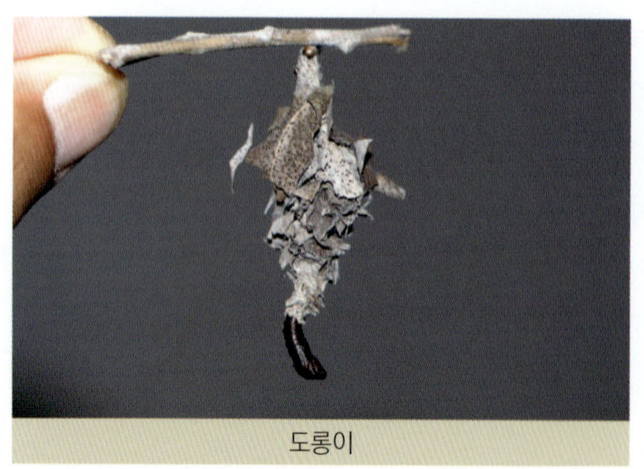
도롱이

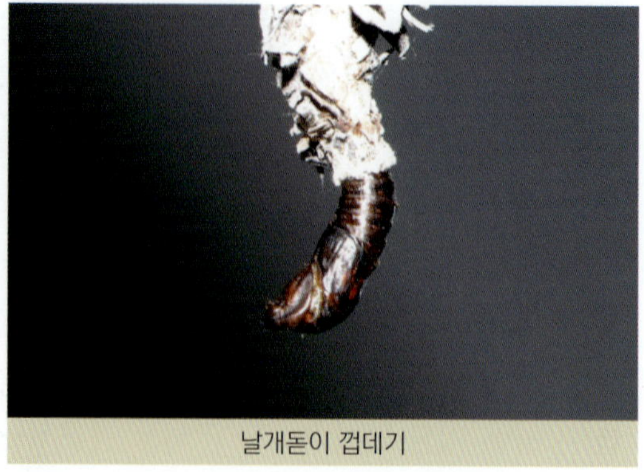
날개돋이 껍데기

작은날개검정도롱이나방(도롱이나방과) *Canephora pungelerii* (Heylaerts, 1900)

생김새 몸길이 17mm 안팎(날개 길이 15~19mm)으로 벼과의 잎으로 엮어진 도롱이 길이는 20mm 안팎이다. 머리는 흑갈색 무늬가 있고, 몸통은 유백색이다.

수컷

습성 어린 애벌레 상태로 월동하고 봄에 빠르게 자란다. 도롱이 속에서 번데기가 된 수컷은 번데기를 밖으로 반쯤 내민 채 날개돋이를 한다. 날개가 없는 암컷은 몸을 움직여 번데기 껍데기를 부수고 나온다. 암컷은 도롱이에서 벗어나지 않은 채 페로몬을 방출하여 수컷을 유인하여 짝짓기 한 후, 자신의 도롱이에 붙은 번데기 껍질에 알을 낳고 밖으로 떨어져 죽는다.

서식지 풀밭, 정원, 시가지, 과수원

발생 8월~이듬해 5월(어른벌레 5~6월 초, 연 1회)

먹이식물 여러 활엽수와 침엽수, 초본식물

분포 한국(남부, 제주도), 일본

도롱이

날개돋이 껍데기가 달린 도롱이

▶Family **Tineidae** Latreille, 1810 곡식좀나방과

날개 길이는 7~20mm로 작은 편이다. 어른벌레는 앉을 때 날개를 경사
가 급한 지붕처럼 만든다. 앞날개 후각에 특별한 무늬가 없으며, 보통 불
규칙한 갈색 무늬가 생긴다. 뒷날개는 앞날개만큼 넓으나 별 무늬가 없
다. 머리는 큰 편으로, 정수리 위로 빽빽한 털들이 나 있다. 더듬이는 가
는 실 모양으로, 앞날개의 1/3 정도 길이이다. 아랫입술수염은 앞쪽이 가
늘어지면서 뾰족해지고, 입이 축소된다. 어른벌레는 서로 닮고 특별한
무늬가 적어 종의 구별이 어렵다. 애벌레는 2장의 둥근 잎을 위아래로
겹치고 움직일 수 있게 만든 후 그 속에서 산다. 애벌레의 식성은 포유류
의 털, 새 깃털, 또는 이를 재료로 만든 옷 이불 등, 죽은 나무의 껍질, 버
섯, 지의류, 고사리 포자를 먹는다. 세계에 3,000여 종이 알려져 있는 큰
무리이다. 우리나라에는 41종이 알려져 있지만 더 늘어날 것으로 예상된
다. 일본에서는 이 무리를 머리가 큰 '広頭小蛾'로 부른다. 우리 이름은
생태 특징을 살린 뜻으로 보이지만 아무래도 이 무리의 다양성을 나타내
기에 부족한 느낌이 든다. 영어권에서는 'Clothes moth, Fungus moths,
Tineid moths'라고 부른다.

큰점무늬좀나방[*Morophaga
bucephala* (Snellen, 1884)]

우수리버섯좀나방[*Morophagoides
ussuriensis* (Caradja, 1920)]

최근 Regier et al.(2014)에 따른 곡식좀나방붙이과(**Meessiidae** Căpuşe, 1966)가 새로 설정되었는데, 우리나라
에서는 Roh and Byun(2019)이 4종을 새로 기록하였다.

미확인종(곡식좀나방붙이과)

지의류를 먹는 것으로 추정된 옆의 미확인종 집

신칭 개미집살이좀나방(곡식좀나방과) *Gaphara conspersa* (Matsumura, 1931)

생김새 몸길이 10mm 안팎(날개 길이 16~26mm)으로 머리와 가슴은 광택이 강한 검은색이나 이 밖의 몸
통은 유백색이다. 몸은 편평하고 가운데가 통통한 편이다.

습성 개미(여러 곤충)가 사는 밤나무 고목에서 보이는데, 개미 애벌레, 개미 사체, 개미 애벌레의 탈피
껍질을 먹는다. 사육할 때에는 시중의 열대어 먹이로 대체할 수 있다. 움직일 수 있는 '8'자 모양의 집의
길이는 15mm 안팎으로, 이 집은 위 아래로 막혀 있으며, 머리 쪽으로 열려진 틈으로 머리와 다리가 나

온다. 번데기로 겨울을 난다.

서식지 극상의 활엽수 산지

발생 3~10월(어른벌레 5~9월, 연 2회)

먹이식물 육식성(개미)

분포 한국(경기), 일본

비고 이 종은 Ahn et al.이 2014년에 'A first record of *Gaphara conspersa* (Matsumura, 1931) (Lepidoptera, Tineidae) in Korea'라는 제목으로 포스터 발표를 하여 우리나라에 처음 알려졌다.

수컷

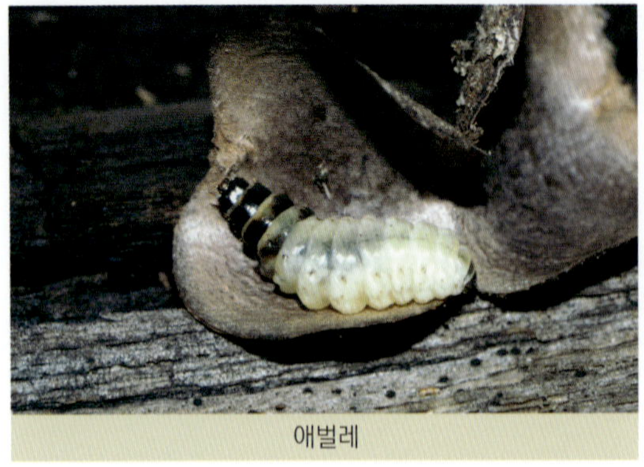
애벌레

둥지

고사리좀나방(곡식좀나방과) *Psychoides gosari* Kim et Bae, 2007

생김새 몸길이 7mm 안팎(날개 길이 10mm 안팎)으로 머리는 반짝이는 붉은색이다. 몸통은 흰색으로 매끈매끈하게 보이나 미소한 검은 혹이 퍼져 있다.

습성 고사리 잎 뒤에 있는 포자를 먹고 자라며, 포자의 털을 뭉치고 사는데, 잎 위로 통로를 만들고 위의 통 모양의 보금자리를 만들어 그 속에서 쉰다. 먹을 때에만 잎 뒤로 내려와 포자를 먹는다. 제주도에서 고사리류의 포자를 먹는 애벌레를 찾았는데, 꽤 많았다. 자란 애벌레는 땅으로 내려와 자갈 사이, 바위틈에서 번데기가 된다.

서식지 숲 속

발생 8월(어른벌레 5~6월 초, 연 1회)

애벌레(a)와 통로(b), 포자를 먹은 흔적(c)

위로의 통로를 포자로 메꾼 모양

 먹이식물 가는잎족제비고사리, 바위족제비고사리, 산족제비고사리(관중과 Dryopteridaceae)

분포 한국(중 · 남부, 제주도, 울릉도)

비고 이 종은 우리나라 고유종이다. 경기도 화야산 개체들로 Kim and Bae(2007)가 처음 기록하였다. 다만 남부 지방과 제주도, 울릉도의 개체들은 혹 일본에서 기록된 *Psychoides phaedrospora* Meyrick, 1935 인지 확인할 필요가 있다.

둥지

아래로 머리를 내민 애벌레

울릉도에서 발견한 거품을 품고 있는 애벌레로 다른 종으로 보임

Superfamily **Gracillarioidea** Stainton, 1854 · · · · · · · · · · · 가는나방상과

▶Family **Gracillariidae** Stainton, 1854 가는나방과

날개 길이는 5~20mm로, 작은 나방이다. 어른벌레는 앉을 때 날개를 경사가 급한 지붕처럼 세우고, 앞다리와 가운뎃다리로 머리를 40° 정도 들어올린다. 아랫입술수염은 가늘고 길며, 앞이 뾰족하고, 위로 둥글게 솟는다. 더듬이는 실 모양으로, 앞날개 길이보다 조금 짧거나 길다. 입은 비늘가루가 없다. 앞날개는 가늘고 긴데, 끝의 연모도 길다. 뒷날개는 앞날개보다 더 가늘다. 앞날개는 고운 색을 띠며, 가끔 반사하면 금속광택이 난다. 애벌레는 잎살에 들어가 살며, 어느 정도 자라면 잎살에서 나와 잎을 말고 그 속에서 살기도 한다. 어릴 때에는 식물의 즙을 빨다가 도중과변태를 하여 다 자라면 입이 씹는 형태로 변한다. 세계에 1,800여 종, 우리나라에는 60여 종이 분포한다. 우리 이름은 날개가 가느다란 모습에서 따온 것으로 보인다. 영어 이름은 'Leaf blotch miner moths'라 하여 애벌레가 잎 속에서 사는 모습을 여성의 브로치에 비유한 것이다.

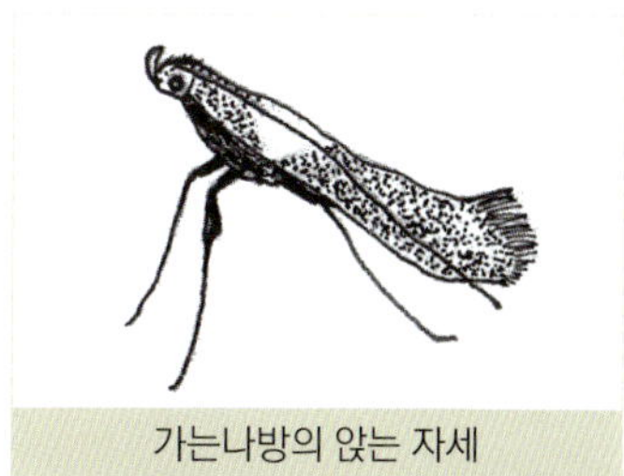

가는나방의 앉는 자세

가는나방 일종

한편 이 과와 매우 가까운 **Roeslerstammiidae**(반디가는나방과, 개칭)가 있다. 이미 빛날개좀나방과라는 이름이 있었으나 어색해서 바꾸었다. 우리나라에 1종(*Roeslerstammia nitidella* Moriuti, 1972)이 기록되어 있다. 또, **Bucculatricidae**(선가는나방과, 개칭)가 있다. 이미 선굴나방과라는 이름이 있는데, 애벌레가 선처럼 굴을 만든다. 우리나라에 1종(배선굴나빙 *Bucculartrix pyrivorella* Kuroko, 1964)이 있다.

굴피가는나방(가는나방과) *Acrocercops transecta* Meyrick, 1922

암컷

생김새 몸길이 7mm 안팎(날개 길이 9mm 안팎)으로 3살까지는 입으로 즙을 빨아먹다가 이후 씹는 입으로 변하는 과변태를 한다. 머리는 옅은 갈색, 몸통은 옅은 노란색이다. 배다리는 제3~4마디에 있다. 자라면 몸이 붉어진다.

습성 잎 위에 낳아진 알에서 부화한 1살 애벌레는 잎살 위쪽의 책상 조직 속에 들어가 생활한다. 먹은 자리가 처음에 뱀처럼 구불구불하나 점차 표피와의 사이의 잎살을 먹으며 옆으로 이동하면서 지름이 30mm 정도로 넓어진다. 자라면 바깥으로 나와 고치를 틀고 번데기가 된다. 고치는 주황색이다.

서식지 낮은 위치의 활엽수림, 마을 주변

발생 6~7월, 9월(어른벌레 5월, 8월, 연 2회)

먹이식물 굴피나무(가래나무과 Juglandaceae), 진달래과(Ericaceae)

분포 한국(중·남부), 일본, 러시아 극동지역, 타이완

비고 과변태(過變態, hypermetaboly)는 완전탈바꿈하는 곤충 애벌레 시기에서 초기와 후기에 몸의 체제가 변화하는 것을 말한다. 이 종은 애벌레 때의 초기와 후기에 다른 입 구조를 갖기 때문에 과변태라 할 수 있다.

자라는 중의 모습

애벌레

완전히 자란 모습

목련가는나방(가는나방과) *Caloptilia magnoliae* Kumata, 1966

암컷

생김새 몸길이 8mm 안팎(날개 길이 15mm 안팎)으로 머리와 몸은 풀색을 머금은 연미색이다. 윗입술 부분 등 입 주변은 옅은 적갈색을 띤다. 제3~5배마디에는 배다리가 있다. 입은 씹는 형태이다. 고치는 흰색이다.

습성 잎을 길게 말고 그 속에서 여러 마리가 함께 지낸다.

서식지 낙엽활엽수림

발생 8~9월(어른벌레 9월, 연 1회)

먹이식물 백목련, 함박꽃나무(목련과 Magnoliaceae)

분포 한국(중부), 일본

애벌레가 말아 놓은 잎

자란 애벌레

잎살 속의 애벌레

번데기

위에서 본 모습

단풍잎가는나방(가는나방과) *Caloptilia aceris* Kumata, 1966

생김새 몸길이 7mm 안팎(날개 길이 10mm 안팎)으로 머리와 몸은 연미색이다. 제3~5배마디에는 배다리가 있다. 입은 씹는 형태이다. 고치는 흰색이다.

습성 잎 뒤에 낳아진 알에서 부화한 1살 애벌레는 나뭇잎의 조직 아래층으로 들어가 미로 모양으로 파고들면서 생활한다. 이후 4살이 되면 구멍을 뚫고 나와 나뭇잎 끝에서 잎을 말아 삼각추형 통을 만

수컷

들고 그 속에서 산다. 2살까지는 입이 흡즙형이다가 이후 씹는 형태로 과변태 한다. 자라면 통 속에서 나와 오므려진 잎 사이에서 보트 모양의 흰 고치를 튼다. 번데기로 겨울을 난다.

애벌레가 먹은 흔적과 배설물

삼각추 모양의 둥지

서식지 활엽수림

발생 5~10월(어른벌레 6~9월, 연 2회)

먹이식물 당단풍나무, 단풍나무(단풍나무과 Aceraceae)

분포 한국(중·남부), 일본, 중국, 러시아 극동지역

옻나무가는나방(가는나방과) *Caloptilia rhois* Kumata, 1982

생김새 몸길이 8mm 안팎(날개 길이 13mm 안팎)으로 머리와 등방패는 옅은 주황색이고 반짝인다. 몸통은 반투명해 보이며, 속이 풀색을 띠는데 겉은 유백색으로 보인다. 배 끝 2마디는 흰색이다.

습성 자란 애벌레는 잎 가장자리의 끝을 조금 말아 그 속에서 지낸다. 잎을 짚듯이 움푹 들어간 자리에 보트 모양의 흰 고치를 틀고 번데기가 된다.

수컷

서식지 활엽수림

발생 5월, 8월(6~7월, 9월, 연 2회)

먹이식물 붉나무(옻나무과 Anacardiaceae)

분포 한국(중·남부), 일본, 중국

비고 어른벌레는 계절형이 나타나는데, 날개색이 고온기에 노랗고, 저온기에 적갈색으로 변한다. 허운홍(2012: 472)의 사진은 바로 이 종이다.

애벌레

고치

팽나무가는나방(가는나방과) *Caloptilia celtidis* Kumata, 1982

생김새 몸길이 9mm 안팎(날개 길이 11mm 안팎)으로 머리는 갈색이고, 특별한 무늬가 없다. 몸통은 풀색으로, 가슴 부분은 색이 조금 옅고, 배 끝 두세 마디는 흰색을 띤다.

습성 어릴 때에는 잎살로 파고들다가 중간 이후 과변태를 하여 잎 끝을 말아 삼각통 모양의 보금자리를 만들어 그 속에서 산다. 자라면 잎맥에 기대 흰 보트 모양의 고치를 틀고 번데기가 된다. 날개돋

수컷

이 하기 위해 번데기가 밖으로 노출된다. 어른벌레로 겨울을 난다.

서식지 활엽수림, 마을, 목장

발생 8~10월(6~7월, 9월~이듬해 4월, 연 2회)

먹이식물 팽나무(삼과 Cannabaceae)

분포 한국(전남 순천, 광양, 제주도), 일본, 중국, 홍콩

비고 허운홍(2021: 43)이 발견했다. 계절형이 있으며, 가을 개체는 자갈색으로 변하고 전연부의 노랑 무늬가 탁해진다.

애벌레

둥지

날개돋이가 끝난 고치

버들가는나방(가는나방과) *Caloptilia chrysolampra* (Meyrick, 1938)

생김새 몸길이 8~9mm(날개 길이 10mm 안팎)로 앞 종과의 차이가 없다. 어릴 때에는 유백색이다가 자라면서 풀빛을 띤다.

습성 앞의 이 속들과 같은 생활사를 거치며, 큰 차이가 없다. 기생벌에 기생당한 경우가 많다. 번데기로 겨울을 난다.

서식지 습지, 경작지

발생 5월, 8~9월(5월, 8월, 연 2회)

먹이식물 버드나무류(버드나무과 Salicaceae)

분포 한국(중·남부), 일본, 타이완

비고 이 속의 애벌레는 생김새의 차이가 덜 하다. 먹이식물을 살피면 종의 구별에 도움이 된다.

수컷

번데기

둥지

기생벌 고치

백양나무가는나방(가는나방과) *Caloptilia stigmatella* (Fabricius, 1781)

생김새 몸길이 8mm 안팎(날개 길이 11mm 안팎)으로 머리는 조금 붉고, 몸통은 연미색이다. 앞 종과 차이가 크지 않다.

습성 잎살 속에서 뱀 모양의 가느다란 굴을 파고 들어가며 잎살을 먹으며 자란다. 4살이 되면 구멍을 뚫고 나와 나뭇잎 끝에서 잎을 말아 삼각추형 통을 만들고 그 속에서 산다. 자라면 보금자리에서 나와 오므려진 잎 사이에서 보트 모양의 흰 고치를 튼다.

서식지 습지, 경작지

발생 8~9월(7~8월, 연 1회)

먹이식물 버드나무, 백양나무, 사시나무(버드나무과 Salicaceae)

분포 한국(중부), 일본, 시베리아 동부~유럽, 인도, 북미

수컷

애벌레

둥지

수컷

동백가는나방(가는나방과) *Caloptilia theivora* (Walsingham, 1891)

생김새 몸길이 10mm 안팎(날개 길이 12mm 안팎)으로 머리와 몸은 유백색이다가 차츰 풀색을 띠는데, 광택이 강하다.

습성 1~2살 애벌레는 잎살을 흡즙하고, 동백나무의 새순의 잎 끝에서 말아 접은 속에서 잎살만 먹고 자란다. 자라면 밖으로 이동하여 움푹한 잎 부분에서 보트 모양의 흰 고치를 틀고 번데기가 된다.

서식지 산지, 마을 주변

발생 5~9월(5~9월, 연 수회)

먹이식물 동백나무(차나무과 Theaceae)

분포 한국(울릉도, 완도, 제주도), 일본, 타이완, 동양 열대 지역

어린 애벌레

자란 애벌레

둥지

사스레피나무가는나방(가는나방과) *Borboryctis euryae* Kumata et Kuroko, 1988

수컷

생김새 몸길이 2.5mm 안팎(날개 길이 8mm 안팎)으로 머리는 붉고, 몸은 흰색이며, 가슴 부위가 부푼다. 자란 애벌레는 몸이 붉어진다.

습성 1~2살 애벌레는 잎살을 흡즙하면서 앞으로 나가는데, 그 흔적이 뱀처럼 보인다. 3살 애벌레부터는 넓게 씹어 먹으면서 그 부분이 짙게 나타난다. 4~5살일 때에는 그 부분이 갈색으로 변하면서 부풀어 오른다. 자란 애벌레는 잎 속에서 탈출하여 흰 보트 모양의 고치를 틀고 번데기가 된다.

서식지 상록수림

발생 6월, 9월(2~11월, 연 2회)

먹이식물 사스레피나무(차나무과 Theaceae)

분포 한국(전남 무안), 일본

애벌레

애벌레 이동 통로

갈색 부분이 자란 애벌레 위치

귤굴나방(가는나방과) *Phyllocnistis citrella* Stainton, 1856

생김새 몸길이 2.5mm 안팎(날개 길이 5mm 안팎)으로 머리와 몸은 흰색이다. 몸통은 원통형이고, 가슴다리와 배다리가 없으며, 항문다리에는 발톱가시가 없다.

습성 잎 위, 아래에 낳아진 알에서 부화한 1살 애벌레는 가지 또는 잎살의 위의 책상조직에 들어가 살아간다. 먹고 지나간 통로는 구불구불하다. 3살까지는 흡즙형으로, 식물의 즙을 빨아먹다가 과변태한 후, 얼마안가 고치틀기를 하여 번데기가 된다. 번데기 또는 어른벌레로 겨울을 난다.

서식지 상록수림 가장자리, 귤나무밭

어른벌레

먹은 흔적이 있는 잎

먹은 흔적이 있는 줄기

발생 6~10월(7~11월, 연 수회)

먹이식물 귤나무류(운향과 Rutaceae)

분포 한국(제주도), 일본, 아시아, 아프리카, 아메리카, 유럽, 호주 등

비고 전 세계 감귤류의 대 해충으로 알려져 있다.

사과굴나방(가는나방과) *Phyllonorycter ringoniella* (Matsumura, 1931)

생김새 몸길이 5mm 안팎(날개 길이 6mm 안팎)으로 머리는 옅은 갈색이고, 큰턱이 있어 씹을 수 있다. 몸통은 유백색이고, 마디 사이와 등선이 쑥색이다. 갈색의 번데기는 머리가 둥글지만 끝이 뾰족해진다.

습성 잎 조직에 들어가 식물을 조직을 빨아먹다가(吸汁) 3살부터 씹는 형태(詛嚼)로 입이 변하는 과변태를 한다. 애벌레가 잎 뒤의 맥을 중심으로 짚듯이 공간을 만들어 번데기가 된다. 번데기로 겨울을 나는 것으로 보인다.

서식지 경작지, 낙엽활엽수림

발생 6~8월(어른벌레 5~7월, 연 2회)

먹이식물 사과나무, 배나무(장미과 Rosaceae)

분포 한국(내륙), 일본, 중국, 러시아 극동지역

비고 사과나무와 배나무의 해충으로 보인다.

어른벌레	번데기 위치	자란 애벌레
고치	애벌레와 배설물	번데기

신칭 산유자가는나방(가는나방과) *Phyllonorycter* sp.

생김새 몸길이 2mm 안팎(날개 길이 5mm 안팎)으로 머리와 몸은 흰색이다. 몸통은 원통형으로, 가슴다리와 배다리가 없고, 항문다리에는 발톱가시가 없다.

습성 잎살의 위의 책상조직에 들어가 살아간다. 먹고 지나간 통로는 구불구불하다. 3살까지는 흡즙형이다가 과변태한 후, 통통하게 한 자리에 넓게 공간을 만든다. 이 부분이 흰색으로 보인다. 제주도에서 겨울에도 애벌레를 발견하였다.

서식지 제주 곶자왈

발생 연중(연 수회)

먹이식물 산유자나무(버드나무과 Salicaceae)

분포 한국(제주도)

어른벌레

애벌레

날개돋이가 끝난 탈피 껍질

예덕가는나방(가는나방과) *Deoptilia heptadeta* (Meyrick, 1936)

생김새 몸길이 5mm 안팎(날개 길이 7mm 안팎)으로 자란 애벌레는 붉은색으로 변한다.

습성 예덕나무의 잎살에 들어가, 조직을 먹는데, 표면에서 보면 그 자리가 넓게 흰색으로 변한다. 번데기가 되기 위해 밖으로 나와 움푹한 부분에서 흰색의 보트 모양의 고치를 트는데, 붉은색의 번데기가 밖에서 비쳐 보인다.

수컷

서식지 제주 추자도의 산지

발생 5~7월(5월, 7월, 연 2회)

먹이식물 예덕나무(대극과 Euphorbiaceae)

분포 한국(추자도), 일본, 타이완

애벌레

고치

먹은 흔적

자작나무가는나방[*Phyllonorycter issikii* (Kumata, 1963)]

미확인종(너도밤나무, 울릉도)

미확인종(신갈나무)

미확인종(떡갈나무)

미확인종(고로쇠나무)

미확인종(황기)

미확인종(광대싸리)

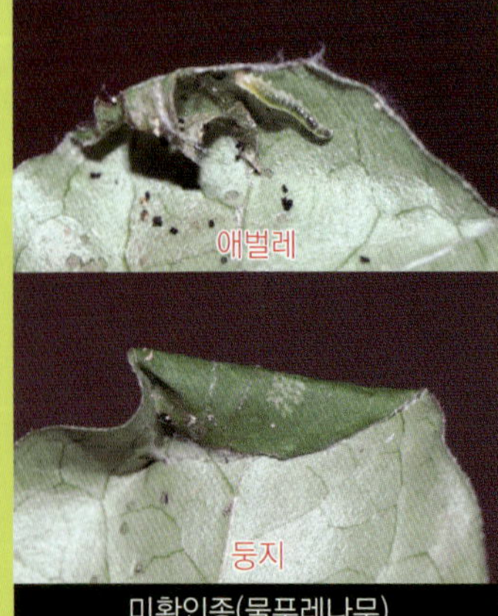

미확인종(물푸레나무)

Superfamily **Yponomeutoidea** Stephens, 1829

▶Family **Yponomeutidae** Stephens, 1829 집나방과

날개 길이는 8~22mm로, 작은 편이다. 어른벌레는 앉을 때 날개를 경사가 급한 지붕처럼 세우는데, 일부 종에서 배를 감싸기도 한다. 앉을 때 머리를 숙이고, 배를 들어 올린다. 수컷의 날개가시는 1개, 암컷은 2개 있다. 앞날개는 좁고 길며, 끝이 침처럼 뾰족하다. 애벌레의 머리는 매끄럽고, 개안이 없다. 큰턱은 작고 1~3마디이다. 어린 애벌레는 잎살에 들어가 먹고, 자라면서 밖으로 나온다. 이 무리는 독을 품고 있어서 새들이 싫어한다. 어른벌레는 밤에 날며, 불빛에 날아온다.

세계에 360여 종, 우리나라에 27여 종이 알려져 있다. 우리 이름은 무리 짓는 애벌레가 실을 내어 먹이식물을 거미줄처럼 집을 짓는 데에서 유래한다. 영어 이름 'Ermine moths'는 흰 바탕에 작고 검은 점이 있다는 뜻이다. 이 과에 대해서 Sohn et al.(2013)의 유전자 분석 자료가 알려져 있다.

좁은잎참빗살나무집나방
(*Yponomeuta refrigeratus* Meyrick, 1931)

집나방 일종

은판집나방(집나방과) *Thecobathra anas* (Stringer, 1930)

생김새 몸길이 15mm 안팎(날개 길이 13~17mm)으로 머리는 노란 기가 있는 옅은 풀색이다. 등방패는 몸 색과 같다. 자모 받침은 겨우 눈에 띄는 정도로 검게 보이며, 자모는 길다. 가슴다리와 배다리는 몸 색과 같다. 숨문 테두리는 옅은 황토색이다.

습성 잎과 잎을 흰 실로 붙여 막 같은 보금자리를 만들어 홀로 살아간다. 자라면 있던 자리에서 흰 고치를 틀고 번데기가 된다.

서식지 상록수림

발생 5~6월(어른벌레 4~10월, 연 수회)

먹이식물 종가시나무, 참나무류(참나무과 Fagaceae)

분포 한국(진도, 완도), 일본, 중국 남부

수컷

자란 애벌레

화살나무집나방(집나방과) *Yponomeuta polystictus* (Butler, 1879)

생김새 몸길이 19mm 안팎(날개 길이 24~30mm)으로 머리는 검은색이고, 등방패도 검다. 머리와 등방패 사이에는 노란 띠가 있다. 몸통은 옅게 노란 바탕이고, 등선이 검다. 숨문밑선은 희다. 각 마디의 등밑선에 검은 무늬가 양쪽으로 각각 2개씩 있다. 가슴다리와 숨문 테두리, 배다리의 옆과 항문위판은 검다.

수컷

습성 무리지어 입에서 실을 토해 복잡하게 그물을 치고 그 사이에서 지내며, 실은 끈적이지 않으나 촘촘하다. 집 안에서 그대로 번데기가 되며, 황토색을 띤다. 1살 애벌레로 겨울을 난다.

서식지 활엽수림, 강가, 습지

발생 5~6월(어른벌레 7~8월, 연 1회)

먹이식물 노박덩굴, 참빗살나무, 화살나무(노박덩굴과 Celastraceae)

분포 한국(전국), 일본, 중국 중부, 러시아 극동지역

비고 집나방의 뜻은 애벌레가 먹이식물의 잎과 가지와 같은 재료로 둥지(집)를 만들고 잎을 먹는 습성에서 유래하였다.

자란 애벌레

어리검은줄집나방(집나방과) *Yponomeuta kanaiellus* Matsumura, 1931

생김새 몸길이 15mm 안팎(날개 길이 19mm 안팎)으로 머리는 반짝이는 검은색이고, 등방패는 노란색이다. 가슴은 노란색을 띠나 배 부분은 거의 희다. 등선에는 희미하게 검은 선이 있다. 각 마디의 등밑선 부분에 검은 점이 양쪽으로 2개씩 있다. 가슴다리와 숨문 테두리, 배다리의 옆과 항문위판은 검은색이다.

습성 한 마리가 입에서 실을 토해 잎을 보자기처럼 싼다. 그 집 안에서 적갈색 번데기가 된다. 겨울나기는 알려지지 않았다.

서식지 활엽수림

발생 5월(어른벌레 5~6월, 연 1회)

먹이식물 회잎나무, 화살나무(노박덩굴과 Celastraceae)

분포 한국(중부), 일본, 중국 동부

수컷

애벌레

둥지

벚나무집나방(집나방과) *Yponomeuta evonymella* (Linnaeus, 1758)

생김새 몸길이 15mm 안팎(날개 길이 20mm 안팎)으로 머리는 반짝이는 검은색이다. 등방패도 머리색과 같다. 몸통은 옅은 노란색 바탕이고, 등선이 희미하여 거의 보이지 않는다. 각 마디의 등밑선에 검은 무

늬가 열 지어 보인다. 가슴다리와 배다리, 항문위판은 몸 색과 같다.

습성 여러 마리가 무리지어 입에서 실을 토해 복잡하게 실그물을 치고 그 사이에서 잎을 먹는데, 다 먹으면 다른 새 잎으로 옮겨간다. 1살 애벌레로 겨울을 난다.

서식지 활엽수림, 강가, 하천

발생 5~6월(어른벌레 7~9월 초, 연 1회)

먹이식물 귀룽나무(장미과 Rosaceae)

분포 한국(중부), 중국 북부, 러시아, 유럽

비고 우리나라 이 속의 분류는 Na와 Lee, Bae(2018)가 정리했지만 이 종과 좁은잎참빗살나무집나방 (*Yponomeuta refrigeratus* Meyrick, 1931)의 먹이식물의 관계가 명확하지 않다.

애벌레

둥지

노박덩굴집나방(집나방과) *Xyrosaris lichneuta* Meyrick, 1981

생김새 몸길이 12mm 안팎(날개 길이 15mm 안팎)으로 머리는 갈색에서 흑갈색이고, 몸통은 짙은 풀색으로 등이 붉어진다. 등밑선에 적갈색이 나타난다. 등방패와 자모 받침은 검은색이다. 항문위판은 흑갈색이다.

습성 한~서너 마리가 입에서 실을 토해 엉성하게 실그물을 치고 그 사이에서 잎을 먹는다. 그 속에서 흰 고치를 틀고 번데기가 된다. 어른벌레로 겨울을 난다.

서식지 낮은 위치의 활엽수림

발생 5~10월(어른벌레 3~10월 초, 연 수회)

수컷

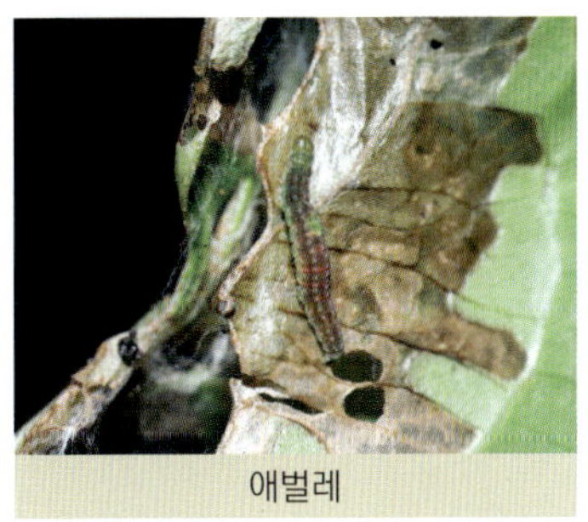
애벌레

둥지

집나방과는 종을 구별하기 쉽지 않고 아직 해명해야 할 부분이 많다. 앞으로 DNA분석에 따른 분류가 시도될 것으로 예상된다.

미확인종(노박덩굴)

Yponomeuta sp. 1(참빗살나무)

Yponomeuta sp. 2(노박덩굴)

Yponomeuta sp. 3(참빗살나무)

Yponomeuta sp. 5(회잎나무)

Yponomeuta sp. 6(회잎나무)

먹이식물 참빗살나무, 노박덩굴, 화살나무(노박덩굴과 Celastraceae)

분포 한국(중 · 남부), 일본, 중국, 타이완, 인도 북동부

비고 어른벌레는 비스듬하게 물구나무서듯이 앉는다.

▶Family **Praydidae** Moriuti, 1977 난쟁이집나방과

날개 길이는 14mm 안팎으로, 작은 편이다. 어른벌레는 앉을 때 날개를 경사가 급한 지붕처럼 세우며, 더듬이를 날개에 붙인다. 앞날개는 가늘고 길다. 더듬이는 실모양이고, 앞날개의 절반 길이이다. 아랫입술수염은 위로 굽는다. 애벌레 머리의 V1 자모는 매우 작다.

Prays sp. 암컷

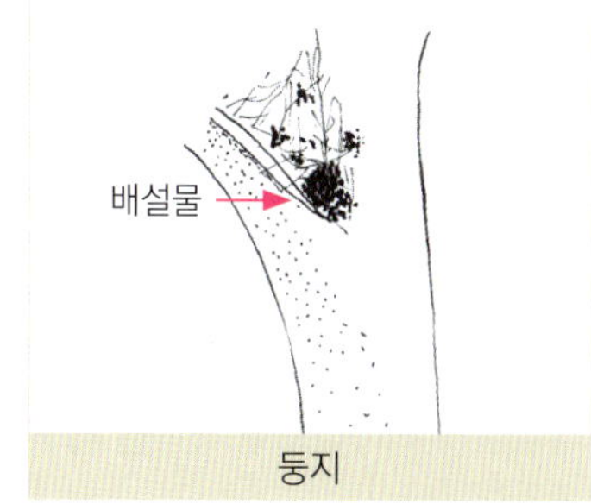

둥지

▶ Sterling and Parsons (2012)에 따름

애벌레는 목본식물의 잎살에 들어가거나 꽃봉오리, 새싹에 들어가며, 일부는 느슨하게 잎으로 집을 만들기도 한다. 구북구에 분포한다. 우리나라에는 6종이 알려져 있는 작은 무리이다. 우리 이름은 작은 '집나방과'라는 뜻으로 새로 지었고, 영어 이름 'False ermine moths'는 가짜 집나방이 아니라 '집나방과'와 매우 닮는다는 뜻이다. 최근 유전자 분석에 따라 '집나방과'에서 분리된 과이다. 이에 대한 논문은 Sohn(2012), Sohn et al.(2013) 등이 있다.

▶Family **Argyresthiidae** Meyrick, 1932 새싹집나방과

날개 길이는 12~15mm로, 작은 편이다. 어른벌레는 앉을 때 날개를 몸에 꽉 붙이며, 머리가 조금 낮고 배 끝이 조금 높게 비스듬하게 몸을 유지한다. 앞날개는 가늘고 길고, 외연의 연모가 길다. 또 앞날개는 금속광택이 있는 무늬가 반짝이며,

세흰점새싹집나방[개칭, *Argyresthia brockeella* (Hübner, 1813)]

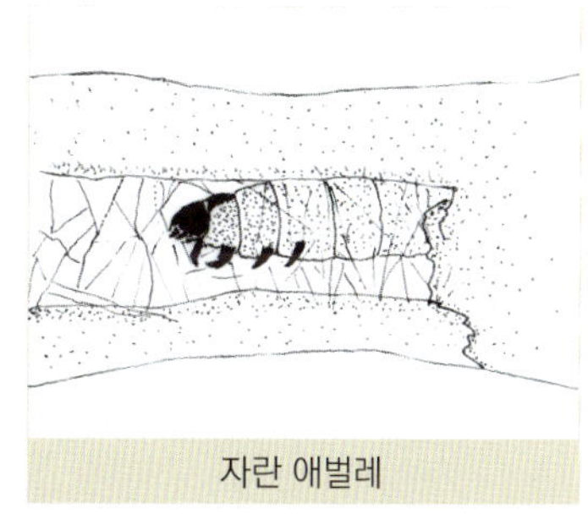

자란 애벌레

뒷날개는 앞날개보다 더 좁다. 머리에는 짧은 털로 덮이고, 더듬이는 실 모양, 앞날개의 2/5~4/5의 길이이다. 아랫입술수염은 짧은 편으로 위로 솟으며, 끝이 뾰족하다. 입에는 비늘가루가 없다. 이 과도 앞의 과처럼 집나방과로 다루다가 분리되었다. 애벌레는 대부분 침엽수와 활엽수의 새싹 부분에 구멍을 뚫고 들어가서 자란다. 대부분 한 해에 한번 나타나고, 어두워질 때에 날아다니며, 밤에 불빛에도 날아온다. 우리 이름은 애벌레가 새싹 부분을 먹는다는 뜻으로 지었다. 영어 이름 'Shiny head-standing moths'는 이 나방의 날개 색과 앉는 지세로 지어진 듯 보인다.

▶Family **Ypsolophidae** Guenée, 1845 갈고리집나방과(갈고리좀나방과)

갈고리집나방[*Ypsolopha blandella*
(Chrostoph, 1882)]

날개 길이는 10~24mm로, 작은 편이다. 어른벌레는 앉을 때 날개를 몸에 꽉 붙이며, 머리가 조금 낮게 비스듬하게 몸을 유지하는데, 더듬이를 앞으로 뻗는다. 앞날개는 가늘고 길며, 후각이 뾰족하고, 앞날개 끝이 갈고리 모양이다. 뒷날개는 앞날개보다 넓고, 머리는 편평하며, 비늘가루가 적다. 더듬이는 앞날개의 1/2~2/3 길이이다. 2마디의 아랫입술수염은 앞으로 뻗치고 끝이 뾰족하며 위로 굽는다. 애벌레는 가늘고 긴 편으로 중앙이 넓고 앞뒤로 가늘어진다. 주로 잎 뒤에서 성기게 실을 치고 살며, 건들면 바닥에 떨어져 파드득거린다. 고치는 보트 모양이며, 양끝이 실로 고정된다. 어른벌레는 밤에 날며, 불빛에 잘 날아온다. 세계에 160여 종이 분포한다. 우리나라에는 *Ypsolopha*속의 20여 종이 있다. 이 무리가 집나방상과에 속하므로 이름을 바꾸었다.

신나무갈고리집나방(신나무좀나방, 갈고리집나방과) *Ypsolopha acerella* Ponomarenko, Sohn et Zinchenko, 2011

생김새 몸길이 15mm 안팎(날개 길이 18mm 안팎)으로 머리는 노란 바탕에 흑갈색 무늬가 불규칙하게 조금 보인다. 몸통은 연두색 바탕에 굵고 희며 곧지 않은 등밑선이 특징이 있다. 등방패와 항문위판은 몸통과 다름없다. 가슴다리와 배다리는 풀색이다.

습성 새순을 오므리듯 실로 묶고 그 속에서 홀로 살아간다. 자라면 흰 고치를 틀고 번데기가 된다.

서식지 활엽수림

발생 5월(어른벌레 6~7월, 연 1회)

먹이식물 신나무(단풍나무과 Aceraceae)

분포 한국(중부), 일본, 러시아 극동지역

수컷

애벌레(위)

애벌레(옆)

가로줄갈고리집나방(가로줄좀나방, 갈고리집나방과) *Ypsolopha parallelus* (Caradja, 1939)

생김새 몸길이 16mm 안팎(날개 길이 23mm 안팎)으로 머리는 회백색이다. 몸통은 푸른 기가 있는 회백색이다. 뚜렷한 회백색의 등밑선과 뚜렷한 숨문윗선이 있다. 가슴마디의 등선 좌우로 작고 검은 점이 일렬로 배열하나 각 배 마디에는 사각의 꼭짓점에만 4개의 검은 자모 받침이 보인다. 등방패와 항문위판은 거의 몸통과 같다.

습성 홀로 생활을 하며 엉성하게 실을 내어 자리를 만든 후 그 자리에 머문다. 옅은 갈색의 사각 텐트 모양의 고치를 틀고 그 속에서 번데기가 된다.

서식지 활엽수림

발생 5월(어른벌레 6~10월, 연 1회)

먹이식물 졸참나무, 갈참나무(참나무과 Fagaceae)

분포 한국(중부, 지리산), 일본, 러시아 극동지역

수컷

애벌레

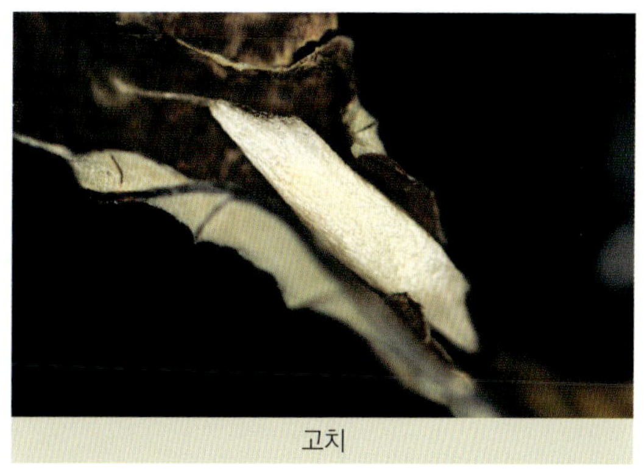

고치

갈색줄갈고리집나방(갈색줄무늬좀나방, 갈고리집나방과) *Ypsolopha parenthesella* (Linnaeus, 1761)

생김새 몸길이 13mm 안팎(날개 길이 18mm 안팎)으로 머리는 황토색이다. 몸통은 회녹색을 띠는 노란색이다. 황백색의 등밑선과 뚜렷한 황백선의 숨문윗선이 있다. 등방패와 항문위판은 회녹색으로 황토색을 띤다. 가슴다리는 황토색이다. 자모 받침은 검다.

습성 홀로 생활을 하며 실을 토해 성기게 집을 만들거나 자리를 튼 후 그 자리에 머문다. 항문다리가 길어 똥을 멀리 튕긴다. 사다리 텐트 모양의 고치를 틀고 그 속에서 번데기가 된다.

서식지 참나무 숲

발생 5월(어른벌레 6~7월, 연 1회)

먹이식물 졸참나무, 신갈나무(참나무과 Fagaceae)

분포 한국(중·남부), 일본, 사할린, 러시아 극동지역~유럽

수컷

애벌레(위)

애벌레(옆)

수염갈고리집나방(수염좀나방, 갈고리집나방과) *Ypsolopha vittella* (Linnaeus, 1758)

수컷

생김새 몸길이 12mm 안팎(날개 길이 20mm 안팎)으로 머리는 짙은 적갈색이고 흑갈색 무늬가 있다. 몸통은 짙은 자갈색으로 등선 주위는 밝다. 등밑선은 가느다란 선으로 짤막짤막 끊어진다. 숨문선 아래로는 밝아지며, 숨문은 검다. 다리는 모두 붉은 기가 있다.

습성 홀로 생활을 하며 실을 토해 잎을 엮고 그 속에서 산다. 항문 다리가 길어 똥을 멀리 튕긴다.

서식지 활엽수림

발생 5월(어른벌레 6~9월, 연 2회)

먹이식물 당단풍나무(단풍나무과 Aceraceae), 이밖에 일본에서는 느릅나무도 먹이식물로 알려져 있다.

분포 한국(중부), 일본, 중국, 러시아, 소아시아, 중동, 유럽, 북미

애벌레(위)

애벌레(옆)

종가시갈고리집나방(졸가시갈고리좀나방, 갈고리집나방과) *Ypsolopha distinctata* Moriuti, 1977

생김새 몸길이 15mm 안팎(날개 길이 19mm 안팎)으로 머리와 몸통 모두 풀색이다. 입 주변이 조금 붉다. 몸통은 중앙이 굵고 앞뒤로 갈수록 가늘어진다. 각 마디 사이는 조금 노란색을 띠고, 등밑선이 흰색으로 뚜렷하다. 등선과 등밑선 사이에 흰 자모 받침이 보여 마치 점무늬가 있는 것처럼 보인다. 자모는 검다.

습성 입에서 토한 새싹을 오므려 그 속에서 사는데, 자라면 그 보금자리에서 주홍빛 고치를 틀고 번데

기가 된다.

서식지 상록수림

발생 5월(어른벌레 3~7월, 연 2회)

먹이식물 종가시나무(참나무과 Fagaceae)

분포 한국(제주도), 일본

비고 어른벌레의 어깨판이 검다. Lee and Jeun(2022)이 '졸가시갈고리좀나방'으로 처음 기록하였는데, 졸가시나무는 일본 식물이다.

암컷

애벌레(위)

애벌레(옆)

고치

▶Family **Plutellidae** Guenée, 1845 좀나방과

날개 길이는 7~55mm이나 대부분 작다. 어른벌레는 앉을 때 날개를 경사가 급한 지붕처럼 세우고, 더듬이를 나란히 곧게 뻗는다. 개안이 있다. 앞날개는 가늘고 길고, 앞날개와 뒷날개는 크기와 생김새가 비슷하다. 머리의 비늘가루는 매끄럽고, 실 모양의 더듬이는 중간에서 굵어지며, 앞날개의 2/3의 길이이다. 또 더듬이 밑의 비늘가루가 길어서 비행기의 보조날개처럼 보인다. 아랫입술수염은 길고 조금 위로 굽는다. 어른벌레는 야행성이거나 해질 무렵에 잘 난다. 애벌레는 잎 위에서 보이며, 잎 뒤에서 엉성한 그물 모양의 고치를 틀고 번데기가 된다. 애벌레의 배다리는 가늘고 길며, 발달한 발톱이 고리 모양에 가깝다. 세계에 200여 종, 우리나라에 4종이 알려져 있으며, 이중 배추좀나방(Diamondback moths)은 배추과와 관련이 높은 해충으로 잘 알려져 있다.

배추좀나방 암컷

어른벌레

배추좀나방(좀나방과) *Plutella xylostella* (Linnaeus, 1758)

생김새 몸길이 10mm 안팎(날개 길이 25~40mm)으로 머리는 옅은 갈색 또는 풀색이고 흑갈색 무늬가 있다. 몸통은 옅은 풀색이다. 등방패와 항문위판에는 검은 자모 받침이 가득하다. 자모는 검고, 받침이 바탕보다 옅다. 가슴다리는 황토색이고, 배다리는 길다.

습성 배추과의 잎을 먹는데, 어릴 때에는 표피를 남기지만 기질수록 잎에 구멍을 낸다. 잎 뒤에 낳아진 알에서 부화한 1살 애벌레는 잎살에 들어가 먹다가 2살부터 밖으로 나온다. 번데기는 6mm 안팎으로

큰나방상과

옅은 노란색 또는 검은색이며, 그물 모양의 고치 속에 들어 있다.

서식지 풀밭, 경작지, 정원, 시가지, 해안

발생 3~12월(어른벌레 연중, 연 수회), 서귀포에서는 연중 볼 수 있다.

먹이식물 배추과 Brassicaceae

분포 한국(전국), 전 세계

비고 배추 잎에 구멍을 내므로 상품성이 떨어지기 때문에 해충으로 여긴다. 물을 뿌려 밀도를 감소시키거나 다른 작물을 섞어 기르면 피해를 줄일 수 있다. 애벌레는 약제에 대한 내성이 잘 생긴다.

애벌레

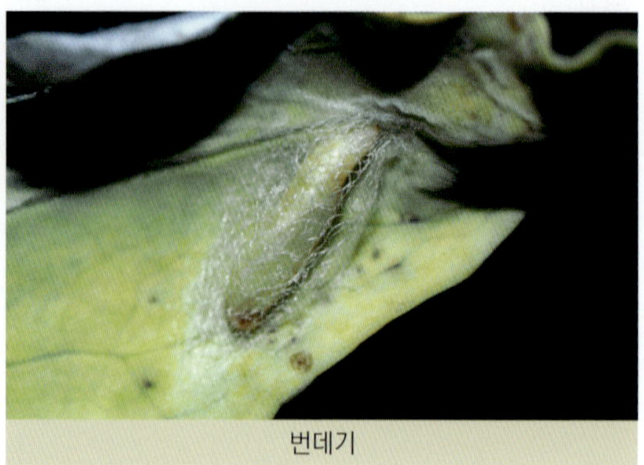

번데기

Family **Glyphipterigidae** Stainton, 1854 그림날개나방과

Glyphipterix sp. 암컷

흰점그림날개나방(Glyphipterix nigromarginata Issiki, 1930)

날개 길이는 7~19mm로, 작은 편이다. 어른벌레는 앉을 때 날개를 경사가 급한 지붕처럼 세운다. 앞날개는 가늘고 길며, 외연에 둥그런 무늬가 뚜렷하다. 별다른 무늬가 없는 뒷날개는 앞날개만큼 넓거나 조금 좁다. 머리의 비늘가루는 짧고 밋밋한 편이며, 실모양의 더듬이는 앞날개의 3/5 길이이다. 아랫입술수염은 가늘고 위로 굽어 솟는다. 입은 잘 발달한 편이다. 어른벌레는 주행성으로, 드물게 금속광택이 나는 날개를 가진다. 꿀을 빨기 위해 꽃을 찾는다. 애벌레는 외떡잎식물(벼과, 사초과, 천남성과)의 줄기와 가지에 들어가 씨앗과 꽃봉오리 속에서 자란다. 세계에 530여 종, 우리나라에는 10여 종이 기록되어 있다. 우리 이름은 화려한 날개를 가져, '그림날개나방과'로 한 것으로 보인다. 영어 이름(Sedge moths)은 사초과에 애벌레가 산다는 뜻이다.

파좀나방(그림날개나방과) *Acrolepiopsis sapporensis* Matsumura, 1931

생김새 몸길이 8mm 안팎(날개 길이 12mm 안팎)으로 머리는 반짝이는 옅은 홍갈색, 몸통은 옅은 갈색 또는 풀색을 띤다. 등밑선은 옅은 갈색으로 뚜렷한 편이다. 등방패에서 항문위판까지 등밑선 주위에 갈색의 작은 점들이 있다. 가슴다리는 옅은 황토색이다.

습성 어린 애벌레는 잎 속으로 파고들어 잎살을 먹지만 중간 이후, 파의 속 공간에서 먹기 때문에 그 부분이 옅은 갈색으로 변한다. 자라면 밖으로 나와 엉성한 망사 같은 고치를 틀고 그 속에서 번데기가 된다.

서식지 경작지, 마을, 풀밭

발생 5~11월(어른벌레 5~11월, 연 수회)

먹이식물 파, 부추 등 부추속(수선화과 Amaryllidaceae)

분포 한국(전국), 일본, 중국 동북부, 러시아(시베리아), 하와이

비고 파와 부추의 해충이다.

암컷

자란 애벌레

먹은 흔적

번데기

▶Family **Bedelliidae** Stainton, 1849 메꽃굴나방과

메꽃굴나방 수컷

날개 길이는 8~13mm로, 작은 편이다. 어른벌레는 앉을 때 날개가 몸을 감싸며, 머리를 조금 드는 경사된 자세를 갖추고, 날개와 배 끝이 땅바닥으로 향한다. 앞날개는 좁으며, 끝으로 갈수록 뾰족해진다. 뒷날개는 가늘다. 앞날개 후연과 뒷날개 후연에 긴 연모가 나온다. 머리에는 긴 비늘가루가 솟는다. 실모양의 더듬이는 앞날개만큼 길다. 아랫입술수염은 짧다. 세계에 18종뿐으로, 우리나라에는 메꽃굴나방, 1종만 기록되어 있다. 메꽃굴나방과라는 이름은 이 무리 모두가 메꽃만 먹는 것이 아니므로 어색하다.

메꽃굴나방(메꽃굴나방과) *Bedellia somnulentella* (Zeller, 1847)

생김새 몸길이 9mm 안팎(날개 길이 8~11mm)으로 머리는 위가 편평하고, 갈색이다. 몸통은 원통형이고, 담황갈색이다. 자라면 몸통의 선들이 옅은 황갈색으로 변한다. 작은 배다리는 제4~6, 10배마디에 있고, 가늘고 긴 편이다.

습성 어린 애벌레는 잎 속에 들어가 잎살만 먹다가 어느 정도 자라면 잎 밖으로 나와 잎을 핥듯이 먹는다. 어른벌레로 겨울을 난다.

서식지 민가 주변, 경작지, 고구마 재배지

발생 7~9월(어른벌레 6~11월, 연 수회)

먹이식물 메꽃, 고구마(메꽃과 Convolvulaceae)

분포 전 세계(유럽에는 최근 이입되었다.)

비고 고구마의 해충이다. 영어 이름은 'Sweet potato leaf miner'이다.

어른벌레

잎살에 있는 어린 애벌레

밖으로 나온 어린 애벌레

번데기

자란 애벌레

▶Family **Lyonetiidae** Stainton, 1854 굴나방과

날개 길이는 5~13mm로, 매우 작다. 어른벌레는 앉을 때 머리 쪽을 들고, 날개를 경사가 급한 지붕처럼 세운다. 앞날개는 가늘고 길며, 반짝이는 흰색 바탕에, 앞날개 끝에 종마다 특징이 있는 무늬가 있다. 뒷날개는 매우 좁고 길며, 끝이 뾰족하고, 연모가 길다. 머리에는 털들이 촘촘하다. 더듬이는 실모양이고, 앞날개보다 같거나 길며, 밑마디가 부풀어 눈털(안모)을 만든다. 애벌레는 잎살에 들어가며, 먹은 흔적이 선 모양, 브로치 모양으로 보여, 종을 동정하는 데 쓸모 있다. 다 자라면 잎살에서 나와 해먹처럼 H자 모양의 고치를 잎에 고정시키고 그 속에서 번데기가 된다. 어른벌레는 주로 오후 늦게 날며, 때때로 불빛에 날아온다. 세계에 200여 종, 우리나라에 7종이 알려져 있다.

진달래굴나방(굴나방과) *Lyonetia ledi* Wocke, 1859

생김새 몸길이 8mm 안팎(날개 길이 8mm 안팎)으로 머리는 편평하고, 몸통은 원통형이다. 몸 색은 유백색을 띤다. 자모 받침은 거의 보이지 않는다.

습성 새 잎에 들어가 잎살을 먹고 자라며, 표피 밖으로 나오지 않고 그 안에서 선 또는 면 모양으로 잎살을 파먹으며 생활한다.

진달래 잎살에 있는 애벌레

서식지 낮은 위치의 활엽수림

발생 6~9월(어른벌레 6~9월, 연 수회)

먹이식물 산철쭉나무(진달래과 Ericaceae)

분포 한국(중부), 일본, 유럽, 북미

노박덩굴굴나방(굴나방과) *Proleucoptera celastrella* Kuroko, 1964

생김새 몸길이 7mm 안팎(날개 길이 6~7mm)으로 머리는 편평하고, 몸통은 원통형이다. 몸 색은 유백색이다. 유백색의 번데기는 2mm 안팎으로, 납작한 긴 타원형이다.

어른벌레(위)

어른벌레(옆)

습성 잎살에 들어가 먹으면 둥글고 갈색의 넓은 무늬처럼 보이는데, 속에 똥이 차 있다. 한 잎에 여러 마리가 들어가기도 한다. 애벌레로 겨울을 난다고 한다.

서식지 낮은 위치의 활엽수림

발생 7~9월(어른벌레 6~8월, 연 2회)

먹이식물 노박덩굴(노박덩굴과 Celastraceae)

분포 한국(중부), 일본

자란 애벌레

노박덩굴 잎살에 있는 애벌레

번데기

고치

Superfamily **Gelechioidea** Fracker, 1915 ·········· 뿔나방상과

개칭 ▶ Family **Lecithoceridae** Le Marchand, 1947 긴수염뿔나방과(남방뿔나방과)

날개 길이는 15~28mm로, 작은 편이다. 앞, 뒷날개 모두 폭이 넓거나 좁다. 더듬이는 앞날개보다 거의 같거나 훨씬 길다. 일부 애벌레의 몸에 있는 자모는 제10배마디만 빼고 1차자모만 있지만 다른 애벌레는 많은 2차자모를 갖는다. 애벌레는 다식성으로 살아 있는 식물을 먹는 종과 마른 잎을 먹는 종류가 있다. 구북구 남부와 동남아시아를 중심으로 분포하며, 1,200종이 알려졌는데, 우리나라에 10여 종이 알려져 있다. 현재 이 과를 '남방뿔나방과'라고 하는데, 이 이름은 무리에 붙이기에 어색하다. 영어 이름은 'Long-horned moths'라고 긴 더듬이를 표현한 것으로 이에 따라 우리 이름도 바꾸었다.

또 점뿔나방과(점원뿔나방과, 개칭, **Autostichidae** Le Marchand, 1947)는 우리나라에 2속(*Autosticha*, *Meleonoma*) 12종이 있는데, 배의 등에 가시털이 띠 모양으로 나타난다. 애벌레는 마른 잎 등과 같은 죽은 식물체를 먹는다. 우리 이름은 앞날개에 있는 점을 강조한 것으로 보인다.

낙엽뿔나방(*Lecitholaxa thiodora* Meyrick, 1914)

미확인종(점뿔나방과)

신칭 네모긴수염뿔나방(긴수염뿔나방과) *Rhizosthenes falciformis* Meyrick, 1935

암컷

자란 애벌레

어린 애벌레

생김새 몸길이 15mm 안팎(날개 길이 25mm 안팎)으로 머리는 어릴 때 검고, 자라면 반짝이는 적갈색이다. 등방패도 반짝이는 검은색으로 목도리를 두른 느낌이다. 몸통은 옅은 풀색으로 자모 받침이 작고 검은 점으로 보인다. 제8~10배마디는 연미색으로 색이 조금 다르다. 가슴과 배다리도 몸 색과 거의 같다.

습성 2장의 잎을 엮고 집을 만드는데, 앞뒤로 트여 있다. 잎을 덧대고 그 속에서 번데기가 된다.

서식지 활엽수림

발생 5~6월(어른벌레 5~8월, 연 1회)

먹이식물 누리장나무(마편초과 Verbenaceae), 생강나무(녹나무과 Lauraceae), 청가시덩굴(청가시덩굴과 Smilacaceae)

분포 한국(중 · 남부), 일본, 중국, 러시아 극동지역

비고 대발생하면 사과나무의 해충이 될 수 있다.

▶Family **Xyloryctidae** Meyrick, 1890 판날개뿔나방과

노랑날개원뿔나방(*Periacma delegata* Meyrick, 1914)

대부분 18mm 안팎으로 작은 반면, 일부의 종에서 날개 길이가 66mm 안팎으로 큰 경우도 있다. 수컷 더듬이는 빗살모양이나 빗 돌기는 없다. 날개는 폭이 넓고, 배 등에 가시 돌기가 열 지어 있다. 애벌레는 나뭇가지에 파고 들어가 은둔 장소를 마련하고 밤에 잎을 끌어다 입구에 비단처럼 실로 붙여 잎이 마를 때까지 먹는다. 대부분 인도~오스트레일리아 일대에서 500여 종 이상이 발견된다. 지금까지 원뿔나방과에 속했다가 최근 연구에 따라 분리되었는데, 원뿔나방과의 후손이 아니라 공통 조상을 공유한 자매종으로 밝혀졌다. 우리나라에는 *Meleonoma*, *Periacma*, *Ripeacma*속의 9종이 기록되어 있었으나 *Meleonoma*, *Periacma*속은 점뿔나방과(**Autostichidae**)로, *Ripeacma*속은 원뿔나방과(**Oecophoridae**)로 보는 견해가 있다. 따라서 이 과에 대한 정립에 대해 추후 연구가 더 필요한 상황이다.

▶Family **Blastobasidae** Meyrick, 1894 밑두리뿔나방과

흰밑두리뿔나방(*Blastobasis sprotundalis* Park, 1984)

날개 길이는 10~23mm로, 작은 편이다. 어른벌레는 앉을 때 몸을 편평하게 한 뒤, 날개로 몸을 감싼다. 앞, 뒷날개 모두 가늘고 길며, 후각이 없다. 날개에는 점들이 희미하게 있고 어두운 회색, 갈색, 황갈색을 띤다. 더듬이는 실 모양으로, 앞날개의 2/3 안팎의 길이이다. 아랫입술수염은 길고 위로 솟는다. 애벌레는 죽거나 마른 여러 식물질을 먹는다. 어른벌레는 여름에 보이며, 밤에 날아다니는데, 불빛에 날아온다. 우리 이름 '밑두리'의 사전 의미는 '둘레의 밑 부분'이라는 뜻인데, 어떤 의미로 붙여졌는지 뚜렷하지 않다. 영어 이름 'Scavenger moths'는 쓰레기 더미를 뒤진다는 뜻으로 이 나방의 먹는 습성을 나타낸 것이다. 세계에 380여 종이 분포하고, 우리나라에 14여 종이 알려져 있다.

▶Family **Oecophoridae** Bruand, 1850 원뿔나방과

날개 길이는 10~15mm로, 작은 편이다. 어른벌레는 앉을 때 대부분 몸을 편평하게 히는데, 일부의 종에서 몸을 비스듬하게 한다. 또 날개를 경사기 급한 지붕처럼 접지만 일부는 편평하게 겹친다. 앞날개는 길고 좁으며, 대부분 앞날개 후각이 뚜렷하다. 대부분 뒷날개는 앞날개와 생김새가 거의 같다. 더듬이는 실 모양으로, 앞날개의 2/5 안팎이다. 몇몇 종들은 화려한 날개를 가지며, 금속광택이 반짝인다. 이전 이 과에는 Lypusidae,

Peleopodidae, Stathmopodidae 등이 포함되었으나 각각 분리되었고, 현재 이 과에 포함되는 *Depressaria*와 *Agonopterix*속은 과거 Elachistidae에 속했다. 하지만 아직도 이 무리는 계통이 해결해야할 부분이 남아 있다. 이들의

왕원뿔나방(*Casmara agronoma* Meyrick, 1931) 수컷

젤러리원뿔나방[*Callimodes zelleri* (Christoph, 1882)] 짝짓기

애벌레는 보통 앞다리 넓적마디의 끝이 안쪽으로 넓다. 애벌레는 죽은 나무, 마른 잎에 기생하는 균류(fungi)를 먹거나 죽은 동물과 식물질을 먹는다. 잘 벗겨지는 죽은 나무의 나무껍질 아래에서 엉성하게 실을 토해 만든 관 모양의 통로를 만든다. 어른벌레는 대부분 밤에 날며 등불에 잘 날아온다. 전 세계에 3,300여 종 이상, 우리나라에는 25여 종이 알려져 있다.

▶ Family **Lypusidae** Herrich-Schäffer, 1857 암작은뿔나방과

이 과에는 2아과(**Lypusinae**, **Chimabachinae**)가 있는데, **Lypusinae**는 최근 우리나라에 3종이 새로 기록되었다(Sohn and Lvovsky, 2021). **Chimabachinae**는 예전에 원뿔나방과에 속했으나, 최근 계통 연구에서는 이 과로 옮겨졌다(Heikkilä et al. 2014). 이 아과는 수컷 날개가 넓고 둥글지만 암컷은 작고 앞날개 끝이 뾰족하다. 개안은 있다. 애벌레는 새순을 실로 엮고 그 속에서 사는데, 주로 참나무과와 자작나무과의 잎을 먹는다.

암작은날개뿔나방(암작은뿔나방과) *Diurnea cupreifera* (Butler, 1879)

생김새 몸길이 15mm 안팎(날개 길이 16mm 안팎)으로 머리는 갈색이고, 개안 주위는 흑갈색이다. 몸통은 옅은 황갈색이나 자라면 검어진다. 등방패는 옅은 황갈색이지만 뒤쪽에 흑갈색 무늬가 있다. 가슴다리는 몸 색과 같은데, 뒷가슴의 다리는 발목마디가 넓다. 숨문 테두리는 갈색이다.

수컷

습성 먹이식물의 잎 2매를 서로 붙이거나 하나의 가장자리를 접어 실로 묶고 그 속에 지내며 밤에 주위의 잎을 먹는다. 가을에 집 속에 있는 채로 낙엽과 함께 떨어지면 땅위에서 번데기가 된다. 건드리면 애벌레는 소리를 낸다.

서식지 활엽수림

발생 5월(어른벌레 4월, 연 1회)

암컷

먹이식물 물푸레나무, 이팝나무(물푸레나무과 Oleaceae), 버드나무(버드나무과 Salicaceae), 산사나무(장미과 Rosaceae), 신갈나무, 밤나무(참나무과 Fagaceae) 등

분포 한국(지리산 이북), 일본

비고 암컷 어른벌레는 수컷과 달리 앞날개 외연이 가늘어지고, 뒷날개는 작아 흔적뿐이다. 날지 못하고

먹이식물에 붙어 페로몬으로 수컷을 끌어들여 짝짓기하고 알을 낳은 후 생을 마감한다. 이 종은 박경태 (1995)가 처음 기록하였다.

어린 애벌레

자란 애벌레

개칭 ▶ Family **Elachistidae** Bruand, 1851 풀굴뿔나방과(풀굴나방과)

파리 애벌레처럼 초본식물의 잎살에서 사는데, 생김새로 구별할 수 있다.

날개 길이는 10mm로, 작은 편이다. 어른벌레는 앉을 때 몸을 편평하게 하고, 날개를 경사가 급한 지붕처럼 세운다. 어른벌레의 머리에는 개안이 없고, 더듬이 밑마디가 굵어져 눈털을 만든다. 앞날개는 넓은 버드나무 잎처럼 생기고, 후각이 뚜렷하다. 뒷날개도 앞날개와 생김새가 같다. 애벌레는 지치과, 벼과와 사초과 등 여러 풀의 잎살에 들어가는데, 파리의 애벌레로 여길 때가 많으나 생김새로 쉽게 구별할 수 있다. 애벌레의 색이 밝다. 이 과에 분류의 관점이 과거와 상당히 달라져서 2개 아과(**Elachistinae** Bruand, 1850, **Parametriotinae** Capuse, 1971)만 포함한다. 세계에 260여 종, 우리나라에는 5종이 있다. 이 무리가 뿔나방상과에 위치함을 나타내기 위해 이름에 '뿔'을 넣었다.

개칭 ▶ Family **Stathmopodidae** Meyrick, 1913 꼭지뿔나방과(감꼭지나방과)

붉은꼬마꼭지나방[*Atkinsonia ignipicta* (Butler, 1881)]

날개 길이는 9~17mm로, 작은 편이다. 앉을 때 뒷다리를 들어 올리는 독특한 습성이 있다. 앞날개는 가늘고 길며, 날개끝으로 갈수록 가늘어진다. 뒷날개는 매우 좁고 끝이 뾰족하며, 연모는 매우 길다. 아랫입술수염은 3마디로 길게 위로 휜다. 애벌레는 잎을 엮거나, 줄기에 들어가거나, 열매를 먹는다든가, 양치식물의 포자를 먹거나, 마른 잎과 죽은 나무를 먹거나, 진딧물을 잡아먹는 등 다양하다. 아프리기, 인도~오스트레일리아 지역에 150여 종, 우리나라에는 18종이 알려져 있다. 일본에서는 어른벌레가 낮에 잎 위에서 춤추는 행동에서 유래한 'マイコ'라고 부른다. 우리 이름 '감꼭지'는 감꼭지나방(*Stathmopoda masinissa*)에서 유래한 듯 보이나 이 무리를 표현하는 데에 어색해 이름을 바꾸었다.

이밖에 뿔나방상과 안에서 단계통인 돌기가는뿔나방과(**Epimarptidae** Meyrick, 1914)가 있다. 세계에 4종, 우리나라에 1종이 분포한다. 또 가는뿔나방과(백두뿔나방과, 개칭, **Batrachedridae** Heinemann et Wocke, 1876)는 좁고 긴 날개를 몸을 감싸고 앉는데, 전체 모습이 가늘다. 이런 이유로 '가는뿔나방과'로 이름을 바꾸었다. 현재 우리나라에 5종이 기록되어 있다. '백두'라 하면 북한에만 분포하거나 머리가 희다는 뜻으로 오해될 수 있다.

▶ Family **Coleophoridae** Hübner, [1825] 통나방과

날개 길이는 6~22mm로, 작은 편이다. 어른벌레는 앉을 때 몸을 비스듬히 하고, 날개를 경사가 급한 지붕처럼 세워 몸을 감싸기도 한다. 일부는 날개끝을 뾰족하게 들어 올리는 자세를 갖춘다. 실 모양의 더듬이는 앞쪽으로 뻗으며, 앞으로 갈수록 뾰족해지거나 갈라진다. 앞날개는 매우 가늘고 길며, 후각이 없고, 무늬가 뚜렷하지 않는 등 거의 단일 색이다. 홑눈은 없다. 아랫입술수염은 가늘고 길며 위로 조금 솟는다. 애벌레는 등방패 외에 수많은 자모 받침들이 있다. 배다리는 거의 퇴화된다. 애벌레는 잎살에 들어가는 종류들과 여러 구조가 닮으며, 1살 애벌레는 잎살에 들어가나 2살 이후, 통 모양의 집을 만들어 세우고 그 속에서 지낸다. 이 통 모양은 종류마다 다르다. 잎을 먹을 때 잎과 닿는 아래에서 머리가 나오며, 마치 소라게처럼 통을 지고 다닌다. 세계에 1,000여 종 이상이 북반구를 중심으로 분포하는데, 우리나라에는 30여 종이 있다. 우리 이름 '통나방'은 애벌레의 사는 집을 말하는데, 영어 이름도 거의 같은 뜻인 'Case-bearers'이다.

Coleophora sp. 암컷

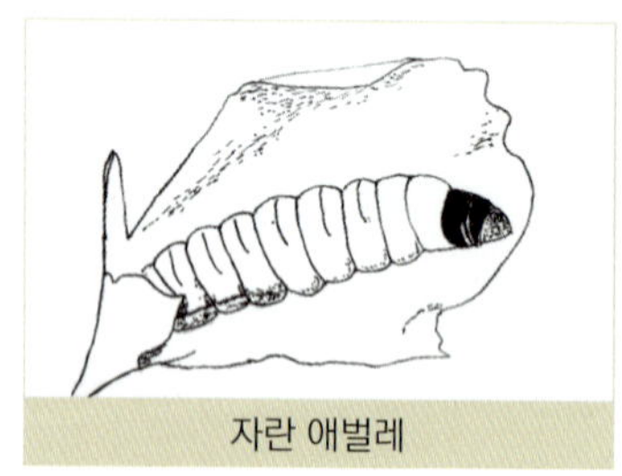

자란 애벌레

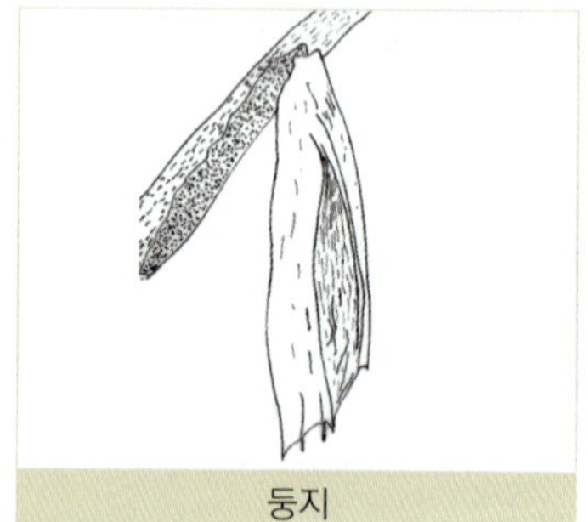

둥지

Coleophora sp.(통나방과)

생김새 몸길이와 날개 길이는 확인하지 못했다. 통은 새똥처럼 생기고, 옆에서 보면 'ㄱ'자 모양이다. 통의 굵기는 일정하다. 생김새만으로 어떤 종인지 확인할 수 없다. 다만 신갈나무통나방(*Coleophora quercicola* Baldizzone et Oku, 1990)과 닮아 보인다.

습성 잎 뒤에서 생활하는 여느 종들과 달리 잎 위에서 생활하며, 잎 끝 부위부터 먹는다. 자세한 과정을 확인하지 못했다.

서식지 활엽수림

발생 7월

먹이식물 너도밤나무(참나무과 Fagaceae)

분포 한국(울릉도)

비고 이 무리의 애벌레의 일반 특징은 가슴 위 등방패 이외에 수많은 자모 받침이 있다. 배다리는 유약하고, 갈고리발톱은 2열이다.

너도밤나무를 먹는 통나방 일종

전체 모습

▶Family **Cosmopterigidae** Heinemann et Wocke, 1876 창날개뿔나방과

세미창날개뿔나방[*Labdia semicoccinea* (Stainton, 1859)]

날개 길이는 7~21mm로, 매우 작다. 어른벌레는 앉을 때, 배를 조금 들거나 편평하게 하는 등 다양한 자세이고, 날개를 경사가 급한 지붕처럼 세우거나 배를 둥글게 감싸기도 한다. 앞날개는 매우 가늘고 길어서 후각이 없으며, 끝이 뾰족하다. 또 반짝이는 화려한 색과 흰 띠가 섞이며, 연모가 길다. 뒷날개는 매우 좁다. 더듬이는 빗살이 있는 실 모양으로 앞날개의 4/5 길이이다. 아랫입술수염은 길고 위로 솟아 머리 뒤까지 이른다. 애벌레는 잎살을 파고들며, 어른벌레보다 보기가 더 쉬워서 늦봄에 새싹, 꽃봉오리, 씨앗, 줄기, 뿌리, 물 속 썩은 식물 등에서 볼 수 있다. 어른벌레는 밤에 날며, 불빛에 날아온다. 세계에 1,500여 종, 우리나라에 30여 종이 알려져 있다. '창날개'는 날개끝이 뾰족하다는 의미이며, '창나방'처럼 유리창을 뜻하는 것은 아니다. 영어 이름 'Cosmet moths'는 예쁘게 꾸민 나방이라는 뜻이다.

신칭 ▶Family **Scythrididae** Rebel, 1901 비단뿔나방과

수컷(고온형)

암컷(저온형)

날개 길이는 9~14mm로, 작은 편이다. 어른벌레는 앉을 때 몸을 조금 비스듬하게 하고, 날개를 경사가 급한 지붕처럼 만들며, 몸을 감싼다. 때때로 낮에 꽃에서 흡밀한다. 암수의 더듬이는 모두 실모양이고 밑마디에 빗 돌기가 있다. 아랫입술수염은 위로 굽는다. 날개는 버드나무 잎처럼 보인다. 앞날개 후각은 뚜렷하지 않다. 앞날개의 소실은 없고, 배 등에 가시 돌기가 없으며, 어두운 갈색에 금속광덱이 난다. 뒷날개 끝은 좁아져 뾰족해진다. 애벌레는 많은 2차 자모를 갖는다. 먹이식물의 새싹을 실로 엮어 은신처를 만들고 그 속에서 지낸다. 세계에 670여 종, 최근 Park et al.(2020)이 노랑점애기비단나방(*Eretmocera artemisiae* Li, 2019)을 추가하여 우리나라에 2종이 알려진다.

두점애기비단나방(비단뿔나방과) *Scythris sinensis* Felder et Rogenhofer, 1875

생김새 몸길이 12mm 안팎(날개 길이 14mm 안팎)으로 머리는 옅은 회갈색이고 흑갈색 무늬가 있다. 개안 부분은 검다. 등방패는 검다. 몸통은 옅은 풀색 바탕에 어두운 자갈색의 등밑선, 숨문윗선이 있는데, 개체에 따라 짙어지기도 한다. 몸통의 자모 받침은 몸 색보다 조금 짙다. 가슴다리는 옅은 황토색이고 발톱이 갈색이다.

습성 먹이식물의 새 잎을 엉성하게 엮고 그 속에서 지낸다. 건드리면 애벌레가 집에서 빠져나와 입에서 실을 뽑은 채로 아래로 도망간다. 번데기로 겨울을 난다.

서식지 풀밭, 경작지, 습지 주변

발생 6~10월(어른벌레 6~9월, 연 수회)

먹이식물 명아주(비름과 Amaranthaceae)

분포 한국(전국), 일본, 중국, 러시아, 유럽, 북미(펜실베이니아)

둥지

중간 애벌레

자란 애벌레

개칭 ▶ Family **Depressariidae** Meyrick 납작뿔나방과(큰원뿔나방과)

은날개납작뿔나방(은날개남방뿔나방, 개칭, *Scythropiodes approximans* Caradja, 1927)

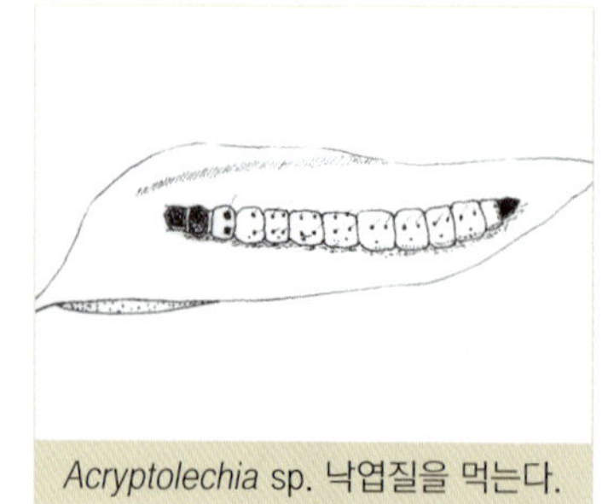

Acryptolechia sp. 낙엽질을 먹는다.

날개 길이는 14~25mm로, 뿔나방상과 중에서 큰 편이다. 앉을 때, 날개로 펼쳐서 납작하게 배를 덮는다. 이 과의 소속이 뿔나방과 또는 풀굴뿔나방과에 포함되었다가 분리되었다(Heikkilä et al., 2014). 원래 우리 이름은 원뿔나방보다

크다는 뜻인데, '원뿔나방과'와의 관계보다 예전에 뿔나방과의 아과로 다루었다는 점에서 우리 이름을 몸이 납작하다는 뜻으로 바꾸었다. 영어 이름 'Flat-bodied moths'도 몸이 납작하다는 뜻이다. 세계에 2,300여 종, 우리나라에 30여 종이 분포한다.

가루남방뿔나방(납작뿔나방과) *Scythropiodes hamatellus* Park et Wu, 1997

생김새 몸길이 16mm 안팎(날개 길이 17~18mm)으로 머리는 반짝이는 검은색으로 둥글다. 등방패는 머리색과 같다. 몸통은 짙은 적갈색으로 가슴 부분이 조금 어둡다. 등밑선의 자모 받침은 검고 그 테두리가 황백색으로 점처럼 보인다. 항문위판은 등방패와 색이 같다.

습성 새 잎을 여러 장 엮어 둥지를 만들고, 그 속에서 지낸다. 자세한 생활사를 관찰하지 못했다.

서식지 참나무 숲

발생 4~5월(어른벌레 6~9월, 연 2회)

먹이식물 참나무류(참나무과 Fagaceae)

분포 한국(중부), 중국(시추안)

비고 '*hamatellus*'는 갈고리라는 뜻의 라틴어이다. Park and Wu(1997)가 강원도 인제군 서화면 이포리에서 채집한 표본으로 신종 기재하였다.

애벌레

어른벌레

우묵날개원뿔나방(납작뿔나방과) *Acria ceramitis* Meyrick, 1908

생김새 몸길이 18mm 안팎(날개 길이 14mm 안팎)으로 몸통은 전체가 가늘고 긴 편이다. 머리는 옅은 황토색이고, 몸통은 유백색으로 머리보다 밝다. 등선은 밝으며 잘 눈에 띈다. 자모 받침은 옅은 갈색, 항문위판과 항문다리 위는 색이 짙다.

습성 잎을 오므린 채 주맥에 흰 막을 해먹같이 만들고, 그 속에 들어가 먹을 때에만 나온다. 풀색의 번데기도 둥지에서 보인다. 어른

암컷

벌레로 겨울을 난다. 이 종과 닮은 신갈우묵날개뿔나방[*Acria emarginella* (Donovan, 1804)]은 생김새로 구별하기 어렵지만 야외에서 건드리면 맹렬하게 파드득거리므로 차이를 알 수 있다고 한다.

서식지 활엽수림

발생 5~9월(어른벌레 6~10월, 연 수회)

먹이식물 참나무류(참나무과 Fagaceae), 벚나무류, 사과나무(장미과 Rosaceae), 층층나무(층층나무과 Cornaceae), 국화과 Asteraceae, 인동과 Caprifoliaceae 등

분포 한국(중 · 남부, 제주도), 일본, 중국, 인도 북동부

어린 애벌레

자란 애벌레

번데기

큰원뿔나방(납작뿔나방과) *Depressaria irregularis* Matsumura, 1931

수컷

생김새 몸길이 17mm 안팎(날개 길이 25mm 안팎)으로 머리는 갈색이고 불규칙한 검은 무늬가 있다. 몸통은 붉은 기가 있는 자갈색으로 등밑선과 숨문윗선에 연미색 점들이 있다. 몸통의 숨문 아래로 연미색을 띠는데, 제9~10배마디는 전체가 연미색을 띤다. 등방패는 검다.

습성 잎을 통 모양으로 엮고 그 속에서 지내는데, 엮어진 실의 가장 안쪽이 엷은 막처럼 보인다. 드나드는 통로가 있어 이곳을 통해 똥을 밀어내고 먹이를 먹으러 나온다.

서식지 참나무 숲

발생 4~5월(어른벌레 5~6월, 연 1회)

먹이식물 신갈나무, 졸참나무(참나무과 Fagaceae)

분포 한국(중·남부), 일본, 러시아 극동지역

자란 애벌레

검은무늬원뿔나방(납작뿔나방과) *Agonopterix costamaculella* Christoph, 1882

암컷

생김새 몸길이 18mm 안팎(날개 길이 20mm 안팎)으로 머리는 광택이 있는 옅은 노란색이고, 몸통은 옅은 풀색에 미세한 흰 점이 흩어져 있다. 등방패는 몸통의 색과 같으나 광택이 훨씬 강하다. 숨문은 검고 그 주변의 색이 조금 옅고 조금 부푼다. 몸에는 희고 가는 자모가 나 있다.

습성 어릴 때에는 잎 가장자리를 접고 흰 막을 친 속에서 지내다가 자라면 잎을 엇갈리게 붙이고 그 속에서 먹으며 지낸다.

서식지 낙엽활엽수림

발생 6~9월(어른벌레 5~9월, 연 2회)

먹이식물 황벽나무(운향과 Rutaceae)

분포 한국(중·남부), 일본, 중국, 히말라야, 러시아 극동지역, 타이완

어린 애벌레

자란 애벌레

개칭 **두릅납작뿔나방**(드릅원뿔나방, 납작뿔나방과) *Agonopterix l-nigrum* Matsumura, 1931

생김새 몸길이 13mm 안팎(날개 길이 14~22mm)으로 머리는 어릴 때 검다가 중간 이후에 황토색 바탕에 검은 무늬가 독특하다. 몸통은 옅은 풀색, 번데기가 되기 전에 홍색을 띤다. 등방패는 흑갈색이고 몸통의 선무늬는 잘 눈에 띄지 않는다.

습성 잎 가장자리를 둥글게 말아 통모양의 둥지를 만들고 그 속에 은신한다. 그 주위의 잎을 먹어 앙상해질 때가 있다.

암컷

둥지

어린 애벌레

중간 애벌레

자란 애벌레

서식지 활엽수림 가장자리

발생 5~9월(어른벌레 3~10월, 연 2~3회)

먹이식물 두릅나무(두릅나무과 Araliaceae)

분포 한국(전국), 일본, 중국, 러시아 극동지역

비고 드릅은 '두릅'을 잘못 써온 것이다.

삼각점납작뿔나방(납작뿔나방과) *Agonopterix issikii* Clarke, 1962

생김새 몸길이 14mm 안팎(날개
길이 16~20mm)으로 머리는 반
짝이는 황록색이고, 개안은 검
다. 등방패는 반짝이는 풀색으
로 다른 몸 부위보다 색이 짙고,
등밑선 부분에 한 쌍의 검은 점

수컷

암컷

이 있다. 몸통은 풀색을 머금은 흰색으로 각 마디의 등밑선에 2쌍의 검은 점이 있다. 숨문 테두리는 검
다. 몸에 짧은 자모가 듬성듬성 나온다.

습성 잎을 쭈그리듯 겹쳐 그 속에 들어가 산다. 보통 많은 수가 먹이식물을 먹으므로 한참 자랄 때에는
잎이 거의 없어진다.

서식지 풀밭, 상록수림, 경작지 주변

둥지

1살 애벌레 둥지

어린 애벌레

자란 애벌레

발생 4~5월(어른벌레 6월, 연 1회)

먹이식물 상산(운향과 Rutaceae)

분포 한국(남부, 제주도), 일본

비고 Choi et al.(2021)이 새로 기록되었다.

신칭 회색납작뿔나방(납작뿔나방과) *Scythropiodes lividula* (Meyrick, 1932)

생김새 몸길이 18mm 안팎(날개 길이 18mm 안팎)으로 머리는 옅은 갈색 바탕에 흑갈색 무늬가 조금 있다. 등방패는 갈색 바탕에 옅은 흑갈색 띠가 있고, 가운데와 뒷가슴은 등밑선이 없어 바탕이 더 짙다. 등밑선 부분에 한 쌍의 흰점이 있다. 배는 짙은 보랏빛이 도는 흑갈색 바탕으로, 등선과 등밑선의 흰 띠가 불규칙하게 이어진다. 숨문선은 넓게 흰색이다. 듬성듬성 나 있는 자모가 있고, 그 받침은 흰색이다.

수컷

습성 새 잎을 여러 장 엮어 둥지를 만들고, 그 속에서 먹고 자란 후, 번데기가 된다.

서식지 활엽수림

발생 4~5월(어른벌레 6월, 연 1회)

먹이식물 참나무류(참나무과 Fagaceae), 누리장나무(마편초과 Verbenaceae), 단풍나무(단풍나무과 Aceraceae), 싸리(콩과 Fabaceae), 새우나무(자작나무과 Betulaceae), 감나무(감나무과 Ebenaceae), 정금나무(진달래과 Ericaceae), 사과나무, 벗나무류(장미과 Rosaceae), 참느릅나무(느릅나무과 Ulmaceae)

분포 한국(제주도와 울릉도를 뺀 전국), 일본, 러시아 극동지역

둥지

어린 애벌레

자란 애벌레

신칭 붉은납작뿔나방(납작뿔나방과) *Agonopterix omelkoi* Lvovsky, 1985

생김새 몸길이 19mm 안팎(날개 길이 24mm 안팎)으로 머리는 반짝이는 황갈색이고, 겹눈 주위가 검다. 몸통은 풀색을 띤 황갈색이다. 등방패는 몸 색과 같으며, 좌우에 검은 점이 눈에 띈다. 등선과 등밑선이 회색에 가깝다. 자라면 등 부분이 더 붉어진다. 자모 받침은 김고 작지만 뚜렷한데, 위에서 보면 가슴에서는 마디 앞쪽으로 4개 있

암컷

고, 배마디에서는 4개가 사각을 이룬다.

습성 애벌레가 잎을 길게 한번 접는데, 속이 통모양이다.

서식지 관목림, 경작지 주변, 석회암 지대

발생 4~6월(어른벌레 6~9월, 연 2회)

먹이식물 참싸리(콩과 Fabaceae)

분포 한국(중부 이북), 일본, 러시아 극동지역

비고 우리나라 미기록종으로, 논문으로 발표할 예정이다.

둥지

자란 애벌레

▶ Family **Gelechiidae** Stainton, 1854 뿔나방과

물결무늬뿔나방[*Aroga mesostrepta* (Meyrick, 1932)]

날개 길이는 8~20mm이다. 이 과는 큰 무리로, 다양한 방향으로 진화하여 특징지을 완전한 파생형질은 없다. 어른벌레는 앉을 때, 더듬이를 날개에 닿지 않게 뒤로 하고, 머리 쪽을 조금 또는 많이 들거나 편평하게 하는 등 다양하다. 날개를 경사가 급한 지붕처럼 세우는데, 배를 둥글게 감싸거나 펼치고, 아니면 아예 편평하게 한다. 앞날개는 가늘고 긴 편으로, 무늬와 색이 매우 다양하다. 뒷날개는 외연이 조금 오므라들고, 끝이 뾰족하다. 입은 길고, 비늘가루가 덮인다. 애벌레는 잎살에 들어가는 정도이지만 때론 15mm 이상이기도 하며, 대체로 단색이다. 잎을 주먹을 쥔 모양으로 꼬부려 실로 엮고 그 속에서 잎을 먹으며 자란다. 때로 과일과 곡물에 들어가는 등 생활사도 다양하다. 번데기가 되려면 고치를 튼다. 세계에 4,700여 종, 우리나라에 200여 종이 알려져 있다. 일본 이름 牙蛾(キバガ)는 코끼리 상아처럼 아랫입술수염이 길게 솟구치는 데에서 유래된 것으로 보인다. 우리 이름은 이 부분을 뿔로 여긴 것 같다. 영어 이름 'Twirler moths'는 애벌레가 천적을 만나 바닥에 떨어지면 파드득거리는 모습에서 지어진 듯 보인다.

신나무비늘뿔나방(뿔나방과) *Altenia inscriptella* (Christoph, 1882)

생김새 몸길이 9mm 안팎(날개 길이 13mm 안팎)으로 머리와 등방패는 노란색이고, 몸통은 풀색을 띤 노란색으로 별다른 무늬가 없다. 몸통에는 작고 검은 자모 받침이 있고, 그곳에 검고 짧은 자모가 나온다.

습성 잎을 반으로 접어 붙이고, 그 속에서 산다. 자라면 그 속에서 번데기가 되었다가 날개돋이 하는데, 어른벌레도 낙엽에 붙는다.

서식지 참나무 숲

발생 9월(어른벌레 5~7월 초, 10월, 연 1~2회)

먹이식물 신나무(단풍나무과 Aceraceae)

분포 한국(내륙), 일본(홋카이도, 혼슈), 러시아 극동지역

어른벌레

자란 애벌레

둥지

번데기

참나무수염뿔나방(뿔나방과) *Faristenia quercivora* Ponomarenko, 1991

생김새 몸길이 10mm 안팎(날개 길이 15mm 안팎)으로 어릴 때에는 머리와 등방패가 검다가 자라면 머리와 몸 전체가 황백색으로 변한다. 다만 머리의 개안 주위만 조금 검게 오염되어 보인다. 자세히 보면 숨문 주위기 옅은 황갈색이고, 자모가 옅은 황갈색이지만 잘 구별되지 않는다.

우수리털수염뿔나방(*Faristenia ussuriella* Ponomarenko, 1991)

습성 잎을 둥근 모양으로 자르고 다른 부분에 실로 덧대 붙여 집을 만드는데, 구멍이 숭숭 뚫린 모습이

다. 그 속에서 또는 잎을 더 덧대고 번데기가 된다.

서식지 참나무 숲

발생 5~7월(어른벌레 6~9월 초, 연 2회)

먹이식물 참나무류(참나무과 Fagaceae)

분포 한국(중부), 일본, 중국, 러시아 극동지역

비고 이 속(*Faristenia*)은 우리나라에 9종이 있는데, 생김새와 사는 모습이 닮는다. 동정에 유의해야 한다.

암컷

둥지

자란 애벌레

고구마뿔나방(뿔나방과) *Helcystogramma triannulella* (Herrich-Schäffer, 1854)

생김새 몸길이 15mm 안팎(날개 길이 15mm 안팎)으로 머리는 검거나 적갈색이고, 몸통은 가운데와 뒷가슴 앞에 흰 테두리가 있다. 가슴다리는 검다. 제1~2배마디는 검고, 제3배마디부터 흰 등줄과 옆에 흰 사선과 흑갈색 띠가 있다. 자모는 검고, 자모 받침은 두드러진다. 등방패는 반짝인다. 몸통의 바탕이 자갈, 적갈색을 띤다. 몸은 가늘고 길다.

암컷

습성 잎의 가장자리를 실로 중앙 쪽으로 덮듯이 납작하게 붙이고, 그 속에서 지낸다. 둥지 안의 잎의 표피를 먹는다. 건드리면 뒤로 빠르게 도망친다.

서식지 풀밭, 경작지

발생 5~10월(어른벌레 5~9월, 연 수회)

먹이식물 고구마, 둥근잎미국나팔꽃, 메꽃(메꽃과 Convolvulaceae)

분포 한국(전국), 일본, 중국, 인도, 러시아, 중앙아시아, 유럽

비고 고구마의 해충이다.

둥지

자갈색 애벌레

붉은 애벌레

철쭉뿔나방(뿔나방과) *Anacampsis lignaria* (Meyrick, 1926)

생김새 몸길이 12mm 안팎(날개 길이 14~19mm)으로 머리는 어릴 때 검으나, 나중에 적갈색으로 변하고, 겹눈 주위와 이마가 조금 짙다. 등방패는 흑갈색으로 앞 테두리가 흑갈색이다. 몸통은 옅은 황갈색 또는 녹갈색으로 가슴다리는 검다. 숨문 테두리는 흑갈색이다. 자모는 갈색, 자모 받침은 거의 원형이며 흑갈색으로 두드러진다. 항문위판은 옅은 황갈색이다. 한라산 개체는 몸 색이 더 짙다.

암컷

습성 새싹을 모아 주먹 모양 또는 길게 실로 엮고 그 속에서 지내다가 번데기가 된다.

서식지 관목림

발생 5월(어른벌레 6~8월, 연 1회)

먹이식물 산철쭉(진달래과 Ericaceae)

분포 한국(중부 이남, 한라산), 일본, 러시아 극동지역

둥지(한라산)

애벌레(한라산)

둥지(강원도)

애벌레(강원도)

싸리굴뿔나방(뿔나방과) *Agnippe albidorsella* (Snellen, 1884)

생김새 몸길이 7mm 안팎(날개 길이 8mm 안팎)으로 자란 애벌레는 머리가 옅은 황갈색이고, 겹눈 주위는 검다. 등방패는 옅은 황갈색으로, 갈색 무늬가 퍼진다. 몸통은 유백색으로 각 마디의 앞 절반이 적자색이나 덜 자란 애벌레에서 전체가 적자색을 띠기도 한다. 숨문 둘레는 갈색이다. 자모는 흰색이다. 가슴다리는 옅은 황갈색으로, 흑갈색 부분이 보인다. 항문위판은 황갈색이다.

습성 싸리 잎을 'V'자처럼 맞붙이고, 그 속에서 잎의 표피만 먹는데, 그 자리는 갈색으로 변한다. 애벌레로 겨울을 난다.

서식지 관목림, 석회암 지대

발생 6~10월(어른벌레 4~9월, 연중, 연 3회)

먹이식물 여러 싸리나무류(콩과 Fabaceae)

분포 한국(전국), 일본, 중국, 러시아(아무르)

암컷

자란 애벌레

둥지

버들잎말이뿔나방(뿔나방과) *Psoricoptera gibbosella* (Zeller, 1839)

생김새 몸길이 15mm 안팎(날개 길이 15mm 안팎)으로 머리는 반짝이는 검은색이다. 등방패는 흑갈색인데, 머리와 등방패 사이가 연미색이다. 몸통은 짙은 청록색 또는 검은색 등 변이가 있으며, 흰색 또는 적자색의 등선, 등밑선, 숨문윗선이 눈에 띈다. 자모는 갈색, 자모 받침은 작은 점처럼 보이며, 검고 짙다. 숨문 테두리는 흑갈색이다. 항문위판은 흑갈색이다.

암컷

습성 잎을 꺾어 실로 붙인 후 그 속에서 산다.

서식지 활엽수림

발생 4~5월, 8월(어른벌레 5월 말~9월, 연 2회)

먹이식물 신갈나무, 졸참나무(참나무과 Fagaceae), 층층나무(층층나무과 Cornaceae), 버드나무과 Salicaceae

어린 애벌레

자란 애벌레

분포 한국(내륙), 일본, 중국, 러시아~유럽, 북미

비고 이름과 달리 애벌레가 버드나무보다 참나무과에서 더 많이 발견된다.

검은띠비늘뿔나방(뿔나방과) *Carpatolechia nephomicta* (Meyrick, 1932)

생김새 몸길이 15mm 안팎(날개 길이 14~17mm)으로 머리와 등방패는 옅은 황갈색이고 반짝인다. 몸통은 옅은 풀색, 자모 받침이 몸통의 색과 같다. 등선은 풀색으로 조금 눈에 띄는 정도이다.

습성 여린 잎의 아랫면의 한쪽 가장자리를 살짝 접어 그 속을 통 모양으로 만들고 지낸다. 먹을 때에만 밖으로 나와 주변의 잎을 먹는다.

서식지 활엽수림

발생 4~5월(어른벌레 5~6월, 연 1회)

먹이식물 붉나무(옻나무과 Anacardiaceae)

분포 한국(강원도)

비고 큰검은띠비늘뿔나방[*C. nephomicta* (Meyrick, 1932)]과 닮으나 머리색이 밝고, 수컷 생식기의 구상돌기(uncus)가 길어서 다르다.

암컷

자란 애벌레

둥지

쑥잎말이뿔나방(뿔나방과) *Dichomeris rasilella* (Herrich-Schäffer, 1854)

생김새 몸길이 15mm 안팎(날개 길이 12mm 안팎)으로 머리는 덜 반짝이는 검은색이고, 몸통은 가늘고 긴 편이다. 등방패도 머리와 색이 같고, 가운데가슴 쪽으로 삐죽하게 검은 무늬가 나온다. 등선과 등밑선은 적자색이 약하게 보인다. 숨문 테두리는 검고, 흑갈색의 자모는 받침이 검다. 항문위판은 옅은 흑갈색으로 작은 무늬가 보인다.

수컷

습성 실을 토해 잎을 싸맨 모양의 집을 짓고 그 속에서 사는데, 속 부분의 잎의 표피만 먹는다. 그 속에서 번데기가 된다.

서식지 활엽수림 가장자리, 경작지

발생 7~9월(어른벌레 6~9월, 연 2~3회)

먹이식물 인진쑥(국화과 Asteraceae), 꽃향유, 진득찰(꿀풀과 Lamiaceae)

분포 한국(내륙), 일본, 중국, 타이완, 러시아~유럽

비고 쑥과 꿀풀과에서 발견되는 각각의 애벌레들 사이는 생김새 차이가 조금 있다. 일본에서도 이 2무리의 애벌레 차이를 인정하지만 종의 차이가 없다고 한다. 반면 이 2무리 사이에서 종 수준의 분화가 있다는 의견도 있다. 허운홍(2016: 141)은 꿀풀과 애벌레이다.

둥지

어린 애벌레

자란 애벌레

개칭 토끼풀뿔나방(크로바뿔나방, 뿔나방과) *Dichomeris harmonias* Meyrick, 1922

생김새 몸길이 14mm 안팎(날개 길이 12~17mm)으로 머리와 등방패는 반짝이는 적갈색이고 등방패에 한 쌍의 뚜렷한 검은 점이 있다. 또 이 점과 잇대어 머리 쪽으로 옅은 점들이 이어진다. 몸통은 짙은 풀색으로, 등선 좌우로 검은 자모 받침이 이어져 알록달록해 보인다. 항문위판은 조금 붉다.

암컷

습성 하나의 잎을 통처럼 접어 그 속에 숨는다. 주위의 잎을 먹으러 나오는 것 외에는 좀처럼 움직이지 않는다.

서식지 관목림, 풀밭, 목장

발생 5~7월(어른벌레 6~9월, 연 2~3회)

먹이식물 괭이싸리(콩과 Fabaceae)

자란 애벌레

둥지

분포 한국(중·남부, 제주도), 일본, 중국

갈색뿔나방(뿔나방과) *Dichomeris heriguronis* (Matsumura, 1931)

암컷

생김새 몸길이 16mm 안팎(날개 길이 19mm 안팎)으로 머리는 반짝이는 검은색이다. 몸통은 옅은 황록색이다. 등방패는 반짝이는 검은색이다. 자모 받침은 작고 검은 점이며 뚜렷하다. 자모는 옅은 갈색이다. 항문위판은 옅은 황갈색이다. 가슴다리는 검다. 번데기 되기 직전, 몸의 노란색이 짙어진다.

습성 먹이식물의 여러 잎을 길게 실로 묶고, 그 안에서 잎을 먹는다.

서식지 활엽수림

발생 5~7월(어른벌레 6~9월, 연 2~3회)

먹이식물 양지꽃, 벗나무, 왕벗나무, 복숭아나무(장미과 Rosaceae)

분포 한국(전국), 일본, 중국, 타이완, 러시아, 북미

애벌레

둥지

새삼각수염뿔나방(뿔나방과) *Dichomeris christophi* Ponomarenko et Mey, 2002

수컷

생김새 몸길이 19mm 안팎(날개 길이 18mm 안팎)으로 머리와 등방패는 반짝이는 검은색이다. 가운데가슴부터 배 끝까지 푸른 기가 있는 황백색인데, 등 부분이 조금 짙다. 가슴다리는 흑갈색 또는 갈색이다. 숨문 둘레는 흑갈색이다. 자모 받침은 흑갈색 점으로 보인다. 자모는 옅은 갈색이다. 항문위판은 흑갈색이다(화살표). 자라면 몸색이 붉어진다.

습성 먹이식물의 작은 잎을 큰 잎의 주맥에 끌어당겨 붙이고 그 속에서 살아간다. 어른벌레로 겨울을 난다.

서식지 활엽수림

발생 6~8월(어른벌레 5월, 8월 이후, 연 1회)

먹이식물 가래나무, 굴피나무(가래나무과 Juglandaceae)

 한국(중부), 일본, 중국, 러시아

어린 애벌레

중간 애벌레

자란 애벌레

어른벌레

번데기

극동삼각수염뿔나방(뿔나방과) *Dichomeris chinganella* (Christoph, 1882)

생김새 몸길이 20mm 안팎(날개 길이 22mm 안팎)으로 머리와 등방패는 반짝이는 검은색이다. 몸은 어릴 때에 회백색이다가 자라면 흑갈색 바탕으로 거의 검어진다. 검은 점의 자모 받침은 크고 뚜렷하며, 그 주위가 회색이어서 잘 눈에 띈다. 배 끝마디는 회백색이다.

습성 먹이식물을 원통형으로 말고 그 속에서 지낸다. 어른벌레로 겨울을 난다.

암컷

서식지 활엽수림

발생 5월(어른벌레 6월, 연 1회)

애벌레(참나무에서 내려온 줄)

애벌레

먹이식물 참나무과 Fagaceae

분포 한국(중부, 제주도), 중국(허난), 러시아 극동지역

큰털보뿔나방(뿔나방과) *Dichomeris ustalella* (Fabricius, 1794)

생김새 몸길이 15mm 안팎(날개 길이 19mm 안팎)으로 머리는 적갈색 또는 흑갈색이다. 등방패와 가운데와 뒷가슴에 검은 무늬가 있고, 배에는 작고 검은 자모 받침이 뚜렷하다. 다만 제9~10배마디 위에 검은 무늬가 조금 발달한다. 가슴다리는 검다.

습성 먹이식물의 잎을 겹치듯 실로 묶고, 그 안에서 잎을 먹는다. 똥을 바깥으로 튕기듯 버린다. 그 속에서 번데기가 된다.

서식지 활엽수림

발생 6~7월(어른벌레 7~8월, 연 1회)

먹이식물 물오리나무(자작나무과 Betulaceae), 신갈나무(참나무과 Fagaceae), 이밖에 버드나무과 Salicaceae 등

분포 한국(전국), 일본, 중국, 러시아, 유럽

암컷

어린 애벌레

자란 애벌레

둥지

등나무잎말이뿔나방(뿔나방과) *Dichomeris oceanis* Meyrick, 1920

생김새 몸길이 13mm 안팎(날개 길이 20mm 안팎)으로 머리는 주홍색이고 개안 부분이 검다. 가슴은 검고 앞 테두리가 유백색이다. 배마디는 유백색 바탕에 등선이 검다. 등밑선은 등선보다 희미하고 끊어지듯 배 끝까지 이어진다. 숨문윗선은 검고 굵다. 자모는 옅은 갈색이다. 자모 받침은 원형으로 작고 검다.

수컷

애벌레

습성 잎 2장을 마주보게 붙이고 이 중 잎 1장만 자르고 구부려 실로 엮어 그 속에서 잎을 먹는다. 건드리면 빠르게 뒷걸음친다. 둥지 속에서 번데기가 된다.

서식지 활엽수림

발생 7~10월(어른벌레 6월 말~9월, 연 2회)

먹이식물 등나무, 다릅나무(콩과 Fabaceae)

분포 한국(중부), 일본, 중국, 러시아 극동지역, 타이완

비고 얼핏 고구마뿔나방과 닮으나 머리색과 등 부분의 무늬가 딴판이다.

신칭 콩실뿔나방(뿔나방과) *Dichomeris ferruginosa* Meyrick, 1913

생김새 몸길이 10mm 안팎(날개 길이 10~15mm)으로 머리와 등방패는 검고, 몸통은 황갈색이다가 풀색을 머금은 노란색으로 변한다. 몸통은 통통하며, 검은 자모 받침이 겨우 눈에 띄고, 숨문은 검다.

습성 잎을 밀착시키고 그 속에서 사는데, 둥지를 펼치면 구멍이 숭숭 나 있다.

서식지 경작지, 제주 곶자왈

발생 6~9월(어른벌레 5~10월 초, 연 수회)

먹이식물 토끼풀, 자귀풀(콩과 Fabaceae)

분포 한국(중부, 제주도), 일본, 중국, 타이완, 인도

비고 우리나라 미기록종으로, 논문으로 발표할 예정이다.

수컷

어른벌레

자란 애벌레

둥지에 들어가는 애벌레

동방수염뿔나방(뿔나방과) *Dendrophilia neotaphronoma* Ponomarenko, 1993

생김새 몸길이 10mm 안팎(날개 길이 9~14mm)으로 머리와 등방패는 검고 반짝인다. 몸통은 풀색을 머금은 연미색으로 원통형이다. 자모는 겨우 눈에 띈다. 항문위판은 조금 갈색을 띤다. 번데기가 되기 전, 몸이 붉어진다.

습성 잎 여러 장을 밀착시키고 그 속에서 사는데, 조밀한 실로 잎 속을 관모양의 통로를 만들고 들락거린다.

서식지 높은 산지의 활엽수림

발생 6~9월(어른벌레 5~10월 초, 연 수회)

먹이식물 주엽나무, 싸리나무(콩과 Fabaceae)

분포 한국(중부), 일본, 중국, 러시아 극동지역, 타이완

애벌레

둥지

설악수염뿔나방(뿔나방과) *Dendrophilia unicolorella* Ponomarenko, 1993

생김새 애벌레의 몸 색이 더 노란 외에는 앞 종과 차이가 거의 없다.

습성 잎 가장자리를 접거나 여러 장 밀착시키고 그 속에서 사는데, 조밀한 실로 잎 속에서 관모양의 통로를 만들고 들락거린다.

서식지 활엽수림

발생 6~9월(어른벌레 5~10월 초, 연 수회)

먹이식물 싸리나무(콩과 Fabaceae)

분포 한국(중부), 중국, 러시아 극동지역

비고 앞 종과의 어른벌레 차이는 전연부의 검은 점들이 아래의 오른쪽 사진처럼 이 종에서 뚜렷하게 나타난다. 또 닮은 종, 사다리털수염뿔나방[*D. mediofasciana* (Park, 1991)]의 애벌레는 노란 기가 거의 없다(아래 사진).

수컷

사다리털수염뿔나방[*D. mediofasciana* (Park, 1991)]의 둥지와 애벌레

전연부의 검은 점 비교

애벌레

애벌레

둥지

상수리뿔나방(뿔나방과) *Encolapta tegulifera* (Meyrick, 1932)

생김새 몸길이 10mm 안팎(날개 길이 11~15mm)으로 머리는 반짝이는 황갈색이다. 등방패는 옅은 황갈색이고, 몸통은 황백색이다. 자모는 옅은 황갈색으로 거의 눈에 띄지 않으며, 자모 받침도 보이지 않는다. 항문위판은 옅은 황갈색이다.

습성 봄에는 여러 잎을 복잡하게 엮고 그 속에서 잎을 먹는다. 여름에는 2개의 잎을 붙이고 그 속에서 산다. 자라면 애벌레 색과 같은 번데기가 잎 속에서 된다.

서식지 참나무 숲

발생 5~6월, 7~8월(어른벌레 6~9월 초, 연 2회)

먹이식물 떡갈나무(참나무과 Fagaceae)

분포 한국(중부), 일본, 중국, 러시아

암컷

어른벌레

애벌레

둥지

광릉상수리뿔나방(뿔나방과) *Encolapta subtegulifera* (Ponomarenko, 1994)

생김새 몸길이 10mm 안팎(날개 길이 15~16mm)으로 상수리뿔나방과의 애벌레 차이가 거의 없는데, 어른벌레도 상수리뿔나방과의 차이가 거의 없다. 다만 이 종이 조금 크고, 앞날개 전연의 무늬가 오른쪽 사진처럼 조금 다르다.

습성 2종의 애벌레의 습성에도 차이가 없다.

서식지 참나무 숲

발생 5월(어른벌레 5월 말~6월, 연 1회)

먹이식물 떡갈나무(참나무과 Fagaceae)

분포 한국(중부), 일본, 중국, 러시아 극동지역

암컷

전연부의 무늬 비교

애벌레

둥지

멀구슬뿔나방(뿔나방과) *Paralida triannulata* Clarke, 1958

생김새 몸길이 16mm 안팎(날개 길이 19~23mm)으로 머리는 반짝이는 검은색이다. 등방패도 머리와 색이 같다. 몸통은 옅은 자회백색으로, 검은 점 같은 자모 받침이 두드러진다. 자모는 갈색이다. 항문위판은 반짝이는 검은색이다. 숨문 테두리와 가슴다리는 검다.

습성 잎들을 실로 꼬부랑하게 엮어 통 모양으로 만들고, 그 속에서 지내는데, 자라면 그 둥지에서 번데기가 된다.

서식지 풀밭, 마을, 경작지, 습지

발생 4~10월(어른벌레 6~10월 초, 연 2회)

먹이식물 말오줌때(고추나무과 Staphyleaceae), 멀구슬나무(멀구슬나무과 Meliaceae)

분포 한국(완도, 제주도), 일본, 타이완, 태국

비고 이 종은 Sohn and Kim(2017)이 우리나라에 분포한다고 처음 기록하였다.

수컷

애벌레

둥지

외줄수염뿔나방(뿔나방과) *Aristotelia mesotenebrella* Park, 1990

생김새 몸길이 11mm 안팎(날개 길이 13~15mm)으로 머리는 얼룩진 자갈색이고, 등방패 쪽이 색이 짙다. 몸통은 풀색 바탕에 옅은 미색의 등밑선, 숨문선, 숨문밑선이 나타난다. 또 미세한 검은 자모 받침이 있으며, 여기에서 검은 자모가 나온다. 항문다리에 붉은 무늬가 있다.

습성 잎을 접고 그 사이에서 지낸다.

서식지 활엽수림, 경작지, 마을

발생 8월 말~9월(어른벌레 5~10월 초, 연 2회)

먹이식물 광대싸리(여우주머니과 Phyllanthaceae)

분포 한국(중부)

비고 고유종이다.

수컷

애벌레와 둥지

자란 애벌레

괴불잎말이뿔나방(뿔나방과) *Anarsia bipinnata* (Meyrick, 1932)

생김새 몸길이 12mm 안팎(날개 길이 16mm 안팎)으로 머리와 등방패, 항문위판은 반짝이는 흑갈색이다. 몸통은 반짝이는 어두운 적갈색으로 전체가 어둡다. 자모 받침은 옅은 황갈색이고, 자모 밑부분이 검지만 그 위로 황백색이다. 숨문 주위는 검다.

습성 여러 잎을 실로 묶고 그 속에서 먹는다.

서식지 활엽수림

발생 5~9월(어른벌레 4~9월, 연 수회)

먹이식물 보리수나무(보리수나무과 Elaeagnaceae)

분포 한국(중부 이남), 일본

암컷

자란 애벌레

이 밖의 뽈나방류

뽈나방과는 많은 종이 있어서 서로 구별하기 쉽지 않고 아직 해명해야 할 부분이 많다. 앞으로 DNA분석에 따른 분류가 시도될 것으로 예상된다.

시베리아뽈나방 *Xystophora psammitella* (Snellen, 1884)
먹이식물 참싸리 | **발생** 8~9월(어른벌레 6월)

암컷

둥지

자란 애벌레

벚나무뽈나방 *Anacampsis anisogramma* (Meyrick, 1927)
먹이식물 시베리아살구, 벚나무 | **발생** 5~6월(어른벌레 6~9월)

암컷

둥지

자란 애벌레

노랑무늬애비늘뽈나방 *Carpatolechia deogyusanae* (Park, 1992)
먹이식물 신갈나무 | **발생** 9월(어른벌레 7~8월)

중간 애벌레

자란 애벌레

물결무늬뿔나방 *Aroga mesostrepta* (Meyrick, 1932)
먹이식물 신갈나무 | **발생** 8~9월(어른벌레 5~6월)

암컷

자란 애벌레

넓적판비늘뿔나방 *Teleiodes paraluculella* Park, 1992
먹이식물 신나무, 단풍나무 | **발생** 8~9월(어른벌레 5~8월)

둥지

자란 애벌레

삼각수염뿔나방 *Dichomeris atomogypsa* (Meyrick, 1932)
먹이식물 참느릅나무, 느릅나무 | **발생** 7~8월(어른벌레 4~10월)

자란 애벌레

Deltophora sp.
먹이식물 광대싸리 | **발생** 5월(어른벌레 6~7월)

자란 애벌레

Superfamily **Alucitoidea** Leach, 1815 · 깃털나방상과

▶ Family **Alucitidae** Leach, 1815 깃털나방과

얼룩깃털나방(*Pterotopteryx spilodesma* Meyrick, 1907) 암컷

날개 길이는 14mm 안팎으로, 앞날개와 뒷날개가 6개의 단단한 축으로 구성되고, 여기에서 새의 깃털을 연상시키는 털이 나온다. 황혼 무렵에 잘 날며, 앉으면 날개를 쭉 뻗치는 모습이다. 털날개나방상과와는 살아 있는 친척이 아니어도 매우 가까운 계통으로 알려져 있다. 애벌레는 능소화과, 인동과, 꼭두서니과 등의 꽃, 과일, 새싹에 붙으며 특히 씨앗에 구멍을 내어 파고드는 특징이 있다(Dugdale et al. 1998). 세계에 210여 종, 주로 온대에서 아열대 지역에서 발견된다. 유럽에서는 *Alucita*속의 종들이 많다. 우리나라에는 3종이 기록되어 있다. 영어 'Many-plumed moths'와 우리 '깃털나방과'는 잘 어울리는 이름이다.

Superfamily **Pterophoroidea** Latreille, 1802 · · · · · · · · · 털날개나방상과

▶ Family **Pterophoridae** Latreille, 1802 털날개나방과

Platyptilia sp. 암컷

날개 길이는 13~30mm로, 앞날개가 일반적으로 2개의 구부러진 축으로 구성되어, 깃털나방과와 얼핏 닮는다. 뒷날개는 예외가 있지만 보통 3개로 나뉘는 날개로 이루어진다. 앉을 때 날개를 좁게 말아 올린 상태로 옆으로 뻗어, 마른 풀 조각처럼 보임으로써 포식자를 속인다. 애벌레는 일부에서 줄기 또는 뿌리에 구멍을 내고 파먹기도 하지만 잎이나 꽃을 먹기도 한다. 세계에 1,000종 이상, 우리나라에 34여 종이 있다. 우리 이름은 날개가 털로 이루어진다는 뜻으로 보이고, 영어 이름 'Plume moths'의 뜻도 다름없다.

칠성털날개나방(털날개나방과) *Fuscoptilia emarginata* Snellen, 1884

생김새 몸길이 10mm 안팎(날개 길이 19mm 안팎)으로 머리는 둥글고 연두색이다. 몸통은 황록색을 띠며, 등밑선이 흰 선으로 두드러져 보인다. 흰 자모 받침에 검은 자모가 하나 나오고 그 옆으로 짧은 흰 자모가 뭉쳐서 나온다.

습성 가지에 붙어 있으며, 잎 뒤에서 번데기가 된다. 애벌레 상태로 겨울을 난다.

서식지 관목림, 경작지

발생 6월, 9월(어른벌레 5~8월, 연 2회)

먹이식물 잡싸리, 조록싸리(콩과 Fabaceae)

암컷

애벌레

번데기

이 밖의 털날개나방류

쑥부쟁이털날개나방 *Hellinsia nigridactylus* Yano, 1961

먹이식물 쑥부쟁이류(국화과 Asteraceae) | **발생** 5월(어른벌레 6~7월)

자란 애벌레

Hellinsia sp.

먹이식물 도둑놈의갈고리(콩과 Fabaceae) | **발생** 6월

암컷

애벌레

번데기

쑥털날개나방(털날개나방과) *Hellinsia lienigianus* Zeller, 1852

생김새 몸길이 13mm 안팎(날개 길이 12~17mm)으로 머리는 황갈색을 띤 흰색이고, 몸통은 황록색 또는 풀색을 띤다. 등방패는 옅은 갈색이다. 몸에는 흰 자모가 뭉쳐나고, 빽빽하다. 또 세로로 길게 여러 흰 선이 나타난다.

습성 잎 뒤에서 살지만 표피를 남기면서 먹기 때문에 쉽게 발견할 수 있다. 자란 애벌레는 잎 위에 고치를 틀고 번데기가 된다. 애벌레 상태로 겨울을 난다.

서식지 활엽수림 가장자리, 풀밭, 경작지

발생 6~9월(어른벌레 5~10월, 연 수회)

먹이식물 쑥, 까실쑥부쟁이(국화과 Asteraceae)

분포 한국(전국), 일본, 중국, 타이완, 러시아, 베트남, 필리핀, 호주, 유럽

암컷

자란 애벌레

메꽃털날개나방(털날개나방과) *Emmelina argoteles* Meyrick, 1922

생김새 몸길이 11mm 안팎(날개 길이 18~23mm)으로 머리는 옅은 갈색, 몸통은 옅은 황록색 또는 풀색이다. 숨문은 작고 튀어나오지 않으며, 테두리가 갈색이다. 옅은 갈색의 가시털들은

암컷

먹은 흔적

등밑선 아래에서 뭉쳐 나오는데, 방사상으로 퍼진다. 그 아래의 가시털들은 아래로 향하는데, 흰색이다. 가시털 받침은 눈에 띄는 정도이다.

습성 구멍 내듯 잎을 먹는데, 어릴 때에 줄기 속을 파고 들어갈 때도 있다. 어른벌레로 겨울을 나는 것으로 보인다.

서식지 풀밭, 경작지, 하천

발생 4~11월(어른벌레 연중, 연 수회)

어린 애벌레

자란 애벌레

번데기

먹이식물 메꽃(메꽃과 Convolvulaceae)

분포 한국(중부), 일본, 중국, 러시아 극동지역~유럽, 인도

Superfamily **Carposinoidea** Walsingham, 1897 ······· 속먹이나방상과

▶ Family **Carposinidae** Walsingham, 1897 속먹이나방과(심식나방과)

날개 길이는 12~30mm이다. 수컷은 등 양쪽에 두툼한 비늘가루가 눈에 띈다(Dugdale et al., 1999). 아랫입술수염은 위로 뚜렷하게 굽는데, 특히 암컷에서 3째 마디가 길고, 둘째 마디에 비늘가루가 덮인다. Copromorphidae와 달리 뒷날개의 M2맥이 없고 종류에 따라 M1맥이 없기도 한다. 이 과는 Copromorphidae 안에 들어갈 가능성이 있어 추가 연구가 더 필요하다(Dugdale et al., 1999). 심식(深食, シンクイ)나방은 일본말로 우리말로 받아들이기에 적절치 않다. 과일의 속을 먹는다는 뜻인데, 아예 '속먹이'라면 되겠다. 하지만 이 무리 모두 속을 파고들지 않는다.

복숭아속먹이나방(복숭아심식나방, 속먹이나방과) *Carposina sasakii* Matsumura, 1990

생김새 몸길이 13mm 안팎(날개 길이 13~18mm)으로 머리는 갈색, 몸통은 조금 통통하고, 황백색인데, 자라면 붉은색을 띤다. 등방패는 어두운 갈색, 항문위판은 갈색이다. 자모 받침은 조

수컷

애벌레

금 솟고 갈색을 띤다. 자모는 옅은 갈색이다. 숨문 둘레는 옅은 갈색으로 희미하다.

습성 암컷이 과일의 움푹 들어간 부분에 알을 낳으며, 깨난 애벌레가 과육으로 파고 들어간다. 이 자리에 끈적끈적한 액체가 흘러나와 굳어진다. 애벌레 상태로 겨울을 난다.

서식지 활엽수림, 과수원, 경작지

발생 8~9월(어른벌레 6~9월, 연 1~3회)

먹이식물 복숭아나무(장미과 Rosaceae)

분포 한국(내륙), 일본, 러시아 극동지역, 북미

비고 복숭아의 해충이며, 한국응용곤충학회에서 지정한 한국 10대 해충 중 하나이다.

Superfamily **Epermenioidea** Spuler, 1910 ·· 털나방상과(미나리좀나방상과)

▶ Family **Epermeniidae** Spuler, 1910 털나방과(미나리좀나방과)

날개 길이는 7~20mm로, 다리에 가시가 달린 센털이 있으며, 배에 가시가 없다. 넓은 머리에는 개안과 털융기가 없다. '꼭지뿔나방과'와 닮는다. 뒷날개의 후연의 털다발이 눈에 띄고, 이것 때문에 깃털나방과, 털날개

나방과와 형태 유사성이 일부 있다(Dugdale et al., 1999). 현재 이 과는 Gaedike (1977, 1979)에 의해 정리되었다. 어른벌레는 야행성으로, 앉을 때 날개를 경사가 급한 지붕처럼 덮는다. 애벌레는 과일, 씨앗, 잎, 꽃의 안 또는 바깥에서 산다. 엉성한 고치를 만들고 그 속에서 번데기가 된다. 이 과는 구북구에서 인도~호주, 태평양 섬의 열대에 90여 종이 알려졌으나 우리나라에 2종(미나리좀나방, 제비꿀좀나방)만 기록되어 있다. 영어

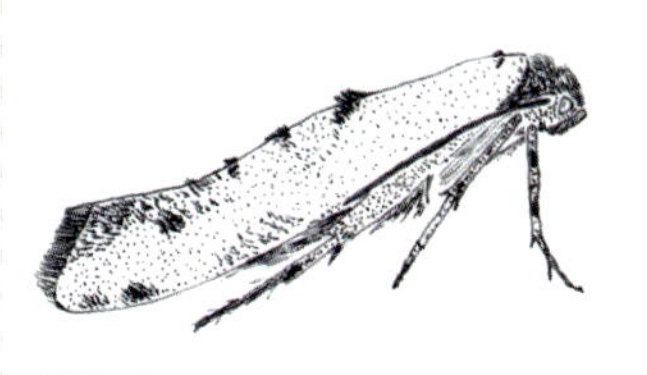

어른벌레

이름 'Fringe-tufted moth'과 일본 이름(ササベリ)은 뒷날개 후연의 연모 때문에 생긴 것 같다. 우리 이름은 먹이식물에서 따왔으나 애벌레가 미나리 외에 여러 산형과 식물을 먹으므로 어색하다. 또 좀나방은 작은 나방이라는 통칭이다. 따라서 털나방과로 바꾼다.

이밖에 꿀벌나방과(**Immidae**)의 기록이 있다(김상수 · 백문기, 2020).

Superfamily **Urodoidea** Kyrki, 1988 · · · · · · · · · · 소쿠리나방상과

▶Family **Urodidae** Kyrki, 1988 소쿠리나방과

날개 길이는 10~30mm이다. 앉을 때, 날개가 배를 덮는데, 회갈색의 앞날개에 검은 띠 같은 무늬가 보인다. 이 과는 이전에 '집나방상과'에 포함되기도 하였고, '자귀집나방과(**Galacticidae**)' 또는 '유리나방과(**Sesiidae**)'와도 함께 묶였던 적도 있었다. 아직 가장 가까운 무리는 알려지지 않으며, 이에 대한 DNA 연구가 더 필요하다. 세계에 60여 종, 우리나라에 2종이 알려져 있다(Sohn and Adamski, 2008). 우리 이름은 번데기의 고치 모양이 소쿠리 같아 붙여진 듯하고, 영어 이름 'False burnet moths'는 가짜 알락나방류라는 뜻이다.

소쿠리나방(소쿠리나방과) *Wockia koreana* Sohn, 2008

생김새 몸길이 8m 안팎(날개 길이 13~14mm)으로 머리는 흑갈색이고 정수리 양쪽이 봉긋하게 보인다. 앞머리 위로 검은 자모 받침에 검은 자모가 나오는데, 몸통 양옆으로도 솟아 나와 얼핏 까칠한 털처럼 보인다. 제 5배마디 등에 검은 무늬가 있다. 자모 받침은 흑갈색이고, 그 둘레가 밝다. 자세한 자모의 위치는 닮은 종, 큰소쿠리나방(*Wockia magna* Sohn, 2014)의 자모 배열을 참고하기 바란다(Liu and Wang, 2015).

습성 버드나무에서 발견되는 애벌레는 빠르게 이동한다. 속이 보이는 소쿠리 같은 고치를 틀며 번데기가 된다.

암컷

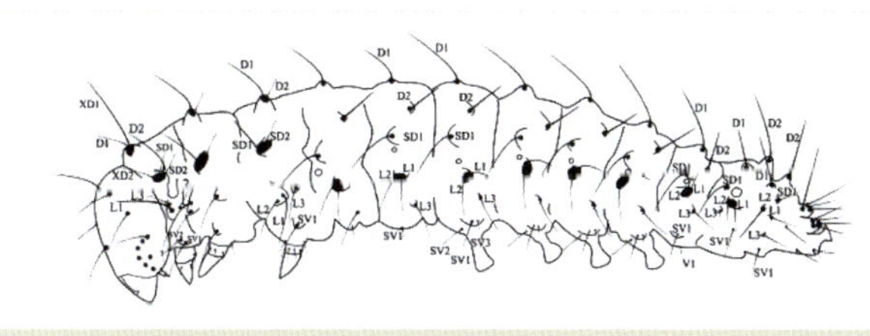

큰소쿠리나방(*Wockia magna* Sohn, 2014)의 자모 배열(Liu and Wang, 2015)

서식지 활엽수림 가장자리, 강가

발생 8~9월 초(어른벌레 9월)

먹이식물 버드나무류(버드나무과 Salicaceae)

분포 한국(중부), 일본

애벌레의 위치

애벌레

번데기

Superfamily **Choreutoidea** Stainton, 1858 ········· 뭉뚝날개나방상과

▶ Family **Choreutidae** Stainton, 1858 뭉뚝날개나방과

날개 길이는 10~16mm이다. 앉을 때, 날개를 조금 경사지게 펼치거나 널따란 지붕처럼 만든다. 앞, 뒷날개의 상하 폭이 넓으며, 금속광택이 나는 무늬가 있다. 낮에 재빠르게 선회하는 행동을 하며 극단의 각도로 날개를 부풀릴 수 있다. 더듬이는 실모양이고, 앞날개의 2/3 안팎이다. 이 과(Metalmark moths)는 오랫동안 유연관계가 논란거리이었다. 예전에는 집나방상과의 그림날개나방과 또는 유리나방상과에 포함되었다가 현재 독립되었다(Minet, 1986). 일부의 종들은 날개에 시선을 끄는 행동을 하여 '깡총거미'를 모방하는 것으로 나타났다 (Rota and Wagner, 2006). 애벌레는 실로 새싹을 촘촘히 묶어 그 속에서 살아간다. 전 세계에 85종, 우리나라에 5종이 있다.

천선과뭉뚝날개나방(뭉뚝날개나방과) *Choreutis japonica* (Zeller, 1877)

생김새 몸길이 12mm 안팎(날개 길이 10~13mm)으로 머리는 옅은 황갈색이고, 뒷가장자리가 검다. 큰턱은 갈색으로, 5개의 이빨이 있다. 개안은 5개이다. 몸통은 노란 기가 있는 옅은 풀

암컷

어른벌레

색이다. 등방패는 옅은 황갈색이다. 자모 받침은 흑갈색으로 뚜렷하다.

습성 새싹을 실로 엮고 그 속에서 잎맥을 남긴 채 잎살만 먹고 자란다. 다 자라면 주위의 잎으로 이동하여 조금 오므린 상태에서 흰 막을 치고 그 속에서 번데기가 된다. 우화할 때에는 번데기가 밖으로 드러난다.

서식지 낮은 위치의 활엽수림, 마을 주변, 경작지 주변

발생 5~10월(어른벌레 5~10월, 연 수회)

먹이식물 천선과나무(뽕나무과 Moraceae)

분포 한국(제주도, 추자도), 일본

비고 어른벌레는 낮에 먹이식물 둘레에서 활동한다.

어린 애벌레

자란 애벌레

둥지 속 애벌레

둥지

번데기

고치

신칭 Superfamily **Galacticoidea** Minet, 1986 · · · · · · · · · · · · · 자귀집나방상과

신칭 ▶Family **Galacticidae** Minet, 1986 자귀집나방과

날개 길이가 8~17mm이다. 이 과는 독특한 형태 때문에 여러 분류군으로 바뀌었지만 Dugdale et al.(1999)의 연구에 따라 위의 과로 정리되었다. 하지만 아직도 몇몇 형태 차이 외에 일부 구조와 애벌레의 모습, 행동 등의 유사성 때문에 집나방상과와도 가까워 앞으로 이 과의 분류가 달라질 가능성이 있다. 세계에 27종, 우리나라에는 1종이 분포한다.

개칭 자귀집나방(자귀뭉뚝날개나방, 자귀집나방과) *Homadaula anisocentra* Meyrick, 1922

생김새 몸길이 11mm 안팎(날개 길이 12~14mm)으로 머리는 희고 옅은 갈색에 검은 무늬가 있다. 몸통은 회흑갈색으로 등 부분이 더 짙다. 등선, 숨문윗선, 숨문밑선도 누란 기가 있는 회녹색이다. 등빙 패는 검다. 몸통의 자모 받침은 작고 검으며, 뚜렷하다. 항문위판은 기의 검다.

습성 무리지어 잎과 잎을 흰 실로 감고 그 속에서 지내며, 먹이활동

암컷

을 한다. 자란 애벌레는 땅으로 내려와 마른 잎 사이에서 빽빽한 고치를 틀고 번데기가 된다. 번데기로
겨울을 나는 것 같다.

서식지 낮은 위치의 활엽수림, 마을 주변, 경작지 주변

발생 5~7월, 8~9월(어른벌레 6~9월, 연 2회)

먹이식물 자귀나무(콩과 Fabaceae)

분포 한국(중부 이남), 일본, 중국, 미국(일본에서 유입)

비고 영어 이름(Mimosa webworm)은 미모사를 실로 엮으며 산다는 뜻이다. 어른벌레의 모습은 집나방과
와 닮는다. 우리나라에서는 뭉뚝날개나방과에 넣고 있다.

애벌레(위)

애벌레(옆)

둥지

Superfamily **Tortricoidea** Latreille, 1803 · · · · · · · · · · 잎말이나방상과

▶Family **Tortricidae** Latreille, 1803 잎말이나방과

날개 길이는 11~28mm로, 작은 편이다. 어른벌레는 앉을 때 날개가 여러 모양으로, 몸 위를 편평하게 덮거나
지붕처럼 세우거나 몸을 감싸기도 한다. 대부분 밤에 날아다니나, 일부는 낮에 날기도 하고, 황혼 무렵 활발해
지는 종도 있다. 밤에 불빛에 잘 유인된다. 더듬이는 실 모양이다. 아랫입술수염은 짧고, 앞으로 향한다. 앞날
개는 삼각형에 가깝고, 수컷 앞날개 전연에 덮개(costal fold)가 있다. 애벌레는 잎을 보자기처럼 말고 그 속에
잎을 먹는데, 때로 꽃봉오리 속, 씨앗, 줄기, 뿌리 속을 파먹기도 한다. 잎을 먹는 종류는 몸 색이 푸르나 그 밖
의 속을 파먹는 종류는 희다. 대부분 연 1회만 발생하는데, 2세대에서 다세대에 이르는 종도 적지 않다. 겨울을
날 때, 대부분 애벌레 상태이나 *Acleris*속 등 일부는 어른벌레로 겨울을 난다. 세계에 9,000여 종, 우리나라에
는 430여 종이 알려져 있다.

아스콜드잎말이나방[*Acleris
askoldana* (Christoph, 1881)]

두줄둥근잎말이나방(*Paratorna
cuprescens* Falkovitsh, 1965)

애벌레가 말아놓은 잎

아그배잎말이나방(잎말이나방과) *Acleris comariana* (Zeller, 1846)

생김새 몸길이 13mm 안팎(날개 길이 16mm 안팎)으로 머리는 어릴 때 검다가 자라면 반짝이는 주홍색으로 변한다. 등방패 좌우로 검은 무늬가 있다. 몸통은 연두색으로 각 마디에 몸통과

수컷

암컷

같은 색의 자모 받침에 흰 자모가 나 있다. 항문위판도 몸통의 색과 같다.

습성 여러 잎을 실로 엮은 속에서 지낸다. 번데기도 그 안에서 발견된다.

서식지 활엽수림, 경작지 주변

발생 5~9월(어른벌레 6~7월, 9월, 연 2회)

먹이식물 마가목(장미과 Rosaceae), 버드나무류(버드나무과 Salicaceae), 섬쑥부쟁이(부지깽이, 국화과 Asteraceae) 등 여러 초본식물

분포 한국(강원도, 울릉도), 일본, 중국, 러시아, 유럽, 북미

비고 이 종과 가까운 버들잎말이나방(*Acleris laterana*)은 애벌레가 버드나무를 먹는 것으로 잘못 알려졌다. 실제는 진달래과를 먹기 때문에 우리 이름을 바꿀 필요가 있다.

중간 애벌레

자란 애벌레

평행줄잎말이나방(잎말이나방과) *Acleris platynotana* (Walsingham, 1900)

생김새 몸길이 15mm 안팎(날개 길이 17mm 안팎)으로 머리는 주황색이고 반짝인다. 등방패는 머리 쪽이 조금 붉고, 몸 쪽이 회백색인데, 뒷가장자리가 검어진다. 몸통은 회백색으로 흰 자모 받침에서 흰 자모가 나온다. 항문위판은 몸 색과 같고 검은 점이 2개 있다.

습성 여러 잎을 실로 엮고 집을 만들어 그 속에서 살아간다. 번데기도 그 집에서 발견된다.

수컷

서식지 활엽수림, 경작지

발생 5~6월, 8~9월(어른벌레 6~7월, 9월, 연 2회)

먹이식물 산철쭉, 진달래(진달래과 Ericaceae), 참나무류(참나무과 Fagaceae)

분포 한국(전국), 일본, 중국, 러시아 극동지역

비고 이 무리의 애벌레는 실로 잎을 마는 습성이 있고, 몸통이 원통형이다. 가끔 과일이나 식물의 줄기를 파고 들어가 사는데, 이럴 경우, 몸은 뚱뚱해지고 흰색 또는 옅은 노란색을 띤다.

어른벌레

어린 애벌레

자란 애벌레

상수리잎말이나방(잎말이나방과) *Acleris affinatana* (Snellen, 1833)

생김새 몸길이 12mm 안팎(날개 길이 15mm 안팎)으로 머리와 등방패는 반짝이는 검은색이다. 몸통은 어릴 때 미색이나 자라면서 옅은 회갈색으로 변한다. 흰 자모 받침에서 흰 자모가 듬성듬성 나온다.

습성 잎끼리 붙이고 그 안에서 흰 실을 토해 자신의 통로를 만들어 지낸다. 어른벌레로 겨울을 난다.

암컷

서식지 활엽수림

발생 5~8월(어른벌레 6~7월, 9월~이듬해 4월)

먹이식물 상수리나무, 신갈나무(참나무과 Fagaceae)

분포 한국(전국), 일본, 중국, 러시아 극동지역, 타이완

중간 애벌레

둥지

흰색잎말이나방(잎말이나방과) *Acleris japonica* (Walsingham, 1900)

생김새 몸길이 13mm 안팎(날개 길이 16mm 안팎)으로 머리는 주황색이고 무늬가 없다. 등방패는 머리색보다 조금 옅고, 좌우로 검은 점무늬가 뚜렷하다. 몸통은 옅은 연두색으로, 위에서 보면 사다리꼴 위치

에 흰 자모 받침이 있으며, 여기
에서 희고 긴 자모가 나온다.

습성 잎을 접어 그 안에서 지내
다가 번데기가 된다. 어른벌레
로 겨울을 난다.

암컷

중간 애벌레

서식지 낙엽활엽수림

발생 4~5월, 8월(어른벌레 6~7월, 9월~이듬해 4월)

먹이식물 느릅나무, 느티나무(느릅나무과 Ulmaceae)

분포 한국(중·남부), 일본, 타이완

눈썹무늬잎말이나방(잎말이나방과) *Acleris lacordairana* (Duponchel, 1836)

생김새 몸길이 15mm 안팎(날개 길이 11~17mm)으로 머리는 주황색
이다. 개안 주위는 검다. 몸통은 반짝이고 매끈하며, 옅은 풀색이다.
다만 등 쪽으로 풀색이 짙어지고, 숨문 아래로는 색이 옅어진다. 등
방패 양쪽에 검은 점이 뚜렷하다. 가슴다리는 옅은 풀색이다.

습성 단풍나무의 잎을 실로 엮고 집을 만들어 그 속에서 살아간다.
번데기도 그 집에서 발견된다. 어른벌레로 겨울을 난다.

수컷

서식지 활엽수림

발생 6~11월, 이듬해 4월

먹이식물 당단풍나무(단풍나무과 Aceraceae)

분포 한국(전국), 일본, 타이완, 중국, 러시아, 유럽

자란 애벌레

둥지

낙타등잎말이나방(잎말이나방과) *Homonopsis foederatana* (Kennel, 1901)

생김새 몸길이 19mm 안팎(날개 길이 16~21mm)으로 머리는 황갈색이며 탁한 느낌이고, 등방패와 맞닿
는 부분에 이빨 같은 무늬가 4개 있으며, 그 앞으로 점이 4개 있다. 등방패는 머리색과 같고, 뒷가장자
리가 검은 띠가 생기며 중앙이 끊어진다. 몸통은 회색을 띤 황록색으로 노란 느낌이 강하다. 몸에는 검

고 두드러진 자모 받침이 있으며, 노란 자모가 나온다. 항문위판은 검다.

습성 새순을 오므리고 그 속에서 산다.

서식지 활엽수림

발생 4~5월(어른벌레 5~7월, 연 1회)

먹이식물 장미과 Rosaceae, 참나무과 Fagaceae, 버드나무과 Salicacea, 뽕나무과 Moraceae, 무환자나무과 Sapindaceae, 소나무과 Pinaceae 등

분포 한국(내륙), 일본, 중국, 러시아 극동지역

암컷

어린 애벌레

자란 애벌레

둥지

큰주름잎말이나방(잎말이나방과) *Archips capsigeranus* (Kennel, 1901)

생김새 몸길이 17mm 안팎(날개 길이 24mm 안팎)으로 머리는 붉은색을 머금은 흑갈색이고, 윗입술이 희다. 머리와 앞가슴 사이는 흰 띠가 있고, 등방패는 머리와 같은 색이다. 몸통은 풀색으로 등밑선에 희미한 흰 점이 이어지는데, 자란 애벌레는 이 점들이 보이지 않는다. 가슴다리는 발톱 부분이 검지만 나머지는 밝으며, 배다리도 밝다.

습성 실을 뽑아 잎을 오므려 생긴 공간에 집을 짓는다. 번데기도 집 속에서 보인다.

서식지 풀밭, 낮은 위치의 활엽수림, 식생이 좋은 공원

발생 4~5월, 7~8월(어른벌레 6~7월, 8~10월, 연 2회)

먹이식물 참나무과 Fagaceae, 장미과 Rosaceae, 녹나무과 Lauraceae, 굴거리나무과 Daphniphyllaceae, 느릅나무과 Ulmaceae 등

분포 한국(중·남부), 일본, 러시아 극동지역

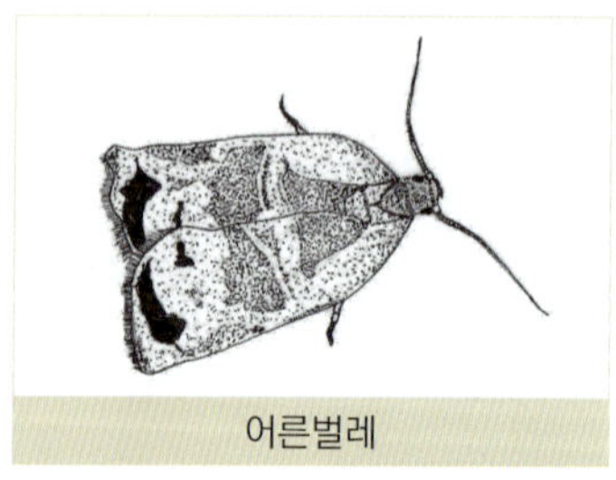
어른벌레

중간 애벌레

둥지

뒷노랑잎말이나방(잎말이나방과) *Archips audax* Razowski, 1977

생김새 몸길이 24mm 안팎(날개 길이 20~29mm)으로 머리는 흑갈색이다. 몸통은 어두운 녹갈색이고, 등밑선은 황백색이다. 등방패는 갈색인데, 앞 테두리는 가늘게 흰색, 뒤 테두리는 검

수컷

암컷

다. 가슴다리는 흑갈색이다. 몸통의 자모 받침은 흰색, 자모는 길고 희다. 항문위판은 옅은 갈색이다.

습성 실을 토해 잎을 엮고 그 속에서 지내는데, 집을 먹기도 하지만 부족하면 밖으로 나온다.

서식지 활엽수림

발생 4~5월, 7~8월(어른벌레 5~9월, 연 2회)

먹이식물 침엽수와 활엽수를 포함한 여러 나무

분포 한국(전국), 일본, 중국

비고 이 속은 오세아니아구만 빼고 전 세계에 분포하며, 100종 이상이 알려져 있다. 우리나라에는 18종이 알려져 있다.

애벌레(위)

애벌레(옆)

어린 애벌레

왕사과잎말이나방(잎말이나방과) *Archips ingentana* (Christoph, 1881)

생김새 몸길이 22mm 안팎(날개 길이 24mm 안팎)으로 머리는 검고, 등방패는 좌우가 검은 흑갈색, 앞쪽이 유백색이어서 띠처럼 보인다. 몸통은 숨문선 위로 흑자색으로 등방패보다 색이 옅은데, 색이 더 옅은 자모 받침이 있고, 흰 자모가 나온다. 숨문 아래는 색이 밝다. 항문위판은 몸 색보다 옅다.

습성 새순 또는 잎을 오므리고 그 속에서 산다.

서식지 활엽수림

발생 4~5월, 7~8월(어른벌레 5~9월, 연 2회)

먹이식물 장미과 Rosaceae, 참나무과 Fagaceae, 버드나무과 Salicacea, 뽕나무과 Moraceae, 소나무과 Pinaceae, 국화과 Asteraceae, 콩과 Fbaceae 등

암컷

분포 한국(내륙), 일본, 중국 동북부, 러시아 극동지역
비고 콩과 배의 해충으로 알려져 있다.

애벌레(위)

애벌레(옆)

번개무늬잎말이나방(잎말이나방과) *Archips viola* Falkovitsh, 1965

생김새 몸길이 23mm 안팎(날개 길이 26mm 안팎)으로 머리는 검고, 반짝인다. 몸통은 풀색이다. 등방패는 갈색이나 머리 쪽으로 적갈색을 띤다. 가슴다리는 검고, 배다리는 몸 색과 거의 같

수컷

암컷

다. 덜 두드러지지만 몸에는 검은 자모 받침이 있다. 가슴다리는 검다.

습성 어릴 때에는 새싹을 먹는데, 그 부분이 갈색으로 변한다. 애벌레는 실을 토해 잎을 엮고 그 속에서 지내며, 커가면서 잎을 덧대기도 한다. 2살 애벌레로 겨울나기를 한다.

서식지 활엽수림

발생 6~8월(어른벌레 4~5월, 연 1회)

먹이식물 자작나무과 Betulaceae, 참나무과 Fagaceae 등

분포 한국(지리산 이북), 일본, 중국, 러시아 극동지역, 중앙아시아

중간 애벌레

자란 애벌레

흰꼬리잎말이나방(잎말이나방과) *Archips nigricaudana* (Walsingham, 1900)

수컷

암컷

생김새 몸길이 23mm 안팎(날개 길이 16~25mm)으로 머리와 등방패, 항문위판은 반짝이는 검은색인데 등방패의 앞 가장자리는 흰 띠가 가늘게 있다. 자모 받침은 희고, 흰 자모가 듬성듬성 난다.

습성 어린 애벌레는 새순을 실로 엮고 그 속에서 지낸다. 조금 자라면 잎과 잎을 길게 말고 지낸다. 건드리면 파드득거리며, 땅으로 떨어진다.

서식지 활엽수림

발생 5~8월(어른벌레 4~8월, 연 수회)

먹이식물 참나무과 Fagaceae 등 여러 나무

분포 한국(전국), 일본, 중국 동북부, 러시아 극동지역

비고 이 속의 종들을 서로 구별하기 어렵다. 이 종의 암컷은 위 사진의 화살표처럼 배 끝에 검은 털 뭉치가 있다.

중간 애벌레

자란 애벌레

사과잎말이나방(잎말이나방과) *Choristoneura longicellana* (Walsingham, 1900)

생김새 몸길이 20mm 안팎(날개 길이 22mm 안팎)으로 번개무늬잎말이나방과 닮으나 몸 색이 조금 밝고, 통통한 느낌이다. 머리와 등가슴은 적갈색 또는 흑갈색으로, 몸통은 노란 기가 조금 있는 옅은 풀색이다. 다리는 녹갈색으로 끝이 검다.

암컷

습성 새순을 실로 옭아매고 그 속에서 지낸다. 자라면 주변의 잎을 덧대 보금자리가 커지며, 다 자라면 그 속에서 번데기가 된다.

서식지 활엽수림, 마을, 과수원, 습지

발생 5~8월(어른벌레 5~10월, 연 수회)

먹이식물 장미과 Rosaceae, 자작나무과 Betulaceae, 참나무과 Fagaceae, 버드나무과 Salicaceae, 콩과 Fabaceae 등

분포 한국(전국), 일본, 중국 동북부, 러시아 극동지역, 타이완

비고 사과나무의 해충으로 알려져 있다. '사과무늬잎말이나방'과는 날개 무늬 차이가 있다.

중간 애벌레

자란 애벌레

어리황색잎말이나방(잎말이나방과) *Archips endoi* Yasuda, 1975

생김새 몸길이 16mm 안팎(날개 길이 18~25mm)으로 머리는 어릴 때 검다가 자라면 짙은 적갈색으로 변한다. 등방패는 검다. 몸통은 회백색으로 밝다. 자모 받침은 두드러지지 않으며, 희고 긴 자모가 나온다.

수컷

습성 실을 토해 잎을 엮고 그 속에서 지내는데, 집을 먹기도 하지만 부족하면 밖으로 나온다.

서식지 활엽수림

발생 8월(어른벌레 7~9월, 연 1회)

먹이식물 참나무과 Fagaceae, 장미과 Rosaceae, 버드나무과 Salicaceae, 자작나무과 Betulaceae

분포 한국(중·남부), 일본

중간 애벌레

자란 애벌레

검모무늬잎말이나방(잎말이나방과) *Archips fuscocupreanus* Walsingham, 1900

생김새 몸길이 15mm 안팎(날개 길이 17~25mm)으로 머리와 등방패는 반짝이는 검은색이다. 몸통은 풀

색으로, 자모 받침의 색도 풀색인데, 흰 자모가 나온다.

습성 실을 토해 잎을 엮고 그 속에서 지내는데, 집을 먹기도 하지만 부족하면 밖으로 나온다.

서식지 활엽수림

발생 5~6월(어른벌레 6~7월, 연 1회)

먹이식물 참나무과 Fagaceae, 장미과 Rosaceae, 버드나무과 Salicaceae, 자작나무과 Betulaceae, 물푸레나무과 Oleaceae 등 여러 나무와 풀

분포 한국(내륙), 일본, 중국 동북부, 사할린

암컷

중간 애벌레

둥지

흰머리잎말이나방(잎말이나방과) *Pandemis cinnamomeana* (Treitschke, 1830)

생김새 몸길이 18mm 안팎(날개 길이 18~25mm)으로 머리는 옅은 주황색이다. 등방패는 옅은 풀색으로 등밑선 부분에 작고 검은 점이 한 쌍 있다. 몸통은 옅은 풀색이고, 자모 받침은 바탕색과 같아 눈에 덜 띄는데, 가느다란 흰 자모가 나온다.

습성 잎 여러 장을 실로 묶은 후, 그 속에서 산다. 애벌레로 겨울을 난다.

서식지 활엽수림

암컷

어른벌레

중간 애벌레

자란 애벌레

둥지

발생 4~5월, 8월(어른벌레 5~10월, 연 1~2회)

먹이식물 참나무과 Fagaceae, 장미과 Rosaceae, 버드나무과 Salicaceae, 콩과 Fabaceae, 마디풀과 Polygonaceae, 인동과 Caprifoliaceae, 녹나무과 Lauraceae 등

분포 한국(전국), 일본, 중국, 러시아, 몽골, 유럽

수흰머리잎말이나방(잎말이나방과) *Pandemis chlorograpta* Meyrick, 1921

생김새 몸길이 17mm 안팎(날개 길이 17~25mm)으로 앞머리는 풀색이고, 정수리가 노랗다. 개안과 큰턱에 검은 무늬가 있다. 등방패는 몸 색과 같으며, 검은 점이 쉼표처럼 보인다. 몸통은 풀색인데, 흰 자모 받침에서 흰 자모가 나온다.

습성 잎을 말고 그 속에서 지낸다. 애벌레로 겨울을 난다.

서식지 활엽수림

발생 5월, 8월(어른벌레 6~9월, 연 3회)

먹이식물 참나무과 Fagaceae, 장미과 Rosaceae, 버드나무과 Salicaceae, 콩과 Fabaceae, 소나무과 Pinaceae, 인동과 Caprifoliaceae, 녹나무과 Lauraceae 등

분포 한국(중·남부), 일본, 중국

비고 사과나무와 배나무, 콩의 해충이다. 어른벌레의 수컷은 머리가 옅은 황갈색이다.

수컷

중간 애벌레

자란 애벌레

치악잎말이나방(잎말이나방과) *Pandemis chlorograpta* Meyrick, 1921

생김새 몸길이 18mm 안팎(날개 길이 18~25mm)으로 머리는 옅은 주황색이고 반짝인다. 몸통은 옅은 풀색 또는 황록색으로 날씬한 편이다. 등방패는 옅은 풀색으로 좌우로 길쭉하고 검은 점이 있으며, 가슴과 가까운 중앙에 검은 잔 점이 8개로 2열로 보인다. 자모는 희고 받침은 몸 색과 같

암컷

번데기

아 뚜렷하지 않다. 항문위판은 색이 더 옅은 풀색이다.

습성 잎을 실로 엮고 그 속에서 산다. 자란 애벌레는 그 속에서 번데기가 된다. 애벌레로 겨울을 난다.

서식지 활엽수림

발생 4~5월, 8월(어른벌레 6~10월, 연 2~3회)

먹이식물 참나무과 Fagaceae, 장미과 Rosaceae, 버드나무과 Salicaceae, 콩과 Fabaceae, 마디풀과 Polygonaceae, 인동과 Caprifoliaceae, 녹나무과 Lauraceae 등

분포 한국(중부), 일본, 중국

중간 애벌레

자란 애벌레

둥지

차잎말이나방(잎말이나방과) *Homona magnanima* Diakonoff, 1948

생김새 몸길이 30mm 안팎(날개 길이 20~34mm, 암컷이 수컷보다 크다.)으로 잎말이나방과 중에서 가장 크고 몸이 굵다. 몸 색은 짙은 풀색 또는 회색을 띤 옅은 풀색으로 변화가 많다. 머리

수컷

암컷

는 갈색, 머리 위와 옆에 어두운 갈색의 구름무늬가 있다. 개안 부위는 검다. 등방패는 갈색, 뒷가장자리가 검게 테두리 처진다. 가슴다리는 검다. 배는 옅은 갈색이고, 자모도 색이 같다. 항문위판은 갈색이고, 배다리의 갈고리발톱(crochet)은 80개이다.

습성 잎을 엮은 후, 실로 엮고 그 속에서 산다. 자란 애벌레는 사는 장소에서 그대로 번데기가 된다. 애벌레로 겨울을 나며, 겨울에 춥지 않으면 활동을 한다.

서식지 풀밭, 낮은 위치의 활엽수림

어린 애벌레

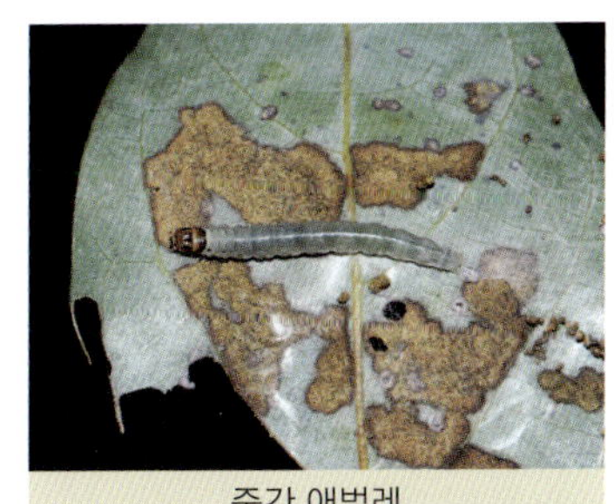
중간 애벌레

자란 애벌레

발생 5~10월(어른벌레 4~10월, 연 3회)

먹이식물 보리밥나무(보리수나무과 Elaeagnaceae), 차나무(차나무과 Theaceae) 등 여러 상록수와 낙엽수

분포 한국(중부 이남), 일본, 중국(남부), 타이완

비고 차나무의 중요 해충이다. 애벌레가 먹는 범위가 여러 활엽수와 침엽수이지만 차나무에 잘 붙는다.

어른벌레

번데기

낙엽송거미줄잎말이나방(잎말이나방과) *Ptycholomoides aeriferana* (Herrich-Schäffer, 1851)

생김새 몸길이 15mm 안팎(날개 길이 22mm 안팎)으로 머리는 적 갈색이고 색이 고르지 않다. 등 방패는 몸통과 색이 같으나 가 장자리에 검은 띠가 가늘게 보 인다. 등밑선은 흰 가장자리가

암컷

자란 애벌레

있는 뚜렷한 검은색으로 얼핏 몸통이 각진 모습이다.

습성 삐죽한 낙엽송을 실로 엮고 사는데, 보호색을 띠어 발견하기 쉽지 않다.

서식지 활엽수림

발생 6월(어른벌레 7~8월, 연 1회)

먹이식물 일본잎갈나무, 소나무(소나무과 Pinaceae)

분포 한국(중·남부), 일본, 중국 동북부, 몽골, 러시아, 유럽

감나무잎말이나방(잎말이나방과) *Ptycholoma lecheana* Linnaeus, 1758

생김새 몸길이 17mm 안팎(날개 길이 22mm 안팎)으로 자란 애벌레 전까지는 머리와 등방패가 검지만 자 란 애벌레는 머리가 갈색, 등방패와의 사이에 노란 띠로 나뉘고, 옆과 뒷 가장자리가 검은 테두리가 쳐 진다. 몸은 노란 기가 있는 옅은 풀색으로, 가슴다리는 검고, 배다리는 몸 색과 같다. 애벌레의 몸 색에 는 변이가 있다.

습성 새싹을 붙이고, 그 속에 지내는데, 조금 움직일 수 있는 통로를 만든다. 애벌레가 겨울을 날 때에 는 먹이식물 줄기의 껍질 사이에서 실을 토해 은신처를 만든다.

서식지 활엽수림, 식생이 좋은 공원

발생 4~5월(어른벌레 5~7월, 연 1회)

먹이식물 느티나무, 느릅나무(느릅나무과 Ulmaceae), 참나무과 Fagaceae, 자작나무과 Betulaceae, 벚나무류(장미과 Rosaceae), 버드나무류(버드나무과 Salicaceae) 등

분포 한국(전국), 일본, 중국, 러시아, 소아시아, 유럽

비고 우리 이름을 보면 마치 감나무 해충처럼 보이지만 감나무보다 다른 나무에서 더 많이 관찰된다. 영어 이름(Leche's twist moth)은 'Leche'는 사람 이름이고, 애벌레가 자극을 받아 밖으로 나오면 빠르게 트위스트를 추는 데에서 유래하였다.

짝짓기

자란 애벌레

중간 애벌레와 둥지

반백잎말이나방(잎말이나방과) *Clepsis rurinana* (Linnaeus, 1758)

생김새 몸길이 12mm 안팎(날개길이 14~18mm)으로 머리는 적갈색 바탕에 흑갈색 무늬가 조금 있다. 등방패 뒤 1/4은 검은 띠로 되어 있다. 몸통은 회갈색으로 흰 자모 받침에 흰 자모가 나온다. 숨문 아래로 흰 띠가 보인다.

습성 잎을 오므리고 그 속에서 산다.

서식지 활엽수림

수컷

암컷

자란 애벌레(위)

중간 애벌레(옆)

발생 5~8월(어른벌레 6~8월, 연 2회)

먹이식물 양비귀과 Papaveraceae, 콩과 Fabaceae, 참나무과 Fagaceae, 단풍나무과 Aceraceae, 소나무과 Pinaceae 등 여러 나무와 풀

분포 한국(전국), 일본, 중국, 러시아, 몽골, 네팔, 인도 북부, 중앙아시아, 중동, 유럽

붉은무늬잎말이나방(잎말이나방과) *Clepsis pallidana* (Fabricius, 1776)

암컷

생김새 몸길이 15mm 안팎(날개 길이 13~18mm)으로 머리는 어두운 노란색이고, 무늬가 없다. 몸통은 연두색으로 등밑선이 풀색을 옅게 띤다. 흰 자모 받침이 있으며, 흰 자모가 나온다.

습성 실을 토해 잎을 엮고 그 속에서 지낸다. 애벌레로 겨울을 나는 것으로 보인다.

서식지 계곡과 활엽수림 가장자리 풀밭, 목초지

발생 5~9월(어른벌레 5~9월, 연 1~2회)

먹이식물 콩과 Fabaceae, 장미과 Rosaceae, 국화과 Asteraceae

분포 한국(중·남부), 중국, 일본, 몽골, 러시아, 중앙아시아, 유럽

자란 애벌레

둥지

애모무늬잎말이나방(잎말이나방과) *Adoxophyes orana* (Fischer von Röslerstamm, 1834)

암컷

생김새 몸길이 17mm 안팎(날개 길이 18mm 안팎)으로 몸은 풀색이나 때로 옅은 갈색도 있다. 머리는 반짝이는 옅은 갈색이고, 앞가슴의 등방패와 항문위판은 몸 색과 거의 같다. 꼬리빗(Anal comb)은 매우 미세하고 길다. 가슴다리는 갈색 또는 검은색이다.

습성 잎을 실로 엮고 그 속에서 산다. 자극을 주면 애벌레가 입에서 실을 뽑으며 아래로 떨어진다. 이렇게 실을 빼는 이유는 바람을 타고 이동하기 위해서이다. 애벌레를 직접 건들면 파드득거린다. 애벌레로 겨울을 난다.

서식지 풀밭, 낮은 위치의 활엽수림

발생 4~5월, 7월, 8~9월 초, 10월 이후(어른벌레 4~10월, 연 2~4회)

먹이식물 참나무류, 벚나무, 사위질빵 등 여러 활엽수, 사과, 배 등 과일

분포 한국(전국), 일본, 타이완을 포함한 구북구

비고 영어 이름은 'Summer fruit tortrix'로, 과일을 파먹는 해충으로 알려져 생긴 이름이다. 닮은 종에는 *Adoxophyes paraorana* Byun, 2012이 있다.

중간 애벌레

자란 애벌레

차애모무늬잎말이나방(잎말이나방과) *Adoxophyes honmai* Yasuda, 1998

생김새 몸길이 18mm 안팎(날개길이 13~20mm)으로 앞 종과 아주 닮아 구별하기 어렵다. 다만 개안 주위의 검은 무늬의 범위가 이 종 쪽에서 조금 좁다.

습성 앞 종과 차이가 없다.

서식지 상록수림, 해안, 마을

발생 연중(어른벌레 연중, 연 4~5회)

먹이식물 여러 활엽수, 감귤류, 사과, 배 등

분포 한국(충북 청주 이남, 제주도), 일본, 중국

비고 제주도의 낮은 지역에는 어디든 개체수가 매우 많다. 우리나라 농업 해충이다.

수컷

암컷

중간 애벌레

자란 애벌레

어른벌레

참나무큰애기잎말이나방(잎말이나방과) *Eudemis brevisetosa* Oku, 2005

생김새 몸길이 13mm 안팎(날개 길이 16mm 안팎)으로 머리는 흑갈색이다. 등방패는 앞 테두리가 연미색이다. 몸통은 짙은 풀색으로 반짝인다. 몸통의 각 마디에는 뚜렷하지 않지만 등밑선과 숨문선, 숨문밑선에 작고 검은 점이 있다. 가슴다리와 배다리는 몸 색과 거의 같으나 갈색을 더 띤다. 항문위판은 옅은 흑갈색이다.

습성 참나무 잎을 접히게 만들어 그 속에서 지낸다.

서식지 활엽수림, 식생이 좋은 공원

발생 4~5월(어른벌레 6~8월, 연 1회)

먹이식물 개암나무(자작나무과 Betulaceae), 참나무과 Fagaceae

분포 한국(전국), 일본

비고 지금까지 *E. profundana*로 잘못 알려져 있었고, 다음 종과도 혼동되었다. 이 종의 애벌레는 주로 참나무를 먹으나 다음 종은 장미과를 먹어 차이가 있다. 어른벌레도 차이가 있다.

암컷

중간 애벌레

자란 애벌레

둥지

귀룽큰애기잎말이나방(잎말이나방과) *Eudemis porphyrana* (Hübner, 1799)

생김새 몸길이 15mm 안팎(날개 길이 15~19mm)으로 머리는 반짝이는 검은색이다. 등방패는 앞 테두리가 연미색이다. 몸통은 짙은 풀색으로 조금 검어 보인다. 몸통의 각 마디에는 뚜렷하지 않지만 등밑선, 숨문선, 숨문밑선에 작고 검은 털받침이 있다. 가슴다리는 검고 배다리는 몸 색과 거의 같다. 항문위판도 색이 거의 같다.

습성 새싹을 담배처럼 말고, 그 속에 지내면서 잎을 먹는다. 이 속에서 번데기가 된다.

서식지 활엽수림, 식생이 좋은 공원

발생 4~5월(어른벌레 6~8월, 연 1회)

먹이식물 벚나무류, 귀룽나무(장미과 Rosaceae)

분포 한국(전국), 일본

비고 앞 종과 달리 애벌레가 주로 귀룽나무 등 장미과에서 볼 수 있다. 허운홍(2012: 44)의 애벌레는 바로 이 종이다.

둥지

암컷

중간 애벌레

자란 애벌레

신갈큰애기잎말이나방(잎말이나방과) *Eudemis lucina* Liu et Bai, 1982

생김새 몸길이 17mm 안팎(날개 길이 22mm 안팎)으로 머리는 반짝이는 갈색이다. 몸통의 생김새는 앞 종과 매우 닮는다. 다만 제8~9 배마디와 항문위판의 색이 밝으며, 풀색에 가깝다.

습성 새싹을 말아 한쪽에 붙이고, 그 속에 지내면서 잎을 먹는다. 애벌레가 겨울을 날 때에는 먹이식물의 줄기의 껍질 사이에서 실을 토해 은신처를 만든다. 자란 애벌레는 잎에서 번데기가 된다.

암컷

서식지 참나무 숲

발생 4~5월, 8월(어른벌레 7~9월, 연 2회)

먹이식물 신갈나무, 졸참나무(참나무과 Fagaceae)

분포 한국(춘천, 지리산), 일본, 중국

비고 Oku(2005)가 우리나라에 분포한다고 언급한 후, Sohn, Park and Cho(2015)가 강원도에 분포함을 알아냈다. 현재 국가종목록집에 실려 있지 않다.

중간 애벌레

자란 애벌레

흰다리애기잎말이나방(잎말이나방과) *Phaecasiophora fernaldana* Walsingham, 1900

생김새 몸길이 19mm 안팎(날개 길이 22mm 안팎)으로 머리는 적갈색이고, 등방패도 적갈색이나 등 중앙이 풀색 띠가 보인다. 몸통은 마디가 졸라맨 듯해 울퉁불퉁해 보인다. 마디 사이는 노란색이 짙어진다. 숨문은 적갈색이다.

암컷

습성 잎을 포개듯 붙여 그 속에서 지낸다. 제주도에서 겨울에도 관찰되며, 춥지 않으면 먹이활동을 한다. 잎 일부를 포개고 번데기가 되면 날개돋이 할 때 번데기가 밖으로 삐져나온다.

서식지 상록수림

발생 연중(어른벌레 5~9월, 연 수회)

먹이식물 후박나무(녹나무과 Lauraceae)

분포 한국(남부, 제주도), 일본, 중국, 타이완

둥지

자란 애벌레

날개돋이 후 번데기 껍질

물결애기잎말이나방(잎말이나방과) *Saliciphaga acharis* (Butler, 1879)

암컷

생김새 몸길이 20mm 안팎(날개 길이 22mm 안팎)으로 머리는 황록색이고, 개안 주위가 검다. 몸통은 옅은 풀색으로 별다른 무늬가 없다.

습성 흰 실을 토해 여러 새 잎을 엮은 속에서 지내는데, 밖으로 노출되면 실을 뿜으며 아래로 떨어지며, 땅바닥에 닿기도 한다. 의외로 기생 당한 경우가 많다.

서식지 강가, 경작지 주변, 계곡

발생 8월(어른벌레 6~9월, 연 1회)

먹이식물 버드나무류(버드나무과 Salicaceae)

분포 한국(내륙), 일본, 중국, 러시아 극동지역

비고 다음 종과 닮으나 앞날개 밑의 무늬가 다르다.

자란 애벌레

둥지

포플라애기잎말이나방(잎말이나방과) *Saliciphaga caesia* Falkovitsh, 1962

생김새 몸길이 20mm 안팎(날개 길이 21mm 안팎)으로 머리는 반짝이는 녹갈색이고, 뺨에 해당하는 부분의 뒤와 개안 주위가 검다. 등방패는 녹갈색이고, 몸통은 반짝이는 풀색이다. 가슴다리는 녹갈색이다. 자모는 옅은 갈색이고, 항문위판은 몸통의 색과 같다.

습성 버드나무의 잎 끝의 여러 잎을 실로 엮어 그 속에서 살며, 자라면서 잎을 더 엮어 둥지가 점차 커진다. 다 자라면 그 속에서 번데기가 된다.

서식지 물가, 습지

발생 7~9월(어른벌레 6~8월, 연 1회)

먹이식물 버드나무류(버드나무과 Salicaceae)

분포 한국(중·남부), 일본, 중국, 러시아 극동지역

암컷

자란 애벌레

둥지

무늬참나무애기잎말이나방(잎말이나방과) *Hystrichoscelus spathanum* Walsingham, 1900

생김새 몸길이 16mm 안팎(날개 길이 18mm 안팎)으로 머리는 반짝이는 적갈색이다. 등방패는 흑갈색으로 반짝인다. 몸통은 쑥색 바탕으로 조금 갈색을 띠는 부분이 있다. 자모 받침은 흰색으로 도드라져 보이고, 그 위로 희고 긴 자모가 나온다. 항문위판은 갈색이다.

습성 나뭇잎을 살짝 겹치게 만들고 그 사이에서 살아간다. 잎과 잎 사이의 잎을 먹는데, 나중에 그 부분이 바깥에서 보면 적갈색으로 변한다.

서식지 상록수림

발생 5월, 8~9월(어른벌레 5~6월, 8~10월, 연 2회)

먹이식물 붉가시나무(참나무과 Fagaceae)

분포 한국(남부 해안과 섬들), 일본, 타이완

수컷

자란 애벌레

둥지

괴불왕애기잎말이나방(잎말이나방과) *Hedya auricristana* (Walsingham, 1900)

생김새 몸길이 20mm 안팎(날개

길이 16~20mm)으로 머리는 갈

색이고 정수리에 1쌍의 흑갈색

무늬가 있다. 뺨과 개안 주위가

검다. 몸통은 풀색을 머금은 어

두운 회갈색이다. 등방패는 흑

수컷

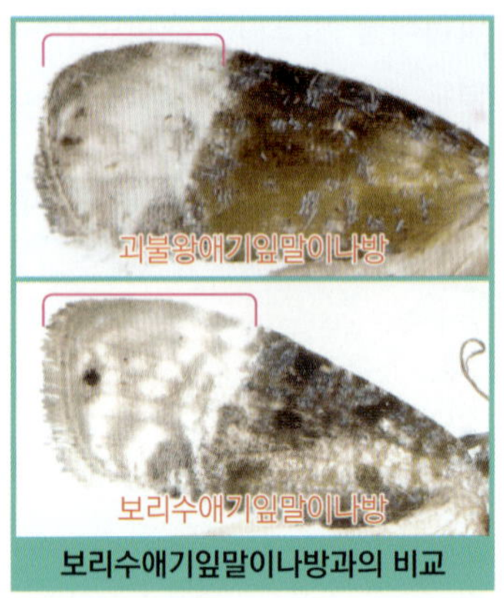

갈색으로 머리의 무늬와 닮는다. 몸통에는 도드라진 흰 자모 받침에

길고 흰 자모가 나온다. 항문위판은 갈색이다.

습성 잎을 2장을 위아래로 붙이고 그 속에서 지내는데, 아래 잎에는

자신이 지낼 자리를 실로 좌우로 붙여 만든다. 자라면 번데기가 되기 위해 땅으로 내려온다.

서식지 활엽수림, 마을, 하천 주위

발생 3~10월(어른벌레 5~6월, 8~9월, 연 2회)

먹이식물 보리수나무(보리수나무과 Elaeagnaceae)

분포 한국(중·남부, 제주도), 일본

비고 보리수애기잎말이나방과 닮으나 자모 받침이 두드러진다.

중간 애벌레

자란 애벌레

둥지

보리수애기잎말이나방(잎말이나방과) *Apotomis lacteifascies* (Walsingham, 1900)

암컷

생김새 몸길이 19mm 안팎(날개 길이 20mm 안팎)으로 머리는 갈색, 정수리에 1쌍의 검은 무늬가 있고, 개안 주위도 검다. 몸통은 짙은 회흑색으로 등방패가 검다. 흰 자모의 받침은 두드러지고 조금 솟는다. 항문위판은 갈색이고, 흑갈색 점들이 있다. 가슴다리는 유백색이고, 꼬리빗이 있다.

습성 잎 2장을 실로 엮고 그 속에서 잎 안쪽만 먹는다. 번데기가 될 때, 땅으로 내려와 낙엽 밑에 들어간다. 애벌레로 겨울을 나는데, 잎으로 엮은 은신처에서 지내며, 제주도에서 겨울 기간에 발견한 적이 있다.

서식지 풀밭, 낮은 위치의 활엽수림, 식생이 좋은 공원

발생 3~10월(어른벌레 4~10월, 연 수회)

먹이식물 보리밥나무(보리수나무과 Elaeagnaceae)

분포 한국(중 · 남부, 제주도), 일본

중간 애벌레

자란 애벌레

수리큰점애기잎말이나방(잎말이나방과) *Hedya inornata* (Walsingham, 1900)

생김새 몸길이 16mm 안팎(날개 길이 19~24mm)으로 머리는 검고 반짝인다. 등방패는 검고 앞 가장자리가 흰색이다. 몸통은 거무튀튀한 짙은 풀색이고, 검은 자모 받침이 겨우 눈에 띈다. 항문위판은 검은색이다.

수컷

암컷

습성 떡갈나무처럼 큰 나무의 새 잎을 담배처럼 말아 그 속에서 잎을 먹는다. 자라면 잎을 긴 타원형으로 만들어 실로 묶고 그 속에서 번데기가 된다.

서식지 참나무 숲

발생 5~6월(어른벌레 6~8월, 연 1회)

먹이식물 참나무류(참나무과 Fagaceae)

분포 한국(중부), 일본, 중국, 러시아 극동지역

중간 애벌레

자란 애벌레

장미애기잎말이나방(잎말이나방과) *Hedya walsinghami* Oku, 1974

암컷

생김새 몸길이 16mm 안팎(날개 길이 17~20mm)으로 머리는 반짝이는 검은색이고 별 무늬가 없다. 등방패는 머리색과 같다. 몸통은 풀색으로 등밑선에 흰 자모 받침이 이어진다. 자모는 짧고 희다. 숨문은 검고 둘레가 조금 희다.

습성 새순을 오므리듯 실로 엮고, 그 속에서 잎을 먹고 산다. 자라면 그 둥지에서 번데기가 된다.

서식지 활엽수림, 마을, 하천 주위, 목장 주위

발생 5월(어른벌레 6~7월, 연 1회)

먹이식물 찔레, 장미(장미과 Rosaceae)

분포 한국(전국), 일본, 중국, 러시아

비고 어른벌레의 앞날개는 짙은 적자색 바탕에 파란색 점들이 이어진 것처럼 보인다.

중간 애벌레

둥지

작은비단애기잎말이나방(잎말이나방과) *Pseudohedya satoi* Kawabe, 1978

생김새 몸길이 18mm 안팎(날개 길이 20mm 안팎)으로 머리는 검고, 등방패 중앙 앞으로 회백색, 뒤로 검은색이다. 몸통은 회백색 바탕에 검은 자모 받침이 두드러져 점처럼 뚜렷하고, 짧고 흰 자모가 나온다. 숨문은 검고, 항문위판에 검은 무늬가 원모양으로 조금 크다. 다리에는 검은 점이 하나씩 보인다.

습성 새순을 오므리듯 실로 엮고, 그 속에서 잎을 먹고 산다.

서식지 활엽수림

발생 5월(어른벌레 7~8월, 연 1회)

먹이식물 느릅나무(느릅나무과 Ulmaceae)

분포 한국(전국), 일본

비고 우리나라에 처음 발견되며, 논문으로 발표할 예정이다.

암컷

중간 애벌레(위)

중간 애벌레(옆)

둥지

어리끝무늬애기잎말이나방(잎말이나방과) *Apotomis cuphostra* (Butler, 1879)

생김새 몸길이 16mm 안팎(날개 길이 17mm 안팎)으로 머리는 옅은 주황색이다. 등방패는 옅은 풀색으로, 좌우에 검은 점이 있다. 몸통은 풀색으로, 흰 자모 받침에 옅은 갈색의 자모가 나온다. 항문위판도 등방패의 색과 같다.

습성 1살 애벌레는 잎살에 파고드나 이후 잎 여러 장을 토해낸 실로 엮고, 그 속에서 지낸다. 자라면 그 사이에서 번데기가 된다.

서식지 활엽수림, 마을, 하천 주위

발생 3~10월(어른벌레 4~7월, 연 2회)

먹이식물 보리밥나무, 보리장나무(보리수나무과 Elaeagnaceae)

분포 한국(남부, 제주도), 일본

비고 Razowski(1999)가 북한에 분포한다고 했으나 먹이식물과 일본의 분포 상황을 살피면 북한에 분포하는지의 여부가 불투명하다. 이 종을 제주도에서 처음 발견하였다.

암컷

자란 애벌레

달구지애기잎말이나방(잎말이나방과) *Phiaris siderana* (Treitschke, 1835)

생김새 몸길이 15mm 안팎(날개 길이 16mm 안팎)으로 머리와 등방패는 반짝이는 검은색이고, 등방패 앞 테두리가 가느다란 흰색이어서 그 부분이 눈에 잘 띈다. 통통해 보이는 몸통은 반짝이는 흑자색이고, 매우 작은 흰 자모 받침이 있으며, 옅은 갈색의 긴 자모가 나온다.

습성 새순 주위를 실로 엮어 그 속에서 잎을 먹고 사는데, 봄철 먹이식물의 이 부분에서 애벌레가 많이 발견된다.

서식지 높은 산의 활엽수림

발생 4~5월(어른벌레 5~6월, 연 1회)

먹이식물 참조팝나무(장미과 Rosaceae)

분포 한국(중·북부), 일본, 중국, 러시아, 몽골, 중앙아시아, 유럽, 북미

수컷

자란 애벌레

둥지

뽕큰애기잎말이나방(잎말이나방과) *Olethreutes mori* (Matsumura, 1900)

생김새 몸길이 18mm 안팎(날개 길이 20mm 안팎)으로 머리는 반짝이는 검은색이고, 몸통은 옅은 황록색이다. 등방패는 옅은 녹갈색을 띤다. 자모 받침은 작고, 조금 튀어나오지만 두드러지지 않는다. 자모는 옅은 갈색이다. 항문위판은 몸 색과 같다.

습성 잎을 길게 짚이듯 엮거나 2~3장을 원통형으로 엮고 그 속에서 산다. 자란 애벌레는 그 속에서 번데기가 된다.

서식지 활엽수림

발생 5~6월(어른벌레 6~8월, 연 1회)

먹이식물 뽕나무, 산뽕나무(뽕나무과 Moraceae)

분포 한국(중부), 일본, 중국 동북부, 러시아 극동지역

비고 뽕나무의 해충으로 알려져 있다.

암컷

중간 애벌레

자란 애벌레

꼬리애기잎말이나방(잎말이나방과) *Olethreutes obovata* (Walsingham, 1900)

수컷

생김새 몸길이 12mm 안팎(날개 길이 12~15mm)으로 머리는 옅은 녹갈색이고, 개안 주위가 조금 검다. 등방패는 몸 색과 같으며 가운데가슴과 맞닿는 양쪽에 길쭉한 작은 점이 있다. 몸통은 풀색으로 제5배마디의 등에 오이씨 같은 노란 무늬가 있다. 자모 받침은 흰색이지만 거의 눈에 띄지 않으며, 흰 짧은 자모가 나온다.

습성 새순을 오므리듯 엮고 그 속에서 살아가다가 늦봄에 번데기가 된다.

서식지 활엽수림 가장자리

발생 5월, 7월(어른벌레 5~8월, 연 2회)

먹이식물 꼬리조팝나무, 조팝나무(장미과 Rosaceae)

분포 한국(중·북부), 일본, 중국, 러시아 극동지역

자란 애벌레

둥지

신갈애기잎말이나방(잎말이나방과) *Ancylis partitana* (Christoph, 1882)

생김새 몸길이 13mm 안팎(날개 길이 18mm 안팎)으로 머리는 살구색 바탕에 작고 검은 점이 있다. 등방패는 몸통과 같은 색이고, 검은 무늬가 있다. 몸통은 옅은 풀색으로 자랄수록 색이 짙어진다. 흰색의 자모 받침은 크고 솟으며, 흰 자모가 짧게 보인다. 항문위판에 검은 무늬가 있다.

습성 잎을 만두 모양으로 접고, 그 속에서 내부의 잎 표면을 먹으며 지낸다. 늦가을에 그대로 땅에 떨어져 애벌레로 겨울을 나고, 번데기가 된다.

서식지 참나무 숲

발생 6월~이듬해 4월(어른벌레 5~7월, 연 1회)

먹이식물 참나무류(참나무과 Fagaceae)

분포 한국(전국), 일본, 중국 동북부, 러시아 극동지역

암컷

자란 애벌레

둥지

살구애기잎말이나방(잎말이나방과) *Ancylis selenana* (Guenée, 1845)

생김새 몸길이 10mm 안팎(날개 길이 11~14mm)으로 머리는 옅은 주황색이고 반짝인다. 등방패는 머리보다 옅은 주황색이고, 좌우 뒷가장자리에 짙은 적갈색 작은 점이 있다. 몸통은 연미색으로 마디가 줄어들어 울퉁불퉁하다. 자모는 연미색이다. 항문위판은 갈색이다.

습성 2장의 잎을 맞닿게 밀착시켜 그 속에서 살다가 번데기가 된다.

서식지 마을, 경작지, 낮은 산지의 활엽수림, 습지

발생 6월, 9월(어른벌레 5~9월, 연 수회)

먹이식물 벚나무, 산딸기, 야광나무, 산사나무(장미과 Rosaceae)

분포 한국(내륙), 일본, 중국 동북부, 러시아, 소아시아, 유럽

암컷

자란 애벌레

의태 하는 애벌레

대추애기잎말이나방(잎말이나방과) *Ancylis sativa* Liu, 1979

생김새 몸길이 13mm 안팎(날개 길이 12~14mm)으로 머리와 등방패는 검고 반짝인다. 몸통은 적갈색을 띠는 황백색이다. 자모 받침은 옅은 갈색으로 거의 눈에 띄지 않으며, 자모는 옅은 갈색이다. 항문위판

은 옅은 갈색이다.

습성 잎 가장자리를 길게 접어서 실로 붙이고, 그 속에서 거꾸로 붙어살다가 번데기가 된다.

서식지 마을, 경작지, 낮은 산지의 활엽수림

발생 4~5월(어른벌레 4~9월, 연 수회)

먹이식물 대추나무, 헛개나무(갈매나무과 Rhamnaceae)

분포 한국(내륙), 일본, 중국

비고 대추나무와 헛개나무의 해충으로 알려져 있다.

암컷

중간 애벌레

자란 애벌레

멀구슬애기잎말이나방(잎말이나방과) *Loboschiza koenigiana* (Fabricius, 1775)

생김새 몸길이 10mm 안팎(날개 길이 11~13mm)으로 머리와 등방패는 반짝이는 검은색이다. 몸통은 황록색이다. 항문위판은 몸통의 색과 같다. 가슴다리와 자모 받침도 몸통의 색과 같다.

습성 입에서 실을 토해 잎을 엇갈리게 겹치게 하는데, 잎을 억지로 떼어내면 그 사이에서 애벌레를 볼 수 있으며, 잎을 엮은 흰 실이 보인다. 애벌레는 동작이 빨라 잘 떨어진다.

서식지 마을, 경작지, 낮은 산지의 활엽수림, 습지

발생 6월, 9월(어른벌레 5~9월, 연 수회)

수컷

자란 애벌레

둥지

먹이식물 멀구슬나무(멀구슬나무과 Meliaceae)

분포 한국(남부, 제주도), 일본, 중국, 타이완, 동남아시아, 인도, 스리랑카, 미크로네시아, 호주

개암나무애기잎말이나방(잎말이나방과) *Eucoenogenes teliferana* (Christoph, 1882)

생김새 몸길이 10mm 안팎(날개 길이 12mm 안팎)으로 머리와 몸통 모두 붉은 기가 있는 미색을 띤다. 자모 받침도 몸통의 색과 다름없다.

암컷

중간 애벌레

습성 입에서 흰 실을 토해 잎의 일부를 잘라 덮고 그 속에서 지낸다.

서식지 활엽수림, 강가

발생 5~6월(어른벌레 7~8월, 연 1회)

먹이식물 개서어나무, 개암나무(자작나무과 Betulaceae)

분포 한국(지리산 이북의 산지), 일본, 중국 동북부, 러시아 극동지역

비고 어른벌레의 앞날개는 황토색 바탕인데, 후연부가 넓게 갈색을 띠어 쉽게 구별할 수 있다.

끝회색애기잎말이나방(잎말이나방과) *Epinotia ulmi* Kuznetzov, 1966

생김새 몸길이 12mm 안팎(날개 길이 15mm 안팎)으로 머리는 반짝이는 검은색이고, 등방패도 같다. 몸통은 어릴 때, 회흑색 바탕이다가 자라면 미색이 되며, 통통해 보인다. 자모 받침은 검은 점처럼 보이고, 흰 자모가 나온다. 항문위판은 검다.

습성 새순을 엮어 모이게 한 후, 그 속에서 지낸다.

서식지 활엽수림, 석회암 지역

발생 5월(어른벌레 6~8월, 연 1회)

먹이식물 느릅나무(느릅나무과 Ulmaceae)

분포 한국(강원도), 일본, 중국 동북부, 러시아 극동지역, 몽골

암컷

중간 애벌레

자란 애벌레

둥지

홍점애기잎말이나방(잎말이나방과) *Lepteucosma huebneriana* Kocak, 1980

암컷

자란 애벌레

생김새 몸길이 13mm 안팎(날개 길이 15mm 안팎)으로 머리와 등방패, 항문위판은 반짝이는 검은색이다. 몸통은 어두운 미색이고, 몸 색과 같은 자모 받침이 도드라져 보인다.

습성 잎을 꼬깃꼬깃 엮은 속에서 지낸다. 자란 애벌레는 그 속에서 번데기가 된다.

서식지 산지의 풀밭

발생 7~9월(어른벌레 6~9월, 연 2회)

먹이식물 산딸기, 나무딸기(장미과 Rosaceae)

분포 한국(남부), 일본, 중국, 소아시아, 유럽, 아프리카

아롱애기잎말이나방(잎말이나방과) *Hendecaneura impar* (Walsingham, 1900)

암컷

생김새 몸길이 16mm 안팎(날개 길이 15~18mm)으로 머리는 옅은 적갈색이고, 개안 주위가 검다. 몸통은 풀색 또는 황갈색으로 통통한 편이다. 등방패는 옅은 황갈색으로 흑갈색 점이 있다. 번데기가 되기 전에는 붉은색이 더 강해진다. 몸의 자모 받침은 옅은 갈색이다. 항문위판은 풀색이다.

습성 잎을 실로 엮은 속에서 산다. 자란 애벌레는 그 속에서 번데기가 된다. 애벌레로 겨울을 난다.

서식지 풀밭, 낮은 위치의 활엽수림

발생 4~5월, 7월, 8~9월 초, 10월 이후(어른벌레 4~10월, 연 2~4회)

먹이식물 때죽나무(때죽나무과 Styracaceae)

분포 한국(남부), 일본

중간 애벌레

자란 애벌레

때죽애기잎말이나방(잎말이나방과) *Hendecaneura cervinum* Walsingham, 1900

수컷

생김새 몸길이 10mm 안팎(날개 길이 15mm 안팎)으로 머리는 반짝이는 검은색이다. 등방패에 검은 무늬가 있고, 몸통은 검푸른 기가 있는 미색으로 검은 자모 받침이 뚜렷하다. 자모는 흰색으로 겨우 눈에 띄는 정도이다.

습성 새순을 맞대거나 일부를 접은 속에서 잎살만 먹으며 살다가 번데기가 된다.

서식지 활엽수림

발생 5월(어른벌레 5~7월, 연 1회)

먹이식물 쪽동백나무, 때죽나무(때죽나무과 Styracaceae)

분포 한국(중부), 일본

중간 애벌레

둥지

신칭 철쭉애기잎말이나방(잎말이나방과) *Rhopobota kaempferiana* (Oku, 1971)

생김새 몸길이 12mm 안팎(날개 길이 13mm 안팎)으로 머리는 반짝이는 주황색이다. 등방패는 머리색과 닮고 뒷가장자리가 짙어 테두리친 것처럼 보인다. 몸통은 황록색으로 노란 자모가 나오는데, 자모 받침은 몸 색과 같아 잘 눈에 띄지 않는다.

암컷

자란 애벌레

습성 새순을 오므리듯 엮고 그 속에서 잎살만 먹으며 살다가 번데기가 된다.

서식지 활엽수림 가장자리

발생 5월(어른벌레 6~8월, 연 1회)

먹이식물 산철쭉(진달래과 Ericaceae)

분포 한국(중부), 일본

비고 우리나라에 처음 기록되며, 논문으로 발표할 예정이다. 허운홍(2016: 91)의 꽃날개애기잎말이나방은 이 종으로 보인다.

산딸애기잎말이나방(잎말이나방과) *Rhopobota orbiculata* Zhang, Li et Wang, 2005

암컷

생김새 몸길이 11mm 안팎(날개 길이 13mm 안팎)으로 머리와 등방패는 검다. 몸통은 유백색으로, 검은 점처럼 보이는 자모 받침이 있고, 흰 자모가 짧게 나온다.

습성 잎을 꾸기듯 엮고 그 속에서 속잎을 먹으며 지낸다. 자라면 보금자리에서 적갈색의 번데기가 된다.

서식지 활엽수림

발생 7월(어른벌레 8월)

먹이식물 산딸나무(층층나무과 Cornaceae)

분포 한국(지리산), 중국(간쑤성)

비고 이 종은 Kim et al.(2015)이 지리산에서 처음 발견하였다.

자란 애벌레

번데기

제주애기잎말이나방(잎말이나방과) *Rhopobota* sp.

수컷

생김새 몸길이 11mm 안팎(날개 길이 13mm 안팎)으로 머리는 검다. 등방패도 머리처럼 검고 반짝인다. 몸통은 회백색으로, 어릴 때에는 색이 더 짙다. 다리는 옅은 갈색, 자모 받침은 몸 색과 같다. 항문위판은 거의 검다.

습성 잎을 졸라매듯이 엮고 그 속에서 속잎을 먹으며 지낸다. 자라면 보금자리에서 번데기가 된다.

서식지 활엽수림

발생 7월(어른벌레 8월)

먹이식물 왕벚나무(장미과 Rosaceae)

분포 한국(제주도)

비고 어른벌레의 특징을 보아 일본 표준도감의 *Rhopobota* sp. 3와 닮아 보이나 앞으로 검토가 필요해 보인다.

자란 애벌레

둥지

회갈무늬애기잎말이나방(잎말이나방과) *Rhopobota toshimai* (Kawabe, 1978)

생김새 몸길이 16mm 안팎(날개 길이 13~17mm)으로 머리는 검고, 몸통은 풀색이다. 등방패는 옅은 갈색이나 머리와 닿는 부분이 검게 테두리 쳐진다. 배와 항문다리는 옅은 풀색이다.

습성 실을 토해 잎을 엮고 그 속에서 지내는데, 집을 먹기도 하지만 부족하면 밖으로 나온다. 잎을 엮는 모습은 붉은 색을 띤 맥과 맥을 붙이는데, 토해낸 실이 촘촘하기 때문에 흰 막처럼 보인다. 애벌레로 겨울을 나는 것으로 보인다.

암컷

서식지 활엽수림

발생 5~8월(어른벌레 4~8월, 연 수회)

먹이식물 나도밤나무(나도밤나무과 Sabiaceae), 굴참나무(참나무과 Fagaceae)

분포 한국(지리산, 제주도), 일본, 타이완

비고 이 종은 Groenen and Byun(2008)이 제주도 표본으로 우리나라에 처음 기록하였고, Kim, Sohn and Choi(2015)가 직접 애벌레를 기르고 그 결과를 발표하였다.

중간 애벌레

둥지

네줄애기잎말이나방(잎말이나방과) *Grapholita delineana* Walker, 1863)

생김새 몸길이 10mm 안팎(날개 길이 13mm 안팎)으로 머리는 황갈색 또는 갈색으로 불규칙한 무늬가 있다. 등방패는 황백색이고 갈색무늬가 있다. 몸통은 황백색, 자라면 붉은색을 띤다.

습성 암컷이 잎 뒤에 알을 낳으면 부화한 애벌레는 잎맥으로 들어가고 자라면서 줄기에 들어가 그 속에서 지낸다.

서식지 강가, 마을, 경작지 주변

발생 6~7월, 9월(어른벌레 5~8월, 연 2회)

먹이식물 환삼덩굴(삼과 Cannabaceae)

분포 한국(전국), 일본, 중국 동북부, 러시아 극동지역, 코카서스, 유럽, 영국

비고 어른벌레는 환삼덩굴 주위에서 낮에 잘 관찰되지만 이따금 밤에 불빛에 날아온다.

어른벌레

어린 애벌레

중간 애벌레

애벌레 위치

졸참애기잎말이나방(잎말이나방과) *Strophedra nitidana* (Fabricius, 1794)

생김새 몸길이 7mm 안팎(날개 길이 7mm 안팎)으로 머리는 옅은 갈색 또는 황갈색이다. 몸통은 유백색이나 어릴 때에는 풀색을 머금고 있다. 등방패와 L자모 받침, 항문위판은 갈색이다.

습성 큰 잎 2장을 맞붙이고, 잎 안쪽의 표면만 먹는다. 자라면 미세한 잎 조각과 배설물 등을 자신의 실로 엮어 긴 베개 같은 흑갈색의 질긴 고치를 틀고 그 속에서 번데기가 된다.

암컷

자란 애벌레

날개돋이 후 번데기 껍질

서식지 활엽수림

발생 6~7월, 9월(어른벌레 5~8월, 연 2회)

먹이식물 참나무류, 밤나무(참나무과 Fagaceae)

분포 한국(중·남부), 일본, 중국 동북부, 러시아 극동지역, 시베리아, 유럽, 영국

비고 여름철에 잎을 맞댄 참나무류에서 많이 볼 수 있으며, 이 종의 애벌레가 작아서인지 다른 애벌레와 함께 살기도 한다.

밤애기잎말이나방(잎말이나방과) *Cydia kurokoi* (Amsel, 1960)

생김새 몸길이 17mm 안팎(날개 길이 15~22mm)으로 머리는 황갈색이고, 등방패는 옅은 황갈색으로, 뒤 테두리에 황갈색 점들이 퍼져 있다. 몸통은 붉은 기가 있는 유백색으로, 자모 받침은 몸보다 조금 어둡다. 항문위판은 옅은 황갈색이다.

습성 밤나무 열매에 들어가 먹으며, 둥그런 똥도 그 속에 남긴다. 자란 애벌레는 10~12월에 떨어진 밤에서 나와 흙 속 또는 낙엽 밑에서 고치를 틀고 애벌레 상태로 겨울을 난다.

서식지 활엽수림, 밤 재배 지역

발생 9~10월(어른벌레 8~9월, 연 1회)

먹이식물 밤나무, 참나무류의 열매(참나무과 Fagaceae)

분포 한국(내륙), 일본, 중국 동부

비고 밤의 해충으로, 밤 속에서 자주 발견된다. 밤 재배 단지에서는 농약을 뿌려 이 나방의 애벌레가 살지 못하게 만든다.

암컷

자란 애벌레

밖으로 밀려나온 똥

Superfamily **Cossoidea** Leach, 1815 · · · · · · · · · · · · · · · 굴벌레나방상과

▶Family **Cossidae** Leach, 1815 굴벌레나방과

어른벌레의 앞가슴에 돌출한 1쌍의 어깨판이 있고, 각 배마디에 1쌍의 샘이 있다. 야행성으로 불빛에 잘 날아온다. 애벌레는 살아 있는 수목에 들어가 굴을 파듯 속을 파먹어 나무를 죽인다. 희귀하게 일부 종의 애벌레는 2년 또는 수년에 걸쳐 자라며, 나무를 상처 내어 진이 흘러나오면 꼬여드는 곤충을 포식하기도 한다. 전 세계에 분포하며, 700여 종이 알려져 있다. 우리나라에는 8종이 알려져 있다. 우리 이름은 굴을 파는 나방이라는 뜻이고, 영어 이름은 'Cossid millers' 또는 'Carpenter millers', 'Goat and leopard moths'라고 한다.

큰굴벌레나방(굴벌레나방과) *Cossus cossus* (Linnaeus, 1758)

생김새 몸길이 40mm 안팎(날개 길이 68~96mm)으로 갓 부화한 애벌레는 머리가 반짝이는 검은색이고, 등방패도 검은색이다. 몸은 선홍색이다.

습성 알은 나무껍질이나 나무 틈에 한꺼번에 낳아 작은 덩어리 모양이 된다. 어린 애벌레는 처음에는 나무껍질을 파고들어가 먹는다. 3~4년 동안 느리게 자란다. 애벌레가 들어 있는 줄기에서는 나무진이 흘러나온다. 한 나무에 여러 애벌레가 살기 때문에 나무 자체가 죽기도 한다. 자란 애벌레는 사는 장소에서 그대로 번데기가 된다. 애벌레로 겨울을 난다.

서식지 활엽수림

발생 연중(어른벌레 7~8월, 연 1회)

먹이식물 버드나무과 Salicaceae, 자작나무과 Betulaceae, 느릅나무과 Ulmaceae, 참나무과 Fagaceae, 장미과 Rosaceae 등

분포 한국(내륙), 일본, 중국, 구북구, 아프리카 북부

비고 여러 나무 속에서 살지만 가끔 과수에도 피해를 입힌다. 영어 이름은 'Goat moth'인데, 애벌레가 염소에서 나는 냄새를 피운다는 데에서 유래한다.

수컷

어린 애벌레

알락굴벌레나방(굴벌레나방과) *Zeuzera multistrigata* Moore, 1881

생김새 몸길이 38mm 안팎(날개 길이 35~70mm)으로 머리는 흑갈색이고, 중봉선 주변이 옅은 갈색이다. 앞머리는 부등변삼각형으로 중봉선 길이보다 작다. 몸은 옅은 갈색 또는 옅은 붉은색을 띠며, 배 밑은 희다. 등방패는 갈색이고, 뒷가장자리가 울퉁불퉁하다. 자모받침은 검고 솟는다.

습성 어린 애벌레는 처음에는 나무껍질을 파고 들어가 먹는다. 이

수컷

후 2년간 자라며, 줄기 속을 먹는데, 입구에 나무의 잔 부스러기와 똥이 쌓인다. 자란 애벌레는 사는 장소에서 그대로 번데기가 된다. 애벌레로 겨울을 난다.

서식지 활엽수림

발생 연중(어른벌레 7~8월, 연 1회)

먹이식물 참나무과 Fagaceae, 장미과 Rosaceae, 버드나무과 Salicaceae, 차나무과 Theaceae 등

분포 한국(전국), 일본, 중국, 러시아, 타이완, 베트남, 태국, 스리랑카, 방글라데시, 네팔, 인도

비고 여러 과수에 피해를 입힌다.

중간 애벌레

밀어낸 똥

▶ Family **Sesiidae** Boisduval, 1828 유리나방과

밤나무장수유리나방[*Scasiba rhynchioides* (Butler, 1881)]

산딸기유리나방[*Pennisetia pectinata* (Staudinger, 1887)] 수컷

소~대형까지 있으나 우리나라는 소, 중형뿐이다. 겹눈은 크고, 개안도 발달한다. 날개는 가늘고 길며, 비늘가루 없이 막질로 이루어진다. 날개 연결 장치인 날개가시가 1개 있다. 배에 여러 색의 띠가 있으며, 벌을 닮는다. 행동(소리)도 벌을 흉내를 낸다. 낮에 날며, 꽃 꿀을 빠는데, 드물게 밤에 불빛에 날아든다. 애벌레는 먹이식물의 줄기, 뿌리 속을 파먹고 굴을 만든다. 애벌레가 먹이식물에 들어 있으면 그 부분이 부푼다. 최근 성페로몬 유인제로 어른벌레를 채집할 수 있어 많은 종이 새로 발견되고 있다. 세계에 1,400여 종, 우리나라에 25여 종이 분포한다. 우리 이름은 날개가 투명하다는 뜻이고, 영어 이름 'Clearwing moth'도 같은 뜻이다.

복숭아유리나방(유리나방과) *Synanthedon bicingulata* (Staudinger, 1887)

생김새 몸길이 22~28mm(날개 길이 25~28mm)로 머리와 입은 갈색이다. 몸통은 흰 크림색이고, 등방패는 옅은 노란 바탕에 긴 사선이 있다. 가슴다리는 노랗고, 발톱은 흑갈색이다. 항문위판은 옅은 노란색이다. 제8배마디의 숨문은 특히 크고 조금 앞에 위치한다.

습성 주로 아래쪽 줄기 속에서 사는데, 그 부분이 두텁고 바깥으로 나무진과 톱밥이 보인다.

서식지 활엽수림

발생 5~8월(어른벌레 5~9월 초, 연 1회)

먹이식물 복숭아나무, 살구나무, 겹벚나무, 매실나무, 산벚나무(장미과 Rosaceae)

수컷

애벌레 위치

분포 한국(전국), 중국, 러시아 극동지역

비고 복숭아나무의 해충이다. 암컷은 먹이식물 주위에서 낮에 보인다. 이 종의 생활사와 애벌레, 번데기의 기재는 Lee, Bae and Arita(2004)의 기록이 있다.

포도유리나방(유리나방과) *Nokona regalis* (Butler, 1878)

생김새 몸길이 28~32mm(날개 길이 29~35mm)로 머리는 갈색이다. 몸통은 유백색으로 얼핏 하늘소 애벌레와 닮는다. 통통하고 마디가 잘록한 모양이다.

습성 포도의 줄기 속에서 사는데, 그 부분이 통통하다. 애벌레로 줄기 속에서 겨울을 난다. 암컷은 포도 새싹에 알을 낳고, 깨난 애벌레는 줄기를 파고든다.

서식지 포도 재배지

발생 5~8월(어른벌레 5~7월, 연중, 연 1회)

먹이식물 포도(포도과 Vitaceae)

분포 한국(전국), 일본, 중국

비고 포도의 대해충이다.

어른벌레

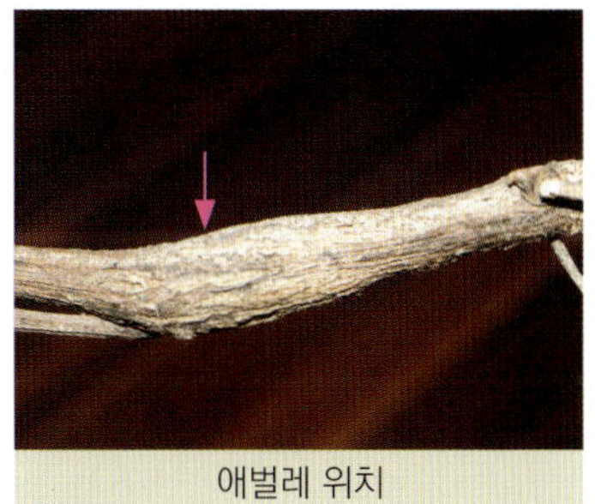
애벌레 위치

날개돋이 후 번데기 껍질

계요등유리나방(유리나방과) *Nokona pernix* (Leech, 1889)

생김새 몸길이 17mm 안팎(날개 길이 22~27mm)으로 머리는 흑갈색이고, 큰턱은 크다. 몸통은 거무튀튀하나 전체가 유백색으로 통통하다.

습성 먹이식물의 줄기가 굵어지고 통통해지면서 애벌레의 위치가 나타난다. 그 속을 까보면 습하고, 똥이 쌓여 있다.

수컷

서식지 상록 활엽수림, 경작지

발생 5~8월(어른벌레 6월 중순~7월 초, 연 1회)

먹이식물 계요등(꼭두서니과 Rubiaceae)

분포 한국(남부, 제주도), 일본

비고 어른벌레는 꽃에 날아오며, 합성페로몬을 사용하면 수컷을 유인할 수 있다. 이 페로몬은 암컷이 내는 성유인 물질과 같다.

자란 애벌레

애벌레 위치

Superfamily **Zygaenoidea** Latreille 1809 · · · · · · · · · 알락나방상과

▶ Family **Epipyropidae** Dyar, 1903 매미기생나방과

날개 길이는 18mm 안팎으로, 작은 편이다. 나비목 중에서는 특이하게 애벌레가 꽃매미과와 매미과의 애벌레와 어른벌레에 외부 기생(ectoparasite)을 한다. 더듬이는 암수 모두 양빗살이나 암컷의 빗살이 짧다. 입이 없다. 세계에 30여 종이 분포하며, 동양구에 특히 많다. 우리나라에는 1종만 알려져 있다. 우리 이름은 매미에 기생한다는 뜻이지만 영어 이름(Planthopper parasite moths)은 꽃매미류에 기생한다는 뜻이다.

매미기생나방(매미기생나방과) *Epipomponia nawai* (Dyar, 1904)

생김새 몸길이 9mm 안팎(날개 길이 20mm 안팎)으로 자란 애벌레 이전의 몸은 갈색이고, 방추형이다. 배다리는 4쌍이고, 흔적뿐으로 흡반형이다. 자란 애벌레는 겉에 흰 섬모 모양의 밀랍이 분비되어서 흰 덩어리처럼 보인다.

습성 암컷이 나무줄기에 알을 낳고, 깨난 애벌레는 애매미의 배에 붙어 기생한다. 자란 흰 덩어리 형태의 애벌레는 땅으로 떨어져 번

수컷

데기가 된다. 애벌레의 기간은 2주 정도이다. 수컷의 거의 없고, 암컷이 많으므로 단위생식을 하는 것으로 보인다.

서식지 활엽수림

발생 8월(어른벌레 8월 말~9월 초, 연 1회)

먹이식물 매미에 기생한다.

분포 한국(중·남부), 일본, 타이완

비고 허운홍(2012: 161, 496)의 2개의 사진은 모두 이 종으로 보이며, p. 161는 암컷, p. 496는 수컷으로 보인다. 야외에서 수컷이 매우 드물며, 양성생식보다 암컷 홀로 단위생식을 하는 것으로 보고 있다. 우리나라에서는 참매미와 애매미에 기생한다(Hirowatari et al., 2011).

애벌레

애벌레 위치

▶ Family Limacodidae Duponchel, 1844 쐐기나방과

날개 길이가 16~38mm의 소, 중형의 나방으로, 날개폭이 넓고 외연이 둥글다. 앉을 때, 머리가 삼각기둥 모양이다. 더듬이는 양빗살, 실 모양 등 다양하다. 개안은 없다. 입은 퇴화한 경우가 있으나 일부 원시 종은 입이 있다. 아랫입술수염은 2~3마디이다. 몸과 다리에 털이 가득하다. 애벌레는 경계색을 띠며, 타원형인 경우가 많고, 등이 돔 모양으로 부풀고, 배 밑이 편평하다. 가슴다리는 매우 작고, 배다리와 꼬리다리는 없다. 몸 표면에는 삼각기둥 모양의 가시 같은 자모가 나오는 살돌기가 있다. 이 부분에 독 털이 붙는다. 번데기는 튼튼한 고치를 만든다. 우리 이름은 쐐기벌레로, 쐐기풀처럼 닿으면 따갑게 쏜다는 뜻이다. 영어 이름은 애벌레가 민달팽이처럼 생겨 'Slug moths'이거나 컵처럼 생겨 'Cup moths'의 2가지가 있다. 세계에 1,000여 종이 넘으며, 동남아시아 열대지역에 종류가 많다. 우리나라에는 25여 종이 알려져 있다.

흰점쐐기나방[*Austrapoda dentatus* (Oberthür, 1879)]

뒷검은푸른쐐기나방[*Parasa sinica* (Moore, 1877)]

153

꼬마얼룩무늬쐐기나방(쐐기나방과) *Narosa fulgens* (Leech, 1889)

암컷

생김새 몸길이 10mm 안팎(날개 길이 22mm 안팎)으로 전체 모습은 등 중앙이 높은 짚신 모양이다. 몸은 풀색 바탕에 연미색의 선이 있다. 등선에 'V'자 모양의 무늬가 있고, 등밑선과 선이 이어진다. 가장자리에 가로 선이 2개로 나뉜다. 머리는 가슴 속에 있으므로 위에서 보이지 않는다. 자모는 눈에 잘 띄지 않을 정도로 짧고 가늘다.

습성 잎 뒤에 있고, 잎을 말아 그 사이에서 흑갈색 막을 친 럭비공 같은 고치를 틀고 번데기가 된다. 자세한 생태 과정이 밝혀지지 않았다

서식지 참나무 숲

발생 8~9월(어른벌레 6~7월, 연 1회)

먹이식물 참나무류(참나무과 Fagaceae)

분포 한국(전국), 일본, 중국, 타이완

비고 애벌레는 느리게 움직이지만 손을 대면 따갑기 때문에 조심해야 한다.

자란 애벌레(옆)

자란 애벌레(위)

배나무쐐기나방(쐐기나방과) *Narosoideus flavidorsalis* Staudinger 1887

생김새 몸길이 21mm 안팎(날개 길이 28~38mm)으로 몸은 짙은 풀색이며, 등밑선이 검고 꼬불꼬불하다. 가운데와 뒷가슴의 등밑선에 2쌍, 제7배마디의 등밑선에 1쌍의 가시가 붙은 살돌기가 있다. 이 돌기 밑은 굵고 위로 갈수록 가늘어진다. 이 밖의 부분의 등밑선에도 매우 짧은 살돌기가 있다.

암컷

습성 잎 위에서 보이며, 특별히 무리를 짓지 않는다. 고치 속에서 앞번데기 상태로 겨울을 난다.

서식지 경작지, 마을 주변, 과수원

발생 5월, 9~10월(어른벌레 6~9월, 연 2회)

먹이식물 매화나무, 산사나무(장미과 Rosaceae), 고로쇠나무(단풍나무과 Aceraceae), 느티나무(느릅나무과 Ulmaceae) 등

분포 한국(내륙), 일본, 중국, 러시아 극동지역

비고 배나무와 사과나무, 살구나무 따위의 잎을 갉아 먹는 해충으로 알려져 있다. 어른벌레는 밤에 활동하는데, 이 과의 몇몇 종은 낮에 날아다닌다.

어린 애벌레와 중간 애벌레

자란 애벌레(위)

자란 애벌레(옆)

노랑쐐기나방(쐐기나방과) *Monema flavescens* Walker, 1855

생김새 몸길이 25mm 안팎(날개 길이 35mm 안팎)으로 머리는 옅은 갈색 또는 갈색이고, 모자이크로 되어 있다. 몸통은 짚신처럼 넓으며 노란색으로, 등 앞뒤로 갈색 무늬가 크다. 이 무늬 사이에 파란 띠가 이어진다. 황록색의 큰 돌기에는 독을 품어 찔리면 심한 통증을 동반한다. 숨문밑선은 노란색으로 조금 튀어나온다. 숨문은 흰색이고, 그 테두리는 옅은 갈색이다. 타원형의 고치는 흰 바탕에 흑갈색의 줄무늬가 세로로 있다.

암컷

습성 고치는 먹이식물의 가지 사이에서 보이며 겨울에 잎이 없는 동안 눈에 잘 띈다. 고치 속에서 앞번데기 상태로 겨울을 나고, 봄에 번데기가 된 후, 날개돋이 한다.

서식지 풀밭, 낮은 위치의 활엽수림, 정원, 공원, 과수원 등지

발생 7~8월(어른벌레 6~9월, 연 1~2회)

먹이식물 참나무과 Fagaceae, 감나무과 Ebenaceae, 장미과 Rosaceae 등

분포 한국(전국), 일본, 중국, 러시아 극동지역, 시베리아, 타이완

비고 과거에는 겨울에 고치를 떼어내 구워서 단단한 껍데기를 벗기고 먹었으며, 맛이 좋다.

자란 애벌레

자란 애벌레

고치

검은쐐기나방(쐐기나방과) *Scopelodes contracta* Walker, 1855

수컷

생김새 몸길이 25mm 안팎(날개 길이 19~21mm)으로 몸은 해삼과 닮는다. 머리는 옅은 갈색이고, 몸은 거무튀튀한 노란색으로, 작은 검은 과립이 숨문 위에 퍼진다. 몸 각 마디에 타원형의 움푹한 부분이 등과 옆에 보인다. 숨문밑선은 황백색으로 조금 튀어 오른다. 검은 자모군은 원형으로 빽빽해 보인다. 숨문은 옅은 갈색으로 원형이고 테두리는 갈색이다.

습성 어린 애벌레는 무리를 짓고, 커도 집단으로 살아간다. 잎맥을 남기며 먹는다. 번데기가 되기 위해서 나무에서 내려와 흙 속으로 들어간다.

자란 애벌레

서식지 활엽수림

발생 6~7월, 8~9월(어른벌레 5~6월, 8월, 연 2회)

먹이식물 단풍나무(단풍나무과 Aceraceae)

분포 한국(내륙), 일본, 중국 북부

비고 일본에서는 애벌레가 참나무 등 여러 식물을 먹는 다식성으로 알려져 있다. 우리나라에서는 희귀한 종이다.

꼬마쐐기나방(쐐기나방과) *Microleon longipalpis* Butler, 1885

수컷

생김새 몸길이 10mm 안팎(날개 길이 15~19mm)으로 머리는 옅은 갈색이다. 몸통은 옅은 풀색 바탕에 황록색 무늬가 있다. 이따금 몸 전체가 적자색인 개체도 있다. 뒷가슴부터 제8배마디의 등밑선에 작은 돌기가 있으며, 여기에서 2개의 흑갈색의 독 털이 나온다. 제3배마디의 등밑선에는 붉은 돌기가 두드러진다. 제1~9배마디의 등에는 눈모양의 무늬가 있다. 숨문은 원형이고 검다.

습성 잎 뒤에서 살아가며, 잎맥을 남기고 먹는다. 잎 사이에서 지름 5mm의 작은 공 모양의 갈색 고치를 틀고 번데기가 된다.

서식지 풀밭, 활엽수림

자란 애벌레(위)

자란 애벌레(옆)

번데기가 되기 직전의 애벌레

발생 7월, 9~10월(어른벌레 6~9월, 연 2회)

먹이식물 참나무류(참나무과 Fagaceae), 버드나무류(버드나무과 Saliceae), 단풍나무과 Aceraceae, 자작나무과 Betulaceae, 장미과 Rosaceae, 진달래과 Ericaceae 등

분포 한국(전국), 일본, 러시아 극동지역

나도꼬마쐐기나방(쐐기나방과) *Microleon decolatus* Sasaki, 2016

생김새 몸길이 9mm 안팎(날개 길이 13~17mm)으로 앞 종과 닮아 구별하기 어려우나 다음의 특징을 살피면 된다. 이 종이 앞 종보다 1) 몸 중앙의 높이가 높다. 2) 제3배마디의 등밑선에는 돌기가 적자색으로, 앞 종보다 조금 두드러진다. 3) 뒷가슴부터 제8배마디의 등밑선에 작은 돌기가 있으며, 여기에서 2개의 검은 독 털(앞 종은 끝만 검은 붉은 독 털)이 나온다.

수컷

습성 앞 종과 닮는다.

서식지 활엽수림

발생 7월, 9~10월(어른벌레 6~9월, 연 2회)

먹이식물 참나무류(참나무과 Fagaceae), 고추나무(고추나무과 Staphyleaceae), 헛개나무(갈매나무과 Rhamnaceae)

분포 한국(중 · 남부, 제주도), 일본

자란 애벌레(위)

자란 애벌레(옆)

번데기가 되기 직전의 애벌레

흑색무늬쐐기나방(쐐기나방과) *Phrixolepia sericea* Butler, 1877

생김새 몸길이 15mm 안팎(날개 길이 28mm 안팎)으로 몸통은 납작하고 각 마디 바깥으로 가시돌기가 붙은 살돌기가 창처럼 뒷 방향의 같은 각도로 나온다. 이 돌기는 모두 4쌍이 있다. 보통 그 끝은 붉으며, 그 뒤로 움푹 파인 부분이 있다.

수컷

애벌레 머리

습성 몸의 살돌기는 잘 떨어지며, 번데기가 될 때 모두 떨어진다. 잎 사이에서 공처럼 생긴 검은 고치

속에서 번데기가 된다.

서식지 참나무 숲

발생 8~9월(어른벌레 6~9월, 연 2회)

먹이식물 참나무류(참나무과 Fagaceae), 복숭아나무 등(장미과 Rosaceae), 감나무(감나무과 Ebenaceae), 단풍나무류(단풍나무과 Aceraceae), 철쭉류(진달래과 Ericaceae), 감귤류(운향과 Rutaceae)

분포 한국(내륙, 제주도), 일본, 중국, 러시아 극동지역

자란 애벌레

고치

애벌레 위치

흰점쐐기나방(쐐기나방과) *Austrapoda dentatus* (Oberthür, 1879)

생김새 몸길이 15mm 안팎(날개 길이 26mm 안팎)으로 자란 애벌레는 등선과 등밑선, 숨문선에 목걸이 같은 노란 선이 있는데, 등선이 등밑선보다 더 가늘고, 숨문선은 겨우 보이는 정도이다. 숨문 아래에는 옆으로 튀어나온 몸 색과 같은 돌기가 있다. 독 털은 등밑선과 숨문 아래에 줄지어 나온다.

습성 잎 뒤에서 살아가며, 특별히 무리를 짓지 않는다.

수컷

어린 애벌레

어린 애벌레

자란 애벌레

서식지 활엽수림

발생 7~9월(어른벌레 6~8월, 연 1회)

먹이식물 참나무류(참나무과 Fagaceae)

분포 한국(전국), 일본, 러시아 극동지역

비고 일본에는 이 종과 가까운 나도흰점쐐기나방(신칭, *Austrapoda hepatica* Inoue, 1987)이라는 고유종이 있다. 생김새가 매우 닮아 어른벌레로 구별이 쉽지 않은데, 애벌레에서 몸에 난 자모의 굵기가 이 종은

일정하게 가는데 비해 나도흰점쐐기나방은 밑 부분이 굵어서 다른 것으로 보인다. 앞으로 표본 등을 살펴보고 종을 확정할 예정이다.

나도흰점쐐기나방(신칭, *Austrapoda* sp.)

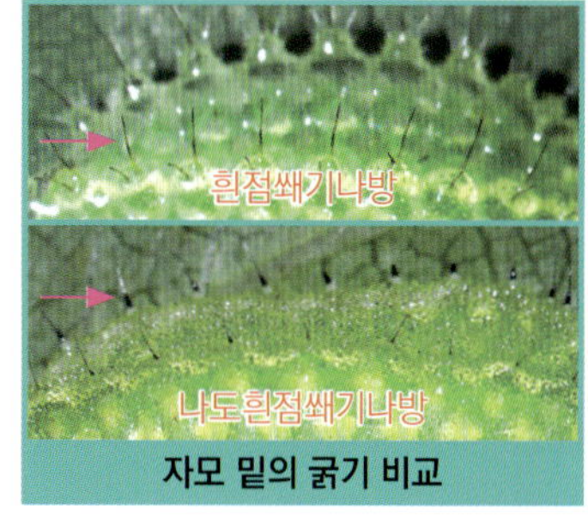
자모 밑의 굵기 비교

새극동쐐기나방(쐐기나방과) *Unithosea suigensis* (Matsumura, 1931)

생김새 몸길이 14mm 안팎(날개길이 24mm 안팎)으로 어린 애벌레는 노란 바탕이다가 점차 몸이 풀색 바탕에 등선이 노랗고, 굵은 노란 등밑선이 뚜렷하며, 앞가슴 양쪽의 붉은 가시돌기가 보인다. 자라면 몸이 청회색으로 변하고 등밑선의 가시돌기는 붉어진다. 숨문밑선 양옆으로 난 작은 가시돌기는 어릴 때와 다 자란 후 같은 모습이다.

수컷

애벌레 머리

습성 잎 뒤에 붙어 살아간다. 어릴 때에만 잠시 무리를 짓는다.

서식지 활엽수림

발생 7~8월(어른벌레 6~8월, 연 1회)

먹이식물 참나무류(참나무과 Fagaceae)

분포 한국, 중국, 러시아 극동지역

비고 이 종은 우리나라 수원에서 채집한 개체로 처음 기재되었다. 종명 '*suigensis*'는 수원을 뜻한다.

자란 애벌레

애벌레

먹은 흔직과 어린 애벌레

검은푸른쐐기나방(쐐기나방과) *Parasa sinica* Moore, 1877

생김새 몸길이 15mm 안팎(날개 길이 21~25mm)으로 머리는 옅은 갈색이고, 몸통은 조금 노란색으로 편평하다. 뒷가슴에는 2쌍, 제 8~10배마디 위에는 1쌍의 끝이 검은 살돌기가 나오고, 나머지 마디의 옆에도 작은 돌기가 있다. 마디 끝에는 여러 반투명한 돌기들이 나온다. 등선과 숨문윗선에 뚜렷한 청백색이 이어지는데, 가장자리가 더 짙은 파란 점선이 두드러진다. 숨문은 흰색이다.

수컷

습성 어린 애벌레는 무리지어 잎 뒤에서 먹는다. 자라면 흩어진다. 앞번데기 상태로 겨울을 난다.

서식지 활엽수림

발생 6~9월 초(어른벌레 5~8월, 연 2회)

먹이식물 참나무류(참나무과 Fagaceae), 버드나무과 Salicaceae, 미역줄나무(노박덩굴과 Celastraceae), 박달나무(자작나무과 Betulaceae) 등

분포 한국(전국), 러시아 극동지역

어린 애벌레

중간 애벌레

자란 애벌레

뒷검은푸른쐐기나방(쐐기나방과) *Parasa hilarula* (Staudinger, 1887)

생김새 몸길이 15mm 안팎(날개 길이 24mm 안팎)으로 머리는 옅은 갈색이고, 몸통은 옅은 풀색으로 편평하다. 뒷가슴에는 2쌍, 제 8~10배마디 위에는 검은 가시털이 많은 긴 1쌍의 살돌기가 있는 등, 색만 다를 뿐 앞 종과 특징이 거의 같다. 다만 숨문윗선에는 가느다란 청백색 선이 있어 다르다. 등선은 붉은 띠로 이어지는데, 이따금 청백색일 때도 있다(허운홍, 2012: 175).

수컷

습성 어린 애벌레는 무리지어 잎 뒤에서 먹는다. 자라면 흩어진다. 고치 속에서 앞번데기 상태로 겨울을 난다.

서식지 활엽수림

발생 5~8월(어른벌레 5~8월, 연 2회)

먹이식물 참나무류(참나무과 Fagaceae), 버드나무과 Salicaceae, 벚나무(장미과 Rosaceae), 참느릅나무(느릅나무과 Ulmaceae), 층층나무(층층나무과 Cornaceae)

분포 한국(전국), 일본, 중국 동북부, 러시아 극동지역

비고 이 종의 학명을 앞 종과 바뀌어 사용되어 왔다. 어른벌레의 뒷날개 윗면의 색이 이 종 쪽이 검다.

어른벌레

어린 애벌레

중간 애벌레

자란 애벌레(위)

검은푸른쐐기나방

뒷검은푸른쐐기나방

검은푸른쐐기나방과 뒷검은푸른쐐기나방의 어른벌레, 애벌레 비교

자란 애벌레(옆)

장수쐐기나방(쐐기나방과) *Parasa consocia* Walker, 1865

생김새 몸길이 25mm 안팎(날개 길이 28~32mm)으로 머리는 갈색, 몸통은 노란 바탕이다. 등방패와 제8배마디 숨문 부분에 1쌍의 검은 무늬가 있고, 제9배마디에도 있다. 몸통의 등선은 청백선으로 이어지고, 그 양쪽으로 작은 파란 점들이 이어진다. 몸통 전체에 밤송이 같은 센 가시가 방사상으로 모여나기를 한다. 테두리가 옅은 풀색인 숨문은 원형으로 옅은 갈색이다.

수컷

습성 잎 사이에서 검은 혹 같은 고치를 틀고 번데기가 된다. 독모가 있어서 쏘이면 아프다.

서식지 마을 주변, 활엽수림, 경작지

발생 6~9월(어른벌레 6~9월, 연 2회)

먹이식물 팽나무(삼과 Cannabaceae), 참나무류(참나무과 Fagaceae), 벚나무류(장미과 Rosaceae), 버드나무류(버드나무과 Salicaceae)

분포 한국(내륙), 일본, 중국, 러시아 극동지역

비고 가을에 애벌레의 수가 많아진다.

중간 애벌레

자란 애벌레

고치

대륙쐐기나방(쐐기나방과) *Ceratonema christophi* (Graeser, 1888)

생김새 몸길이 10mm 안팎(날개 길이 17mm 안팎)으로 머리는 작고 푸른색이고, 가슴 아래에 위치하여 위에서 보이지 않는다. 옆에서 보면 제1배마디가 삿갓처럼 높으며, 머리 쪽으로 급하

수컷

애벌레 위치

게 낮아진다. 등선과 제1~6배마디에는 다이아몬드 모양의 주황색 무늬가 있다. 숨문 테두리는 노랗다.

습성 잎 뒤에 붙어 살아간다.

서식지 풀밭, 활엽수림

발생 6~8월(어른벌레 8월 말~9월, 연 1회)

먹이식물 왕벚나무, 벚나무(장미과 Rosaceae)

분포 한국(내륙), 중국, 러시아

비고 닮은 종 황토쐐기나방(*Ceratonema butleri* Kawada, 1930)은 등선 위의 무늬가 이 종과 다르다.

자란 애벌레(위)

자란 애벌레(옆)

황토쐐기나방(*Ceratonema butleri* Kawada, 1930)

숲쐐기나방(쐐기나방과) *Ceratonema imitatrix* Hering, 1931

생김새 몸길이 11mm 안팎(날개 길이 18mm 안팎)으로 가오리 같은 생김새이며, 양쪽으로 돌출한 2부분이 있고, 중앙에 2개의 눈무늬가 있다. 꼬리돌기가 가늘고 길다. 몸통의 색은 2형으로, 이 책에서 보듯

풀색 바탕과 허운홍(2016: 374)의 도판처럼 붉은 바탕이 있다.

습성 잎을 먹고 줄기에서 쉰다.

서식지 마을 주변, 활엽수림 가장자리

발생 8월(어른벌레 9월, 연 1회)

먹이식물 국수나무(장미과 Rosaceae), 감나무(감나무과 Ebenaceae)

분포 한국(중부), 중국

수컷

자란 애벌레(위)

자란 애벌레(옆)

참쐐기나방(쐐기나방과) *Rhamnosa angulata* Fixsen, 1887

생김새 몸길이 17mm 안팎(날개 길이 29mm 안팎)으로 몸은 반짝이는 짙은 풀색이며, 전체가 짚신 모양으로 납작하다. 등선 주위에는 리본 모양의 노란 무늬가 있고, 등밑선에 가느다란 노란 선이 있다. 몸 옆에는 몸 색과 같은 살돌기가 있는데 끝이 급하게 가늘어지며, 유백색의 흰 털이 수북하다. 머리와 배 끝의 살돌기는 특히 길며 각각 앞과 뒤 방향으로 뻗는다.

습성 잎을 먹고 줄기에서 쉰다. 특별한 습성을 관찰하지 못했다.

서식지 과수원, 마을 주변

발생 5월, 9~10월(어른벌레 6~9월, 연 2회)

먹이식물 참나무류(참나무과 Fagaceae)

분포 한국(전국), 일본, 중국, 러시아 극동지역

비고 Fixsen(1887)이 우리나라에서 채집한 표본으로 신종 기재한 종이었다. '참'이라는 말은 일본 강점기에는 '조선'이란 말이었는데, 광복 후 바뀌었다.

수컷

자란 애벌레

남방쐐기나방(쐐기나방과) *Phlossa conjuncta* (Walker, 1855)

생김새 몸길이 24mm 안팎(날개 길이 30mm 안팎)으로 몸은 황록색이고 등밑선에 자모가 많은 살돌기가 있다. 가운데와 뒷가슴, 제1, 5, 8, 9배마디의 것은 크다. 각 마디의 숨문 아래에서도 자모가 달린 살돌기가 있다. 각 돌기의 자모는 붉을 때가 많은데, 개체에 따라 색의 발현이 조금 다르다. 등선은 파란 무

늬가 이어지며 그 가장자리는 노란색이다.

습성 홀로 살아가며, 잎 뒤에 있어서 식물을 잘못 만지면 찔리기 쉽다. 흙 속에서 만든 고치 속에서 앞번데기 상태로 겨울을 난다.

서식지 풀밭, 참나무 숲

발생 7~9월(어른벌레 6~9월, 연 2회)

먹이식물 소리쟁이(마디풀과 Polygonaceae), 꽃창포(붓꽃과 Iridaceae), 왕벚나무(장미과 Rosaceae)

분포 한국(전국), 일본, 중국, 타이완, 러시아 극동지역, 말레이 반도, 인도

암컷

애벌레 머리

어린 애벌레

자란 애벌레

극동쐐기나방(쐐기나방과) *Thosea sinensis* Walker, 1855

생김새 몸길이 25mm 안팎(날개 길이 31mm 안팎)으로 몸은 짚신 모양이고, 옅은 풀색이다. 등선은 굵은 흰 선이어서 눈에 잘 띄는데, 가장자리가 가늘게 파란색이다. 숨문은 붉은데, 중앙이 뚜렷하다. 숨문 위에는 빽빽한 자모다발로 이루어진 작은 살돌기가 있고, 숨문 밑선에는 크고 뚜렷한 자모군을 가진 큰 살돌기가 이어져 위에서 보면 몸 양옆이 털이 수북하다. 등 부분은 솟는다.

습성 잎 뒤에서 천천히 움직이며, 잎을 먹는다. 번데기가 되려면 나무에서 내려와 흙 속으로 들어간다.

서식지 풀밭, 활엽수림

발생 6~9월(어른벌레 5~6월, 8월, 연 2회)

먹이식물 싸리나무(콩과 Fabaceae), 참나무과 Fagaceae), 벚나무, 배나무, 사과나무(장미과 Rosaceae) 등

수컷

자란 애벌레(위)

자란 애벌레(옆)

애벌레 위치

분포 한국(내륙), 중국, 인도네시아~인도

비고 배나무, 사과나무, 차나무의 해충으로 여긴다.

갈색쐐기나방(쐐기나방과) *Chibiraga banghaasi* (Hering et Hopp, 1927)

생김새 몸길이 11mm 안팎(날개
길이 24mm 안팎)으로 몸은 납작
하고 위에서 보면 방사상이다.
등선은 옅은 하늘색으로, 양쪽
에 노란 무늬가 생기고 마치 기
하하적 예술 작품처럼 보인다.

수컷

자란 애벌레

숨문밑선에는 잔가시가 돋친 돌기가 바깥으로 뻗친다.

습성 잎 뒤에 붙어 있으며, 자세한 생활사를 파악하지 못했다.

서식지 참나무 숲

발생 6월(어른벌레 7~8월, 연 1회)

먹이식물 신갈나무(참나무과 Fagaceae)

분포 한국(중부), 중국 동북부, 러시아 극동지역, 시베리아

끝빨간쐐기나방(쐐기나방과) *Naryciodes koreana* Sohn et Choi, 2017

생김새 몸길이 10mm 안팎(날개 길이 17~22mm)으로 전체가 짚신
모양이고 위에서 보면 납작하지만 등 중앙이 높고 그 가장자리가 비
행선처럼 보인다. 등선은 옅은 갈색 부분이 띄엄띄엄 있다. 가슴 등
은 붉은색으로 눈에 잘 띈다. 자모는 눈에 보이지 않을 정도로 짧고
가늘다.

수컷

습성 잎 위에 앉아 있을 때가 많고, 잎 사이에서 검은 막 같은 고치
를 틀고 번데기가 된다. 자세한 생태 과정이 밝혀지지 않고 있다.

서식지 활엽수림

자란 애벌레(위)

자란 애벌레(옆)

발생 5~6월(어른벌레 8~9월, 연 1회)

먹이식물 고로쇠나무, 단풍나무(단풍나무과 Aceraceae)

분포 한국(중부)

비고 닮은 종(*Naryciodes posticalis*)이 일본에 분포하는데, 허운홍(2016: 195)은 이 학명으로 기록하였다. 이 종은 손재천과 최세웅(2017)이 새로 기재한 종이다.

▶ Family **Zygaenidae** Latreille, 1809 알락나방과

흑백무늬알락나방(*Eterusia watanabei* Inoue, 1982) 암컷

날개 길이는 20~60mm의 다양한 크기의 나방으로, 동남아시아에 큰 종류가 많다. 홑눈이 있다. 더듬이는 양빗살 모양 또는 곤봉 모양이다. 어른벌레는 낮에 활동하는 종류가 많다. 대부분 화려한 색의 어른벌레는 포식자들에게 불쾌감으로 경고하는 것으로 보인다. 애벌레와 어른벌레의 몸속에 유독한 화학물질[시안화수소(HCN)]을 지닌다. 스스로는 이 독성을 방어할 수 있게 먹이식물로부터 글루코사이드를 얻을 뿐 아니라 스스로 HCN을 합성할 수도 있다. 따라서 여러 나비, 나방, 곤충 중에서 이들을 의태하는 유사 복합체의 여러 종 무리로 분화하였다. 세계에 1,000여 종이 알려져 있는데, 주로 구북구에서 아시아 아열대와 열대 지역에 분포한다. 우리나라에는 23종이 알려져 있다. 이 중 노랑털알락나방(*Pryeria sinica* Moore, 1877)을 털알락나방과(**Phaudidae**)에 속하는 것으로 보기도 있다.

노랑털알락나방(알락나방과) *Pryeria sinica* Moore, 1877

생김새 몸길이 15mm 안팎(날개 길이 24mm 안팎)으로 머리와 몸은 옅은 노란 바탕에 검은 줄들이 규칙적으로 길게 이어진다. 등선은 끊어지지 않고 이어진다.

습성 암컷은 줄기에 돌려가며 빽빽하게 알을 낳아 붙이며, 이른 봄에 깨나와 무리 지어 잎 뒤에 붙어서 살아간다. 한 나무에 여러 암컷이 알을 낳은 경우, 나무 전체 잎을 다 먹어치운다. 잎이 두꺼운 사철나무의 경우, 표피를 남기고 먹는데, 남겨진 표피는 희게 보이므로, 이런 부분을 찾으면 쉽게 애벌레를 찾을 수 있다. 고치는 갈색으로 잎 뒤에서 발견된다. 자란 애벌레는 홀로 살아간다.

수컷

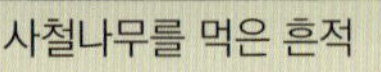
사철나무를 먹은 흔적

알 낳기

고치

서식지 풀밭, 활엽수림, 해안

발생 4~5월(어른벌레 8월 말~11월, 연 1회)

먹이식물 화살나무, 회잎나무, 사철나무 등(노박덩굴과 Celastraceae)

분포 한국(울릉도를 뺀 전국), 일본, 중국, 타이완, 영국, 미국 일부 지역

비고 영어 이름(Euonymus leaf notcher)은 애벌레가 먹는 식물의 이름으로 지어졌다. 노박덩굴과의 *Euonymus*와 *Celastrus*속 식물만 먹는다.

어린 애벌레

자란 애벌레

여덟무늬알락나방(알락나방과) *Balataea octomaculata* (Bremer, 1861)

생김새 몸길이 20~25mm(날개 길이 20mm 안팎)로 몸은 단면이 사다리꼴이고, 머리 쪽이 조금 굵다. 등선은 주황색에 검은 테두리가 있고 짤막짤막 끊긴다. 등밑선에는 원모양의 주황색 무늬가 있고, 그 중앙과 숨문밑선에도 각 마디마다 자모군이 있다. 숨문선 아래로는 색이 옅다.

수컷

습성 애벌레가 먹은 잎은 날카롭게 잘린 듯 보인다. 잎에 타원형의 납작한 옅은 갈색의 고치를 만든다. 어른벌레는 낮에 활동하며, 큰까치수염 등 여러 꽃을 찾는다.

서식지 풀밭

발생 6~7월(어른벌레 6~9월, 연 2~3회)

먹이식물 억새, 큰기름새 등(벼과 Poaceae)

분포 한국(전국), 일본, 중국, 러시아 극동지역

어른벌레

자란 애벌레(위)

자란 애벌레(옆)

비고 '여덟무늬'라는 말은 어른벌레의 날개에 있는 노란 점이 8개 있다는 뜻이다. 최근 이 종이 희귀해지고 있다. 가장 큰 이유는 산림이 울창해지면서 벼과 등 초본식물이 줄어드는 것과 무관치 않는 것으로 보인다.

대나무쐐기알락나방(알락나방과) *Fuscartona martini* (Efetov, 1997)

수컷

생김새 몸길이 20~25mm(날개 길이 20mm 안팎)로 머리와 몸은 등황색이고, 각 마디의 등에는 좁고 검은 살돌기가 있고, 그 위에 검은 자모가 빽빽하다. 또 옆에도 이 돌기가 있으며, 희고 긴 자모가 난다.

습성 무리 지어 잎 뒤에서 사는데, 머리를 한 방향으로 함으로써, 질서 있는 모습을 한다. 이 자모에 잘못 손대어 찔리면 꽤 아리다. 어른벌레는 낮에 활동한다.

서식지 활엽수림 가장자리, 마을, 경작지

발생 7~10월(어른벌레 6~9월, 연 2~3회)

먹이식물 대나무, 조릿대, 억새 등(벼과 Poaceae)

분포 한국(중·남부), 일본, 중국, 베트남, 뉴질랜드, 유럽(최근 도입종)

비고 허운홍(2012: 164)의 표본도 이 종이다. 그동안 러시아 쿠릴과 일본 북해도에 분포하는 *F. funeralis* (Butler, 1879)로 다루어졌는데, Efetov and Tarmann(2012)에 따라 위의 종으로 정립되었다. 애벌레와 먹이식물에 대해 Byun et al.(2010)이 처음 밝혔다.

중간 애벌레

자란 애벌레

애벌레 머리

벚나무알락나방(알락나방과) *Illiberis rotundata* Jordan, 1907

암컷

생김새 몸길이 15mm 안팎(날개 길이 23mm 안팎)으로 몸은 붉은 기가 있는 검은색인데, 위에서 잘 보이지 않지만 아래로 숙여진 앞가슴과 항문다리 부분, 몸 밑, 배다리는 붉다. 몸 각 마디의 등과 옆에 몸 색과 같은 살돌기가 있으며, 그 위에 방사상의 흰 자모가 나온다.

습성 잎 뒤에 붙어 잎을 먹으면 그 자리가 갈색으로 변한다. 자모를 건드리면 사람에 따라 알레르기를 일으키기도 한다. 어린 애벌레 상태로 가지 사이 등에 붙어 겨울을 난다. 어른벌레는 낮에 난다.

서식지 활엽수림

발생 5월(어른벌레 6~7월, 연 1회)

먹이식물 벚나무, 왕벚나무, 살구나무(장미과 Rosaceae)

분포 한국(내륙), 일본, 중국, 러시아 극동지역

비고 사과나무를 먹는 해충으로 이 종도 포함될 것으로 추측된다. 우리나라 *Illiberis*속의 분류는 Kim, Sohn and Cho(2004)를 참조하기 바란다.

자란 애벌레(위)

자란 애벌레(옆)

사과알락나방(알락나방과) *Illiberis pruni* Dyar, 1905

생김새 몸길이 15mm 안팎(날개 길이 26mm 안팎)으로 머리는 검고, 몸통은 연미색 바탕에 검은 등선과 검고 큰 점들로 이루어진 등밑선이 있다. 흰색의 길고 가는 털이 듬성듬성 난다.

습성 잎을 송편처럼 접은 후 그 속에서 잎살을 먹는데, 밖에서 보면 갈색으로 변한다. 잎 위에 둥글게 흰 막을 치고 고치를 만드는데, 흰 가루가 생긴다. 어린 애벌레로 겨울을 난다.

암컷

서식지 활엽수림, 강변

발생 4월 말~5월(어른벌레 6월, 연 1회)

먹이식물 야광나무, 벚나무, 사과나무 등(장미과 Rosaceae)

분포 한국(중부 이북), 중국, 러시아 극동지역

자란 애벌레

둥지

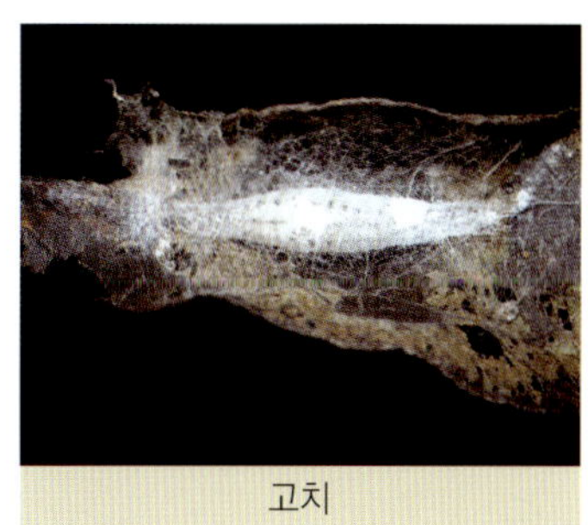

고치

장미알락나방(알락나방과) *Illiberis assimilis* Jordan, 1907

생김새 몸길이 24mm 안팎(날개 길이 29mm 안팎)으로 머리가 반짝이는 붉은색이다. 배 밑은 덜 붉고, 숨문이 붉다. 항문다리는 붉은색이다.

습성 무리 지으며, 잎 뒤에 붙어 잎을 먹는다. 애벌레의 자모를 건드리면 사람에 따라 알레르기를 일으키기도 한다. 어른벌레는 낮에 날며, 개망초 등 여러 꽃에서 꿀을 빤다. 번데기로 겨울을 나는 것으로 추측된다.

서식지 활엽수림

발생 9월(어른벌레 5~6월, 연 1회)

먹이식물 장미, 찔레, 천엽벚나무(장미과 Rosaceae)

분포 한국(내륙), 일본(대마도), 중국

비고 일본에서는 대마도에만 분포한다. 아마 우리나라에서 넘어간 것으로 추측된다.

수컷

암컷

자란 애벌레(위)

자란 애벌레(옆)

유리날개알락나방(알락나방과) *Illiberis sinensis* Walker, 1854

생김새 몸길이 23mm 안팎(날개 길이 27mm 안팎)으로 장미알락나방과 닮으나 머리와 배 밑의 붉은색이 덜하고, 등밑선이 짙게 눈에 띈다. 먹이를 장미와 찔레가 아닌 벚나무, 상수리나무, 나무딸기 등을 먹는다. 생김새로 구별이 어려워 앞으로 더 조사해야할 종이다.

습성 자세한 생태를 밝히지 못했다.

서식지 풀밭, 활엽수림 가장자리, 습지

발생 4~5월(어른벌레 5~6월, 연 1회)

먹이식물 벚나무, 나무딸기(장미과 Rosaceae), 상수리나무(참나무과 Fagaceae)

분포 한국(중·남부), 중국, 러시아 극동지역

비고 Sohn(2009)은 이 종의 먹이식물이 장미과의 해당화라고 발표한 적이 있다.

수컷

자란 애벌레(위)

자란 애벌레(옆)

검은선두리알락나방(알락나방과) *Illiberis dirce* (Leech, 1888)

생김새 몸길이 18mm 안팎(날개 길이 23~30mm)으로 머리와 몸은 적자색 바탕이다. 제1~3배마디의 부분이 부푼다. 몸 각 마디의 등과 옆에 몸보다 더 짙은 살돌기가 있으며, 그 위에 방사상 흰 자모 다발이 있는데, 각 자모는 길거나 짧다. 배다리와 항문다리는 적갈색이다.

습성 흰 그물을 치고 그 속에서 고치를 튼 후 번데기가 된다. 겨울나기는 알려지지 않았다.

서식지 활엽수림

발생 4~5월 초(어른벌레 5~6월, 연 1회)

먹이식물 담쟁이덩굴(포도과 Vitaceae), 노박덩굴(노박덩굴과 Celastraceae)

분포 한국(중·남부), 중국

암컷

자란 애벌레(위)

자란 애벌레(옆)

Illiberis sp.(알락나방과)

생김새 몸길이 18mm 안팎으로 장미알락나방과 닮으나 머리와 배 끝의 붉은 무늬는 없고, 자모군이 나오는 살돌기의 색이 청보라색을 띠고, 자모의 길이가 조금 길며, 더 촘촘하다. 숨문 아래로 미색을 띤다.

습성 봄에 부화하여 5월에 애벌레 기간을 마친다. 자세한 생태를 알 수 없다.

서식지 참나무 숲

발생 4~5월

먹이식물 갈참나무(참나무과 Fagaceae)

분포 한국(중부)

비고 맥검은알락나방[*I. cybele* (Leech, 1889)]으로 보이나 정확하지 못하다.

자란 애벌레

자란 애벌레

포도유리날개알락나방(알락나방과) *Hedina tenuis* (Butler, 1877)

생김새 몸길이 20mm 안팎(날개 길이 22mm 안팎)으로 머리는 작고 검으며, 몸통은 옅은 황백색이다. 등선 좌우로 청백색 띠가 있으며, 숨문 주위로 청백색 띠가 있다. 등밑선에 긴 검은 자모가 듬성듬성 나오며, 그 아래로는 짧은 흰 자모가 나온다.

암컷

중간 애벌레

습성 잎 뒤에 여러 마리가 붙어 있으며, 처음에는 표피를 먹다가 커지면 구멍을 내듯 모두 먹어치운다.

서식지 활엽수림

발생 6~7월(어른벌레 5~6월, 연 1회)

먹이식물 왕머루, 담쟁이덩굴, 머루(포도과 Vitaceae)

분포 한국(지리산 이북의 산지, 울릉도), 일본, 중국, 러시아 극동지역, 인도

어린 애벌레

중간 애벌레

자란 애벌레

실줄알락나방(알락나방과) *Hedina consimilis* Leech, 1898

생김새 몸길이 25mm 안팎(날개 길이 29mm 안팎)으로 머리는 검고 작다. 각 마디의 등에 '∏'자 모양의 황백색 무늬가 좌우대칭으로 이어진다. 이 무늬 사이에 흰 자모가 있다. 옆에서 보면 숨문 위에도 같은 모양의 연노랑 무늬가 있고, 자모도 같은 모양으로 나온다. 각 마디의 숨문 아래에 흰 무늬가 있는데 그

가운데가 검고, 여러 자모가 나온다.

습성 잎 뒤에 붙는다. 6월경 앞번데기 상태로 있다가 가을에 번데기가 된 후, 겨울을 난다.

서식지 활엽수림

발생 5~6월(어른벌레 4~5월, 연 1회)

먹이식물 포도, 담쟁이덩굴, 머루(포도과 Vitaceae)

분포 한국(경기도 북부, 강원도, 울릉도), 일본, 중국, 타이완, 러시아 극동지역

비고 어른벌레는 낮에 날아다닌다. 때때로 밤에 불빛에 날아오기도 한다.

수컷

자란 애벌레(위)

자란 애벌레(옆)

앞검은알락나방(알락나방과) *Rhagades pruni* (Denis et Schiffermüller, 1775)

생김새 몸길이 15mm 안팎(날개길이 25mm 안팎)으로 등색 바탕에 등선에 굵게 검은 무늬가 발달한다. 자모는 짧고 흰색이다.

습성 봄에 부화하여 짧은 애벌레 기간을 마친다. 자세한 생태를 알지 못한다.

서식지 풀밭, 활엽수림 가장자리

발생 4~6월 초(어른벌레 6~7월, 연 1회)

수컷

어른벌레

중간 애벌레

자란 애벌레(위)

자란 애벌레(옆)

먹이식물 나무딸기, 복분자딸기(장미과 Rosaceae)

분포 한국(남부, 제주도), 일본, 중국~유럽

벚나무모시나방(알락나방과) *Elcysma westwoodi* (Vollenhoven, 1863)

생김새 몸길이 25mm 안팎(날개 길이 62mm 안팎)으로 몸은 황백색이다. 등선은 검으며, 마디 앞 쪽에서 조금 굵은데, 등밑선과 숨문선도 검다. 등밑선과 숨문밑선에 1mm의 짧은 자모가 이어지고, 몸 옆 아래로 굵고 길며 검은 자모가 난다. 숨문은 검다.

습성 알로 월동하고 이른 봄부터 자라나 5월경 잘 보인다. 먹이가 부족해지면 줄기에 붙는다. 잎 사이에 흰 고치를 붙이고 번데기가 된다. 어른벌레는 새벽과 오전 일찍 활발하다. 고치는 반짝이는 흰색이다.

수컷

서식지 활엽수림

발생 5~6월 초(어른벌레 8월 말~9월, 연 1회)

먹이식물 벚나무, 야광나무(장미과 Rosaceae)

분포 한국(중·남부), 일본

비고 모시나비처럼 생겼다. 중국과 러시아 극동지역의 개체군은 별개의 종(*Elcysma delavayi* Oberthür, 1891)으로 분리되었다. 한국과 일본의 개체군도 애벌레와 어른벌레의 차이가 조금 있다. 한국산은 *E. westwoodi eleganticauda* Bryk, 1948라고 한다.

자란 애벌레

고치

번데기가 되려고 내려오는 애벌레

뒤흰띠알락나방(알락나방과) *Neochalcosia remota* (Walker, 1854)

생김새 몸길이 25~29mm(날개 길이 50mm 안팎)로 머리는 작고 검다. 몸의 각 마디의 등밑선에 검은 바탕에 사각의 노란 무늬가 이어진다. 또 그 아래에는 역 '六'자 무늬가 각 마디에 하나씩 있다. 그 아래에 둥글고 붉은 무늬가 이어진다. 자모는 없다.

습성 늦봄에 부화하여 5~6월에 애벌레 기간을 마친다. 가끔 수가 많아지면 먹이식물이 앙상해진다. 고치는 붉게 반짝인다. 알로 겨울을 난다.

어른벌레

서식지 활엽수림, 관목림

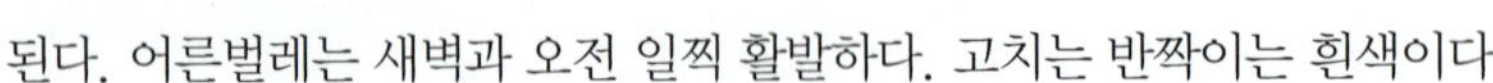
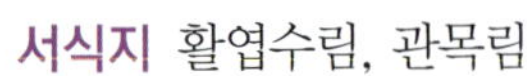

발생 4~5월(어른벌레 6~8월, 연 1회)

먹이식물 노린재나무(노린재나무과 Symplocaceae)

분포 한국(중부 이남, 한라산), 일본, 중국 서부

비고 낮에 꽃에 날아오나 밤에 불빛에도 잘 날아온다.

자란 애벌레(위)

자란 애벌레(옆)

고치

흰띠알락나방(알락나방과) *Pidorus atratus* (Butler, 1877)

생김새 몸길이 27mm 안팎(날개 길이 47mm 안팎)으로 머리는 반짝이는 흑갈색이고 둥글다. 몸통은 요철이 있다. 등선은 청흑색이고, 등밑선에 노란 무늬가 각 마디마다 넓게 나타나는데, 가운데가슴과 제 9배마디는 청흑색이다. 옆에서 보면 숨문선은 청흑색이고, 그 위아래는 노랗다. 숨문 아래에 길고 흰 자모가 있다.

어른벌레

습성 애벌레를 건드리면 자모 밑 부분에서 액체가 흘러나오고 특이한 냄새를 풍긴다. 어른벌레는 낮에 여러 꽃에서 꿀을 빨며, 밤에 불빛에 날아온다. 밝은 갈색의 반짝이는 고치를 만든다. 어린 애벌레 상태로 겨울을 난다.

서식지 해안의 숲

발생 4~6월, 8~9월(어른벌레 6~7월, 8~9월, 연 2회)

먹이식물 사스레피나무, 우묵사스레피나무, 비쭈기나무(차나무과 Theaceae)

분포 한국(남부, 제주도), 일본, 중국, 타이완

비고 일본에서는 '반디나방'이라고 부르는데, 어른벌레의 머리가 붉어서 반딧불이를 연상시킨다고 생각한 듯 보이나 실제 밤에 빛을 내지 못한다.

자란 애벌레(위)

자란 애벌레(옆)

고치

▶ Family **Thyrididae** Herrich-Schäffer, 1846 창나방과

날개 길이는 14~31mm이다. 일부 열대 종을 제외하고 대부분 작다. 몸은 크고 날개가 비교적 짧으며, 앞과 뒷날개의 색 패턴이 닮는다. 과거에는 명나방상과에 포함시켰다. 앉을 때 몸을 위로 들고, 가운뎃다리가 바닥에 닿지 않게 하며, 날개는 펼친다. 깜둥이창나방 등은 낮에 활동한다. 애벌레는 마치 거위벌레처럼 잎을 비스듬히 자르고 돌돌 말아 그 안에 숨거나 줄기에 구멍을 내어 들어가는데, 우리나라 종들은 앞에 해당한다. 주로 열대와 아열대 지역에 분포하며, 760종이 알려져 있고 우리나라에 11종이 기록되어 있다.

창나방(*Striglina cancellata* Christoph, 1914)

깜둥이창나방[*Thyris fenestrella* (Scopoli, 1763)]

깜둥이창나방(창나방과) *Thyris fenestrella* (Scopoli, 1763)

생김새 몸길이 10mm 안팎(날개 길이 14~18mm)으로 알은 어두운 자갈색이다. 애벌레의 머리는 둥글고 검다. 몸통은 짧은 편으로, 검회색 바탕에 노란색 또는 회색 광택이 난다. 자모 받침은 검고 두드러지며, 검은 자모가 길게 나온다. 제9배마디의 다리는 크다. 숨문은 크고 둘레가 딱딱하다.

암컷

습성 암컷은 알을 하나씩 잎 위에 낳고, 깨난 애벌레는 잎을 원추형 깔때기처럼 말고 그 속에서 지낸다. 먹을 때 나와 바깥부터 먹어치운다. 자란 애벌레는 땅으로 내려와 흙 속에서 고치를 틀고 번데기가 된다.

서식지 활엽수림

중간 애벌레

자란 애벌레

둥지

발생 6~9월(어른벌레 5~9월, 연 2회)

먹이식물 으아리, 사위질빵, 할미밀빵(미나리아재비과 Ranunculaceae)

분포 한국(전국), 러시아 극동지역~유럽

비고 어른벌레는 낮에 날며, 개망초 등 여러 꽃에 온다. 영어 이름은 'Pygmy'로 '작다'라는 뜻이다.

창나방(창나방과) *Striglina cancellata* Christoph, 1914

생김새 몸길이 15mm 안팎(날개 길이 16~26mm)으로 머리는 둥글고, 반짝이는 검은색이다. 등방패는 주황색으로 옆과 뒤의 가장자리가 검은 띠로 되어 있다. 몸통은 풀색이 도는 옅은 주황색이고, 자모 받침은 굵고 검은데, 다음 종과 달리 모두 고르다. 자모는 갈색이고, 길다.

습성 잎을 자르고, 돌돌 말아 그 속에서 산다. 애벌레로 겨울을 나는 것으로 보인다.

서식지 활엽수림

발생 6~8월(어른벌레 5~6월, 8~9월, 연 2회)

먹이식물 참나무류(참나무과 Fagaceae), 아까시나무(콩과 Fabaceae)

분포 한국(전국), 일본, 중국, 러시아 극동지역

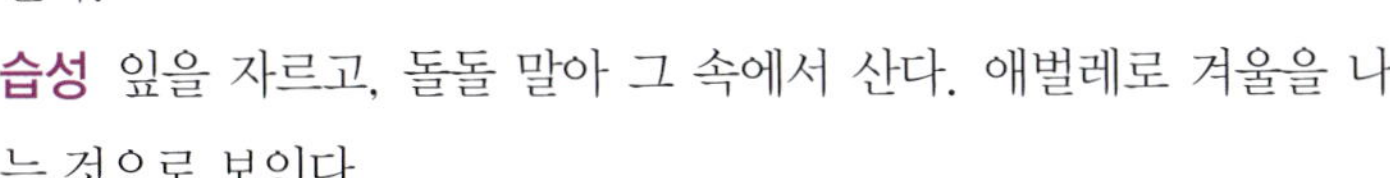

암컷

자란 애벌레

어른벌레(위)

어른벌레(아래)

그물무늬창나방(창나방과) *Striglina fixseni* Alphéraky, 1897

생김새 몸길이 15mm 안팎(날개 길이 23mm 안팎)으로 머리와 등방패, 가슴다리가 반짝이는 검은색이다. 몸통은 짙은 풀색을 띤 미색으로, 검어 보이는데, 배 끝 2마디는 노란색을 띠어 밝다. 자라면 자모 받침은 두드러지며, 검다. 흰 자모가 짧게 나온다.

습성 잎 끝을 잘라내 돌돌 말고 그 속에서 산다. 다 자라 둥지와 함께 땅으로 떨어져 그 속에서 번데기가 된다.

서식지 추운 지역의 활엽수림

발생 8월(어른벌레 5~6월, 연 1회)

암컷

먹이식물 찰피나무(피나무과 Tilioideae), 고로쇠나무(단풍나무과 Aceraceae)

분포 한국(지리산 이북의 산지)

비고 현재까지 한반도 고유종이다.

중간 애벌레

자란 애벌레

둥지

상수리창나방(창나방과) *Rhodoneura vittula* Guenée, 1877

생김새 몸길이 15mm 안팎(날개 길이 22mm 안팎)으로 머리와 등방패는 반짝이는 주황색이다. 등방패 옆에는 굵고 검은 점이 뚜렷하다. 몸은 풀색이 도는 옅은 주황색 바탕이고, 자모 받침은 굵고 검은 점처럼 보이며 튀어나온다. 이 점무늬는 가슴 쪽이 배 쪽보다 굵다. 가슴다리는 검다.

암컷

습성 잎을 주맥 가까이에서 마치 칼로 자른 것처럼 잘라내 돌돌 말고 그 속에서 산다.

서식지 활엽수림

발생 8~9월(어른벌레 4~5월, 6~8월, 연 2회)

먹이식물 개암나무(자작나무과 Betulaceae), 굴참나무, 상수리나무, 신갈나무(참나무과 Fagaceae)

분포 한국(전국), 일본, 중국, 타이완, 인도

비고 이 종의 먹이식물을 Byun and Park(1990)이 '개암나무'라고 처음 밝혔다.

어른벌레

자란 애벌레

둥지

신칭 한국상수리창나방(창나방과) *Rhodoneura* sp.

생김새 몸길이 15mm 안팎(날개 길이 22mm 안팎)으로 앞 종과 거의 차이가 없으나 등방패 옆으로 한 쌍

의 검은 점이 없다. 또 가운데와 뒷가슴 등의 검은 자모 받침은 앞 종보다 덜 발달한다. 이후 배 부분에도 조금 작다.

습성 앞 종과 거의 같으며, 원추모양의 깔때기처럼 생긴 보금자리를 만든다.

서식지 활엽수림

발생 8~9월(어른벌레 4~5월, 6~8월, 연 2회)

먹이식물 참나무류(참나무과 Fagaceae)

분포 한국(중부)

비고 앞 종과는 어른벌레 차이가 조금 있다. 앞으로 이를 정리하여 발표할 예정이다.

암컷

자란 애벌레

둥지

꼬마상수리창나방(창나방과) *Rhodoneura erecta* Leech, 1889

생김새 몸길이 13mm 안팎(날개 길이 17mm 안팎)으로 머리는 주황색이고 앞 종보다 옅다. 등방패 좌우에 검은 점이 있으며, 반짝인다. 몸통은 풀색이 강한 주황색이다. 가슴의 검은 자모 받침은 두드러지며, 이후 제1배마디만 굵고, 뒤로 갈수록 작아지고 희미해진다.

습성 앞 종들과 거의 같으며, 원추모양의 깔때기처럼 생긴 보금자리를 만든다.

암컷

자란 애벌레

둥지

서식지 활엽수림

발생 8~9월(어른벌레 6~9월, 연 1~2회)

먹이식물 개암나무(자작나무과 Betulaceae)

분포 한국(중·남부, 제주도), 일본, 러시아 극동지역, 타이완

붉가시창나방(종가시창나방, 창나방과) *Rhodoneura hyphaema* (West, 1932)

암컷

생김새 몸길이 14mm 안팎(날개 길이 16mm 안팎)으로 머리와 등방패는 별다른 무늬 없이 반짝이는 등황색이다. 몸통은 속이 검어 보이는 유백색으로 투명해 보인다. 자모 받침은 거의 눈에 띄지 않으나 흰 자모가 나온다. 숨문은 검다.

습성 잎을 길게 자르고 돌돌 만 후 그 속에서 지내는데, 어릴 때에는 짧지만 큰 애벌레는 길게 만다.

서식지 활엽수림

발생 6월, 9월(어른벌레 5~8월, 연 2회)

먹이식물 붉가시나무(참나무과 Fagaceae)

분포 한국(완도, 제주도)

비고 김성수 등(2016)의 '완도수목원 나방'에서 '종가시창나방'으로 기록했으나 먹이식물이 붉가시나무이므로 위의 이름으로 바꾸었다.

자란 애벌레

어린 애벌레 둥지

자란 애벌레 둥지

흰점옻나무창나방(흰점무늬상수리창나방, 창나방과) *Shafferiella pallida* (Butler, 1879)

암컷

생김새 몸길이 10mm 안팎(날개 길이 18mm 안팎)으로 머리와 몸통 모두 반짝이는 노란색이다. 몸통의 마디가 들어가 전체가 울퉁불퉁해 보인다. 숨문은 검다. 자모 받침은 눈에 띄지 않지만 흰 자모가 짧게 나온다.

습성 잎을 길게 자르고 돌돌 만 후 그 속에서 산다. 둥지 속의 자란 애벌레는 둥지와 함께 땅으로 떨어져 번데기가 된다.

서식지 활엽수림 가장자리

발생 8~9월 초(어른벌레 6~8월, 연 1회)

먹이식물 개옻나무, 옻나무(옻나무과 Anacardiaceae)

분포 한국(남부), 일본, 중국

중간 애벌레

자란 애벌레

둥지

회색창나방(창나방과) *Shafferiella hamifera* (Moore, 1888)

생김새 몸길이 10mm 안팎(날개 길이 20mm 안팎)으로 머리는 반짝이는 주황색이다. 등방패도 머리처럼 광택이 강하다. 몸통은 어릴 때 노란색이다가 커지면 주황색으로 변한다. 몸은 반투명하여 몸속의 풀색이 내비친다. 자모 받침은 바탕색과 같아 덜 눈에 띄며, 갈색의 자모가 나온다.

습성 앞 종과 거의 같으며, 원추모양의 깔때기처럼 생긴 보금자리를 만든다.

서식지 활엽수림

발생 8월(어른벌레 5~6월, 연 1회)

먹이식물 붉나무, 옻나무(옻나무과 Anacardiaceae)

분포 한국(중·남부), 타이완

비고 그동안 이 종과 흰점옻나무창나방은 속을 *Rhodoneura*로 다루었으나 생식기의 차이 때문에 최근 분리하는 경향이다.

암컷

중간 애벌레

중간 애벌레

점무늬큰창나방(창나방과) *Sericophora guttata* Christoph, 1881

생김새 몸길이 13mm 안팎(날개 길이 13~18mm)으로 머리는 크고, 반짝이는 검은색이다. 등방패는 머리와 거의 같고 항문위판이 검은 외에는 붉고 각 마디가 잘록하다. 머리와 몸의 자모는 연미색으로 가늘고 길다. 자모 받침은 살돌기 형태로 튀어 나오며, 제8~10배마디 위는 색이 검다.

습성 잎을 길게 자르고 돌돌 만 후 그 속에서 산다. 자란 애벌레는 나무에서 내려와 주위의 낙엽 밑에서 번데기가 된다.

서식지 활엽수림

발생 8~9월(어른벌레 7~8월, 연 1회)

먹이식물 개옻나무, 붉나무(옻나무과 Anacardiaceae), 가래나무(가래나무과 Juglandaceae)

분포 한국(중부 이북), 러시아 극동지역

비고 어른벌레는 낮에 날며, 으아리 등의 꽃에 온다. *S. fasciata* Tshistiakov et Park, 1999는 동종이명으로 보인다.

암컷

자란 애벌레

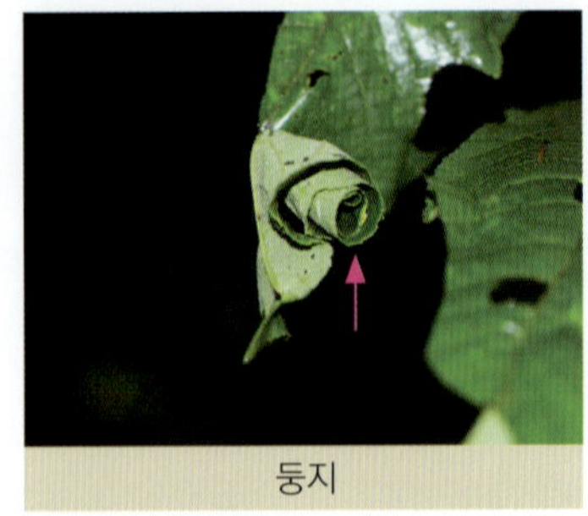

둥지

신칭 가죽나무큰창나방(창나방과) *Sericophora* sp.

생김새 몸길이 13mm 안팎으로 머리와 몸통 모두 선명한 붉은색으로 반짝인다. 자모 받침은 조금 도드라지지만 몸 색과 같아 거의 눈에 띄지 않으며, 흰 자모가 나온다.

습성 잎 주맥을 잘라 길게 말고 그 속에서 지낸다. 자세한 생활사 경과를 알지 못한다.

서식지 활엽수림

발생 8~9월 초

먹이식물 가죽나무(소태나무과 Simaroubaceae)

분포 한국(중부 이북), 러시아 극동지역

비고 어른벌레를 확인하지 못했다.

자란 애벌레

둥지

Superfamily **Hyblaeoidea** Hampson, 1903 · · · · · · · · · 팔랑나비붙이상과

▶ Family **Hyblaeidae** Hampson, 1903 팔랑나비붙이과

날개 길이는 26~40mm로 중형에 속한다. 수컷은 뒷다리에 특수한 털 (hair-pencil)이 있다(Dugdale et al., 1999). 과거에는 명나방상과 또는 창나방상과, 밤나방과에 포함되었으나 분리되었다. 여전히 분류학 면에서 모호하다. 세계에 20여 종, 우리나라에 1종(팔랑나비붙이, *Hyblaea fortissima* Butler, 1881)이 있다. 영어 이름은 'Teak moths'로, 아마 앞날개 표면이 목재의 무늬를 닮은 데에서 유래한 듯 보인다. 우리 이름은 팔랑나비와 닮아 붙여졌다.

팔랑나비붙이 암컷

Superfamily **Calliduloidea** Moore, 1877 · · · · · · · · · · · 뿔나비나방상과

▶ Family **Callidulidae** Moore, 1877 뿔나비나방과

날개 길이는 9~37mm이다. 어른벌레는 앉을 때, 나비처럼 날개를 접는다. 더듬이는 짧고, 실모양이다. 앞다리 발목마디의 제4마디에 1쌍의 가시가 있다. 인도와 동남아시아, 동아시아에 50여 종, 우리나라에 1종이 있다. 우리 이름은 생김새가 뿔나비와 닮은 특징으로 지어진 것으로 보인다.

뿔나비나방(뿔나비나방과) *Pterodecta felderi* (Bremer, 1864)

생김새 몸길이 25mm 안팎(날개 길이 33mm 안팎)으로 머리는 노란 부분이 있는 풀색이고, 옆에 검은 띠가 있다. 명나방과 애벌레와 닮는데, 어릴 때에는 몸이 검다가 자라면 풀색이 된다.

암컷

날개돋이 후 고치

습성 고비의 잎 끝을 말아 그 속에 들어가 주변의 잎을 먹는다. 그 속에서 엉성한 갈색의 고치를 만들어 번데기가 된다. 울릉도에서 많이 볼 수 있으며, 오대산에서도 관찰하였다. 어른벌레는 낮에 날며, 나비처럼 여러 꽃에 날아온다. 어른벌레로 겨울을 난다.

어린 애벌레 위치

자란 애벌레(위)

자란 애벌레(옆)

 활엽수림

서식지 활엽수림

발생 5~8월(어른벌레 7월~이듬해 5월, 연 1회)

먹이식물 쇠고비(고란초과 Polypodiaceae), 참고비(꼬리고사리과 Aspleniaceae)

분포 한국(지리산 이북의 산지, 울릉도), 일본, 중국, 러시아 극동지역, 타이완

Superfamily **Papilionoidea** Latreille, 1802 · · · · · · · · · · · 호랑나비상과

▶ Family **Papilionidae** Latreille, 1802 호랑나비과

중, 대형종으로, 뒷날개에 꼬리 돌기를 갖는 종류가 많다. 2A맥은 후연에 이르며, 1A맥과 이어지지 않는다. 애벌레는 앞가슴 앞으로 나오는 끝이 갈라지는 냄새뿔(osmeterium)을 갖는데, 위험을 느끼면 앞가슴에서 뻗쳐 나오며, 고약한 냄새를 풍긴다. 어른벌레와 마찬가지로 화려한 색을 갖는다. 세계에 600여 종, 우리나라에 15종이 분포한다.

호랑나비(호랑나비과) *Papilio xuthus* Linnaeus, 1767

생김새 몸길이 53mm 안팎(날개 길이 55~80mm)으로 머리와 몸은 풀색 바탕에 3줄의 비스듬한 선이 있다. 다 자라기 전까지 흑갈색이어서 새똥을 닮는다.

습성 잎 위에서 볼 수 있으며, 건드리면 앞가슴 앞에서 냄새뿔이 나온다. 번데기로 겨울을 난다.

서식지 활엽수림 가장자리, 마을 주변, 경작지

발생 5~9월(어른벌레 3~10월, 연 2~4회)

어른벌레

애벌레 머리

어린 애벌레

중간 애벌레

어린 애벌레와 자란 애벌레

먹이식물 산초나무, 머귀나무, 황벽나무 등(운향과 Rutaceae)

분포 한국(전국), 일본, 중국, 러시아(아무르 남부), 몽골 동부, 타이완, 미얀마 북부, 괌

산호랑나비(호랑나비과) *Papilio machaon* Linnaeus, 1758

생김새 몸길이 50mm 안팎(날개 길이 70~90mm)으로 머리와 몸은 풀색 바탕에 검은 띠가 둘러진다. 몸통 마디마다 오렌지색 무늬가 보인다. 1살 애벌레는 흑갈색이다. 어릴 때 새똥을 닮는다.

습성 잎 위에서 볼 수 있으며, 건드리면 앞가슴 앞에서 냄새뿔이 나온다. 번데기로 겨울을 난다.

서식지 산지의 풀밭, 마을 주변, 경작지

발생 5~9월(어른벌레 3~9월, 연 2~4회)

먹이식물 미나리, 당근, 구릿대 등(미나리과 Apiaceae)

분포 한국(전국), 유라시아 대륙과 아프리카 북부, 북미 대륙

어른벌레

중간 애벌레

자란 애벌레

긴꼬리제비나비(호랑나비과) *Papilio macilentus* Janson, 1877

생김새 몸길이 45mm 안팎(날개 길이 85~100mm)으로 머리는 옅은 갈색이고, 몸은 풀색 바탕이며, 옆에서 보면 3줄의 검은 선이 있는데, 중앙이 가장 기운다. 다 자라기 전까지 흑갈색이어서 새똥을 닮는다.

습성 잎 위에서 볼 수 있으며, 건드리면 앞가슴 앞에서 냄새뿔이 나온다. 번데기로 겨울을 난다.

서식지 활엽수림 가장자리, 마을 주변, 경작지

애벌레 머리

어른벌레(오른쪽은 제비나비)

자란 애벌레(위)

자란 애벌레(옆)

발생 5~9월(어른벌레 3~10월, 연 2~4회)

먹이식물 산초나무, 머귀나무, 황벽나무 등(운향과 Rutaceae)

분포 한국(평양 이남), 일본에서 중국 중서부를 거쳐 히말라야까지

제비나비(호랑나비과) *Papilio bianor* Cramer, 1777

생김새 몸길이 50mm 안팎(날개 길이 80~120mm)으로 머리와 몸은 풀색 바탕이고, 옆에서 보면 노란 선이 나타난다. 가슴에는 졸린 듯 보이는 눈모양 무늬가 있다. 다 자라기 전까지 흑갈색이어서 새똥을 닮는다. 냄새뿔은 등황색이다.

습성 조금 그늘진 잎 위에서 볼 수 있으며, 건드리면 앞가슴 앞에서 냄새뿔이 나온다. 번데기로 겨울을 난다.

서식지 산지의 활엽수림

발생 5~6월, 8~9월(어른벌레 5~9월, 연 2회)

먹이식물 산초나무, 머귀나무, 황벽나무 등(운향과 Rutaceae)

분포 한국(전국), 일본, 중국, 사할린과 쿠릴, 타이완, 미얀마

남산 광장의 애벌레

어른벌레

자란 애벌레(위)

자란 애벌레(옆)

산제비나비(호랑나비과) *Papilio maackii* Ménétriès, 1859

생김새 몸길이 50mm 안팎(날개 길이 80~130mm)으로 앞 종과 닮으며, 차이가 크지 않다. 차이점은 1) 눈 모양 무늬 아래의 노란 띠가 이 종이 더 뚜렷하다. 2) 배다리 옆에 가느다란 검은 선이 이 종에서만 보인다.

습성 조금 그늘진 잎 위에서 볼 수 있으며, 건드리면 앞가슴 앞에서 냄새뿔이 나온다. 번데기로 겨울을 난다.

서식지 낙엽활엽수림

발생 5~6월, 8월(어른벌레 5~9월, 연 2회)

먹이식물 머귀나무, 황벽나무(운향과 Rutaceae)

분포 한국(전국), 일본, 중국, 티베트 동부, 타이완, 러시아(아무르, 우수리, 사할린, 쿠릴, 트랜스바이칼 동부)

어른벌레

자란 애벌레(위)

자란 애벌레(옆)

사향제비나비(호랑나비과) *Byasa alcinous* (Klug, 1836)

생김새 몸길이 40mm 안팎(날개 길이 75~100mm)으로 머리와 몸은 검은 바탕이고, 배의 흰 띠가 굵다. 몸통 전체에 끝이 붉은 살돌기가 나온다. 냄새뿔은 주황색으로, 먹이식물의 독을 품는다.

습성 조금 그늘진 잎 뒤에서 볼 수 있으며, 애벌레는 먹을 잎이 없으면 공식(서로 잡아먹음)하는 경향이 있다. 번데기로 겨울을 난다.

냄새뿔

번데기

서식지 낙엽활엽수림

발생 5~6월, 8~9월(어른벌레 5~9월, 연 2회)

먹이식물 쥐방울덩굴, 등칡(쥐방울덩굴과 Aristolochiaceae)

분포 한국(전라남도 해안, 제주도, 울릉도를 뺀 전국), 일본, 중국 북부와 동부, 타이완

어른벌레

자란 애벌레

자란 애벌레

애호랑나비(호랑나비과) *Luehdorfia puziloi* (Erschoff, 1872)

생김새 몸길이 30mm 안팎(날개 길이 50~60mm)으로 머리와 몸은 검고, 마디가 살록하다. 배마디 숨문에 노란 무늬가 보인다. 자모 받침은 솟으며, 여러 자모가 나온다.

어른벌레

번데기

습성 은단 같은 알에서 부화한 애벌레는 잎 뒤에서 살아간다. 4살까지 무리를 짓지만 자라면 홀로 지낸다. 어린 애벌레는 잎에 작은 구멍을 내며 먹는다. 번데기로 겨울을 난다.

서식지 낙엽활엽수림

발생 5~6월(어른벌레 4~6월 초, 연 1회)

먹이식물 족도리풀(쥐방울덩굴과 Aristolochiaceae)

분포 한국(내륙의 산지), 일본, 중국, 러시아 극동지역

1살 애벌레

2살 애벌레

자란 애벌레

꼬리명주나비(호랑나비과) *Sericinus montela* Gray, 1852

생김새 몸길이 34mm 안팎(날개 길이 60~70mm)으로 머리는 검고, 몸통은 흑갈색이다. 앞가슴 양쪽에서 앞으로 긴 돌기가 나온다. 몸통 각 마디의 등밑선과 숨문 바로 아래에서 나온 짧은 돌기는 밑이 노랗고, 위로 흑갈색이다.

습성 잎 뒤에서 4살까지 무리를 짓다가 자라면 홀로 지낸다. 번데기로 겨울을 난다.

서식지 활엽수림 가장자리, 경작지, 강가 주위의 풀밭

발생 5~9월(어른벌레 5~6월, 7~9월, 연 2~3회)

먹이식물 쥐방울덩굴(쥐방울덩굴과 Aristolochiaceae)

분포 한국(내륙), 일본(외래종), 중국, 러시아 극동지역

짝짓기

어린 애벌레

중간 애벌레

자란 애벌레

청띠제비나비(호랑나비과) *Graphium sarpedon* (Linnaeus, 1758)

어른벌레

생김새 몸길이 40~45mm(날개 길이 60mm 안팎)로 머리와 몸은 풀색이다. 뒷가슴은 가장 뚱뚱하고 양 귀퉁이로 뾰족하고 검고 노란 무늬가 있으며, 그 사이로 노란 띠가 가늘게 이어진다. 숨문은 희고 테두리가 검어 눈에 띈다. 1살 애벌레는 흑갈색이다.

습성 잎 위에서 실을 토해 만든 자리에서 지낸다. 번데기로 겨울을 난다.

서식지 상록수림, 경작지, 마을

발생 5월 말~9월(어른벌레 5~9월, 연 2~3회)

먹이식물 녹나무, 후박나무(녹나무과 Aristolochiaceae)

분포 한국(남부, 제주도), 일본, 중국 등 동양열대 지역

어린 애벌레

자란 애벌레

애벌레 머리

▶ Family **Hesperiidae** Latreille, 1809 팔랑나비과

중형 나비로, 날개에 비해 몸통이 굵다. 더듬이의 끝은 다른 과의 나비와 달리 뾰족하다. 애벌레의 머리는 크며, 목이 있는 것처럼 앞가슴이 가늘다. 몸통은 긴 원통형으로, 중간이 조금 두꺼우며 별다른 무늬가 없다. 앞날개는 삼각형에 가깝고, 뒷날개는 단순하지만 북미의 일부 종들은 뒷날개 항각이 길어져 날개꼬리가 생긴다. 항문위판 아래에는 가려진 꼬리빗이 있어 똥을 멀리 버리는 행동을 한다. 다 자란 애벌레의 제7~8배마디 숨문 아래 양 옆으로 흰 가루가 만들어진다. 이 물질의 기능에 대해 아직 밝혀지지 않았다. 애벌레와 번데기는 잎을 길게 말아 그 속에서 지내서인지 명나방처럼 단색인 경우가 많다. 세계에 4,100여 종, 우리나라에 35종이 분포한다.

푸른큰수리팔랑나비(팔랑나비과) *Choaspes benjaminii* (Guérin-Méneville, 1843)

생김새 몸길이 48mm 안팎(날개 길이 43~50mm)으로 미리는 주홍색 바탕에 검고 둥근 점이 4개 있다. 어릴 때에는 머리는 주황색, 몸통은 풀색을 띠는데,

어른벌레

둥지

배 끝 2마디가 붉다. 몸통은 자흑색과 노란 띠가 교대로 있다.

습성 잎 일부를 잘라 구멍이 숭숭 나게 둥글게 말고 그 속에서 지낸다. 흰 분가루로 덮인 번데기로 겨울을 난다.

서식지 상록수림, 경작지, 마을

발생 5월 말~9월(어른벌레 5~9월, 연 2~3회)

먹이식물 나도밤나무, 합다리나무(나도밤나무과 Sabiaceae)

분포 한국(남부, 제주도), 일본, 중국 등 동양열대 지역

어린 애벌레

자란 애벌레

애벌레 머리

독수리팔랑나비(팔랑나비과) *Burara aquilina* (Speyer, 1879)

생김새 몸길이 43mm 안팎(날개 길이 40~45mm)으로 머리는 주황색 바탕에 독특한 검은 무늬가 있다. 몸통은 흑갈색과 미색이 격자 모양으로 보인다.

습성 잎 일부를 잘라 둥지를 만들고 그 속에서 지낸다. 주로 밤에 나와 먹이를 먹는데, 먹이가 부족한 자란 애벌레는 낮에 배회하는 경우가 있다. 번데기는 흰 분가루로 덮인다. 애벌레로 겨울을 난다.

어른벌레

자란 애벌레

서식지 추운 지역의 활엽수림

발생 8월~이듬해 5월(어른벌레 6월 말~7월, 연 1회)

먹이식물 음나무(두릅나무과 Araliaceae)

분포 한국(강원도 이북), 일본, 중국, 러시아 극동지역

대왕팔랑나비(팔랑나비과) *Satarupa nymphalis* (Speyer, 1879)

생김새 몸길이 47mm 안팎(날개 길이 45~55mm)으로 머리는 검고 앞에서 보면 하트 모양에 가깝다. 몸통은 황갈색 바탕에 흰 점무늬가 보이며, 가운데가슴부터 7배마디까지 등밑선에서 숨문밑선까지 넓게 흰 무늬가 뚜렷하다. 숨문은 검고 테두리는 황갈색이다.

습성 잎 일부를 잘라 둥지를 만들고 그 속에서 지낸다. 주로 밤에 나와 먹이를 먹는다. 중간 애벌레 상태로 먹이식물의 가지에 뿜어낸 실로 마른 잎을 고정하고 그 속에서 겨울을 난다.

서식지 추운 지역의 활엽수림

발생 8월~이듬해 5월(어른벌레 6월 말~7월, 연 1회)

먹이식물 황벽나무, 산초나무(운향과 Rutaceae)

분포 한국(내륙 산지), 중국, 러시아 극동지역

어른벌레

자란 애벌레

왕팔랑나비(팔랑나비과) *Lobocla bifasciata* (Bremer et Grey, 1853)

생김새 몸길이 38mm 안팎(날개길이 38~44mm)으로 머리는 원형이며 흑갈색 바탕에 개안 주위가 주황색이고, 희미하게 주황색 띠가 세로로 보인다. 몸통은 어릴 때, 짙은 노란색이다가 자라면 백록색 바탕에 노란 숨문이 보인다.

어른벌레

애벌레 머리

습성 잎 일부를 잘라 둥지를 만들고 그 속에서 지낸다. 주로 밤에 나와 먹이를 먹는다. 다 자란 애벌레로 겨울을 난다.

서식지 낮은 산지, 경작지, 마을 주변

어린 애벌레

자란 애벌레

둥지

발생 8월~이듬해 5월(어른벌레 5월 말~7월, 연 1회)

먹이식물 칡, 싸리나무, 아까시나무(콩과 Fabaceae)

분포 한국(내륙), 중국, 러시아 극동지역, 타이완, 인도차이나

왕자팔랑나비(팔랑나비과) *Daimio tethys* (Ménétriès, 1857)

어른벌레

생김새 몸길이 25mm 안팎(날개 길이 33~38mm)으로 머리는 원형으로 검은데, 제주도 개체는 붉다. 몸통은 회록색으로 등에 자모의 밑이 흰색이어서 흰 가루가 덮인 것처럼 보인다. 번데기에 독특한 은색의 세모 무늬가 있다.

습성 잎 일부를 잘라 둥지를 만들고 그 속에서 지낸다. 주로 밤에 나와 먹이를 먹는다. 다 자란 애벌레는 둥지와 함께 떨어져 낙엽 사이에서 겨울을 난다.

서식지 낮은 산지, 경작지, 마을 주변

발생 8월~이듬해 5월(어른벌레 5월 말~7월, 연 1회)

먹이식물 칡, 싸리나무, 아까시나무(콩과 Fabaceae)

분포 한국(울릉도를 뺀 전국), 일본, 중국, 러시아 극동지역, 타이완, 미얀마 북부

애벌레(내륙)

애벌레(제주)

둥지

멧팔랑나비(팔랑나비과) *Erynnis montanus* (Bremer, 1861)

생김새 몸길이 23mm 안팎(날개 길이 35~43mm)으로 머리는 적갈색이고, 일부분에 붉은 무늬가 보인다. 몸통은 굵고 짧은 모양으로, 겨울을 나기 전에는 황록색 바탕에 황백색 미세한 자모 받침이 퍼져 있다.

습성 잎 일부를 잘라 둥지를 만들고 그 속에서 지낸다. 다 자란 애벌레는 둥지와 함께 떨어져 낙엽 사이에서 겨울을 나고 봄에 번데기가 된다.

서식지 참나무류가 많은 산지

발생 7월~이듬해 3월(어른벌레 4~6월 초, 연 1회)

둥지

먹이식물 참나무류(참나무과 Fagaceae)

분포 한국(내륙), 일본, 중국, 러시아 극동지역

어른벌레

자란 애벌레

애벌레 머리

지리산팔랑나비(팔랑나비과) *Isoteinon lamprospilus* C. et R. Felder, 1862

생김새 몸길이 30mm 안팎(날개 길이 35mm 안팎)으로 머리는 흑갈색에 좌우 대칭의 옅은 갈색 띠가 있다. 몸통은 10배마디 위에만 갈색, 나머지는 옅은 풀색이다.

습성 잎을 길게 말고 그 속에서 지내며 밖으로 나와 잎을 먹는다. 중간 애벌레로 겨울을 난 후, 봄에 번데기가 된다.

서식지 산지의 계곡

발생 9월~이듬해 4월(어른벌레 7~8월, 연 1회)

먹이식물 참억새, 큰기름새, 띠(벼과 Poaceae)

분포 한국(지리산 이북), 일본, 중국, 타이완, 베트남 북부

어른벌레

자란 애벌레

돈무늬팔랑나비(팔랑나비과) *Heteropterus morpheus* (Pallas, 1771)

생김새 몸길이 30mm 안팎(날개 길이 34mm 안팎)으로 머리는 옅은 녹갈색 바탕에 중앙의 봉합선과 좌우로 흑갈색 띠가 뚜렷하다. 몸통은 옅은 녹갈색 바탕에 흰 세로줄무늬가 등선 좌우, 등밑선에 있다.

습성 잎을 길게 말고 그 속에서 지내며 밖으로 나와 잎을 먹는다. 중간 애벌레로 겨울을 난 후, 봄에 번데기가 된다.

서식지 산지의 계곡, 풀밭

발생 4~10월(어른벌레 5~8월 초, 연 2회)

먹이식물 참억새, 큰기름새, 띠(벼과 Poaceae)

분포 한국(지리산 이북), 중국 동북부, 러시아, 몽골, 유럽

어른벌레

자란 애벌레

애벌레 머리

황알락팔랑나비(팔랑나비과) *Potanthus flavus* (Murray, 1875)

생김새 몸길이 30mm 안팎(날개 길이 25~32mm)으로 머리는 짙은 흑갈색 바탕에 좌우 대칭으로 굵고 밝은 '팔(八)'자 모양의 황갈색 띠가 있다. 몸은 풀색이 강하고, 제10배마디의 항문위판이 흑갈색을 띤다.

습성 잎을 길게 말고 그 속에서 지내며 밖으로 나와 잎을 먹는다. 자라면 바닥에 떨어져 마른 잎 속에서 번데기가 된다. 애벌레로 겨울을 난다.

서식지 평지와 산지의 풀밭, 활엽수림 가장자리

발생 4~10월(어른벌레 6~8월 초, 연 2회, 제주도에서는 9월에도 보여 연 3회이다.)

먹이식물 참억새, 큰기름새, 기름새(벼과 Poaceae)

분포 한국(전국), 일본, 중국, 러시아 극동지역, 필리핀, 베트남 북부, 라오스 북부, 태국 북부, 말레이반도, 인도 동북부

어른벌레

중간 애벌레

은줄팔랑나비(팔랑나비과) *Leptalina unicolor* (Bremer et Grey, 1853)

생김새 몸길이 27mm 안팎(날개 길이 30~34mm)으로 머리는 앞에서 보면 돼지 얼굴처럼 보이며, 짙은 적갈색 바탕에 밝은 미색 무늬가 있다. 몸통은 가늘고 긴 편으로, 백록색 바탕에 등에 5줄의 갈색 무늬가 있다. 겨울을 나려는 애벌레의 몸은 옅은 갈색을 띤다.

습성 잎을 길게 말고 머리를 아래로 향하며, 그 속에서 지낸다. 애벌레로 겨울을 난다.

서식지 강가와 계곡을 낀 산지의 풀밭

발생 4~10월(어른벌레 5~8월, 연 2회)

먹이식물 기름새(벼과 Poaceae)

분포 한국(일부 지역), 일본, 중국 북부, 러시아 극동지역

비고 환경부에서 지정한 멸종위기 야생생물 Ⅱ급에 속한다.

어른벌레

자란 애벌레

애벌레 머리

줄점팔랑나비(팔랑나비과) *Parnara guttata* (Bremer et Grey, 1853)

생김새 몸길이 33mm 안팎(날개 길이 34~40mm)으로 머리는 갈색 바탕에 검은 띠가 있는데, 어릴 때는 검다. 몸은 흰색을 머금은 옅은 풀색으로 등선이 뚜렷이 짙은 풀색 띠이다.

습성 잎을 길게 말고 그 속에서 지내는데, 3살 이후 여러 장의 잎을 엮는다. 애벌레로 겨울을 난다. 번데기 겉면은 흰 가루가 덮인다.

서식지 산지와 평지의 풀밭

발생 4~10월(어른벌레 5~10월, 연 수회)

먹이식물 참억새, 큰기름새, 강아지풀, 벼, 피, 띠, 조, 바랭이, 새포아풀, 조릿대(벼과 Poaceae)

분포 한국(전국), 일본, 중국, 타이완, 미얀마, 인도 북부

어른벌레

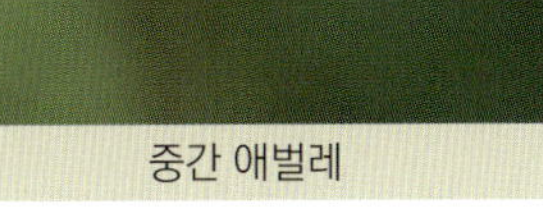

중간 애벌레

자란 애벌레

제주꼬마팔랑나비(팔랑나비과) *Pelopidas mathias* (Fabricius, 1798)

생김새 몸길이 30~35mm(날개 길이 33~36mm)로 머리는 풀색 바탕에 앞에서 보면 '팔(八)'자 모양의 붉고 흰 띠가 눈에 띈다. 몸통은 청록색으로 특별한 무늬가 없다.

습성 잎을 길게 말아 둥지를 만드나 다 자란 애벌레는 노출된 경우가 많다. 애벌레로 겨울을 난다.

서식지 산지의 풀밭

발생 4~10월(어른벌레 5~10월, 연 수회)

먹이식물 강아지풀, 바랭이, 띠(벼과 Poaceae)

분포 한국(남부, 제주도), 일본 남부, 중국, 타이완에서 스리랑카, 인도 등 동양 열대구

어른벌레

자란 애벌레

흰줄점팔랑나비(팔랑나비과) *Pelopidas sinensis* (Mabille, 1877)

생김새 몸길이 47mm 안팎(날개 길이 52mm 안팎)으로 머리는 밝은 갈색 바탕에 앞머리에 가늘고 검은 띠가 있고, 정수리 중앙에 아래 위가 긴 검은 띠가 있다. 몸통은 별다른 무늬 없이 밝은 푸른 기가 있는 미색이다. 푸른 바탕의 번데기에 2줄의 미색 줄이 있다.

번데기

습성 잎을 길게 말아 둥지를 만들며, 번데기로 겨울을 난다.

서식지 강가와 계곡을 낀 낙엽활엽수림 주변의 풀밭

발생 6~9월(어른벌레 5~8월, 연 2회)

먹이식물 참억새, 큰기름새, 돌피, 조릿대, 강아지풀(벼과 Poaceae)

분포 한국(중부), 중국 남부, 타이완, 미얀마, 히말라야 서부, 네팔, 시킴

어른벌레

자란 애벌레

애벌레 머리

▶Family **Pieridae** Swainson, 1820 흰나비과

중형 나비로, 날개에 비해 몸통이 가늘다. 날개는 흰색, 노란색, 붉은색 등을 기본으로 검은 무늬가 있으며, 암

수의 차이가 있다. 앞다리는 '네발나비과'와 달리 잘 발달하며, 발톱은 '호랑나비과'와 달리 끝이 갈라진다. 세계에 1,200여 종, 우리나라에 22종이 분포한다. 우리 이름은 흰색 날개를 강조했지만 영어 이름은 'Whites' 외에 'Sulphurs'가 있어 노란색도 강조하였다.

남방노랑나비(흰나비과) *Eurema mandarina* (de l'Orza, 1869)

생김새 몸길이 47mm 안팎(날개 길이 52mm 안팎)으로 머리와 몸은 짙은 청록색이다. 숨문선이 흰색으로 눈에 띈다. 몸통에는 자잘한 돌기가 나 우툴두툴해 보인다. 닮은 종인 극남노랑나비는 몸 색이 황록색이고, 숨문선이 노란색이어서 다르다.

습성 주맥이나 잎자루에 붙어 있으며, 이때 먹은 흔적이 있는 끝 쪽의 잎은 마른 상태로 밑으로 처진다. 어른벌레로 겨울을 난다.

서식지 활엽수림 가장자리, 풀밭

발생 6~10월(어른벌레 5월 중순~이듬해 5월 초, 연 2~3회)

먹이식물 비수리, 자귀나무, 차풀, 괭이싸리, 결명자, 아까시나무(콩과 Fabaceae)

분포 한국(남부, 제주도), 일본

어른벌레

번데기

애벌레 머리

중간 애벌레

자란 애벌레(위)

자란 애벌레(옆)

여러 애벌레

먹은 흔적

각시멧노랑나비(흰나비과) *Gonepteryx aspasia* Ménétriès, 1859

생김새 몸길이 38mm 안팎(날개 길이 55~60mm)으로 머리와 몸은 짙은 청록색이다. 숨문선이 가느다란 흰색이다. 몸통 아래의 짧은 털의 받침은 가슴만 검다.

습성 잎 위에 자리하며, 머리를 들어 옆에서 보면 'S'자 모양이다. 어른벌레로 겨울을 난다.

서식지 낙엽활엽수림

발생 5~6월(어른벌레 6월~이듬해 4월, 연 1회)

먹이식물 갈매나무, 털갈매나무, 짝자래나무(갈매나무과 Rhamnaceae)

분포 한국(대구 등 일부 지역), 중국, 러시아 극동지역에서 시베리아, 유럽 동부까지

어른벌레

자란 애벌레(위)

자란 애벌레(옆)

풀흰나비(흰나비과) *Pontia edusa* (Fabricius, 1777)

생김새 몸길이 26mm 안팎(날개 길이 43mm 안팎)으로 머리와 몸은 옅은 파란색과 노란색이 교대로 보인다. 자모 받침은 짙은 청흑색으로 밑 절반이 검고 위 절반이 흰 자모가 가득하다. 숨문은 눈에 띄지 않으나 테두리가 희미하게 보인다.

습성 잎 위에 자리한다. 번데기로 겨울을 난다.

서식지 강가, 하천 등지의 풀밭

발생 5~10월(어른벌레 5~10월 초, 연 3회)

먹이식물 꽃장대, 콩다닥냉이, 개갓냉이, 갓, 장대냉이(배추과 Brassicaceae)

분포 한국(지리산 이북), 일본, 중국, 러시아 극동지역

어른벌레

자란 애벌레

배추흰나비(흰나비과) *Pieris rapae* (Linnaeus, 1758)

생김새 몸길이 28mm 안팎(날개 길이 45mm 안팎)으로 머리와 몸은 풀색이다. 머리의 길고 짧은 자모가 있다. 개안은 흑갈색이다. 등선은 가늘며, 옅은 풀색으로 조금 노란 기가 있다. 자모 받침은 잘 눈에 띄지 않으며, 많은 검은 자모가 있다. 숨문은 희고 테두리가 갈색의 원모양이며, 그 주변에 작은 노란 무늬가 보인다.

습성 잎 위에 자리한다. 번데기로 겨울을 나는데, 제주도에서는 겨울에도 애벌레가 보인다.

서식지 경작지, 강가, 하천, 마을 등지의 풀밭

발생 5~11월(어른벌레 3~11월, 연 수회)

먹이식물 배추, 무, 순무, 양배추, 유채, 냉이, 말냉이, 갓, 콩다닥냉이(배추과 Brassicaceae)

분포 한국(전국), 에티오피아구와 신열대구를 뺀 전 세계

수컷

암컷

중간 애벌레

자란 애벌레(위)

자란 애벌레(옆)

노랑나비[*Colias erate* (Esper, 1805)]

▶Family **Lycaenidae** Leach, 1815 부전나비과

소, 중형의 나비로, 색채가 다양하다. 암수 날개색이 다른 종이 많고, 암컷이 수컷보다 날개 외연이 둥글다. 뒷날개에는 꼬리 모양의 돌기와 점무늬가 있다. 이것은 '거짓 머리'처럼 보이게 함으로써 포식자들의 공격에서 진짜 머리를 피하게 해준다. 앞다리의 발톱은 수컷이 하나, 암컷이 둘이나. 짚신 모양의 애벌레 머리는 작고, 앞가슴 아래에 위치하여 위에서 보이지 않는다. 또 제7배마디에서 진딧물처럼 단물을 내어 개미를 꾀어내 보호받는다. 즉, 화학물질과 청각을 통해 관련 개미와의 의사소통을 한다고 볼 수 있다. 세계에 5,200여 종, 우리나라에 78종이 분포한다.

바둑돌부전나비(부전나비과) *Taraka hamada* (Druce, 1875)

생김새 몸길이 15mm 안팎(날개 길이 28mm 안팎)으로 몸은 납작하며, 등 부분이 먹이가 되는 일본납작진딧물과 닮는 흰색이다. 숨문밑선 아래로 노란 부분이 있다. 보통 진딧물에서 분비되는 가루가 많이 붙는다.

습성 잎 뒤의 일본납작진딧물 사이에서 잘 눈에 띄지 않는다. 애벌레로 겨울을 난다.

서식지 이대가 자라는 경작지, 마을 등지

발생 6~9월(어른벌레 5월 중순~9월, 연 3회)

먹이식물 우리나라 나비 중 유일하게 이대와 조릿대에 사는 일본납작진딧물을 잡아먹는 순육식성이다.

분포 한국(내륙 일부, 제주도), 일본, 중국, 타이완, 인도차이나, 말레이반도, 수마트라, 자바, 히말라야 동부

어른벌레

자란 애벌레

뾰족부전나비(부전나비과) *Curetis acuta* Moore, 1877

생김새 몸길이 20mm 안팎(날개 길이 39mm 안팎)으로 옆에서 보면 뒷가슴부터 배마디 앞까지 부푼다. 제8배마디 위에 1쌍의 돌기가 나 있다. 몸은 먹는 대상에 따라 풀색, 붉은색, 보라색 등 다양하다.

습성 돌기에서 솔 모양의 신축 돌기가 나와 개미를 유인하는 것으로 보인다. 어른벌레로 겨울을 난다.

서식지 해변, 활엽수림 가장자리 등

발생 6~9월(어른벌레 8월~이듬해 5월, 연 2~3회)

어른벌레

자란 애벌레

먹이식물 칡(콩과 Fabaceae)

분포 한국(제주도), 일본 남부, 중국 남부, 타이완, 인도네시아, 히말라야, 네팔, 인도 남부

남방남색부전나비(부전나비과) *Arhopala japonica* (Murray, 1875)

생김새 몸길이 18mm 안팎(날개 길이 34mm 안팎)으로 몸은 납작하며, 황록색을 띠다가 자라면 옅은 자홍색으로 변한다. 등선 주위의 색이 밝다. 숨문은 흰색으로 잘 보이지 않는다. 자모는 매우 짧은 편으로 많다.

습성 다른 애벌레와 함께 새순에서 볼 수 있으며, 통 모양의 집을 만들며, 여기에 개미가 방문한다. 어른벌레로 겨울을 난다.

서식지 종가시나무가 많은 곳자왈

발생 6~9월(어른벌레 4~11월 초, 연 3회)

먹이식물 종가시나무(참나무과 Fagaceae)

분포 한국(남부, 제주도), 일본, 타이완, 홍콩

어른벌레

중간 애벌레

자란 애벌레

선녀부전나비(부전나비과) *Artopoetes pryeri* (Murray, 1873)

생김새 몸길이 18mm 안팎(날개 길이 43mm 안팎)으로 몸통 앞쪽이 돔처럼 부푼 모양이고, 풀색이며, 가슴 등에는 뚜렷한 적갈색 무늬가 있다.

습성 잎 뒤에서 지내며, 좀처럼 움직이지 않는다. 개미가 방문한다. 알로 겨울을 난다.

서식지 낙엽활엽수림

어른벌레

자란 애벌레

발생 4~5월(어른벌레 6~7월, 연 1회)

먹이식물 쥐똥나무, 개회나무(물푸레나무과 Oleaceae)

분포 한국(지리산 이북), 일본, 중국(동북부, 중부), 러시아 극동지역

담색긴꼬리부전나비(부전나비과) *Antigius butleri* (Fenton, 1882)

생김새 몸길이 16mm 안팎(날개 길이 30~35mm)으로 몸통은 풀색이
고, 등선이 적갈색으로, 긴 적갈색 긴 자모가 솟는다. 이와 달리 닮
은 종인 물빛긴꼬리부전나비는 몸통이 옅은 황갈색으로 등선이 노
란색, 긴 황백색 자모가 솟아 다르다.

습성 새싹 사이에서 지내며 잘 움직이지 않는다. 알로 겨울을 난다.

서식지 참나무가 많은 낙엽활엽수림

발생 4~5월(어른벌레 6~8월 초, 연 1회)

먹이식물 참나무류(참나무과 Fagaceae)

분포 한국(내륙), 일본, 중국 동북부, 러시아 극동지역

번데기가 되기 직전의 애벌레

어른벌레

자란 애벌레(위)

자란 애벌레(옆)

금강산귤빛부전나비(부전나비과) *Ussuriana michaelis* (Oberthür, 1880)

생김새 몸길이 16mm 안팎(날개 길이 30~35mm)으로 몸통은 어두운 회갈색이고, 등선이 나타난다. 작은
점 같은 자모 받침이 가득하고 희고 짧은 자모가 나온다. 다 자라면 제4~5배마디가 밝아지며, 숨문은
검다.

어른벌레

중간 애벌레

습성 새싹 사이에서 지내며, 잘 움직이지 않는다. 애벌레 주위에 일본풀개미(*Lasius japonica*)와 *Mirmica* sp.라는 개미가 모여든다. 알로 겨울을 난다.

서식지 참나무가 많은 낙엽활엽수림

발생 4~5월(어른벌레 6~8월 초, 연 1회)

먹이식물 물푸레나무, 쇠물푸레나무(물푸레나무과 Oleaceae)

분포 한국(내륙), 중국, 러시아 극동지역, 타이완, 베트남 북부

큰녹색부전나비(부전나비과) *Favonius orientalis* (Murray, 1875)

생김새 몸길이 19mm 안팎(날개 길이 35~40mm)으로 몸통은 파란 기가 있는 회백색 또는 먹색이다. 위에서 보면 밝은 색이 팔(八)자 무늬처럼 이어진다. 제8 배마디는 양옆으로 늘어난다(화살표). 숨문은 검다.

수컷(위)

수컷(아래)

습성 새싹 사이에서 지내며, 잘 움직이지 않는다. 알로 겨울을 난다.

서식지 참나무가 많은 낙엽활엽수림

발생 4~5월(어른벌레 6~8월 초, 연 1회)

먹이식물 참나무류(참나무과 Fagaceae)

분포 한국(전국), 일본, 중국(동북부, 중부~서부), 러시아 극동지역, 몽골

자란 애벌레(위)

자란 애벌레(옆)

검정녹색부전나비(부전나비과) *Favonius yuasai* Shirôzu, 1947

생김새 몸길이 19mm 안팎(날개 길이 35~40mm)으로 몸통은 풀색이 도는 검은색이고, 얼핏 지의류와 닮는다. 위에서 보면 풀색을 띠는 은회색 무늬가 기하학적으로 보인다.

습성 알에서 부화하면 새싹봉오리에 파고들고, 3살까지 작은 가지에, 자라면 굵은 나무줄기에 머물다가 밤에 잎 쪽으로 이동하여 먹이활동을 한다. 알로 겨울을 난다.

서식지 참나무가 많은 낙엽활엽수림

발생 4~5월(어른벌레 6~8월 초, 연 1회)

먹이식물 굴참나무, 신갈나무(참나무과 Fagaceae)

분포 한국(중부), 일본, 중국 서부

어른벌레

자란 애벌레

범부전나비(부전나비과) *Rapala arata* (Bremer, 1861)

생김새 몸길이 17mm 안팎(날개 길이 34mm 안팎)으로 몸통은 짙은 풀색이고, 이따금 먹이식물의 꽃술, 열매 등과 닮아 붉은색, 갈백색 등을 띠기도 한다. 옆에서 보면 등선이 톱날진다.

습성 알에서 부화하면 꽃과 새싹봉오리에 파고들어 먹는다. 애벌레 주위에 마쓰무라꼬리치레개미, 일본왕개미, 곰개미 등의 개미가 모인다. 알로 겨울을 난다.

서식지 참나무가 많은 낙엽활엽수림

발생 4~5월(어른벌레 4~8월, 연 1~2회)

먹이식물 고삼, 조록싸리, 아까시나무, 자귀나무, 칡, 족제비싸리(콩과 Leguminosae), 갈매나무(갈매나무과 Rhamnaceae), 철쭉(진달래과 Ericaceae)

분포 한국(전국), 일본, 중국 동북부, 러시아 극동지역

어른벌레

자란 애벌레

북방쇳부전나비(부전나비과) *Callophrys frivaldszkyi* (Kindermann, 1853)

생김새 몸길이 16mm 안팎(날개 길이 28mm 안팎)으로 몸통은 풀색 바탕에 연미색 바탕의 붉은 무늬가 있는데, 조팝나무의 열매 색과 닮는다. 닮은 종인 쇳빛부전나비는 몸 색이 풀색이 많고 몸통이 밋밋하나 이 종은 등 부분에 굴곡이 있어 다르다.

습성 알에서 부화하면 꽃봉오리와 열매에 파고들어 먹는다. 번데기로 겨울을 난다.

서식지 낙엽활엽수림 가장자리

발생 5월(어른벌레 4~5월, 연 1회)

먹이식물 조팝나무(장미과 Rosaceae)

분포 한국(중부 이북), 중국 동북부, 러시아 극동지역, 사할린

어른벌레

중간 애벌레

자란 애벌레

큰주홍부전나비(부전나비과) *Lycaena dispar* (Haworth, 1803)

생김새 몸길이 17mm 안팎(날개 길이 35mm 안팎)으로 몸통은 풀색이고, 별다른 무늬가 없다. 위에서 보면 전형적인 짚신 모양으로 가장자리가 조금 굴곡이 진다.

습성 알에서 부화하면 잎살을 파고들어 먹는다. 어린 애벌레로 겨울을 난다.

서식지 논, 강가, 하천 등지의 풀밭

발생 5~10월(어른벌레 4~10월, 연 수회)

먹이식물 소리쟁이, 참소리쟁이(마디풀과 Polygonaceae)

분포 한국(내륙), 중국 동북부, 러시아 극동지역에서 몽골을 거쳐 유럽까지

어른벌레

자란 애벌레

번데기

작은주홍부전나비(부전나비과) *Lycaena phlaeas* (Linnaeus, 1761)

생김새 몸길이 15mm 안팎(날개 길이 27~35mm)으로 몸통은 풀색이고, 별다른 무늬가 없으나 이따금 등선이 조금 붉은 개체가 보인다. 큰주홍부전나비와 달리 등선과 등밑선 사이가 색이 조금 옅고 희미한 무늬가 생긴다.

습성 알에서 부화하면 잎살을 파고들어 먹는다. 자라면 먹이식물의 밑동에서 보인다. 어린 애벌레로 겨울을 난다.

서식지 산지, 강가, 경작지, 마을 등지의 풀밭

발생 4~10월(어른벌레 3~10월, 연 수회)

먹이식물 애기수영, 수영, 소리쟁이, 참소리쟁이(마디풀과 Polygonaceae)

분포 한국(전국), 유라시아 대륙의 추운 지역과 북미, 아프리카 중부와 북부

어른벌레

중간 애벌레

물결부전나비(부전나비과) *Lampides boeticus* (Linnaeus, 1767)

생김새 몸길이 17mm 안팎(날개 길이 28~34mm)으로 몸통은 등갈색을 띠는 풀색이고 등선이 더 짙다. 옆에서 보면 비스듬한 흰 선이 눈에 띤다.

습성 알에서 부화하면 잎이나 열매의 속을 파고들어 먹다가 자라면서 밖으로 노출된다. 콩 꼬투리를 먹기 때문에 콩 농사에 지장을 준다.

서식지 해변, 경작지, 마을 등지의 풀밭

발생 5~10월(어른벌레 3~11월, 연 수회)

먹이식물 편두, 고삼, 해녀콩, 벌노랑이(콩과 Leguminosae)

어른벌레

자란 애벌레(위)

자란 애벌레(옆)

분포 한국(남부, 제주도), 일본 남부, 중국 남부, 타이완에서 동양구의 열대와 아열대 지역에서 온대 지역까지와 파푸아뉴기니, 오스트레일리아, 하와이, 남아시아 일대, 남유럽, 대서양의 카나리아제도, 북아프리카

남방부전나비(부전나비과) *Zizeeria maha* (Kollar, 1844)

생김새 몸길이 12mm 안팎(날개 길이 25mm 안팎)으로 몸통은 옅은 풀색이 대부분이나 때때로 홍자색을 띠기도 한다. 이것은 괭이밥의 잎 색과 관련이 있다. 등선은 짙어서 뚜렷하다.

습성 잎 뒤와 뿌리 부근의 줄기에 잘 붙는다. 주위에 고동털개미 등이 꼬인다. 애벌레로 겨울을 난다.

서식지 해변, 경작지, 마을 등지의 풀밭

발생 5~10월(어른벌레 4~11월, 연 수회)

먹이식물 괭이밥(괭이밥과 Oxalidaceae)

분포 한국(중 · 남부, 울릉도, 제주도), 일본, 중국, 타이완, 필리핀, 인도차이나에서 이란까지의 대부분 아시아 지역

어른벌레

자란 애벌레

번데기

푸른부전나비(부전나비과) *Celastrina argiolus* (Linnaeus, 1758)

생김새 몸길이 13mm 안팎(날개 길이 27mm 안팎)으로 몸통은 먹는 부위(꽃, 열매, 새싹)에 따라 풀색, 유백색, 홍자색을 띤다. 등선은 고리 모양으로 뚜렷하다.

수컷

암컷

습성 열매나 꽃봉오리, 새싹에 붙는다. 번데기로 겨울을 난다.

서식지 활엽수림, 관목림, 해변, 경작지, 마을 등지

발생 5~10월(어른벌레 4~11월, 연 수회)

먹이식물 싸리나무, 좀싸리, 고삼, 칡, 족제비싸리, 땅비싸리, 아까시나무(콩과 Fabaceae)

분포 한국(전국), 일본, 중국, 러시아 극동지역 등 유라시아 대륙

자란 애벌레(위)

자란 애벌레(옆)

회령푸른부전나비(부전나비과) *Celastrina oreas* (Leech, 1893)

생김새 몸길이 15mm 안팎(날개 길이 29mm 안팎)으로 앞 종과 색 차이 외에 생김새 차이가 거의 없으나 이 종의 등 부분이 조금 더 솟는다. 몸 색이 흰 가루가 있는 것처럼 보이는데, 이는 먹이식물의 잎 뒤의 색을 닮기 때문이다.

습성 열매와 꽃봉오리, 새싹에 붙는다. 주름개미(*Tetramorium tsusbimae*)와 누운털개미(*Lasius japonicus*)가 모인다. 알로 겨울을 난다.

서식지 석회암 지대

발생 4~5월(어른벌레 6~7월 초, 연 1회)

먹이식물 가침박달(장미과 Rosaceae)

분포 한국(강원도와 경상북도 일부 지역), 중국, 러시아 극동지역, 타이완, 미얀마, 네팔, 인도(아삼)

어른벌레

자란 애벌레(위)

자란 애벌레(옆)

산꼬마부전나비(부전나비과) *Plebejus argus* (Linnaeus, 1758)

생김새 몸길이 14mm 안팎(날개 길이 26mm 안팎)으로 몸은 납작한 편이고, 풀색, 갈색, 보라색 등 다양하다. 등선은 짙고 두껍다.

습성 잎과 줄기에서 보이며, 사진처럼 번데기가 되기 위해 화산암에서 배회하는 것을 볼 수 있다. 알로 겨울을 난다.

서식지 한라산 1,400m 안팎의 습한 화산암 지역

발생 5~6월(어른벌레 6월 말~7월, 연 1회)

먹이식물 엉겅퀴, 가시엉겅퀴(국화과 Asteraceae)

분포 한국(함경북도, 제주도 한라산), 일본, 중국, 러시아 극동지역, 동아시아에서 유럽까지의 유라시아 대륙 북부

어른벌레

자란 애벌레

소철꼬리부전나비(부전나비과) *Luthrodes pandava* (Horsfield, 1829)

생김새 몸길이 17mm 안팎(날개 길이 32mm 안팎)으로 몸은 어릴 때 갈색, 자라면 붉은색 바탕이 된다. 숨문윗선에서 등선까지 봉긋이 솟고, 그 아래로 납작하여 비행선을 연상시킨다.

어른벌레

피해를 입은 소철

습성 새싹과 여린 줄기 사이에서 보이며, 여러 크기의 애벌레가 한 장소에서 보인다. 월동 상태를 정확히 파악하기 어려우나 제주도에서는 애벌레일 것으로 추측된다.

서식지 소철이 자라는 제주도 낮은 지역, 해변

발생 5~11월(어른벌레 6월 말~12월, 연 수회)

먹이식물 소철(소철과 Cycadaceae)

분포 한국(제주도), 일본, 중국 남부, 타이완, 홍콩, 미얀마, 순다랜드, 네팔, 인도, 스리랑카의 열대와 아열대 지역

어린 애벌레

중간 애벌레

자란 애벌레

Family **Nymphalidae** Rafinesque, 1815 네발나비과

왕나비 암컷

소형~대형의 나비로, 색상이 다채로운 종이 많다. 어른벌레는 앞다리가 작거나 감소되어 '네발나비'라는 이름이 지어졌다. 앞다리가 축소된 이유에 대해 아직 밝혀지지 않았다. 앉을 때 날개를 편평하게 편다. 날개 윗면과 달리 아랫면은 낙엽처럼 생겨 주변과의 보호색을 만들기도 한다. 애벌레의 생김새는 다양성이 높은데, 뱀눈나비 무리는 단색으로 단순하고, 짧고 빳빳한 털, 잘 발달한 꼬리빗이 있다. 또 네발나비 무리는 매우 복잡한데, 다양한 색은 물론 여러 뿔, 가시, 돌기 등이 나온다. 특히 오색나비, 줄나비 무리는 머리에 솟은 뿔돌기가 있다. 줄나비의 애벌레는 잎 끝을 기하학적으로 먹으며, 남겨진 잎맥에 똥을 붙여 자신의 존재를 천적에게 알리지 않는다. 표범나비 무리의 번데기에는 반짝이는 금색 무늬가 있다. 세계에 6,150여 종, 우리나라에 128종이 분포한다.

왕나비 애벌레

왕나비 번데기

뿔나비(네발나비과) *Libythea lepita* Moore, 1858

생김새 몸길이 25mm 안팎(날개 길이 40~48mm)으로 머리와 몸은 풀색이나 짙은 색일 때가 있다. 등선과 숨문선은 노란색이다. 애벌레가 많을 때에는 몸 색이 자갈색으로 변하기도 한다.

습성 새싹을 주로 먹으며, 자라면서 큰 잎을 먹는다. 잎 위에 위치하며, 건드리면 옆에서 볼 때, 자세를 'S'자 모양을 취한다. 어른벌레로 겨울을 난다.

어른벌레

중간 애벌레

서식지 낙엽활엽수림 가장자리

발생 5~6월 초(어른벌레 6월~이듬해 4월, 연 1회)

먹이식물 풍게나무, 팽나무, 왕팽나무(삼과 Cannabaceae)

분포 한국(울릉도를 뺀 전국), 일본, 중국, 타이완, 러시아 극동지역(미접), 히말라야

은줄표범나비(네발나비과) *Argynnis paphia* (Linnaeus, 1758)

생김새 몸길이 43mm 안팎(날개 길이 70~80mm)으로 머리와 몸은 짙은 흑갈색 바탕이다. 등선 양 옆에 적황색 선이 뚜렷하다. 몸에 돋은 가시돌기는 우리나라 표범나비류 중에서 가장 가늘고 뾰족하다.

습성 잎 위에 위치하며, 잎 뿐 아니라 꽃도 먹는다. 알 또는 어린 애벌레로 겨울을 난다.

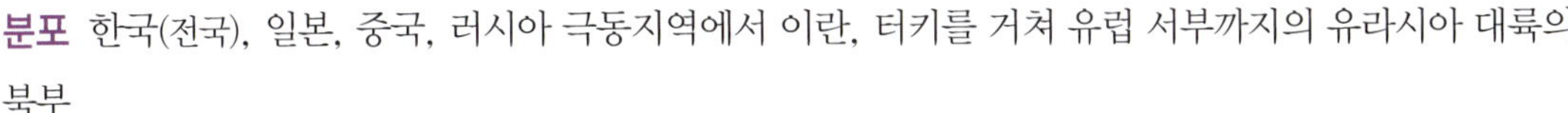
산은줄표범나비 애벌레

서식지 낙엽활엽수림 가장자리

발생 5~6월 초(어른벌레 6월 중순~9월, 연 1회)

먹이식물 제비꽃류(제비꽃과 Violaceae)

분포 한국(전국), 일본, 중국, 러시아 극동지역에서 이란, 터키를 거쳐 유럽 서부까지의 유라시아 대륙의 북부

비고 닮은 종 산은줄표범나비는 등선이 희미하고, 가시돌기가 더 두껍다.

어른벌레

중간 애벌레

자란 애벌레

왕은점표범나비(네발나비과) *Fabriciana nerippe* (C. et R. Felder, 1862)

생김새 몸길이 44mm 안팎(날개 길이 60~80mm)으로 머리와 몸은 짙은 흑갈색에 가까우나 때로 밝은 색도 있는데, 성별에 따른 것으로 보인다. 등선은 노란색에 가깝다. 몸에 돋친 가시돌기는 앞 종보다 짧은 편으로 뒤로 향한다.

습성 잎 위에서 보이며, 잎 뿐 아니라 꽃도 먹는다. 알 또는 어린 애벌레로 겨울을 난다.

서식지 확 트인 풀밭

발생 5~6월 초(어른벌레 6월 중순~9월, 연 1회)

먹이식물 제비꽃류(제비꽃과 Violaceae)

분포 한국(내륙 일부 지역), 일본, 중국 동북부, 러시아 극동지역(연해주) 등 극동아시아에 국한하여 분포

한다.

비고 환경부에서 지정한 멸종위기 야생생물 Ⅱ급에 속한다.

어른벌레

자란 애벌레

줄나비(네발나비과) *Limenitis camilla* (Linnaeus, 1764)

생김새 몸길이 25mm 안팎(날개 길이 45~53mm)으로 머리는 갈색 바탕에 흑갈색 띠가 있고, 정수리에 위로 솟은 뿔돌기가 있다. 몸통은 풀색 바탕에 붉은 가시가 돋친 돌기가 나온다.

습성 잎을 먹고 남긴 주맥 끝에 똥을 쌓아 놓고 자신은 잎자루 쪽 주맥에 위치한다. 3살 애벌레로 겨울을 난다.

서식지 활엽수림 가장자리, 관목림 지역

발생 거의 연중(어른벌레 5~10월, 연 3회)

먹이식물 올괴불나무, 각시괴불나무, 인동덩굴(인동과 Caprtifoliaceae)

분포 한국(내륙), 일본, 중국 동북부, 러시아 극동지역에서 유럽까지

애벌레 머리

어른벌레

중간 애벌레

자란 애벌레

제이줄나비(네발나비과) *Limenitis doerriesi* Staudinger, 1892

생김새 몸길이 25mm 안팎(날개 길이 46~54mm)으로 머리는 갈색 바탕에 흑갈색 띠가 있고 정수리에 위로 솟은 뿔돌기가 앞 종보다 더 두드러진다. 몸통은 풀색 바탕에 끝이 검고 붉은 가시가 돋친 돌기가 나온다.

습성 잎을 먹고 남긴 주맥 끝에 똥을 쌓아 놓고 자신은 잎자루 쪽 주맥에 위치한다. 3살 애벌레로 겨울

을 난다.

서식지 활엽수림 가장자리, 관목림 지역

발생 거의 연중(어른벌레 5~9월, 연 2회)

먹이식물 괴불나무, 올괴불나무, 인동, 병꽃나무(인동과 Caprtifoliaceae)

분포 한국(내륙), 중국 동북부, 러시아 극동지역

어른벌레

어린 애벌레

자란 애벌레

제일줄나비(네발나비과) *Limenitis helmanni* Lederer, 1853

생김새 몸길이 25mm 안팎(날개 길이 46~53mm)으로 머리는 갈색 바탕에 흑갈색 띠가 있고 정수리에 위로 솟은 뿔돌기가 줄나비처럼 보인다. 몸은 풀색 바탕에 밑이 붉고 청록색 가시가 돋친 돌기가 나온다.

습성 잎을 먹고 남긴 주맥 끝에 똥을 쌓아 놓고 자신은 잎자루 쪽 주맥에 위치한다. 3살 애벌레로 겨울을 난다.

서식지 활엽수림 가장자리, 관목림 지역

발생 거의 연중(어른벌레 5~9월, 연 2회)

먹이식물 괴불나무, 올괴불나무, 인동, 병꽃나무(인동과 Caprtifoliaceae)

분포 한국(전국), 중국, 러시아 극동지역, 중앙아시아

어른벌레

자란 애벌레

애벌레 머리

애기세줄나비(네발나비과) *Neptis sappho* (Pallas, 1771)

생김새 몸길이 24mm 안팎(날개 길이 45~53mm)으로 머리와 몸은 녹갈색이다. 머리는 정수리가 위로 뾰족한 모양으로, 위로 솟은 짧은 돌기가 있다. 제7~9배마디의 옆에 작은 풀색 무늬가 있다.

습성 잎을 먹는 습성은 앞의 3종과 거의 같으나 똥과 잎 조각을 이용하지 않는 점이 다르다. 또 잎 끝부

터 먹지 않고 중앙부터 먹는다. 자란 애벌레로 겨울을 난다.

서식지 활엽수림 가장자리, 마을, 경작지 주변, 강가

발생 거의 연중(어른벌레 4~9월, 연 수회)

먹이식물 싸리나무, 아까시나무, 칡, 나비나물(콩과 Leguminosae), 벽오동(벽오동과 Sterculiaceae)

분포 한국(전국), 일본, 중국, 타이완, 몽골, 베트남, 태국, 미얀마, 인도, 파키스탄, 히말라야와 시베리아에서 유럽 동부(이탈리아)까지

어른벌레

어린 애벌레

중간 애벌레

자란 애벌레

왕세줄나비(네발나비과) *Neptis alwina* (Bremer et Grey, 1853)

생김새 몸길이 29mm 안팎(날개길이 65~75mm)으로 머리는 갈색 바탕이고, 몸통은 1~3살까지 갈색이다가 이후 파란 기가 있는 풀색을 띤다. 몸통 옆에는 적갈색 띠가 있고 연두색 세모무늬가 있다. 등에는 돌기가 솟고, 배다리는 적갈색을 띤다.

수컷(위)

수컷(아래)

습성 자신이 있는 잎의 줄기에 상처를 내 시들게 한다. 애벌레로 겨울을 난다.

서식지 활엽수림 가장자리, 관목림 지역

발생 7월~이듬해 5월(어른벌레 6월 중순~8월, 연 1회)

자란 애벌레

애벌레 머리

먹이식물 복숭아나무, 옥매, 자두나무, 매화나무, 산벚나무(장미과 Rosaceae)

분포 한국(내륙), 중국, 러시아 극동지역

황오색나비(네발나비과) *Apatura metis* Freyer, 1829

생김새 몸길이 38mm 안팎(날개 길이 59~70mm)으로 머리와 몸은 풀색 바탕에 노란 줄무늬가 있다. 머리에는 사슴뿔 같은 돌기가 위로 길게 솟는다. 제4배마디 등밑선에 세모 모양의 돌기가 난다. 겨울을 나는 애벌레는 갈색이다.

습성 잎 위에 실로 자리를 틀고 위치하며, 머리를 숙여 뿔이 편평하게 유지한다. 애벌레로 겨울을 난다.

서식지 활엽수림 가장자리, 계곡, 강가, 하천

발생 7~8월 초, 9월~이듬해 5월(어른벌레 6~9월, 연 2회)

먹이식물 버드나무류(버드나무과 Salicaceae)

분포 한국(내륙), 일본, 중국 동북부, 러시아 극동지역, 시베리아 남서부, 카자흐스탄, 헝가리 남부~그리스 북부

자란 애벌레(위)

자란 애벌레(옆)

어른벌레

수노랑나비(네발나비과) *Chitoria ulupi* (Doherty, 1889)

생김새 몸길이 40mm 안팎(날개 길이 63~80mm)으로 머리와 몸은 연두색 바탕에 등밑선이 노랗다. 머리에는 사슴뿔 같은 돌기가 위로 길게 솟는데, 홍점알락나비보다 각도가 좁다. 제4배마디 등밑선에 세모 모양의 돌기가 난다. 겨울을 나는 애벌레는 옅은 갈색이다.

습성 잎 뒤에 실로 자리를 틀고 위치하며, 머리를 숙여 뿔이 편평하게 유지한다. 다 자라기 전까지 무리를 짓는다. 애벌레로 겨울을 난다.

서식지 활엽수림 가장자리

발생 9월~이듬해 5월(어른벌레 6~9월 초, 연 1회)

먹이식물 풍게나무, 팽나무(삼과 Cannabaceae)

분포 한국(제주도를 뺀 전국), 중국, 타이완, 베트남 북부, 앗쌤

어른벌레

애벌레 머리

월동 직후

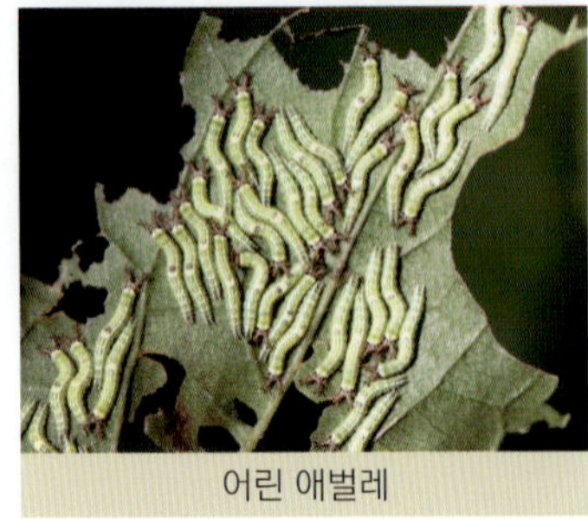

어린 애벌레

자란 애벌레(위)

자란 애벌레(옆)

홍점알락나비(네발나비과) *Hestina assimilis* (Linnaeus, 1758)

생김새 몸길이 40mm 안팎(날개 길이 75~85mm)으로 머리와 몸은 풀색 바탕에 자라면 적자색 띠가 생긴다. 머리에는 돌기가 위로 길게 솟는다. 배마디 등밑선에 4개(흑백알락나비 3개)의 세모 모양의 돌기가 난다. 겨울을 나는 애벌레는 갈색이다.

어른벌레

흑백알락나비 애벌레

습성 잎 위에 실로 자리를 틀고 위치한다. 애벌레로 겨울을 난다.

서식지 활엽수림 가장자리

발생 거의 연중(어른벌레 5~10월 초, 연 2~3회)

먹이식물 풍게나무, 팽나무(삼과 Cannabaceae)

분포 한국(울릉도를 뺀 전국), 일본(혼슈, 아마미섬), 중국, 타이완, 베트남 북부

중간 애벌레

자란 애벌레

월동 애벌레

왕오색나비(네발나비과) *Sasakia charonda* (Hewitson, 1863)

생김새 몸길이 57mm 안팎(날개 길이 75~100mm)으로 머리와 몸은 풀색 바탕이고 자라는 중에 붉은색을 띠지 않는다. 머리에는 돌기가 위로 길게 솟는다. 배마디 등밑선에 3개의 세모 모양의 돌기가 난다. 겨울을 나는 애벌레는 흑갈색이고, 대왕나비 애벌레는 녹갈색을 띤다(옆 사진).

습성 잎 위에 실로 자리를 틀고 위치한다. 애벌레로 겨울을 난다.

서식지 활엽수림 가장자리

발생 9월~이듬해 6월 초(어른벌레 6월 중순~8월, 연 1회)

먹이식물 풍게나무, 팽나무(삼과 Cannabaceae)

분포 한국(울릉도를 뺀 전국), 일본, 중국, 타이완, 베트남 북부

대왕나비 월동 애벌레

어른벌레

자란 애벌레

월동 애벌레

먹그림나비(네발나비과) *Dichorragia nesimachus* (Doyère, 1840)

생김새 몸길이 55mm 안팎(날개 길이 55~65mm)으로 정수리에 달린 무소뿔 같은 길고 구부러진 돌기가 있다. 어릴 때에는 녹갈색이다가 자라면 적자색과 보라 기가 있는 흰색을 띤다.

습성 잎 위에 실로 자리를 틀고 위치한다. 먹은 자리에 잎 조각을 잘게 잘라 붙인다. 자신을 은폐하기 위한 수단으로 생각된다. 낙엽 같은 모양의 번데기로 겨울을 난다.

서식지 상록수와 낙엽활엽수의 혼합림 가장자리

발생 6~7월, 8~9월(어른벌레 5~6월, 7~8월, 연 2회)

애벌레 위치

어른벌레

중간 애벌레

자란 애벌레

217

먹이식물 나도밤나무, 합다리나무(나도밤나무과 Sabiaceae)

분포 한국(남부, 제주도), 일본, 중국, 타이완, 동남아시아

담색어리표범나비(네발나비과) *Melitaea protomedia* Ménétriès, 1858

생김새 몸길이 23mm 안팎(날개 길이 35~43mm)으로 머리와 몸은 검은 바탕에 별다른 무늬가 없다. 머리와 몸통에 난 가시돌기는 검고, 100여 개가 있다.

습성 어릴 때에는 잎 뒤 실로 엮은 둥지에서 무리를 짓고, 자라

어른벌레

자란 애벌레

면 흩어진다. 아마 먹이양이 부족한 탓으로 보인다. 애벌레로 겨울을 난다.

서식지 추운 지역의 풀밭

발생 6~7월, 8~9월(어른벌레 5~6월, 7~8월, 연 2회)

먹이식물 쥐오줌풀(마타리과 Valerianaceae), 질경이(질경이과 Plantaginaceae)

분포 한국(중·북부, 제주도), 일본, 중국 동북부, 러시아 극동지역

거꾸로여덟팔나비(네발나비과) *Araschnia burejana* Bremer, 1861

생김새 몸길이 26mm 안팎(날개 길이 35~40mm)으로 머리와 몸통의 색은 검은색 또는 황갈색을 띠기도 한다. 몸에 난 가시돌기는 66개가 있다. 머리에는 긴 가시돌기가 있는데, 닮은 종인 북방거꾸로여덟팔나비에서는 없다.

습성 'J'자 모양으로 쉰다. 잎 뒤에 위치한다. 번데기로 겨울을 난다.

서식지 활엽수림 가장자리

발생 6~7월, 8~9월(어른벌레 5~6월, 7~8월, 연 2회)

먹이식물 거북꼬리(쐐기풀과 Urticaceae)

분포 한국(내륙), 일본, 중국 동북부, 러시아 극동지역

애벌레 머리

어른벌레

자란 애벌레(주황색)

자란 애벌레(검은색)

네발나비(네발나비과) *Polygonia c-aureum* (Linnaeus, 1758)

생김새 몸길이 33mm 안팎(날개 길이 49mm 안팎)으로 머리와 몸통은 흑갈색을 띠고, 머리와 몸통에 돋친 가시돌기는 황갈색으로 68개이다.

습성 손을 웅크린 모양으로 잎을 오므려 둥지를 만들고 그 속에서 지낸다. 이따금 둥지에서 나와 주변의 잎을 먹는다. 어른벌레로 겨울을 난다.

서식지 하천, 마을, 해변, 계곡 등지

발생 5~10월(어른벌레 3~10월, 연 수회)

먹이식물 환삼덩굴(삼과 Cannabaceae)

분포 한국(전국), 일본, 중국, 러시아 극동지역, 몽골, 타이완, 베트남, 라오스

어른벌레	둥지	
중간 애벌레	자란 애벌레	번데기

작은멋쟁이나비(네발나비과) *Vanessa cardui* (Linnaeus, 1758)

생김새 몸길이 40mm 안팎(날개 길이 53mm 안팎)으로 머리와 몸은 흑갈색 바탕이다. 몸통의 가시돌기는 황록색이다. 등선은 황백색으로 뚜렷하거나 희미해진다. 숨문밑선은 옅은 황백색이다.

습성 잎을 모아 자신이 토한 실로 둥글게 둥지를 만들고 그 속에서 지내면서 주변의 잎을 먹는다. 어른벌레로 겨울을 난다.

서식지 하천, 마을, 해변, 계곡, 산지

발생 5~10월(이른벌레 3~10월, 연 수회)

먹이식물 참쑥, 사철쑥(국화과 Compositae), 아욱(아욱과 Malvaceae)

분포 한국(전국), 전 세계

어른벌레

자란 애벌레

큰멋쟁이나비(네발나비과) *Vanessa indica* (Herbst, 1794)

생김새 몸길이 43mm 안팎(날개 길이 60mm 안팎)으로 머리와 몸은 흑갈색 바탕이지만 자라면서 변한다. 몸통의 가시돌기는 노란색이다. 등은 노란색의 복잡한 무늬가 나타난다. 숨문밑선은 황록색으로 뚜렷하다.

어른벌레

둥지

습성 잎을 모아 자신이 토한 실로 둥글게 둥지를 만들고 그 속에서 지내면서 주변의 잎을 먹는다. 어른벌레로 겨울을 난다.

서식지 하천, 마을, 해변, 계곡, 산지

발생 5~10월(어른벌레 3~10월, 연 수회)

먹이식물 느릅나무(느릅나무과 Ulmaceae), 가는잎쐐기풀, 거북꼬리, 왕모시풀, 개모시풀(쐐기풀과 Urticaceae)

분포 한국(전국), 일본, 중국, 러시아 극동지역, 타이완, 몽골 동부, 베트남 북부, 필리핀 북부, 인도 북부, 스리랑카

중간 애벌레

자란 애벌레(황백색)

자란 애벌레(흑갈색)

청띠신선나비(네발나비과) *Kaniska canace* (Linnaeus, 1763)

생김새 몸길이 43mm 안팎(날개 길이 50~65mm)으로 머리와 몸은 자흑색과 등색이 섞여 있다. 몸통은

적갈색과 황록색의 고리모양 무늬가 이어진다. 몸통의 가시돌기는 황백색으로 모두 68개이다.

습성 잎을 모아 자신이 토한 실로 둥글게 둥지를 만들고 그 속에서 지내면서 주변의 잎을 먹는다. 쉴 때에 'J'자 모양을 한다. 어른벌레로 겨울을 난다.

서식지 산지와 평지

발생 5~10월(어른벌레 3~10월, 연 수회)

먹이식물 청가시덩굴, 청미래덩굴, 뻐꾹나리, 참나리(백합과 Liliaceae)

분포 한국(전국), 일본, 중국, 러시아 극동지역, 타이완, 필리핀, 인도네시아, 인도 북부

어른벌레

자란 애벌레

애벌레 머리

먹그늘나비(네발나비과) *Lethe diana* (Butler, 1866)

생김새 몸길이 35mm 안팎(날개 길이 45~55mm)으로 머리는 밝은 적갈색 바탕, 몸통은 풀색 바탕이다. 머리는 앞에서 보면 짙은 흑갈색 띠가 있고 이와 이어져 붉은 뿔 돌기가 한 쌍 있다. 숨문은 흑갈색이다.

습성 잎 뒤에서 거의 움직이지 않은 채 이따금 잎 가장자리를 먹는다. 애벌레로 겨울을 난다.

서식지 산지와 평지의 이대, 조릿대 숲

발생 거의 연중(어른벌레 5~9월, 연 수회)

먹이식물 조릿대, 제주조릿대, 이대, 참억새(벼과 Gramineae)

분포 한국(울릉도를 뺀 전국), 일본, 중국, 러시아 극동지역, 타이완

앞번데기

어른벌레

자란 애벌레

애벌레 머리

애물결나비(네발나비과) *Ypthima argus* Butler, 1866

생김새 몸길이 24mm 안팎(날개 길이 33~40mm)으로 머리와 몸은 갈색이고 세로선이 나타난다. 이 무리는 각각의 종 내에 몸 색이 갈색과 풀색 계통이 있다. 숨문은 검고, 숨문밑선은 색이 밝다.

습성 잎에서 거의 움직이지 않은 채 이따금 잎 가장자리를 먹는다. 건드리면 아래로 떨어져 고리처럼 몸을 웅크린다. 애벌레로 겨울을 난다.

서식지 활엽수림 가장자리, 평지의 관목림, 풀밭

발생 거의 연중(어른벌레 5~9월, 연 수회)

먹이식물 강아지풀, 주름조개풀, 잔디, 바랭이(벼과 Gramineae), 방동사니(사초과 Cyperaceae)

분포 한국(울릉도를 뺀 전국), 일본, 중국, 러시아 극동지역, 타이완

어른벌레

어린 애벌레

중간 애벌레

물결나비(네발나비과) *Ypthima multistriata* Butler, 1883

생김새 몸길이 26mm 안팎(날개 길이 40~52mm)으로 머리와 몸은 풀색이고 희미한 세로선이 있다. 숨문은 검다.

습성 잎에서 거의 움직이지 않은 채 이따금 잎 가장자리를 먹는다. 건드리면 아래로 떨어지나 앞 종과 달리 고리처럼 몸을 웅크리지 않는다. 애벌레로 겨울을 난다.

서식지 활엽수림 가장자리, 평지의 관목림, 풀밭

발생 거의 연중(어른벌레 5~9월, 연 수회)

먹이식물 강아지풀, 벼, 주름조개풀, 민바랭이새, 참바랭이(벼과 Gramineae)

분포 한국(울릉도를 뺀 전국), 일본, 중국, 타이완

짝짓기

알

어린 애벌레

중간 애벌레

부처사촌나비(네발나비과) *Mycalesis francisca* (Stoll, 1780)

생김새 몸길이 33mm 안팎(날개 길이 45mm 안팎)으로 머리는 적갈색이고, 뿔모양 돌기는 짧다. 몸통은 풀색으로 자라면서 등밑선 부분이 붉은색으로 변한다. 위에서 보면 머리와 배 끝 부분이 닮는다. 숨문은 적갈색으로 매우 작아 보인다.

애벌레 머리

습성 잎에서 거의 움직이지 않은 채 이따금 잎 가장자리를 먹는다. 어릴 때, 무리 짓는 경향이 있다. 자란 애벌레로 겨울을 난다.

서식지 활엽수림 가장자리, 평지의 관목림, 풀밭

발생 거의 연중(어른벌레 5~9월, 연 수회)

먹이식물 실새풀, 조개풀, 주름조개풀, 참억새(벼과 Gramineae)

분포 한국(울릉도를 뺀 전국), 일본, 중국, 타이완, 인도차이나, 히말라야

어른벌레

중간 애벌레(위)

중간 애벌레(옆)

먹나비(네발나비과) *Melanitis leda* (Linnaeus, 1758)

생김새 몸길이 45mm 안팎(날개 길이 68mm 안팎)으로 머리는 풀색이고, 1살 때만 빼고 뿔 모양 돌기가 있고, 긴 편으로 붉다. 몸통은 풀색으로 등선, 숨문선, 숨문밑선이 뚜렷하다.

암컷

중간 애벌레

습성 어릴 때, 무리 짓는 경향이 있다. 자란 애벌레로 겨울을 난다.

서식지 활엽수림 가장자리, 평지의 관목림, 풀밭

발생 9월(어른벌레 8~10월, 연 수회)

먹이식물 강아지풀, 율무, 벼, 비랭이(벼과 Gramineae)

분포 한국(나그네 나비), 동양구 열대 지역과 아프리카

Superfamily **Pyraloidea** Latreille, 1809

▶Family **Pyralidae** Latreille, 1809 명나방과

날개 길이는 9~37mm로, 소~중형이다. 어른벌레는 앉을 때, 자나방처럼 날개를 펴고 하지만 대부분 날개로 배를 덮는 모습을 한다. 더듬이는 앞날개의 3/5 안팎으로, 앉을 때 뒤로 향한다. 배에 고막기관이 있다. 애벌레는 마른 식물 등을 먹는데, 이는 인간의 활동범위와 겹치기도 해, 저장 동물질, 벌통의 벌집을 먹거나 창고의 곡식을 해치는 등 경제적으로 중요한 해충으로 알려져 있다. 반면 애완동물의 살아 있는 먹이, 낚시의 미끼로도 이용되기도 한다. 자신의 생활공간에서 관 모양의 이동통로를 실을 토해 만드는 특징이 있다. 이들은 특별한 무늬가 없는 애벌레 뿐 아니라 어른벌레도 형태가 닮은 종들이 많아 동정하기 쉽지 않다. 전 세계에 6,000종 이상 분포하고, 우리나라에 136종이 분포한다. 명나방이라는 말은 오래된 말로, 중국과 일본에서도 사용하였다. 한자 '螟蛾'에서, 명(螟)은 멸구를 뜻하는데, 특히 벼멸구를 말하는 것 같다. 영어 이름은 'Bee moths, Corn borers, Flour moths'로 알려져 있다.

날개뾰족명나방[*Endotricha minialis* (Fabricius, 1794)]

앞붉은부채명나방(명나방과) *Lamoria glaucalis* Caradja, 1925

생김새 몸길이 26mm 안팎(날개 길이 25~42mm)이다. 머리와 몸 전체가 반짝이는 흑갈색인데 색이 매우 짙다.

습성 애벌레를 겨울에 발견했으데, 낙엽 밑에서 실로 엮은 자리에 있었다. 여러 식물의 낙엽을 먹는 것으로 보인다.

서식지 낙엽활엽수림

발생 9월~이듬해 4월(어른벌레 6~8월, 연 1회)

먹이식물 참나무류(참나무과 Fagaceae)

분포 한국(전국), 일본, 중국

암컷

자란 애벌레

꿀벌부채명나방(명나방과) *Galleria mellonella* (Linnaeus, 1758)

생김새 몸길이 23mm 안팎(날개 길이 20~34mm)으로 머리는 갈색, 몸통은 옅은 갈색을 띠는 유백색이다. 등방패는 옅은 갈색으로 짙은 무늬가 들어 있다. 자모는 짧고, 자모 받침은 등방패와 배 후반부를 빼면 발달하지 않는다.

습성 꿀벌 집 속에서 살며, 밀랍을 먹거나 꿀벌 사체도 먹는다. 왜

암컷

- 꿀벌부채명나방(*Galleria mellonella*)은 벌집의 해충이지만 작은 파충류와 새 등 애완동물에게 살아 있는 먹이뿐 아니라 송어 낚시의 미끼로 사용된다.
- 밀가루줄명나방(*Pyralis farinalis*: Pyralinae)은 전 세계의 저장된 곡물, 밀가루 등 여러 곡물의 해충이다.
- 줄알락명나방(Almond moth, *Cadra cautella*: Phycitinae)은 전 세계에 퍼져 있는 저장 곡물과 건조 과일의 해충이다.
- 차색알락명나방(Cacao moth, *Ephestia elutella*: Phycitinae)은 저장된 건조야채의 해충이다.
- 한점쌀명나방(*Paralipsa gularis*: Galleriinae)은 동남아시아 원산의 저장 견과류와 핵과의 해충이다.
- 화랑곡나방(*Plodia interpunctella*: Phycitinae)은 전 세계의 저장된 곡물, 향신료, 밀가루, 건조야채 제품의 해충이다.
- Alligatorweed stem borer (*Arcola malloi*: Phycitinae)는 유명한 잡초(*Alternanthera philoxeroides*)를 먹어치우기 때문에 잡초를 없애는 생물 방제에 쓰인다.
- Dried fruit moth(*Cadra calidella*: Phycitinae)는 건조시킨 과일을 먹는다.
- *Etiella behrii*(Phycitinae)는 주로 동남아시아와 호주에서 발견되는 저장된 콩의 해충이다.
- Grease moth(*Aglossa pinguinalis*: Pyralinae)는 기름진 음식의 해충이다.
- Lesser cornstalk borer(*Elasmopalpus lignosellus*: Phycitinae)는 옥수수 줄기의 해충이다.
- Locust bean moth(*Ectomyelois ceratoniae*: Phycitinae)는 초콜릿 맛이 나는 암갈색 열매가 달리는 유럽산 캐럽 나무(콩과)의 해충이다.
- Mahogany webworm(*Macalla thyrsisalis*: Epipaschiinae)은 신열대구의 마호가니나무를 말라 죽게 만든다.
- Mediterranean flour moth(*Ephestia kuehniella*: Phycitinae)는 화랑곡나방과 특징이 거의 같다.
- Pear fruit borer(*Pempelia heringii*: Phycitinae)는 사과와 배 과일의 해충이다.
- Pine webworm(*Pococera robustella*: Epipaschiinae)은 미국 오대호의 소나무류를 말라 죽게 한다.
- Raisin moth(*Cadra figulilella*: Phycitinae)는 저장된 건조 과일의 해충이다. 전 세계에 퍼졌으나 아직 우리나라에서 기록이 없다.
- Rice moth(*Corcyra cephalonica*: Galleriinae)는 저장된 곡물, 밀가루 등 여러 곡물의 해충이다.
- South American cactus moth(*Cactoblastis cactorum*: Phycitinae)는 남미에서는 걷잡을 수 없이 번지는 해충이지만 호주와 같은 다른 지역에서는 선인장 일종(*Opuntia*)이 퍼지지 않게 하는 생물 방제에 도움이 되고 있다.
- Southern pine coneworm(*Dioryctria amatella*: Phycitinae)은 북미 소나무 싹이 해충이디.
- Sunflower moth(*Homoeosoma nebulella*: Phycitinae)는 유럽의 해바라기 씨의 해충이다.

이 나방 애벌레를 꿀벌이 공격하지 않는지 미스터리이다. 닮은 종으로 벌집부채명나방이 있다.

서식지 꿀벌 집이 있는 곳

발생 7~9월(어른벌레 6~9월, 연 1~2회)

먹이식물 꿀벌 집, 모피, 양피 등

분포 한국(전국), 구북구, 동양구, 오스트레일리아구, 신북구

자란 애벌레

번데기

벌집부채명나방(*Achroia innotata* Walker, 1864)

노랑눈비단명나방(명나방과) *Hirayamaia regalis* (Leech, 1889)

생김새 몸길이 32mm 안팎(날개 길이 26mm 안팎)으로 어린 애벌레는 머리와 가슴, 배 끝마디는 적갈색이나 나머지는 풀색이다. 자라면 몸 전체가 적갈색인데, 검은 띠가 가슴 등밑선과 배마디에서 사선으로 나타난다. 제3배마디부터 굵어지다가 이후 다시 가늘어진다. 옆에서 보면 납작한 모습이다.

암컷

습성 속이 비어 있는 상태로 겉의 잎과 속 잎을 주먹 크기 정도로 엮고, 그 안에 가느다란 실을 여러 개 쳐 놓고 지낸다. 마치 거미줄에 나뭇가지가 걸려 있는 모습이다.

서식지 낮은 위치의 활엽수림

발생 7월~이듬해 6월(어른벌레 6~8월, 연 2회)

먹이식물 참나무류(참나무과 Fagaceae), 단풍나무, 신나무(단풍나무과 Aceraceae), 양버즘나무(버즘나무과 Platanaceae)

분포 한국(중부), 일본, 중국

자란 애벌레

공중에 떠 있는 중간 애벌레

팔굽비단명나방(명나방과) *Omphalocera hirta* South, 1901

생김새 몸길이 27mm 안팎(날개 길이 33mm 안팎)으로 머리는 반짝이는 적갈색이고 밋밋하다. 등방패와 가슴은 적갈색이다. 몸통은 적갈색 또는 자갈색과 회색 바탕에 가느다란 등선이 있다. 몸통은 얼핏 주름을 연상시키는 가로줄이 가득하며, 등밑선에 작은 점들이 규칙적으로 배 끝까지 이어진다.

습성 잎을 하나 또는 둘 이상 덧대고 그 속에서 살아간다. 이 부분이 갈색이 된다.

서식지 활엽수림

발생 8~9월 초(어른벌레 6~7월, 연 1회)

먹이식물 붉나무(옻나무과 Anacardiaceae)

분포 한국(중부), 중국

비고 Sohn(2012)이 처음 기록했으며, 어른벌레의 앞날개 전연의 요철 부분을 팔꿈치 모양으로 보고 지은 것으로 보인다.

암컷

중간 애벌레

자란 애벌레

둥지

날개검은부채명나방(명나방과) *Eulophopalpia pauperalis* (Leech, 1889)

생김새 몸길이 20mm 안팎(날개 길이 24mm 안팎)으로 머리와 등방패, 항문위판은 검다. 몸은 백록색으로, 등선이 넓게 보이고, 좌우로 고리 모양의 흑자색 점이 이어진다.

습성 입에서 실을 뽑아 잎을 덧대어 붙이고 그 속에 은신하며, 무리를 짓는다. 동시에 잎 한쪽을 먹으며 자란다. 애벌레로 겨울을 난다.

서식지 경작지, 활엽수림 가장자리, 하천

수컷

중간 애벌레

자란 애벌레

둥지

발생 8월~이듬해 4월(어른벌레 6~8월 초, 연 1회)

먹이식물 으름덩굴(으름덩굴과 Lardizabalaceae)

분포 한국(중·남부, 제주도), 일본, 중국, 인도

빗수염줄명나방(명나방과) *Sacada approximans* Leech, 1888

생김새 몸길이 22mm 안팎(날개 길이 22mm 안팎)으로 머리와 등방패, 항문위판은 검다. 머리와 등방패 사이는 흰 띠로 분리된다. 머리보다 가는 몸통은 양 등밑선 사이가 녹황색이고 그 아래로 흑갈색을 띤다. 온몸에 황갈색의 잔 점이 퍼지는데, 이 때문에 전체가 뿌옇게 보인다.

습성 입에서 실을 뽑아 잎 위에서 잎을 오므리고 그 속에 은신하며, 손으로 건드리면 줄줄이 실을 타고 아래로 떨어진다.

서식지 참나무 숲

발생 5~6월(어른벌레 7~8월, 연 1회)

먹이식물 참나무류(참나무과 Fagaceae)

분포 한국(전국), 일본, 중국

수컷

어른벌레

중간 애벌레

자란 애벌레

왕빗수염줄명나방(명나방과) *Sacada fasciata* (Butler, 1878)

생김새 몸길이 25mm 안팎(날개 길이 29mm 안팎)으로 머리와 등방패, 항문위판은 검다. 자라면 머리는 붉은 기가 생긴다. 등밑선과 숨문밑선이 노란 띠이다. 이외의 부분은 자갈색 바탕으로, 노란 잔 점이 가득하다.

습성 입에서 실을 뽑아 잎 위에서 잎을 오므리고 그 속에 은신하며, 그 속에서 번데기가 된다.

서식지 참나무 숲

발생 5~7월(어른벌레 6~8월, 연 2회)

먹이식물 다릅나무(콩과 Fabaceae), 참나무류(참나무과 Fagaceae)

분포 한국(경기도, 강원도), 일본, 중국, 러시아 극동지역

수컷

중간 애벌레

둥지 속 애벌레

밀가루줄명나방(명나방과) *Pyralis farinalis* Linnaeus, 1758

생김새 몸길이 20mm 안팎(날개 길이 25mm 안팎)으로 머리와 등방패는 밝은 갈색, 몸통은 조금 갈색을 띤 유백색이다. 큰턱은 3개의 이빨이 있다. 배의 자모 받침은 거의 발달하지 않는다.

습성 곡식 뿐 아니라 식물 부스러기, 곤충 표본 등의 재료를 실로 엮어 만든 통 모양의 통로에서 지내다 그 속에서 번데기가 된다. 어른벌레로 집안 뿐 아니라 바깥에서도 발견된다. 애벌레로 겨울을 난다.

서식지 가정, 학교 등의 인간 구역 뿐 아니라 자연 상태의 모든 구역

발생 6월~이듬해 5월(어른벌레 6~10월, 연 2~3회)

먹이식물 저장 곡류, 건초, 씨앗, 밀가루, 개 사료 등

분포 한국(전국), 전 세계

암컷

어른벌레

자란 애벌레

애기검은집명나방(명나방과) *Stericta kiiensis* (Marumo, 1921)

생김새 몸길이 18mm 안팎(날개 길이 26mm 안팎)으로 머리와 등방패는 반짝이는 검은색이다. 등방패는 등선 양쪽으로 옅은 녹황색 띠기 배 끝까지 이른다. 몸통은 녹황색 바탕에 검은 무늬가 보이는데, 어릴 때 바탕이 밝고 자라면 검어진다.

암컷

자란 애벌레

습성 무리 지어 실을 토해 잎과 잎 조각, 똥들을 엮어 그 사이에서 지낸다. 자라면 땅으로 내려와 낙엽 속에서 번데기가 된다. 애벌레로 겨울을 나는 것으로 보인다.

서식지 활엽수림

발생 6월~이듬해 5월(어른벌레 7~9월, 연 2회)

먹이식물 층층나무(층층나무과 Cornaceae)

분포 한국(전국), 일본

비고 일본에서는 애벌레가 참나무류를 먹는 것으로 알려져 있다.

타이형집명나방(명나방과) *Stericta kogii* Inoue et Sasaki, 1995

생김새 몸길이 15mm 안팎(날개 길이 17~18mm)으로 머리는 적갈색 바탕이고 몸통 등선 좌우의 연미색 줄과 이어진 부분이 밝다. 등방패는 머리보다 색이 더 짙은 자갈색으로 얼핏 머리 부분이 커 보인다. 각 마디의 등밑선에는 2쌍의 검은 점들이 배 끝까지 이어진다. 숨문은 검고 그 위에 연미색 점이 있다.

습성 잎을 덧대 위의 잎 아래에 단단히 흰 막처럼 실을 치고, 그 속에서 먹고 자라며 똥도 싼다.

서식지 활엽수림

발생 7~9월(어른벌레 6월 말~8월, 연 2회)

먹이식물 개암나무(자작나무과 Betulaceae)

분포 한국(중 · 북부), 일본, 러시아 극동지역

비고 우리 이름 '타이형'은 아마 어른벌레의 날개밑 무늬를 검은 넥타이로 본 것 같다.

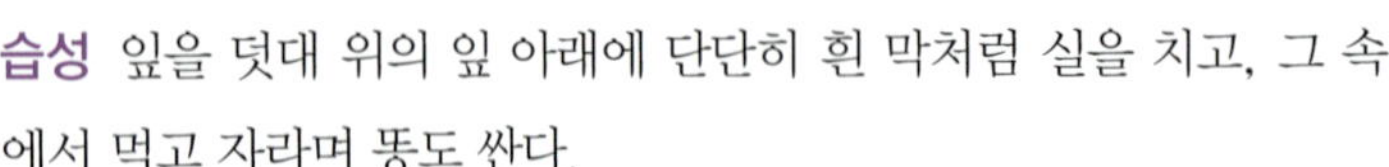

수컷

자란 애벌레

통로 속의 애벌레

큰타이형집명나방(명나방과) *Stericta flavopuncta* Inoue et Sasaki, 1995

생김새 몸길이 15mm 안팎(날개 길이 19mm 안팎)으로 머리와 등방패는 적갈색이고, 머리에는 갈색 무늬가 있다. 몸통은 황갈색 바탕에 흑갈색 무늬가 보이는데, 숨문밑선 아래로 황갈색이다. 등밑선에는 둘레가 황갈색인 검은 점이 이어진다.

습성 무리를 지어 입에서 실을 뽑아 잎과 잎을 연결하고 은신하는

수컷

데, 자라면 잎을 붙이고 그 사이에서 번데기가 된다.

서식지 낙엽활엽수림

발생 7월~이듬해 5월(어른벌레 6~8월, 연 2회)

먹이식물 굴피나무(가래나무과 Juglandaceae)

분포 한국(중·남부), 일본

비고 이 무리의 애벌레가 실을 내어 집을 짓는 것으로 보고, '집명나방'이라 부른다.

자란 애벌레

둥지

흰무늬집명나방붙이(명나방과) *Termioptycha nigrescens* Warren, 1891

생김새 몸길이 25mm 안팎(날개 길이 30mm 안팎)으로 머리는 반짝이는 풀색이고, 어릴 때 조금 검다. 등방패는 별 무늬가 없고, 몸통은 옅은 풀색 바탕에 등밑선이 연미색으로 눈에 띤다. 등밑선과 숨문윗선에 검고 작은 자모 받침이 이어진다.

암컷

자란 애벌레

습성 잎을 실로 오므리고 그 속에 은신하는데, 위에서 잘 보이나 보호색을 띤다. 자라면 잎을 붙이고 그 사이에서 번데기가 된다.

서식지 활엽수림

발생 5~6월(어른벌레 8~9월, 연 1회)

먹이식물 참나무류(참나무과 Fagaceae), 붉나무, 개옻나무(옻나무과 Anacardiaceae)

분포 한국(중·북부), 일본, 러시아 극동지역

비고 허운홍(2012: 149, 2016: 171)의 종은 어른벌레가 달라도 모두 이 종이나, 어른벌레의 변이가 심하다.

검스레집명나방(명나방과) *Termioptycha inimica* (Butler, 1879)

생김새 몸길이 23mm 안팎(날개 길이 23~26mm)으로 머리와 몸은 풀색이고, 머리의 자갈색 띠가 잔 점으로 나타난다. 등밑선은 연두색이고, 각 마디가 조금 색이 옅어 마치 사다리처럼 보인다. 등선은 짙은 풀색으로 뚜렷하지 않다. 앞 종과는 머리의 검은 무늬가 적고 등밑선의 테두리가 검지 않아 다르다.

습성 어릴 때 둥지를 복잡하게 만들어 지내나 자란 애벌레는 잎 위에 위치한다. 자라면 잎을 붙이고 그 사이에서 번데기가 된다.

서식지 활엽수림

발생 5~7월(어른벌레 7~9월, 연 2회)

먹이식물 참나무류(참나무과 Fagaceae), 붉나무, 개옻나무, 옻나무(옻나무과 Anacardiaceae)

분포 한국(중 · 북부), 일본, 중국, 러시아 극동지역

자란 애벌레(위)

자란 애벌레(옆)

머리와 가슴의 옆 모습

흰날개집명나방(명나방과) *Termioptycha margarita* (Butler, 1879)

생김새 몸길이 28mm 안팎(날개 길이 30mm 안팎)으로 머리와 몸은 연두색 바탕이다. 머리에는 어릴 때 흑갈색 줄무늬가 있으나 자라면서 줄어든다. 등선 주위에 노란 띠가 생기며, 등밑선과 숨문선 사이에 흑갈색 줄이 2개 정도 있다.

습성 실로 엮은 잎 사이에서 지내다가 그 자리에서 번데기가 된다.

서식지 참나무 숲

발생 5월 말~7월(어른벌레 7~8월, 연 1회)

먹이식물 참나무류(참나무과 Fagaceae), 붉나무(옻나무과 Anacardiaceae)

분포 한국(내륙, 제주도), 일본, 중국, 타이완, 말레이시아, 인도

수컷

자란 애벌레(위)

자란 애벌레(옆)

쌍줄집명나방(명나방과) *Termioptycha bilineata* (Wilemann, 1911)

생김새 몸길이 20mm 안팎(날개 길이 23mm 안팎)으로 머리는 황록색이고, 적갈색 점이 있다. 몸통은 풀색 바탕에 등선이 있지만 옅고, 등밑선에 짙은 자갈색 줄이 굵게 보인다. 이 줄무늬 안쪽에 작은 점이 마디마다 이어진다. 숨문은 자갈색이다.

습성 앞 종의 습성과 같다.

서식지 하천, 저수지 주변

발생 8월 말~이듬해 5월(어른벌레 7~8월, 연 1회)

먹이식물 붉나무(옻나무과 Anacardiaceae)

분포 한국(남부, 제주도), 일본, 중국

수컷

중간 애벌레(위)

자란 애벌레(옆)

둥지

흰무늬집명나방(명나방과) *Salma amica* Butler, 1879

생김새 몸길이 24mm 안팎(날개 길이 26mm 안팎)으로 머리는 반짝이는 붉은색이고, 별 무늬가 없다. 몸은 노란색과 흑자색의 고리 무늬가 있다. 자모는 흰색으로 긴 편이다.

습성 입에서 실을 뽑아 잎 뒤에서 잎을 오므려 그 속에 은신한다. 자라면 내려와 흙 속에서 번데기가 된다. 잡아서 길바닥에 내려놓으면 매우 빠르게 기어간다. 애벌레는 홀로 살아간다.

서식지 활엽수림

발생 7~9월(어른벌레 6~8월, 연 2회)

먹이식물 가래나무(가래나무과 Juglandaceae), 신갈나무(참나무과 Fagaceae), 서어나무(자작나무과 Betulaceae)

암컷

중간 애벌레

자란 애벌레

애벌레 머리

푸른빛집명나방(명나방과) *Salma elegans* (Butler, 1881)

수컷

생김새 몸길이 30mm 안팎(날개 길이 33mm 안팎)으로 머리는 주황색 바탕에 양쪽 위가 검다. 등방패는 앞쪽 등밑선이 굵고 검다. 몸통도 머리와 색이 같으며, 등밑선에 원형 점이 각 마디에 3쌍씩 있는데, 뒤의 것이 크다. 그 바깥으로 가느다란 검은 선이 양쪽에 3개씩 있으며, 숨문은 희다.

습성 홀로 실을 뽑아 잎 위에서 양쪽 잎을 당겨 오므리고 실 아래에 은신한다. 자라면 잎을 붙이고 그 사이에서 번데기가 된다. 건드리면 은신처에서 이리저리 피하나 밖으로 나오면 재빠르다.

서식지 활엽수림

발생 7~9월(어른벌레 6~9월, 연 2회)

먹이식물 참나무류(참나무과 Fagaceae), 참느릅나무(느릅나무과 Ulmaceae), 환삼덩굴(삼과 Cannabaceae), 모시풀(쐐기풀과 Urticaceae) 등

분포 한국(중·북부), 일본, 중국, 러시아 극동지역

비고 애벌레의 색이 뚜렷한 이유는 노출을 통해 천적을 놀라게하는 전략을 쓰는 것으로 보인다.

중간 애벌레

자란 애벌레

번데기가 되기 직전의 애벌레

흰날개큰집명나방(명나방과) *Teliphasa albifusa* Hampson, 1896

암컷

생김새 몸길이 30mm 안팎(날개 길이 32mm 안팎)으로 머리와 몸은 검다. 등방패 중앙에 노란 띠로 나뉜다. 자모 받침은 노란색으로 눈에 잘 띄지 않으며, 여기에서 길고 흰 자모가 나온다. 등선은 뚜렷하지 않으나 붉은 기가 있다. 배의 각 마디 숨문밑선에 가운데가 나뉜 큰 노란 원 무늬가 있다. 항문다리는 노란색이다.

습성 잎을 말아 그 속에서 지내는데, 번데기가 될 때 땅으로 내려온다. 애벌레로 겨울을 난다.

서식지 활엽수림

발생 9월~이듬해 봄(어른벌레 6월 말~7월, 연 1회)

먹이식물 여러 활엽수

분포 한국(내륙), 일본(대마도), 타이완, 인도

중간 애벌레

자란 애벌레

날개끝검은집명나방(명나방과) *Orthaga euadrusalis* Walker, 1859

생김새 몸길이 30mm 안팎(날개 길이 27mm 안팎)으로 어릴 때에는 색이 거의 검을 정도로 짙은 흑갈색이다. 자라면 머리는 흑갈색으로 갈색 선이 나온다. 몸통은 갈색이다. 등방패는 조금

암컷

어린 애벌레와 자란 애벌레

회갈색으로 검은 잔 점들이 나타난다. 등선, 등밑선, 숨문윗선은 흑갈색인데, 등선은 약하고 등밑선은 짙다. 제9배마디의 3개의 자모는 같은 받침에서 나온다.

습성 잎을 실로 엮어 텐트 모양의 집을 짓고, 무리 지어 생활을 한다. 애벌레로 겨울을 난다.

서식지 활엽수림

발생 8~9월(어른벌레 6월 말~9월, 연 1회)

먹이식물 붉나무, 옻나무(옻나무과 Anacardiaceae)

분포 한국(전국), 일본, 중국, 타이완, 동남아시아, 인도, 스리랑카, 네팔

갈색집명나방(명나방과) *Orthaga achatina* Butler, 1878

생김새 몸길이 26mm 안팎(날개 길이 24mm 안팎)으로 머리는 반짝이는 검은색이고, 적갈색 띠가 세로로 2개 있다. 몸은 자갈색 바탕인데, 중간 애벌레 때 색이 더 검다. 등밑선에는 작고 검은 자모 받침이 있으며, 자모 본 거의 보이지 않을 성노이다. 숨문선 주위에 흑갈색 줄이 3개 이어진다.

암컷

습성 잎을 실로 질기게 엮어 텐트 모양의 집을 짓고, 무리 지어 생

활을 한다. 통로를 통해 들락거리며 먹이를 먹는데, 군데군데 똥들이 쌓여 있다. 겨울에도 이 둥지가 나무에 붙어 있다. 자란 애벌레는 나무에서 내려와 낙엽 속에서 겨울에 지내고 봄에 번데기가 된다.

서식지 참나무 숲

발생 7~9월(어른벌레 6~8월, 연 2회)

먹이식물 참나무류(참나무과 Fagaceae), 녹나무과 Lauraceae

분포 한국(내륙), 일본, 중국, 러시아 극동지역

자란 애벌레

둥지

밑검은집명나방(명나방과) *Orthaga onerata* (Butler, 1879)

생김새 몸길이 18mm 안팎(날개 길이 20mm 안팎)으로 머리와 몸은 갈색 또는 적갈색 바탕이다. 머리에는 검은 무늬가 굵은 띠처럼 보이고, 등방패에 복잡한 무늬가 있으며, 등선은 뚜렷하거나 희미하다. 굵은 등밑선에 뚜렷한 점무늬가 한 마디에 2쌍씩 이어진다. 몸에 난 자모는 미색이다.

암컷

습성 애벌레의 습성이 앞 종과 거의 같다.

서식지 낙엽활엽수림

발생 8월~이듬해 5월(어른벌레 6~8월, 연 2회)

먹이식물 참나무류(참나무과 Fagaceae), 단풍나무(무환자나무과 Sapindaceae), 느티나무(느릅나무과 Ulmaceae)

자란 애벌레

둥지

제주집명나방(명나방과) *Orthaga olivacea* (Warren, 1891)

생김새 몸길이 23mm 안팎(날개 길이 23~30mm)으로 머리는 흑갈색이고, 불규칙한 무늬가 있다. 몸은 갈색 또는 적갈색 바탕에 등선과 등밑선, 숨문윗선이 뚜렷하고, 각 마디 사이가 주름처럼 보인다. 자모 받침은 발달한다. 숨문은 타원형으로, 그 테두리가 흑갈색이다. 등방패는 검다. 가슴다리는 갈색이다.

습성 애벌레의 습성이 앞 종과 거의 같다.

서식지 활엽수림

발생 8월~이듬해 5월(어른벌레 6~8월, 연 1회)

먹이식물 생강나무, 녹나무, 후박나무(녹나무과 Lauraceae)

분포 한국(전국), 일본, 중국, 러시아 극동지역, 타이완

비고 허운홍(2012: 151)의 녹색집명나방은 바로 이 종으로, 애벌레가 녹나무과 식물만 먹는다. 앞 3종과의 차이는 적으나 먹이식물 외에 색과 모습이 조금 다르다.

암컷

자란 애벌레

둥지

벼슬집명나방(명나방과) *Locastra muscosalis* (Walker, 1866)

생김새 몸길이 37mm 안팎(날개 길이 22~28mm)으로 머리는 반짝이는 검은색이고 흰 자모가 있다. 등방패는 검고 앞에 흰 점이 있다. 가운데가슴부터 배 끝까지의 등은 붉은색으로, 등밑선에서 숨문 아래 부분까지의 검은 띠가 굵으며, 그 속에는 흰 점이 있다. 자모 받침은 옅은 갈색으로 몸 옆 아래의 자모가 길다.

습성 잎 뒤에서 잎을 실로 엮어 텐트 모양의 집을 짓고, 무리 짓는다. 자란 애벌레는 나무에서 내려와 낙엽 속에서 겨울을 보내고 봄에 번데기가 된다.

서식지 활엽수림

암컷

발생 8~9월(어른벌레 6월 말~8월, 연 1회)

먹이식물 가래나무(가래나무과 Juglandaceae), 붉나무, 옻나무(옻나무과 Anacardiaceae), 가죽나무(소태나무과 Simaroubaceae)

분포 한국(내륙), 일본, 중국, 타이완, 말레이시아, 인도, 스리랑카, 네팔

비고 벼슬이라는 이름은 일본 이름(トサカ)에서 따왔다. 아마 날개 모습을 닭의 벼슬로 본 듯하다.

중간 애벌레

자란 애벌레

둥지

Acrobasis sp. 1(명나방과)

생김새 몸길이 16mm 안팎(날개 길이 20mm 안팎)으로 머리는 연두색 바탕에 적갈색의 복잡한 무늬가 있는데, 닮은 종이 있어 자세하게 확인할 필요가 있다. 연두색 바탕의 등방패 양 가장자리에 있는 흑갈색 무늬가 몸 등을 따라 줄로 이어진다. 자모는 적갈색으로 가늘다. 옆 사진은 미확인종(*Acrobasis* sp. 2)의 애벌레로 머리가 크고, 무늬가 다르다.

습성 잎을 실로 엮어 그 속에서 사는데, 홀로 지낸다. 자라면 흙 속이나 낙엽 사이에서 번데기가 된다.

Acrobasis sp. 2

서식지 활엽수림

발생 4~5월, 7월(어른벌레 6~10월, 연 2회)

먹이식물 참나무류(참나무과 Fagaceae)

분포 한국(중·북부), 일본, 러시아 극동지역

비고 허운홍(2012: 145)의 녹슨빛알락명나방(*Acrobasis rufizonella* Ragonot, 1887)은 먹이식물이 일본에서 갈매나무과 먹넌출로 알려져 있다.

중간 애벌레

자란 애벌레

둥지

배무늬알락명나방(명나방과) *Acrobasis bellulella* (Ragonot, 1893)

생김새 몸길이 12mm 안팎(날개 길이 16mm 안팎)으로 머리는 짙은 적갈색 또는 자갈색이고, 몸통은 밝은 자갈색인데, 마디 사이와 넓고 좁은 사이의 색이 짙다. 등밑선은 뚜렷한 편이지만 이어지지 않고, 숨문선 아래의 색은 짙다. 등방패는 앞 가장자리가 붉고 짙은 자갈색이다. 각 몸통을 위에서 보면 앞 절반이 넓고, 뒤 절반은 좁아 특이한 생김새이다.

습성 잎을 2~3장 포개어 붙이고, 그 안에서 지낸다. 잎의 안쪽만 마치 핥듯이 먹고 배설물도 그 속에 남긴다.

서식지 낙엽활엽수림

발생 5~10월(어른벌레 6~10월, 연 2~3회)

먹이식물 참나무류(참나무과 Fagaceae), 팽나무(삼과 Cannabaceae), 장미과 Rosaceae

분포 한국(중·남부), 일본, 중국, 타이완

수컷

자란 애벌레

둥지

느티나무알락명나방(명나방과) *Acrobasis frankella* (Roesler, 1975)

생김새 몸길이 18mm 안팎(날개 길이 20mm 안팎)으로 머리와 등방패는 짙은 적갈색이고, 몸통은 흑갈색에 가깝다. 등밑선에는 검은 자모 받침이 있으며, 거의 눈에 띄지 않는다.

습성 가지와 잎을 붙여 둥지를 만들며, 그 속에서 번데기가 된다.

서식지 활엽수림 가장자리, 마을 주변

발생 6월~이듬해 봄(어른벌레 6~9월, 연 2회)

먹이식물 느티나무, 느릅나무(느릅나무과 Ulmaceae)

분포 한국(전국), 일본, 중국, 러시아 극동지역

암컷

자란 애벌레

둥지

뱀줄알락명나방(명나방과) *Ceroprepes ophthalmicella* Christoph, 1881

생김새 몸길이 20mm 안팎(날개 길이 24mm 안팎)으로 머리는 갈색 바탕에 자갈색 무늬가 있으며, 이 무늬는 등방패에 이른다. 이외의 몸통은 풀색 바탕에 등밑선에 굵은 자갈색 띠가 있다. 등밑선 안쪽에 자갈색의 작은 점이 이어진다. 숨문의 테두리는 자갈색이다. 자라면 몸이 붉어진다.

습성 잎을 엉성하게 엮고 그 속에서 지낸다.

서식지 활엽수림 가장자리

발생 7월~이듬해 4월(어른벌레 6~9월, 연 2회)

먹이식물 노박덩굴(노박덩굴과 Celastraceae)

분포 한국(전국), 일본, 중국, 러시아 극동지역

어른벌레

자란 애벌레

둥지 속 애벌레

애기알락명나방(명나방과) *Sciota adelphella* (Fischer von Röslerstamm, 1836)

생김새 몸길이 20mm 안팎(날개 길이 23mm 안팎)으로 머리는 자갈색이 강하고, 몸통은 풀색이 강하다. 가슴의 등밑선에 자갈색 띠가 있다. 이외의 몸통은 풀색이다. 등밑선 안쪽에 자갈색 자모 받침이 있다.

습성 가지와 잎을 붙여 둥지를 만들며, 통로를 만들어 드나들며, 그 속에서 번데기가 된다. 번데기로 겨울을 난다.

서식지 활엽수림 가장자리, 강가, 하천가

발생 7월~이듬해 4월(어른벌레 6~9월, 연 2회)

먹이식물 버드나무(버드나무과 Salicaceae)

분포 한국(전국), 일본, 중국, 러시아 극동지역~유럽

어른벌레

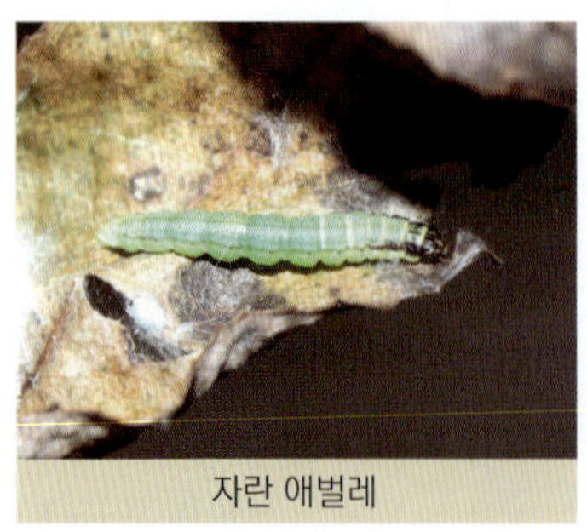

자란 애벌레

둥지 속 애벌레

큰솔알락명나방(명나방과) *Dioryctria sylvestrella* (Ratzeburg, 1840)

생김새 몸길이 18mm 안팎(날개 길이 23mm 안팎)으로 머리는 밋밋하고 붉은색이며, 몸통은 어릴 때 풀색을 머금은 황갈색, 자라면 옅은 갈색으로 변한다. 등방패는 반짝이는 검은색이고, 항문위판은 몸 색과 같다.

습성 잎이 없는 상태의 새싹에 낳아진 알에서 부화한 애벌레가 새싹을 파고 들어가 자란다. 그 새싹은 누렇게 죽는다. 자란 애벌레는 그 속에서 번데기가 된다. 어린 솔방울 속에도 파고든다. 애벌레로 겨울을 난다.

서식지 침엽수림, 해안 숲

발생 6~8월(어른벌레 6~9월, 연 2회)

먹이식물 소나무, 곰솔, 잣나무(소나무과 Pinaceae)

분포 한국(전국), 일본, 중국, 러시아 극동지역~유럽, 영국

비고 안성복(1984)과 변봉규 등(1998)의 솔알락명나방과 큰솔알락명나방에 대한 분류 논문이 있다. 유럽의 지중해에서는 녹병균 일종인 '*Endocronartium*'이 침입하여 손상된 조직으로 애벌레가 들어가며, 이후 체관이 말라 죽게 된다(Lieutier et al., 2007).

암컷

자란 애벌레

둥지

북방솔알락명나방(명나방과) *Dioryctria okui* Mutuura, 1958

생김새 몸길이 16mm 안팎(날개 길이 21mm 안팎)으로 머리색과 몸통의 검은 자모 받침 등 앞 종과 매우 닮으나 몸 색이 풀색 또는 옅은 적갈색 바탕에 짙은 적갈색 선이 머리에서 배 끝까지 이른다. 등방패는 황갈색 바탕이다.

습성 앞 종처럼 소나무의 새순 속에서 발견되는데, 자세한 생활사 과정을 관찰하지 못했다.

암컷

서식지 침엽수림

발생 4~6월(어른벌레 7~8월, 연 1회로 보이나 정확하지 않다.)

먹이식물 소나무(소나무과 Pinaceae)

분포 한국(중부), 일본(북해도)

비고 우리나라에서 처음 기록되는 종이다. 어른벌레로 앞 종과의 구별은 이 종에서 날개의 횡선이 곧고, 바탕색이 밝다. 뒷날개는 거의 흰색인 점을 고려하면 좋다.

자란 애벌레(미색)

자란 애벌레(풀색)

둥지

복숭아잎말이알락명나방(명나방과) *Psorosa taishanella* Roesler, 1975

생김새 몸길이 18mm 안팎(날개 길이 15mm 안팎)으로 머리는 갈색이고 복잡한 무늬가 생긴다. 어릴 때에는 사진과 달리 옅은 풀색 또는 옅은 갈색이지만 번데기가 될 즈음 적갈색으로 변한다. 등방패는 옅은 황갈색으로 일부 적갈색이 나타난다. 자모 받침은 흑갈색이고, 흰 자모는 띄엄띄엄 보인다.

습성 잎을 실로 엮어 그 속에서 홀로 지내는데, 통로를 만들어 바깥 출입을 한다. 애벌레로 겨울을 나는 것으로 보인다.

서식지 활엽수림, 과수원

발생 5~9월(어른벌레 6~10월, 연 수회)

먹이식물 복숭아나무(장미과 Rosaceae)

분포 한국(중·남부), 일본, 중국

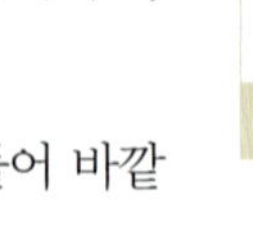

어른벌레

자란 애벌레(위)

자란 애벌레(옆)

굵은수염알락명나방(명나방과) *Spatulipalpia albistrialis* Hampson, 1912

생김새 몸길이 18mm 안팎(날개 길이 20mm 안팎)으로 머리와 등방패는 보라 기가 있는 반짝이는 검은색이다. 몸은 연두색으로, 특별한 선이 없으나 짙은 풀색 선이 가득한데, 뚜렷하지 않다. 자모 받침은 검고 작으며, 흰 자모가 길게 있다.

습성 잎을 실로 엮어 그 속에서 홀로 지내는데, 통로를 만들어 바깥

암컷

출입을 한다. 자라면 나무에서 내려와 흙 속이나 낙엽 사이에서 번데기가 된다.

서식지 활엽수림

발생 8~9월(어른벌레 7~9월, 연 2회)

먹이식물 노박덩굴(노박덩굴과 Celastraceae)

분포 한국(중·남부), 일본, 중국, 베트남, 스리랑카

자란 애벌레(위)

자란 애벌레(옆)

신칭 아왜앞흰알락명나방(명나방과) *Edulicodes inoueellus* Roesler, 1972

생김새 몸길이 17mm 안팎(날개 길이 18mm 안팎)으로 머리는 검고, 잘게 요철이 있다. 큰턱은 5개로 이루어진다. 몸통은 적갈색 또는 황갈색 바탕에 흰색, 검은 과립을 지닌다. 숨문은 작은 원이나 배 끝 마디에서는 3배 정도 크다.

습성 실을 내어서 열매를 엮은 둥지 속에서 무리 짓는다. 둥지가 끈적끈적한데, 애벌레가 점액성 물질을 낸 때문으로 생각된다. 중간에서 자란 애벌레로 둥지 안에서 겨울을 난 후, 번데기가 된다.

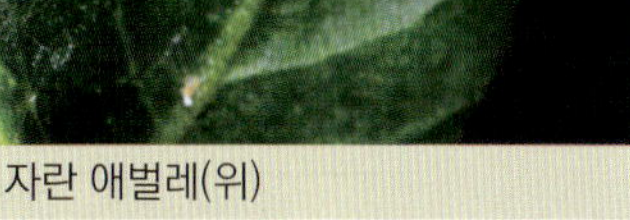
암컷

서식지 낮은 위치의 활엽수림, 마을 주변

발생 연중(어른벌레 4~11월, 연 수회)

먹이식물 광나무(물푸레나무과 Oleaceae), 아왜나무의 열매(인동과 Caprifoliaceae)

분포 한국(제주도), 일본, 중국(절강성)

자란 애벌레(적갈색)

지란 애벌레(갈색)

번데기

화랑곡나방(명나방과) *Plodia interpunctella* (Hübner, 1813)

생김새 몸길이 11mm 안팎(날개 길이 15mm 안팎)으로 머리는 갈색이고, 개안 부분 뒤로 짙은 갈색 무늬가 있다. 몸통은 붉은 기가 조금 있는 유백색이다. 등방패는 갈색이다.

습성 쌀눈 주위를 파고 들어가 먹는데, 이럴 경우 쌀이 희어진다. 때로는 포장된 식품 속에서도 보이며, 저장 재료에서 애벌레가 자라났거나 비닐을 뚫고 들어가기도 한다. 애벌레로 겨울을 난다.

서식지 저장 곡물이 있는 집

발생 연중(어른벌레 연중, 연 수회)

먹이식물 쌀, 보리, 옥수수, 콩 등 곡류

분포 한국(전국), 전 세계

비고 저장된 쌀, 건조식품, 과자 제품 속에서도 발견된다. 애벌레가 사람에게 피해를 주지 않으나 혐오감을 일으킨다. 어른벌레는 집안에서 저녁에 날아다니며, 짝을 찾는다. 집안에 쌀자루나 곡물을 방치하면 그곳에 알을 낳는다. 영어 이름은 'Indian-meal moth'이다. 실험곤충에 해당한다.

암컷

자란 애벌레

번데기

앞붉은명나방(명나방과) *Oncocera semirubella* (Scopoli, 1763)

생김새 몸길이 18mm 안팎(날개 길이 22~28mm)으로 머리와 등방패는 흑갈색이다. 몸통은 풀색으로 자갈색의 선들이 있고, 자모받침은 옅은 갈색이다. 여기의 사진은 번데기가 되기 직전으로 색이 붉다.

어른벌레

자란 애벌레

습성 애벌레는 가지 끝의 여러 잎을 실로 엮고 그 속에 위치하며, 질기게 만든 통 모양의 집에서 지낸다.

서식지 풀밭

발생 6~9월(어른벌레 5~10월 초, 연 수회)

먹이식물 참싸리, 비수리, 매듭풀(콩과 Fabaceae)

분포 한국(전국), 일본, 중국, 타이완, 러시아 극동지역~유럽, 인도

▶Family **Crambidae** Latreille, 1810 풀나방과

날개 길이는 11~30mm로, 소, 중형이다. 이들 애벌레는 초본류를 먹는데, 일부 종은 목본류의 잎도 먹는다. 세계에 11,500여 종, 우리나라에 240여 종이 분포한다.

그동안 이 과에 대해서는 Park (1980, 1983)과 Bae et al.(2008) 등 소수의 연구가 있었지만 온전한 전문가는 없었다. 최근 이 과에 대한 분자학적인 연구(Leger et al, 2020)가 상당히 진척되고 있다. 또 기후변화와 외국에서 반입되는 물류량의 증가와 함께 이입종이 많아짐에 따라 아열대 종들이 속속 발견되고 있다. 이에 이 과의 연구가 필요한 시점이 되었다.

한편 그동안 사용해왔던 이름은 모호한 면이 있다. 명나방상과가 'Pyralidae'와 'Crambidae'로 나뉘어 굳어짐에 따라(Reiger et al., 2012), 배양섭 등(2014)은 전통적인 '명나방'의 이름을 'Pyralidae'에 국한하고, '벌레를 잡는'의 뜻을 갖는 '포충(捕蟲)나방과'를 최근 '풀명나방과'로 변경하였다. 하지만 이 이름에도 '명(螟)'자가 포함되어 있어서 '목화명나방'처럼 여전히 어미가 명나방으로 끝나 '명나방과'인지 '풀명나방과'인지 구별하기 어렵다. 이런 혼란을 막기 위해 어미를 풀나방으로 끝내는 '풀나방과'로 개칭한다. 이럼에도 불구하고 혼란을 줄이기 위해 관용어처럼 굳어진 종들의 이름을 새로 만든 이름과 한동안 병기할 필요가 있다. 이 무리를 영어권에서는 'Grass moth', 일본에서는 'つとが(苞蛾)'로 쓰고 있으며, 각각 '풀나방' 또는 '풀의 이용'이라는 뜻이다.

> Family **Crambidae** Latreille, 1810 풀나방과(개칭)
>
> Subfamily **Pyraustinae** Meyrick, 1890 들풀나방아과(개칭)
>
> Subfamily **Spilomelinae** Guenée, 1854 어리풀나방아과(신칭)
>
> Subfamily **Odontiinae** Guenée, 1854 줄풀나방아과(개칭) (= 쌍줄들풀나방아과)
>
> Subfamily **Glaphyrinae** Forbes, 1923 (= **Cybalomiinae** Marion, 1955) 새풀나방아과
>
> Subfamily **Lathrotelinae** Clarke, 1971 가는줄풀나방아과(신칭)
>
> Subfamily **Musotiminae** Meyrick, 1890 고사리풀나방아과
>
> Subfamily **Schoenobiinae** Duponchel, 1846 긴날개풀나방아과
>
> Subfamily **Acentropinae** Stephens, 1836 물풀나방아과
>
> Subfamily **Heliothelinae** Amsel, 1961 꼬마풀나방아과(검은명나방아과, 개칭)
>
> Subfamily **Scopariinae** Guenée, 1854 산풀나방아과

이화명나방붙이(풀나방과) *Chilo luteellus* (Motschulsky, 1866)

생김새 몸길이 25mm 안팎(날개 길이 25~35mm)이다. 머리는 다 갈색이고, 등방패는 몸 색과 같은 미색으로 흑갈색 무늬가 조금 보인다. 몸통에는 갈색의 등선 등 여러 선무늬가 보인다. 숨문은 검다.

자란 애벌레(위)

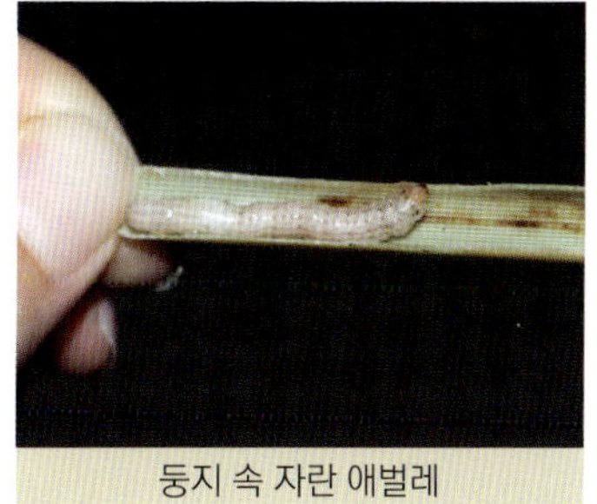

둥지 속 자란 애벌레

245

습성 갈대의 원통형 가지 속에 들어가 내부를 파먹고 똥을 바깥으로 내민다. 이 속에서 겨울을 난다.

서식지 충남의 금강 하류와 같은 큰 강가

발생 6~7월, 9월~이듬해 4월(어른벌레 5~9월, 연 2회)

먹이식물 갈대(벼과 Poaceae)

분포 한국(내륙), 일본, 중국, 유럽, 북미

연물풀나방(풀나방과) *Elophila interruptalis* (Pryer, 1877)

암컷

생김새 몸길이 20~25mm(날개 길이 26~34mm)으로 머리와 가슴, 제9~10배마디는 옅은 갈색이다. 등방패는 앞과 뒤 가장자리에 흑갈색 띠가 있다. 몸 표면에는 미소한 물의 흡수를 막는 발수성 돌기가 많이 퍼져 있다. 자모 받침은 보이지 않고, 배다리는 매우 짧다.

습성 암컷이 잎 뒤에 수십여 개의 알을 낳은 후, 깨난 1살 애벌레는 잎 속에 파고 들어가 먹다가 2살 이후, 동그란 휴대용 집을 만들고 그 속에서 산다. 실로 타원형 집을 부착하고 그 안에서 번데기가 된다. 애벌레로 겨울을 난다. 노랑어리연꽃의 잎을 먹기 때문에 군데군데 흠집이 생겨 관상에 좋지 않지만 이런 모습이 오히려 건강한 물 생태계를 보여준다.

서식지 못, 저수지 등

발생 6~9월(어른벌레 6~9월, 연 2회)

먹이식물 노랑어리연꽃(조름나물과 Menyanthaceae)

분포 한국(울릉도를 뺀 전국), 일본, 중국

자란 애벌레

둥지 제작

둥지

연노랑새풀나방(풀나방과) *Evergestis extimalis* (Scopoli, 1763)

생김새 몸길이 28mm 안팎(날개 길이 25mm 안팎)으로 머리는 반짝이는 흑갈색이다. 몸통은 옅은 녹갈색을 띠는 유백색이다. 검고 작은 자모 받침이 있으며, 그 주변의 색이 밝다.

암컷

자란 애벌레

습성 배추과 식물의 열매 꼬투리 여러 개를 묶고 그 사이에서 사는데, 붉은색의 배설물을 양쪽에 붙이고 그 속의 덜 익은 열매를 파먹는다. 그 속에서 번데기가 된다.

서식지 풀밭, 경작지

발생 6월(어른벌레 7~8월, 연 1회)

먹이식물 배추, 무(배추과 Brassicaceae)

분포 한국(내륙), 일본, 중국, 러시아 극동지역~유럽

갈색뾰족줄들풀나방(풀나방과) *Lampropharia albifimbrialis* (Walker, 1866)

생김새 몸길이 28mm 안팎(날개 길이 25mm 안팎)으로 머리는 적자색이고, 앞이마의 무늬는 복잡하다. 등방패는 반짝이는 적자색이다. 몸통은 어릴 때 붉은 기가 있는 풀색이다가 자라면 적자색

수컷

암컷

이 강해지는데, 숨문 아래로 연두색을 띤다. 자모 받침은 도드라져 보이며, 숨문은 검다.

습성 잎에 실을 치지만 특별히 집을 만들지 않으며, 보통 여러 마리가 한꺼번에 보인다. 줄기에도 잘 붙는다. 애벌레로 겨울을 나는 것으로 보인다.

서식지 경작지, 상록수림

발생 8월 말~10월 초(어른벌레 5~6월, 연 1회)

먹이식물 꾸지뽕나무(뽕나무과 Moraceae)

분포 한국(중·남부, 추자도), 일본(큐슈), 중국 동부, 타이완, 인도네시아, 스리랑카, 호주

비고 중부 지방에서도 경작지, 묘지 주변에서 주로 가을에 볼 수 있다.

어린 애벌레

중간 애벌레

자란 애벌레

줄허리들풀나방(풀나방과) *Sinibotys evenoralis* (Walker, 1859)

생김새 몸길이 23mm 안팎(날개 길이 22~26mm)으로 머리는 옅은 적갈색부터 풀색을 띤 황토색까지 다양하다. 몸통은 옅은 풀색이고, 등밑선과 숨문 부위에 흰 띠가 있다. 자모 받침은 작지만 섞어서 잘 눈에 띄며, 그 주위가 갈색이다. 배다리는 큰 편이다.

247

습성 잎을 담배처럼 말고 그 속에서 사는데, 때로 서너 잎을 함께 엮어 안쪽 잎을 먹는다.

서식지 습지

발생 7월 말~9월(어른벌레 5~9월, 연 2회)

먹이식물 이대(벼과 Poaceae)

분포 한국(남부), 일본, 중국, 타이완, 베트남, 미얀마

수컷

자란 애벌레

둥지

갈대노랑들풀나방(풀나방과) *Sclerocona acutellus* (Eversmann, 1842)

생김새 몸길이 18mm 안팎(날개 길이 25mm 안팎)으로 머리와 등방패는 검고 반짝인다. 몸은 어릴 때 유백색이다가 점차 짙은 풀색으로 변한다. 자모 받침은 검고 반짝이며 뚜렷하다. 특히 각 마디 중앙의 2개는 이들 가운데 가장 크다. 자란 애벌레는 이 검은 점이 없어지고 원 무늬가 생긴다.

암컷

습성 퍼지기 전의 갈대 잎을 박음질 하듯 묶고 그 속에서 산다. 몸이 커지면 주위의 다른 잎도 덧대고 번데기도 그 속에서 발견된다. 가을에 갈대의 줄기를 파고 들어간 상태의 자란 애벌레로 겨울을 난다.

서식지 큰 강 유역의 갈대 습지 등

발생 6~9월(어른벌레 5~9월, 연 2회)

먹이식물 갈대, 줄(벼과 Poaceae)

분포 한국(내륙), 일본, 중국, 러시아, 유럽, 북미 동부

중간 애벌레

자란 애벌레

번데기

뾰족노랑들풀나방(풀나방과) *Circobotys nycterina* Butler, 1879

생김새 몸길이 18mm 안팎(날개 길이 25mm 안팎)으로 머리는 반짝이는 갈색이고, 정수리에 흑갈색 잔 점들이 퍼져 있다. 등방패는 풀색으로 등밑선에 '( )'자 모양의 무늬가 생긴다. 위에서 보면 등선 양 옆으로 색이 옅어 2줄인 것처럼 보인다. 제8~10배마디는 색이 옅다.

수컷

암컷

습성 잎에 실을 치고 조금 오므라지게 말고, 그 밑에 머무른다. 조릿대의 잎 옆을 바깥에서 안쪽으로 먹는다. 애벌레로 겨울을 나는 것으로 보인다.

서식지 활엽수림

발생 8월 말~9월(어른벌레 6~8월, 연 1~2회)

먹이식물 제주조릿대(벼과 Poaceae)

분포 한국(제주도), 일본, 러시아 극동지역

자란 애벌레

애벌레 위치

멋쟁이들풀나방(풀나방과) *Circobotys aurealis* (Leech, 1889)

생김새 몸길이 22mm 안팎(날개 길이 22mm 안팎)으로 머리는 옅은 적갈색이며 정수리에 짙고 가는 줄이 가로로 있다. 개안 주위는 검다. 등방패는 옅은 적갈색 또는 풀색이며, 등밑선에 검은

수컷

암컷

띠가 있다. 등선 좌우로 밝은 띠가 배 끝까지 뚜렷하다. 자모 받침은 작고 검은 점으로 보이고, 자모는 가늘고 옅은 갈색이다.

습성 토한 실로 잎을 둥글게 말고 그 속에서 지낸다. 번데기도 그 속에서 발견된다.

서식지 활엽수림

발생 4~5월, 8월(어른벌레 5~8월, 연 2회)

먹이식물 조릿대(벼과 Poaceae)

분포 한국(중·남부, 제주도), 일본, 중국, 타이완

자란 애벌레(위)

자란 애벌레(옆)

애벌레 머리

날개노랑들풀나방(풀나방과) *Circobotys heterogenalis* (Bremer, 1864)

생김새 몸길이 21mm 안팎(날개 길이 22mm 안팎)으로 앞 종의 애벌레와 닮으나 개안 위치에 검은 무늬가 넓지 않고, 자모 받침이 검어서 조금 다르다.

습성 잎을 말고, 겨우 자신만 남길 정도로 잎을 먹는다. 번데기도 그 속에서 발견된다.

서식지 활엽수림 주변의 풀밭

발생 5월, 9월(어른벌레 6~9월 초, 연 2회)

먹이식물 나도바랭이새(벼과 Poaceae)

분포 한국(내륙 산지), 일본, 러시아 극동지역

수컷

둥지

자란 애벌레

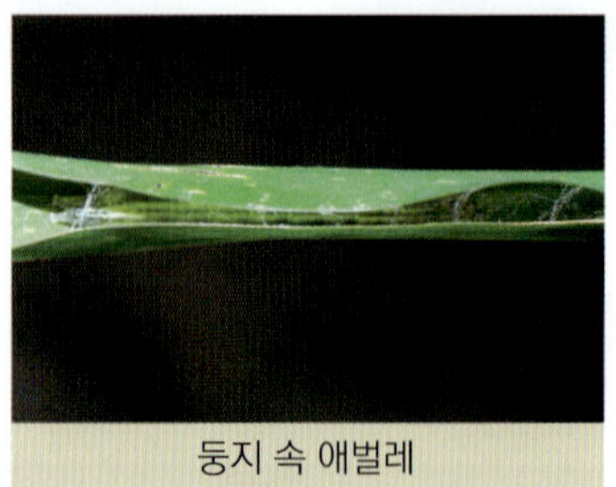

둥지 속 애벌레

사탕무들풀나방(풀나방과) *Sitochroa verticalis* (Linnaeus, 1758)

생김새 몸길이 19mm 안팎(날개 길이 25~30mm)으로 머리와 등방패는 갈색이고 검은 자모 받침이 퍼진다. 몸통은 어릴 때에 풀색이다가 중간에 황갈색으로, 자라면 다시 풀색이 짙어진다. 등밑선에는 굵고 검은 점들이 이어지는데, 가슴과 제8~10배마디 쪽에서 더 굵다. 숨문은 검고, 숨문밑선도 검은 점이 이어진다.

습성 쑥 잎 사이에서 실을 엮고 살며, 시든 잎도 잘 먹는다.

암컷

서식지 풀밭

발생 5~9월(어른벌레 6~9월 초, 연 2회)

먹이식물 쑥(국화과 Asteraceae), 사탕무(비름과 Amaranthaceae), 붉은토끼풀(콩과 Fabaceae) 등

분포 한국(전국), 일본, 중국, 러시아 극동지역~유럽

중간 애벌레

자란 애벌레

둥지 속 애벌레

고마리들풀나방(풀나방과) *Aurorobotys aurorina* (Butler, 1878)

생김새 몸길이 18mm 안팎(날개 길이 25mm 안팎)으로 머리는 주황색이다. 어릴 때에는 몸이 연노랑색이다가 자라면 등방패가 등선의 가는 흰 선으로 갈라지는 짙은 청흑색이다. 몸통은 밝은 회청색으로 도드라진 검은 자모 받침이 등밑선과 숨문선에서 보인다. 가슴다리는 짙은 청흑색이다.

습성 잎을 접어 붙이고 그 속에서 산다. 흰 실로 붙인 자리는 매우 촘촘하다.

서식지 활엽수림과 풀밭의 습지

발생 6~9월(어른벌레 5~9월, 연 2회)

먹이식물 고마리, 개여뀌(마디풀과 Polygonaceae)

분포 한국(중부), 일본, 중국

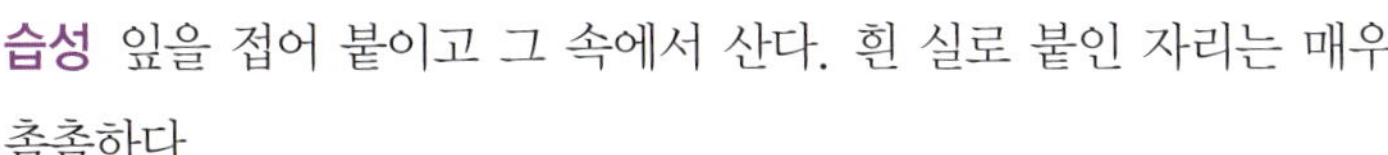

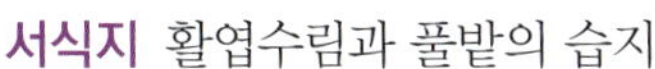
암컷

자란 애벌레

자란 애벌레

둥지

회양목들풀나방(풀나방과) *Cydalima perspectalis* (Walker, 1859)

생김새 몸길이 25mm 안팎(날개 길이 22~30mm)으로 머리는 흑갈색이고 옆에 검은 점이 퍼져 있다. 몸통은 붉은 기가 있는 풀색이나 개체에 따라 풀색만 띠기도 한다. 자모는 길고, 자모 받침은 검은 점으로 도드라진다. 숨문 아래는 옅은 갈색이다.

습성 잎을 거미줄 같은 실로 엮은 속에서 살아간다. 먹을 때에는 주변의 잎을 먹는다. 자란 애벌레는 자신의 집 속에서 번데기가 된다.

서식지 마을, 석회암 지대

발생 5~9월(어른벌레 5~10월 초, 연 3회)

먹이식물 회양목(회양목과 Buxaceae)

분포 한국(전국), 일본, 중국, 타이완, 러시아 극동지역, 인도, 인도네시아, 유럽

비고 원예 식물인 회양목을 해친다.

암컷

자란 애벌레(녹두색)

자란 애벌레(풀색)

목화들풀나방(풀나방과) *Haritalodes derogata* (Fabricius, 1775)

생김새 몸길이 27mm 안팎(날개 길이 26~30mm)으로 머리는 어릴 때 적갈색, 자라면 흑갈색이다. 몸통은 조금 반짝이는 옅은 풀색을 띠는 유백색이다. 가슴다리는 흑갈색이고, 자모는 길고, 자모 받침은 옅은 갈색으로 주위가 조금 짙다.

습성 암컷이 잎 뒤에 알을 하나씩 낳으며, 애벌레가 자라면서 통 모양의 집을 만들고 그 속에서 산다. 때로 여러 마리가 함께 살기도 한다. 애벌레로 겨울을 난다.

수컷

서식지 풀밭, 활엽수림, 공원, 마을, 경작지

발생 6~10월(어른벌레 5~9월, 연 3회)

먹이식물 무궁화, 접시꽃, 목화, 아욱(아욱과 Malvaceae), 벽오동(벽오동과 Malvaceae)

분포 한국(중부 이남), 일본, 타이완, 중국, 동남아시아, 네팔, 인도, 스리랑카, 호주

비고 접시꽃 등 원예 식물의 해충으로 알려져 있다.

중간 애벌레

자란 애벌레

번데기

큰목화들풀나방(풀나방과) *Haritalodes basipunctalis* (Bremer, 1864)

생김새 몸길이 30mm 안팎(날개 길이 32mm 안팎)으로 앞 종과 거의 닮으나 등방패의 옅은 부분이 이 종에서 더 넓어 차이가 있다. 자라면 몸 색이 붉어진다.

습성 통 모양의 집을 만들고 그 속에서 홀로 또는 여러 마리가 함께 살기도 한다. 애벌레로 겨울을 난다.

서식지 풀밭, 활엽수림, 공원, 마을, 경작지

발생 6~10월(어른벌레 5~9월, 연 2~3회)

먹이식물 무궁화, 접시꽃, 목화, 아욱(아욱과 Malvaceae)

분포 한국(내륙, 울릉도), 일본, 러시아 극동지역

암컷

중간 애벌레와 자란 애벌레

둥지

수수꽃다리들풀나방(풀나방과) *Palpita nigropunctalis* (Bremer, 1864)

생김새 몸길이 21~26mm(날개 길이 30mm 안팎)으로 머리는 푸른 기가 있는 옅은 등황색이고, 몸통은 반짝이는 황록색 바탕으로 색이 밝다. 등방패와 가슴다리, 배다리는 옅은 갈색으로 머리색과 거의 같다. 자모는 옅은 노란색이고, 그 받침은 옅은 갈색이나 가슴 부분에서 검은 점이 뚜렷하다.

습성 2장의 잎을 붙이고, 잎살을 주로 먹지만 때때로 꽃이나 열매도 먹는다. 자란 애벌레는 잎 사이에서 흰 실로 붙이고 번데기가 된다. 애벌레 또는 번데기 상태로 겨울을 나는 것으로 보인다.

서식지 활엽수림

발생 4~12월(어른벌레 3~12월, 연 수회)

먹이식물 쥐똥나무, 물푸레나무, 광나무, 구골나무, 들메나무, 수수꽃다리, 금목서, 은목서(물푸레나무과 Oleaceae), 벽오동(벽오동과 Sterculioideae)

분포 한국(전국), 일본, 중국, 러시아 극동지역

비고 원예 식물인 은목서와 금목서, 수수꽃다리와 생 울타리로 심는 쥐똥나무와 광나무 등의 해충으로

암컷

여긴다.

어린 애벌레

중간 애벌레

자란 애벌레

애기흰들풀나방(풀나방과) *Palpita inusitata* Butler, 1879

생김새 몸길이 18mm 안팎(날개 길이 17~23mm)으로 앞 종과 닮으나 머리색이 더 짙어 등황색이고, 등방패가 옅은 갈색이어서 다르다. 숨문은 흰색, 테두리는 갈색이다. 가슴다리는 옅은 갈색이다.

습성 애벌레의 습성도 앞 종과 거의 같으며, 같은 장소에서 발견되기도 한다. 애벌레로 겨울을 나며, 겨울에 제주도에서 발견한 적이 있다.

서식지 상록수림

발생 4~12월(어른벌레 3~12월, 연 수회)

먹이식물 쥐똥나무, 물푸레나무, 광나무(물푸레나무과 Oleaceae)

분포 한국(남부, 제주도), 일본, 중국

암컷

자란 애벌레

둥지 속 애벌레

둥지

큰점노랑들풀나방(풀나방과) *Botyodes principalis* Leech, 1889

생김새 몸길이 30mm 안팎(날개 길이 45mm 안팎)으로 머리는 반짝이는 흑갈색이고, 등방패 좌우로 옅은 갈색 또는 풀색을 띠기도 한다. 몸통은 옅은 풀색에 자모 받침이 검고 도드라지는데, 노란 기가 있는 숨문 아래로 약해진다. 숨문선 부분은 노랗다. 가슴다리는 흑갈색이다. 항문위판은 옅은 갈색이다.

수컷

습성 잎의 일부를 젖히거나 접어서 엮은 속에서 지내며, 먹은 부분은 갈색으로 변하고, 똥도 차 있다. 애벌레로 겨울을 난다.

서식지 활엽수림, 마을, 하천

발생 6~11월(어른벌레 9~10월, 연 1회)

먹이식물 호랑버들, 버드나무, 은수원사시나무, 은백양나무(버드나무과 Salicaceae)

분포 한국(전국), 일본, 중국, 타이완

어린 애벌레

자란 애벌레

둥지

포플라잎말이들풀나방(풀나방과) *Botyodes diniasalis* (Walker, 1859)

생김새 몸길이 23mm 안팎(날개 길이 26mm 안팎)으로 머리는 푸른 기가 있는 미색이고, 정수리가 검다. 등방패 양쪽에 검은 띠가 짙고, 가운데, 뒷가슴 쪽으로 약해진다. 몸통은 연푸른색으로, 등밑선에 검고 작은 자모 받침이 이어진다.

습성 잎의 일부를 접어 엮은 속에서 지내며, 똥이 차 있다.

서식지 강가, 하천, 산길

발생 6~9월(어른벌레 5~10월, 연 2~3회)

먹이식물 버드나무, 왕버들(버드나무과 Salicaceae)

분포 한국(내륙), 일본, 중국, 타이완, 동남아시아, 인도

수컷

자란 애벌레

둥지

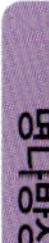

흰띠들풀나방(풀나방과) *Spoladea recurvalis* (Fabricius, 1775)

어른벌레

자란 애벌레

생김새 몸길이 17mm 안팎(날개 길이 23mm 안팎)으로 머리는 옅은 갈색이고 불규칙한 갈색 무늬가 있다. 등방패는 옅은 황갈색, 양 가장자리에 검은 점이 있다. 몸통은 반투명해 보이는 풀색으로, 등선 부분이 조금 색이 짙다. 자모 받침은 몸 색과 거의 같다. 등밑선, 숨문선, 숨문밑선이 흰 띠로 보인다.

습성 잎을 엮고 그 속에서 여러 마리가 함께 살아간다. 가을에 개체수가 늘어난다.

서식지 풀밭, 마을, 해안

발생 5~11월(어른벌레 6~11월, 연 수회)

먹이식물 맨드라미, 비름, 명아주, 시금치, 근대, 풀밭(비름과 Amaranthaceae), 이 밖에 박과 Cucurbitaceae

분포 한국(전국), 일본, 타이완, 중국, 동남아시아, 호주, 유럽, 북미

버들들풀나방(풀나방과) *Patania ultimalis* (Walker, 1859)

암컷

생김새 몸길이 20mm 안팎(날개 길이 30mm 안팎)으로 머리는 납작하며 위에서 보면 오각형에 가깝고, 테두리가 검다. 윗입술과 머리 중앙이 우윳빛이다. 등방패는 옅은 우윳빛이나 몸통과 차이가 없다. 몸통은 마디가 조금 들어간 꽈배기풍선 모양으로 광택이 있는 풀색이다.

습성 가지 끝의 잎을 토한 실로 엮고, 그 속에서 산다.

서식지 갯가, 강가

발생 8~9월(어른벌레 8월, 불명)

먹이식물 버드나무(버드나무과 Saliceae)

분포 한국(중부), 일본, 중국, 타이완, 동남아시아, 인도, 스리랑카, 호주

비고 허운홍(2012: 488)의 미해결종은 바로 이 종이다.

중간 애벌레

자란 애벌레

둥지

갈참나무들풀나방(풀나방과) *Patania balteata* (Fabricius, 1798)

암컷

생김새 몸길이 25mm 안팎(날개 길이 28mm 안팎)으로 머리는 어릴 때 검지만 자라면 적갈색으로 변한다. 몸통은 크림색으로 반짝인다. 등방패는 옅은 갈색이다. 자모는 길고, 그 받침은 두드러진다.

습성 처음에는 잎 끝을 주머니 모양으로 포개 그 속에서 지내다가 점차 여러 잎을 엮어 그 속에서 번데기가 된다. 둥지 안에는 배설물이 꽉 차있는 경우가 많다. 애벌레로 겨울을 난다.

서식지 활엽수림, 마을

발생 6~11월(어른벌레 5~9월, 연 2~3회)

먹이식물 붉나무(옻나무과 Anacardiaceae)

분포 한국(전국), 일본, 중국, 타이완, 동남아시아, 네팔, 인도, 스리랑카, 호주, 유럽 남부

비고 다음 종과 어른벌레와 애벌레의 모습이 닮아 구별이 쉽지 않다. 자란 애벌레가 붉고, 어른벌레의 앞날개 중실 바깥의 점이 크면 이 종이고, 날개 외연만 짙으면 다음 종이다.

자란 애벌레

번데기

둥지

가두리들풀나방(풀나방과) *Pantania punctimarginalis* (Hampson, 1896)

암컷

생김새 몸길이 20mm 안팎(날개 길이 25mm 안팎)으로 머리는 반짝이는 검은색이고, 등방패는 검다. 몸은 반짝이는 반투명한 옅은 풀색이다. 몸통은 위에서 보면 마디가 잘록하여 울퉁불퉁하다. 항문위판은 옅은 풀색이다. 겨울을 날 때에는 몸이 줄고, 풀색을 머금은 흰색으로 변하며, 각 마디에 자모 받침이 두드러진다.

습성 잎을 담배처럼 말아 붙이고, 그 속에서 지내는데, 똥이 꽉 찬다. 애벌레로 겨울을 난다.

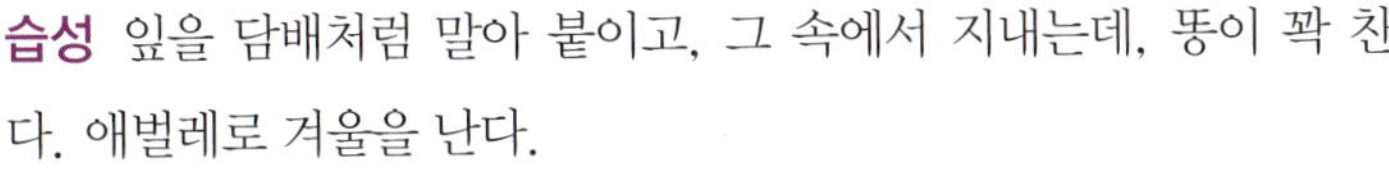

자란 애벌레

월동 애벌레

둥지

서식지 경작지, 풀밭, 마을

발생 6~11월(어른벌레 5~9월, 연 2회)

먹이식물 칡(콩과 Fabaceae)

분포 한국(전국), 일본, 중국, 타이완, 말레이시아, 인도네시아, 인도

콩잎말이들풀나방(풀나방과) *Pantania ruralis* (Scopoli, 1763)

생김새 몸길이 20mm 안팎(날개 길이 24~27mm)으로 머리는 어릴 때 황갈색이다가 자라면 반짝이는 미색이 된다. 몸은 반짝이는 반투명한 옅은 청록색이다. 위에서 보면 몸통은 마디가 잘록하여 울퉁불퉁해 보인다. 항문위판은 옅은 풀색이다.

습성 잎을 담배처럼 말아 붙이고, 그 속에서 지내는데, 똥이 꽉 차 있다. 애벌레로 겨울을 난다.

서식지 활엽수림, 경작지, 마을

발생 6~11월(어른벌레 5~9월, 연 2회)

먹이식물 칡(콩과 Fabaceae), 모시풀(쐐기풀과 Urticaceae)

분포 한국(전국), 일본, 중국, 타이완, 러시아 극동지역~유럽

암컷

어린 애벌레

자란 애벌레

몸노랑들풀나방(풀나방과) *Patania chlorophanta* (Butler, 1878)

생김새 몸길이 23mm 안팎(날개 길이 25mm 안팎)으로 머리는 반짝이는 갈색이고, 흑갈색 무늬가 있다. 등방패는 검고 반짝이며, 가운데가 갈라진다. 몸통은 반짝이는 풀색으로 반투명하며, 군데군데 짙은 풀색을 띤다. 가슴 등 위의 자모 받침은 검고 도드라지나 배에서는 보이지 않는다.

습성 잎을 담배처럼 말아 붙이고, 그 속에서 살아가는데, 똥이 가득 차 있으나 비교적 건조한 편이다. 겨울나기에 대해 알려진 것이 없다.

서식지 활엽수림

수컷

발생 6~7월, 9월(어른벌레 6~9월, 연 2회)

먹이식물 자작나무과 Betulaceae, 참나무과 Fagaceae, 장미과 Rosaceae, 물푸레나무과 Oleaceae

분포 한국(전국), 일본, 중국, 타이완, 러시아 극동지역

자란 애벌레

둥지

네눈들풀나방(풀나방과) *Patania quadrimaculalis* (Kollar et Redtenbacher, 1844)

생김새 몸길이 24mm 안팎(날개 길이 28mm 안팎)으로 머리는 등 갈색 또는 옅은 갈색이고, 몸통은 반투명해 보이는 옅은 풀색이다. 자모는 길다. 자모 받침은 옅은 갈색으로 발달한다. 항문 위판은 옅은 갈색이다. 다음 종과의 차이가 크지 않다.

암컷

자란 애벌레

습성 잎 끝을 말고 그 속에서 지내다가 커지면 여러 장을 한꺼번에 만다.

서식지 풀밭, 마을, 하천

발생 7~10월(어른벌레 6~9월, 연 2~3회)

먹이식물 딸기류(장미과 Rosaceae), 풀거북꼬리(쐐기풀과 Urticaceae)

분포 한국(전국), 일본, 중국, 타이완, 동남아시아, 인도

애기네눈들풀나방(풀나방과) *Patania inferior* (Hampson, 1898)

생김새 몸길이 20mm 안팎(날개 길이 26mm 안팎)으로 머리는 등갈색 또는 옅은 갈색이고, 몸통은 반투명해 보이는 옅은 풀색이다. 자모는 긴 편이고 성글다. 등방패 좌우에 검은 점이 있는데, 어릴 때에는 각 가슴 좌우에도 검은 점이 있다. 항문위판은 옅은 갈색이다.

암컷

습성 잎의 끝을 조금 말고 그 속에서 지내는데, 이따금 잎 옆을 말기도 한다. 커지면 여러 장을 한꺼번에 말아 그 속에서 지낸다.

서식지 경작지, 풀밭, 마을, 하천, 강

발생 7~10월(어른벌레 6~9월, 연 2~3회)

먹이식물 거문딸기, 산딸기(장미과 Rosaceae)

분포 한국(중·남부, 제주도), 일본, 중국, 타이완, 러시아 극동지역

비고 네눈들풀나방의 어른벌레보다 조금 작고 뒷날개 중앙의 흰 무늬가 조금 다른 외에는 거의 차이가 없다.

자란 애벌레

둥지

복숭아들풀나방(복숭아명나방, 풀나방과) *Conogethes punctiferalis* (Guenée, 1854)

생김새 몸길이 20~25mm(날개 길이 25mm 안팎)으로 머리는 반짝이는 흑갈색이다. 몸통은 분홍색 또는 크림색이고, 자모 받침이 원모양으로 조금 넓고, 갈색이다. 등방패는 흑갈색으로 2개의 L의 자모 받침은 짙은 흑갈색이다.

수컷

습성 복숭아의 과육에 굴을 파고 속을 파먹는다. 이때 처음 들어간 부분이 똥과 함께 과즙이 걸쭉한 진처럼 나온다. 마른 열매 속에서 애벌레 상태로 겨울을 난다.

서식지 과수원, 활엽수림, 하천, 마을

발생 연중(어른벌레 6~9월, 연 2~3회)

먹이식물 복숭아나무(장미과 Rosaceae), 밤나무(참나무과 Fagaceae), 실거리나무(콩과 Fabaceae)

분포 한국(전국), 일본, 중국, 타이완, 동남아시아, 네팔, 인도, 호주

비고 밤과 복숭아나무의 해충이다.

중간 애벌레

자란 애벌레

둥지

소나무들풀나방(풀나방과) *Conogethes pinicolalis* (Inoue et Yamanaka, 2006)

생김새 몸길이 20~25mm(날개 길이 25mm 안팎)으로 머리는 갈색이고, 몸통은 옅은 풀색을 띤 회갈색이다. 몸 옆에 작은 점들이 불규칙하게 퍼져 있다. 다리는 옅은 갈색이다. 등방패와 자모 받침은 몸 색과 같으며, 자모는 길다.

습성 소나무의 잎을 실과 똥으로 엮은 속에서 산다. 이들이 붙은 부분의 잎들은 붉은색으로 변한다. 잎도 먹지만 솔방울도 먹는다. 자란 애벌레는 사진처럼 비교적 두터운 실로 엮은 속에서 번데기가 된다. 어린 애벌레가 겨울을 난다.

서식지 침엽수림

발생 연중(어른벌레 6~9월, 연 2~3회)

먹이식물 소나무(소나무과 Pinaceae)

분포 한국(전국), 일본, 중국, 태국

비고 소나무의 해충이다. 앞 종과 이 종의 유전자 연구는 Jeong et al.(2021)의 논문이 있다.

수컷

자란 애벌레

번데기

사육(전남대)

닥나무들풀나방(풀나방과) *Glyphodes pryeri* Butler, 1879

생김새 몸길이 25mm 안팎(날개 길이 25mm 안팎)으로 머리와 등방패는 반짝이는 연노랑색이다. 몸통은 매끈매끈해 보이며, 회녹색으로, 등선이 가늘게 풀색인 외에는 숨문 위로 회백색이 넓게 배 끝까지 이어진다. 등방패 좌우와 가슴 좌우에 각각 1쌍씩 검은 점이 나타난다.

습성 잎 뒤의 일부를 집듯이 묶어 그 속에서 산다. 자란 상태로 겨울을 난다.

서식지 경작지, 마을

발생 5~9월(어른벌레 5~9월, 연 2~3회)

먹이식물 뽕나무, 닥나무(뽕나무과 Moraceae)

분포 한국(전국), 일본, 중국, 러시아 극동지역

수컷

261

어린 애벌레

중간 애벌레

자란 애벌레

노란닥나무들풀나방(풀나방과) *Glyphodes formosanus* (Shibuya, 1928)

수컷

생김새 몸길이 25mm 안팎(날개 길이 25mm 안팎)으로 앞 종과 닮아 구별하기 어렵다. 다만 몸 색이 회백색인 앞 종과 달리 흰색에 더 가까운 점과 머리에 붉은 무늬가 조금 띠는 점에서 차이점을 확인하였지만 앞으로 더 확인할 필요가 있다.

습성 앞 종과 거의 같다.

서식지 활엽수림

발생 6~9월(어른벌레 7월, 9월, 연 2회로 추정)

먹이식물 뽕나무, 닥나무(뽕나무과 Moraceae)

분포 한국(중 · 남부), 일본, 타이완

비고 양 종의 어른벌레의 차이는 뒷날개 중실의 무늬가 다르다.

어린 애벌레

중간 애벌레

중간 애벌레

뽕나무들풀나방(풀나방과) *Glyphodes pyloalis* Walker, 1859

수컷

생김새 몸길이 22mm 안팎(날개 길이 25mm 안팎)으로 어린 애벌레는 반투명한 연미색이다. 자라면 머리가 옅은 갈색에서 노란색으로, 머리 위에 검은 잔 점이 일렬로 배열한다. 등방패는 머리색과 같다. 몸은 풀색의 등선이 짙고, 둘레가 흰 검은 자모 받침이 일렬로 배열한다. 항문위판은 옅은 녹갈색이다. 닮은 종인 띠무늬들풀나방보다 조금 크고, 가슴과 제8~9배마디의 검은 자모 받침이 덜 발달한다.

습성 새 잎을 쭈글쭈글하게 실로 엮은 속에서 지내다가 어느 정도 자라면 잎맥 부분을 조금 오므리고 실을 해먹처럼 친 후 그 속에서 지낸다. 번데기도 그 속에서 발견된다.

서식지 마을, 경작지, 활엽수림

발생 5월, 7~10월(어른벌레 4~9월, 연 3~4회)

먹이식물 뽕나무(뽕나무과 Moraceae)

분포 한국(전국), 일본

중간 애벌레

자란 애벌레

띠무늬들명나방(*Glyphodes duplicalis* Inoue, Munroe & Mutuura, 1981)

큰노랑들풀나방(풀나방과) *Pagyda ochrealis* (Wileman, 1911)

생김새 몸길이 26mm 안팎(날개 길이 28~34mm)으로 머리는 반짝이는 유백색이고 무늬가 없다. 몸통은 전체가 가늘고 길며, 마디가 잘록하다. 자모 받침은 거의 눈에 띄지 않아 매끈하며, 몸이 유백색이다가 자랄수록 점차 풀색이 짙어진다.

습성 잎 뒤에 있으며 입에서 흰색의 실을 뽑아 잎을 오므린 상태에서 실 밑에 자리한다. 건드리면 머리와 가슴 부위를 구부려 '7'자 모양이 된다. 잎 뒤에서 번데기가 된다.

서식지 경작지, 하천, 마을

발생 8~9월(어른벌레 6~8월, 연 1회)

먹이식물 오동나무(오동나무과 Paulowniaceae)

분포 한국(중·남부), 일본

암컷

중간 애벌레

자란 애벌레

애벌레 위치

들깨잎말이들풀나방(풀나방과) *Pyrausta phoenicealis* (Hübner, 1818)

생김새 몸길이 12~16mm(날개 길이 12~18mm)로 머리는 옅은 등색이고 짙은 점들이 퍼져 있다. 몸통은 옅은 풀색이나 등선에 적자색의 띠가 생기기도 한다. 등밑선은 옅은 갈색, 적갈색을 띤다. 자모는 짧지만 자모 받침은 검어서 잘 눈에 띈다. 숨문 아래의 자모 받침은 옅은 갈색으로 덜 눈에 띈다.

습성 먹이식물의 새싹을 실로 엮고 그 안에서 살아간다.

서식지 풀밭, 마을

발생 7~10월(어른벌레 6~9월, 연 수회)

먹이식물 들깨(꿀풀과 Lamiaceae)

분포 한국(중부 이남), 일본, 중국, 타이완, 동남아시아, 네팔, 인도, 호주, 북미, 남미

비고 들깨의 해충이지만 대부분의 지역에서는 농약을 살포하므로 보기 어렵다. 가을에 개체수가 늘어난다.

암컷

자란 애벌레(붉은색)

자란 애벌레(풀색)

검정각시들풀나방(풀나방과) *Pyrausta fuliginata* Yamanaka, 1978

생김새 몸길이 17mm 안팎(날개 길이 18mm 안팎)으로 머리는 주황색, 몸통은 파란 기가 있는 회녹색이다. 등밑선에 2쌍의 검은 자모 받침이 뚜렷한데, 특히 등방패와 가슴에서 굵고 뚜렷하다. 자라면 몸 전체가 붉게 변한다.

습성 실로 새 잎과 꽃봉오리 부분을 쭈글쭈글하게 만든 후, 그 속에서 지낸다. 일부러 가지를 잘라 잎이 시들게 한다. 번데기도 그 속에서 발견된다.

서식지 경작지, 마을, 풀밭

발생 7월, 9~10월(어른벌레 5~9월, 연 2회)

먹이식물 들깨, 향유, 쥐깨풀(꿀풀과 Lamiaceae)

분포 한국(중부 이남), 일본

암컷

자란 애벌레

피해 부분

분홍무늬들풀나방(풀나방과) *Ostrinia palustralis* (Hübner, 1796)

생김새 몸길이 28mm 안팎(날개 길이 30~40mm)으로 머리는 반짝이는 흑갈색이고, 제5개안은 작다. 등방패는 짙은 적갈색으로 반짝인다. 몸통은 적갈색을 머금은 유백색이다. 자모 받침은 굵고 뚜렷하며 검다.

수컷

습성 한꺼번에 낳아진 알들에서 부화한 애벌레는 뿌리 근처로 이동하여 처음에는 잎을 먹다가 어느 정도 자라면 줄기 속에서 굴을 뚫듯이 파고든다.

서식지 풀밭, 습지

발생 6~9월(어른벌레 5~9월, 연 2회)

먹이식물 소리쟁이(마디풀과 Polygonaceae)

분포 한국(전국), 일본, 중국, 러시아 극동지역~유럽

어린 애벌레

중간 애벌레

자란 애벌레

Ostrinia sp.(풀나방과)

생김새 앞 종과 닮으나 몸이 미색이고, 몸통의 자모 받침은 덜 두드러진다. 앞 종을 포함한 *Ostrinia*속의 어른벌레와 애벌레로 분류하는 것은 매우 어렵다.

습성 수확하지 못한 옥수수를 관찰하다가 밖으로 똥 부스러기가 보였다. 옥수수의 중심에 애벌레가 위

치한다.

서식지 경작지

발생 9월

먹이식물 옥수수(벼과 Poaceae)

분포 한국(중부)

중간 애벌레

자란 애벌레

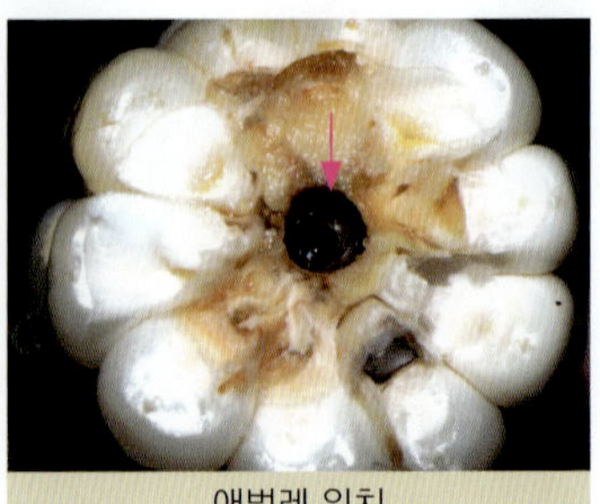
애벌레 위치

끝무늬들풀나방(풀나방과) *Pycnarmon pantherata* (Butler, 1878)

수컷

생김새 몸길이 20mm 안팎(날개 길이 23mm 안팎)으로 어릴 때에는 별 무늬 없이 투명해 보이는 풀색이나 몸통에 갈색이 비친다. 자랄 수록 머리는 흑갈색 무늬가 개안 부위와 윗입술에서 보이고, 정수리 양쪽에 갈색 줄이 있다. 등방패 양쪽으로 짧고 검은 선이 눈에 띈다.

습성 잎 2장을 포개고 그 사이에서 아래 잎을 먹으며 살아간다. 자란 애벌레는 잎 일부를 제 몸보다 조금 크게 잘라 빈틈없이 붙인 채 그 속에서 번데기가 된다.

서식지 참나무 숲

발생 8~9월(어른벌레 6~8월, 연 1회)

먹이식물 참나무류(참나무과 Fagaceae)

분포 한국(중 · 남부, 제주도), 일본, 중국, 타이완

중간 애벌레

자란 애벌레

연보라들풀나방(풀나방과) *Agrotera nemoralis* (Scopoli, 1763)

수컷

생김새 몸길이 15mm 안팎(날개 길이 18mm 안팎)으로 머리와 등방패는 반짝이는 주황색이다. 몸통은 가늘고 길며, 마디 부분이 조금 들어가며, 반투명한 옅은 풀색을 띠는데, 자랄수록 색이 짙어진다.

습성 잎을 겹치듯 붙이고 그 속에서 지낸다. 처음에는 잎살만 먹다가 점차 잎맥만 남긴 채 먹는다. 그 속에서 번데기가 된다.

서식지 활엽수림

발생 6월, 8~9월(어른벌레 5~9월, 연 2회)

먹이식물 참나무류(참나무과 Fagaceae), 물박달나무(자작나무과 Betulaceae)

분포 한국(내륙), 일본, 중국, 러시아 극동지역~유럽

비고 이 종과 닮은 *Agrotera posticalis* Wilemann, 1911은 이 종의 동종이명이다.

중간 애벌레

자란 애벌레

애벌레 위치

애물결들풀나방(풀나방과) *Anania vicinalis* (South in Leech et South, 1901)

수컷

생김새 몸길이 20mm 안팎(날개 길이 24mm 안팎)으로 머리는 살구색이고 갈색 무늬가 조금 있다. 등방패 양쪽에 검은 띠가 있다. 몸통은 옅은 풀색으로, 등선이 흰색이다. 등밑선에 굵고 검은 자모 받침이 있고, 흰 자모가 나온다.

습성 어릴 때, 실로 새싹을 싸매고 먹다가 점차 커지면 잎 뒤로 옮긴다.

자란 애벌레

둥지

서식지 활엽수림 가장자리, 계곡

발생 5~9월(어른벌레 5~9월, 연 수회)

먹이식물 어수리, 구릿대, 바디나물(미나리과 Apiaceae), 오갈피나무(두릅나무과 Araliaceae)

분포 한국(남부, 제주도), 일본, 중국, 러시아 극동지역, 타이완

네줄들풀나방(풀나방과) *Pagyda quinquelineata* Hering, 1903

암컷

생김새 몸길이 18mm 안팎(날개 길이 15~20mm)으로 머리는 옅은 주홍색이고 적갈색의 복잡한 무늬가 있다. 각 가슴에는 등밑선 부분에 작고 뚜렷한 점들이 한 쌍씩 있다. 몸통은 백록색으로 각 마디가 조금 밝다. 숨문윗선은 흰색이고, 그 아래가 위보다 조금 밝다. 자모는 옅은 노란색이다.

습성 자라면 잎맥만 남기고 모조리 먹는다. 잎 뒤나 잎 사이에서 흰 막을 친 속에서 번데기가 되는데, 이 막은 구멍이 송송 나 있다.

서식지 활엽수림, 관목림

발생 7~8월(어른벌레 7~9월, 연 2회)

먹이식물 작살나무(마편초과 Verbenaceae)

분포 한국(남부, 제주도), 일본, 중국

자란 애벌레

번데기가 되기 직전의 애벌레

몸긴네줄들풀나방(풀나방과) *Pagyda quadrilineata* Butler, 1881

암컷

생김새 몸길이 25mm 안팎(날개 길이 27mm 안팎)으로 머리는 옅은 갈색이고, 갈색 무늬가 있다. 등방패와 색이 같은 몸통은 풀색을 띤 연미색으로 등밑선과 숨문선에 각각 2쌍씩 검은 자모 받침이 뚜렷하다. 흰 자모는 길다.

습성 잎 뒤에 위치하며, 많이 먹으면 잎이 헤지듯이 보이며, 관상에 좋지 않다.

서식지 마을, 낮은 산지

발생 7~9월(어른벌레 6~9월, 연 2~3회)

먹이식물 작살나무(마편초과 Verbenaceae)

분포 한국(전국), 일본, 중국, 타이완

비고 이 종의 어른벌레의 앞날개 아외연선은 반듯하고, 가늘며, 뚜렷하다. 아외연선과 외횡선이 후연 가까이에서 가까워지지 않는다.

자란 애벌레

번데기가 되기 직전의 애벌레

금흰줄들풀나방(풀나방과) *Daulia afralis* Walker, 1859

암컷

생김새 몸길이 15mm 안팎(날개 길이 16mm 안팎)으로 머리는 반짝이는 적갈색인데 별다른 무늬가 없다. 등방패에는 갈색 무늬가 조금 보인다. 몸통은 회백색으로 반짝이며, 미세한 검은 점처럼 자모받침이 보인다.

습성 야고의 꽃봉오리를 파먹으며, 몸집이 커져야 잘 발견된다. 겨울나기 등 생태에 관해 밝혀진 내용이 아직 없다.

서식지 억새가 많은 오름과 목장 주변

발생 9~10월(어른벌레 7~9월, 연 수회)

먹이식물 야고(열당과 Orobanchaceae)

분포 한국(제주도), 일본, 중국, 타이완, 동남아시아, 인도

비고 야고는 억새에 기생하는 식물로 제주도와 남해안 일대에 분포한다. 이 종은 Kim et al.(2012)이 우리나라에서 처음 발표하였다.

자란 애벌레

속을 파먹는 애벌레

야고(먹이식물)

장미색들풀나방(풀나방과) *Patania harutai* (Inoue, 1955)

생김새 몸길이 30mm 안팎(날개 길이 35mm 안팎)으로 머리는 반짝이는 적갈색이고, 등방패는 검은색이다. 몸통은 풀색이 도는 연미색 바탕이다. 등에 있는 자모 받침은 어릴 때, 거무튀튀하게 넓게 보이나 커지면서 몸색과 같아져 보이지 않게 된다. 자모는 짧은 편으로 흰색이다.

습성 잎을 돌돌 말아 그 속에 위치하며, 속을 먹으며, 똥도 차게 된다. 손으로 뜯으려면 실로 칭칭 맨 상태인 것을 알 수 있으며, 잎자루도 단단히 매어 있다.

서식지 활엽수림 가장자리

발생 7~9월(어른벌레 6~8월, 연 2회)

먹이식물 단풍나무(무환자나무과 Sapindaceae), 쪽동백나무(때죽나무과 Styracaceae)

분포 한국(내륙), 일본, 중국, 러시아 극동지역

암컷

번데기

중간 애벌레

번데기가 되기 직전의 애벌레

애벌레 위치

혹들풀나방(혹명나방, 풀나방과) *Cnaphalocrocis medinalis* (Guenée, 1854)

생김새 몸길이 18mm 안팎(날개 길이 18mm 안팎)으로 머리는 옅은 적갈색이고, 가느다란 갈색 줄무늬가 있다. 몸통은 갈색을 머금은 흰색으로 반투명해 보인다. 등방패는 머리보다 조금 옅고, 등밑선에 가느다란 갈색 띠가 있다. 자모 받침은 발달하고 그 둘레의 색이 짙다.

습성 어릴 때에는 잎살만 먹어 잎의 표피층이 남다가 자라면 위부터 수직으로 갉아먹는다. 둥글게 말린 잎 사이에서 번데기가 된다. 중부 이북에서 겨울나기가 어려운 것으로 보인다.

서식지 풀밭, 농경지

발생 8~9월(어른벌레 7~10월, 연 수회)

먹이식물 벼, 밀 등(벼과 Poaceae)

수컷

분포 한국(전국), 일본, 중국, 타이완, 동남아시아~호주

비고 벼와 밀의 해충이다. 일본에서는 이 종이 중국에서 날아오는 것으로 여긴다. 애벌레의 수가 많아지면 잎이 상해 벼의 결실률이 떨어진다.

자란 애벌레

먹은 흔적

얼룩들풀나방(풀나방과) *Bocchoris aptalis* (Walker, 1866)

생김새 몸길이 17mm 안팎(날개 길이 18~23mm)으로 머리와 등방패는 반짝이는 옅은 주황색이다. 몸통은 짧고 굵은 편으로 등선이 짙은 갈색이고 나머지는 주황색을 띤 우윳빛이다. 제10배마디는 배설물 때문에 늘 색이 검게 보인다.

습성 잎을 담배처럼 말고 그 속에서 지내며 잎살을 먹고 자란다. 이밖의 자세한 생태 과정을 관찰하지 못했다. 먹이식물에는 독성이 있다.

암컷

서식지 풀밭, 농경지

발생 7~8월(어른벌레 5~9월, 연 2회)

먹이식물 나도은조롱(협죽도과 Apocynaceae)

분포 한국(남부, 제주도), 중국, 타이완, 인도

비고 지금까지 이 종의 학명으로 *Sameodes aptalis* (Walker, 1866)가 쓰였다.

자란 애벌레

애벌레 머리

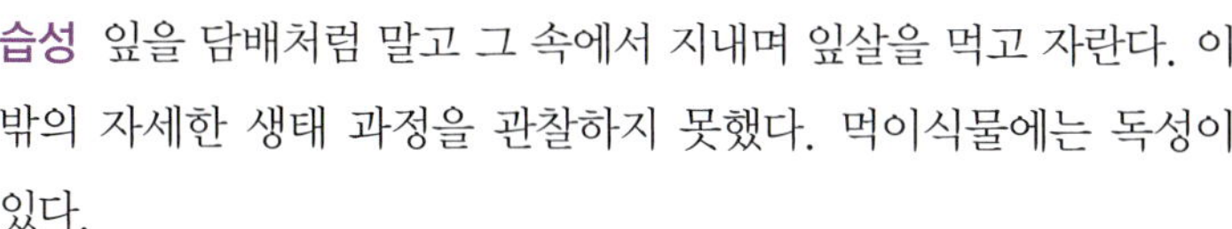
둥지

줄검은들풀나방(풀나방과) *Tyspanodes hypsalis* Warren, 1891

생김새 몸길이 29mm 안팎(날개 길이 26mm 안팎)으로 머리는 노란
색이 감도는 풀색으로 반짝인다. 몸통은 마디가 줄어들어 울퉁불퉁
하며, 풀색으로 반투명해 보이는데, 자랄수록 색이 짙어진다. 등방
패와 등밑선에 작고 검은 점이 있다. 숨문은 붉다. 자모는 듬성듬성
있고, 자모 받침은 거의 눈에 띄지 않는다.

습성 잎을 위아래로 바짝 붙이고 그 속에서 사는데, 주로 위의 잎을
먹어 위에서 보면 그 부분이 갈색으로 변한다. 그 속에서 번데기가 된다.

서식지 활엽수림 가장자리

발생 8~9월(어른벌레 5~9월, 연 2회)

먹이식물 고추나무, 말오줌때(고추나무과 Staphyleaceae)

분포 한국(울릉도를 뺀 전국), 중국, 타이완

비고 닮은 종으로 꽃날개들풀나방[*Tyspanodes striata* (Butler, 1879)]이 있으며, 애벌레의 생김새 차이가
적다.

암컷

어린 애벌레

자란 애벌레

둥지

구름무늬들풀나방(풀나방과) *Tylostega tylostegalis* (Hampson, 1900)

생김새 몸길이 15mm 안팎(날개 길이 17mm 안팎)으로 머리는 살구
색이고 별 무늬가 없다. 등방패는 몸 색처럼 풀색을 띠고 양쪽에 검
은 점이 있다. 몸통은 밋밋하고 자모 받침도 거의 눈에 띄지 않는다.
자모는 흰색으로 겨우 눈에 띄는 정도이다.

습성 잎을 맞붙이고 그 사이에서 살며, 한쪽 면을 먹어 사진처럼 그
부분의 색이 변한다. 번데기가 되려면 잎을 타원형으로 잘라 틈 없
이 붙인다.

서식지 활엽수림

발생 6~8월(어른벌레 5~7월, 연 2회)

먹이식물 느티나무, 느릅나무(느티나무과 Ulmaceae)

분포 한국(내륙), 일본, 중국, 러시아 극동지역, 타이완

수컷

자란 애벌레

번데기가 되기 직전의 애벌레

둥지

은빛들풀나방(풀나방과) *Cirrhochrista brizoalis* (Walker, 1859)

생김새 몸길이 17mm 안팎(날개 길이 20mm)으로 머리는 반짝이는 갈색이다. 등방패는 적갈색 바탕에 양쪽으로 검은 띠가 있다. 몸통은 짧고 굵은 편으로, 유백색으로 갈색을 띤다. 등밑선과 숨문밑선에 굵고 검은 자모 받침이 생기는데, 덜 뚜렷하다. 가슴다리는 갈색이다.

습성 과실 속에서 과육을 먹으며 자란다. 애벌레로 겨울을 나는 것으로 보인다.

서식지 상록수림

발생 6~10월 초(어른벌레 5~9월, 연 수회)

먹이식물 천선과나무(뽕나무과 Moraceae)

분포 한국(남부 섬, 제주도), 일본, 중국, 타이완, 동남아시아, 오스트레일리아

암컷

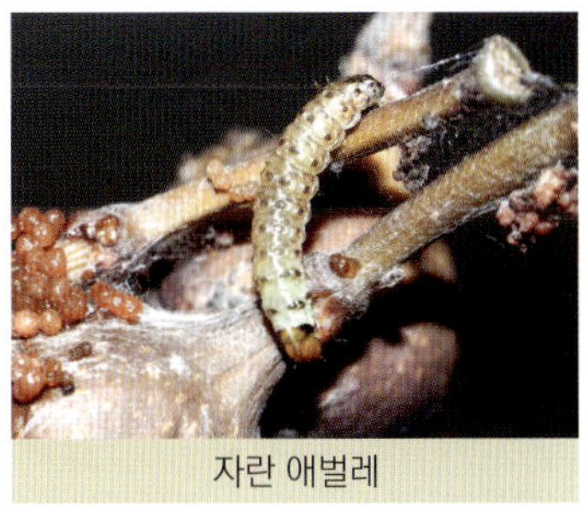
자란 애벌레

둥지

큰각시들풀나방(풀나방과) *Talanga quadrimaculalis* (Bremer et Grey, 1853)

생김새 몸길이 26mm 안팎(날개 길이 30~37mm)으로 머리는 살구색이고 어릴 때 색이 밝다. 배가 가슴보다 굵은 편이다. 몸통은 반짝이는 백록색이다. 등방패와 가슴다리와 배다리는 조금 노랗다. 자모는 옅은 노란색, 자모 받침은 옅은 갈색이나 가슴에 나타나는 검은 점 외에는 뚜렷하지 않다.

수컷

습성 잎을 접거나 잘라 붙이고 그 사이에서 산다. 잎을 먹으면 잘린 면에서 식물의 유액이 흘러나온다.

서식지 풀밭, 경작지, 하천

발생 8~10월 초(어른벌레 5~9월, 연 2회)

먹이식물 박주가리(협죽도과 Apocynaceae)

분포 한국(내륙), 일본, 중국, 러시아 극동지역

중간 애벌레

자란 애벌레

둥지

울릉노랑들풀나방(풀나방과) *Cotachena alysoni* Whalley, 1961

생김새 몸길이 16mm 안팎(날개 길이 20mm 안팎)으로 머리는 반짝이는 황갈색이다. 몸통은 풀색을 띤 옅은 갈색으로 반투명해 보이며 별 무늬가 없다. 등방패는 머리색과 닮는다. 등선이 짙은 풀색으로 뚜렷한 편이고, 몸에는 희고 짧은 자모가 듬성듬성 난다. 닮은 종 검은노랑들풀나방(*C. brunnealis*)와의 차이는 아직 밝히지 못했다.

암컷

자란 애벌레

검은노랑들풀나방(신칭, *C. brunnealis*)

습성 잎을 말아 자루 모양으로 만들고 그 안에서 처음에는 잎살을 먹고 자라지만 나중에 잎맥만 남기고 먹어치운다. 그 속에서 번데기가 된다.

서식지 활엽수림, 마을

발생 6~7월, 9월(어른벌레 5월 말~9월, 연 2회)

먹이식물 팽나무(삼과 Cannabaceae), 돌뽕나무(뽕나무과 Moraceae)

분포 한국(중부 이남), 일본, 중국, 말레이시아, 네팔, 인도

비고 닮은 종인 흰무늬노랑들풀나방[*C. pubescens* (Warren, 1892)]이 우리나라에 분포하는지 의심스럽고, *C. brunnealis* Yamanaka, 2001는 애벌레가 팽나무를 먹는다.

등심무늬들풀나방(풀나방과) *Nomophila noctuella* (Denis et Schiffermüller, 1775)

생김새 몸길이 15mm 안팎(날개 길이 22~26mm)으로 머리는 검고 반짝인다. 등방패는 중간이 회갈색이

고 좌우로 검은색이다. 몸통은 흑갈색이고 갈색인 부분도 있다. 자모 받침은 발달하고, 검다.

습성 사육할 때 애벌레는 새싹을 싸매듯 둥글게 말고 그 속에서 지내는데, 실제로는 뿌리 부근에서 입에서 토한 실로 엮고, 뿌리를 먹는다. 어릴 때 몸을 동그랗게 만다. 먹이식물이나 바위틈에서 번데기가 되며, 번데기로 겨울을 난다.

서식지 풀밭, 농지, 마을

발생 6~7월, 9월(어른벌레 5~9월, 연 2~3회)

먹이식물 쑥(국화과 Asteraceae) 등

분포 한국(전국), 일본, 중국, 타이완 등 전 세계

비고 직접 확인한 먹이식물로는 쑥밖에 없지만 문헌에 따르면 콩과, 소나무과, 마디풀과, 배추과, 벼과 등 매우 다양하다. 이 때문에 세계에 넓게 분포하는 것으로 보인다.

어른벌레

어린 애벌레

자란 애벌레

뒷노랑검은테들풀나방(풀나방과) *Uresiphita gilvata* (Fabricius, 1794)

생김새 몸길이 30mm 안팎(날개 길이 24~29mm)으로 머리와 가슴다리는 반짝이는 검은색이거나 흑갈색이다. 등방패는 가운데가 갈라진 검은색이다. 몸은 옅은 풀색 또는 연두색을 띠는데, 등 부분이 노란 기가 강하다. 자모는 흰색, 받침은 크게 발달하며, 반짝이는 검은색이다. 배다리는 옅은 갈색으로 길다.

암컷

습성 잎을 솜처럼 실로 엮고 그 속에서 무리 짓는다. 자라면 그 속에서 번데기가 되는데, 겨울을 날 때에는 땅속으로 들어가 번데기가 된다.

자란 애벌레

둥지

서식지 풀밭, 농지, 마을

발생 6~7월, 9월(어른벌레 5~9월, 연 3회)

먹이식물 고삼(콩과 Fabaceae)

분포 한국(중부), 일본, 중국

비고 애벌레가 고삼들풀나방과 닮으나 머리의 색이 다르고, 자모 받침이 이 종이 훨씬 도드라진다.

흰무늬들풀나방(풀나방과) *Uresiphita tricolor* (Butler, 1879)

생김새 몸길이 20mm 안팎(날개 길이 22mm 안팎)으로 머리와 등방패는 갈색이다. 몸통은 반투명하여, 도드라져 보이는 자모 받침이 옅은 갈색이다. 가슴다리와 배다리는 긴 편이다.

습성 잎 주맥을 중심으로 양 가장자리를 붙여 풍선처럼 만들고 그 속에서 산다. 가끔 여러 잎을 엮기도 한다. 표피만 남기고 잎살을 먹는다.

서식지 활엽수림

발생 7월, 9월(어른벌레 5~6월, 8월, 연 2회)

먹이식물 빈도리, 말발도리(수국과 Hydrangeaceae)

분포 한국(내륙), 일본, 중국, 타이완, 러시아 극동지역

암컷

자란 애벌레

둥지

개칭 콩들풀나방(콩명나방, 풀나방과) *Maruca vitrata* (Fabricius, 1787)

생김새 몸길이 15mm 안팎(날개 길이 24~27mm)으로 머리와 등방패는 반짝이는 갈색이다. 몸통은 반투명해 보이는 유백색으로 갈색을 띤다. 자모 받침은 짙은 갈색으로 두드러진다. 특히 D1, D2의 자모 받침이 넓다.

암컷

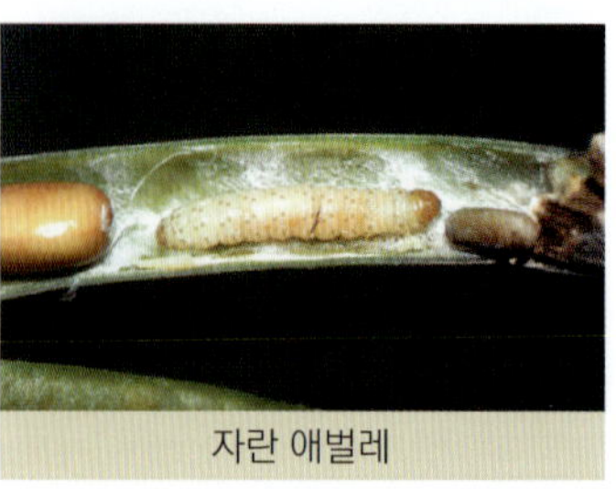

자란 애벌레

습성 팥 또는 콩꼬투리 속에서 덜 익은 열매를 먹고 자란다. 자라면 땅으로 내려와 흙 속에서 번데기가 된다. 애벌레로 겨울을 난다.

서식지 풀밭, 경작지, 해안 등

발생 8월~이듬해 5월(어른벌레 7~10월, 연 수회)

먹이식물 콩, 팥(콩과 Fabaceae)

분포 한국(전국), 일본, 중국, 타이완, 러시아 극동지역, 동남아시아, 네팔, 인도, 호주, 남미, 아프리카

비고 콩과 팥의 해충이다.

세줄꼬마들풀나방(풀나방과) *Omiodes poeonalis* (Walker, 1859)

암컷

생김새 몸길이 18mm 안팎(날개 길이 22mm 안팎)으로 머리는 반짝이는 붉은색이다. 등방패는 탁한 적갈색으로 양쪽에 검은 점이 뚜렷하다. 몸통은 붉은 기가 있는 옅은 풀색으로 반투명해 보인다. 등선 좌우에 흰색을 머금는다. 숨문밑선 아래로 색이 밝다.

습성 잎을 길게 접어 붙이고, 그 속에서 지내며 밖으로 나와 먹으므로 쉽게 이들을 발견할 수 있다.

서식지 활엽수림 가장자리, 해안의 풀밭

발생 7~8월(어른벌레 7~9월, 연 2회)

먹이식물 새(벼과 Poaceae), 도둑놈의갈고리(콩과 Fabaceae)

분포 한국(내륙), 일본, 중국, 동남아시아, 인도, 아프리카 북부

자란 애벌레(위)

자란 애벌레(옆)

둥지

노랑무늬들풀나방(풀나방과) *Goniorhynchus exemplaris* Hampson, 1898

암컷

생김새 몸길이 20mm 안팎(날개 길이 24mm 안팎)으로 머리는 옅은 갈색이며, 흑갈색 무늬가 조금 있고, 개안 주위가 검다. 등방패는 갈색 바탕에 흑갈색 무늬가 있다. 몸통은 흑자색 바탕에 등밑선이 검은 자모 받침이 굵고 뚜렷하다. 숨문밑선 아래로 연미색을 띤다.

습성 잎을 접거나 밀착시켜 그 속에서 잎의 표피만 먹는데, 이 부분이 흰색으로 변한다.

서식지 해안, 상록수림 주변

발생 6~10월(어른벌레 5월 말~9월, 연 수회)

먹이식물 계요등(꼭두서니과 Rubiaceae)

분포 한국(전국), 일본

어린 애벌레

자란 애벌레

둥지

포도들풀나방(풀나방과) *Herpetogramma luctuosalis* (Guenée, 1854)

생김새 몸길이 20mm 안팎(날개 길이 25mm 안팎)으로 머리와 등방패는 반짝이는 검은색이다. 자모는 갈색이다. 몸통은 반투명한 백록색으로, 자모 받침은 옅은 갈색이다. 숨문은 타원형으로 둘레가 검다.

암컷

둥지

습성 잎의 양 가장자리를 끌어 붙여 주맥이 나오도록 풍선처럼 만들고 그 속에서 산다. 잎을 다 먹으면 여러 잎을 엮기도 한다. 바닥에 떨어지면 파드득거리고, 건들면 뒤로 빠르게 후퇴한다.

서식지 활엽수림, 마을, 해안 등

발생 5~10월(어른벌레 5~9월, 연 수회)

먹이식물 포도, 담쟁이덩굴, 머루(포도과 Vitaceae)

분포 한국(전국), 일본, 중국, 타이완, 러시아 극동지역, 동남아시아, 인도

어린 애벌레

자란 애벌레

앞노랑무늬들풀나방(풀나방과) *Herpetogramma rudis* (Warren, 1892)

생김새 몸길이 22mm 안팎(날개
길이 22~29mm)으로 머리는 황
갈색이고 테두리가 검다. 몸은
풀색을 띤 옅은 갈색으로, 등방
패는 가운데가 갈리는 검은색으
로 반짝인다. 또 가운데가슴에

암컷

둥지

도 등방패보다 작지만 검은 무늬가 둥글게 있다. 배에는 별다른 무늬가 없지만 자모 받침이 옅은 갈색으
로 조금 두드러진다.

습성 어릴 때 잎 뒤에서 핥듯이 먹다가, 자라면서 잎을 덧대고 주먹처럼 둥글게 만들어 그 속에서 지
낸다.

서식지 풀밭, 경작지, 하천, 강가

발생 7~9월(어른벌레 6~10월, 연 2~3회)

먹이식물 명아주, 쇠무릎(비름과 Amaranthaceae)

분포 한국(중부 이남), 일본, 중국, 타이완

자란 애벌레

애벌레 위치

Herpetogramma sp.(풀나방과)

생김새 몸길이 17mm 안팎(날개 길이 18mm 안팎)으로 앞 종과 생김
새가 거의 같다. 다만 등방패 좌우의 검은 점은 앞노랑무늬들풀나방
과 다르다.

습성 완전히 파악하지 못했으나 앞 종과 차이가 거의 없다.

서식지 풀밭, 습지

발생 9월(어른벌레 8~10월)

먹이식물 쇠무릎(비름과 Amaranthaceae)

분포 한국(중부)

비고 이 종은 Park et al.(2016)이 기록한 *Herpetogramma stultalis* (Walker, 1859)와 같아 보이며, 잘못 기

암컷

록한 것이다.

자란 애벌레

둥지

신칭 고사리들풀나방(풀나방과) *Herpetogramma okamotoi* Yamanaka, 1976

생김새 몸길이 20mm 안팎(날개 길이 21~24mm)으로 머리는 갈색이고, 제1개안이 가장 크다. 몸통은 풀색을 띠는 옅은 갈색으로, 갈색의 자모 받침이 눈에 띈다. 등방패는 앞노랑무늬들풀나방과 닮으나 가운데가슴 좌우의 검은 점이 희미해서 다르다.

암컷

둥지

습성 음지에 자라는 고사리 잎의 끝을 둥글게 말고, 그 속에서 잎을 먹고 지낸다. 자라면 둥지 안에서 적갈색 번데기가 된다.

서식지 상록수림 가장자리

발생 5~10월(어른벌레 6~9월, 연 수회)

먹이식물 돌토끼고사리(잔고사리과 Dennstaedtiaceae)

분포 한국(제주도), 일본

자란 애벌레

번데기

앞점노랑들풀나방(풀나방과) *Herpetogramma cynaralis* (Walker, 1859)

생김새 몸길이 22mm 안팎(날개 길이 24mm 안팎)으로 머리는 반짝이는 검은색이다. 몸통은 옅은 풀색이지만 앞과 뒷부분이 흰색일 때도 있다. 등방패는 검으나 중앙이 갈라지고 그 부분

수컷

암컷

이 유백색이다. 자모는 길고, 옅은 갈색이다. 자모 받침은 옅은 갈색이다.

습성 아래 사진처럼 잎 끝에서 잎자루까지 돌돌 말고, 그 속을 먹으며 산다. 때때로 여러 장을 엮어 묶기도 한다.

서식지 해안 숲

발생 9월~이듬해 봄(어른벌레 7~8월, 연 1회)

먹이식물 함박이(새모래덩굴과 Menispermaceae)

분포 한국(남부 해안과 섬들, 제주도), 일본, 타이완, 중국, 동남아시아, 네팔, 인도, 스리랑카, 호주

비고 Kim et al.(2012)이 처음 기록하였다.

자란 애벌레

자란 애벌레

둥지

흰얼룩들풀나방(풀나방과) *Pseudebulea fentoni* Butler, 1881

생김새 몸길이 24mm 안팎(날개 길이 23~27mm)으로 머리는 적갈색이다. 몸통은 어릴 때 풀색이 강한 유백색으로 별다른 무늬가 없다. 자라면 풀색이 옅어진다. 등방패는 옅은 갈색으로 등밑선 부분에 한 쌍의 검은 점이 뚜렷하다. 몸통의 마디가 조금 들어가 울퉁불퉁한 모습이다.

암컷

습성 어린 애벌레들은 잎을 겹치고 그 안에서 무리 짓는데, 속에서 위쪽 잎을 먹기 때문에 그 부분이 갈색으로 변한다. 커질수록 여러 잎을 덧대는데, 그 안에 배설물이 가득해진다. 둥지 안에서 번데기가 된다.

서식지 활엽수림

발생 7~9월 초(어른벌레 6~9월, 연 2회)

먹이식물 신나무, 당단풍나무(단풍나무과 Aceraceae)

분포 한국(내륙), 일본, 러시아 극동지역

어린 애벌레

자란 애벌레

둥지

고삼들풀나방(풀나방과) *Udea pseudocrocealis* (South, 1901)

암컷

생김새 몸길이 20mm 안팎(날개 길이 22mm 안팎)으로 머리는 붉은색, 등방패에 검은 2점이 뚜렷하다. 몸통은 어릴 때 황백색이다가 자라면 밝은 청백색을 띠는데 숨문 아래로 노란색이다. 자모는 짧고 가늘다. 검고 반짝이는 자모 받침은 각 마디의 등밑선에 2쌍, 각 마디의 숨문윗선과 숨문밑선에 1쌍씩 있다.

습성 잎을 여러 장 실로 묶은 후, 그 속에서 살므로 쉽게 눈에 띈다. 가끔 번데기도 집 속에서 발견된다.

서식지 풀밭, 석회암 지대

발생 8~10월(어른벌레 5~9월, 연 2회)

먹이식물 고삼(콩과 Fabaceae)

분포 한국(중부), 일본

자란 애벌레(위)

자란 애벌레(옆)

둥지

금빛세줄들풀나방(풀나방과) *Udea auratalis* (Warren, 1895)

생김새 몸길이 18mm 안팎(날개 길이 20mm 안팎)으로 머리는 탁한 주황색이며 검은 점이 있고, 등방패는 녹갈색으로 좌우에 검은 점이 있다. 몸통은 파란 기가 있는 풀색으로, 흰 등밑선이 뚜렷하다. 앞가슴과 가운데가슴에는 등밑선 부분에 작고 검은 점이 있다.

습성 잎 뒤에 위치하며, 토한 실로 촘촘하게 막을 치듯 잎을 오므려 그 안의 공간에서 지낸다. 먹을 때에는 둥지에서 나와 잎을 먹는다. 자란 애벌레는 잎 뒤에 더 촘촘한 막을 치는데 바깥에 작은 구멍이 있다. 그 속에서 번데기가 된다.

서식지 활엽수림

발생 7~8월(어른벌레 6~9월, 연 2회)

먹이식물 작살나무(마편초과 Verbenaceae)

분포 한국(내륙), 일본, 중국, 타이완

암컷

어린 애벌레

자란 애벌레

둥지

주홍날개들풀나방(풀나방과) *Udea testacea* (Butler, 1879)

생김새 몸길이 17mm 안팎(날개 길이 18mm 안팎)으로 몸은 가늘고 길다. 머리는 옅은 갈색으로, 가느다란 갈색의 무늬가 있다. 몸통은 반투명하며, 등선 부분이 풀색이 짙어 보인다. 유백색의 등밑선이 있다. 자모 받침은 옅은 갈색으로 몸 색과 닮는다.

습성 잎을 세로로 길게 말고 그 속에서 지낸다.

서식지 풀밭, 경작지

발생 7~8월(어른벌레 3~11월, 연 수회)

먹이식물 파슬리(미나리과 Apiaceae), 개여뀌(마디풀과 Polygonaceae), 콩과 Fabaceae 등

분포 한국(내륙), 일본, 중국, 타이완, 러시아 극동지역, 동남아시아, 인도

암컷

자란 애벌레

자란 애벌레

네점예쁜들풀나방(풀나방과) *Notarcha* sp.

생김새 몸길이 15mm 안팎(날개 길이 16mm 안팎)으로 머리는 반짝이는 황적색에 적갈색 무늬가 조금 있다. 등방패는 갈색이고, 반짝인다. 몸통은 백록색으로 반투명해 보이고, 제9배마디는 흰색이다. 숨문선 아래는 색이 옅어져 거의 희게 보인다.

습성 번데기가 되려는 애벌레는 속이 부푼 만두처럼 잎을 싸맨다. 자세한 생태 과정은 밝혀지지 않았다.

서식지 상록수림, 마을

발생 7~10월(어른벌레 6~10월, 연 수회)

먹이식물 장구밥나무(아욱과 Malvaceae)

분포 한국(남부와 인근 섬), 일본, 중국, 타이완, 동남아시아, 인도, 네팔, 호주, 아프리카

비고 허운홍(2016: 157)의 *Notarcha quaternalis*는 오동정이다. Tominaga(2002)는 오키나와에서 *Notarcha quaternalis*의 애벌레를 발견했으며, 머리와 가슴 사이에 검은 띠가 있다고 하였다.

암컷

자란 애벌레

미확인종(작살나무)

미확인종(줄댕강나무)

미확인종(머루)

미확인종(섬피나무)

Superfamily **Drepanoidea** Boisduval, 1828 · · · · · · · · · 갈고리나방상과

▶ Family **Drepanidae** Boisduval, 1828 갈고리나방과

날개 길이는 20~52mm로, 중형이다. 갈고리나방아과(**Drepaninae**) 애벌레는 머리에 돌기가 있고, 항문다리가 없으며, 배 끝이 하나로 뾰족하며, 들어올린다. 또 잎 위에 위치한다. 뾰족날개나방아과(**Thyatirinae**)의 애벌레는 약한 항문다리가 있다. 애벌레가 잎 위에 있거나 잎 사이에 위치한다. 세계에 1,000여 종, 우리나라에 56여 종이 분포한다. 영어 이름 'Hook-tip and lutestring moth'와 우리 이름 갈고리나방은 날개끝이 갈고리 모양이어서 생긴 것으로 보인다.

참나무갈고리나방(갈고리나방과) *Agnidra scabiosa* (Butler, 1877)

생김새 몸길이 16mm 안팎(날개 길이 28mm 안팎)으로 앞에서 보면 M자로 보이는 머리는 옅은 갈색이고, 양쪽과 중봉선을 따라 흑갈색 띠가 있다. 몸통은 적갈색 바탕으로, 위에서 보면 마름모 모양과 복잡한 무늬가 있다. 뒷가슴 등에 돌기가 있고, 배 끝에 꼬리돌기가 있다. 항문다리는 없다.

수컷

습성 잎 위에 위치하며, 배 끝을 든다. 잎 사이를 오므려 적갈색의 실을 치고 그 속에서 번데기가 된다. 애벌레로 겨울을 나는 것으로 보인다.

서식지 참나무 숲

발생 6~10월(어른벌레 5~6월, 7~9월, 연 2회)

먹이식물 참나무류(참나무과 Fagaceae)

분포 한국(전국), 일본, 중국, 러시아 극동지역, 타이완

어른벌레

중간 애벌레

애벌레 머리

자란 애벌레(위)

자란 애벌레(옆)

자란 애벌레

세줄꼬마갈고리나방(갈고리나방과) *Pseudalbara parvula* (Leech, 1890)

암컷

생김새 몸길이 10mm 안팎(날개 길이 23~29mm)으로 머리는 흑갈색이고 정수리 위로 봉긋하게 솟은 뿔 돌기는 갈색이다. 몸에는 1차 자모 외에 2차 자모가 다수 생긴다. 몸 등은 노란색으로 검은 등선이 폭 넓게 있다. 뒷가슴과 배의 옆면은 검고 그 속에 흰 점이 있다. 몸 아래는 황백색이다. 제1~6, 8배마디에는 각각 2쌍의 작은 돌기가 있다. 배 끝의 살돌기는 가늘게 뒤로 뻗으며, 겉에 미세한 자모가 많다.

습성 잎 위에 위치하며, 배 끝을 든다. 잎을 붙인 사이에서 번데기가 되며, 번데기에 흰 가루가 생긴다. 애벌레로 겨울을 나는 것으로 보인다.

서식지 활엽수림

발생 7~10월(어른벌레 5~6월, 7~9월, 연 2회)

먹이식물 가래나무, 굴피나무(가래나무과 Juglandaceae)

분포 한국(내륙), 일본, 중국, 러시아 극동지역

중간 애벌레

자란 애벌레

금빛갈고리나방(갈고리나방과) *Callidrepana patrana* (Motschulsky, 1866)

암컷

생김새 몸길이 20mm 안팎(날개 길이 25~38mm)으로 머리는 보통 갈색이나 사진처럼 적흑갈색인 경우도 있다. 정수리에는 뿔 모양의 돌기가 있다. 몸통은 울퉁불퉁하며 촉촉이 젖은 듯 반짝이는데, 검은 기가 있는 황록색이거나 사진처럼 자흑색을 띠기도 한다. 배 끝의 짧은 황백색 돌기는 실 모양으로 길고, 끝이 꺾인다.

습성 잎 위에 위치하며, 새똥처럼 보인다.

서식지 활엽수림

발생 7~9월(어른벌레 5~10월, 연 수회)

먹이식물 옻나무, 붉나무(옻나무과 Anacardiaceae)

분포 한국(중부 이남), 일본, 중국, 타이완, 동남아시아, 인도차이나반도, 인도 북부

비고 일부 우리나라 문헌에 있던 아종 *palleolus* (Motschulsky, 1866)는 다른 종으로 승격되었으며, 우리나라에 없다.

어린 애벌레

중간 애벌레

자란 애벌레

황줄점갈고리나방(갈고리나방과) *Nordstromia japonica* (Moore, 1877)

생김새 몸길이 17mm 안팎(날개 길이 29mm 안팎)으로 머리는 황갈색 바탕에 갈색 무늬가 복잡하게 나타난다. 몸은 편평해 보이며, 숨문 아래에서 옆으로 퍼져 보이는데, 작은 과립이 많고 주름이 생긴다. 어릴 때 갈색이다가 자라면서 적갈색이 된다. 등밑선에는 작은 원 무늬가 가득 이어진다. 항문다리는 흔적뿐이다. 꼬리돌기는 3mm 안팎으로 끝이 검다.

수컷

수컷 아랫면

습성 잎 위에 위치하며, 배 끝을 든다. 번데기로 겨울을 나는 것으로 보인다.

서식지 참나무 숲

발생 7~10월(어른벌레 5~6월, 7~9월, 연 2회)

먹이식물 밤나무, 참나무류(참나무과 Fagaceae)

분포 한국(전국), 일본, 중국

어린 애벌레

자란 애벌레

황줄갈고리나방(갈고리나방과) *Nordstromia grisearia* (Staudinger, 1892)

생김새 몸길이 17mm 안팎(날개 길이 29mm 안팎)으로 앞 종과 닮아 차이가 크지 않다. 머리의 정수리의

'Y'자 모양의 무늬가 뚜렷하고, 몸 색은 황갈색과 적갈색이 있는 것으로 보인다. 가운데와 뒷가슴, 제5~6배마디에 일자로 된 무늬가 보인다.

습성 앞 종과 같으며, 잎 위에서 엉성한 고치를 틀고 그 아래에서 번데기가 된다.

서식지 참나무 숲

발생 7~10월(어른벌레 5~6월, 7~9월, 연 2회)

먹이식물 밤나무, 참나무류(참나무과 Fagaceae)

분포 한국(전국), 일본, 중국, 러시아 극동지역

비고 어른벌레는 앞 종과 닮으나 날개 윗면의 색이 밝은 편이고, 날개 아랫면의 외횡선과 횡맥점이 더 뚜렷하여 차이가 있다.

수컷

번데기가 되기 직전의 애벌레

중간 애벌레(위)

중간 애벌레(옆)

자란 애벌레

물결줄흰갈고리나방(갈고리나방과) *Ditrigona conflexaria* (Strand, 1917)

생김새 몸길이 20mm 안팎(날개 길이 30mm 안팎)으로 머리는 검고 반짝이며, 정수리가 둥글다. 몸통은 조금 납작해 보이는 원통형이고, 반투명한 유백색으로, 군데군데 거무튀튀하다. 2차 자모는 없고, 항문다리도 없다. 여느 갈고리나방과 애벌레와 달리 배 끝의 긴 돌기가 없다.

수컷

습성 잎과 잎을 교차시키듯 실로 엮어 그 속에 위치하며, 새똥처럼 보인다. 번데기도 같은 장소에서 발견된다. 어릴 때에는 잎살만 먹다가 커가면서 주위의 잎을 먹는다.

서식지 활엽수림

발생 7~9월(어른벌레 4~8월, 연 수회)

먹이식물 층층나무(층층나무과 Cornaceae)

분포 한국(중부 이남, 울릉도), 일본(대마도), 중국, 타이완

어른벌레

자란 애벌레

둥지

만주흰갈고리나방(갈고리나방과) *Ditrigona komarovi* (Kurentzov, 1935)

생김새 몸길이 20mm 안팎(날개 길이 30mm 안팎)으로 머리는 황백색이고 정수리 부분이 둥글다. 몸통은 흰색으로 원통형인데, 2차 자모가 없다. 항문위판은 조금 붉은 기가 있으며, 뒤쪽으로 뾰족하게 돌출한다. 항문다리는 없다.

습성 잎과 잎을 실로 교차시킨 속에서 산다.

서식지 활엽수림

발생 6~10월 초(어른벌레 6~9월, 연 수회)

먹이식물 층층나무(층층나무과 Cornaceae)

분포 한국(전국), 중국, 러시아 극동지역

비고 닮은 종인 쌍점줄갈고리나방(*D. virgo*)에 대한 과거기록은 불확실하며, 최근 지리산에서 이 종을 발견하였다.

암컷

중간 애벌레

자란 애벌레

번데기가 되기 직전의 애벌레

남방흰갈고리나방(갈고리나방과) *Deroca inconclusa* (Walker, 1856)

생김새 몸길이 20mm 안팎(날개 길이 30mm 안팎)으로 머리는 옅은 갈색이고 테두리가 흑갈색 띠로 되어 있다. 몸통은 조금 납작한 원통형이고, 풀색을 띠는데, 각 마디가 연두색으로 가

수컷

암컷

늘게 보인다. 숨문선은 황록색이다. 항문위판은 회백색이고, 위에서 보면 삼각형으로 뒤로 뾰족해진다. 항문다리는 없다.

습성 잎 위에 위치한다. 겨울을 나는 애벌레는 몸이 갈색이고, 산딸나무의 겨울눈에서 지낸다. 자란 애벌레는 잎 위나 가지에 고치를 틀고 번데기가 된다.

서식지 활엽수림

발생 6~9월(어른벌레 5~9월, 연 3회)

먹이식물 산딸나무, 곰의말채(층층나무과 Cornaceae)

분포 한국(남부, 제주도), 일본, 중국, 미얀마, 인도 북부

비고 우리 개체군은 일본 개체군과 차이가 있어서 아종 *coreana* Hampson, 1814로 다룬다(박규택, 2012).

자란 애벌레(위)

자란 애벌레(옆)

얼룩갈고리나방(갈고리나방과) *Auzata nigrata* Park et Shin, 1981

생김새 몸길이 17mm 안팎(날개 길이 22mm 안팎)으로 머리는 풀색 바탕에 정수리에 적자색이 보이고, 그 위에 흰 띠가 있다. 몸통은 풀색 바탕이고, 제5배마디 등에 붉은 무늬가 있다. 배 끝에 끝이 뾰족한 적자색 돌기가 나오며 비스듬히 솟는다.

습성 잎 위에 위치하며, 행동 특성은 앞 종과 거의 같다.

서식지 활엽수림

발생 7~9월(어른벌레 6~9월, 연 2회)

먹이식물 층층나무, 말채나무(층층나무과 Cornaceae)

수컷

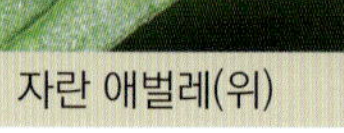

자란 애벌레(위)

자란 애벌레(옆)

애벌레 머리

분포 한국(전국)

비고 현재까지 우리 고유종이다.

작은민갈고리나방(갈고리나방과) *Auzata superba* (Butler, 1878)

생김새 몸길이 24mm 안팎(날개 길이 29~40mm)으로 머리는 짙은 적갈색이며 정수리에 뿔모양 돌기 한 쌍이 나오고, 검고 흰 자모가 빽빽하다. 몸통은 풀색으로 등선과 등밑선, 숨문윗선은 흰색이다. 짧은 1차 자모와 긴 2차 자모가 섞인다. 배 끝 돌기는 짧다. 숨문은 희다.

수컷

애벌레 머리

습성 잎 끝을 잘라 자루 모양으로 말고 그 속에서 지낸다. 잎과 잎 사이를 붙여 그 사이에서 풀색의 번데기가 된다. 애벌레로 겨울을 난다.

서식지 활엽수림

발생 연중(어른벌레 4~10월, 연 3회)

먹이식물 종가시나무(참나무과 Fagaceae)

분포 한국(내륙), 일본, 중국, 러시아 극동지역

중간 애벌레

자란 애벌레

번데기

민갈고리나방(갈고리나방과) *Macrocilix mysticata* (Walker, 1863)

생김새 몸길이 35mm 안팎(날개 길이 25~37mm)으로 머리는 흰색이고 검은 무늬가 그물처럼 보인다. 몸은 갈색 바탕에 제1~6배마디에 붉은 띠가 보이며, 제3~6배마디 숨문 아래가

수컷

자란 애벌레

흰색이다. 제2~5배마디에 배다리가 뚜렷하다. 가운데가슴 등 중앙 좌우로 길고 검은 돌기가 나온다. 제8배마디 위에는 작은 돌기가 있다.

습성 잎 위에 위치하며, 자극을 받으면 배다리만으로 딛고 머리와 배 끝 쪽을 들어 올려 옆에서 보면 'V' 자 모양을 한다. 애벌레가 잎 위에 앉는 상태로 겨울을 난다.

서식지 상록수림

발생 연중(어른벌레 4~10월, 연 3회)

먹이식물 종가시나무(참나무과 Fagaceae)

분포 한국(남부 해안과 섬, 제주도), 일본, 중국, 타이완, 미얀마, 인도 북부

비고 이 종과 가까운 큰민갈고리나방[*Macrocilix maia* (Leech, 1888)]을 Leech(1898)가 잘못 기록한 것(북한 원산)으로 확신한다. 왜냐하면 북한에 이 종의 먹이식물인 상록수 지역이 없기 때문이다.

노랑갈고리나방(갈고리나방과) *Oreta pulchripes* Butler, 1877

암컷

생김새 몸길이 33mm 안팎(날개 길이 30~34mm)으로 머리는 흑갈색 이고, 정수리 끝에 뾰족한 돌기가 생기며, 겉에 잔돌기로 덮인다. 몸 통은 흑갈색 바탕에 제1~2배마디 위에 희미하게 갈색 띠와 바탕보 다 짙은 무늬(▼)가 있다. 몸에는 과립 모양의 돌기가 많다. 뒷가슴 등에는 상어 지느러미 같은 돌기가 솟는다. 배 끝에는 뒤로 향하는 채찍 모양의 가느다란 돌기가 있으며, 2군데에서 희끗하다. 항문다 리는 없다.

습성 암컷이 잎 뒤에 20여 개의 알을 불규칙하게 낳으면 부화하여 잎 위 끝으로 올라와 지낸다. 이후 흩 어진다. 애벌레의 꼬리뿔 끝이 뒤로 뻗는다.

서식지 활엽수림

발생 3~9월(어른벌레 5~9월, 연 3회)

먹이식물 덜꿩나무, 가막살나무, 백당나무(연복초과 Adoxaceae)

분포 한국(중·남부, 제주도), 일본, 중국, 타이완

비고 허운홍(2016: 198)의 애벌레는 이 종이며, 동해갈고리나방(*O. sambongsana*)은 분류학적으로 더 살펴 야 될 것으로 본다.

자란 애벌레(위)

자란 애벌레(옆)

멋쟁이갈고리나방(갈고리나방과) *Oreta loochooana* Swinhoe, 1902

생김새 몸길이 36mm 안팎(날개 길이 33~ 38mm)으로 머리는 밤색이고, 옅은 갈색의 작은 점들이 퍼져 있다. 정수리에 작은 돌기가 한 쌍 있다. 몸통의 모습은 앞 종과 차이가 없으나 몸 색이 녹갈색이어서 다르다. 배다리는 적갈색이다.

암컷

애벌레 머리

습성 잎 위에서 드물게 볼 수 있으며, 앞 종과 거의 차이가 없다. 애벌레의 꼬리뿔 끝이 위로 조금 솟는다.

서식지 활엽수림

발생 5월, 7~8월 초(어른벌레 6~9월, 연 2회)

먹이식물 덜꿩나무, 가막살나무, 백당나무(연복초과 Adoxaceae)

분포 한국(중부 이남), 일본, 중국

중간 애벌레(위)

중간 애벌레(옆)

자란 애벌레

세욱갈고리나방(갈고리나방과) *Oreta paki* (Inoue, 1964)

생김새 몸길이 38mm 안팎(날개 길이 33~40mm)으로 전체의 모습과 색은 멋쟁이갈고리나방과 닮으나 풀색이 더 두드러진다. 머리는 갈색이고, 앞에서 보면 흰 점이 더 많다. 몸 등의 어두운 부분은 적갈색인데 비해 앞 종은 녹갈색으로 차이가 난다.

습성 잎 위에서 보이며, 잘 움직이지 않는다. 아마 새똥처럼 보이려는 의태로 볼 수 있다.

암컷

중간 애벌레

자란 애벌레

애벌레 머리

서식지 활엽수림, 마을

발생 5월, 7~8월 초(어른벌레 6~9월, 연 2회)

먹이식물 백당나무(연복초과 Adoxaceae)

분포 한국(중부 이북), 중국, 러시아 극동지역

왕인갈고리나방(갈고리나방과) *Cyclidia substigmaria* (Hübner, 1831)

수컷

암컷

생김새 몸길이 30mm 안팎(날개 길이 67mm 안팎)으로 머리는 검은색이다. 몸통은 검은 바탕에 등선이 검게 있다. 가운데가슴과 3~4개의 노란 무늬가 있다. 몸 아래는 황백색이다. 항문위판은 끝이 돌출하지 않고, 굵고 검은 점이 있다. 항문다리가 있다.

습성 밤에 전등으로 확인한 결과 잎 위에서 발견되는데, 낮에는 뿌리 근처의 줄기에 머문다. 어린 애벌레는 잎을 엮고 그 속에서 발견되는데, 번데기도 잎을 엮은 속에서 발견된다.

서식지 활엽수림

Oreta속의 암컷 구별

앞의 *Oreta*속 3종은 애벌레는 물론 어른벌레의 생김새도 매우 닮는데, 암컷을 다음 기준으로 동정할 수 있다.

1 앞날개 중실에 노랑갈고리나방은 '⟨' 자 무늬가 있다.

2 외횡선은 노랑갈고리나방이 넓은 노란 띠이나 나머지는 가느다란 노란 띠이다.

3 세욱갈고리나방은 앞날개 끝의 갈고리가 가장 많이 파이고, 앞날개 후각에 검은 점이 가장 뚜렷하다.

노랑갈고리나방 암컷

멋쟁이갈고리나방 암컷

세욱갈고리나방 암컷

발생 6월, 9월(어른벌레 5~6월, 8~9월, 연 2회)

먹이식물 박쥐나무(박쥐나무과 Alangiaceae)

분포 한국(전국), 일본, 중국, 인도 북부, 순다랜드

비고 원래 왕인(王印= '왕(王)'자 모양의 도장)이었다가 '인'자가 빠졌다가 최근 환원되었다.

자란 애벌레

둥지

무늬뾰족날개나방(갈고리나방과) *Thyatira batis* (Linnaeus, 1758)

생김새 몸길이 42mm 안팎(날개 길이 37mm 안팎)으로 머리는 옅은 갈색이고, 짙은 갈색의 무늬가 있다. 정수리 부분은 각진 뿔 돌기가 있다. 몸통은 갈색이다. 앞가슴의 등은 작은 한 쌍의 돌기가 있고, 이후 사선으로 도드라지며, 서로 색으로 구별된다. 가끔 가슴 부위가 회백색인 경우도 있다.

습성 잎 위에서 보이며, 쉴 때에는 보통 몸을 '7'자 모양으로 굽은 상태이다.

서식지 활엽수림 가장자리

발생 6~9월(어른벌레 5~9월 초, 연 2~3회)

먹이식물 산딸기, 줄딸기, 나무딸기(장미과 Rosaceae)

분포 한국(전국), 일본, 유라시아 대륙

암컷

3살 애벌레

4살 애벌레

자란 애벌레

애기담홍뾰족날개나방(갈고리나방과) *Habrosyne aurorina* (Butler, 1881)

수컷

생김새 몸길이 40mm 안팎(날개 길이 35mm 안팎)으로 머리는 적갈색이며, 1차 자모는 희고 크나 2차 자모는 없다. 몸통은 원통형으로 배 끝이 급하게 좁아진다. 몸 색도 머리처럼 적갈색이고, 가운데가슴 등과 제1배마디 옆, 항문다리 위에 흰 점이 뚜렷하다. 가운데가슴의 등은 띠 모양으로 솟는다. 항문다리는 뒤로 뻗치고 'V'자처럼 보인다.

습성 잎 위에서 보이며, 쉴 때에는 보통 몸을 '7'자처럼 굽은 상태로 보인다.

서식지 낙엽활엽수림

발생 6~9월(어른벌레 4~9월 초, 연 2~3회)

먹이식물 국수나무(장미과 Rosaceae)

분포 한국(전국), 일본

어른벌레

자란 애벌레(위)

자란 애벌레(옆)

넓은뾰족날개나방(갈고리나방과) *Tethea ampliata* (Butler, 1878)

생김새 몸길이 42mm 안팎(날개 길이 42mm 안팎)으로 머리는 반짝이는 주황색이고, 등방패에 띠 같은 검은 무늬가 있다. 몸통은 거무튀튀한 회갈색으로 마디 사이가 덜 검어 뚜렷하다. 숨문 위에 검은 점이 가운데와 뒷가슴, 제1, 2, 4, 7, 8배마디에 있다. 숨문밑선 아래로는 색이 덜 짙다.

습성 잎 위에서 보이며, 쉴 때 몸을 '7'자처럼 굽은 상태로 한다. 번데기로 겨울을 난다.

서식지 활엽수림

발생 6월, 9월(어른벌레 6월 말~9월 초, 연 2회)

먹이식물 신갈나무, 상수리나무(참나무과 Fagaceae)

암컷

자란 애벌레(위)

자란 애벌레(옆)

분포 한국(전국), 일본, 중국, 타이완, 러시아 극동지역

좁은뾰족날개나방(갈고리나방과) *Tethea octogesima* (Butler, 1878)

생김새 몸길이 44mm 안팎(날개 길이 46mm 안팎)으로 앞 종과 닮으나 머리색이 옅고, 등방패의 띠 같은 검은 무늬가 약하거나 양쪽에 조금 있어 다르다. 숨문 위에 검은 점은 약하다. 앞 종과 달리 머리 색이 옅다.

습성 잎과 잎을 겹치게 하고 그 속에 위치하며 머리를 배 끝으로 두어 '7'자 모양을 한다. 번데기로 겨울을 나는 것으로 보인다.

서식지 활엽수림

발생 7~10월(어른벌레 5~9월, 연 2회)

먹이식물 참나무류(참나무과 Fagaceae)

분포 한국(내륙), 일본, 타이완, 러시아 극동지역

수컷

자란 애벌레(위)

자란 애벌레(옆)

둥지

앞흰뾰족날개나방(갈고리나방과) *Tethea albicostata* (Bremer, 1861)

생김새 몸길이 41mm 안팎(날개 길이 43mm 안팎)으로 앞 종과는 머리색이 닮고, 몸 색이 회백색인 점이 같으나 등방패의 앞 가장자리의 검은 띠무늬가 양쪽에 조금 있는 특징으로 다르다. 등방패에서 숨문선 과 같은 위치에 검고 가는 띠가 뚜렷할 때가 많다.

습성 잎과 잎을 겹치게 하고 그 속에 위치하며 머리를 배 끝으로 두어 '7'자 모양을 한다.

서식지 활엽수림

발생 8~9월(어른벌레 7~8월, 연 1회)

먹이식물 참나무류(참나무과 Fagaceae)

수컷

중간 애벌레

자란 애벌레

Parapsestis sp.(갈고리나방과)

생김새 몸길이 43mm 안팎으로 머리는 등색이고 옅은 갈색 무늬가 있다. 몸통은 원통형으로 옅은 풀색을 띤다. 얼핏 보면 점박이뾰족날개나방(*P. argenteopicta*)과 닮아 몸의 자모 받침이 두드러지나 특히 앞가슴 자모 받침의 모습이 다르다. 아마 일본에 분포하는 *P. albida*로 보여 앞으로 살펴볼 예정이다.

습성 앞 종들과 습성이 거의 같다. 두 장의 잎을 겹쳐 그 사이에 있는데, 자라면 땅에 내려와 낙엽 밑에서 번데기가 된다.

서식지 참나무 숲

발생 7월

먹이식물 참나무류(참나무과 Fagaceae)

분포 한국(제주도)

자란 애벌레

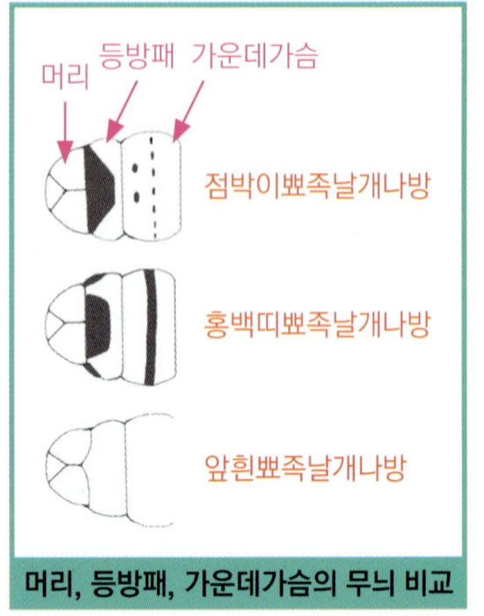

이른봄뾰족날개나방(갈고리나방과) *Kurama mirabilis* (Butler, 1879)

생김새 몸길이 38mm 안팎(날개 길이 38mm 안팎)으로 머리는 갈색이고, 어두운 갈색 무늬가 있다. 몸은 원통형으로 노란색을 띤다. 숨문선 주위가 청회색을 조금 띤다. 각 마디의 등밑선에 2쌍의 점무늬가 뚜렷하다. 항문다리는 갈고리발톱이 덜 발달한다.

습성 2매의 잎을 겹쳐 그 사이에 있는데, 자라면 사진처럼 땅에 내려와 낙엽 밑에서 번데기가 된다.

서식지 참나무 숲

발생 5~6월(어른벌레 3월 중순~5월 초, 연 1회)

어른벌레

자란 애벌레

먹이식물 참나무류(참나무과 Fagaceae)

분포 한국(내륙), 일본

가을뾰족날개나방(갈고리나방과) *Epipsestis ornata* (Leech, 1889)

생김새 몸길이 33mm 안팎(날개 길이 35mm 안팎)으로 머리는 적 갈색이며 가로로 넓고, 개안 구 역이 어두운 갈색이다. 몸통은 원통형으로 제3~6배마디가 굵 다. 풀색기가 있는 유백색으로, 등밑선과 숨문윗선이 흰색으로 뚜렷하다.

수컷

자란 애벌레

습성 잎과 잎을 붙이고 그 사이에서 지낸다.

서식지 참나무 숲

발생 5~6월(어른벌레 10~11월, 연 1회)

먹이식물 참나무류(참나무과 Fagaceae)

분포 한국(내륙), 일본

멋쟁이뾰족날개나방(갈고리나방과) *Shinploca shini* Kim, 1995

생김새 몸길이 38mm 안팎(날개 길 이 36mm 안팎)으로 머리는 다홍색이 다. 몸은 황토색 바탕으로 각 마디 가 청회색을 띤다. 몸에 있는 점은 노란색인데, 이른봄뾰족날개나방보 다 작고 더 많다. 숨문 아래는 노란 색을 띤다.

수컷

습성 잎 위에서 발견되는데, 상체 1/4 정도만 몸을 구부린다.

어른벌레

자란 애벌레

서식지 참나무 숲

발생 5~6월(어른벌레 3월 중순~5월 초, 연 1회)

먹이식물 참나무류(참나무과 Fagaceae)

분포 한국(내륙), 중국 동북부, 러시아 극동지역

비고 지은이 중 한 사람인 김성수가 신종 기재했으며, 고유종이었다가 러시아 극동지역과 중국 동북부 지역에서도 발견되고 있다.

참빗살뾰족날개나방(갈고리나방과) *Neoploca arctipennis* (Butler, 1878)

생김새 몸길이 37mm 안팎(날개 길이 34~38mm)으로 머리는 반짝이는 검은색이다. 몸통은 원통형으로, 등과 옆에 검은 과립이 많다. 숨문선에서 위로 파란 기가 있는 검은색으로 자모가 생기는 작은 흰점이 많다. 숨문 아래로는 회백색이다.

습성 잎 2매를 붙인 후 그 사이에서 산다. 자라면 나무에서 내려와 흙과 낙엽 사이에 실을 토해 고치를 만들고 번데기가 된다.

수컷

서식지 참나무 숲

발생 5~6월(어른벌레 3월 중순~5월 초, 연 1회)

먹이식물 참나무류(참나무과 Fagaceae)

분포 한국(내륙), 일본, 러시아 극동지역

중간 애벌레

자란 애벌레(위)

자란 애벌레(옆)

뾰족날개나방(갈고리나방과) *Demopsestis punctigera* (Butler, 1885)

생김새 몸길이 32mm 안팎(날개 길이 37mm 안팎)으로 앞 종과 닮으나 다음의 차이가 조금 있다. 머리는 광택이 덜하고, 몸통의 색이 짙으며, 등밑선의 검은 점이 보이지 않는다. 야외에서 보면 이 2종의 차이를 알기 어렵다. 머리의 색은 암수 차이가 있는 것으로 보인다.

습성 잎 2매를 붙인 후 그 사이에서 산다. 자라면 나무에서 내려와 흙과 낙엽 사이에 실을 토해 고치를 만들고 번데기가 된다.

수컷

서식지 참나무 숲

발생 5~6월(어른벌레 3월 중순~5월 초, 연 1회)

먹이식물 참나무류(참나무과 Fagaceae)

분포 한국(내륙), 일본

자란 애벌레(위)

자란 애벌레(옆)

Superfamily **Lasiocampoidea** · · · · · · · · · · · · · 솔나방상과

◑Family **Lasiocampidae** Harris, 1841 솔나방과

날개 길이는 25~92mm로, 중형과 대형이다. 애벌레는 원통형으로, 몸에 털이 많다. 이 털은 종에 따라 알레르기를 심하게 일으키기도 하며, 건드리면 머리를 숙이고 이 털을 도드라지게 한다. 자라는 기

분홍나방 수컷

미지종의 자란 애벌레

간이 길고, 먹는 양이 엄청나며, 각 성장 단계별로 형태가 달라져, 동정이 어려운 종들이 많다. 어른벌레도 대만나방, 섭나방처럼 쉽게 볼 수 있는 종들도 있지만 분홍나방, 전나무나방(젓나무나방) 등은 발견하기 쉽지 않은 종도 있다. 영어 이름은 'Eggars' 또는 'Lappet moths'이고, 우리 이름은 솔나방을 대표로 지어진 것으로 보인다. 세계에 2,200여 종, 우리나라에 20여 종이 분포한다.

톱날버들나방(솔나방과) *Gastropacha orientalis* Sheljuzhko, 1943

생김새 몸길이 60mm 안팎(날개 길이 58mm 안팎)으로 머리와 몸은 회갈색이다. 몸통은 편평하고, 짧은 털이 빽빽하다. 등선 양쪽에 흰 점이 한 개씩 나온다. 가운데가슴 앞쪽, 뒷가슴 뒤

수컷

중간 애벌레

쪽에 청흑색 털이 띠 모양으로 있고, 보통은 감추나 건드리면 특히 뒷가슴의 것을 드러나게 한다. 여기

에 독모가 있다. 제8배마디의 등에 짙은 적갈색의 돌기가 있다. 중간 애벌레는 사진처럼 붉은 무늬가 보인다.

습성 가지에 붙어 있으며, 잘 움직이지 않는다.

서식지 활엽수림

발생 6월, 9월(어른벌레 5월, 7~8월, 연 2회)

먹이식물 벚나무류(장미과 Rosaceae)

분포 한국(중·북부), 일본, 러시아 극동지역

천막벌레나방(솔나방과) *Malacosoma neustria* (Linnaeus, 1758)

생김새 몸길이 50mm 안팎(날개
길이 31~40mm)으로 몸은 등색
바탕에 등선이 희거나 파란색을
띠는 개체도 있다. 옆에는 청회
색 무늬가 복잡하고 넓게 나타
난다. 등방패와 제7배마디 위에

수컷

알 낳는 암컷

는 밀집한 검은 자모 다발이 있다. 이런 생김새는 독특하여 동정에 어려움이 없다. 머리와 몸에는 긴 자모가 수북하다.

습성 어릴 때에는 무리 짓는데, 이때 조밀한 실을 치기 때문에 '텐트' 같다고 한다. 자라면 흩어진다. 타원 모양의 공 같은 연미색 고치를 틀고 잎 사이, 가지 사이에서 번데기가 된다.

서식지 풀밭, 상록수림 가장자리

발생 5월(어른벌레 5월 말~7월, 연 1회)

알

애벌레 머리

고치

어린 애벌레

중간 애벌레

자란 애벌레

먹이식물 벚나무류, 찔레(장미과 Rosaceae), 버드나무(버드나무과 Salicaceae), 참나무과 Fagaceae 등

분포 한국(울릉도를 뺀 전국), 일본~유럽

오얏나무나방(솔나방과) *Pyrosis eximia* Oberthür, 1880

생김새 몸길이 70~80mm(날개 길이 50~60mm)로 머리는 갈색이고 짧은 미모로 덮는다. 몸통은 검은색으로 등밑선에 짧은 노란 선이 있다. 숨문선은 붉다. 숨문 아래는 주로 흰 자모가 덮이고, 검은색과 갈색 털이 수북하다.

수컷

어린 애벌레

습성 노출된 상태로 잎을 먹는다. 애벌레의 기간이 5개월 정도로 매우 길다. 이 밖의 겨울나기 등 생태가 덜 알려져 있다.

서식지 추운 지역의 활엽수림

발생 5~9월(어른벌레 10월, 연 1회)

먹이식물 상수리나무, 신갈나무(참나무과 Fagaceae)

분포 한국(지리산 이북), 중국, 러시아 극동지역

비고 그동안 어른벌레가 가을에 출현하고, 개체수가 많지 않아 덜 알려진 종이다. 닮은 종 *Pyrosis idiota* (Graeser, 1888)의 기록이 있는데, 우리나라와 일본, 러시아 극동지역에 분포하는 것으로 알려져 있다. 과거 일본 도감을 참고하여 이 종으로 기록했던 자료가 있으나 정확하지 않다. 다만 이 종이 늦가을에 나타나는 것과 달리 *P. idiota*는 이른 봄에 나타나 다르다. 아마 강원도 이북의 추운 지역에서 사는 것으로 보인다.

중간 애벌레

자란 애벌레(위)

자란 애벌레(옆)

사과나무나방(솔나방과) *Odonestis pruni* (Linnaeus, 1758)

생김새 몸길이 70mm 안팎(날개 길이 50mm 안팎)으로 몸은 편평하며, 회갈색 털로 싸인다. 머리와 몸 옆의 털이 특히 길다. 머리는 앞에서 보면 삽살개 같은 생김새이다. 몸 등에 밝은 무늬가 보이기도 하나 털로 수북하면 이런 무늬가 거의 보이지 않는다. 가운데가슴 뒤에 기다란 청흑색 자루 모양으로 띠처럼 보

이는데, 이 부분에 독모가 있다. 쉴 때에는 이 부분이 잘 보이지 않는다.

습성 낮에는 먹지 않고 줄기에 붙어 있다가 밤에 움직이며 잎을 먹는다.

서식지 활엽수림

발생 5월(어른벌레 5월 말~7월, 연 1회)

먹이식물 벚나무류, 찔레(장미과 Rosaceae), 버드나무(버드나무과 Salicaceae), 참나무과 Fagaceae

분포 한국(전국), 일본~유럽

비고 내륙 개체는 흑갈색 무늬가 있다.

수컷

어린 애벌레

자란 애벌레(위)

자란 애벌레(옆)

대나방(솔나방과) *Euthrix albomaculata* (Bremer, 1861)

생김새 몸길이 70~80mm(날개길이 50~60mm)으로 어린 애벌레는 노란 바탕에 검고 굵은 등선이 있다. 자라면 머리와 몸에 짧은 털로 덮여 비로도 같은 모습이다. 몸 등의 각 마디에 갈색 또는 청흑색의 직사각형 무늬가 있고, 옅고 노란 테두리가 있다. 이 무늬 안에는 3쌍의 검은 무늬와 1쌍의 긴 자모 다발이 있다. 앞가슴과 제8배마디에 자갈색의 긴 자모 다발이 나온다.

습성 산지 계곡의 억새, 조릿대 줄기에 붙어 있는 경우가 많다. 길이가 20mm 정도의 3살 애벌레로 겨울을 난다.

수컷

암컷

중간 애벌레

자란 애벌레(위)

자란 애벌레(옆)

서식지 추운 지역의 활엽수림

발생 9월에서 이듬해 5월, 7월(어른벌레 5~6월, 8월, 연 2회)

먹이식물 억새, 조릿대(벼과 Poaceae)

분포 한국(지리산 이북), 일본, 중국, 타이완, 러시아 극동지역~유럽

별나방(솔나방과) *Euthrix laeta* (Walker, 1855)

생김새 몸길이 70mm 안팎(날개 길이 50~60mm)으로 머리는 검은 바탕에 노란 세로줄이 있다. 몸통은 노란 바탕에 등에 자흑색 무늬가 뚜렷하고, 자회색 무늬도 조금 보인다. 검고 긴 자모가 보이고, 앞가슴과 제8배마디에 자흑색의 긴 자모 다발이 나온다.

습성 가지에 붙으며, 먹는 양이 많아 애벌레가 있으면 주변 잎이 거의 없다.

발생 5~6월(어른벌레 7~8월, 연 1회)

먹이식물 싸리나무, 조록싸리(콩과 Fabaceae)

분포 한국(내륙 산지), 일본, 중국, 타이완, 러시아 극동지역, 말레이 반도

수컷

자란 애벌레(위)

자란 애벌레(옆)

애벌레 머리

솔나방(솔나방과) *Dendrolimus spectabilis* (Butler, 1877)

생김새 몸길이 60~70mm(날개 길이 50~80mm)로 머리는 검은데 흰 털로 덮이고, 앞가슴 앞에 긴 검은 털과 흰 털이 섞여 앞으로 뻗는다. 몸 등에는 검은 털이 성기게 나고 숨문 아래 옆에는 길고 흰 털이 수북하다. 가운데와 뒷가슴에 흰 털이 수북한데, 뒷가장자리로 청흑색 자모 다발이 띠처럼 나타난다. 항문위판은 머리색과 닮는다.

습성 어린 애벌레로 겨울을 난다.

서식지 소나무 숲

발생 5~6월 초(어른벌레 7~8월, 연 1회, 가끔 9월에 나타나기도 한다.)

먹이식물 소나무, 곰솔(소나무과 Pinaceae)

분포 한국(울릉도를 뺀 전국), 일본~유럽

수컷

중간 애벌레(위)

중간 애벌레(옆)

자란 애벌레

섭나방(솔나방과) *Kunugia undans* (Walker, 1855)

생김새 몸길이 100mm 안팎(날개 길이 65~90mm)으로 몸은 편평한 짙은 갈색이다. 각 가슴의 앞가장자리와 제5배마디 등의 색이 밝다. 가운데와 뒷가슴에는 청흑색 자모 다발이 있다. 제

수컷

애벌레 머리

8배마디에 뒷가장자리 튀어나온 자모 다발이 있다. 중간 애벌레는 몸마디의 등밑선 부분에는 짧은 흰 자모 다발이 있다.

습성 애벌레의 성장 속도가 느릴 뿐 아니라 번데기 시기도 2개월 정도로 긴 편이다.

서식지 활엽수림

발생 3월 말~7월(어른벌레 7~8월, 연 1회)

먹이식물 참나무류(참나무과 Fagaceae), 서어나무(자작나무과 Betulaceae)

분포 한국(울릉도를 뺀 전국), 일본, 러시아 극동지역

중간 애벌레

중간 애벌레

자란 애벌레

도토리나방(솔나방과) *Kunugia yamadai* Nagano, 1917

생김새 몸길이 100mm 안팎(날개 길이 65~90mm)으로 머리에는 짧은 털로 덮이고, 검은 몸에는 황갈색

과 회갈색 털로 가득 덮인다. 각 마디 등밑선 부분에 검은 점처럼 보이는 짧은 자모 다발과 바깥으로 뻗은 회갈색 자모 다발이 있다. 배다리는 붉다. 중간 애벌레에게는 흰 털이 보인다.

습성 낮에 나무줄기에 붙어 있다가 밤에 잎으로 이동하여 먹는다. 이른 봄에 부화한 알이 여름까지 천천히 자란다.

서식지 참나무 숲

발생 4~9월(어른벌레 10~11월, 연 1회)

먹이식물 참나무류(참나무과 Fagaceae)

분포 한국(내륙), 일본, 중국

비고 몸 옆으로 뻗은 털에는 독모가 포함되어 피부가 닿으면 알레르기를 일으킨다. 이 종의 생활사에 대해서는 박철하 · 변봉규(1997)의 논문이 있다. 어른벌레는 불빛에 날아오지 않으며, 낮에 활동한다.

수컷

중간 애벌레

자란 애벌레(위)

자란 애벌레(옆)

미확인종(솔나방과)

생김새 몸길이 100mm 안팎이며 강원도 영월 지역에서 7월경에 발견한 종으로, 종 이름을 확인할 수 없었고, 아마 번데기가 되기 위해 애벌레가 배회하는 중이어서 먹이식물을 확인할 수 없었다. 서식환경은 여러 활엽수가 가득한 계곡이었다. 이후 이 지역을 여러 차례 탐방했으나 발견하지 못했다.

자란 애벌레(위)

자란 애벌레(옆)

대만나방(솔나방과) *Paralebeda femorata* (Ménétriès, 1858)

생김새 몸길이 100mm 안팎(날개 길이 70~95mm)으로 머리와 몸 등은 짧은 털로 덮이고, 흑갈색과 회갈색 털로 빈틈없이 덮인다. 가운데와 뒷가슴에는 적갈색 자모 다발이 줄처럼 나타난다. 각 마디 등에는 섭나방과 같은 직사각 무늬가 있다. 가슴 옆에는 옆으로 뻗은 옅은 갈색의 긴 자모 다발이 있다. 중간 애벌레에게는 흰 털이 보인다.

습성 낮에는 나뭇가지에 붙어 납작 붙어 움직이지 않다가 밤에 잎을 먹는다. 어린 애벌레로 겨울을 나는 것으로 보이는데, 늦가을에 버드나무를 먹는 장면을 발견하였다.

서식지 활엽수림

발생 9월~이듬해 5월(어른벌레 7~8월, 연 1회)

먹이식물 버드나무과 Salicaceae, 단풍나무과 Aceraceae, 피나무과 Tilioideae, 층층나무과 Cornaceae, 은행나무(은행나무과 Ginkgoaceae) 등

분포 한국(울릉도를 뺀 전국), 중국, 러시아 극동지역, 몽골, 베트남 북부, 네팔, 부탄, 파키스탄, 인도

비고 원래 이 종의 학명으로 쓰이던 '*Paralebeda plagifera*'는 Zolotuhin(1996)에 따라 위와 같이 바뀌었다. 심상준 등(2000)은 이 종의 애벌레가 은행나무 잎을 먹는다고 발표하였다.

수컷

자란 애벌레(위)

자란 애벌레(옆)

자란 애벌레

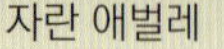

월동 후 중간 애벌레

월동 전 중간 애벌레

Superfamily **Bombycoidea** Latreille, 1802

▶ Family **Brahmaeidae** Swinhoe, 1892 왕물결나방과

대형 나방으로 세계에 65종, 우리나라에 왕물결나방(Sino-Korean owl moth)과 산왕물결나방(Siberian owl moth)의 2종이 있다.

왕물결나방(왕물결나방과) *Brahmaea certhia* (Fabricius, 1793)

생김새 몸길이 110mm 안팎(날개 길이 120mm 안팎)으로 어린 애벌레는 머리가 검고, 배 등이 붉으며, 마디 사이가 붉다. 가운데와 뒷가슴 위에 채찍 같은 긴 돌기가 있고, 제9~10배마디 위에 조금 짧은 돌기가 있다. 중간 애벌레가 되면 바탕이 갈색으로 변하지만 돌기는 그대로이다. 다 자라면 돌기가 떨어진다. 등밑선에는 혹 같은 검은 무늬가 생기고, 숨문선을 중심으로 검어진다. 배다리는 검다. 숨문은 검고 테두리가 얇게 밝은 갈색이다.

암컷

습성 자극을 받으면 머리를 앞으로 동그랗게 말고 가슴에 돋은 뿔을 돋보이도록 하며, 앞가슴과 가운데가슴 사이가 늘어나면서 붉은색이 나타난다. 동시에 '끼릭' 하는 소리를 낸다. 흙 속에서 번데기가 된다.

서식지 활엽수림, 경작지

발생 5~8월(어른벌레 5~9월, 연 2회)

먹이식물 쥐똥나무, 물푸레나무(물푸레나무과 Oleaceae)

분포 한국(전국), 중국

애벌레 머리

어린 애벌레

중간 애벌레

자란 애벌레(위)

자란 애벌레(옆)

산왕물결나방(왕물결나방과) *Brahmaea tancrei* (Austaut, 1896)

생김새 앞 종과 어른벌레의 차
이는 거의 없지만 앞 종이 배마
디 앞에 가늘게 황갈색 털이 있
다. 애벌레는 몸 구조는 같으나
이 종에서 바탕색이 밝은 갈색
을 띠어 다르다. 이 종의 우리나
라 애벌레는 과거 Sugi 등(1987:
121, pl: 51: 8–10)이 밝힌 적이
있었고, 옆 사진은 김성수와 친
했던 고 윤인호 선생님이 제공
했다.

수컷

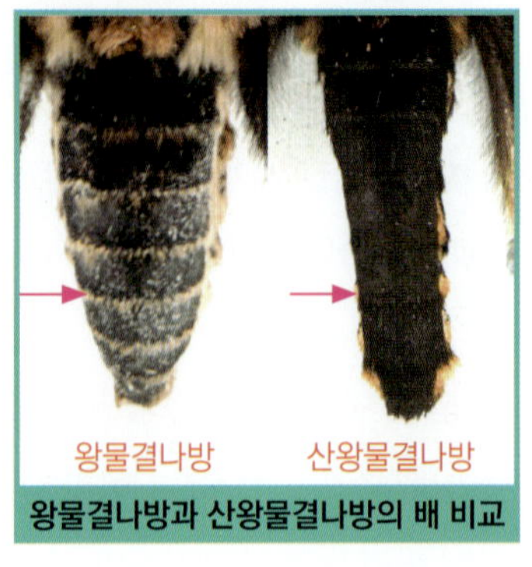

자란 애벌레

먹이식물 개회나무, 물푸레나
무, 쥐똥나무(물푸레나무과 Oleaceae)

분포 한국(중·북부), 중국, 러시아 극동지역

▶ Family **Endromidae** Boisduval, 1828 반달누에나방과

중형 나방으로, 과거에는 구북구의 Kentish Glory(*Endromis versicolora*)라는 1종만 포함하는 단일 과로 여겼
다. 유전자 연구에 따라(Nieukerken et al., 2011), 이 과의 범위가 넓어져, 현재 세계에 30종, 우리나라에 1종이
분포한다. '반달'이라는 이름은 어른벌레의 앞날개 중실의 검은 점을 뜻한다.

반달누에나방(반달누에나방과) *Mirina christophi* (Staudinger, 1887)

생김새 몸길이 50~60mm(날개 길이
40~45mm)로 어린 애벌레는 위가 검고 아
래가 황적색이며, 몸에 돋은 돌기는 검다.
자라면 숨문윗선 위로 검은색이고, 그 아래
가 주황색이다. 등밑선에는 잔가시가 난 채
찍 모양의 검은 돌기가 돋는데, 가슴 쪽에
서 배 부분보다 2배 이상 길다. 이 돌기들

수컷

번데기

은 앞으로 향한다. 몸통 옆에는 큰 돌기에 가려 눈에 덜 띄지만 아주 작은 돌기가 큰 돌기들 아래에 더
있다. 자라면 몸은 풀색이 되고, 앞가슴과 가운데가슴 사이는 붉은색, 가운데와 뒷가슴 등의 사이에 크
고 검은 무늬가 나타난다. 배 밑과 다리만 적자색을 띠고, 풀색으로 변한다.

습성 쉴 때에는 머리를 들어 둥글게 말고 가슴 아래에 두고, 가슴의 긴 돌기를 앞으로 쏠리게 한다. 건
들면 머리와 가슴을 세차게 흔든다. 이때 가운데와 뒷가슴 사이의 붉은 무늬가 보이게 한다. 줄기에 팽

이 모양의 갈색 고치를 만들고, 그 속에서 번데기가 된다.

서식지 활엽수림, 석회암 지대의 관목림

발생 5~6월(어른벌레 4월 말~5월, 연 1회)

먹이식물 털댕강나무, 올괴불나무, 병꽃나무(인동과 Caprifoliaceae)

분포 한국(지리산 이북의 참나무 숲), 러시아 극동지역

애벌레 머리

어린 애벌레

중간 애벌레

자란 애벌레(위)

자란 애벌레(옆)

▶Family **Bombycidae** Latreille, 1802 누에나방과

중형 나방으로, 그 중에 누에나방이 가장 잘 알려져 있다. 어른벌레는 아랫입술수염이 축소되어 1마디이다. 날개는 넓은 삼각형이고, 뒷날개는 단순하다. 실크 생산으로 유명한 누에나방(*Bombyx mori*)은 중국 북부가 원산지로 보이며, 수천 년 동안 길들여졌다. 이 나방을 사육하여 경제성이 높은 비단을 얻었기 때문에 하늘에서 내린 의미의 천충(天蟲)이라고 불렀다. 야생의 '멧누에나방'과의 교배가 가능하며, 1대 자손도 생식이 가능하다고 한다. 야행성인 '누에나방과'는 대부분 구북구에 분포하며, 아프리카에 5종이 알려져 있다. 세계에 185종, 우리나라에 5종이 분포하는데, 이 중 참물결멧누에나방(*Oberthueria falcigera*)이라는 종은 잘못 기록된 것으로 보이며, 일본 고유종이다. 누에의 어원은 알 수 없고, '새누에'는 멧누에나방 또는 산누에나방류로 보인다.

누에나방(누에나방과) *Bombyx mori* (Linnaeus, 1758)

생김새 몸길이 60mm 안팎(날개 길이 30~45mm)으로 머리는 옅은 갈색이고, 짧은 자모가 빽빽하다. 몸은 희고, 2차 자모가 보인다. 가운데가슴 등밑선 부분에 등색 무늬가 있다. 제2배마디 등에 눈 모양의 흑갈색 무늬가 있고, 제5, 8배마디에는 흔적이 남는 무늬가 있다. 숨문은 갈색이고, 테두리는 검다. 배다리는 큰 편이다.

습성 야생에는 없고, 오래 전부터 길러왔다. 여러 품종이 있으며, 열대 지역에서는 비휴면 계통도 있는 것으로 알려져 있다. 알로 겨울을 난다.

서식지 농가

발생 연중(어른벌레 연 2회)

먹이식물 뽕나무(뽕나무과 Moraceae)

분포 전 세계(중국 원산)

비고 어른벌레는 날 수 없으나 일부 수컷이 짧은 거리를 날기도 한다.

사육 중

수컷	 수컷	 암컷
 짝짓기	 자란 애벌레	 자란 애벌레
 고치	 자란 애벌레	 자란 애벌레

멧누에나방(누에나방과) *Bombyx mandarina* (Moore, 1872)

생김새 몸길이 45mm 안팎(날개 길이 35~45mm)으로 누에나방보다 뚜렷이 작으나 생김새가 닮는다. 어린 애벌레는 흰색이 도드라져 새똥처럼 보인다. 몸 색은 전체가 갈색을 띤다. 가슴 부위가 뚜렷이 솟아 통통하다. 뒷가슴의 등밑선, 제2, 4배마디의 등밑선에는 1쌍의 뚜렷한 눈 모양 무늬가 있다. 뾰족한 꼬리뿔을 가진다.

습성 자극을 받으면 몸을 수축시켜 가슴 부위가 더 커진다. 알로 겨울을 난다.

서식지 경작지, 마을, 낮은 산지

발생 5~6월, 8~9월(어른벌레 6~11월, 연 2회)

먹이식물 산뽕나무, 뽕나무(뽕나무과 Moraceae)

분포 한국(전국), 일본, 타이완, 중국

암컷

애벌레 머리

고치

어린 애벌레

자란 애벌레(위)

자란 애벌레(옆)

물결멧누에나방(누에나방과) *Oberthueria caeca* (Oberthür, 1880)

생김새 몸길이 35mm 안팎(날개 길이 43mm 안팎)으로 머리와 몸은 갈색을 머금은 미색이고, 제4 배마디에 노란 띠와 적갈색 무늬가 있다. 가슴 양쪽으로 편평하게 넓어진다. 배 끝에는 몸길이만한 곧고 가늘며 긴 적갈색 돌기가 있다.

수컷

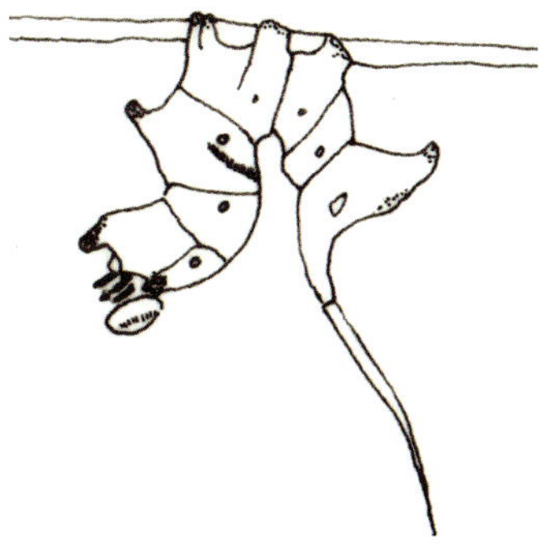
자란 애벌레

습성 쉴 때에는 머리와 배 끝을 뒤집듯이 들어 올린다. 자라면 잎을 붙이고 그 사이에서 번데기가 된다.

서식지 낙엽활엽수림

발생 6~9월(어른벌레 5~8월, 연 2회)

먹이식물 단풍나무, 당단풍나무(단풍나무과 Aceraceae)

분포 한국(내륙), 중국, 러시아 극동지역

산골누에나방(누에나방과) *Rotunda shini* (Park et Sohn, 2002)

생김새 몸길이 45mm 안팎(날개 길이 40mm 안팎)으로 머리와 몸은 황백색이다. 머리에는 1쌍의 검은 무늬가 있다. 전체 모습은 누에나방과 같은데, 검은 점들이 퍼져 다르다. 제3~5배마디 각 등밑선 부분에 1쌍의 붉은 무늬가 있다. 배다리는 검다.

습성 자극을 받으면 몸을 수축시켜 가슴 부위가 더 커진다. 알로 겨울을 난다.

서식지 활엽수림

발생 5~6월, 8~9월(어른벌레 6~11월, 연 2회)

먹이식물 산뽕나무, 뽕나무(뽕나무과 Moraceae)

분포 한국(지리산 이북), 타이완, 중국

비고 최근의 DNA 분석(Park, Xi, and Park, 2020)에 따라 *R. rotundapex* (Miyata et Kishida, 1990)와 차이가 없다고 했으나 실제는 유전자 차이가 크다(전남대, 미발표).

수컷

자란 애벌레(위)

자란 애벌레(옆)

왕누에나방(누에나방과) *Rondotia menciana* Moore, 1885

생김새 몸길이 24mm 안팎(날개 길이 34mm 안팎)으로 머리와 몸은 흰색인데, 떡칠을 한 듯 두터워 보인다. 몸통에는 주름이 있고, 각 주름마다 여러 개의 청흑색 점들이 있다. 항문위판 위로 누에나방보다 2배 이상의 긴 돌기가 위로 나는데, 끝이 뾰족하다.

수컷

암컷

습성 잎 뒤에 위치하며, 먹은 흔적을 보고 나뭇잎을 들추면 관찰할 수 있다. 잎을 오므린 사이에서 노란 솜사탕 같은 고치를 튼다.

서식지 활엽수림

발생 7~9월(어른벌레 7월, 8월 말~9월, 연 2회)

먹이식물 산뽕나무, 뽕나무(뽕나무과 Moraceae)

분포 한국(중부), 중국(절강성)

짝짓기

자란 애벌레(위)

자란 애벌레(옆)

고치

⊙Family **Saturniidae** Boisduval, 1897 산누에나방과

중, 대형으로 나방 중에서 가장 크며, 아름다운 종류가 많다. 어른벌레의 더듬이는 수컷이 깃털 모양, 암컷이 양빗살 모양이다. 입은 대부분 퇴화하며, 애벌레 때 축적한 에너지를 쓴다. 뒷날개 항각에 날개꼬리를 갖는 종류가 있다. 애벌레는 몸통 마디의 자모 받침이 두드러지고, 살돌기처럼 보이기도 한다. 번데기가 될 때, 실을 토해 만든 고치를 만든다. 주로 열대에서 많이 발견된다. 세계에 2,400여 종, 우리나라에 12종이 분포한다.

참나무산누에나방(산누에나방과) *Antheraea yamamai* (Guéin-Méneville, 1861)

생김새 몸길이 90mm 안팎(날개길이 130mm 안팎)으로 머리는 어릴 때에는 사진처럼 적갈색이지만 자라면 풀색으로 변한다. 개안은 흑갈색이고, 그 주변이 엷은 갈색이다. 몸통은 풀색으로, 숨문윗선이 황백색이다. 숨문은 엷은 갈색이다. 배다리는 풀색인데, 밑 부분이 갈색이다. 항문다리와 그 윗부분이 갈색인데, 이 부분이 긴꼬리산누에나방과 구별된다.

수컷

어른벌레

습성 암컷이 잔가지에 알을 덩어리째 낳아 붙이며, 알로 겨울을 난다.

서식지 참나무 숲

발생 5~6월(어른벌레 7월 말~9월 초, 연 1회)

먹이식물 여러 참나무류(참나무과 Fagaceae)

어린 애벌레 머리

자란 애벌레 머리

숨문

1살 애벌레

4살 애벌레

자란 애벌레

개칭 가중나무산누에나방(가중나무고치나방, 산누에나방과) *Samia cynthia* (Felder et Felder, 1773)

생김새 몸길이 50mm 안팎(날개 길이 125mm 안팎)으로 머리는 반짝이는 황토색이고 개안이 검다. 개안 주위는 하늘색이다. 몸통은 옅은 청록색, 끝이 하늘색인 살돌기가 각 마디의 등 부분에 나온다. 또 앞가슴, 제9~10배마디의 등에 황토색 부분이 있는데, 전체에 검고 작은 점들이 퍼져 있다. 가슴다리는 노랗지만 배다리에는 하늘색 무늬가 포함된다.

습성 자란 애벌레는 실로 잎을 붙여 그 속에서 번데기가 되며, 이 상태로 겨울을 나기도 한다.

서식지 활엽수림

발생 7~10월(어른벌레 5~6월, 8~9월, 연 2회)

먹이식물 소태나무, 가중나무(소태나무과 Simaroubaceae), 산초나무(운향과 Rutaceae), 대추나무(갈매나무과 Rhamnaceae), 뽕나무(뽕나무과 Moraceae), 백목련(목련과 Magnoliaceae), 개나리(물푸레나무과 Oleaceae)

분포 한국(전국), 일본, 중국 동북부

비고 지금까지 '가중나무고치나방'으로 불렸으나 이는 과 이름을 염두에 두지 않은 작명이었다고 추측한다. 이를 무조건 따르기보다 과 이름의 어미를 따르는 것이 자연스러워 여기에서 고쳤다. 이 종의 생활사를 김헌규(1960)가 처음 밝혔다.

어른벌레

3살 애벌레

자란 애벌레

밤나무산누에나방(산누에나방과) *Saturnia japonica* (Moore, 1862)

생김새 몸길이 75mm 안팎(날개 길이 120mm 안팎)으로 머리는 흑갈색이고, 황백색의 긴 자모가 있다. 앞이마는 청백색이다. 몸통은 파란 기가 도는 길고 가는 황백색 털이 빽빽하게 덮인다. 옆에서 보면 숨문밑선은 황백색이고, 그 위로 하늘색에 테두리가 검은 원 무늬가 있다.

습성 자라면 잎을 말고 그 사이에서 또는 잔가지에 엉성한 고치를 틀고 그 속에서 번데기가 된다. 알로 겨울을 난다.

수컷

암컷

서식지 활엽수림

발생 5~7월 초(어른벌레 9~10월, 연 1회)

먹이식물 참나무과 Fagaceae, 느릅나무과 Ulmaceae, 삼과 Cannabaceae, 옻나무과 Anacardiaceae, 녹나무과 Lauraceae, 장미과 Rosaceae 등

분포 한국(울릉도를 뺀 전국), 일본, 중국, 타이완, 러시아 극동지역

자란 애벌레

고치

한라산누에나방(산누에나방과) *Caligula jonasii* Butler, 1877

생김새 몸길이 65mm 안팎(날개 길이 80~105mm)으로 어린 애벌레는 몸이 검고, 가슴에 붉은 무늬가 있다. 자란 애벌레는 머리가 밝은 황록색으로 연두색 자모가 퍼진다. 개안은 검다. 몸통은 연두색으로 숨문선 아래로 색이 짙어진다. 몸의 자모는 가늘고 빽빽하다. 숨문은 옅은 적갈색이다. 가슴다리는 적갈색, 배다리는 몸 색과 같다. 다만 항문다리는 뚜렷한 검은 띠가 있다.

암컷

습성 자란 애벌레는 낙엽 사이 잔가지 사이에서 고치를 틀고 번데기가 된다. 고치는 그물 모양이다. 알로 겨울을 난다.

서식지 활엽수림

발생 5~7월(어른벌레 9~10월, 연 1회)

먹이식물 소사나무(자작나무과 Betulaceae), 참나무과 Fagaceae, 장미과 Rosaceae 등

분포 한국(한라산), 일본

비고 한라산에는 작은산누에나방과 다른 이 종이 분포한다(Kim et al., 2015).

어린 애벌레

3살 애벌레

자란 애벌레

작은산누에나방(산누에나방과) *Caligula boisduvali* (Eversmann, 1846)

생김새 앞 종의 애벌레와 어른벌레와는 아래 표와 같은 차이가 있다. 어린 애벌레는 앞 종에서 가슴 등에 솟은 살돌기가 붉지만 이 종은 가슴과 배에 붉게 이어진다.

발생 5~7월(어른벌레 9~10월, 연 1회)

먹이식물 참나무과 Fagaceae, 장미과 Rosaceae 등

분포 한국(내륙), 중국, 러시아 극동지역

	자란 애벌레			어른벌레		
	숨문	가슴다리	항문다리	앞날개 바탕색	앞뒷날개 중실의 눈알무늬	앞날개 밑의 '('자무늬
한라산누에나방 (*C. jonasii*)	노란색	적갈색	검은 무늬가 있다.	황토색	타원형	각도가 작다.
작은산누에나방 (*C. boisduvali*)	흰색	갈색	적갈색 무늬가 있다.	적갈색	원형	각도가 크다.

암컷

3살 애벌레

자란 애벌레

유리산누에나방(산누에나방과) *Rhodinia fugax* (Butler, 1877)

생김새 몸길이 60mm 안팎(날개 길이 80~100mm)으로 어린 애벌레는 몸이 연두색이고, 숨문 아래와 뒷가슴, 제8배마디는 검다. 머리는 짙은 파란색이고, 옆

수컷

암컷

은 갈색의 작은 과립이 퍼진다. 몸통은 풀색으로, 뒷가슴에서 최고로 솟고, 뒷가슴과 제8배마디의 등에 가시돌기가 솟은 살돌기가 있는 외에는 특별한 자모는 없다. 숨문은 옅은 하늘색이고, 테두리는 황록색이다.

습성 잎 뒤 주맥에 붙어 쉰다. 고치는 풀색으로, 겨울에 눈에 잘 띈다. 알로 겨울을 난다.

서식지 활엽수림

발생 5~7월 초(어른벌레 11월, 연 1회)

먹이식물 참나무과 Fagaceae, 장미과 Rosaceae, 느릅나무과 Ulmaceae, 자작나무과 Betulaceae 등

분포 한국(지리산 이북), 일본, 중국, 러시아 극동지역

1살 애벌레

2살 애벌레

고치

3살 애벌레

4살 애벌레

자란 애벌레

달유리고치나방(산누에나방과) *Rhodinia jankowskii* (Oberthür, 1880)

생김새 몸길이 60mm 안팎(날개 길이 75~95mm)으로 앞 종과 닮으나 조금 차이가 있다. 특히 자란 애벌레의 등밑선에 솟은 살돌기가 앞 종에서는 없지만 이 종에서는 있어 차이가 있다. 습성도 차이가 없다.

암컷

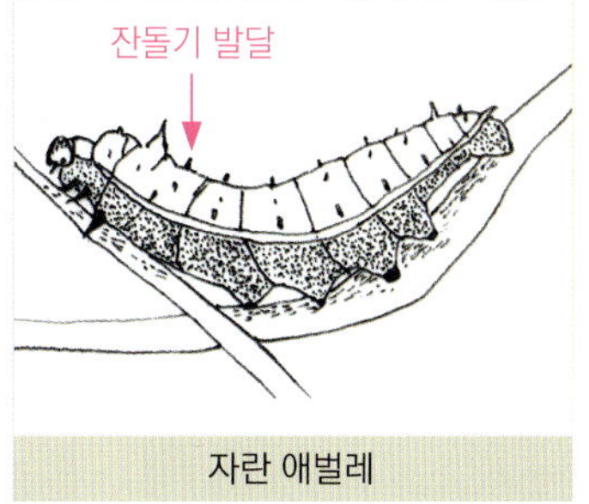

자란 애벌레

서식지 활엽수림

발생 5~7월 초(어른벌레 11월, 연 1회)

먹이식물 황벽나무(운향과 Ruraceae)

분포 한국(지리산 이북), 일본, 러시아 극동지역

긴꼬리산누에나방(산누에나방과) *Actias aliena* (Butler, 1879)

수컷

생김새 몸길이 80mm 안팎(날개 길이 85~120mm)으로 머리는 적갈색이다. 몸 등에 돋은 돌기는 적갈색이고 검은 가시가 뻗치는데, 길이는 차이가 있다. 숨문선에는 적황색 띠가 이어진다. 가운데와 뒷가슴의 살돌기는 아래 절반이 적갈색, 위 절반이 흰색이다.

습성 자극을 받으면 머리를 앞으로 숙이고, 등에 돋은 돌기를 뻗친다. 번데기로 겨울을 난다.

서식지 활엽수림

발생 6월, 8~9월(어른벌레 5~6월, 7~8월, 연 2회)

먹이식물 참나무과 Fagaceae, 자작나무과 Betulaceae, 진달래과 Ericaceae, 단풍나무과 Aceraceae 등

분포 한국(전국), 일본, 중국, 러시아 극동지역

비고 지금까지의 학명 *Actias artemis* (Bremer et Grey, 1853)는 잘못이다.

애벌레 머리

2살, 3살 애벌레

자란 애벌레

옥색긴꼬리산누에나방(산누에나방과) *Actias gnoma* (Butler, 1877)

수컷

생김새 몸길이 70~80mm(날개 길이 80~100mm)로 어린 애벌레의 몸은 황갈색 바탕에 청흑색 점이 많고, 검은 돌기 묶음이 마디마다 1쌍씩 있다. 3살 이후 바탕이 풀색이 된다. 앞 종과 닮으나 자란 애벌레에서 다음의 차이가 있다. 이 종은 머리가 풀색이고, 폭이 5.5mm로 작다. 가운데와 뒷가슴의 살돌기는 적갈색이다.

습성 앞 종과 차이가 없다.

서식지 활엽수림

애벌레 머리

애벌레 다리

자란 애벌레

발생 6월, 8~9월(어른벌레 5~6월, 7~8월, 연 2회)

먹이식물 자작나무과 Betulaceae(단식성)

분포 한국(전국), 일본, 중국

네눈박이산누에나방(산누에나방과) *Aglia tau* (Linnaeus, 1758)

생김새 몸길이 70~80mm(날개길이 85~100mm)로 어린 애벌레는 머리가 갈색이고, 몸이 풀색 바탕에, 앞가슴과 뒷가슴, 제8 배마디에 돌기가 나는데, 이 돌기는 검지만 2/3 지점이 흰 무늬가 있다. 이 돌기는 4살 애벌레까지 있으며, 이때 갈색이다. 자라면 머리와 몸은 풀색 바탕이 된다. 각 제2~7배마디에 흰 사선이 있고, 숨문선이 연미색이다. 숨문은 갈색이다. 뒷가슴 연미색 줄 위에 붉은 점이 있다.

수컷

짝짓기

습성 자란 애벌레는 낙엽 사이나 가지 사이에서 고치를 틀고 번데기가 된다. 번데기로 겨울을 난다.

서식지 활엽수림

발생 5~6월(어른벌레 3~4월, 연 1회)

먹이식물 자작나무과 Betulaceae, 참나무과 Fagaceae, 장미과 Rosaceae, 뽕나무과 Moraceae 등

분포 한국(지리산 이북), 중국, 러시아 극동지역~유럽

비고 일본에는 닮은 종 *Aglia japonica* Leech, 1889가 분포한다.

알

번데기

애벌레 위치

어린 애벌레

4살 애벌레

자란 애벌레

▶Family **Sphingidae** Latreille, 1802 박각시과

중, 대형 나방으로 우리나라에서는 애벌꼬리박각시가 가장 작고, 대왕박각시가 가장 크다. 어른벌레는 가늘고 긴 몸이며, 두터운 앞날개와 이보다 작은 뒷날개를 가진다. 입이 길어서 어떤 종은 자기 몸보다 길며, 많은 꽃을 방문한다. 대부분 야간에 활동하나 일부 종(꼬리박각시와 황나박각시)은 낮에 날아다니는데, 벌새로 착각하는 사람도 있다. 암수 구별은 어려우나 더듬이의 두께로 어느 정도 구별이 되며, 수컷이 더 두껍다. 애벌레는 홀로 생활하며, 제8배마디 꼬리뿔이 있다. 일부의 종에서 가슴과 배에 눈알 모양의 무늬를 가져 건드리면 이 부분을 부풀려서 위협적인 자세를 취한다. 대부분 흙 속에 들어가 번데기가 되나 줄박각시류는 지표에서 여러 풀과 흙을 붙여 엉성한 고치를 틀고 번데기가 된다. 세계에 1,500여 종이 분포하고, 우리나라에 60여 종이 알려져 있다. 우리 이름 '박각시'의 어원은 알기 어려우나 북한에서 '박나비'로 쓰는 것으로 보아 박을 먹는 종류로 해석된다. 여기에 각시(갓 결혼한 여자)가 붙여진 의미는 뚜렷하지 않다. 다만 옛말에 '향랑(香娘)각시'가 있는데, 이는 노래기를 뜻한다. 아마 독특한 곤충에 붙였던 일반적인 말이 아닌가 여겨진다.

박각시(박각시과) *Agrius convolvuli* (Linnaeus, 1758)

수컷

암컷

생김새 몸길이 70~80mm(날개 길이 85~100mm)로 머리와 몸통의 색이 개체에 따라 매우 다양하다. 주로 몸 색이 흑갈색을 띠는 경우가 많으나 풀색 바탕에 숨문이 붉고, 그 위로 비스듬한 선이 뚜렷하다. 아마 애벌레가 자라는 조건(온도와 습도 등)이 달라지기 때문으로 생각된다. 꼬리뿔은 몸 색과 관계없이 끝이 검다. 가끔 꼬리뿔이 잘리기도 한다.

습성 가을에 고구마에서 잘 발견되며, 잎 뒤에 붙는다. 먹는 양이 꽤 많아 똥이나 먹은 흔적을 발견하면 애벌레를 쉽게 찾을 수 있다. 번데기 상태로 땅속에서 겨울을 난다.

서식지 풀밭, 경작지, 해변

발생 5~11월 초(어른벌레 5~11월, 연 2회)

먹이식물 고구마, 갯메꽃, 나팔꽃(메꽃과 Convolvulaceae), 담배(가지과 Solanaceae)

4살 애벌레

자란 애벌레

여러 모양의 애벌레

분포 한국(제주도와 울릉도를 뺀 전국), 구북구 남부, 아프리카, 동양구~오세아니아구

비고 어른벌레의 입의 길이는 우리나라 나방 중에서 가장 길어서 10cm까지 이른다. 비교적 애벌레를 기르기 쉬워서 실험용으로 쓰이고 있다.

큰쥐박각시(박각시과) *Psilogramma increta* (Walker 1865)

생김새 몸길이 80~90mm(날개 길이 110~130mm)로 머리는 풀색 바탕에 1쌍의 흰 세로띠가 있으나 때로 검은 띠가 있는 개체도 있다. 몸은 풀색이다. 몸 옆에는 비스듬한 흰 선이 7개 나타나며, 폭이 넓다. 가운데가슴의 등에는 흰 톱날 모양의 잔돌기가 돋아 있다. 붉은색 또는 자갈색 무늬가 뚜렷한 개체가 많은데, 특히 자갈색이 뚜렷한 개체는 뒷가슴과 제1, 7배마디 대부분이 자갈색이 된다. 숨문은 검다. 꼬리뿔은 긴 편으로, 흰 잔돌기가 난다.

습성 번데기 상태로 땅속에서 겨울을 난다.

서식지 낮은 산지의 활엽수림

짝짓기

머리

꼬리뿔

번데기

1살 애벌레

2살 애벌레

자란 애벌레

4살 애벌레

4살 애벌레(위)

4살 애벌레(옆)

발생 9월(어른벌레 6~8월, 연 1회)

먹이식물 누리장나무, 작살나무(마편초과 Verbenaceae), 각시괴불나무(인동과 Caprifoliaceae) 등

분포 한국(전국), 일본, 중국, 타이완, 동남아시아

비고 이 종과 닮은 쥐박각시(*Meganoton analis*)의 애벌레는 목련과 식물을 먹는다.

줄홍색박각시(박각시과) *Sphinx ligustri* Linnaeus, 1758

생김새 몸길이 65mm 안팎(날개 길이 63mm 안팎)으로 머리와 몸의
바탕은 풀색이다. 머리의 양 가장자리는 검은 띠 모양이다. 몸통 옆
에는 7개의 비스듬한 적자색 줄무늬가 나타나는데, 개체에 따라 짙
고 옅은 차이가 있다. 꼬리뿔은 노랗고 끝이 검다. 가슴다리는 밑 부
분이 적자색, 나머지 노랗다. 숨문은 노랗다.

습성 가지에 붙어 있으며, 잘 발견되지 않는다. 번데기 상태로 땅속
에서 겨울을 난다.

서식지 낮은 위치의 활엽수림

발생 5~7월(어른벌레 6월 말~8월 초, 연 1회)

먹이식물 쥐똥나무(물푸레나무과 Oleaceae), 조팝나무(장미과 Rosaceae) 등

분포 한국(중부 이북), 일본, 중국, 러시아 극동지역~유럽

암컷

자란 애벌레

자란 애벌레

꼬리뿔

물결무늬점박각시(박각시과) *Kentrochrysalis streckeri* (Staudinger, 1880)

생김새 몸길이 63mm 안팎(날개
길이 66mm 안팎)으로 머리와 몸
은 풀색인데, 자라면 머리 양 가
장자리, 몸통에 붉은 무늬가 생
긴다. 배 옆에는 흰 사선 7개가
있는데, 끝이 넓고 뚜렷하며 꼬

수컷

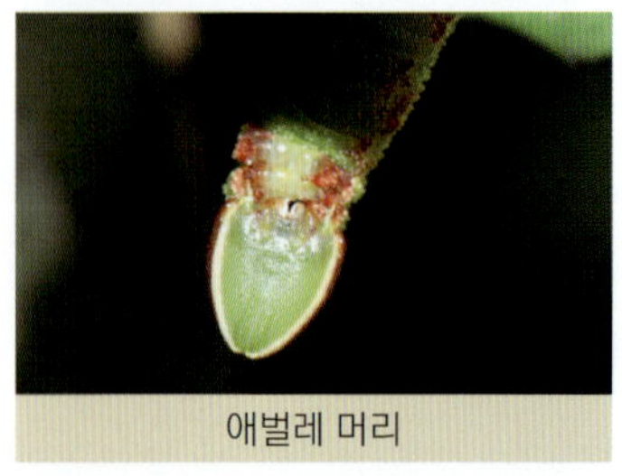

애벌레 머리

리뿔과 이어진다. 숨문이 검다. 닮은 종인 점박각시는 숨문이 붉고, 꼬리뿔이 붉으며, 머리 양가장자리
가 흰색이다.

습성 잎에 거꾸로 달린 듯이 붙어 있는데, 잘 관찰되지 않는다. 번데기로 겨울을 난다.

서식지 활엽수림

발생 5~6월, 8~9월(어른벌레 4~8월, 연 2회)

먹이식물 물푸레나무(물푸레나무과 Oleaceae)

분포 한국(전국), 중국 동북부, 러시아 극동지역, 몽골

4살 애벌레

4살 애벌레

자란 애벌레

물결박각시(박각시과) *Dolbina tancrei* Staudinger, 1887

생김새 몸길이 60mm 안팎(날개 길이 55~75mm)으로 머리는 타원형으로 납작하고, 가장자리의 흰 테가 두껍다. 몸은 풀색 바탕이나 다 자라면 갈색을 띠기도 한다. 옆에서 보면 비스듬한 흰 선이 7개 있다. 이 선과 이어진 몸 등에 흰 잔돌기가 난다. 숨문은 검으나 눈에 잘 띄지 않는다. 자란 애벌레는 머리 가장자리에 굵고 검은 띠가 생긴다.

암컷

습성 자란 애벌레의 경우, 주변의 잎에 먹은 흔적이 많다. 번데기로 땅속에서 겨울을 난다.

서식지 활엽수림

발생 5~9월(어른벌레 4~9월, 연 2~3회)

먹이식물 쥐똥나무, 물푸레나무, 개회나무, 광나무(물푸레나무과 Oleaceae)

분포 한국(전국), 일본, 중국 동북부, 러시아 극동지역

비고 어른벌레에서, 크기가 작고 배 밑 전체가 검으면 애물결박각시(*Dolbina exacta*)이다.

자란 애벌레

자란 애벌레

번데기가 되기 직전의 애벌레

솔박각시(박각시과) *Sphinx morio* (Rothschild et Jordan, 1903)

암컷

생김새 몸길이 50mm 안팎(날개 길이 63mm 안팎)으로 머리는 옅은 흑갈색이고 굵은 띠가 세로로 2개 있다. 몸통은 등선이 갈색이고, 등밑선에 굵은 흰 선, 그 아래로 풀색, 숨문밑선에 굵은 흰 선이 있다. 배 밑은 흑자색을 띤다. 제9배마디 뒤에 검은 꼬리뿔이 나온다. 가슴다리와 배다리는 흑갈색이다.

습성 솔잎 사이에 붙어 잘 보이지 않는다. 아래 오른쪽 사진은 번데기가 되기 위해 이동하다가 죽은 것으로 보인다. 번데기 상태로 땅속에서 겨울을 난다.

서식지 소나무 숲

발생 6~7월(어른벌레 7~8월, 연 1회)

먹이식물 소나무(소나무과 Pinaceae)

분포 한국(내륙), 일본, 러시아 극동지역

자란 애벌레(위)

자란 애벌레(옆)

갈고리박각시(박각시과) *Ambulyx japonica* Rothschild, 1894

암컷

생김새 몸길이 90mm 안팎(날개 길이 105mm 안팎)으로 머리와 몸은 풀색이고 흰 과립이 가득하다. 제1~7배마디의 비스듬한 선이 있다. 숨문은 옅은 노란색이다. 꼬리뿔의 끝은 검다. 어린 애벌레는 긴 정수리 뿔 돌기가 생기고, 꼬리뿔은 긴데, 밑에서 2/3까지 위에 짧고 검은 가시가 솟는다.

습성 어린 애벌레는 잎 뒤에서 보이는데, 밤에 전등을 켜 살피면 잘 보인다. 자란 애벌레는 나무에서 내려와 배회하다가 흙 속에서 번데기가 된다.

서식지 활엽수림

발생 7~9월(어른벌레 5~8월, 연 2회)

먹이식물 서어나무, 까치박달(자작나무과 Betulaceae)

분포 한국(울릉도를 뺀 전국), 일본, 중국, 타이완

어른벌레

자란 애벌레(위)

자란 애벌레(옆)

아시아갈고리박각시(박각시과) *Ambulyx sericeipennis* Butler, 1875

생김새 몸길이 80mm 안팎(날개 길이 90mm 안팎)으로 머리와 몸은 풀색이고, 잔 과립이 가득하다. 머리에는 세로로 자갈색 띠가 양쪽으로 있고, 옆에서 본 몸통의 비스듬한 흰 선 위로 붉은 무늬가 있으며, 이 선 아래로 옅은 파란색을 띤다. 꼬리뿔은 적갈색을 띠는데, 끝으로 갈수록 뾰족해지고 휘어진다.

암컷

습성 잎 뒤에서 보인다.

서식지 활엽수림

발생 7~9월 초(어른벌레 5~8월, 연 2회)

먹이식물 굴피나무(가래나무과 Juglandaceae)

분포 한국(내륙), 일본, 중국, 타이완, 동남아시아, 인도, 네팔

비고 *Ambulyx*속의 애벌레는 먹이식물로 구별할 수 있다. 이 종과 노랑갈고리박각시는 가래나무과, 점갈고리박각시는 옻나무과, 갈고리박각시는 자작나무과이다.

자란 애벌레(위)

자란 애벌레(옆)

점갈고리박각시(박각시과) *Ambulyx ochracea* Bulter, 1885

생김새 몸길이 80mm 안팎(날개 길이 90mm 안팎)으로 머리는 회백색이고, 몸통은 몸 옆의 흰 사선 위로 풀색, 아래로 머리와 같은 회백색이다. 꼬리뿔은 길고 과립 돌기가 난다. 몸통에도 과립 모양의 돌기가

가득하다.

습성 애벌레가 쉴 때에는 잎과 잔가지에 거꾸로 붙는다.

서식지 활엽수림

발생 5~6월(어른벌레 6~7월, 연 1회)

먹이식물 붉나무(옻나무과 Anacardiaceae)

분포 한국(중부 이남), 일본, 중국, 타이완, 인도차이나~네팔

암컷

자란 애벌레(위)

자란 애벌레(옆)

콩박각시(박각시과) *Clanis bilineata* (Walker, 1866)

생김새 몸길이 75~82mm(날개 길이 110mm 안팎)로 머리는 폭이 9mm이며, 전체에 과립이 가득하다. 앞에서 보면 이등변삼각형에 가깝다. 몸은 풀색과 노란색이 있으며, 풀색이 대부분이다. 각 배마디에는 7개의 세로 주름이 있다. 가슴의 옆선과 숨문밑선, 배에 7개 비스듬한 선에는 좀 큰 노란 과립이 열을 이루나 나머지 대부분은 작다. 이 사선은 앞마디의 숨문밑선에서 시작하여 한 마디를 걸러

암컷

그 뒷마디의 등선 가까이 이른다. 끝은 꼬리뿔 아래에 이른다. 꼬리뿔의 길이는 5mm 안팎으로, 끝이 가늘어지고, 뒤로 구부러진다. 항문위판과 항문 옆의 과립은 크다. 숨문은 옅은 갈색이고, 가슴다리는 등갈색이다.

자란 애벌레(위)

자란 애벌레(옆)

자란 애벌레(노란색)

습성 적갈색의 앞번데기 상태로 땅속에서 겨울을 나고, 날개돋이 직전 번데기가 된다.

서식지 풀밭, 낮은 위치의 활엽수림

발생 8~10월 초(어른벌레 6~8월, 연 1~2회)

먹이식물 콩, 칡, 등, 싸리류, 아까시나무(콩과 Fabaceae)

분포 한국(울릉도를 뺀 전국), 일본, 중국, 러시아 극동지역, 인도차이나~인도(벵골), 인도네시아

비고 일부 농작물에 해를 입혀 유전자 분석 등 여러 보고문들이 있다.

무늬콩박각시(박각시과) *Clanis undulosa* Moore, 1879

생김새 몸길이 80~90mm(날개 길이 113mm 안팎)로 머리는 앞에서 보면 둥근 삼각형이다. 몸은 풀색이고, 과립은 황백색이다. 가슴의 옆선과 숨문밑선, 7개의 사선에 노란 과립의 열이 있다. 숨문은 이중 타원 모양으로 검다. 가슴다리는 적갈색이고, 배다리는 풀색이다. 항문 위의 꼬리뿔은 풀색이고 2mm 안팎으로 작다(Yevdoshenko, 2011).

습성 겨울나기에 대한 기록은 없다.

서식지 낮은 위치의 활엽수림, 경작지

발생 8~10월 초(어른벌레 6~8월, 연 1~2회)

먹이식물 싸리류(콩과 Fabaceae)

분포 한국(제주도, 울릉도를 뺀 전국), 중국, 티베트, 러시아 극동지역, 인도차이나, 말레이시아, 보르네오

비고 앞번데기 기간이 길어서, 차가운 온도로 오래 보관한 후에야 번데기가 되는데, 날개돋이까지 성공하기 어렵다.

암컷

자란 애벌레

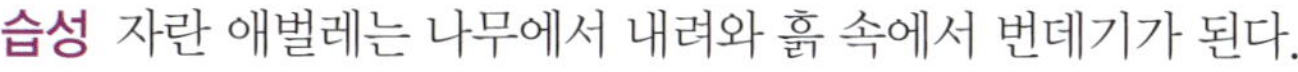

분홍등줄박각시(박각시과) *Marumba gaschkewitschii* (Bremer et Grey, 1853)

생김새 몸길이 85mm 안팎(날개 길이 55~80mm)으로 머리와 몸은 황록색이나 가끔 누런색을 띠기도 한다. 머리는 앞에서 보면 높이가 7mm 안팎인 이등변삼각형이다. 몸에는 과립이 가득하고 옆에서 보면 7줄의 사선이 있다. 숨문은 붉고 작다. 배다리 끝에는 연미색 테두리가 있다.

습성 자란 애벌레는 나무에서 내려와 흙 속에서 번데기가 된다.

서식지 활엽수림

발생 7~9월 초(어른벌레 5~8월, 연 2회)

먹이식물 장미과 Rosaceae, 노박덩굴과 Celastraceae 등

분포 한국(전국), 일본, 중국, 타이완, 인도차이나 북부, 네팔

암컷

중간 애벌레

자란 애벌레

중간 애벌레 머리

제주등줄박각시(박각시과) *Marumba spectabilis* (Butler, 1875)

생김새 몸길이 65mm 안팎(날개 길이 78mm 안팎)으로 머리와 몸은 풀색 바탕이다. 머리는 어릴 때 끝이 붉고 작은 돌기처럼 보이지만 자라면 돌기 부분이 조금 붉은 뿐 튀어나오지 않는다. 숨문 아래가 청회색을 띠고 경계가 되는 몸통의 사선은 붉다. 숨문과 가슴다리, 꼬리뿔은 붉다. 머리와 몸 전체에 흰 과립들이 있다.

습성 자란 애벌레는 나무에서 내려와 흙 속에서 번데기가 된다.

서식지 상록수림

발생 6~8월(어른벌레 5~7월, 연 2회)

먹이식물 나도밤나무(나도밤나무과 Sabiaceae)

분포 한국(남부, 제주도), 일본(대마도), 중국(중·남부), 타이완, 인도차이나

수컷

중간 애벌레

중간 애벌레 머리

자란 애벌레

자란 애벌레 머리

등줄박각시(박각시과) *Marumba sperchius* (Ménétriès, 1857)

생김새 몸길이 90mm 안팎(날개 길이 110mm 안팎)으로 머리의 정수리 끝이 뾰족하면 4살, 조금 동그랗게 보이면 자란 애벌레이다. 머리와 몸 색은 옅은 풀색으로 노란 기가 분홍등줄박각시보다 덜하다. 분홍등줄박각시와 달리 뒷가슴에서 시작하는 사선의 시작부가 조금 굵다. 숨문은 더 작아 눈에 잘 띄지 않는다.

습성 자란 애벌레는 나무에서 내려와 흙 속에서 번데기가 된다.

서식지 활엽수림

수컷

발생 8~9월(어른벌레 6~7월, 연 1회)

먹이식물 참나무과 Fagaceae

분포 한국(전국), 일본, 중국, 타이완, 러시아 극동지역, 동남아시아, 네팔

자란 애벌레(위)

자란 애벌레(옆)

대왕박각시(박각시과) *Langia zenzeroides* Moore, 1872

생김새 몸길이 100mm 안팎(날개 길이 130~150mm)으로 머리는 높이가 10mm 안팎인 이등변삼각형이고, 풀색 바탕에 흰 줄이 양 가장자리에 있다. 몸 등에는 흰 과립들이 많은데, 옆에서 보면 줄처럼 이어진다. 숨문은 하늘색이고, 아래위가 긴 타원형이다. 꼬리뿔은 풀색으로 구부러진다.

습성 건드리면 몸을 떨면서 소리를 낸다. 흙 속에서 번데기 상태로 겨울을 난다.

서식지 활엽수림

발생 5~7월(어른벌레 4~5월 초, 연 1회)

먹이식물 복숭아나무, 산벚나무, 귀룽나무(장미과 Rosaceae)

분포 한국(울릉도를 뺀 전국), 일본, 중국 남부, 인도차이나~네팔

어른벌레

자란 애벌레

애벌레 머리

숨문

닥나무박각시(박각시과) *Parum colligata* (Walker, 1856)

생김새 몸길이 58mm 안팎(날개 길이 70mm 안팎)으로 머리와 몸은 풀색이고, 과립 보양의 흰 돌기가 두드러진다. 머리 중봉서 양쪽과 양 가장자리에 흰 띠가 있다. 몸 옆의 9개의 사선은 뚜렷하지 않고, 꼬리뿔은 길고 뾰족하며, 흰 과립이 가득하다. 숨문은 보라색이다.

습성 흙 속에서 번데기 상태로 겨울을 난다.

발생 7월, 9월(어른벌레 6~9월 초, 연 2회)

먹이식물 닥나무(뽕나무과 Moraceae)

분포 한국(울릉도를 뺀 전국), 일본, 중국, 타이완, 인도차이나, 필리핀(루손)

수컷

자란 애벌레

애벌레 머리

벚나무박각시(박각시과) *Phyllosphingia dissimilis* Bremer, 1861

생김새 몸길이 90mm 안팎(날개 길이 80mm 안팎)으로 머리는 앞에서 보면 이등변삼각형이고 풀색이며, 가장자리가 연미색 띠가 있다. 머리와 몸은 풀색이고, 과립이 가득하다. 몸 옆에서 사선은 노랗고 바로 위가 적갈색인데, 과립이 두드러진다. 꼬리뿔은 두껍고 붉은색이며 과립이 굵다. 숨문은 노란색이나 잘 보이지 않는다. 가슴다리는 적갈색이다.

습성 잎 뒤와 잔가지에 붙는다. 번데기로 겨울을 난다.

서식지 활엽수림

발생 7~8월(어른벌레 6~7월, 연 1회)

먹이식물 가래나무, 굴피나무(가래나무과 Juglandaceae)

분포 한국, 일본, 중국, 러시아 극동지역, 인도차이나 북부, 인도 동북부

비고 이름과 달리 벚나무를 먹지 않는다. 이름을 바꿀 필요가 있다.

암컷

자란 애벌레

자란 애벌레 머리

자란 애벌레 꼬리뿔

녹색박각시(박각시과) *Callambulyx tatarinovii* (Bremer et Grey, 1853)

생김새 몸길이 60mm 안팎(날개 길이 60~75mm)으로 머리와 몸은 풀색이다. 위에서 보면 연미색 등선과 옆에서 보면 몸에 7개의 연미색 사선이 있다. 제1, 3, 5, 7배마디에 개체에 따라 자갈색 또는 흰 무늬를 넓게 보이는데, 자갈색인 경우 노란색이 테두리가 된다. 꼬리뿔은 밑이 조금 희지만 대부분 자갈색이다.

습성 땅속에서 번데기로 겨울을 난다.

서식지 활엽수림

발생 6월, 8월(어른벌레 5~9월, 연 2회)

먹이식물 까치박달(자작나무과 Betulaceae), 느릅나무, 참느릅나무 등(느릅나무과 Ulmaceae)

분포 한국(전국), 일본, 중국, 몽골, 바이칼

수컷

4살 애벌레

자란 애벌레(적갈색)

자란 애벌레(위)

자란 애벌레(옆)

뱀눈박각시(박각시과) *Smerinthus planus* Walker, 1856

생김새 몸길이 80mm 안팎(날개 길이 86mm 안팎)으로 머리와 몸은 황록색에서 풀색이다. 머리는 삼각형이고, 양 가장자리가 옅은 황록색 띠로 되어 있다. 몸 옆에는 7개의 연두색 사선이 있다. 숨문은 붉은색이다. 때때로 이 숨문 부분에 넓게 자갈색 무늬가 나타나는 개체도 있다. 이런 경우, 배다리도 자갈색이다.

습성 먹이식물 주위에 배설물이 보일 정도이면 자란 애벌레를 관찰할 수 있다. 땅 속에서 번데기가 된다.

서식지 강가, 습지, 활엽수림,

발생 6~7월, 9월(어른벌레 5~9월, 연 2회)

먹이식물 버드나무, 호랑버들, 수양버들 등(버드나무과 Salicaceae)

분포 한국(전국), 일본, 중국, 타이완, 동남아시아, 인도, 네팔

암컷

4살 애벌레

자란 애벌레

자란 애벌레 머리

버들박각시(박각시과) *Smerinthus caecus* Ménétriès, 1857

생김새 몸길이 70mm 안팎(날개 길이 75mm 안팎)으로 생김새는 특별히 앞 종과 차이가 없다. 확실히 구별하려면 날개돋이 후를 확인해봐야 한다. 다만 숨문 주위에 자갈색 무늬가 나타나는 예가 없고, 꼬리돌기까지 이르는 옅은 황록색 띠가 뱀눈박각시보다 조금 굵은 편이다.

습성 땅속에서 번데기로 겨울을 난다.

서식지 강가, 습지, 활엽수림,

발생 8~9월(어른벌레 6~8월, 연 1회)

먹이식물 버드나무, 호랑버들 등(버드나무과 Salicaceae)

분포 한국(중부 이북), 일본, 중국, 러시아, 유럽

비고 앞 종보다 추운 지역에 산다.

암컷

4살 애벌레

자란 애벌레

자란 애벌레

줄녹색박각시(박각시과) *Cephonodes hylas* (Linnaeus, 1771)

생김새 몸길이 60mm 안팎(날개 길이 55mm 안팎)으로 머리와 몸은 풀색이다. 등방패에 노란 과립이 가득하다. 가느다란 등밑선은 노란색으로, 꼬리뿔과 이어진다. 등선 좌우로 옅은 백록색 줄이 있다. 꼬리뿔은 끝이 뾰족하고 조금 구부러지며, 검은 과립이 보인다. 붉은 무늬가 보이는 변이도 있다. 숨문은 등색으로 타원형이다. 어릴 때 숨문이 검고, 자라면 붉어진다.

알 낳기

습성 암컷은 날다가 잠깐 앉아 잎 뒤에 알을 낳는다. 흙 속에서 번데기 상태로 겨울을 난다.

서식지 상록수림, 마을 주변, 하천

발생 7~9월(어른벌레 6~9월, 연 2회)

먹이식물 치자나무(꼭두서니과 Rubiaceae)

분포 한국(남부, 제주도), 일본, 중국, 타이완, 동남아시아

비고 아래의 가운데 사진에서 애벌레 반대편의 곤충은 노린재목 선녀벌레이다.

어린 애벌레

4살 애벌레

자란 애벌레

황나꼬리박각시(박각시과) *Hemaris radians* (Walker, 1856)

생김새 몸길이 45mm 안팎(날개 길이 46mm 안팎)으로 머리와 몸은 풀색으로 흰 과립이 가득하다. 숨문은 붉고, 그 위와 아래에 갈색 무늬가 있는데, 때에 따라 흰색 또는 붉기도 한다. 꼬리뿔은 붉고 과립이 크다. 가슴다리는 붉다.

암컷

자란 애벌레

습성 드물며, 아래 3종이 더 많다. 흙 속에서 번데기 상태로 겨울을 난다.

서식지 활엽수림, 석회암 지대, 경작지

발생 7~9월(어른벌레 6~9월, 연 2회)

먹이식물 인동(인동과 Caprifoliaceae)

분포 한국(내륙 산지), 일본, 중국 북부, 러시아 극동지역, 몽골

검정황나꼬리박각시(박각시과) *Hemaris affinis* (Bremer, 1861)

생김새 몸길이 46mm 안팎(날개 길이 47mm 안팎)으로 머리와 몸은 과립이 가득한 풀색이다. 등밑선은 흰 선이 있거나 희미하다. 숨문은 검거나 붉다. 꼬리뿔은 밑 부분이 등밑선과 이이져 흰색이고, 중앙 이후 끝까지는 검고 끝이 뾰족하며, 위로 솟는다. 바닥선은 가슴과 배다리를 포함하여 짙은 자갈색이다.

수컷

습성 흙 속에서 번데기 상태로 겨울을 난다.

서식지 활엽수림, 석회암 지대, 경작지

발생 7~9월(어른벌레 6~9월, 연 2회)

먹이식물 인동, 병꽃나무, 올괴불나무, 각시괴불나무(인동과 Caprifoliaceae)

분포 한국(내륙 산지), 일본, 중국 북부, 러시아 극동지역, 몽골, 타이완

중간 애벌레

자란 애벌레

번데기가 되기 직전의 애벌레

북방황나꼬리박각시(박각시과) *Hemaris fuciformis* (Linnaeus, 1758)

생김새 몸길이 45mm 안팎(날개 길이 46mm 안팎)으로 앞 종과 차이가 없으나 숨문 주위 무늬는 위아래가 크고 긴 타원형으로, 흰 점이 상하로 2개 있다.

습성 흙 속에서 번데기 상태로 겨울을 난다.

서식지 활엽수림, 석회암 지대, 경작지

발생 7~10월(어른벌레 5~8월, 연 2회)

먹이식물 인동, 병꽃나무, 올괴불나무, 각시괴불나무(인동과 Caprifoliaceae)

분포 한국(내륙), 러시아 극동지역~유럽

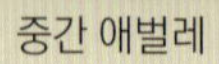
중간 애벌레

자란 애벌레

큰황나꼬리박각시(박각시과) *Hemaris stauingeri* Leech, 1890

생김새 몸길이 48mm 안팎(날개 길이 37~40mm)으로 앞 2종과 닮으나 다음의 차이가 있다. 몸의 과립이 작다. 등밑선의 흰 선은 폭이 넓고, 꼬리뿔에 더 길게 이어진다. 꼬리뿔의 검은 부분은 짧다. 숨문은 주

홍색(앞 종은 흑자색)이고, 훨씬 작으며, 확대해보면 타원형으로 양쪽이 희다. 머리와 앞가슴 사이에 검은 띠가 있다.

습성 앞 종보다 덜 발견된다. 흙 속에서 번데기 상태로 겨울을 난다.

서식지 활엽수림, 석회암 지대, 경작지

발생 7~10월(어른벌레 5~8월, 연 2회)

먹이식물 올괴불나무(인동과 Caprifoliaceae)

분포 한국(중부 이북), 중국(중부, 동부), 러시아 극동지역

비고 *Hemaris*속 종에 대한 설명은 Koshkin과 Yevdoshenko (2019)의 논문에 있다.

암컷

자란 애벌레

황나꼬리박각시 · 검정황나꼬리박각시 · 북방황나꼬리박각시 · 큰황나꼬리박각시

황나박각시류 비교

털보꼬리박각시(박각시과) *Sphecodima caudata* (Bremer et Grey, 1853)

생김새 몸길이 60mm 안팎(날개 길이 62~67mm)으로 중간 애벌레는 머리와 몸이 청백색 바탕이다. 자란 애벌레는 몸에 기하학 모양의 적갈색 무늬가 나타난다. 번데기가 되기 직전은 검붉어지며, 머리와 앞가슴 등까지 흑갈색 띠무늬가 이어진다. 꼬리뿔은 특이해서 작은 공 같은 혹이 달린 모습이다.

습성 자란 애벌레는 땅으로 내려와 배회하다가 흙 속에서 번데기가 된다.

서식지 활엽수림

발생 6~7월(어른벌레 4~5월, 연 1회)

먹이식물 왕머루, 머루, 담쟁이덩굴(포도과 Vitaceae)

분포 한국(내륙), 중국(동부, 남부), 러시아 극동지역, 태국 북부

암컷

자란 애벌레

꼬리뿔

번데기가 되기 직전의 애벌레

머루박각시(박각시과) *Ampelophaga rubiginosa* Bremer et Grey, 1853

생김새 몸길이 60mm 안팎(날개 길이 90mm 안팎)으로 포도박각시와 닮지만 다음의 차이가 있다. 배 등에는 '八'자 모양의 무늬가 이어진다. 옆에서 보면 흰 띠 아래로 흰색이 더해져 백록색으로 보인다. 숨문은 등색이다. 풀색의 꼬리뿔은 6mm 안팎으로 포도박각시보다 짧은 편이다.

습성 잎 사이에 위치하며, 줄기나 잎 뒤에 거꾸로 앉는다. 흙 속에서 번데기 상태로 겨울을 난다.

서식지 활엽수림

발생 7~9월(어른벌레 6~9월, 연 수회)

먹이식물 다래나무, 머루나무, 왕머루나무, 담쟁이덩굴(포도과 Vitaceae)

분포 한국(내륙), 일본, 중국, 타이완, 러시아 극동지역, 동남아시아

어른벌레

중간 애벌레

자란 애벌레(위)

자란 애벌레(옆)

포도박각시(박각시과) *Acosmeryx naga* (Moore, 1857)

생김새 몸길이 75mm 안팎(날개 길이 95mm 안팎)으로 머리와 몸의 바탕은 백록색에서 황록색이다. 몸에는 과립은 없고, 노랗고 미세한 알락무늬가 있다. 머리 양쪽에 세로로 연미색 띠가 있고, 몸의 등 밑선이 흰 띠가 꼬리뿔 밑까지 이어지는데, 제3~7배마디에서는 이 띠 위에 붉은 띠가 더해진다. 꼬리뿔은 붉다. 숨문은 주홍색, 이 숨문 아래에 사선이 있다. 항문다리에는 흰 띠가 있다. 제1배마디 옆

암컷

은 조금 부푼다.

습성 흙 속에서 번데기 상태로 겨울을 난다.

서식지 활엽수림

발생 5~9월(어른벌레 4~9월, 연 수회)

먹이식물 다래나무, 머루나무(포도과 Vitaceae)

분포 한국(전국), 일본, 중국, 러시아 극동지역, 인도차이나~네팔, 아프가니스탄

어린 애벌레

중간 애벌레

자란 애벌레

산포도박각시(박각시과) *Acosmeryx castanea* Rothschild et Jordan, 1903

생김새 몸길이 73mm 안팎(날개 길이 92mm 안팎)으로 앞 종과 닮으나 다음의 차이가 조금 있다. 이 종이 1) 등밑선이 더 가늘다. 2) 가슴 밑이 적갈색(앞 종은 흑갈색)이다. 3) 몸 색은 이 종이 청록색, 앞 종은 풀색으로 다르나 차이가 적다.

습성 흙 속에서 번데기 상태로 겨울을 난다.

서식지 상록수림

발생 6월(어른벌레 6~8월, 연 1회)

먹이식물 머루나무(포도과 Vitaceae)

암컷

애벌레 머리 비교

자란 애벌레(위)

자란 애벌레(옆)

분포 한국(전국), 일본, 중국 남부, 타이완, 필리핀

애벌꼬리박각시(박각시과) *Neogurelca himachala* (Butler, 1876)

생김새 몸길이 45mm 안팎(날개 길이 40mm 안팎)으로 머리는 작은 편이고, 거의 둥글다. 몸통은 가슴 부위가 좁다. 몸통은 풀색과 흑갈색이 있으며, 제1~6배마디 옆에 5개의 흰 사선이 있으나 덜 눈에 띈다. 꼬리뿔은 길다.

암컷

자란 애벌레

습성 여느 박각시류와 달리 잎 사이에서 간단한 고치를 틀고 번데기가 된다. 어른벌레는 낮에 날고, 어른벌레로 겨울을 나는 것으로 보인다.

서식지 상록수림

발생 8~9월(어른벌레 7~8월, 연 수회, 겨울을 넘기기 어렵고 외국에서 이입되는 것으로 보인다.)

먹이식물 계요등(꼭두서니과 Rubiaceae)

분포 한국(남부 해안, 제주도), 일본, 중국 남부, 타이완, 인도차이나~네팔

작은검은꼬리박각시(박각시과) *Macroglossum bombylans* (Boisduval, 1875)

생김새 몸길이 38mm 안팎(날개 길이 45mm 안팎)으로 머리의 봉합선은 희다. 몸은 풀색 또는 분홍색이 있다. 몸통에 과립 모양의 돌기가 두드러져 껄끄럽게 보인다. 등밑선에는 굵은 흰 선이 있으나 희미하다. 꼬리뿔은 뒤로 향하며 끝이 붉고 뾰족하다. 가슴다리는 붉고, 배다리는 몸 색과 같다.

습성 자란 애벌레는 땅속에 들어가 번데기가 된다. 낮에 활동하며, 어른벌레로 겨울을 난다.

서식지 활엽수림 가장자리, 계곡, 하천

발생 8~9월(어른벌레 5~10월, 연 2~3회)

먹이식물 꼭두서니(꼭두서니과 Rubiaceae)

분포 한국(내륙), 일본, 중국, 인도지나반도 북부, 네팔, 필리핀

어른벌레

자란 애벌레(위)

자란 애벌레(옆)

벌꼬리박각시(박각시과) *Macroglossum pyrrhosticta* Butler, 1875

수컷

생김새 몸길이 65mm 안팎(날개 길이 44mm 안팎)으로 머리는 작은 편이고, 몸통과 색이 같다. 몸통은 개체에 따라 황록색이 대부분이지만 적갈색 등도 있다. 머리 좌우에서 나오는 노란 띠는 몸통 등밑선을 따라 이어지다가 꼬리돌기에 이른다. 이 띠 아래로 사선들이 있다. 꼬리뿔은 길고 끝이 노랗다.

습성 잎에 붙어 있을 때에는 다리를 몸에 붙이고 몸을 반듯하게 한다. 자라면 땅속에서 번데기가 된다. 어른벌레는 낮에 활동한다.

서식지 계곡, 하천

발생 8~10월, 9월(어른벌레 7~11월, 연 2~3회)

먹이식물 계요등, 꼭두서니(꼭두서니과 Rubiaceae)

분포 한국(전국), 일본, 중국, 러시아 극동지역, 타이완, 동남아시아, 하와이

어른벌레

자란 애벌레

Macroglossum sp.(박각시과)

애벌레의 특징이 앞 종과의 차이가 적다. 다만 먹이식물로 멀구슬나무를 이용한 점이 다르다. 어른벌레까지의 날개돋이에는 실패했으나 앞으로 조사를 더 할 예정이다. 장소는 추자도이며, 2021년 7월 21일 오후에 등대산전망대에서 발견하였다.

4살 애벌레

자란 애벌레(위)

자란 애벌레(옆)

자란 애벌레(아래)

애벌레 머리

검은꼬리박각시(박각시과) *Macroglossum saga* (Butler, 1878)

수컷

애벌레 머리

생김새 몸길이 58mm 안팎(날개 길이 60mm 안팎)으로 머리와 몸은 풀색이지만 회색을 머금기도 한다. 몸 옆에는 과립 모양의 사선 7개가 있다. 희미한 등선과 등밑선은 가늘고, 희다. 꼬리뿔은 어릴 때 검지만 자라면 풀색을 띠며, 끝이 뾰족하고 검다. 숨문은 붉다.

습성 새 잎이나 여린 잎 뒤에서 먹는데, 발견하기 어렵다. 어른벌레로 겨울을 난다.

서식지 풀밭, 낮은 위치의 활엽수림

발생 6~9월(어른벌레 5~11월, 연 2회)

먹이식물 굴거리나무(굴거리나무과 Daphniphyllaceae)

분포 한국(남해안 섬, 제주도), 일본, 중국, 인도차이나~네팔

중간 애벌레

자란 애벌레(위)

자란 애벌레(옆)

우단박각시(박각시과) *Rhagastis mongoliana* (Butler, 1875)

암컷

생김새 몸길이 70mm 안팎(날개 길이 57mm 안팎)으로 머리는 작고 몸 색과 같다. 4살까지 몸은 회색을 머금은 풀색이나 자라면 짙은 흑갈색 바탕에 등선이 검고, 등밑선에 희끗한 무늬가 나타난다. 제1배마디는 가장 굵고 등밑선에 눈알 무늬가 있다.

습성 자극을 받으면 가슴과 제1배마디를 부풀려 뱀처럼 보이게 한다. 자라면 잎에서 내려와 땅 속에 들어가거나 주위의 물체 밑에서 번데기가 된다. 번데기로 겨울을 난다.

서식지 활엽수림

발생 7~10월(어른벌레 5~9월, 연 2회)

먹이식물 물봉선(봉선화과 Balsaminaceae), 큰천남성(천남성과 Araceae), 담쟁이덩굴(포도과 Vitaceae)

분포 한국(전국), 일본, 중국, 타이완, 몽골

2살 애벌레

3살 애벌레

자란 애벌레

주홍박각시(박각시과) *Deilephila elpenor* (Linnaeus, 1758)

생김새 몸길이 60~70mm(날개 길이 65mm 안팎)로 몸은 갈색이고, 앞가슴과 가운데가슴 위에는 눈알 모양의 무늬가 있다. 가슴의 옆에는 7개의 사선이 있다. 숨문밑선 아래로 색이 짙고 그 경계가 옆에서 보면 톱날처럼 보인다. 꼬리뿔은 짧은 편이고, 대부분 희다.

습성 밤에 먹이를 먹고 낮에는 줄기 아래로 내려간다. 번데기 상태로 겨울을 난다.

서식지 풀밭, 낮은 위치의 활엽수림

발생 6월, 9~10월(어른벌레 5~6월, 7~8월, 연 2회)

먹이식물 달맞이꽃(바늘꽃과 Onagraceae), 봉선화(봉선화과 Balsaminaceae), 털부처꽃(부처꽃과 Lythraceae), 꼭두서니(꼭두서니과 Rubiaceae) 등

분포 한국(전국), 일본, 중국 등 구북구, 인도차이나반도, 중동아시아, 캐나다 서부

비고 영어 이름은 'Elephant Hawk-moth'라고 하는데, 애벌레가 뚱뚱해 코끼리가 연상된다. 어른벌레는 저녁 늦게부터 여러 꽃을 찾는다.

암컷

자란 애벌레(위)

자란 애벌레(옆)

노랑줄박각시(박각시과) *Theretra nessus* (Drury, 1773)

생김새 몸길이 70mm 안팎(날개 길이 90~110mm)으로 머리와 몸은 청백색, 흑갈색, 적갈색, 황갈색 등 다양하다. 머리는 폭이 5mm 안팎으로 작다. 등선과 등밑선은 흰색이고, 옆에서 보면 7개의 사선이 있다. 숨문은 황백색이다. 적갈색의 꼬리뿔은 짧고, 구부러진다. 제1배마디에 타원형의 작은 무늬가 있다.

습성 땅속에서 번데기로 겨울을 난다.

서식지 풀밭, 상록수림

발생 6~10월(어른벌레 5~9월, 연 3회 이상)

먹이식물 마과 Dioscoreaceae(단식성)

분포 한국(남해안, 제주도), 일본, 중국, 타이완, 동남아시아, 호주, 뉴칼레도니아, 피지

암컷

다양한 색의 애벌레

줄박각시(박각시과) *Theretra japonica* (Boisduval, 1869)

생김새 몸길이 65mm 안팎(날개 길이 55~76mm)으로 머리와 몸은 풀색 또는 적갈색이다. 어떤 색을 띠더라도 등밑선 위로 색이 짙어지고, 꼬리뿔은 적갈색을 띤다. 옆에서 보면 사선이 7개 있다. 제1~3배마디 등밑선에는 눈모양 무늬가 있다. 어린 애벌레는 풀색 바탕이 많다.

습성 땅속에서 번데기로 겨울을 난다.

서식지 활엽수림 내 풀밭

발생 6월, 9월(어른벌레 5~9월, 연 2회)

먹이식물 포도과 Vitaceae, 바늘꽃과 Onagraceae 등

분포 한국(전국), 일본, 중국, 타이완, 러시아 극동지역, 필리핀 북부

암컷

2살 애벌레

자란 애벌레(위)

(3살 애벌레(위) 사진 설명은 중앙)

3살 애벌레(갈색)

3살 애벌레(옆)

자란 애벌레(옆)

Superfamily **Geometroidea** Leach, 1815

▶Family **Epicopeiidae** Swinhoe, 1892 제비나비붙이과

중형으로, 동북아시아와 동남아시아에 20여 종이 분포하고 우리나라에 2종 있다. 'Epicopeia hainesii Holland, 1889'라는 종은 북한에서의 기록이 있는데, 국외의 분포[일본(대마도 포함), 타이완, 베트남 북부] 면으로 볼 때, 남한의 어느 지역에서도 발견되지 않는 점으로 보아 잘못된 기록으로 보아야겠다. 애벌레는 흰 물질로 몸을 덮는다. 우리 이름과 영어 이름(Oriental swallowtail moth) 모두 제비나비와 닮는다는 뜻이다.

두줄제비나비붙이(제비나비붙이과) *Epicopeia mencia* Moore, 1874

생김새 몸길이 52mm 안팎(날개 길이 55~65mm)으로 몸에는 뭉쳐진 솜털이 더덕더덕 붙어 있는 모습이다. 머리와 몸은 검은 바탕이다.

습성 애벌레의 솜털 같은 물질이 잎에 묻는데, 손으로 만져도

암컷

잎을 다 먹어 앙상한 가지만 남김

잘 묻는다. 자라면 나무에서 내려와 땅속에서 번데기가 된다. 수컷은 해질 무렵에 높게 날면서 암컷을 찾는다. 이밖에는 낮은 위치에서 앉아 쉰다.

서식지 낙엽활엽수림

발생 8~9월(어른벌레 6~7월, 연 1회)

먹이식물 느릅나무, 참느릅나무(느릅나무과 Ulmaceae)

분포 한국(경기, 강원), 중국, 러시아 극동지역

중간 애벌레

중간 애벌레

자란 애벌레

흑백알락제비나비붙이(흑백알락쌍꼬리나방, 제비나비붙이과) *Nossa alpherakii* (Herz, 1904)

생김새 몸실이 60mm 안팎(날개 길이 70mm 안팎)으로 머리는 노란색이며, 검고 동그란 점이 있다. 머리와 몸에 솜털 보푸라기 같은 흰 물질이 붙는다. 숨문은 회색이다. 가슴다리와 배다리는 옅은 갈색이다.

습성 몸을 'U'자 모양으로 굽은 채 잎 뒤에 위치한다.

이다. 지금까지 종명을 *alpherakyi*로 잘못 써왔다.

암컷

자란 애벌레

▶Family **Uraniidae** Leach, 1815 제비나방과

소, 중형으로, 열대와 아열대에 700여 종, 우리나라에 14종이 분포한다. 애벌레는 자나방과와 달리 배다리가 있다. 가슴의 V1자모가 없다. 앞가슴의 L자모는 2개 있다. 우리나라에는 다음의 3아과[쌍꼬리나방아과(**Epipleminae**), 제비나방아과(**Microniinae**), 큰제비나방아과(**Uraniinae**)]가 있다.

큰남방제비나방
[*Lyssa zampa* (Butler, 1869)]

쌍꼬리나방아과(Epipleminae)
일종 애벌레

제비나방(제비나방과) *Acropteris iphiata* (Guenée, 1857)

생김새 몸길이 16mm 안팎(날개 길이 15~18mm)으로 머리는 풀색을 띤 옅은 갈색이다. 뒷머리에 주름이 있다. 통통한 몸은 겉이 매끄럽고 반짝이며, 풀색이다. 숨문은 옅은 갈색이고, 숨문선이 희미하다.

습성 부화한 애벌레는 잎맥 사이에서 잎을 먹는다. 잎을 먹으면 먹이식물에서 유액이 흘러나온다. 잎 뒤에 갈색의 엉성한 고치를 만든다.

서식지 풀밭

발생 7~8월(어른벌레 5~7월, 9~10월, 연 2회)

먹이식물 박주가리(협죽도과 Apocynaceae)

분포 한국(내륙), 일본, 중국

암컷

자란 애벌레

번데기

▶Family **Geometridae** Leach, 1815 자나방과

날개 길이가 12~90mm로, 어른벌레는 일부 주행성 종을 빼면 대부분 밤에 활동한다. 겨울자나방류의 암컷은 날개가 축소되거나 퇴화되어 있다. 애벌레는 가늘고 길며, 제3~5배마디의 다리가 없으며, 반듯한 자세로 잔가지를 흉내 낸다. 대부분 활엽수의 잎을 먹으나 일부 침엽수 잎을 먹거나 꽃, 솔방울, 지의류, 양치식물을 먹기도 한다. 하와이의 *Eupithecia*의 일부 종들은 파리를 포식하기도 한다. 세계에 23,000여 종이 분포하고, 우리나라에 680여 종이 분포한다. 영어 이름 'Geometer moths'는 길이를 재는 자를 뜻하며, 이는 배다리가 없는 애벌레가 마치 길이를 재듯 걸어가는 모습에서 유래했다. 우리 이름도 이 뜻과 같다.

이른봄자나방(자나방과) *Archiearis parthenias* (Linnaeus, 1761)

이 종이 속한 이른봄자나방아과(**Archiearinae**)는 애벌레의 제3~5배마디에 완전히 퇴화하지 않고 짧은 배다리가 있다. 이 나방은 낮에 활동한다. 한편 겨울자나방아과의 애벌레는 제5배마디에 배다리가 흔적으로 남아 있다.

수컷

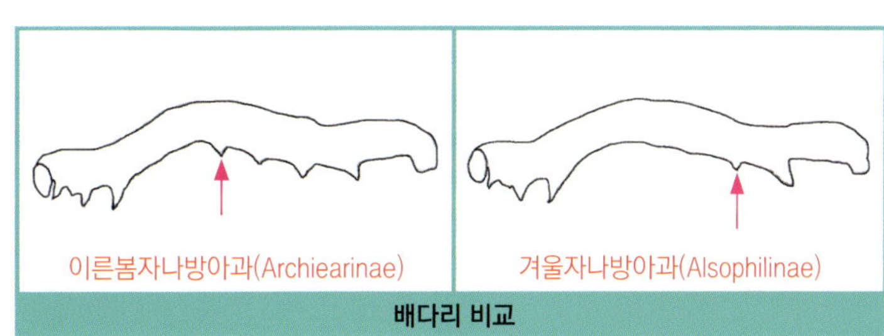

배다리 비교

흰띠겨울자나방(자나방과) *Alsophila japonensis* (Warren, 1894)

생김새 몸길이 22mm 안팎(날개 길이 ♂ 24~33mm, ♀ 0mm)으로 머리는 검고, 정수리가 둥근 편이다. 몸통은 짙은 흑갈색 또는 적갈색 바탕에 등밑선에 흰 점이 각 마디에 있다. 위에서 보면 밝은 색으로 된 '⌂' 무늬가 각 마디에 보인다.

습성 잎이나 가지에 붙어 잘 움직이지 않는다. 자라면 땅속에 들어가 번데기가 되며, 알로 월동한다.

서식지 활엽수림

발생 3~4월(어른벌레 11월 중순~12월, 연 1회)

먹이식물 산철쭉(진달래과 Ericaceae), 벚나무(장미과 Rosaceae), 신갈나무(참나무과 Fagaceae)

수컷

자란 애벌레(흑갈색)

자란 애벌레(적갈색)

분포 한국(내륙, 한라산), 일본, 중국, 러시아 극동지역

북극겨울자나방(자나방과) *Inurois viidaleppi* Beljaev, 1996

생김새 몸길이 19mm 안팎(날개 길이 ♂ 21~28mm, ♀ 0mm)으로 머리는 밝은 갈색이고 반짝인다. 몸통은 짙은 자갈색인데, 때로 풀색과 적갈색인 개체도 있는 것으로 보인다. 연미색의 등밑선은 가늘지만 뚜렷하다.

습성 앞 종과 차이가 적으며, 땅 속에 들어가 적갈색의 번데기가 된 채 겨울을 난다.

서식지 참나무 숲

발생 4~5월(어른벌레 2~4월 초, 연 1회)

먹이식물 산벚나무 등(장미과 Rosaceae)

분포 한국(내륙), 중국 동북부, 러시아 극동지역

수컷

암컷

자란 애벌레

얇은날개겨울자나방(자나방과) *Inurois fumosa* (Inoue, 1944)

생김새 몸길이 19mm 안팎(날개 길이 ♂ 21~28mm, ♀ 0mm)으로 몸색에 따른 2가지 형이 있다. 하나는 풀색, 다른 하나는 흑자색 바탕이다. 후자의 경우 머리가 반짝이는 옅은 적갈색이고, 등방패도 붉다. 2형 모두 등선은 뚜렷한 편이 아니다. 흰 숨문밑선은 비교적 뚜렷한 편이다.

습성 앞 종들과 거의 같다. 알로 겨울을 난다.

서식지 참나무 숲

수컷

중간 애벌레(풀색)

자란 애벌레(풀색)

자란 애벌레(흑자색)

발생 4~5월(어른벌레 11월 말~12월 중순, 연 1회)

먹이식물 왕벚나무 등(장미과 Rosaceae), 버드나무(버드나무과 Salicaceae)

분포 한국(전국), 일본, 러시아 극동지역

좁은날개겨울자나방(자나방과) *Inurois membranaria* (Christoph, 1881)

생김새 몸길이 18mm 안팎(날개 길이 ♂ 21~28mm, ♀ 0mm)으로 머리는 회녹색이고 매끈하다. 몸통은 옅은 풀색으로, 알록달록한 느낌이며, 등밑선이 굵고 뚜렷한 편이다. 숨문은 검고, 숨문밑선은 흰색이다.

습성 앞 종들과 거의 같다. 번데기로 겨울을 난다.

서식지 참나무 숲

발생 3~5월(어른벌레 2월 말~3월, 연 1회)

먹이식물 참나무류(참나무과 Fagaceae)

분포 한국(전국), 중국 동북부, 러시아 극동지역

수컷

자란 애벌레와 중간애벌레

자란 애벌레(위)

자란 애벌레(옆)

별박이자나방(자나방과) *Naxa seriaria* (Motschulsky, 1866)

생김새 몸길이 31mm 안팎(날개 길이 27mm 안팎)으로 머리는 검고, 중봉선과 전액봉선이 희다. 몸통은 검은 바탕에 다홍색의 띠가 발달한다. 등에 있는 가느다란 선은 노랗다. 항문위판은 끝이 둥글다. 배다리는 제6배마디에만 있다. 자모는 길다.

습성 흰 실을 토해 거미줄처럼 치고 그 안에서 잎을 먹는다. 이 실 속에서 애벌레 상태로 겨울을 난다. 어른벌레는 낮에도 날지만 밤에 불빛에도 날아온다.

서식지 활엽수림

발생 8월~이듬해 5월(어른벌레 6~7월, 연 1회)

먹이식물 쥐똥나무, 물푸레나무 등(물푸레나무과 Oleaceae)

분포 한국(내륙), 일본, 중국, 러시아 극동지역

수컷

3살 애벌레

4살 애벌레

자란 애벌레

애기얼룩가지나방(자나방과) *Abraxas sylvata* (Scopoli, 1763)

생김새 몸길이 28mm 안팎(날개 길이 29mm 안팎)으로 머리는 반짝이는 검은색이고, 몸은 검은 바탕에 노란 줄이 생기는데, 등선 좌우가 넓고 숨문선이 넓다. 등방패는 노란색이고, 좌우로 검다. 배다리는 노란색이다.

습성 나무를 건드리면 실을 내어 떨어진다. 자란 애벌레는 먹이식물에서 내려와 낙엽 밑으로 들어가 번데기가 되며 그 상태로 겨울을 난다.

서식지 낙엽활엽수림

발생 6월 말~9월(어른벌레 5~9월, 연 2~3회)

먹이식물 난티나무(느릅나무과 Ulmaceae)

분포 한국(전국), 일본, 중국 동북부, 러시아 극동지역~유럽

수컷

자란 애벌레(위)

자란 애벌레(옆)

실을 따라 내려온 애벌레

각시얼룩가지나방(자나방과) *Abraxas niphonibia* Wehrli, 1935

생김새 몸길이 27mm 안팎(날개 길이 28~34mm)으로 머리는 반짝이는 검은색이고, 몸은 검은 바탕에 노란 줄무늬가 생긴다. 생김새로는 다음 종과의 차이가 적다. 다만 머리 뒤와 등방패의 앞 부분이 이 종은 모두 검으나 다음 종은 오목하여 조금 다르다.

습성 나무를 건드리면 땅바닥으로 잘 떨어진다. 자란 애벌레는 먹이식물에서 내려와 낙엽 밑으로 들어가 번데기가 되며 그 상태로 겨

수컷

울을 난다.

서식지 참나무 숲

발생 6월 말~9월(어른벌레 5~9월, 연 2~3회)

먹이식물 노박덩굴, 미역줄나무(노박덩굴과 Celastraceae)

분포 한국(전국), 일본, 중국 동북부

자란 애벌레(옆)

자란 애벌레(옆)

점얼룩가지나방(자나방과) *Abraxas fulvobasalis* Warren, 1894

생김새 몸길이 30mm 안팎(날개 길이 33mm 안팎)으로 이 속 중에서 작은 편이다. 머리는 검고 반짝이는데, 등방패와 맞닿은 뒷머리는 '▽' 모양의 노란 무늬가 생긴다. 몸통은 밝은 편으로, 숨문선 위로 유백색이고, 그 아래로 노랗다. 항문다리의 검은 점은 거의 원형이다.

수컷

자란 애벌레

습성 이 속의 다른 종들과 비교하여 큰 차이가 없으나 관찰된 자료가 거의 없다. 번데기로 겨울을 나는 것으로 보인다.

서식지 하천, 계곡 주변

발생 6~9월(어른벌레 5~9월, 연 2회)

먹이식물 버드나무류(버드나무과 Salicaceae)

분포 한국(강원도 이북), 일본, 중국, 러시아 극동지역

참빗살얼룩가지나방(자나방과) *Abraxas latifasciata* Warren, 1894

생김새 몸길이 29mm 안팎(날개 길이 30~38mm)으로 머리는 검고 반짝인다. 전액봉선은 가늘고 노랗다. 몸통은 검은 바탕에 흰색~황백색 선이 앞가슴부터 배 끝까지 이어지는데, 개체에 따라 변이가 있다. 앞가슴은 노란색으로 검고 둥글며 작은 점이 둘레에 있다. 배 끝 마디가 머리와 앞가슴과 닮으나 검은 점들이 없다.

습성 자란 애벌레는 먹이식물에서 내려와 낙엽 밑에서 번데기가 되며 그 상태로 겨울을 난다.

서식지 낙엽활엽수림

발생 6월 말~9월(어른벌레 5~9월, 연 2회)

먹이식물 참빗살나무, 회잎나무, 노박덩굴(노박덩굴과 Celastraceae)

분포 한국(전국), 일본, 중국 동북부, 러시아 극동지역

비고 애벌레에 먹이식물의 독성이 있어서 포식자들이 싫어한다. 어른벌레도 천적을 꺼리지 않고 잎 위에 앉는데, 새똥을 연상시키기도 한다. 각시얼룩가지나방과는 애벌레가 닮으며, 먹이도 같아 혼동하는 일이 많다.

수컷

자란 애벌레(위)

자란 애벌레(옆)

버드나무얼룩가지나방(자나방과) *Abraxas miranda* Butler, 1878

생김새 몸길이 33mm 안팎(날개 길이 37~45mm)으로 머리는 검고 반짝인다. 몸통은 검은 바탕에 흰색과 노란 줄이 있는데, 짧막짤막 끊어진다. 앞가슴은 노란 바탕이고 등에 검은 무늬가

암컷

암컷

있다. 숨문밑선은 노란색으로 굵어진다. 흑갈색의 자모는 빳빳해 보이고, 가슴다리는 검은색, 배다리는 노란색이나 검은 부분도 있다. 항문위판은 검다.

습성 추운 지역에서는 번데기로 겨울을 나나 제주도 서귀포에서는 애벌레가 12~1월 중에도 관찰된다.

서식지 활엽수림

발생 5~12월(어른벌레 5~8월, 연 2~3회)

중간 애벌레

자란 애벌레

자란 애벌레

먹이식물 사철나무, 회잎나무(노박덩굴과 Celastraceae)

분포 한국(중부 이남), 일본, 중국

비고 *Abraxas*속의 나방은 애벌레의 생김새가 닮아 구별하기 어렵다. 다음으로 나눌 수 있다. 이 종을 빼면 몸통의 노란 줄이 있다. 먹이식물은 이 종이 주로 사철나무이고, *A. sylvata*는 난티나무, *A. niphonibia*는 노박덩굴과, *A. fulvobasalis*는 버드나무류, *A. latifasciata*는 여러 노박덩굴과이다. 이 종의 이름은 버드나무를 먹는 것으로 오해하여 지어졌다.

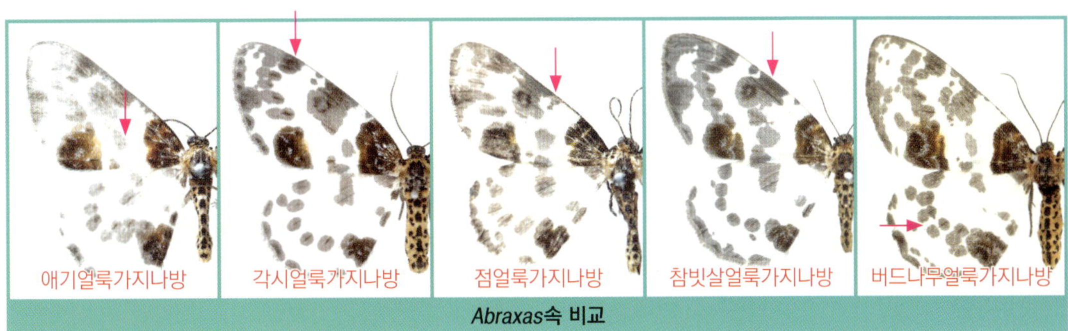

Abraxas속 비교

쌍점흰가지나방(자나방과) *Lomographa bimaculata* (Fabricius, 1775)

생김새 몸길이 23mm 안팎(날개 길이 24mm 안팎)으로 머리와 몸은 풀색이고, 제1~8배마디의 각 마디의 뒷가장자리 가느다란 노란선이 있다. 제8배마디에 하트 모양의 적갈색 무늬가 있다. 배 아래는 색이 옅어진다.

습성 번데기로 겨울을 난다.

서식지 활엽수림

발생 5~8월(어른벌레 4~8월, 연 2~3회)

먹이식물 벗나무, 복사나무 등(장미과 Rosaceae)

분포 한국(전국), 일본, 러시아 극동지역~유럽

암컷

자란 애벌레(위)

자란 애벌레(옆)

연푸른가지나방(자나방과) *Parabapta clarissa* (Butler, 1878)

생김새 몸길이 26mm 안팎(날개 길이 28mm 안팎)으로 머리는 옅은 풀색이고, 정수리가 어릴 때 풀색이다가 점차 갈색의 그물무늬가 보인다. 몸통은 조금 납작해 보이며, 희미한 등선이 있고, 특히 숨문선이 노랗고 뚜렷하다.

습성 자라면 땅 속으로 들어가 번데기가 된다.

서식지 활엽수림

발생 6~7월(어른벌레 4~6월, 연 1회)

먹이식물 참나무류(참나무과 Fagaceae)

분포 한국(전국), 일본, 중국, 러시아 극동지역

암컷

자란 애벌레(위)

자란 애벌레(옆)

연분홍세줄가지나방(자나방과) *Cabera insulata* Inoue, 1958

생김새 몸길이 24mm 안팎(날개 길이 26mm 안팎)으로 머리는 납작하고, 가장자리에 갈색 띠가 생긴다. 몸은 풀색 바탕에 등에 검은색, 적갈색 무늬가 점처럼 보이기도 하지만 없는 개체도 있어서 변화가 심하다. 습성 자라면 땅 속으로 들어가 번데기가 된다.

서식지 활엽수림

발생 6~8월(어른벌레 5~8월, 연 2회)

먹이식물 자작나무과 Betulaceae, 버드나무과 Salicaceae

분포 한국(전국), 일본, 중국, 러시아 극동지역

수컷

암컷

자란 애벌레

가는줄흰가지나방(자나방과) *Orthocabera tinagmaria* (Guenée, 1858)

생김새 몸길이 25mm 안팎(날개 길이 30mm 안팎)으로 머리는 둥글고 황록색이다. 몸은 청록색으로, 각 마디의 뒷가장자리는 옅은 황백색의 가는 띠가 있다. 숨문선은 흰색이고, 숨문은 황갈색이다.

습성 애벌레로 겨울을 난다.

서식지 상록수림

발생 6~8월(어른벌레 4~5월, 7~9월, 연 3회)

먹이식물 동백나무(차나무과 Theaceae)

분포 한국(남부, 울릉도, 제주도), 일본, 중국, 타이완

수컷

자란 애벌레

애벌레 머리

먹세줄흰가지나방(자나방과) *Myrteta angelica* Butler, 1881

생김새 몸길이 33mm 안팎(날개 길이 30~34mm)으로 어린 애벌레는 머리가 검지만 자란 애벌레는 머리가 반짝이는 등갈색이다. 몸통은 연두색으로 회백색의 등선, 옆선, 숨문선이 있다. 등선은 이중이고, 숨문선은 노

암컷

둥지

란 기가 있으며 다른 선보다 굵다. 숨문은 회백색이고, 둘레가 옅은 갈색이다. 다리와 항문위판은 담황갈색이다. 배는 회녹색이다. 자모는 제1배마디에 2개, 제2~5배마디에 3개가 있다.

습성 실을 토해 잎을 둥글게 말고 그 속에서 지낸다. 자란 애벌레는 흙 속에서 번데기가 된다. 알로 겨울을 나는 것으로 보이나 확인되지 않았다.

서식지 낙엽활엽수림

발생 4~6월(어른벌레 9~10월, 연 1회)

먹이식물 쪽동백나무, 때죽나무(때죽나무과 Styracaceae)

분포 한국(전국), 일본, 타이완

 애벌레가 잎 속에서 은둔하므로 풀나방류처럼 몸 색이 옅고, 몸이 짧고 통통한 편으로, 가지에서 걷는 모습을 좀체 볼 수 없다.

3살 애벌레

4살 애벌레

자란 애벌레

각시가지나방(자나방과) *Macaria shanghaisaria* Walker, 1861

생김새 몸길이 25mm 안팎(날개 길이 25~27mm)으로 머리와 몸은 풀색이고, 머리 양가장자리에 적갈색 띠가 있다. 숨문 주위에 적갈색 무늬가 나타나는데, 개체에 따라 변이가 있다. 등에 짙은 풀색의 무늬가 나타나기도 하지만 대부분 잘 보이지 않는다.

습성 자라면 흙 속에서 번데기가 된다. 번데기로 겨울을 난다.

서식지 강가, 계곡, 산길

발생 6~9월(어른벌레 5~9월, 연 2~3회)

먹이식물 버드나무(버드나무과 Salicaceae)

분포 한국(내륙), 일본, 중국, 러시아 극동지역

수컷

4살 애벌레

자란 애벌레

두줄점가지나방(자나방과) *Chiasmia defixaria* (Walker, 1861)

생김새 몸길이 25mm 안팎(날개 길이 25~27mm)으로 머리와 몸은 풀색이며 가늘고 긴 느낌이다. 몸통에는 희미한 가느다란 선이 있는데, 특히 숨문선은 배쪽으로 뚜렷하게 노란색이다.

암컷

중간 애벌레

배 아래는 풀색이다.

습성 잎 뒤에서 잎맥에 붙어 있으며, 이럴 경우 잘 눈에 띄지 않지만 먹은 흔적을 살피면 찾을 수 있다. 번데기로 겨울을 난다.

서식지 낮은 산지, 습지

발생 6~7월, 8~9월(어른벌레 4~10월, 연 수회)

먹이식물 자귀나무(콩과 Fabaceae)

분포 한국(전국), 일본, 중국, 타이완

자란 애벌레(풀색)

자란 애벌레(갈색)

자란 애벌레(위)

세줄점가지나방(자나방과) *Chiasmia hebesata* (Walker, 1861)

생김새 몸길이 20mm 안팎(날개 길이 21mm 안팎)으로 머리는 정수리에 그물무늬가 있다. 몸 색이 적자색을 띠거나 황록색을 띠는 2가지가 있다. 숨문선은 황백색이다. 제2배마디의 등밑선에 검은 점이 한 쌍 있다.

암컷

습성 자라면 흙 속에서 번데기가 된다. 번데기로 겨울을 난다.

서식지 습지, 강가, 계곡

발생 5월, 9월(어른벌레 4~10월, 연 2~3회)

먹이식물 싸리, 비수리(콩과 Fabaceae)

분포 한국(전국), 일본, 중국, 러시아 극동지역, 타이완

중간 애벌레

자란 애벌레(위)

자란 애벌레(옆)

그물가지나방(자나방과) *Chiasmia clathrata* (Linnaeus, 1758)

생김새 몸길이 20mm 안팎(날개 길이 21~25mm)으로 머리는 풀색이고 정수리에서 개안 부분까지 검다. 몸통은 옅은 풀색이고, 머리부터 배 끝까지 흰 선이 있다. 등선은 이중이고, 아배선,

암컷

자란 애벌레

옆선, 숨문밑선이 나타난다. 몸의 마디가 연두색으로 조금 밝고, 항문위판에는 등선이 이어진 2개의 흰 선이 보인다. 숨문은 등색으로 둘레가 검다.

습성 번데기로 겨울을 난다. 어른벌레는 낮에 날기도 하지만 밤에 불빛에도 날아온다.

서식지 풀밭, 활엽수림 가장자리

발생 6~7월, 9월(어른벌레 5~6월, 7~8월, 연 2회)

먹이식물 토끼풀(콩과 Fabaceae)

분포 한국(강원도), 일본, 중국 동북부, 러시아 사할린~유럽

비고 우리말은 날개 무늬가 그물처럼 생겼다고 붙여진 것으로 보이는데, 영어 이름(Latticed heath)도 같은 의미이다. 'heath'는 풀밭에 산다는 뜻이다.

고운날개가지나방(자나방과) *Oxymacaria normata* (Alphéraky, 1892)

생김새 몸길이 27mm 안팎(날개 길이 30~34mm)으로 어릴 때에는 머리가 적갈색, 몸통이 적갈색과 회녹색이 교차하지만, 자라면 머리가 회갈색 바탕에 흑갈색 그물 무늬가 생기고, 몸이 회녹색, 갈색 등 개체에 따라 변화가 있다. 등선은 있으나 희미하다. 숨문은 옅은 노란색으로 테두리가 검다. 가슴다리, 배다리, 항문다리, 항문위판은 몸과 거의 같은 색이다.

암컷

습성 잎 뒤에서 지낸다. 자라면 나무를 내려와 흙 속에서 번데기가 되고, 번데기로 겨울을 나기도 한다.

서식지 활엽수림

발생 6~7월, 8~10월(어른벌레 5~6월, 7~9월, 연 2회)

어린 애벌레

자란 애벌레(적갈색)

자란 애벌레(회녹색)

먹이식물 보리수나무(보리수나무과 Elaeagnaceae)

분포 한국(전국), 일본, 중국, 티베트, 타이완

회색무늬가지나방(자나방과) *Oxymacaria temeraria* (Swinhoe, 1891)

생김새 몸길이 26mm 안팎(날개 길이 32mm 안팎)으로 머리와 몸은 회갈색에 적갈색 점들이 잘게 가득하다. 머리의 정수리 부분의 가로로 조금 색이 밝다. 등밑선에 적갈색 점들이 굵어 보인다. 배다리와 항문다리도 몸통의 색과 같다.

습성 자란 애벌레는 가지에 붙어 있으며, 건드리면 바삐 움직인다. 이밖의 습성은 관찰하지 못했다.

서식지 해안 풀밭

발생 5~11월(어른벌레 6~10월, 연 수회)

먹이식물 보리장나무(보리수나무과 Elaeagnaceae)

분포 한국(남부, 제주도), 일본, 중국, 타이완, 보르네오, 자바

비고 호해안성 종으로, 바닷가에 많다. 남부 섬들과 제주도에 흔하다.

암컷

중간 애벌레

자란 애벌레(적갈색)

자란 애벌레(회녹색)

네눈박이가지나방(자나방과) *Ecpetelia albifrontaria* (Leech, 1891)

생김새 몸길이 30mm 안팎(날개 길이 24~35mm)으로 머리는 노란색이다. 머리와 몸통에는 작고 검은 무늬가 있거나 숨문만 검은 외에 전혀 검은 무늬가 보이지 않는 개체가 있다. 몸은 청록색 바탕에 등밑선이 노랗다.

습성 잎 뒤에 붙어 있으며, 울릉도에서는 개체수가 많다. 번데기로 겨울을 난다.

서식지 활엽수림

발생 5월 말~6월(어른벌레 4~6월 초, 연 수회)

먹이식물 헛개나무(갈매나무과 Rhamnaceae)

분포 한국(강원도, 울릉도), 일본

수컷

중간 애벌레

자란 애벌레(위)

자란 애벌레(옆)

앞노랑뾰족가지나방(자나방과) *Plesiomorpha flaviceps* (Butler, 1881)

수컷

자란 애벌레

생김새 몸길이 27mm 안팎(날개 길이 25mm 안팎)으로 머리는 검고, 얼굴 아래가 흰색이다. 몸은 흑갈색으로, 뒷가슴에서 제1배 마디가 부풀어 이 부분을 앞으로 차츰 가늘어지고, 뒤로는 일정한 두께이다. 자모 받침은 검다. 등선은 이중, 등밑선과 여러 선들이 흰색이 띄어띄엄 보인다. 숨문 주위는 검고 두드러진다. 다리는 몸 색과 같다.

습성 자라면 나무에서 내려와 흙 속에서 번데기가 된다. 번데기로 겨울을 난다.

서식지 활엽수림

발생 5~9월(어른벌레 4~9월, 연 수회)

먹이식물 감탕나무(감탕나무과 Aquifoliaceae)

분포 한국(남부, 제주도), 일본, 중국, 타이완, 인도

가을노랑가지나방(자나방과) *Pseudepione magnaria* (Wileman, 1911)

수컷

생김새 몸길이 20mm 안팎(날개 길이 28mm 안팎)으로 얼핏 겨울물결자나방과 닮으나 머리의 입 주변이 조금 붉고, 숨문이 뚜렷이 검다. 각각은 먹이식물이 다르다. 때때로 몸이 자갈색으로 보이는 개체도 있으며, 풀색과 자갈색 중 어느 쪽이 많은지 파악하지 못했다.

습성 자란 애벌레는 땅 속에 들어가 타원형 고치를 틀고 번데기가 된다. 알로 겨울을 나는 것으로 보인다.

서식지 활엽수림

발생 4월 말~5월(어른벌레 9월 말~10월, 연 1회)

먹이식물 노린재나무(노린재나무과 Symplocaceae)

분포 한국(내륙, 제주도), 일본

자란 애벌레(위)

자란 애벌레(옆)

검은톱니가지나방(자나방과) *Synegia esther* Butler, 1881

자란 애벌레(위)

자란 애벌레(옆)

생김새 몸길이 28mm 안팎(날개 길이 28mm 안팎)으로 머리는 어두운 노란색이고, 정수리에 안경 같은 자갈색 무늬가 있다. 몸은 풀색으로, 마디 뒷가장자리가 노란색이어서 띠처럼 보인다. 선무늬는 보이지 않는다.

습성 자란 애벌레는 땅 속에 들어가 번데기가 된다. 알로 겨울을 나는 것으로 보인다.

서식지 상록수림

발생 5~9월(어른벌레 5~10월, 연 수회)

먹이식물 꽝꽝나무(감탕나무과 Aquifoliaceae)

분포 한국(완도, 제주도), 일본, 중국, 타이완

비고 김성수(1991)가 제주도에서 처음 발견한 종으로, 남부 해안가에서도 볼 수 있다.

수컷

수컷

암컷

노랑날개무늬가지나방(자나방과) *Epobeidia tigrata* (Guenée, 1858)

생김새 몸길이 45mm 안팎(날개 길이 47~55mm)으로 잠자리가지나방과 닮으나 제5배마디 이후의 검은

무늬가 잘게 나누어진다. 또 노란 무늬는 잠자리가지나방에서 일정하지만 이 종은 가슴 쪽이 더 짙다. 제4~5배마디에 작은 배다리가 있다.

습성 종종 잠자리가지나방의 애벌레와 섞여 있을 때도 있다. 알로 겨울을 난다.

서식지 활엽수림

발생 6~7월(어른벌레 6~8월 초, 연 1회)

먹이식물 노박덩굴(노박덩굴과 Celastraceae)

분포 한국(울릉도를 뺀 전국), 일본, 중국, 타이완, 베트남, 인도

비고 어른벌레는 낮에 꼬리조팝나무 등의 꽃에 날아오지만 밤에도 활동하여 불빛에 잘 날아온다.

암컷

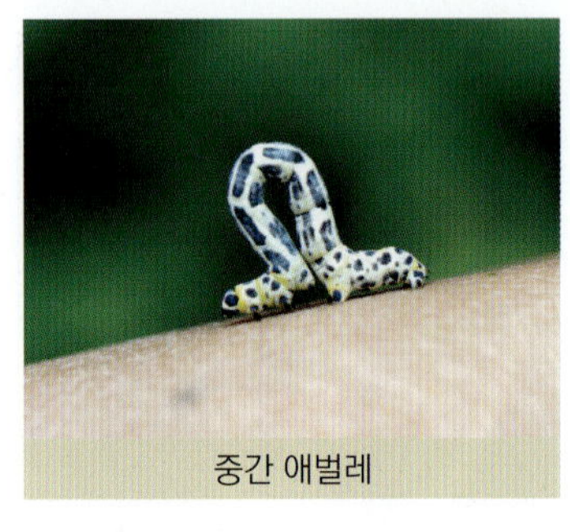
중간 애벌레

자란 애벌레(위)

자란 애벌레(옆)

잠자리가지나방(자나방과) *Cystidia stratonice* (Stoll 1782)

생김새 몸길이 50mm 안팎(날개 길이 54mm 안팎)으로 머리는 검고, 몸은 검은 바탕에 노란 등선과 숨문선이 있다. 각 몸의 마디 뒷가장자리는 노란 띠가 뚜렷하다. 다리는 검다.

습성 위협을 받으면 앞쪽을 등

수컷

번데기 비교

그렇게 말아 위협하는 자세를 취한다. 번데기는 애벌레가 잎을 성기게 접은 속에서 발견된다. 알로 겨울을 난다.

서식지 활엽수림

발생 4~5월(어른벌레 5~6월, 연 1회)

먹이식물 노박덩굴(노박덩굴과 Celastraceae)

분포 한국(울릉도를 뺀 전국), 일본, 중국, 타이완, 인도, 러시아 극동지역

비고 어른벌레는 낮에 나비처럼 날다가 개쉬땅나무, 꼬리조팝나무 등의 꽃에서 꿀을 빤다. 밤에 불빛에 날아오지 않는다. '잠자리'라는 이름은 날개가 좌우로 길어서 생긴 듯하며, 일본 이름에서 유래하였다.

자란 애벌레

애벌레 머리

고치를 만든 잎

흑띠잠자리가지나방(자나방과) *Cystidia truncangulata* Wehrli, 1934

생김새 몸길이 50mm 안팎(날개 길이 50~57mm)으로 머리는 흰색이고 정수리와 앞머리 밑은 검다. 몸은 파란 기가 있는 유백색으로 검은 무늬가 점과 선으로 흩어진다. 가슴과 항문위판에 옅은 노란 무늬가 있다. 숨문은 검다. 다리와 항문위판에는 검은 무늬가 있다.

습성 번데기는 애벌레가 잎을 성기게 접은 속에서 발견되며, 앞 종보다 더 희다. 알로 겨울을 난다.

서식지 활엽수림

발생 4~5월(어른벌레 5~6월, 연 1회)

먹이식물 노박덩굴(노박덩굴과 Celastraceae)

분포 한국(강원도), 일본, 중국

비고 어른벌레는 낮에 활동하며, 개체수가 매우 적다. 닮은 종인 매화나무가지나방은 제4배마디에 다리 흔적이 남아 있다. 이 종의 생활사는 신유항(1976)이 우리나라에서 처음 밝혔다.

수컷

자란 애벌레(위)

자란 애벌레(옆)

뒷노랑점가지나방(자나방과) *Arichanna melanaria* (Linnaeus, 1758)

생김새 몸길이 28mm 안팎(날개 길이 36~42mm)으로 중간까지는 머리가 검다가 자라면 황적색으로 변하며, 반짝인다. 몸은 옅은 황백색 또는 옅은 노란색 바탕에 검고 가느다란 선이 등방패에서 배 끝까지 여러 가닥이 이어지는데, 선의 발달 여부는 개체에 따라 변이가 심하다. 다리는 황적색이고, 항문위판은 바탕과 같으며 작은 검은 무늬가 있다.

수컷

습성 암컷은 먹이식물의 가지 밑에 알을 덩어리째 낳는다. 알로 겨울을 난다.

서식지 활엽수림, 산정

발생 4~5월(어른벌레 6~8월, 연 1회)

먹이식물 진달래, 산철쭉(진달래과 Ericaceae)

분포 한국(전국), 일본, 중국, 러시아~유럽

비고 높은 산에 개체수가 매우 많다. 한라산 어른벌레는 조금 작고, 앞날개의 바탕이 밝다.

자란 애벌레(위)

자란 애벌레(옆)

큰알락흰가지나방(자나방과) *Parapercnia giraffata* (Guenée, 1858)

생김새 몸길이 55mm 안팎(날개 길이 63mm 안팎)으로 머리와 앞, 가운데가슴은 좁으나 뒷가슴과 제1배마디는 비대하다. 얼핏 보면 독사의 머리처럼 보인다. 제1배마디에 눈알 무늬가 있다. 몸통은 회갈색으로 옆면에 가느다란 검은 원 무늬가 있다.

수컷

애벌레 머리

습성 배다리로만 지탱하여 곧추 서서 눈알 무늬를 돋보이게 하므로, 발견하면 깜짝 놀란다. 번데기로 겨울을 난다.

서식지 활엽수림

발생 7월, 9월(어른벌레 5~6월, 8~9월, 연 2회)

먹이식물 감나무, 고욤나무(감나무과 Ebenaceae)

분포 한국(전국), 일본, 중국, 타이완, 인도

중간 애벌레

자란 애벌레(위)

자란 애벌레(옆)

털뿔가지나방(자나방과) *Alcis angulifera* (Butler, 1878)

생김새 몸길이 32mm 안팎(날개

수컷

암컷

길이 33~37mm)으로 몸은 갈색이 기본이고 여러 색 변이가 있다. 머리는 앞에서 볼 때 네모꼴이고, 몸통의 단면도 거의 네모꼴로 보인다. 때때로 제1~6배마디의 등에 '八'자 모양의 무늬가 이어진다. 몸통의 겉은 작은 과립 모양으로 덮는다.

습성 애벌레로 월동을 하는데, 봄에 새싹에 붙은 작은 애벌레를 찾을 수 있다. 자극을 받으면 나뭇가지처럼 비스듬히 선다.

서식지 활엽수림

발생 5~6월, 8~11월(어른벌레 5~9월, 연 2회)

먹이식물 참나무류(참나무과 Fagaceae), 단풍나무(단풍나무과 Aceraceae), 까치박달(자작나무과 Betulaceae), 벚나무류, 산딸기(장미과 Rosaceae), 병꽃나무(인동과 Caprifoliaceae), 양치식물, 침엽수, 초본류 등

분포 한국(전국), 일본

비고 매우 흔한 종이다.

중간 애벌레

자란 애벌레(위)

자란 애벌레(옆)

흰점세줄가지나방(자나방과) *Cleora leucophaea* (Butler, 1878)

생김새 몸길이 40mm 안팎(날개

수컷

암컷

길이 30~36mm)으로 머리는 적갈색이고 몸은 황갈색 또는 적갈색이며, 물결무늬의 짧은 세로선이 가득하다. 몸 색에 조금 변이가 있으나 대체로 안정되어 있다. 제2, 8배마디 등밑선에는 작은 돌기가 있다. 사진처럼 등선에는 사각무늬가 나타나기도 한다. 가슴다리는 붉다.

습성 번데기로 겨울을 나는데, 그 기간이 꽤 길다.

서식지 상록수림

발생 5~6월(어른벌레 3~4월, 연 1회)

먹이식물 무환자나무(무환자나무과 Sapindaceae), 참나무류(참나무과 Fagaceae) 등

분포 한국(전국), 일본, 중국, 타이완, 러시아 극동지역

중간 애벌레

자란 애벌레(위)

자란 애벌레(옆)

네눈가지나방(자나방과) *Hypomecis punctinalis* (Scopoli, 1763)

생김새 몸길이 34mm 안팎(날개 길이 39mm 안팎)으로 머리는 앞에서 보면 거의 둥글고 옅은 갈색 또는 황록색, 적갈색을 띤다. 머리 윗부분에 가느다란 흰 선이 있다. 몸통은 사진처럼 황록색이거나 황갈색, 갈색 등 변이가 많다. 제2배마디 숨문 위에 주름처럼 생긴 혹 돌기가 있는 것이 특징이다. 제9배마디 등밑선에도 작은 돌기가 있다. 몸통은 매끄러워 보이지만 각 마디 숨문윗선에 검고 작은 돌기가 있다.

수컷

습성 쉴 때, 항문다리만으로 곧추 세워 가지처럼 보이게 한다. 자란 애벌레는 먹이와 상관없는 곳에서도 잘 발견된다. 가을에 낙엽 밑에서 번데기가 되고 겨울을 난다.

서식지 활엽수와 침엽수림, 경작지

발생 6~10월(어른벌레 5~9월, 연 2~3회)

먹이식물 참나무류(참나무과 Fagaceae), 단풍나무류(단풍나무과 Aceraceae), 버드나무류(버드나무과 Salicaceae), 느티나무(느릅나무과 Ulmaceae), 층층나무(층층나무과 Cornaceae) 등

분포 한국(전국), 일본, 중국, 타이완, 러시아~유럽

비고 매우 흔한 종이다. 영어 이름 'Pale oak beauty'와 달리 우리 이름은 날개 중앙에 있는 점을 특징 삼아 지어진 듯하다.

자란 애벌레(적갈색)

자란 애벌레(갈색)

애벌레 위치

세줄날개가지나방(자나방과) *Hypomecis roboraria* (Denis et Schiffermuller, 1775)

수컷

생김새 몸길이 30mm 안팎(날개 길이 36mm 안팎)으로 머리는 갈색이고 정수리에 적갈색을 띠는 부분이 있다. 몸은 갈색으로 얼럭덜럭해 보인다. 제2배마디 위에 흑갈색의 짙은 무늬가 있으며, 조금 넓어지며, 위로 솟는데, 앞마디 쪽으로 경사진다. 제8배마디에도 1쌍의 솟은 부분이 있다. 제6~7배마디 숨문 부분이 돌기처럼 튀어나온다.

습성 잎에서 몸을 아래로 비스듬하게 하며, 잘 움직이지 않는다. 흙 속에서 번데기가 된다. 번데기로 겨울을 난다.

서식지 활엽수림

발생 6~9월(어른벌레 5월 말~9월, 연 2회)

먹이식물 참나무류(참나무과 Fagaceae), 벚나무 등(장미과 Rosaceae), 소나무(소나무과 Pinaceae) 등

분포 한국(내륙), 일본, 러시아 극동지역~유럽

중간 애벌레

자란 애벌레

애벌레 머리

먹세줄가지나방(자나방과) *Hypomecis akiba* (Inoue, 1963)

생김새 몸길이 30mm 안팎(날개 길이 36mm 안팎)으로 머리와 몸은 갈색이고, 제2, 7, 8배마디에 적갈색 무늬가 있으며, 검은 테두리로 되어 있다. 제10배마디 등밑선에 작은 돌기가 있다.

습성 'ㄱ' 모양으로 쉴 때, 머리와 다리를 움츠린 부분을 커보이게 한다. 흙 속에서 번데기가 된다. 알로 겨울을 난다.

서식지 활엽수림

발생 5~6월(어른벌레 7~8월, 연 1회)

수컷

중간 애벌레

중간 애벌레

먹이식물 참나무류(참나무과 Fagaceae), 벚나무, 찔레(장미과 Rosaceae) 등

분포 한국(내륙), 일본, 러시아 극동지역

네줄가지나방(자나방과) *Hypomecis crassestrigata* (Christoph, 1881)

생김새 몸길이 35mm 안팎(날개
길이 37mm 안팎)으로 몸은 갈색,
적갈색, 녹갈색이고, 불규칙한
흑갈색과 흰 무늬들이 섞여 있
다. 등밑선은 흰색이며 이어지
지 않는다. 제8배마디의 자모 받
침이 조금 솟는 정도이고 이밖

수컷

자란 애벌레

에 별 돌기는 없다. 흰 숨문은 갈색 테두리로 둘러싸여 있다.

습성 번데기로 겨울을 난다.

서식지 활엽수림 가장자리, 풀밭, 경작지, 강가

발생 6~9월(어른벌레 5~6월, 7~8월, 연 2회)

먹이식물 쑥(국화과 Asteraceae)

분포 한국(내륙), 일본, 중국, 러시아 극동지역

비고 이 속 중에서 이 종만 초본을 먹는다.

가랑잎가지나방(자나방과) *Parectropis nigrosparsa* (Wileman et South, 1917)

생김새 몸길이 33mm 안팎(날
개 길이 34~39mm)으로 몸은 갈
색이고 조금 풀빛을 머금고 있
는데, 그 정도는 변이가 있다.
머리는 짙은 갈색의 그물무늬가
있고, 제2, 5배마디의 등밑선에
솟은 자모 받침이 있다.

수컷

자란 애벌레

습성 흙 속에서 번데기가 된다. 겨울나기에 대해서 아직 밝혀지지 않았으나 애벌레일 거로 추측된다.

서식지 활엽수림

발생 8~9월(어른벌레 7~8월, 연 1회)

먹이식물 상수리나무, 신갈나무, 밤나무(참나무과 Fagaceae)

분포 한국(내륙, 제주도), 중국 남서부, 러시아 극동지역, 타이완

영실회색가지나방(자나방과) *Paradarisa consonaria* (Hübner, 1799)

수컷

생김새 몸길이 40mm 안팎(날개 길이 32~40mm)으로 머리와 몸, 다리는 적갈색 또는 황갈색이다. 머리에는 그물무늬가 있다. 몸에는 등선 양쪽에 노란 줄이 있으며, 제2~6배마디에는 검은 돌기가 있다. 제8배마디 위의 돌기는 가장 두드러진다. 숨문은 검다.

습성 흙 속에서 번데기가 된다. 겨울나기에 대해서 아직 밝혀지지 않았다.

서식지 활엽수림

발생 5~9월(어른벌레 4~5월, 7~8월, 연 1~2회)

먹이식물 참나무과 Fagaceae, 장미과 Rosaceae, 진달래과 Ericaceae

분포 한국(내륙, 제주도), 러시아 극동지역, 사할린~유럽

중간 애벌레

자란 애벌레(위)

자란 애벌레(옆)

배얼룩가지나방(자나방과) *Cusiala stipitaria* (Oberthür, 1880)

수컷

생김새 몸길이 50mm 안팎(날개 길이 49mm 안팎)으로 머리는 사각이고 자갈색이다. 몸은 풀색으로 등선이 짙은 갈색이고, 각 마디 앞 가장자리에 자갈색 가느다란 띠가 있다. 제8배마디의 등은 조금 솟고 그 부분의 자갈색 띠가 굵다.

습성 몸 색이 싸리의 줄기를 닮는다. 잎 위에서 잎 가장자리를 먹는다. 자란 애벌레는 흙 속에서 번데기가 된다.

서식지 낙엽활엽수림

자란 애벌레(위)

자란 애벌레(옆)

발생 6~9월(어른벌레 4~8월, 연 2회)

먹이식물 싸리(콩과 Fabaceae), 광대싸리(여우주머니과 Phyllanthaceae), 이밖에 자작나무과 Betulaceae, 버드나무과 Salicaceae, 장미과 Rosaceae, 운향과 Rutaceae 등

분포 한국(내륙), 일본, 러시아 극동지역

두줄가지나방(자나방과) *Rikiosatoa grisea* (Butler, 1878)

생김새 몸길이 35mm 안팎(날개 길이 26~36mm)으로 몸은 여러 색이 나타나며, 황록색 바탕에 갈색이 있거나 전혀 황록색 부분이 없이 흑갈색인 개체도 있다. 항문위판은 늘어나서 끝이 뾰족해지는데, 이 종의 주요한 특징이 된다.

습성 소나무 외에 소나무 주위의 활엽수에서도 발견된다. 애벌레로 겨울을 난다.

수컷

서식지 소나무가 많은 활엽수림

발생 6~9월(어른벌레 5~9월, 연 2회)

먹이식물 소나무(소나무과 Pinaceae)

분포 한국(내륙), 일본

자란 애벌레(위)

자란 애벌레(옆)

네눈쑥가지나방(자나방과) *Ascotis selenaria* (Denis et Schiffermüller, 1775)

생김새 몸길이 55~60mm(날개 길이 35~56mm)로 머리는 거의 둥글다. 몸은 옅은 풀색에서 갈색, 어두운 갈색, 적갈색까지 색 변이가 있다. 제2배마디에 1쌍의 돌기가 있는 점이 가장 뚜렷한 특징이며, 그 앞으로 짧은 세로띠가 있는 개체도 있다. 제8배마디에도 조금 솟은 돌기가 있다. 애벌레의 특징이 2가지가 있다. 앞으로 연구할 과제이다.

습성 자란 애벌레는 흙 속에서 번데기가 되고, 그대로 겨울을 난다.

서식지 풀밭, 하천, 강가, 경작지

발생 6~9월(어른벌레 4~8월, 연 2회)

먹이식물 여러 활엽수, 침엽수, 초본식물 등

 한국(내륙), 일본, 러시아 극동지역~유럽, 아프리카

비고 때때로 과수와 채소에 해를 입히기도 한다. 우리나라 *Ascotis*속에는 이 종 외에 남방네눈쑥가지나방이 있는데, 어른벌레로는 구별이 어렵다.

수컷

제2배마디의 돌기

자란 애벌레(위)

자란 애벌레(옆)

남방네눈쑥가지나방으로 추측되는 애벌레

수컷

자란 애벌레

자란 애벌레(위)

자란 애벌레(옆)

Ectropis속의 가란 애벌레의 비교

날개물결가지나방 *Ectropis crepuscularia*

몸길이 25~30mm. 검은 옆선과 제2~5배마디의 '팔(八)'자 모양 무늬, 제8배마디의 자모 D2의 밑 살돌기를 둘러싼 옆선이 이어진 검은 무늬가 있으나 조금 변이가 있다.

갈색가지나방 *Ectropis obliqua*

몸길이 25~30mm. 제2배마디 등에 검은색의 팔(八)자 무늬와 제1배마디 옆의 검은 무늬가 뚜렷하다. 물론 몸 색은 꽤 변이가 많아서 다음을 비교해야 한다. 즉 이 종은 자모군이 SV3에 없기 때문에 전체적으로 하나만 있으나 다른 종들에서는 둘이 있다.

줄고운가지나방 *Ectropis excellens*

몸길이 28~35mm. 제4~6배마디에 걸쳐서 전체가 어두운 색을 띠는 점과 가운데가슴의 검은 부분이 안정적으로 나타난다. 이 종의 자모가 이 속의 다른 종보다 짧다.

연회색가지나방 *Ectropis aigneri*

몸길이 27~33mm. 제2~3배마디의 팔(八)자 무늬는 옆선과 이어지고 팔(八)자 무늬의 앞 쪽이 합쳐져 독특한 무늬를 만든다.

*Ectropis*속의 종들은 어른벌레 뿐 아니라 애벌레도 닮아 구별이 쉽지 않다. 애벌레의 구별은 다음 검색표를 확인하기 바란다(Sato, 1979).

1. 제1배마디의 자모 SV3는 없다. SV 자모군은 1개; 갈고리발톱(鉤爪, Crochets)은 중앙에서 갈라진다.
   ·· **갈색가지나방(*obliqua*)**
   – 제1배마디의 SV 자모군은 2개; 갈고리발톱(鉤爪, Crochets)은 중앙에서 갈라지지 않는다. ················· 2
2. 개안 2는 3보다 1에 가깝다. 개안 5는 6보다 뚜렷이 작다. ··························· **연회색가지나방(*aigneri*)**
   – 개안 1~5는 거의 같은 간격으로 배열한다. 개안 5와 6은 거의 같은 크기이다. ···························· 3
3. 몸통의 자모는 매우 짧다. ·· **줄고운가지나방(*exellens*)**
   – 몸통의 자모는 비교적 길다. ·· **날개물결가지나방(*crepuscularia*)**

날개물결가지나방(자나방과) *Ectropis crepuscularia* (Denis et Schiffermüller, 1775)

생김새 몸길이 25~30mm(날개 길이 87mm 안팎)로 짙고 옅은 차이가 있지만 대체로 머리와 몸은 옅은 갈색이고, 몸통이 굵은 느낌을 준다. 앉아 쉴 때에는 앞가슴과 머리를 꺾는다. 위에서 보면 제2배마디에 역 'V'자 모양의 무늬가 나타난다. 제8배마디 등밑선에 짧은 돌기가 있다.

습성 주로 줄기에 앉아서 쉰다. 자라면 나무에서 내려와 흙 속에서 번데기가 되고 그 상태로 겨울을 난다.

서식지 풀밭, 활엽수림

발생 5~9월(어른벌레 4~9월, 연 2~3회)

먹이식물 참나무류(참나무과 Fagaceae), 버드나무(버드나무과 Salicaceae), 아까시나무(콩과 Fabaceae), 소태나무(소태나무과 Simaroubaceae), 이삭여뀌(마디풀과 Polygonaceae)

분포 한국(내륙), 일본, 유라시아 대륙, 북미

수컷

자란 애벌레(위)

자란 애벌레(옆)

갈색가지나방(자나방과) *Ectropis obliqua* (Prout, 1915)

생김새 몸길이 25~30mm(날개 길이 35~48mm)로 몸 색이나 무늬의 변이가 조금 있더라도 제2배마디의 등에 '八'자 모양의 검은 무늬가 뚜렷한 점으로 이 종을 찾는 구별점이 된다. 제1배마디에 SV3에 자모군이 없다.

습성 습성은 앞 종과 거의 같다. 번데기로 겨울을 난다.

서식지 풀밭, 활엽수림

발생 5~9월(어른벌레 4~9월, 연 2~3회)

먹이식물 앞 종과 거의 같다. 침엽수와 초본류도 먹는다.

분포 한국(내륙), 일본

수컷

자란 애벌레(위)

자란 애벌레(옆)

줄고운가지나방(자나방과) *Ectropis excellens* Butler, 1884

생김새 몸길이 28~35mm(날개 길이 35~48mm)로 머리와 몸은 밝은 갈색이며 짙고 옅음의 차이가 있다. 머리의 정수리는 각진 모습이며, 머리와 앞가슴은 가운데가슴보다 줄어든 모습이다. 몸의 겉면에는 특별한 과립이 없어 매끈해 보인다. 제8배마디 뒤로 급하게 낮아진다.

습성 앞 2종과 거의 같다. 번데기로 겨울을 난다.

서식지 풀밭, 활엽수림

발생 5~9월(어른벌레 4~9월, 연 2~3회)

먹이식물 앞 종과 거의 같다.

분포 한국(내륙), 일본, 유라시아 대륙, 북미

수컷

자란 애벌레(위)

자란 애벌레(옆)

연회색가지나방(자나방과) *Ectropis aigneri* Prout, 1930

생김새 몸길이 27~33mm(날개 길이 28~45mm)로 머리는 적갈색 바탕에 정수리에 흑갈색 무늬가 있다. 몸은 쑥색 바탕에 제2~3배마디의 흑갈색의 팔(八)자 무늬가, 제8배마디에 역 팔(八)자 무늬가 있다. 등선 좌우에 자모 받침 흰색의 한 쌍이 있다.

습성 앞 3종과 거의 같으나 이 종이 가장 발견하기 어렵다. 번데기로 겨울을 난다.

서식지 풀밭, 활엽수림

발생 5~9월(어른벌레 4~9월, 연 1~2회)

먹이식물 싸리(콩과 Fabaceae), 층층나무(층층나무과 Cornaceae) 등

분포 한국(내륙), 일본

수컷

자란 애벌레(위)

자란 애벌레(옆)

솔검은가지나방(자나방과) *Deileptenia ribeata* (Clerck, 1759)

생김새 몸길이 40mm 안팎(날개 길이 32~45mm)으로 머리와 몸은 갈색, 회갈색, 적갈색, 흑갈색 등 다양하다. 가운데가슴에서 제8배마디까지 머리 방향으로 'V'자 모양의 무늬가 약하게 보인다. 몸통은 굵은 편이고, 다리도 굵다.

수컷

자란 애벌레

습성 침엽수를 먹거나 활엽수를 먹는데, 각각의 개체 차이는 없다. 애벌레로 겨울을 난다.

서식지 침엽수와 활엽수의 혼합림

발생 5~9월(어른벌레 4~9월, 연 1~2회)

먹이식물 소나무, 구상나무, 전나무(소나무과 Pinaceae), 여러 활엽수 등

분포 한국(내륙), 일본~유럽

참물결가지나방(자나방과) *Racotis petrosa* (Butler, 1879)

생김새 몸길이 30mm 안팎(날개 길이 40mm 안팎)으로 머리는 황적색이고, 몸은 풀색이며 제8배마디 이후가 머리색과 닮는데, 가슴과 배다리도 같다. 각 배마디 사이는 노란색을 띠어 가느다란 선처럼 보인다. 등밑선에 가느다란 노란 선이 약하게 나타난다. 자라면 제6배마디 이후 적갈색의 띠가 특징이 된다.

수컷

습성 따뜻한 남부와 제주도 지역의 낙엽성의 상록수림에서 산다.

서식지 상록수림

발생 5~10월(어른벌레 4~5월, 6~8월, 연 3회)

먹이식물 생강나무, 비목나무(녹나무과 Lauraceae)

분포 한국(남부, 제주), 일본

중간 애벌레

자란 애벌레(위)

자란 애벌레(옆)

황갈색물결가지나방(자나방과) *Phanerothyris sinearia* (Guenée, 1858)

수컷

자란 애벌레

생김새 몸길이 28mm 안팎(날개 길이 25~29mm)으로 몸은 크게 백록색이거나 갈색의 2가지이다. 사진처럼 백록색인 경우, 머리가 조금 붉거나 풀색이다. 갈색인 경우는 머리와 몸이 갈색에 흑갈색 무늬가 나타난다. 숨문 테두리가 붉거나 풀색이다. 몸은 가느다란 편이고 머리의 폭이 조금 넓다.

습성 잎 뒤에서 구멍을 내며 먹는 습성이 있다. 번데기로 겨울을 난다.

서식지 낙엽활엽수림

발생 7월, 9~10월(어른벌레 6월, 7~8월, 연 2회)

먹이식물 가래나무(가래나무과 Juglandaceae)

분포 한국(내륙), 일본, 러시아 극동지역, 캄차카, 사할린

팽나무가지나방(자나방과) *Protoboarmia simpliciaria* (Leech, 1897)

생김새 몸길이 35mm 안팎(날개 길이 23~35mm)으로 몸은 회갈색, 흑갈색 등 다양하며, 각 마디의 뒤가 검어진다. 겉면에는 작은 가시 같은 과립이 퍼져 있다.

습성 애벌레로 겨울을 난다.

서식지 활엽수림

암컷

발생 6월, 9월(어른벌레 5~6월, 8~9월, 연 2회)

먹이식물 느릅나무(느릅나무과 Ulmaceae), 왕벚나무(장미과 Rosaceae)

분포 한국(내륙, 제주도), 일본, 러시아 극동지역

비고 닮은 종 소나무가지나방[*Protoboarmia faustinata* (Warren, 1897)]은 애벌레가 소나무류를 먹는다.

자란 애벌레(위)

자란 애벌레(옆)

큰눈노랑가지나방(자나방과) *Ophthalmitis albosignaria* Bremer et Grey, 1853

생김새 몸길이 40mm 안팎(날개
길이 49mm 안팎)으로 가운데와
뒷가슴은 공 모양처럼 확대하므
로 쉽게 동정할 수 있다. 몸은
녹갈색과 갈색이거나 2색이 섞
이기도 한다. 제4배마디 등밑선
에 작은 돌기가 있다.

수컷

암컷

습성 먹이식물에 붙어 있으며, 잎이 없는 가지를 살피면 관찰할 수 있다. 자란 애벌레는 나무에서 내려
와 흙 속에서 번데기가 된다. 번데기로 겨울을 난다.

서식지 활엽수림

발생 7월, 9~10월(어른벌레 5~6월, 8~9월, 연 2회)

먹이식물 가래나무(가래나무과 Juglandaceae)

분포 한국(울릉도를 뺀 전국), 일본, 중국, 타이완, 러시아 극동지역

중간 애벌레

자란 애벌레(위)

자란 애벌레(옆)

줄구름무늬가지나방(자나방과) *Jankowskia fuscaria* (Leech, 1891)

생김새 몸길이 40mm 안팎(날개
길이 39~46mm)으로 머리와 몸
은 어릴 때 황갈색이다가 점차
옅은 갈색 바탕에 짙은 갈색의
가느다란 무늬가 퍼져 있다. 머
리는 몸통보다 작고 짙은 적갈
색 무늬가 가득하다.

수컷

암컷

습성 먹이식물의 잔가지에 잘 붙는다. 자란 애벌레는 나무에서 내려와 흙 속에서 번데기가 된다.

서식지 활엽수림

발생 6~10월(어른벌레 5~10월, 연 3회)

먹이식물 참나무과 Fagaceae, 느릅나무과 Ulmaceae, 장미과 Rosaceae, 진달래과 Ericaceae, 감탕나무과

Aquifoliaceae 등

분포 한국(전국), 일본, 중국, 태국

비고 일본에서는 차나무 해충으로 알려져 있다.

자란 애벌레(위)

자란 애벌레(옆)

애벌레 머리

담흑가지나방(자나방과) *Polymixinia appositaria* Leech 1891

생김새 몸길이 40mm 안팎(날개 길이 27~35mm)으로 몸은 가늘고 긴 편이고, 머리가 몸통보다 두껍다. 머리는 갈색, 적갈색이고, 정수리에 짙은 갈색 무늬가 있다. 몸은 자갈색이다. 제5배마디 숨문선에 흑갈색 줄이 생기고 항문다리까지 이어진다. 가슴다리는 흑갈색이다.

습성 애벌레는 새 잎보다 축축한 낙엽을 좋아한다. 아마 하천가에서 살기 때문으로 보인다. 애벌레로 겨울을 나는 것으로 보인다.

서식지 낙엽활엽수림, 강가, 하천, 계곡 등지

발생 6~9월(어른벌레 5~9월, 연 2회)

먹이식물 버드나무류(버드나무과 Salicaceae), 싸리(콩과 Fabaceae)

분포 한국(내륙, 제주도), 일본(대마도), 중국

어른벌레

중간 애벌레

중간 애벌레

뿔무늬큰가지나방(자나방과) *Phthonosema tendinosaria* (Bremer, 1864)

생김새 몸길이 55mm 안팎(날개 길이 50~60mm)으로 머리는 몸 색과 같고, 정수리에 눈썹 같은 검은 무늬가 있다. 몸은 황토색 또는 갈색으로, 제1, 4, 8배마디 등의 뒷가장자리에 1쌍의 짧은 돌기와 작고 검은 무늬가 있다.

습성 잎 뒤에 붙어 있으며, 낮보다 밤에 전등을 켜 관찰을 하면 잘 보인다. 땅속에서 번데기가 되는데,

가을의 번데기는 그대로 겨울을 난다.

서식지 낙엽활엽수림

발생 6~9월(어른벌레 5~9월, 연 2~3회)

먹이식물 참나무과 Fagaceae, 느릅나무과 Ulmaceae, 장미과 Rosaceae, 진달래과 Ericaceae, 버드나무과 Salicaceae, 운향과 Rutaceae, 단풍나무과 Aceraceae 등

분포 한국(내륙), 일본, 중국 동북부, 러시아 극동지역

수컷

자란 애벌레(위)

자란 애벌레(옆)

넓은띠큰가지나방(자나방과) *Duliophyle agitata* (Butler, 1878)

수컷

생김새 몸길이 40~45mm(날개 길이 40~50mm)로 머리는 회색이고, 테두리가 붉은색이며, 등방패는 반짝이는 풀색인데, 머리와의 사이의 양 가장자리에서 붉은 눈 같은 무늬가 있다. 몸통은 풀색 바탕에 가느다란 잔점이 이어지는 선이 다수 나타나는데, 숨문윗선이 희고 그 아래 테두리가 조금 검다. 숨문은 붉으나 작아서 눈에 잘 띄지 않는다.

습성 어릴 때에는 잎을 포개 그 속에서 지내다가 자라면 잎 위에 위치한다. 자극을 받으면 사진처럼 다리를 모으고, 배다리로만 둥글게 선다. 자라면 나무에서 내려와 부드러운 흙 속에서 번데기가 된다. 날개돋이까지 3개월 정도 걸린다.

서식지 활엽수림

발생 4~5월(어른벌레 8~9월, 연 1회)

먹이식물 생강나무, 비목나무, 감태나무(녹나무과 Lauraceae)

분포 한국(전국), 일본, 타이완

중간 애벌레

자란 애벌레

애벌레 머리

흰띠왕가지나방(자나방과) *Xandrames dholaria* Moore, 1868

수컷

생김새 몸길이 42mm 안팎(날개 길이 40~50mm)으로 머리는 반짝이는 남회색이고, 양 가장자리가 적갈색으로 뚜렷하다. 생김새는 앞 종과 거의 같으나 등밑선의 무늬가 다르다. 즉, 이 종에서 등밑선이 더 노랗고 뚜렷하며, 노란 테두리의 붉은 숨문도 더 크고 뚜렷하다.

습성 어릴 때에는 앞 종과 닮아 보이나 특별히 관찰하지 못했다. 자란 후의 행동은 앞 종과 거의 같다.

서식지 활엽수림

발생 4~5월, 9월(어른벌레 8~9월, 연 1회)

먹이식물 비목나무, 생강나무(녹나무과 Lauraceae)

분포 한국(내륙, 제주도), 일본

자란 애벌레(위)

자란 애벌레(옆)

애벌레 머리

먹줄귤빛가지나방(자나방과) *Calicha nooraria* (Bremer, 1864)

생김새 몸길이 45mm 안팎(날개 길이 32~41mm)으로 머리는 검고 앞에서 보면 노란 팔(八)자 무늬가 있다. 등방패는 검은 점들이 2줄 있다. 몸은 노란 바탕에 흑자색의 가느다란 줄이 가득 이어진다. 가슴다리는 노랗고, 배다리와 항문다리는 노란 바탕에 검은 점이 있다. 항문위판은 머리 부분과 닮는다. 숨문은 검다.

습성 흙 속에서 번데기가 된다. 겨울나기는 아직 밝혀지지 않았다.

서식지 활엽수림

발생 8~9월(어른벌레 7~8월, 연 1회)

수컷

암컷

자란 애벌레

먹이식물 참회나무, 나래회나무(노박덩굴과 Celastraceae)

분포 한국(내륙), 중국, 러시아 극동지역

줄점겨울가지나방(자나방과) *Larerannis orthogrammaria* (Wehli, 1927)

생김새 몸길이 28~35mm(날개 길이 ♂ 28~36mm, ♀ 2~2.5mm)로 머리는 갈색이고 검은 무늬가 조금 있다. 몸은 갈색이고, 숨문 아래가 노란색이다. 세로선들은 희미하여 잘 구분되지 않는다. 배의 숨문 주변은 조금 솟으며, 갈색을 띤다. 배 끝이 머리 색과 닮지만 배 끝 위에 흰 점이 있다.

수컷

암컷

습성 참나무겨울자나방과 같다. 자란 애벌레는 땅속에서 번데기가 된다. 알로 겨울을 난다.

서식지 활엽수림

발생 4~5월(어른벌레 11월, 연 1회)

먹이식물 자작나무과 Betulaceae, 참나무과 Fagaceae

분포 한국(지리산 이북), 일본, 러시아 극동지역

중간 애벌레(위)

중간 애벌레(옆)

풀줄기가지나방(자나방과) *Protalcis concinnata* (Wileman, 1911)

생김새 몸길이 27mm 안팎(날개 길이 ♂ 28mm, ♀ 7mm 안팎)으로 머리와 등방패, 항문위판, 다리는 주홍색이다. 머리에는 검고 미세한 점들이 퍼져 있는데, 작아서 무늬가 없어 보인다. 봄통은 검은색으로 숨문윗선에서 넓

수컷

암컷

게 노란 띠가 제1~6배마디에서 보인다. 제2~4배마디 위에는 잔 점으로 이어진 띠가 약하게 나타나고,

제8배마디 위에 조금 솟은 부분이 있으며 그 끝이 희다.

습성 잎 위에서 살아가며, 자라면 땅으로 내려와 흙 속에서 약 10개월간 번데기로 지낸다.

서식지 상록수림

발생 5월(어른벌레 3~4월, 연 1회)

먹이식물 신갈나무 등(참나무과 Fagaceae), 왕벚나무(장미과 Rosaceae)

분포 한국(제주도), 일본, 러시아 극동지역

비고 어른벌레는 어두워지자마자 짝짓기 행동을 한다. 암컷의 날개는 여느 겨울자나방류 중에서 가장 크다.

자란 애벌레(위)

자란 애벌레(옆)

흰무늬겨울가지나방(자나방과) *Agriopis dira* (Butler, 1879)

생김새 몸길이 24~30mm(날개 길이 ♂ 25~30mm, ♀ 2~3mm)로 머리는 반짝이는 검은색이며, 몸은 회색 바탕에 각 마디의 굵고 검은 무늬가 뚜렷하다. 개체에 따라 이 무늬가 없거나 풀색이기도 하는데, 이럴 경우 머리의 색은 밝다. 등밑선을 따라 유백색의 띠가 약하게 나타나며, 바탕이 풀색인 경우에도 이 무늬를 확인할 수 있다. 항문다리는 마치 삼각 노처럼 생겨 넓다.

수컷

습성 잎 뒤에서 구멍을 내며 먹는 습성이 있다. 자라면 부드러운 흙 속에서 번데기가 되어 그 상태로 겨울을 난다.

서식지 참나무 숲

중간 애벌레

자란 애벌레(위)

자란 애벌레(옆)

발생 5월(어른벌레 2~4월, 연 1회)

먹이식물 신갈나무 등(참나무과 Fagaceae)

분포 한국(중·남부), 일본, 중국

비고 *Inurois*속 애벌레와 닮으나 이 종은 제5배마디의 배다리가 없고, 과립이 온몸에 퍼진 점이 다르다.

앞노랑겨울가지나방(자나방과) *Pachyerannis obliquaria* (Motschulsky, 1861)

생김새 몸길이 25~35mm(날개 길이 ♂ 22~30mm, ♀ 5~6mm)로 머리는 반짝이는 검은색이다. 등방패는 앞가장자리가 노랗고, 검은 점이 2개 있다. 등선과 등밑선은 검은데 희미하다. 그 아래는 검으나 배 밑은 희다. 항문다리는 앞 종과 거의 같다.

습성 애벌레의 습성은 앞 종과 같다.

서식지 참나무 숲

발생 4~5월(어른벌레 3~4월, 연 1회)

먹이식물 여러 참나무류(참나무과 Fagaceae)

분포 한국(중부 이북), 일본, 중국

수컷

중간 애벌레

자란 애벌레

참나무겨울가지나방(자나방과) *Erannis golda* Djakonov, 1929

생김새 몸길이 25~35mm(날개 길이 ♂ 33~42mm, ♀ 0mm)로 머리는 적갈색이다. 몸은 등이 갈색 또는 적갈색으로 검은 선이 머리에서 배 끝까지 이어진다. 옆에서 보면 배 밑으로 노란색이 뚜렷하다. 다리는 누렇다.

습성 알로 겨울을 난다.

서식지 참나무 숲

발생 4~5월(어른벌레 10~11월 초, 연 1회)

먹이식물 참나무류(참나무과 Fagaceae), 단풍나무류(단풍나무과 Aceraceae) 등

수컷

암컷

중간 애벌레

자란 애벌레

이른봄넓은띠겨울가지나방(자나방과) *Phigaliohybernia latifasciaria* Beljaev, 1996

생김새 몸길이 25~35mm(날개 길이 ♂ 30mm, ♀ 4mm 안팎)로 머리는 적갈색이고 검은 얼룩무늬가 부분적으로 있다. 등방패는 적갈색이다. 몸은 갈색 또는 적갈색 바탕에 짙은 흑갈색 무늬가 각 마디에 드문드문 보인다. 숨문은 검고, 숨문 뒤로 테두리가 흑갈색인 흰 원 무늬가 있다. 가슴과 배다리는 흑갈색이지만 항문다리는 적갈색이다.

습성 자라면 흙 속에서 엉성한 고치를 틀고 그 속에서 번데기가 되어 겨울을 난다.

서식지 참나무 숲

발생 4~5월(어른벌레 3~4월 초, 연 1회)

먹이식물 참나무과 Fagaceae, 자작나무과 Betulaceae

분포 한국(지리산 이북), 러시아 극동지역

수컷

자란 애벌레(위)

자란 애벌레(옆)

북방겨울가지나방(자나방과) *Phigalia viridularia* Beljaev, 1996

수컷

생김새 몸길이 40~45mm(날개 길이 ♂ 30~38mm, ♀ 3mm 안팎)로 머리는 사각에 가깝고, 적갈색 바탕에 흑갈색의 잔 점들이 가득하다. 몸통은 갈색 바탕에 등선이 2개이고, 이밖에 여러 선들이 앞가슴부터 배 끝까지 이어진다. 숨문은 검고 그 둘레의 붉은색이 강해진다. 몸에 난 센털은 짧고 적은 편이다. 배마디 등 아래 부분에 뾰족한 돌기가 나는데, 제2~3배마디의 것이 가장 크다.

습성 번데기로 겨울을 난다.

서식지 참나무 숲

발생 4~5월(어른벌레 3~4월, 연 1회)

먹이식물 신갈나무(참나무과 Fagaceae), 찔레(장미과 Rosaceae), 버드나무, 은사시나무(버드나무과 Salicaceae) 등

분포 한국(내륙, 제주도 상록수림), 일본, 러시아 극동지역

중간 애벌레

자란 애벌레

흑백겨울가지나방(자나방과) *Phigalia sinuosaria* Leech, 1897

생김새 몸길이 43mm 안팎(날개 길이 ♂ 39mm 안팎)으로 머리는 사각에 가깝고, 몸은 어두운 갈색 또는 흑갈색이다. 자모 받침은 솟는다. 특히 제2배마디의 D2, L1에서 크게 솟아 앞 종과 거의 같다.

수컷

자란 애벌레

습성 암컷은 날개가 매우 짧으며 전혀 날 수 없다. 번데기로 겨울을 난다.

서식지 참나무 숲

발생 4~5월(어른벌레 3~4월, 연 1회)

먹이식물 신갈나무(참나무과 Fagaceae) 등

분포 한국(내륙), 일본, 러시아 극동지역

사과나무겨울가지나방(자나방과) *Phigalia verecundaria* (Leech, 1897)

생김새 몸길이 43mm 안팎(날개 길이 ♂ 41mm, ♀ 3mm 안팎)으로 머리는 검은색이다. 몸은 노란색으로 파란 등선과 등밑선이 있다. 제1~4배마디의 등 아래 부분에 1쌍의 삼각형의 예리한 검은 돌기가 있고, 이 부분의 털이 길다. 숨문 아래 부분은 노랗다. 숨문 주변에는 붉은 무늬로 감싼다.

습성 암컷은 날개가 매우 짧으며 전혀 날 수 없다. 또한 먹지 않고 알을 다 낳을 때까지 사는데, 에너지를 아끼기 위해 알을 무더기로 낳는다. 번데기로 겨울을 난다.

서식지 참나무 숲

발생 4~5월(어른벌레 2~4월, 연 1회)

먹이식물 종가시나무, 참나무류(참나무과 Fagaceae), 아까시나무(콩과 Fabaceae) 등 여러 활엽수

분포 한국(내륙, 제주도 상록수림), 일본, 러시아 극동지역

비고 애벌레가 사과나무는 물론 참나무류, 단풍나무류, 가래나무, 등나무, 동백나무, 버드나무류 등 여러 식물에 붙는다.

수컷

중간 애벌레

중간 애벌레

자란 애벌레

털겨울가지나방(자나방과) *Meichihuo cihuai* Yang, 1978

생김새 몸길이 50mm 안팎(♂ 날개 길이 38mm)으로 4살 애벌레는 머리가 검고, 몸이 검은 바탕에 연노랑 세로줄이 여러 개가 길게 이어진다. 5살 애벌레는 머리가 노란 바탕에 검은 점이 퍼지고, 몸이 적자색 바탕에 밝은 줄무늬가 있다. 숨문선은 노란색으로 이어지는데, 숨문을 중심으로 다이아몬드 모양이다.

습성 건드리면 몸을 구부린다. 자라면 흙 속에서 번데기가 된다.

서식지 참나무 숲

발생 4~5월(어른벌레 3~4월, 연 1회)

먹이식물 개암나무(자작나무과 Betulaceae), 참나무류(참나무과 Fagaceae), 벚나무류(장미과 Rosaceae), 단풍나무(단풍나무과 Aceraceae) 등

수컷

어린 애벌레

4살 애벌레

자란 애벌레

붉은점겨울가지나방(자나방과) *Sebastosema bubonaria* Warren, 1896

생김새 몸길이 30mm 안팎(♂ 날개 길이 34mm 안팎)으로 머리는 검은색이고 정수리와 앞이마 사이에 노란 띠 모양의 '人'자 무늬가 있다. 몸은 검은 바탕에 노란 사다리 같은 무늬가 생긴다. 옆에서 보면 숨문 윗선과 등밑선 사이가 검고 이 부분의 각 마디에 붉은 띠가 세로로 있다. 숨문은 노랗다.

습성 자세한 생태를 관찰하지 못했다. 건드리면 몸을 둥글게 만 채 아래로 잘 떨어진다.

서식지 활엽수림 가장자리, 관목림

발생 5~6월 초(어른벌레 3월 말~4월, 연 1회)

먹이식물 인동, 회잎나무, 사철나무(노박덩굴과 Celastraceae)

분포 한국(춘천, 쌍용, 대구, 내장산, 광양 백운산), 일본

비고 암컷 어른벌레는 노란 바탕에 검은 점이 있는데, 날개가 매우 짧다. 어른벌레는 낮에 날아다닌다.

수컷

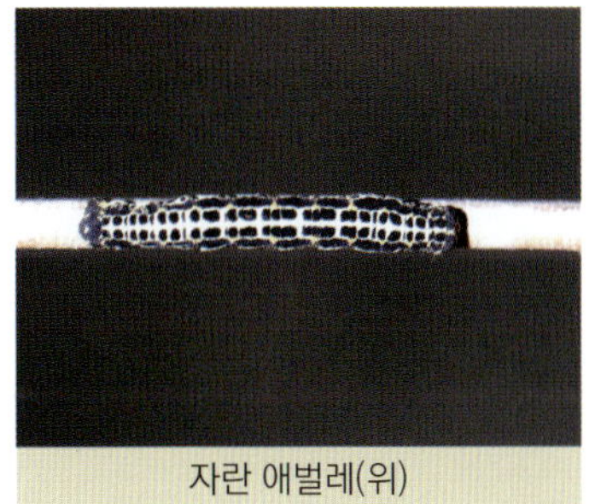

자란 애벌레(위)

자란 애벌레(옆)

가시가지나방(자나방과) *Apochima juglansiaria* (Graeser, 1889)

생김새 몸길이 40mm 안팎(날개 길이 41~45mm)으로 머리는 작고, 배 끝으로 갈수록 점차 굵어져, 제 1~4, 8배마디의 등이 톱날처럼 솟구친다. 몸은 적갈색 또는 흑갈색, 쑥색 바탕에 흰(분홍) 무늬가 있는데, 이 무늬는 개체에 따라 넓어지거나 좁아진다.

습성 애벌레가 새똥을 닮는다. 자극을 받으면 몸을 둥글게 말거나 뒤트는 모습을 취한다. 어른벌레는 앞날개를 겹쳐서 작게 보이도록 하는 자세를 취한다.

서식지 참나무 숲

발생 4~5월(어른벌레 3~5월 초, 연 1회)

먹이식물 참나무류(참나무과 Fagaceae), 벚나무류(장미과 Rosaceae), 느티나무(느릅나무과 Ulmaceae), 붉나무(옻나무과 Anacardiaceae) 등

분포 한국(전국), 일본, 러시아 극동지역

수컷

중간 애벌레(쑥색)

자란 애벌레(흑갈색)

차가지나방(자나방과) *Megabiston plumosaria* (Leech, 1891)

생김새 몸길이 56mm 안팎(날개 길이 42mm 안팎)으로 머리와 배 끝이 적갈색이고, 머리에 검은 그물 무늬가 가늘게 나타난다. 몸통은 자갈색 또는 조금 적갈색을 띤 자갈색, 회갈색 등 다양하다. 제1~5배마디 숨문 조금 뒤에 점으로 이어진 흰 띠가 있으며 그 중 제1마디와 제4마디의 것이 두드러지는데, 개체에 따라 변이가 생긴다. 제8배마디 등밑선에는 적갈색 작은 돌기가 한 쌍 있다. 가슴다리는 대체로 적갈색이다.

습성 월동은 알로 하는 것으로 보인다. 제주도 저지리의 종가시나무림에서 많이 발생한다.

서식지 상록수림, 차밭

발생 4~5월(어른벌레 10월, 연 1회)

먹이식물 종가시나무 등 참나무류(참나무과 Fagaceae), 차나무(차나무과 Theaceae), 벚나무류(장미과 Rosaceae), 느릅나무과 Ulmaceae, 진달래과 Ericaceae 등

분포 한국(남부, 제주도), 일본, 중국

비고 일본에서는 차나무에 피해를 입힌다고 '차가지나방'이라고 하였다. 현재 차나무 관리를 체계 있게 함으로써 피해가 적다. 암컷은 수컷과 달리 불빛에 날아오지 않는다.

수컷

자란 애벌레

자란 애벌레

흰점갈색가지나방(자나방과) *Colotois pennaria* (Linnaeus, 1761)

생김새 몸길이 45mm 안팎(날개 길이 45mm 안팎)으로 중간은 다홍색 바탕이다가 자라면 갈색으로 변한다. 머리와 가슴다리는 옅은 등색이다. 몸 옆에는 붉은 숨문과 그 뒤로 흰 점이 있다. 제8배마디 뒷가장자리의 등에는 1쌍의 짧고 뾰족한 적갈색 돌기가 있다.

습성 자란 애벌레는 흙 속에서 고치를 틀고 번데기가 된다.

서식지 활엽수림

발생 4~5월(어른벌레 10월, 연 1회)

먹이식물 참나무류(참나무과 Fagaceae), 벚나무류(장미과 Rosaceae), 난티나무, 느릅나무, 느티나무(느릅나무과 Ulmaceae), 진달래, 산철쭉(진달래과 Ericaceae) 등

분포 한국(울릉도를 뺀 전국), 일본, 중국

비고 다음 종과 닮으나 머리 옆 테두리가 다음 종은 각 지고 검지만 이 종은 둥글고 검지 않아 다르다.

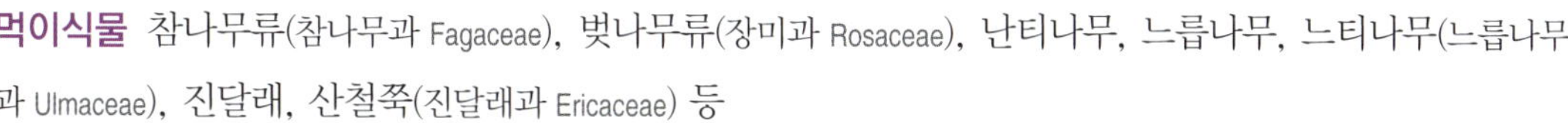
수컷

중간 애벌레

자란 애벌레

큰빗줄가지나방(자나방과) *Descoreba simplex* Butler, 1878

생김새 몸길이 40mm 안팎(날개 길이 45~53mm)으로 머리는 사각형에 가깝고, 둘레가 검다. 어린 애벌레는 머리와 몸이 검은 바탕이다가 자라면 갈색, 회갈색, 흑갈색으로 다양하게 변하고, 제8배마디 등 아래에 뚜렷한 붉은 돌기가 1쌍 있다. 숨문은 붉은색으로 테두리가 검다. 몸에 난 가시털은 짧다. 6살이 자란 애벌레이다.

습성 6월 중에 땅속에서 실을 엉성하게 친 후 그 속에서 번데기가 된 채로 겨울을 난다. 자극을 받으면 입에서 액체가 나온다.

서식지 활엽수림

발생 5~6월(어른벌레 4~5월, 연 1회)

먹이식물 참나무류(참나무과 Fagaceae), 참느릅나무(느릅나무과 Ulmaceae), 개옻나무(옻나무과 Anacardiaceae), 산초나무(운향과 Rutaceae), 조록싸리(콩과 Fabaceae), 광대싸리(여우주머니과 Phyllanthaceae), 이밖에 장미과 Rosaceae, 층층나무과 Cornaceae 등 여러 나무

수컷

중간 애벌레

자란 애벌레

애벌레 머리

니도베가지나방(자나방과) *Wilemania nitobei* (Nitobe, 1907)

생김새 몸길이 35mm 안팎(날개 길이 30~35mm)으로 머리는 원형이고, 황록색, 갈색을 띤다. 몸은 회흑색, 회색, 녹회색 등 변이가 있다. 몸통은 고르게 원통형으로 등에 세로로 주름무늬가 가득하다. 숨문은 검은 점처럼 보인다.

수컷

애벌레 머리

습성 자극을 받으면 머리와 몸통을 둥글게 똬리를 튼다. 자란 애벌레는 나무에서 내려와 흙 속에서 번데기가 된다.

서식지 활엽수림

발생 4~5월(어른벌레 9~10월, 연 1회)

먹이식물 참나무류(참나무과 Fagaceae), 물푸레나무(물푸레나무과 Oleaceae), 보리수나무(보리수나무과 Elaeagnaceae), 귀룽나무(장미과 Rosaceae) 등

분포 한국(전국), 일본, 중국, 러시아 극동지역

중간 애벌레

자란 애벌레(녹회색)

자란 애벌레(회색)

뒷흰가지나방(자나방과) *Pachyligia dolosa* Butler, 1878

생김새 몸길이 40mm 안팎(날개 길이 38~43mm)으로 머리는 몸통보다 크다. 머리는 백록색, 몸은 노란

기가 있는 풀색이다. 각 몸통은 위에서 보면 잔주름이 있다. 머리와 가슴 사이, 항문위판에 노란 띠가 있으며, 앞가슴에서 배 끝까지 노란 숨문선이 있다. 숨문은 오렌지색으로 뚜렷하다.

습성 나무에서 내려와 흙 속에서 번데기가 된 채로 겨울을 난다.

서식지 활엽수림

발생 5월(어른벌레 3~4월, 연 1회)

먹이식물 참나무과 Fagaceae 등 여러 활엽수

분포 한국(내륙), 일본

비고 통통한 느낌이라 잎에 붙으면 밤나방 애벌레처럼 보인다.

암컷

자란 애벌레(위)

자란 애벌레(옆)

북방긴날개가지나방(자나방과) *Planociampa antipala* Prout, 1930

생김새 몸길이 35mm 안팎(날개 길이 38~41mm)으로 머리는 노란 바탕에 검은 점이 안경처럼 보이나 개체에 따라 크기가 다양하다. 몸 색은 변이가 심한데, 기본으로 유백색 바탕에 머리에서 배 끝까지 여러 검은 줄이 있으며, 개체에 따라 등이 넓게 유백색을 띠는 등 변이가 심하다. 숨문선 아래로는 노란색이 짙다.

수컷

습성 6월 중에 땅속에서 실을 엉성하게 친 후 그 속에서 번데기가 된 채로 월동을 한다.

서식지 활엽수림

발생 5월(어른벌레 3~4월, 연 1회)

먹이식물 참나무류(참나무과 Fagaceae), 신나무(단풍나무과 Aceraceae), 개옻나무(옻나무과 Anacardiaceae), 광대싸리(대극과 Euphorbiaceae), 찔레(장미과 Rosaceae) 등

중간 애벌레

자란 애벌레

애벌레 머리

분포 한국(전국), 일본, 중국, 러시아 극동지역

비고 어른벌레는 날개가 좌우로 길다. 암컷은 밤에 불빛에 거의 오지 않는다.

이른봄긴날개가지나방(자나방과) *Planociampa modesta* (Butler, 1878)

수컷

생김새 몸길이 35mm 안팎(날개 길이 37~42mm)으로 머리는 풀색이고, 가로로 조금 길며 둥글어 보인다. 몸통은 원통형으로 매끄럽다. 몸은 옅은 풀색으로 가로선이 잘게 나타나는데, 등밑선, 숨문선은 노란색으로 뚜렷한 편이다. 가끔 배 등에 가는 자갈색 줄이 나타나기도 한다. 가슴다리는 풀색이고 발톱마디가 붉다. 배다리와 항문다리는 투명한 풀색으로 끝이 조금 붉다.

습성 잎 위에서 발견된다. 자라면 나무에서 내려와 흙 속에서 번데기가 된다. 번데기로 겨울을 나는데, 이른 봄에 해질 무렵 땅속에서 날개돋이 하여 나무줄기에 붙는 모습을 볼 수 있다.

서식지 활엽수림

발생 5월(어른벌레 3~4월, 연 1회)

먹이식물 참나무류(참나무과 Fagaceae) 등 여러 활엽수

분포 한국(내륙), 일본

중간 애벌레

자란 애벌레

노랑띠알락가지나방(자나방과) *Biston panterinaria* (Bremer et Grey, 1853)

수컷

생김새 몸길이 70mm 안팎(날개 길이 49~60mm)으로 머리는 갈색, 적갈색이고 앞이마가 움푹 파인다. 정수리 부분 양쪽 위로 짧은 토끼 귀 같은 돌기가 있는데, 이와 맞닿은 등방패 부분도 솟는다. 몸통은 갈색, 녹갈색, 갈색 등 변화가 심하며, 각 마디 뒤의 등밑선에 1쌍의 흰점이 있다. 제8배마디에 1쌍의 작은 돌기가 솟는다.

습성 가지에서 보이며, 먹을 때만 빼고 거의 움직이지 않는다. 건드리면 꼿꼿해진다. 자란 애벌레는 흙 속에서 고치를 틀고 번데기가 된다.

서식지 활엽수림

발생 5~7월(어른벌레 6~8월, 연 1회)

먹이식물 참나무과 Fagaceae, 장미과 Rosaceae, 콩과 Fabaceae 등

분포 한국(중부 이남), 일본, 중국, 타이완, 베트남, 태국, 네팔, 인도 북부

자란 애벌레(풀색)

자란 애벌레(갈색)

애벌레 머리

몸큰가지나방(자나방과) *Biston robustum* Butler, 1879

생김새 몸길이 80mm 안팎(날개 길이 55~78mm)으로 머리의 정수리 부분에는 뿔모양 돌기가 있는데, 4살에서는 길고 끝이 뾰족하나 자라면 끝이 둥글고 짧아진다. 앞이마가 움푹 파이고, 그 위에 검은 점이 2개 있다. 몸은 회갈색 바탕에 붉은 무늬가 있고, 과립 모양으로 퍼져 있다. 제8배마디 위에 짧고 붉은 돌기가 1쌍 있다. 숨문은 등황색으로 테두리가 검다.

습성 작은 가지에 붙어 있으며, 쉴 때에는 배다리만으로 곧게 선다.

서식지 활엽수림

발생 5~8월 초(어른벌레 6~8월, 연 1회)

먹이식물 참나무과 Fagaceae, 장미과 Rosaceae, 콩과 Fabaceae, 국화과 Asteraceae, 양치식물 등

분포 한국(제주도와 울릉도를 뺀 전국), 일본, 중국, 타이완, 러시아 극동지역

수컷

4살 애벌레

자란 애벌레

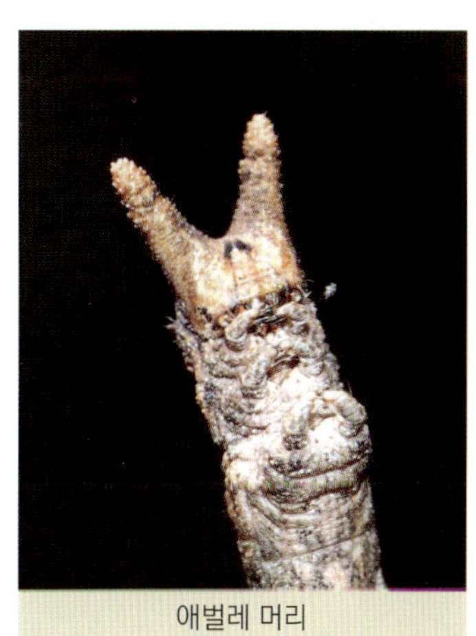
애벌레 머리

불회색가지나방(자나방과) *Biston regalis* (Moore, 1888)

수컷

생김새 몸길이 70mm 안팎(날개 길이 ♂ 58mm, ♀ 70mm 안팎)으로 앞 종과 거의 닮아 구별하기 매우 어렵다. 몸은 옆면에 특별한 무늬가 없으나 제6~8배마디에 손가락 모양의 돌기들이 있다. 앞이마에 검은 점이 없다. 하지만 이 특징만으로 구별이 어렵다. 따라서 앞 종과의 차이를 애벌레가 발견되는 계절을 살피면 된다. 즉 애벌레가 봄~여름 사이에 발견되면 앞 종, 가을에 발견되면 이 종이다.

습성 앞 종과 거의 같다. 번데기로 겨울을 난다.

서식지 활엽수림

발생 9월(어른벌레 6월 말~8월, 연 1회)

먹이식물 참나무과 Fagaceae, 느릅나무과 Ulmaceae, 단풍나무과 Aceraceae, 인동과 Caprifoliaceae 등

분포 한국(내륙), 일본, 중국, 타이완, 러시아 극동지역

4살 애벌레

자란 애벌레

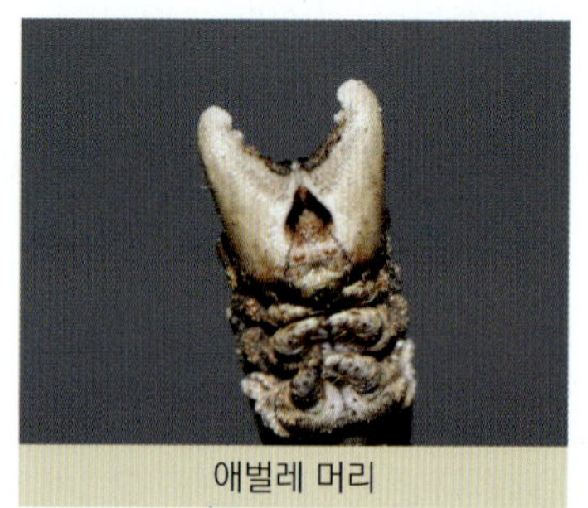
애벌레 머리

오얏나무가지나방(자나방과) *Angerona prunaria* (Linnaeus, 1758)

수컷

암컷

생김새 몸길이 30mm 안팎(날개 길이 35~48mm)으로 머리는 갈색 또는 흑갈색이고 편평한 느낌이 든다. 등방패는 두툼해 보이며, 흑갈색 줄이 있다. 몸 색은 한 개체가 자라나는 과정에서도 여러 차례 변하지만 대부분 자라면 갈색으로 변한다. 각 마디 앞으로 점이 번져 보이는 흑갈색 작은 무늬가 있다. 제2, 6배마디 등밑선 부분에 작은 돌기가 한 쌍 있다. 항문위판은 회색을 띤다.

습성 먹을 때를 빼고 가지나 잎맥에 붙어 꼼작하지 않는다.

서식지 활엽수림

발생 7월(어른벌레 6~8월, 연 1회)

먹이식물 참나무과 Fagaceae, 자작나무과 Betulaceae, 콩과 Fabaceae, 단풍나무과 Aceraceae 등

분포 한국(전국), 일본, 중국, 러시아 극동지역~유럽

비고 '오얏나무(李木)'는 자두나무를 뜻한다.

중간 애벌레(위)

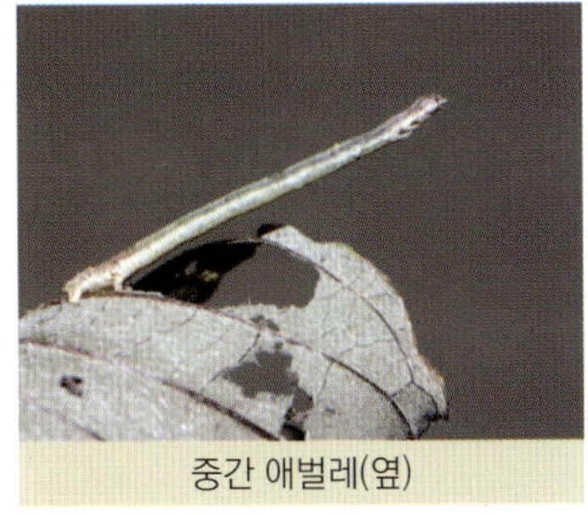

중간 애벌레(옆)

자란 애벌레

남방갈고리가지나방(자나방과) *Odontopera arida* (Butler, 1878)

생김새 몸길이 48mm 안팎(날개 길이 37~42mm)으로 갈색의 머리는 사각이고 중앙이 조금 들어가며, 검은 무늬가 안경처럼 보인다. 몸은 갈색으로, 선무늬가 불규칙하게 있으나 뚜렷하지 않다. 숨문은 갈색이고 테두리가 검다.

수컷

애벌레 머리

습성 쉴 때 머리를 아래로 비스듬하게 위치한다. 번데기로 겨울을 난다.

서식지 활엽수림

발생 5~10월(어른벌레 2~10월, 연 수회)

먹이식물 참나무과 Fagaceae, 버드나무과 Salicaceae, 자작나무과 Betulaceae, 단풍나무과 Aceraceae, 인동과 Caprifoliaceae 등

분포 한국(중부 이남), 일본, 네팔, 인도 북부

어린 애벌레

중간 애벌레

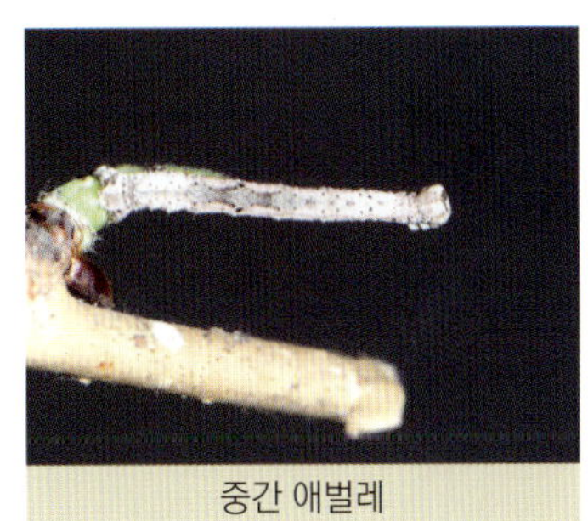

중간 애벌레

큰끝갈색가지나방(자나방과) *Bizia altera* (Wehrli, 1954)

생김새 몸길이 42mm 안팎(날개 길이 40~51mm)으로 2살 애벌레까지 머리와 제8~10배마디만 빼고 풀색이다가 이후 흑갈색으로 변한다. 머리와 가슴 사이가 가늘게 노랗고 등방패는 거의 검다 등밑선에는 노란 선이 나타나는데, 제3배마디 이후 짙어진다. 제2, 6배마디 위에 작은 돌기가 한 쌍 있다. 숨문선 아래로는 갈색이다.

수컷

수컷 아랫면

습성 나뭇잎 밑에서 살아가며 자세한 생태는 밝혀지지 않았다.

서식지 활엽수림

발생 6~7월(어른벌레 6~7월, 연 1회)

먹이식물 참나무과 Fagaceae 등

분포 한국(내륙), 중국

어린 애벌레

어린 애벌레

중간 애벌레

노랑가지나방(자나방과) *Exangerona prattiaria* (Leech, 1891)

생김새 몸길이 33mm 안팎(날개 길이 28~40mm)으로 머리는 앞이마가 희고 정수리는 갈색이다. 몸은 회갈색에서 적갈색, 어두운 자회색으로, 희끗희끗한 세로선이 여러 개 있다. 때에 따라 제1~2배마디의 숨문 부근에 흰 무늬가 생기기도 한다. 숨문의 테두리는 짙다.

습성 잔가지에 붙어 있으며, 쉴 때에는 꼿꼿이 서 있는 자세이다.

서식지 활엽수림

수컷

발생 6월, 9월(어른벌레 5~6월, 8~9월, 연 2회)

먹이식물 참나무과 Fagaceae, 단풍나무과 Aceraceae, 옻나무과 Anacardiaceae, 장미과 Rosaceae, 자작나무과 Betulaceae, 층층나무과 Cornaceae 등

분포 한국(내륙), 일본, 러시아 극동지역

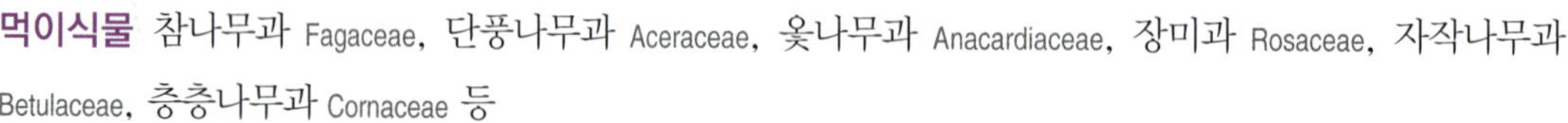

중간 애벌레(위)

중간 애벌레(옆)

먹그림가지나방(자나방과) *Menophra senilis* (Butler, 1878)

수컷

생김새 몸길이 40mm 안팎(날개 길이 37~42mm)으로 머리와 몸은 자갈색이다. 앞머리와 정수리 사이는 흰색이 보인다. 제4~5배마디의 등밑선에 1쌍의 검은 무늬가 있다. 전체 모습은 마른 가지처럼 보이는 외에 별다른 특징이 없다.

습성 번데기로 겨울을 난다.

서식지 활엽수림, 풀밭

발생 5~9월(어른벌레 5~9월, 연 2~3회)

먹이식물 참나무과 Fagaceae를 비롯한 여러 활엽수, 마디풀과 Polygonaceae 등 초본식물

분포 한국(전국), 일본, 중국 동부, 러시아 극동지역, 인도

어린 애벌레

중간 애벌레(위)

중간 애벌레(옆)

뽕나무가지나방(자나방과) *Phthonandria atrilineata* (Butler, 1881)

수컷

생김새 몸길이 50mm 안팎(날개 길이 37~47mm)으로 머리는 회갈색, 몸은 갈색에 작고 검은 점이 퍼져 있다. 몸은 매끈하지만 마디가 잘록한 느낌이고, 배다리와 항문다리가 커서 울퉁불퉁해 보인다. 앞가슴 등에 검고 네모 모양이 점이 있다. 숨문은 붉은색이고, 얇은 테두리가 검다.

습성 잎 뒤에서 뽕나무 잎을 먹는다. 3살 애벌레로 겨울을 난다.

서식지 활엽수림

발생 7월, 9월~이듬해 4월 초(어른벌레 6~9월, 연 2회)

먹이식물 뽕나무(뽕나무과 Moraceae)

분포 한국(전국), 일본, 중국, 러시아 극동지역, 타이완, 인도

중간 애벌레(위)

중간 애벌레(옆)

얼룩수염가지나방(자나방과) *Cryptochorina amphidasyaria* (Oberthür, 1880)

수컷

생김새 몸길이 50mm 안팎(날개 길이 37~47mm)으로 머리와 몸은 회갈색 또는 자회색으로 굵으며, 머리는 둥글고 작은 편이다. 몸통의 각 마디는 옅게 붉은색을 띠는 경우가 있다. 제2배마디의 D1 자모 밑에 붉거나 등색인 돌기가 있는데, 통 모양 또는 원추상이다. 몸을 옆에서 보면 사선이 약하게 보이거나 없다. 항문위판은 위에서 보면 삼각형으로 끝이 뾰족하다.

습성 잎 뒤에 위치하며, 대부분 움직이지 않는다. 흙 속에서 번데기로 겨울을 난다.

서식지 활엽수림

발생 5~6월 초(어른벌레 3~4월, 연 1회)

먹이식물 밤나무, 신갈나무, 갈참나무(참나무과 Fagaceae), 예덕나무(대극과 Euphorbiaceae) 등 여러 활엽수

분포 한국(내륙), 일본, 러시아 극동지역

자란 애벌레(위)

자란 애벌레(옆)

소뿔가지나방(자나방과) *Ennomos autumnaria* (Werneburg, 1859)

생김새 몸길이 60mm 안팎(날개 길이 35~52mm)으로 어릴 때에는 머리가 붉고, 몸이 백록색 또는 청록색이다. 자라면 갈색을 띤다. 제 2, 5배마디 위에는 혹 모양의 돌기가 한 쌍씩 있다.

습성 나뭇가지에 붙으며, 몸통의 혹 모양의 돌기 때문에 나무줄기처럼 보인다. 자란 애벌레는 나무에서 내려오지 않고, 백록색의 잎을 엮은 사이에서 번데기가 된다.

서식지 참나무 숲

발생 5~6월(어른벌레 8~9월, 연 1회)

먹이식물 신갈나무, 갈참나무 등(참나무과 Fagaceae)

분포 한국(내륙), 러시아 극동지역~유럽

암컷

어린 애벌레

중간 애벌레

자란 애벌레

큰뾰족가지나방(자나방과) *Acrodontis fumosa* (Prout, 1930)

생김새 몸길이 60mm 안팎(날개 길이 53mm 안팎)으로 머리는 검고 반짝인다. 몸은 흰 바탕에 여러 개의 가느다란 검은 세로선이 많다. 옆에서 보면 숨문 주위로 작고 검은 점이 있는 외에 등색 무늬가 뚜렷하다. 다만 가슴과 항문위판, 그 아래에 등색이 더 넓고 검은 점이 생긴다. 가슴다리와 배다리는 검다.

수컷

자란 애벌레

습성 자란 애벌레는 땅속에 들어가 번데기가 된다. 알로 겨울을 나는 것으로 보인다.

서식지 활엽수림

발생 4~5월(어른벌레 10~11월 초, 연 1회)

먹이식물 고추나무, 말오줌때(고추나무과 Staphyleaceae)

분포 한국(내륙, 거제도), 일본

뾰족가지나방(자나방과) *Acrodontis kotshubeji* Sheljuzhko, 1944

생김새 몸길이 55mm 안팎(날개
길이 48mm 안팎)으로 앞 종과 닮
으나 조금 작고, 머리에 노란 무
늬가 나타난다. 숨문 주위의 등
색 무늬가 거의 나타나지 않으
며, 가슴다리의 색은 앞 종과 같
으나 배다리와 항문다리가 검지
않아 차이가 있다.

수컷

암컷

습성 잎 위에 앉는다. 자란 애벌레는 땅속에 들어가 번데기가 된다. 알로 겨울을 나는 것으로 보인다.

서식지 활엽수림

발생 4~5월(어른벌레 10~11월 초, 연 1회)

먹이식물 참나무과 Fagaceae 등 10여 개 과

분포 한국(내륙, 거제도), 일본, 러시아 극동지역

자란 애벌레(위)

자란 애벌레(옆)

솔밭가지나방(자나방과) *Xerodes rufescentaria* (Motschulsky, 1861)

생김새 몸길이 35mm 안팎(날개 길이 34~43mm)으로 머리는 갈색이
고, 흑갈색 무늬가 보인다. 제8배마디 뒤로 완만하게 조금 솟는다.
몸은 황갈색 바탕에 흑갈색이 섞인 복잡한 무늬가 가득하다. 등선
주위의 흰 점이 각 마디에 한 쌍씩 있다. 가슴다리는 적갈색이다. 자
라는 시기마다 색이 달라지지만 개체 사이에도 변이의 폭이 심하다.

습성 잎 사이에 붙으면 색이 닮아 발견하기 어렵다. 자라면 땅으로
내려와 흙 속에서 번데기가 된다.

수컷

서식지 침엽수림

발생 5월, 8~9월(어른벌레 5~8월, 연 2회)

먹이식물 소나무, 낙엽송(소나무과 Pinaceae)

중간 애벌레(위)

중간 애벌레(옆)

자란 애벌레(위)

자란 애벌레(옆)

점짤룩가지나방(자나방과) *Xerodes albonotaria* (Bremer, 1864)

생김새 몸길이 30mm 안팎(날개 길이 32~41mm)으로 머리와 몸은 황갈색, 회갈색, 적갈색 등 다양하다. 정수리에 눈썹 모양의 무늬가 있다. 제8배마디 위에 작고 검은 점이 한 쌍 있다. 숨문은 검다.

습성 자라면 흙 속에 들어가 번데기가 된다. 번데기로 겨울을 난다.

서식지 활엽수림

발생 5~6월, 8~9월(어른벌레 4~8월 초, 연 2회)

먹이식물 여러 활엽수, 양치식물

분포 한국(전국), 일본, 중국 동북부, 러시아 극동지역, 타이완

수컷

중간 애벌레(위)

중간 애벌레(옆)

자란 애벌레

외줄노랑가지나방(자나방과) *Auaxa sulphurea* (Butler, 1878)

생김새 몸길이 35mm 안팎(날개 길이 33~38mm)으로 머리는 옅은 녹갈색이며 양 가장자리가 붉은 띠로 되어 있고, 더듬이가 붉다. 몸은 옅은 풀색으로, 제1~4배마디와 제8배마디에 끝이 검고 붉은 가시 같은 뾰족한 돌기가 난다. 크기는 배마디가 8>4>3>2>1의 순으로 작아진다.

습성 찔레 줄기에 붙어 있으면 마치 가시가 돋친 찔레 줄기와 같아 구별하기 어렵다. 잎을 붙이고 그 속에서 풀색의 번데기가 된다. 알로 겨울을 나는 것으로 보인다.

서식지 활엽수림

발생 4~5월(어른벌레 5~7월, 연 1회)

먹이식물 찔레(장미과 Rosaceae)

분포 한국(내륙), 일본, 중국

암컷

자란 애벌레(위)

자란 애벌레(옆)

애벌레 머리

갈고리가지나방(자나방과) *Fascellina chromataria* Walker, 1860

생김새 몸길이 31mm 안팎(날개 길이 29~34mm)으로 머리와 몸은 흑자색이고, 제2배마디에 붉은 돌기가 한 쌍 있다. 제3~4배마디의 등이 도드라지며, 제8배마디의 등도 예리하게 도드라진다. 제5~6배마디의 등밑선에 짙은 무늬가 있다. 옆에서 보면 울퉁불퉁해 보인다. 배 밑에 작은 흰 무늬가 있다.

습성 죽은 나무 조각처럼 가지에 붙어 꼼짝하지 않는다. 이때 뒷다리만 아래로 뻗는 자세가 된다.

서식지 활엽수림

발생 4~5월, 7월, 9월(어른벌레 5~8월 초, 연 2~3회)

먹이식물 생강나무, 후박나무(녹나무과 Lauraceae), 붓순나무(오미자과 Schisandraceae)

수컷

중간 애벌레

자란 애벌레(위)

자란 애벌레(옆)

자란 애벌레(아래)

줄고운노랑가지나방(자나방과) *Plagodis dolabraria* (Linnaeus, 1767)

생김새 몸길이 28~32mm(날개 길이 23~30mm)로 머리는 양쪽 위에서 각진 모습이다. 머리는 옅은 적갈색으로 그물 모양의 무늬가 있다. 가운데가슴에서 제1배마디의 옆을 위에서 보면 뚜렷이 부풀어서 마치 머리와 가슴이 큰 덩어리처럼 보인다. 제5배마디에 작은 살돌기가 있다. 숨문은 회백색이다.

수컷

습성 번데기로 겨울을 난다.

서식지 활엽수림

발생 7월, 9월(어른벌레 5~6월, 7~9월, 연 2회)

먹이식물 참나무과 Fagaceae 등

분포 한국(전국), 일본, 사할린, 러시아 극동지역~유럽

비고 머리와 앞가슴 사이가 다음 종은 띠 모양이고, 이 종은 제7배마디에 띠 모양의 무늬가 있다.

중간 애벌레

자란 애벌레(위)

자란 애벌레(옆)

띠넓은가지나방(자나방과) *Plagodis pulveraria* (Linnaeus, 1758)

생김새 몸길이 30mm 안팎(날개
길이 23~30mm)으로 어릴 때에
는 풀색이다가 자라면 적갈색,
갈색, 흑갈색 등으로 변한다. 머
리의 정수리에는 흰 눈썹 같은
무늬가 있다. 등방패는 흑갈색
이다. 몸통의 각 마디 사이는 가

암컷(봄)

수컷(여름)

늘게 흑갈색이고, 등밑선에서 벌어진 '八'자 모양의 검은 점과 선이 있다. 제5배마디 등밑선 부분에는 둥
근 혹 돌기가 약하게 있다.

습성 가지에 붙어 있으며, 찾기 어렵다. 번데기로 겨울을 난다.

서식지 활엽수림

발생 7월, 9월(어른벌레 4~6월, 7~9월, 연 2회, 한라산에서는 6~7월, 연 1회)

먹이식물 진달래, 철쭉(진달래과 Ericaceae), 참나무류(참나무과 Fagaceae), 자작나무과 Betulaceae, 장미과
Rosaceae 등

분포 한국(전국), 일본, 중국~유럽, 캐나다

비고 영어 이름 'Barred umber'는 '날개에 띠가 있는'이라는 뜻이다. 봄 개체는 이 띠가 넓고, 여름 개체
는 가늘다.

중간 애벌레

자란 애벌레(위)

자란 애벌레(옆)

뒷분홍가지나방(자나방과) *Heterolocha aristonaria* (Walker, 1860)

생김새 몸길이 20mm 안팎(날개
길이 19~26mm)으로 머리는 검
고, 앞이마 중앙에서 좌우로 흰
띠가 있다. 몸은 파란 기가 있는
흰 바탕에 검은 점들이 가득하
다. 앞가슴과 배 끝, 숨문선, 배
다리가 노란색이 있다.

수컷(봄)

암컷(여름)

번데기

습성 줄기에 붙어 있으며, 건드리면 아래로 잘 떨어진다. 잎을 엮어 그 사이에서 번데기가 된다. 가을의 번데기는 겨울을 나는 것으로 보이나 제주도에서는 겨울에도 애벌레가 보인다.

서식지 풀밭, 활엽수림

발생 7월, 9~10월(어른벌레 4~6월, 7~9월, 연 2회)

먹이식물 인동(인동과 Caprifoliaceae)

분포 한국(전국), 일본, 중국

비고 제주도에서는 봄의 개체가 등선이 뚜렷하고, 숨문선에 노란색이 더 뚜렷하며, 몸의 검은 무늬의 패턴이 다르다.

자란 애벌레(봄, 제주도)

자란 애벌레(봄, 제주도)

자란 애벌레(여름)

꼬마노랑가지나방(자나방과) *Heterolocha sachalinensis* Matsumura, 1925

생김새 몸길이 17mm 안팎(날개 길이 23mm 안팎)으로 앞 종과 닮으나 다음의 차이가 있다. 머리의 검은 부분은 안경처럼 작다. 또 몸통의 검은 점들이 성기다. 몸통의 노란 부분은 머리와 가슴, 제8배마디 이후이다.

습성 줄기에 붙어 있으며, 건드리면 아래로 잘 떨어진다. 번데기로 겨울을 나는 것으로 보인다.

서식지 활엽수림

발생 7월, 9~10월(어른벌레 4~6월, 7~9월, 연 2회)

수컷

자란 애벌레

자란 애벌레

먹이식물 풍게나무(삼과 Cannabaceae)

분포 한국(전국), 일본, 중국, 러시아 극동지역, 소아시아, 트랜스코카서스

끝갈색흰가지나방(자나방과) *Spilopera debilis* (Butler, 1891)

생김새 몸길이 28mm 안팎(날개 길이 32mm 안팎)으로 머리는 짙은 갈색, 몸은 짙은 갈색 바탕에 흑갈색 무늬가 있으며, 제8배마디 이후는 짙은 갈색이다. 등밑선에는 흰 자모 받침이 있다. 숨문선 아래로 색이 조금 밝다.

습성 줄기에 잘 붙는다. 번데기로 겨울을 난다.

서식지 활엽수림

발생 6~9월(어른벌레 5~8월, 연 2회)

먹이식물 올괴불나무, 병꽃나무(인동과 Caprifoliaceae)

분포 한국(내륙), 일본, 중국, 러시아 극동지역, 사할린

수컷

자란 애벌레(위)

자란 애벌레(옆)

두줄짤룩가지나방(자나방과) *Endropiodes indictinaria* (Bremer, 1864)

생김새 몸길이 40mm 안팎(날개 길이 23~34mm)으로 머리와 몸은 연두색, 갈색, 적자색 바탕에 흑갈색, 적갈색 무늬가 있는데, 서로 섞이기도 한다. 머리는 위에서 보면 사각으로 보인다. 제4~5배마디 뒤에 위로 조금 솟는 자모 받침이 있다.

습성 번데기로 겨울을 난다.

서식지 활엽수림

발생 5~6월, 8~9월(어른벌레 4월 말~8월, 연 2회)

수컷

중간 애벌레

자란 애벌레(위)

자란 애벌레(옆)

흑갈색가지나방(자나방과) *Devenilia corearia* (Leech, 1891)

생김새 몸길이 28mm 안팎(날개 길이 25mm 안팎)으로 머리는 갈색이고, 앞에서 보면 적자색 팔(八)자 무늬가 있다. 몸은 풀색, 등밑선에는 희미한 노란 띠가 있다. 뒷가슴의 다리 위와 배다리 위에 적자색 원무늬가 있다.

습성 가는 가지에 붙어서 잘 움직이지 않는다. 흙 속에서 번데기가 된다.

서식지 활엽수림

발생 4~5월(어른벌레 4~6월, 7~8월, 연 2회)

먹이식물 광대싸리(여우주머니과 Phyllanthaceae)

분포 한국(내륙), 중국, 러시아 극동지역, 타이완, 인도 북부

수컷

중간 애벌레

자란 애벌레(위)

자란 애벌레(옆)

우수리가지나방(자나방과) *Meteima gilva* Djakonov, 1952

생김새 몸길이 24mm 안팎(날개 길이 26mm 안팎)으로 몸은 개체에 따라 색 변이(풀색, 갈색, 흑갈색)가 심하다. 머리는 몸 색에 따라 달라지는데, 예를 들면 몸이 갈색인 경우 머리와 가슴, 배다리는 적갈색을 띤다. 몸통의 등밑선은 흰색으로 약하다. 자라면 몸이 적갈색을 띤다.

습성 잎에서 발견되는데, 자극을 주면 아래로 떨어진다. 땅 속에서 번데기가 된 상태로 겨울을 난다.

서식지 활엽수림

발생 4~5월(어른벌레 3~4월, 연 1회)

먹이식물 참나무류(참나무과 Fagaceae), 벚나무류(장미과 Rosaceae)

분포 한국(내륙), 일본, 타이완, 러시아 극동지역

수컷

다양한 색의 자란 애벌레

연노랑제비가지나방(자나방과) *Ourapteryx nivea* Butler, 1883

수컷

생김새 몸길이 50mm 안팎(날개 길이 48~52mm)으로 머리는 위아래가 길며, 매끈하다. 머리와 몸은 가늘고 긴데, 갈색으로 흑갈색 무늬가 섞인다. 몸통에는 등선이 이어지다 끊어지기를 반복하며, 숨문은 둥글고, 둘레가 조금 밝다. 바닥선 아래로 조금 색이 희다.

습성 가지에 붙어 살아가며, 잘 움직이지 않는다. 중간 애벌레가 나무줄기에 붙은 상태로 겨울을 나며, 이듬해 활동한다.

서식지 활엽수림

발생 6~7월, 9월~이듬해 5월(어른벌레 5월 말~9월, 연 2회)

먹이식물 참나무류(참나무과 Fagaceae), 소나무과 Pinaceae, 장미과 Rosaceae, 버드나무과 Salicaceae, 송악(두릅나무과 Araliaceae) 등 여러 식물

분포 한국(전국), 일본

자란 애벌레

자란 애벌레

흰제비가지나방(자나방과) *Ourapteryx maculicaudaria* (Motschulsky, 1866)

생김새 몸길이 53mm 안팎(날개 길이 42~50mm)으로 머리는 황갈색이고 바깥 테두리가 검다. 몸통은 옅은 풀색에 가느다란 검은 점이 가득하다. 이 무늬는 먹이식물의 줄기와 닮는다. 배다리는 황갈색이다.

습성 알에서 깨어난 애벌레는 무리 짓는 습성이 있다. 자극을 받으면 잎에서 실을 토해 아래로 잘 떨어진다. 자란 애벌레는 나무에서 내려와 흙 속에서 번데기가 된다. 어린 애벌레 상태로 겨울을 난다.

서식지 비자나무 숲

발생 5월, 8~9월(어른벌레 6~7월, 9~10월, 연 2회)

먹이식물 비자나무, 주목(주목과 Taxaceae)

분포 한국(내륙, 제주도), 일본, 중국, 러시아 극동지역

암컷

자란 애벌레(위)

자란 애벌레(옆)

제비가지나방(자나방과) *Ourapteryx subpunctaria* Leech, 1891

생김새 몸길이 40mm 안팎(날개 길이 34~42mm)으로 머리와 몸은 나무줄기처럼 갈색 또는 흑갈색이고, 제1, 3, 6배마디에 살돌기가 있어 더욱 나무줄기 같다. 특히 제3배마디의 살돌기가 가장 크며, 숨문 바로 위에서 옆으로 나온다. 어릴 때에는 적갈색을 띠기도 한다.

습성 잎 사이에서 고치를 틀고 풀색의 번데기가 된다.

서식지 활엽수림

발생 5월(어른벌레 6~7월, 연 1회)

먹이식물 노린재나무(노린재나무과 Symplocaceae)

분포 한국(내륙), 일본

수컷

번데기

어린 애벌레

중간 애벌레(옆)

자란 애벌레(위)

각시자나방(자나방과) *Dindica virescens* (Butler, 1878)

수컷

생김새 몸길이 34mm 안팎(날개 길이 35~40mm)으로 머리는 황록색이고 정수리 끝에 다홍색의 작은 돌기가 난다. 몸통은 옅은 풀색으로, 미세한 노란 점들이 퍼져 있다. 숨문 아래에는 제1~6배마디에 5개의 사선이 있다. 바닥선은 4살일 때 노랗다가 자라면 적황색이 된다. 항문위판은 연두색이고, 그 끝이 황백색으로 뾰족해진다. 숨문은 다홍색, 테두리는 옅게 노랗다.

습성 잎 위에서 꼼짝하지 않고 다리를 모은 채 비스듬히 서있는 자세로 쉰다. 흙 속에서 번데기가 된다. 번데기로 겨울을 난다.

서식지 활엽수림

발생 6~8월(어른벌레 4~9월, 연 2~4회)

먹이식물 감태나무, 생강나무, 비목나무(녹나무과 Lauraceae)

분포 한국(전국), 일본, 중국 중부

중간 애벌레

자란 애벌레(위)

자란 애벌레(옆)

점선두리자나방(자나방과) *Pachista superans* (Butler, 1878)

생김새 몸길이 45mm 안팎(날개 길이 45~65mm)으로 머리와 몸은 풀색이다. 정수리는 뾰족하고 양쪽이 맞닿기 때문에 앞에서 보면 삼각형으로 보이는데,

수컷

자란 애벌레

끝이 조금 노랗다. 숨문밑선이 황록색으로 뚜렷하고 그 아래로 조금 노란 기가 돈다.

습성 잎 위에 비스듬히 곧추 서서 쉰다. 겨울을 난 애벌레가 5월 중순경 잎을 엮은 속에서 번데기가 된다. 애벌레로 겨울을 난다.

서식지 추운 지역의 활엽수림

발생 7월, 9월~이듬해 5월(어른벌레 6~9월, 연 2회)

먹이식물 함박꽃나무(목련과 Magnoliaceae)

분포 한국(지리산 이북), 일본

멋쟁이푸른자나방(자나방과) *Mixochlora vittata* (Moore, 1868)

생김새 몸길이 25mm 안팎(날개 길이 37mm 안팎)으로 머리와 몸은 백록색과 흰색이 어울려 있다. 위에서 보면 가슴에는 3개의 흰줄이, 몸에는 4개의 'V'자 모양의 무늬가 있다. 등방패에는 앞쪽으로 나온 작은 돌기가 있다. 아래 애벌레는 여름 개체이고, 봄 애벌레는 풀색이다.

습성 잎으로 둥글게 만들고, 구멍이 숭숭 나게 한 다음 그 속에서 지내다가 번데기가 된다. 겨울나기는 밝혀지지 않았으나 애벌레로 나는 것으로 추측된다.

서식지 따뜻한 지역의 활엽수림, 상록수림

발생 5~10월(어른벌레 5~10월, 연 수회)

먹이식물 가시나무, 붉가시나무, 밤나무, 졸참나무(참나무과 Fagaceae)

분포 한국(남부, 제주도), 일본, 동양열대구

수컷

자란 애벌레

둥지

둥지 속 애벌레

붉은줄푸른자나방(자나방과) *Neohipparchus vallata* (Butler, 1878)

생김새 몸길이 27mm 안팎(날개 길이 24~30mm)으로 머리는 적갈색이고, 과립이 빽빽하다. 정수리가 조금 솟고, 등방패의 앞에도 정수리보다 크게 솟는 한 쌍의 돌기가 있다. 제1~2배마디에도 돌기가 있으나 제5배마디에 더 큰 돌기가 생긴다. 돌기의 색은 붉다. 특히 제5배마디 뒤로 붉어진다. 제2배마디는 양옆으로 넓어진다.

습성 앞 종처럼 둥지를 만든다. 가지에 붙어 있으며, 잘 움직이지 않은 채 애벌레로 겨울을 난다.

서식지 활엽수림

발생 7월, 9월~이듬해 4월(어른벌레 6~9월, 연 1~2회)

먹이식물 종가시나무, 밤나무, 졸참나무, 신갈나무, 밤나무(참나무과 Fagaceae)

분포 한국(울릉도를 뺀 전국), 일본, 타이완, 인도 북부

암컷

자란 애벌레(위)

자란 애벌레(옆)

붉은선두리푸른자나방(자나방과) *Hemithea aestivaria* (Hübner, 1799)

암컷

생김새 몸길이 34mm 안팎(날개 길이 22~30mm)으로 머리와 몸은 갈색이고, 짙은 갈색 무늬가 조금 보인다. 때때로 몸 색이 회갈색, 어두운 갈색, 풀색을 띠기도 한다. 정수리는 위로 솟으며, 작은 혹들이 많다. 앞가슴 앞으로 뿔모양 돌기가 정수리처럼 솟는다. 몸은 과립 모양이 많아 오톨도톨해 보인다.

습성 자란 애벌레는 잎을 모아 엮어 붙이고 그 속에서 고치를 틀고 번데기가 된다. 어린 애벌레 상태로 나무줄기에 붙어 겨울을 난다.

서식지 활엽수림

발생 4~5월(어른벌레 6~7월, 연 1회)

먹이식물 참나무과 Fagaceae, 장미과 Rosaceae, 뽕나무과 Moraceae, 버드나무과 Salicaceae, 물푸레나무과 Oleaceae 등

분포 한국(전국), 일본, 중국, 러시아~유럽

자란 애벌레

자란 애벌레

민선두리푸른자나방(자나방과) *Hemithea* sp.

생김새 몸길이 34mm 안팎(날개 길이 22~30mm)으로 앞 종과 매우 닮아 차이가 적으나 다음의 특징으로 구별할 수 있다. 이 종은 앞 종보다 1) 머리의 정수리에 있는 돌기가 더 튀어나온다. 2) 앞가슴의 등도 정수리처럼 더 튀어나온다. 3) 제2배마디의 짙은 흑갈색 무늬는 평행사변형이다. 앞 종은 똑바른 직사각형이다.

습성 앞 종과 거의 차이가 없다.

서식지 활엽수림

발생 6~8월(어른벌레 5~8월, 연 2회로 추정)

먹이식물 붉나무(옻나무과 Anacardiaceae) 참나무과 Fagaceae 등

분포 한국(중부), 일본

비고 앞 종과 어른벌레의 차이는 날개의 바깥 가장자리에 붉은 연모가 띠를 이루지 않는다.

자란 애벌레(위)

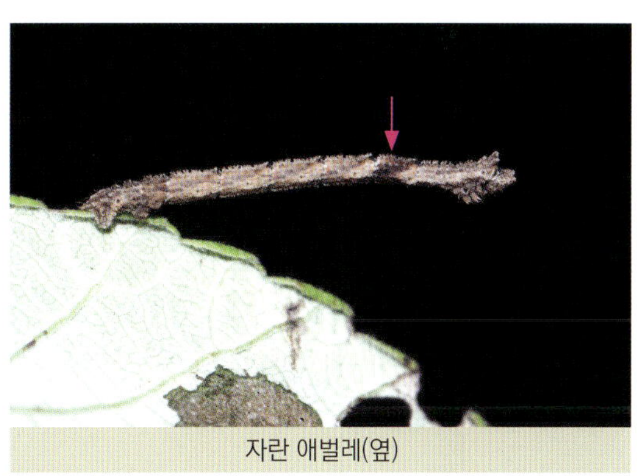

자란 애벌레(옆)

녹색푸른자나방(자나방과) *Hemithea tritonaria* (Walker, 1863)

생김새 몸길이 20mm 안팎(날개 길이 17~22mm)으로 머리는 갈색이고 정수리가 뾰족하게 튀어나와 돌기를 만든다. 등방패도 정수리 돌기 같은 돌기가 1쌍 있다. 몸은 갈색 바탕에 제2~8배마디에 비스듬한 흑갈색 띠가 있다. 제2~6배마디 등선 양쪽으로 돌기가 1쌍씩 모두 5쌍이 있다.

습성 잎 위에 붙으면 티끌이나 새똥처럼 보인다. 사진처럼 풀색인 위치보다 나뭇잎이 갈색으로 변한 장소에서 발견된다. 자라면 실로 잎을 엮은 속에서 번데기가 된다.

서식지 활엽수림

발생 7~9월(어른벌레 5~9월, 연 2회)

먹이식물 아까시나무, 자귀나무(콩과 Fabaceae), 신갈나무 등(참나무과 Fagaceae), 아욱(아욱과 Malvaceae), 오동나무(오동나무과 Paulowniaceae)

수컷

중간 애벌레

자란 애벌레

번데기

푸른줄푸른자나방(자나방과) *Hemithea marina* (Butler, 1878)

생김새 몸길이 20mm 안팎(날개 길이 19~21mm)으로 앞 종들처럼 머리와 몸은 갈색이고, 4살 애벌레일 때, 등에 푸른 기가 있다. 이 종의 특징은 위에서 볼 때, 가슴에 짙은 흑갈색 줄무늬가 이어지다가 배마디부터 넓어진다.

습성 잎 위에 비스듬히 곧추 서서 쉰다.

서식지 활엽수림

발생 5~6월(어른벌레 6~8월 초, 연 1회)

먹이식물 수리딸기(장미과 Rosaceae), 상수리나무(참나무과 Fagaceae)

분포 한국(전국), 일본, 중국 동부, 타이완

비고 먹이식물 등 이 종에 대한 조사가 더 필요하다. 허운홍(2021)의 p. 228은 *Chlorissa*속의 종으로 보이고, p. 229는 바로 이 종이다. 두줄푸른자나방은 이미 허운홍(2012: 266)이 언급했다.

수컷

중간 애벌레

자란 애벌레

애기푸른자나방(자나방과) *Chlorissa obliterata* (Walker, 1863)

생김새 몸길이 20mm 안팎(날개 길이 19~21mm)으로 머리는 테두리가 붉은 옅은 풀색이다. 정수리는 뾰족하게 튀어나오며, 앞가슴 앞에도 1쌍의 돌기가 있어 얼핏 정수리가 이중으로 보인다. 몸은 마디 사이가 조금 밝은 노란색을 띤 풀색으로, 자라면 붉은 등선이 나타난다. 사진은 중간 애벌레이다.

습성 잎 위에 비스듬히 곧추 서서 쉰다.

수컷

서식지 활엽수림

발생 7월, 9월(어른벌레 5~6월, 8~9월, 연 2회)

먹이식물 미역취, 쑥(국화과 Asteraceae)

분포 한국(전국), 일본, 중국, 러시아 극동지역

비고 *Chlorissa*속 애벌레는 아직 덜 알려져 있다. 아래 오른쪽 2개의 사진의 종 이름은 아직 밝히지 못했다.

중간 애벌레

Chlorissa sp.

무늬박이푸른자나방(자나방과) *Comibaena procumbaria* (Pryer, 1877)

생김새 몸길이 20mm 안팎(날개 길이 17~25mm)으로 머리는 흑갈색 바탕에 그물무늬가 있다. 몸은 흑갈색으로, 여러 짙고 옅은 무늬가 있으나 몸이 잎 조각에 가려져 살피기 어렵다. 과립 같은 작은 돌기가 가득하다.

습성 먹이식물의 잎을 잘게 잘라 몸에 붙이는데, 먼저 붙여진 잎은 갈색으로 변한다. 앉는 자세는 사진처럼 늘 배 위를 동그랗게 만든다. 건드리면 좌우로 요동친다. 잎 사이에서 번데기가 된다.

수컷

서식지 활엽수림

발생 6~9월(어른벌레 5~10월 초, 연 2~3회)

먹이식물 장미과 Rosaceae, 운향과 Rutaceae, 콩과 Fabaceae 등

분포 한국(전국), 일본, 중국 동부, 타이완

자란 애벌레

자란 애벌레

새무늬박이푸른자나방(자나방과) *Comibaena subprocumbaria* (Oberthür)

수컷

생김새 몸길이 21mm 안팎(날개 길이 18~26mm)으로 앞 종과 생김새가 거의 같으나 바탕색이 앞 종은 흑갈색이나 이 종은 갈색이 강하다. 생김새를 자세히 비교해 보지 못해 앞 종과의 차이를 찾지 못했다.

습성 서귀포에서 예덕나무의 잎을 먹는 것을 보고 사육했는데, 앞 종처럼 몸 색과 닮은 잎 조각을 몸에 붙인다.

서식지 풀밭, 상록수림 가장자리

발생 6~9월(어른벌레 5~10월 초, 연 2~3회)

먹이식물 예덕나무(대극과 Euphorbiaceae)

분포 한국(완도, 제주도), 중국

비고 Han et al.(2012)에 따라 새 종으로 분리되었으며, 서로의 형태 차이는 적으나 유전자가 종 수준의 차이가 있다.

자란 애벌레

자란 애벌레

네점푸른자나방(자나방과) *Comibaena amoenaria* (Oberthür, 1880)

생김새 몸길이 19mm 안팎(날개 길이 18~24mm)으로 머리는 갈색이고 황갈색의 그물무늬가 있으나 희미하다. 몸은 갈색이고, 등선이 흑갈색으로 굵고 뚜렷하며, 회황색 테두리가 있다.

습성 먹이식물의 잎을 잘게 잘라 등에 붙인다. 잎 사이에서 번데기가 된다.

서식지 활엽수림

암컷

자란 애벌레

자란 애벌레 머리

발생 7~9월(어른벌레 6~8월, 연 2회)

먹이식물 진달래, 철쭉(진달래과 Ericaceae), 신갈나무(참나무과 Fagaceae), 버드나무과 Salicaceae

분포 한국(전국), 일본, 러시아 극동지역

흰줄연푸른자나방(자나방과) *Hemistola dijuncta* (Walker, 1861)

생김새 몸길이 28mm 안팎(날개 길이 32mm 안팎)으로 머리와 등방패의 돌기가 검으며, 배 끝이 검다. 정수리에는 조금 솟은 돌기가 있고, 등방패에서도 이보다 큰 돌기가 생기는데, 이 돌기의 끝이 뾰족하다. 가느다란 몸은 풀색으로, 선무늬가 보이지 않으며, 배 끝으로 갈수록 조금 두꺼워진다.

습성 잎을 말고 그 속에서 번데기가 된다.

서식지 활엽수림 주위의 풀밭

발생 5~6월(어른벌레 6~7월, 연 1회)

먹이식물 으아리, 사위질빵(미나리아재비과 Ranunculaceae)

분포 한국(내륙, 추자도), 일본, 중국

암컷

중간 애벌레(위)

중간 애벌레(옆)

큰뒷날개두점애기자나방(자나방과) *Perixera absconditaria* (Walker, 1862)

생김새 몸길이 32mm 안팎(날개 길이 30mm 안팎)으로 머리와 몸은 탁한 풀색이고, 한 마리만 관찰하여 색 변이가 있는지 확인하지 못했다. 붉은 등선은 뚜렷하여 제5배마디에서 다이아몬드처럼 넓다가 이후 가늘어지고 배 끝에서 다시 넓어져 흑갈색을 띤다. 등밑선에 작고 검은 점이 마디마다 있다.

습성 잎 위에 위치하며, 이동할 때 몸을 요동친다. 잎 뒤에 엉성한 실을 치고 번데기가 된다.

서식지 상록수림

발생 9월(어른벌레 6~7월)

암컷

먹이식물 비목나무(녹나무과 Lauraceae)

분포 한국(제주도), 일본, 중국, 타이완, 미얀마, 말레이반도, 인도, 스리랑카

비고 연 발생횟수와 발생 시기는 아직 해명되지 않고 있다.

자란 애벌레(위)

자란 애벌레(옆)

번데기

끝무늬애기자나방(자나방과) *Pylargosceles steganioides* (Butler, 1878)

생김새 몸길이 33mm 안팎(날개 길이 20~25mm)으로 몸은 가늘고 긴 모양이고, 풀색을 띤다. 머리는 붉은색이 보이며, 검은 무늬도 있다. 뒷가슴과 제1배마디에 검은 무늬가 보이는 개체도 있다.

수컷(봄)

수컷(여름)

습성 걸을 때, 'Ω'자 모양을 한다. 흙 속에서 번데기가 된다.

서식지 풀밭, 경작지, 습지

발생 6월, 9월(어른벌레 4~5월, 7~8월, 연 2회)

먹이식물 소리쟁이, 개여뀌 등(마디풀과 Polygonaceae), 소귀나무(소귀나무과 Myricaceae), 느릅나무과 Ulmaceae, 참나무과 Fagaceae 등

분포 한국(전국), 일본, 중국, 타이완

비고 어른벌레의 생김새는 계절에 따른 변이가 있다.

자란 애벌레

자란 애벌레

큰눈흰애기자나방(자나방과) *Problepsis eucircota* Prout, 1913

생김새 몸길이 42mm 안팎(날개 길이 30mm 안팎)으로 머리와 몸은 갈색, 흑갈색이다. 정수리 양쪽이 조금 솟는다. 가운데가슴이 가장 가늘고 뒤로 두꺼워진다. 배마디 양쪽에 작은 돌기가 나오며, 뒤로 갈수록 커진다.

습성 나무줄기에 붙으며, 거의 움직이지 않는다. 잎을 실로 엮고 그 사이에서 번데기가 된다.

서식지 활엽수림

발생 6월, 8월(어른벌레 6~9월, 연 2회)

먹이식물 쥐똥나무(물푸레나무과 Oleaceae)

분포 한국(전국), 일본, 중국

비고 허운홍(2016: 207)의 네눈은빛애기자나방은 구슬큰눈흰애기자나방이다.

암컷

자란 애벌레(위)

자란 애벌레(옆)

붉은날개애기자나방(자나방과) *Timandra recompta* (Prout, 1930)

생김새 몸길이 23mm 안팎(날개 길이 23mm 안팎)으로 머리와 몸은 회황색, 회갈색, 흑갈색으로 다양하다. 닮은 종들의 차이가 적은데, 모두 뒷가슴과 제1배마디가 두텁다. 우리나라의 이 속 4종을 가장 쉽게 구별할 수 있는 방법은 아래 그림의 제2배마디 숨문 주위의 흑자색 무늬를 보면 된다(Sato, 1970).

습성 잎 뒤에서 번데기가 된다.

서식지 풀밭, 경작지, 습지

발생 6~9월(어른벌레 5~10월 초, 연 2~3회)

수컷

자란 애벌레

애벌레 머리

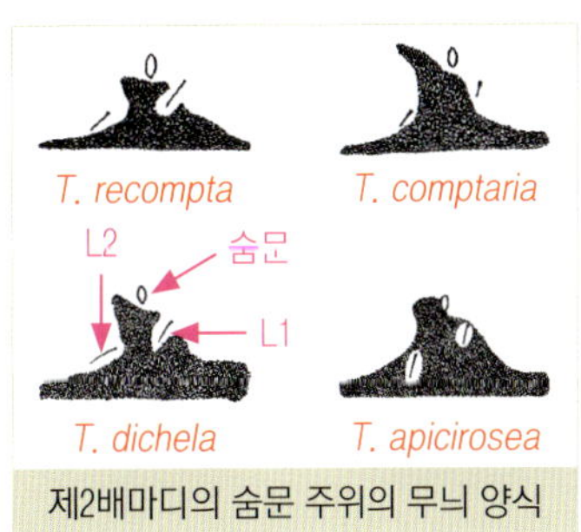

제2배마디의 숨문 주위의 무늬 양식

먹이식물 소리쟁이, 며느리밑씻개, 며느리배꼽, 여뀌류 등(마디풀과 Polygonaceae)

분포 한국(전국), 일본, 중국, 러시아~유럽

홍띠애기자나방(자나방과) *Timandra comptaria* Walker, 1863

생김새 몸길이 25mm 안팎(날개 길이 20~25mm)으로 뒷가슴에서 제 1배마디가 통통하고, 제1배마디 이후 급격히 가늘어진다. 머리와 몸은 회황색에서 흑자색까지 색 변이가 심하다. 등선은 밝고 뚜렷한 편이다. 제2~5배마디의 등에서 숨문 부분까지 비스듬한 선이 있다. 그 앞으로 넓게 밝은 색이고, 뒤로 어두우나 변이가 있다. 등색의 원 무늬는 제1~5배마디에서 보인다. 중간 이전의 어린 애벌레는 일부 자모 받침이 뚜렷이 솟는다.

수컷

습성 잎 뒤에서 번데기가 된다.

서식지 풀밭, 경작지, 습지

발생 6~9월(어른벌레 5~10월 초, 연 2~3회)

먹이식물 소리쟁이, 며느리밑씻개 등(마디풀과 Polygonaceae)

분포 한국(전국), 일본, 중국, 러시아 극동지역

자란 애벌레(위)

자란 애벌레(옆)

큰홍띠애기자나방(자나방과) *Timandra dichela* (Prout, 1935)

생김새 몸길이 25mm 안팎(날개 길이 22~25mm)으로 앞 종과 생김새가 거의 같으나 옆에서 보면 밝은 부분이 더 넓다. 이 속의 종들의 생김새가 매우 닮지만 큰턱 등 미세 구조가 조금 다르다.

수컷

자란 애벌레

습성 앞 종과 거의 같다.

서식지 풀밭, 경작지, 습지

발생 6~9월(어른벌레 5~10월 초, 연 2~3회)

먹이식물 소리쟁이, 며느리밑씻개 등(마디풀과 Polygonaceae)

분포 한국(전국), 일본, 중국, 타이완, 인도 북동부

넓은홍띠애기자나방(자나방과) *Timandra apicirosea* (Prout, 1935)

생김새 몸길이 25mm 안팎(날개 길이 22~25mm)으로 앞 종들과 생김새가 닮으나 옆에서 보면 흑백의 농담의 차이가 뚜렷하다.

습성 앞 종들과 거의 같다.

서식지 풀밭, 경작지, 습지

발생 6~9월(어른벌레 5~10월 초, 연 2~3회)

먹이식물 고마리 등(마디풀과 Polygonaceae)

분포 한국(전국), 일본, 러시아 극동지역

비고 이 속의 어른벌레들은 맨눈으로 구별이 어렵고, 생식기로 구별해야 한다.

수컷

자란 애벌레

네눈애기자나방(자나방과) *Cyclophora albipunctata* (Hufnagel, 1767)

생김새 몸길이 20mm 안팎(날개 길이 35~47mm)으로 머리는 갈색이고 흰 알락 무늬가 세로로 나타난다. 몸은 풀색, 갈색을 띠는데, 이 차이는 온도에 따른 것으로 보인다. 몸통 옆에는 연미색 무늬가 각 마디마다 넓게 보인다. 배다리는 통통한 편으로 조금 붉다.

습성 잎 위에서 발견되며, 잎을 구멍 내듯이 먹기 때문에 이런 먹은 흔적(식흔)을 찾으면 애벌레를 찾을 수 있다. 자라면 잎 위에서 실로 배 끝을 붙이고 번데기가 된다.

암컷

중간 애벌레

자란 애벌레

서식지 활엽수림

발생 7월, 9월(어른벌레 5~9월, 연 2회)

먹이식물 물박달나무(자작나무과 Betulaceae)

분포 한국(중부 이북), 일본, 러시아~유럽

구름무늬흰애기자나방(자나방과) *Scopula indicataria* (Walker, 1861)

생김새 몸길이 35mm 안팎(날개 길이 23~30mm)으로 머리와 몸은 갈색이고, 물결무늬와 선무늬가 희미하다. 정수리는 둥글다. 몸에는 흑갈색 무늬가 겨우 눈에 띄는 정도이다. 가슴다리, 항문위판은 몸색과 같다. 항문위판은 뒤로 작게 튀어나온다.

습성 가지에서 작은 가지처럼 붙는다. 번데기로 겨울을 난다.

서식지 활엽수림

발생 6월, 9월(어른벌레 5~8월, 연 수회)

먹이식물 인동덩굴(인동과 Caprifoliaceae)

분포 한국(전국), 일본, 중국, 러시아 극동지역

암컷

자란 애벌레(위)

자란 애벌레(옆)

앞노랑애기자나방(자나방과) *Scopula nigropunctata* (Hufnagel, 1767)

생김새 몸길이 28mm 안팎(날개 길이 20mm 안팎)으로 머리는 옅은 황록색이고 회황색 무늬가 있다. 이따금 적자색을 띠는 개체도 있다. 숨문밑선은 황백색으로 뚜렷한 편이다. 제1~5배마디의 각 마디에는 적자색의 작은 무늬가 늘어서 있다. 개체에 따라서는 등에도 무늬가 있다.

습성 나뭇가지에 붙거나 잎에 붙는데, 머리를 아래로 향하는 경우가 많다.

서식지 풀밭, 농경지

발생 6월, 9월(어른벌레 5월, 8월, 연 2회)

수컷

먹이식물 고마리(마디풀과 Polygonaceae), 민들레(국화과 Asteraceae), 장미과 Rosaceae, 버드나무과 Salicaceae 등

분포 한국(전국), 일본, 중국, 러시아 극동지역~유럽

중간 애벌레

자란 애벌레

자란 애벌레

꼬마점줄흰애기자나방(자나방과) *Scopula emissaria* (Walker, 1861)

생김새 몸길이 23mm 안팎(날개 길이 20mm 안팎)으로 몸은 가늘고 긴 모양이다. 머리는 황갈색이고, 몸통은 색이 조금 짙은데, 개체에 따라 색과 무늬에 변이가 있다. 숨문선 위아래로 색이 밝아진다. 숨문은 갈색으로 눈에 띈다. 배다리와 항문위판은 몸 색과 닮는다. 항문위판의 끝은 둥글다.

습성 건드리면 빠르게 움직이며, 잘 멈추지 않는다. 번데기로 겨울을 난다.

서식지 풀밭, 농경지

발생 6월, 9월(어른벌레 5~8월, 연 2회)

먹이식물 고마리(마디풀과 Polygonaceae)

분포 한국(중부), 일본, 인도~호주

암컷

자란 애벌레

자란 애벌레

거꾸로여덟팔애기자나방(자나방과) *Scopula hanna* (Butler, 1878)

생김새 몸길이 22mm 안팎(날개 길이 17mm 안팎)으로 몸은 가늘고 길다. 머리는 황갈색이고, 몸통은 풀색을 머금은 유백색이다. 등방패와 가슴의 등, 제9배마디는 적갈색을 띤다. 어릴 때에는 제1~5배마디의 숨문 앞의 머리 쪽에 굵고 검은 점이 나타난다. 숨문은 검다.

습성 쉴 때에는 머리와 몸을 비스듬히 하고, 가슴다리를 모은다.

서식지 풀밭

수컷

발생 6~9월(어른벌레 5~9월, 연 2회)

먹이식물 민들레(국화과 Asteraceae)

분포 한국(내륙), 일본

중간 애벌레

자란 애벌레

잔물결분홍애기자나방(자나방과) *Scopula corrivalaria* (Kretschmar, 1862)

생김새 몸길이 20mm 안팎(날개 길이 18mm 안팎)으로 머리는 옅은 갈색이고, 정수리부터 배 끝까지 등선 좌우로 넓게 흑갈색을 띤다. 배마디 앞에는 검고 짧은 선무늬가 이어진다. 항문위판은 뒤쪽으로 뻗는다. 몸 밑도 흑갈색이고, 다리와 배다리도 흑갈색이다.

습성 땅 표면에 고치를 틀고 번데기가 된다.

서식지 습지, 하천 주위의 풀밭

발생 7~8월(어른벌레 6~8월 초, 연 1회)

먹이식물 민들레(국화과 Asteraceae), 마디풀과 Polygonaceae

분포 한국(전국), 일본

암컷

자란 애벌레

자란 애벌레

세줄애기자나방(자나방과) *Scopula cineraria* (Leech, 1897)

생김새 몸길이 17mm 안팎(날개 길이 18mm 안팎)으로 머리는 갈색, 몸은 옅은 풀색인데 가슴과 제5배마디 이후가 연두색이다. 숨문은 붉다. 항문위판은 옅은 적갈색이다.

습성 잘 움직이지 않으며, 가슴다리를 앞쪽으로 모은다. 건드리면 까딱 까닥하듯이 움직인다.

서식지 해안 지역의 풀밭

발생 6~10월(어른벌레 5~10월, 연 수회)

먹이식물 민들레(국화과 Asteraceae), 마디풀과 Polygonaceae

분포 한국(남부와 제주도 해안), 일본

수컷

자란 애벌레(위)

자란 애벌레(옆)

연갈색흰애기자나방(자나방과) *Scopula duplinupta* Inoue, 1982

생김새 몸길이 19mm 안팎(날개 길이 20mm 안팎)으로 머리와 몸은 흑갈색 바탕이고, 적갈색 무늬가 섞여 얼럭덜럭해 보인다. 각 마디 앞으로 색이 진해져 흑갈색으로 나타난다. 숨문은 검다.

습성 거의 움직이지 않으며, 가슴다리를 앞쪽으로 모은다. 건드리면 까딱까딱 하듯이 움직인다. 자라면 땅으로 내려오며, 땅 표면에 고치를 틀고 번데기가 된다.

서식지 활엽수림 주위의 풀밭, 습지, 경작지

발생 7월(어른벌레 5~6월, 연 발생 횟수 모름)

먹이식물 민들레(국화과 Asteraceae), 마디풀과 Polygonaceae

수컷

중간 애벌레

자란 애벌레

분포 한국(전국), 일본

비고 다음 종과는 색이 닮아 구별하기 매우 어렵다. 다만 숨문 주위가 다음 종은 검다.

물결큰애기자나방(자나방과) *Scopula floslactata* (Haworth, 1809)

생김새 몸길이 24mm 안팎(날개 길이 16~26mm)으로 머리와 몸은 어릴 때부터 짙은 흑갈색을 띤다. 머리에는 황갈색 무늬가 있어서, 자세히 보면 얼럭덜럭 해 보인다. 숨문 앞, 머리 쪽으로 검은 무늬가 나타나는데, 앞 종들처럼 점으로 보이지 않고 검은 무늬이다. 숨문은 검다.

습성 자라면 땅으로 내려오며, 땅 위에 고치를 틀고 번데기가 된다.

서식지 활엽수림 주위의 풀밭, 습지, 경작지 주변 풀밭

발생 5~9월(어른벌레 5~9월, 연 3회)

먹이식물 민들레(국화과 Asteraceae), 마디풀과 Polygonaceae, 버드나무과 Salicaceae

분포 한국(전국), 일본, 중국, 러시아 극동지역~유럽

비고 봄에 나온 개체가 여름에 나온 개체보다 훨씬 크다.

수컷

중간 애벌레

자란 애벌레

넉점물결애기자나방(자나방과) *Scopula ignobilis* (Warren, 1901)

생김새 몸길이 23mm 안팎(날개 길이 22mm 안팎)으로 몸 색은 변이가 있어서 황록색, 황갈색, 적갈색 등 다양하다. 등선은 적갈색 또는 적자색의 이중선으로 뚜렷하다.

습성 낙엽과 흙 사이에 고치를 틀고 번데기가 된다.

서식지 활엽수림 주위의 풀밭

발생 6~10월(어른벌레 5~10월, 연 수회)

먹이식물 마디풀과 Polygonaceae, 물푸레나무(물푸레나무과 Oleaceae), 제비꽃과 Violaceae

분포 한국(내륙), 일본, 중국, 타이완

수컷

중간 애벌레

자란 애벌레

남방회색애기자나방(자나방과) *Scopula epiorrhoe* Prout, 1935

생김새 몸길이 19mm 안팎(날개 길이 21mm 안팎)으로 어릴 때에는 몸이 풀색이다가 자라면 갈색, 적갈색 등으로 변한다. 배 끝으로 갈수록 색이 밝아진다.

습성 낙엽과 흙 사이에 고치를 틀고 번데기가 된다.

서식지 상록수림 주변의 풀밭

발생 5~6월(어른벌레 3~4월, 연 1회)

먹이식물 마디풀과 Polygonaceae, 민들레(국화과 Asteraceae)

분포 한국(남해안의 섬, 제주), 일본

암컷

중간 애벌레

자란 애벌레

분홍애기자나방(자나방과) *Idaea muricata* (Hufnagel, 1767)

생김새 몸길이 13mm 안팎(날개 길이 12~15mm)이고 정수리는 앞으로 튀어나온다. 머리와 몸은 희갈색으로 여러 개의 희미한 물결무늬가 있다. 개체에 따라 제1~5배마디 뒤에 '八'자 모양의 검은 무늬가 있거나 없으며, 짙어지는 경우도 있다. 배 각 마디의 SV 자모 부리의 수 등은 *Scopula*속과 같으나 항문위판의 자모 SD1은 D1보다 뚜렷이 앞에 있다.

암컷

습성 젖어 있는 낙엽과 흙 사이에 고치를 틀고 번데기가 된다.

서식지 활엽수림 주위의 풀밭, 습지

발생 5~6월, 9월(어른벌레 3~4월, 7~8월, 연 2회)

먹이식물 마디풀과 Polygonaceae, 민들레(국화과 Asteraceae)

분포 한국(내륙), 일본, 중국, 러시아 극동지역

비고 애벌레가 작아서 야외에서 발견하기 어렵고, 닮은 종들과 차이가 덜 해 동정하기 어렵다.

중간 애벌레

자란 애벌레

연노랑물결애기자나방(자나방과) *Idaea biselata* (Hufnagel, 1767)

생김새 몸길이 15mm 안팎(날개 길이 17~19mm)으로 작은 종이며, 다음 종과 생김새가 거의 같으나 색이 더 검고 몸 옆의 사선 무늬가 다르다. 머리와 몸은 흑갈색 바탕에 갈색 무늬가 조금 섞인다. 옆에서 보면 쐐기 모양의 밝은 갈색 무늬가 있다.

습성 생잎을 먹지만 젖은 상태의 낙엽도 먹는다. 자라면 땅으로 내려와 흙에 닿는 낙엽 사이에서 고치를 틀고 번데기가 된다.

수컷

서식지 활엽수림 주위의 풀밭, 습지, 경작지

발생 5~10월(어른벌레 3~10월, 연 수회)

먹이식물 여러 마디풀과 Polygonaceae, 민들레(국화과 Asteraceae)

분포 한국(전국), 일본, 중국, 러시아 극동지역~유럽

중간 애벌레

자란 애벌레

기생애기자나방(자나방과) *Idaea trisetata* (Prout, 1922)

생김새 몸길이 13mm 안팎(날개 길이 14mm 안팎)으로 머리와 몸은 어릴 때 회갈색, 자라면 적갈색으로 변한다. 위에서 보면 '八'자 모양의 흰 무늬가 제1~5배마디에서 희미하게 보인다. 짧은 흰 자모가 듬성듬성 난다.

습성 앞 종과 습성이 거의 같다. 자라면 땅으로 내려와 흙에 닿는 낙엽 사이에서 고치를 틀고 번데기가 된다.

서식지 활엽수림 주위의 풀밭, 습지, 경작지

발생 5~10월(어른벌레 3~10월, 연 수회)

먹이식물 여러 마디풀과 Polygonaceae

분포 한국(전국), 일본, 중국 동부

비고 우리나라 자나방과 중에서 가장 작다.

수컷

중간 애벌레

자란 애벌레

뒷흰얼룩물결자나방(자나방과) *Esakiopteryx volitans* (Butler, 1878)

생김새 몸길이 19mm 안팎(날개 길이 20mm 안팎)으로 머리와 몸은 풀색, 적갈색, 흑갈색 바탕이다. 몸의 각 배마디는 조금 솟으며, 여러 돌기로 덮인다. 특히 등밑선 부분에 끝이 뾰족한 2쌍의 삼각 돌기가 있다. 몸 색이 풀색인 경우라도 돌기의 색은 붉다.

습성 번데기로 겨울을 난다.

서식지 참나무 숲

발생 5~6월(어른벌레 3~4월, 연 1회)

먹이식물 참나무과 Fagaceae

분포 한국(내륙), 일본, 중국, 러시아 극동지역

비고 Hashimoto(1982)가 이 종에 대해서 상세하게 애벌레를 기재하여 발표하였다.

암컷

자란 애벌레

줄점물결자나방(자나방과) *Idiotephria debilitata* (Leech, 1891)

생김새 몸길이 25mm 안팎(날개 길이 33mm 안팎)으로 머리는 흑갈색이다. 몸은 회색 바탕에 제1~7배마디의 각 마디에 검은 원 무늬가 있는데, 이따금 삼각형으로 보이기도 한다. 선무늬는 잘 보이지 않는다. 이따금 흑갈색이 짙은 개체가 있다.

습성 땅속에서 번데기가 된 채로 겨울을 난다.

서식지 참나무 숲

발생 5월(어른벌레 3~5월 초, 연 1회)

먹이식물 신갈나무, 갈참나무 등(참나무과 Fagaceae)

분포 한국(내륙), 일본, 러시아 극동지역

암컷

중간 애벌레

자란 애벌레(위)

자란 애벌레(옆)

노랑무늬물결자나방(자나방과) *Idiotephria amelia* (Butler, 1878)

생김새 몸길이 23mm 안팎(날개 길이 30mm 안팎)으로 머리와 몸은 황갈색 바탕이고 검은 점이 퍼져 있다. 위에서 볼 때 앞가슴에는 8개, 가운데와 뒷가슴에는 4개의 작고 검은 점이 일렬로 늘어선다. 각 배마디에는 4개의 조금 굵고 검은 점이 있는데, 앞뒤로 2개씩 배열되고 앞의 2개는 뒤의 2개보다 서로 가깝다. 항문다리는 양옆으로 길게 뻗는다.

습성 낙엽 사이에서 번데기가 된 채로 겨울을 난다.

서식지 참나무 숲

암컷

자란 애벌레(적갈색)

자란 애벌레(황갈색)

자란 애벌레(노랑색)

발생 5월(어른벌레 3~5월 초, 연 1회)

먹이식물 신갈나무, 갈참나무 등(참나무과 Fagaceae)

분포 한국(내륙), 일본, 러시아 극동지역

연분홍물결자나방(자나방과) *Rheumaptera hedemannaria* (Oberthür, 1880)

암컷

생김새 몸길이 27mm 안팎(날개 길이 39mm 안팎)으로 머리는 검고 반짝인다. 등방패는 노란 바탕이고, 중앙의 검은 점들이 있는 부분이 주황색이다. 몸은 검은 바탕에 등선 좌우로 넓게 회백색이다. 숨문윗선은 노랗고 그 아래의 검은 자모 받침과 이어져 노랗게 땅콩모양이 된다. 등밑선과 숨문윗선에는 검은 자모 받침이 뚜렷하다.

습성 잎을 쪼글쪼글하게 만든 속에서 지낸다. 땅 속에서 번데기가 된 채로 겨울을 난다.

서식지 낙엽활엽수림

발생 5월(어른벌레 5월, 연 1회)

먹이식물 갈매나무(갈매나무과 Rhamnaceae)

분포 한국(강원도 이북, 한라산), 일본, 중국 동북부, 러시아 극동지역

비고 닮은 종 겹물결자나방(*Rheumaptera neocervinalis* Inoue, 1982)은 매자나무를 먹는다.

자란 애벌레(위)

자란 애벌레(옆)

둥지

담흑물결자나방(자나방과) *Triphosa amblychiles* Prout, 1937

수컷

둥지

생김새 몸길이 28mm 안팎(날개 길이 33mm 안팎)이고 머리는 노란색으로 반짝인다. 개안이 검다. 등방패는 옅은 노란색으로 머리보다 조금 옅다. 몸은 옅은 풀색에 노란 기가 있다. 등서은 색이 짙고 양옆으로 흰 띠가 있다. 등밑선은 검은 띠가 있거나 없다. 숨문은 희고 테두리가 갈색으로 위아래로 길다. 가슴과 배다리는

끝이 조금 노랗다.

습성 어릴 때에는 두 잎을 밀착시키고 그 속에서 지낸다.

서식지 활엽수림

발생 6~7월(어른벌레 7월~이듬해 5월, 연 1회)

먹이식물 갈매나무, 상동나무(갈매나무과 Rhamnaceae)

분포 한국(울릉도를 뺀 전국), 일본, 중국 동북부, 러시아 극동지역

어린 애벌레

자란 애벌레(위)

자란 애벌레(옆)

검정물결자나방(자나방과) *Telenomeuta punctimarginaria* (Leech, 1891)

생김새 몸길이 40mm 안팎(날개 길이 36~45mm)으로 몸은 가늘고
길다. 머리는 옅은 갈색이고, 몸은 백록색 또는 갈색을 띤다. 마디는
조금 짙어지는 정도이다. 몸이 백록색을 띤 경우, 가슴다리는 갈색
이다. 갈색을 띤 경우, 몸이 흑갈색과 흰 무늬가 섞인다. 제9배마디
뒷가장자리에는 조금 솟은 돌기가 있다.

습성 잎 뒤에 붙어 있거나 잔가지에 납작 붙기 때문에 잘 보이지 않
는다. 하지만 먹은 흔적이 보이면 차근차근 살피면 찾을 수 있다. 자
라면 나무에서 내려와 흙 속에서 번데기가 된다.

수컷

서식지 활엽수림

발생 6~7월, 9월(어른벌레 5~8월, 연 2회)

먹이식물 누리장나무(마편초과 Verbenaceae)

분포 한국(중부 이남), 일본, 중국, 타이완

자란 애벌레(백록색)

자란 애벌레(갈색)

자란 애벌레(적갈색)

뒷노랑흰물결자나방(자나방과) *Gandaritis whitelyi* (Butler, 1878)

생김새 몸길이 33mm 안팎(날개 길이 33~39mm)으로 머리와 다리는 연분홍이고, 나머지는 반짝이는 연두색이다. 몸은 옅은 풀색 또는 적갈색을 띤다. 등밑선의 가느다란 흰 띠가 배 끝까지 희미하게 이어진다. 몸에는 흰 점이 희끗하게 나타나나 뚜렷하지 않다. 항문다리는 납작하게 옆으로 나온다.

습성 자란 애벌레는 잎 뒤에 엉성한 흰 망사 같은 고치를 친 속에서 풀색의 번데기가 된다. 월동 상태는 아직 모르고 있다.

서식지 활엽수림

발생 5월(어른벌레 6~7월, 연 1회)

먹이식물 다래나무(다래나무과 Actinidiaceae)

분포 한국(전국), 일본, 중국

비고 이 나방은 원래 '*Calleulype* Warren, 1903'속에 포함되어 있었으나 Choi(2001)에 따라 이 속으로 옮겨졌다.

암컷

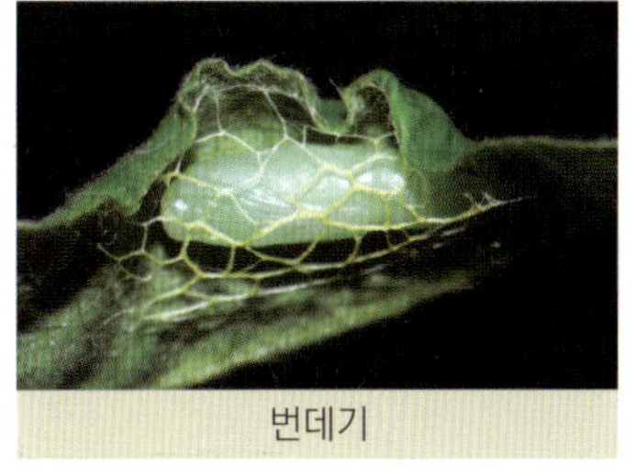

번데기

자란 애벌레(풀색)

자란 애벌레(갈색)

자란 애벌레(연분홍색)

큰노랑물결자나방(자나방과) *Gandaritis fixseni* (Bremer, 1864)

생김새 몸길이 55mm 안팎(날개 길이 45~55mm)으로 머리는 갈색 또는 황갈색이고 옆에 그물모양 무늬가 있다. 몸은 갈색~적갈색까지 변이가 있다. 겉에 과립 같은 돌기가 있다. 자모는 작고 받침의 색이 옅다. 위에서 보면 가운데가슴에 뚜렷한 돌기가 있다. 등밑선에는 1쌍의 놀기가 있는데, 제5배마디의 것이 가장 크나.

습성 쉴 때에는 가슴다리를 앞으로 모아 얼핏 가슴까지 머리로 보인다. 나뭇가지에 붙으며 의태를 하기 때문에 발견하기 어렵다. 알로 겨울을 나는 것으로 보인다.

수컷

서식지 활엽수림

발생 6~9월(어른벌레 6~10월, 연 2~3회)

먹이식물 다래나무(다래나무과 Actinidiaceae), 산수국(수국과 Hydrangeaceae)

분포 한국(전국), 일본, 중국, 러시아 극동지역

비고 닮은 종 회색물결자나방[*Gandaritis agnes* (Butler, 1878)]은 몸의 곁면에 과립 같은 돌기가 없다.

자란 애벌레(위)

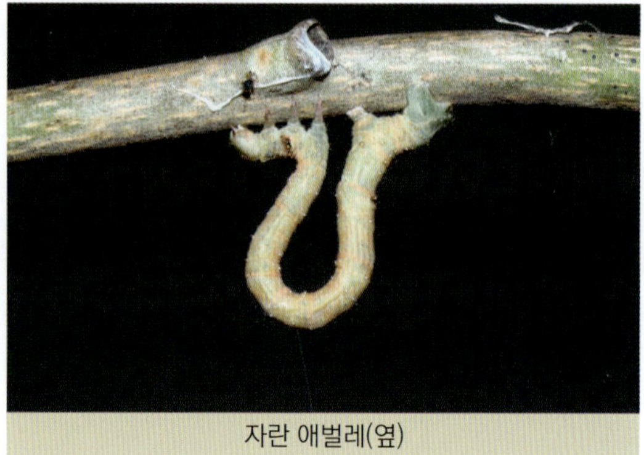

자란 애벌레(옆)

솔개빛물결자나방(자나방과) *Eulithis ledereri* (Bremer, 1864)

생김새 몸길이 30mm 안팎(날개 길이 30~40mm)으로 몸은 짙은 적갈색인데, 머리와 배 끝이 어둡다. 정수리 양쪽에 밝은 세로띠가 1쌍 있다. 등방패는 솟고, 머리보다 넓기 때문에 가슴을 웅크린 것처럼 보인다. 몸통은 원통형으로 배 끝에서 조금 굵어진다. 항문다리 양쪽에 흰 띠무늬가 있다.

습성 잎 위에서 살아가며, 잎 양끝을 잘 먹는다. 자라면 잎을 실로 엮고 그 속에서 번데기가 된다.

서식지 활엽수림

발생 5~6월, 9월(어른벌레 6~7월, 9월, 연 2회)

먹이식물 담쟁이덩굴(포도과 Vitaceae), 산수국(수국과 Hydrangeaceae)

분포 한국(전국), 일본, 중국, 러시아 극동지역

수컷

자란 애벌레

무늬박이흰물결자나방(자나방과) *Callabraxas fabiolaria* (Oberthür, 1884)

생김새 몸길이 35mm 안팎(날개 길이 27mm 안팎)으로 가늘고 긴 모습이며, 머리와 몸은 갈색이다. 몸에는 특별히 선무늬가 없으나 자세히 보면 불규칙하게 선무늬가 가득하다. 항문다리에

수컷

자란 애벌레

는 노란 선무늬가 있다.

습성 가지에 붙으며, 다리를 사용하지 않을 때 머리를 숙이고 다리를 모아 두툼하게 보이게 한다.

서식지 활엽수림

발생 5월, 7~8월(어른벌레 6~8월, 9~10월, 연 2회)

먹이식물 머루(포도과 Vitaceae)

분포 한국(전국), 중국, 타이완

비고 사진은 머루 근처의 산초나무에 붙은 모습이다.

버들물결자나방(자나방과) *Ecliptopera silaceata* (Denis et Schiffermüller, 1775)

생김새 몸길이 35mm 안팎(날개 길이 27mm 안팎)으로 몸은 가늘고 길다. 머리는 살구색, 적갈색이다. 몸은 옅은 풀색 또는 적갈색으로, 특별히 돌기와 무늬가 없다. 등밑선은 옅은 풀색을 띤다. 몸이 풀색인 경우에도 가슴다리는 조금 붉다. 배 끝 마디의 뒤는 잘린 모습이다.

습성 먹지 않을 때에는 가지에 붙어 꼿꼿이 있는데, 건드려도 움직이지 않는다. 몸이 적갈색인 경우 물봉선의 열매와 거의 닮는다. 번데기로 겨울을 나는 것으로 보인다.

서식지 풀밭, 습지

발생 6월, 9월(어른벌레 5~9월 초, 연 2~3회)

먹이식물 물봉선(봉선화과 Balsaminaceae)

분포 한국(전국), 일본, 중국 동북부, 러시아 극동지역~유럽

암컷

자란 애벌레(적갈색)

자란 애벌레(풀색)

큰톱날물결자나방(자나방과) *Ecliptopera umbrosaria* (Motschulsky, 1861)

생김새 몸길이 43mm 안팎(날개 길이 30~38mm)으로 머리와 몸은 황록색이다. 머리는 검은 무늬와 점이 없다. 몸통은 매끈하고 길다. 가슴의 등선에서는 가늘게 검고, 배마디에서는 점무늬가 조금 나타난다.

습성 가지에 붙으며, 잘 움직이지 않는다. 잎 사이에서 고치를 틀고 번데기가 된다. 번데기로 겨울을 난다.

서식지 활엽수림 가장자리 풀밭

수컷

발생 7~8월, 10월(어른벌레 6~7월, 9월, 연 2회)

먹이식물 개머루, 머루, 거지덩굴 등(포도과 Vitaceae)

분포 한국(전국), 일본, 중국 동북부, 러시아 극동지역, 타이완

비고 앞 종의 어른벌레와는 앞날개의 세로선에 차이가 있으며, 외연부의 짙고 옅은 차이가 있다.

중간 애벌레

자란 애벌레(위)

자란 애벌레(옆)

톱날그물물결자나방(자나방과) *Eustroma melancholicum* (Butler, 1878)

생김새 몸길이 38mm 안팎(날개 길이 30~40mm)으로 어릴 때에는 풀색이다가 자라면 머리와 몸은 적갈색 또는 갈색으로, 머리에는 점무늬가 보이고, 몸통에는 자모 받침이 흰색이므로 흰 점이 퍼진 것처럼 보인다. 등선은 가늘어서 희미하지만 제6배마디 이후 짙어진다. 등방패 부분이 흑갈색으로 짙다. 숨문은 검다.

습성 건드리면 흑갈색의 등방패를 드러내어 방어한다. 가지에 붙으며, 대부분 움직이지 않는다.

서식지 활엽수림

발생 6~7월(어른벌레 5~8월, 연 2회)

먹이식물 머루, 개머루, 다래(포도과 Vitaceae)

분포 한국(전국), 일본, 중국, 타이완, 러시아 극동지역, 인도 북부

암컷

자란 애벌레(위)

자란 애벌레(옆)

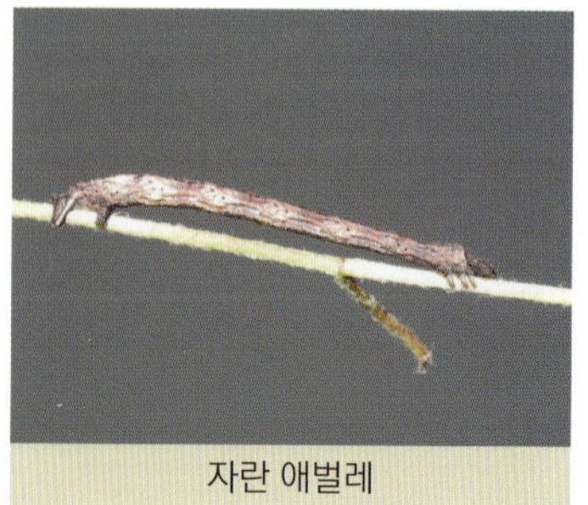

자란 애벌레

겨울물결자나방(자나방과) *Operophtera brunnea* Nakajima, 1991

생김새 몸길이 20mm 안팎(날개 길이 ♂ 25~30mm, ♀ 3mm 안팎)으로 머리는 옅은 황갈색이고, 자모는

가느다란 흰색이다. 몸통은 옅은 황록색으로 짙고 옅은 변이가 있다. 등밑선, 숨문윗선 숨문선이 있고, 그 중 등밑선이 가장 뚜렷하다. 제1~4배마디 사이는 특히 색이 밝으며, 항문위판은 끝이 둥근 편이다.

습성 애벌레 기간은 3주 이내로 짧다. 자라면 흙 속에 들어가 번데기가 된다.

서식지 참나무 숲

발생 4~5월(어른벌레 11월, 연 1회)

먹이식물 참나무과 Fagaceae, 자작나무과 Betulaceae, 진달래과 Ericaceae, 느릅나무과 Ulmaceae, 장미과 Rosaceae 등

분포 한국(내륙, 한라산), 일본, 타이완, 러시아 극동지역

비고 암컷의 날개는 퇴화하여 날 수 없는데, 해질 무렵 날개돋이를 하고, 참나무 줄기에 붙어 배를 위아래로 흔들며 페로몬을 풍기면 가장 빨리 날아온 수컷과 짝짓기를 한다.

수컷

중간 애벌레

자란 애벌레

큰겨울물결자나방(자나방과) *Operophtera relegata* Prout, 1908

생김새 몸길이 20mm 안팎(날개 길이 ♂ 30mm, ♀ 10mm 안팎)으로 머리는 검고, 역 'Y'자 모양의 흰 무늬가 있다. 몸은 통통하고, 옅은 풀색을 띤다. 배의 등선이 적자색을 띠는데, 때로 검어지기도 하며 색의 변화가 심하다. 숨문선은 등황색으로 뚜렷하다.

습성 여러 잎을 싸서 그 속에서 사는데, 빠르게 성장한다. 자라면 흙 속에 들어가 간단한 고치를 만들어 번데기가 된다. 알은 나무줄기에서 보이며, 이 상태로 겨울을 난다.

서식지 참나무 숲

발생 4~5월 초(어른벌레 11월, 연 1회)

먹이식물 참나무과 Fagaceae, 자작나무과 Betulaceae, 장미과 Rosaceae, 단풍나무과 Aceraceae, 진달래과 Ericaceae 등

분포 한국(전국), 일본, 중국, 러시아 극동지역

수컷

암컷

자란 애벌레

갈색줄물결자나방(자나방과) *Zola terranea* (Butler, 1879)

수컷

생김새 몸길이 17mm 안팎(날개 길이 20mm 안팎)으로 어릴 때 머리와 몸은 풀색이다가 중간 애벌레가 되면 숨문 아래가 노란 자갈색으로 변한다. 자란 애벌레는 갈색으로 변하며, 등선 좌우로 검은 점무늬가 보인다. 노란 등밑선은 가늘고, 숨문밑선 아래로 노랗다. 숨문은 검다.

습성 잎이나 줄기에 붙으며, 잘 움직이지 않는다. 잎 사이에서 번데기가 된다. 번데기로 겨울을 나는 것으로 보인다.

서식지 활엽수림, 풀밭

발생 4~5월, 10월(어른벌레 2~3월, 9~10월, 연 2회)

먹이식물 으아리(미나리아재비과 Ranunculaceae)

분포 한국(전남, 제주도), 일본, 러시아 극동지역

4살 애벌레

중간 애벌레

자란 애벌레

쌍봉꼬마물결자나방(자나방과) *Hydrelia bicauliata* Prout, 1914

수컷

생김새 몸길이 17mm 안팎(날개 길이 20mm 안팎)으로 머리는 반짝이는 적갈색이고, 몸은 짙은 흑자색 바탕이다. 머리와 몸에 난 긴 자모는 황갈색과 검은색을 띤다. 자모 받침은 검고 동그랗게 도드라진다. 배다리는 끝이 붉지만 받침은 반짝이고 검어진다. 항문위판의 색은 배다리 밑 부분과 거의 같다.

습성 잎 뒤에서 지내며 약 2주 동안 자란다. 이후 잎을 엮은 속에서 번데기가 된 뒤, 겨울을 나고 이듬해 봄에 날개돋이 한다.

자란 애벌레

모여 있는 자란 애벌레

먹은 흔적

서식지 활엽수림

발생 4월 말~5월(어른벌레 3~4월, 연 1회)

먹이식물 가래나무, 호두나무, 굴피나무(가래나무과 Juglandaceae)

분포 한국(내륙), 일본

노랑줄흰물결자나방(자나방과) *Asthena anseraria* (Herrich-Schäffer, 1855)

생김새 몸길이 14mm 안팎(날개 길이 17mm 안팎)이고 머리와 몸은 쑥색으로 반짝인다. 머리의 개안 위 부분에 검은 점무늬가 있다. 등방패와 항문위판, 배다리 끝에는 분홍 기가 보인다. 몸에는 길고 짧은 흰 자모가 나오며, 자모 받침은 흰색이다.

습성 잎 뒤에 붙어 있으며, 쉴 때 'Ω' 모양으로 자세를 한다. 번데기로 겨울을 난다.

서식지 활엽수림

발생 6~9월(어른벌레 5~9월, 연 2회)

먹이식물 층층나무, 곰의말채(층층나무과 Cornaceae)

분포 한국(전국), 일본, 러시아 극동지역

수컷

중간 애벌레

자란 애벌레

속흰애기물결자나방(자나방과) *Pareupithecia spadix* Inoue, 1955

생김새 몸길이 21mm 안팎(날개 길이 20mm 안팎)이고 머리는 황갈색으로 풀색이 돌며, 가슴보다 폭이 조금 넓어 보인다. 몸통은 가늘고 긴 편으로 옅은 풀색을 띤다. 항문위판은 갈색이고, 몸의 각 마디는 조금 노란색을 띤다.

습성 잎 뒤에서 붙어 살아가며 건드리면 머리를 좌우로 움직인다. 자라면 잎을 실로 붙이고 그 사이에서 번데기가 되는데, 겨울나기에 대해 관찰하지 못했다.

서식지 경작지 주변, 활엽수림 가장자리

수컷

발생 5~9월(어른벌레 3~10월 초, 연 수회)

먹이식물 광대싸리(여우주머니과 Phyllanthaceae)

분포 한국(전국), 일본, 중국, 러시아 극동지역

중간 애벌레

중간 애벌레

Superfamily **Noctuoidea** Latrille, 1809 · · · · · · · · · · · · 밤나방상과

▶Family **Notodontidae** Stephens, 1829 재주나방과

날개 길이가 24~90mm로, 중, 대형이고, 날개가 좌우로 길다. 쉴 때 머리 위로 튀어나온 털 다발이 있다. 뒷가슴에는 고막기관이 있다. 대부분 나무를 먹이식물로 삼기 때문에 숲에서 살며, 풀밭에 사는 종은 적다. 암수는 생김새 차이가 덜하고, 암컷이 수컷보다 큰 경우가 많으며, 더듬이 모양으로 구별하기 쉽다. 애벌레 대부분은 자모가 덜하고 다리가 길어지든가 아니면 항문다리 없이 항문위판에서 나온 꼬리돌기가 발달한다. 이따금 독나방 애벌레처럼 자모가 수북한 종도 있다. 재주나방의 위협 자세는 머리와 배 끝을 젖혀 'ㄇ'자 또는 'U' 모양으로 만들고 자극을 받으면 다리와 꼬리돌기를 바르르 떤다. 일부 종은 앞가슴에 샘이 있어서 화학적 방어 체계를 갖추는데, 포름산, 아세트산, 기타 화합물을 공격자에게 분사한다. 세계 모든 지역에서 발견되며, 열대 지역, 특히 신대륙에 많다. 세계에 3,800여 종이 분포하고, 우리나라에 105여 종이 분포한다. 우리 이름 재주나방은 이들이 불빛에 날아와 뒹구는 모습이 재주부린다는 느낌으로 지어진 듯하다. 원래는 하늘나방이었다. 영어 이름은 'Prominent' 또는 'Processionary moths'로, 어른벌레 어깨에 돋은 털들이 삐죽이 튀어나온 느낌을 살린 듯하다.

꼬마버들재주나방(재주나방과) *Clostera anachoreta* (Denis et Schiffermüller, 1775)

생김새 몸길이 30mm 안팎(날개 길이 30~36mm)으로 머리는 반짝이는 검은색이고 둥글다. 몸에는 2차 자모가 빽빽하다. 제3, 8배마디의 등에 비로도 모양의 살돌기와 갈색의 작은 돌기가 있다. 특히 제3배마디에는 작은 흰 점이 뚜렷하다. 등의 다른 부분은 등색으로 가느다란 흰 선이 이어진다. 각 가슴 앞에는 붉은 테두리가 있다.

습성 새 잎을 실로 붙이고 그 속에서 산다. 어린 애벌레는 한 곳에 무리를 짓는다. 번데기 상태로 겨울을 난다.

서식지 활엽수림

발생 5~9월(어른벌레 4~10월, 연 2~4회)

먹이식물 버드나무류(버드나무과 Salicaceae)

분포 한국(전국), 일본, 중국, 타이완, 러시아 극동지역~유럽

비고 생김새는 독나방처럼 보인다. 몸에 난 털 때문인데, 사실 손으로 만져도 해롭지 않다.

수컷

어린 애벌레

둥지

자란 애벌레

자란 애벌레(위)

자란 애벌레(옆)

버들재주나방(재주나방과) *Clostera anastomosis* (Linnaeus, 1758)

생김새 몸길이 25mm 안팎(날개 길이 28~33mm)으로 머리는 검고 둥글다. 제1, 8배마디의 등의 앞과 뒤의 좌우로 솟은 살돌기가 하나씩 있다. 가운데와 뒷가슴, 제2배마디, 배 끝에 붉은 살돌기가 있다. 또 각 마디의 숨문과 배다리 위에 작은 붉은 살돌기가 있다. 검은 바탕의 등에는 한 쌍의 흰 점이 있다. 그 가장자리는 노란 띠가 있다.

습성 어린 애벌레는 무리 지어 잎을 실로 말아 덮고 지낸다. 그 속에서 번데기도 발견할 수 있다. 애벌레 상태로 겨울을 난다.

서식지 갯가, 강가, 계곡, 산길

수컷

중간 애벌레

자란 애벌레(위)

자란 애벌레(옆)

발생 5~9월(어른벌레 6~10월, 연 2~4회)

먹이식물 버드나무류, 포플러(버드나무과 Salicaceae)

분포 한국(전국), 일본, 중국, 타이완, 러시아 극동지역~유럽

비고 애벌레는 '무늬독나방'과 닮으나 독성분이 없다.

작은점재주나방(재주나방과) *Micromelalopha sieversi* (Staudinger, 1892)

생김새 몸길이 24mm 안팎(날개 길이 25mm 안팎)으로 머리는 옅은 풀색이고, 양 가장자리에 검은 점으로 된 띠가 있다. 몸은 회녹색으로, 등밑선이 황록색이다. 배 끝 마디의 등은 조금 솟으며, 옆에서 보면 삼각 모양으로 보인다. 제1, 8배마디의 등밑선에 붉은 무늬가 조금 보인다.

습성 잎을 반쪽만 먹으며, 노출된 잎맥에 길게 붙는다.

서식지 하천, 강가, 습지

발생 6~7월, 9월(어른벌레 5월, 7~8월, 연 2회)

먹이식물 버드나무과 Salicaceae

분포 한국(북부, 중부), 중국(북부), 러시아 극동지역

수컷

중간 애벌레

자란 애벌레(위)

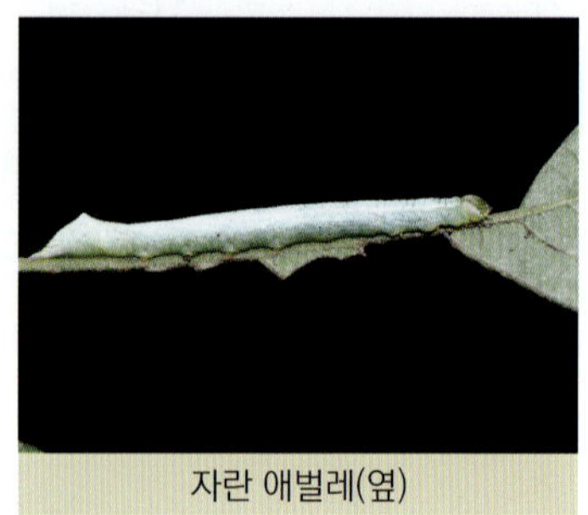
자란 애벌레(옆)

팔자머리재주나방(재주나방과) *Gonoclostera timoniorum* (Bremer, 1861)

생김새 몸길이 26mm 안팎(날개 길이 25mm 안팎)으로 머리와 몸은 모두 풀색이다. 머리는 모가 지고, 양가장자리가 가늘게 검다. 옆에서 보면 제4배마디 부분이 제일 높고 앞뒤로 낮아진다. 제1, 8배마디에는 붉은 점이 눈에 띈다. 숨문윗선은 노란색이 두드러진다. 등밑선은 노랗고, 그 아래로 10개의 사선이 약하게 있다.

습성 머리와 배 끝을 들지 않으며, 줄기나 잎 뒤에 납작하게 붙는다. 번데기로 겨울을 난다.

서식지 활엽수림 가장자리, 강가, 습지

발생 5월, 9월(어른벌레 4~5월, 7~8월, 연 2회)

수컷

먹이식물 버드나무류(버드나무과 Salicaceae)

분포 한국(내륙), 일본, 중국, 러시아 극동지역

비고 박규택 · 권영대(2011)가 이 종의 먹이식물이 참나무과라고 했지만 잘못이다.

중간 애벌레

자란 애벌레(위)

자란 애벌레(옆)

검은띠나무결재주나방(재주나방과) *Furcula furcula* (Clerck, 1759)

생김새 몸길이 35mm 안팎(날개 길이 36~44mm)으로 머리는 검고, 몸은 황록색이다. 어린 애벌레의 등에는 흑갈색, 자란 애벌레에는 갈색 무늬가 있는데 제1~2배마디에서 끊어진다. 항문다리가 변한 긴 꼬리돌기가 있으며, 몸의 1/3 정도이다. 옆에서 보면 제1배마디가 가장 높다. 어린 애벌레는 가슴 양쪽 작은 돌기가 앞으로 향한다.

수컷

습성 머리는 늘 아래로 향한다. 위협을 받으면 꼬리돌기를 들고, 끝 부분이 꺾인 채 양쪽으로 벌리며 부들부들 떤다. 여기에서 개미산을 포함한 부식성 혼합물을 방출하여 천적을 물리친다. 번데기로 겨울을 난다.

서식지 계곡, 하천

발생 7월, 9~10월(어른벌레 5~8월, 연 2회)

먹이식물 버드나무, 호랑버들(버드나무과 Salicaceae)

분포 한국(전국), 일본, 러시아 극동지역~유럽, 북미

비고 닮은 종 흰그물재주나방[*F. bicuspis* (Borkhausen, 1790)]은 꼬리뿔에 노란 부분이 없으며, 2개 있다면 이 종이다. 먹이식물은 자작나무과이다.

어린 애벌레

자란 애벌레

애벌레 머리

나무결재주나방(재주나방과) *Cerura felina* (Butler, 1887)

생김새 몸길이 52mm 안팎(날개 길이 58~65mm)으로 머리는 적갈색이고, 편평한 가슴 위는 하늘색을 띠는데, 배마디 위에 적갈색 무늬가 있다. 자라면 하늘색으로 변한다. 꼬리돌기는 옅은 적갈색으로 잔 가시돌기가 나온다. 숨문은 적갈색이고 테두리는 원형으로 색이 짙다.

습성 머리는 아래로 향하므로 감춰져 잘 보이지 않는다. 번데기로 겨울을 난다.

서식지 낙엽활엽수림

발생 5~6월(어른벌레 6~8월 초, 연 1회)

먹이식물 버드나무(버드나무과 Salicaceae)

분포 한국(중부 이북), 일본, 중국 동북부, 러시아 극동지역

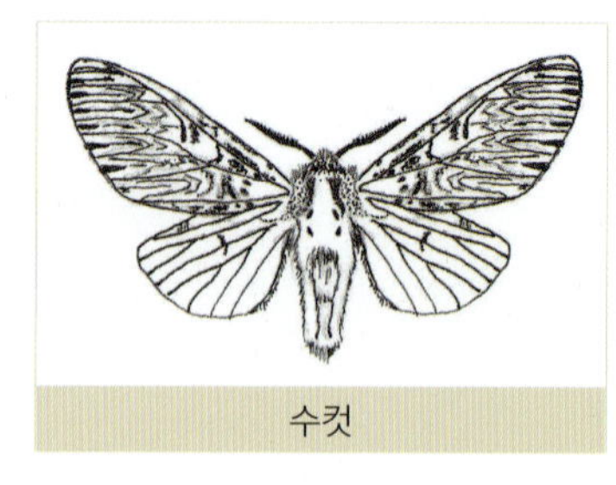
수컷

중간 애벌레

자란 애벌레

애벌레 머리

큰나무결재주나방(재주나방과) *Cerura menciana* Moore, 1877

생김새 몸길이 55mm 안팎(날개 길이 65~75mm)으로 머리는 적갈색, 둥글고 양쪽에 검은 띠가 있다. 4살까지는 등가슴 앞 가장자리 양쪽에 뿔모양 돌기가 있으나 다 자라면 없어진다. 또

수컷

4살 애벌레

4살에 없던 흰 띠가 뒷가슴 위와 제8~9배마디, 제4배마디에 나타난다. 꼬리돌기는 검고 뒤로 뻗는다. 숨문은 갈색이다.

습성 앞 종과 같다.

서식지 낙엽활엽수림

발생 5~6월(어른벌레 6~7월, 연 1회)

먹이식물 버드나무(버드나무과 Salicaceae)

분포 한국(중부 이북), 일본, 중국 북부, 러시아 극동지역

비고 Schntlmeister(2013)는 이 종을 유럽에 분포하는 *Cerura erminea*와 같은 종으로 여기나 애벌레의 모습에 차이가 조금 있다.

중간 애벌레(위)

중간 애벌레(옆)

자란 애벌레

밤색띠재주나방(재주나방과) *Lophontosia sinensis* (Moore, 1877)

생김새 몸길이 30mm 안팎(날개 길이 30mm 안팎)으로 머리는 반짝이는 풀색, 몸은 하늘색인데, 숨문선 아래로 색이 짙어진다. 숨문선의 노란 띠가 중앙에서 굵은데, 각 마디의 이 노란 선 아래에 볼록한 붉은 점이 하나씩 있다. 숨문은 검다. 배다리와 항문다리는 정상이다.

습성 낙엽 밑에서 번데기가 된다. 번데기로 겨울을 난다.

서식지 활엽수림

발생 6~7월, 9월(어른벌레 5~9월, 연 2회)

먹이식물 느티나무(느릅나무과 Ulmaceae)

분포 한국(내륙), 일본, 중국

수컷

자란 애벌레(위)

자란 애벌레(옆)

빗살수염재주나방(재주나방과) *Ptilophora nohirae* (Matsumura, 1920)

생김새 몸길이 28mm 안팎(날개 길이 40~45mm)이다. 머리는 탁한 풀색으로 반짝이고, 둥글며, 특별한 무늬가 없다. 몸은 옅은 풀색으로, 흰 능밑선과 숨분선이 있다. 가슴다리와 배다리의 끝은 옅은 갈색이다. 제8배마디의 등은 조금 솟아 옆에서 보면 삼각형으로 보인다. 항문다리는 완전하다.

습성 늦봄에 땅속에서 번데기가 된다. 알 상태로 겨울을 난다.

서식지 활엽수림

발생 5월(어른벌레 9~10월, 연 1회)

먹이식물 복자기, 당단풍나무
(단풍나무과 Aceraceae), 자작나무
과 Betulaceae

분포 한국(내륙, 완도), 일본, 러
시아 극동지역

비고 '빗살수염'은 수컷 어른벌

수컷

자란 애벌레

레의 더듬이의 빗살에서 따온 듯한데, 사실 빗살더듬이가 옳은 표현이다.

덤불재주나방(재주나방과) *Phalerodonta bombycina* (Oberthür, 1880)

생김새 몸길이 45mm 안팎(날개
길이 40~45mm)이고 머리는 검
은색으로 반짝인다. 몸통은 검
은 바탕에 유백색 무늬가 매우
복잡하다. 등선은 검은색이다.
각 마디는 유백색으로 단절되어

수컷

어린 애벌레

있다. 몸 전체에 유백색의 짧은 자모가 빽빽하다.

습성 제주도 선흘과 저지리에서는 종가시나무의 잎에서 잘 발견된다. 애벌레는 무리를 짓는다. 알 상태
로 겨울을 난다.

서식지 활엽수림

발생 6월(어른벌레 9~10월, 연 1회)

먹이식물 종가시나무를 포함한 여러 참나무류(참나무과 Fagaceae)

분포 한국(울릉도를 뺀 전국), 중국 동북부, 러시아 극동지역

비고 닮은 종으로 일본과 타이완, 중국 남부에 분포하는 갈무늬재주나방(*P. manleyi*)이 있는데, 예전에는
이 종과 같은 종으로 취급되었다.

중간 애벌레

자란 애벌레(검은색)

자란 애벌레(붉은색)

은무늬재주나방(재주나방과) *Spatalia doerriesi* Graeser, 1888

생김새 몸길이 42mm 안팎(날개 길이 35~42mm)으로 머리는 크고 둥글다. 몸통은 노란 기가 있는 갈색 또는 회갈색으로 가늘고 길다. 얼핏 자나방과 애벌레처럼 보이나 배다리가 모두 있어 다르다. 제1, 7배마디 등밑선에 1쌍의 살돌기가 있다.

습성 잎 사이에서 번데기가 된다. 번데기 상태로 겨울을 난다.

서식지 활엽수림

발생 6월 말~7월 중순, 8~9월(어른벌레 5~9월, 연 2회)

먹이식물 여러 참나무류(참나무과 Fagaceae)

분포 한국(전국), 일본, 중국, 러시아 극동지역

비고 애벌레를 위에서 보면 제7배마디에 또다른 머리가 있는 것처럼 보인다. 몸 색과 생김새는 작은 가지처럼 보이며, 하나의 의태 현상이다.

수컷

어린 애벌레

중간 애벌레

자란 애벌레

세은무늬재주나방(재주나방과) *Spatalia dives* (Oberthür, 1884)

생김새 몸길이 50mm 안팎(날개 길이 35~45mm)으로 앞 종과 생김새는 닮는다. 다만 반짝이는 몸 색이 자갈색으로 숨문선 위아래로 노란 바탕에 옅은 자주색 무늬가 6개가 보이고, 그 위아래에 검은 무늬가 'V'자 모양으로 보인다. 제1, 7배마디 등밑선 위의 돌기는 앞 종보다 더 큰데, 제1배마디의 것이 더 길다.

수컷

암컷

습성 위협을 받으면 배 끝을 조금 들어 올리나 그다지 뚜렷하지 않다. 잎 사이에서 번데기가 된다. 번데기 상태로 겨울을 난다.

서식지 활엽수림

발생 6월 말~7월 중순, 8~9월(어른벌레 5~8월, 연 2회)

먹이식물 느릅나무, 느티나무(느릅나무과 Ulmaceae)

분포 한국(내륙), 일본, 중국, 러시아 극동지역

비고 느릅나무의 자주색 줄기에 붙는데, 몸 색이 꼭 닮는다. 어른벌레 앞날개 밑에 은색 무늬가 3개 있으며, 앞 종과 무늬의 차이가 뚜렷하다.

중간 애벌레

자란 애벌레

큰은무늬재주나방(재주나방과) *Spatalia plusiotis* (Oberthür, 1880)

암컷

생김새 몸길이 50mm 안팎(날개 길이 42~51mm)으로 앞 종과 개략적인 형태의 차이가 없으나 머리가 옅은 회갈색이고 과립이 앞쪽에 가득하다. 몸은 풀색 바탕이고, 제1, 7, 8배마디에 붉은 무늬가 있으며, 이 부분이 두툼하다. 특히 제8배마디가 가장 두꺼우며, 옆에서 보면 삼각형이다.

습성 나뭇가지에 붙는 습성이 앞 2종과 같다. 겨울나기는 모르는 상태이다.

서식지 활엽수림

발생 8~9월(어른벌레 7~8월, 연 1회)

먹이식물 섬피나무(느릅나무과 Ulmaceae)

분포 한국(울릉도, 강원도 이북), 중국, 러시아 극동지역

비고 사진의 개체는 울릉도에서 발견하였다.

자란 애벌레(위)

자란 애벌레(옆)

박쥐재주나방(재주나방과) *Zaranga koreana* Beljaev et Choi, 2021

암컷

생김새 몸길이 40mm 안팎(날개 길이 55mm 안팎)으로 머리와 몸은 옅은 풀색이다. 항문다리는 없다. 제8배마디의 끝이 제7배마디보다 높아서 옆에서 보면 삼각형이 된다. 숨문선은 흰색으로 뚜렷하다. 가슴다리가 노랗고, 이와 닮은 제8배마디도 노란색이다. 숨문 테두리는 붉다.

습성 위협자세를 할 때에는 배 끝을 조금 들고 머리를 둥글게 뒤로 젖힌다. 번데기로 겨울을 난다.

서식지 활엽수림

발생 5월, 8~9월(어른벌레 4월, 7~8월, 연 2회)

먹이식물 층층나무, 말채나무(층층나무과 Cornaceae)

분포 한국(울릉도를 뺀 전국)

비고 Beljaev et al.(2021)이 우리나라 개체군을 고유종으로 새로 발표하였다.

자란 애벌레

자란 애벌레

남방섬재주나방(재주나방과) *Hagapteryx mirabilior* (Oberthür, 1911)

수컷

생김새 몸길이 32mm 안팎(날개 길이 42mm 안팎)으로 머리와 몸은 보라 기가 있는 갈색이며, 가슴 등과 배 끝에 짙은 무늬가 나타나고, 그 둘레가 조금 밝다. 머리는 나뭇잎 맥 같은 무늬가 퍼져 있다. 제8배마디가 두드러지게 돌출하고, 항문다리는 안쪽으로 동그랗게 구부러진 연탄집게 같은 돌기가 있다.

습성 늦봄에 땅속에서 번데기가 된다. 알 상태로 겨울을 난다.

서식지 활엽수림

발생 8~9월(어른벌레 7월, 연 1회)

먹이식물 개암나무, 오리나무(자작나무과 Betulaceae)

분포 한국(제주도를 뺀 전국), 일본, 중국, 러시아 극동지역

비고 일본에서는 이 종을 *H. kishidai* Nakamura, 1978라고도 하는데, 여기에서는 Schntlemeister(2008)

에 따라 이 종으로 다룬다.

자란 애벌레(위)

자란 애벌레(옆)

먹점재주나방(재주나방과) *Ellida branickii* (Oberthür, 1880)

생김새 몸길이 45mm 안팎(날개 길이 47~57mm)으로 머리에는 검은 테두리로 이루어진 노란 무늬가 있다. 몸은 풀색 바탕에 등에 적갈색 무늬가 다이아몬드 모양으로 보이고, 테두리가 넓

수컷

자란 애벌레

게 노랗다. 제9배마디 위에는 짧고 굵은 뿔 돌기가 있다. 숨문은 희고 테두리의 색이 노랗다.

습성 덩치가 큰 애벌레로 움직임이 빠르지 않다.

서식지 활엽수림

발생 6~7월(어른벌레 7~8월, 연 1회)

먹이식물 졸참나무(참나무과 Fagaceae)

분포 한국(내륙), 일본, 러시아 극동지역

멋쟁이재주나방(재주나방과) *Nerice davidi* Oberthür, 1881

생김새 몸길이 35mm 안팎(날개 길이 39mm 안팎)으로 머리는 풀색이고, 가장자리가 얇게 검다. 몸통은 머리보다 높고 위로 솟는다. 옥색을 띠며, 등밑선에 사선 무늬가 있다. 배마디 위에는 마치 검룡 같은 돌기가 솟으며, 제7배마디 위는 원추형으로 끝이 검다. 숨문밑선은 노랗고, 제1~6배마디에 붉은 점이 있다. 가슴다리는 적갈색이고, 배다리에 붉은 테두리가 있다. 몸 색에 변이가 있다.

수컷

습성 위협을 받으면 몸을 움츠리고 머리와 가슴을 쳐든다. 자라면 땅으로 내려와 흙 속에서 번데기가 된다.

서식지 활엽수림

발생 8~9월(어른벌레 6~9월 초, 연 1~2회)

먹이식물 느릅나무(느릅나무과 Ulmaceae)

분포 한국(내륙), 중국, 러시아 극동지역

자란 애벌레(위)

자란 애벌레(옆)

Nerice sp.의 자란 애벌레. 몸 색이 멋쟁이재주나방과 달리 풀색이고, 등에 솟은 돌기 끝의 붉은 무늬가 다르며, 가슴다리와 숨문밑선의 색과 모습이 다르다.

솔개재주나방(재주나방과) *Notodonta torva* (Hübner, 1803)

생김새 몸길이 35mm 안팎(날개 길이 41~48mm)으로 머리와 몸은 옅은 갈색, 자갈색 등이 있다. 옆에서 보면 뒷가슴부터 폭이 넓어지며, 제2, 3, 8배마디의 등에 살돌기가 있다. 특히 제8마

수컷

자란 애벌레

디의 부분은 옆에서 볼 때, 삼각 모양이다. 배다리는 퇴화하여 작은 돌기가 배 끝에 있다. 제6배마디의 숨문에서 다리 끝에 연노랑색의 띠가 있다. 숨문은 갈색으로 테두리의 색이 밝다.

습성 잎 뒤의 가운데 맥에 붙어 잎을 먹는다. 늘 배 끝을 든 상태이다. 번데기로 겨울을 난다.

서식지 추운 지역의 활엽수림

발생 6~7월, 8~9월(어른벌레 5~6월, 8~9월 초, 연 2회)

먹이식물 버드나무, 호랑버들(버드나무과 Salicaceae)

분포 한국(중부 이북), 일본, 중국 동북부, 러시아 극동지역~유럽, 북미

뒷검은재주나방(재주나방과) *Cnethodonta grisescens* Staudinger, 1887

생김새 몸길이 30mm 안팎(날개 길이 35~43mm)으로 몸은 노란색과 갈색의 2가지가 있다. 머리는 둥글고, 가운데와 뒷다리가 특히 길며, 마디 사이가 굵다. 몸이 노란 경우, 항문위판만 보라색을 띤다. 갈색인 경우, 제1~3, 5배마디 옆에 흰 무늬가 있는 외에 전체가 보라색을 띤 갈색이다. 숨문은 작고 검다. 꼬리돌기는 뒷다리보다 짧으나 굵기는 비슷하다.

습성 보통 배 끝만 들고 있으나 자극을 받으면 머리와 제7~10배마

수컷

디를 심하게 젖히고 다리를 떤다. 잎 사이에서 고치를 틀고 번데기가 되며, 번데기로 겨울을 난다.

서식지 활엽수림

발생 6~7월, 9~10월(어른벌레 5~6월, 8~9월, 연 2회)

먹이식물 물오리나무, 개서어나무, 서어나무, 까치박달, 박달나무, 물오리나무(자작나무과 Betulaceae), 돌배나무, 자두나무(장미과 Rosaceae)

분포 한국(전국), 일본, 중국, 러시아 극동지역, 타이완

비고 허운홍(2012: 322)은 이 종의 노란 애벌레를 일본 고유종 *C. japonica*로 잘못 다루고 있다. 우리나라 수십 개체의 생식기를 조사했지만 모두 이 종이었다. 따라서 애벌레의 색에는 변이가 있다고 보아야 한다.

중간 애벌레

자란 애벌레

기생재주나방(재주나방과) *Uropyia meticulodina* (Oberthür, 1884)

생김새 몸길이 38mm 안팎(날개 길이 47~56mm)으로 머리는 크고 적갈색에 그물무늬가 있으며, 옆에 과립이 있다. 머리 양쪽 위로 뿔돌기가 있고, 끝에 1개의 자모가 있다. 큰턱은 노출되어 있다. 몸통은 가슴과 제7배마디에서 배 끝이 홀쭉하고, 나머지는 통통하다. 등선은 가느다란 흑갈색이다. 바탕은 풀색이나 등에 화살표 모양으로 적갈색을 띤다. 배 끝의 돌기는 뒤로 향한다.

습성 잎 뒤 주맥에 붙으며, 배 끝을 들어 올린다. 자란 애벌레는 잎에서 희고 얇은 고치를 틀고 그 속에서 번데기가 된다. 번데기로 겨울을 난다.

서식지 활엽수림

어른벌레

자란 애벌레

발생 7월, 9~10월(어른벌레 4~6월, 8~9월, 연 2회)

먹이식물 가래나무, 호두나무(가래나무과 Juglandaceae)

분포 한국(전국), 일본, 중국, 러시아 극동지역, 타이완

비고 '기생'이라는 이름은 어른벌레의 모습이 '기생처럼 예쁘다' 해서 생긴 것 같다.

꽃무늬재주나방(재주나방과) *Stauropus basalis* Moore, 1877

생김새 몸길이 45mm 안팎(날개 길이 46mm 안팎)으로 몸은 자흑갈색이고 제7배마디 밑은 짙은 적갈색이다. 가슴다리는 길고 가늘며, 걷지 못한다. 제1~6배마디의 등의 삼각형으로 튀어나온 부분의 끝에 붉은 돌기가 있다. 제7~8배마디는 합쳐져 부푼다. 그 뒷마디는 퇴화하고, 항문다리가 막대 모양이다.

수컷

습성 보통 배 끝만 들고 있으나 자극을 받으면 머리와 제7~10배마디를 심하게 젖히고 다리를 쳐들어 떤다. 번데기로 겨울을 난다.

서식지 활엽수림

발생 5월, 9월(어른벌레 5~6월, 8~9월, 연 2회)

먹이식물 복분자딸기(장미과 Rosaceae)

분포 한국(내륙, 제주도), 일본, 중국 중부, 러시아 극동지역, 타이완, 베트남

어린 애벌레

자란 애벌레(위)

자란 애벌레(옆)

재주나방(재주나방과) *Stauropus fagi* (Linnaeus, 1758)

생김새 몸길이 50mm 안팎(날개 길이 50mm 안팎)으로 몸은 옅은 자갈색이고 제7배마디의 밑이 적갈색이다. 개체에 따라 짙고 옅음의 차이가 있다. 가슴다리는 길고 가늘며, 걷지 못한다. 제1~6배마디의 등에는 삼각형으로 튀어나온 끝에 돌기가 있다. 제7~8배마디는 합쳐져 부푼 모습이다. 그 뒷마디는 퇴화하고, 항문다리가 막대 모양으로 가늘다. 머리를 들면 제1~2배마디 숨문 부분이 검고 뚜렷한 점으로 보인다.

수컷

습성 보통 배 끝만 들고 있으나 자극을 받으면 머리와 제7~10배마디를 심하게 젖히고 다리를 쳐들어 떤다. 번데기로 겨울을 난다.

서식지 활엽수림

발생 5월, 9월(어른벌레 5~6월, 8~9월, 연 2회)

먹이식물 상수리나무(참나무과 Fagaceae)

분포 한국(내륙), 일본, 사할린, 러시아 극동지역~유럽

자란 애벌레

자란 애벌레

꽃술재주나방(재주나방과) *Dudusa sphingiformis* Moore, 1872

생김새 몸길이 65mm 안팎(날개 길이 55~76mm)으로 어릴 때 머리와 몸은 연노랑색이다가 자라면 붉은색으로 변한다. 머리는 둥글고 통통하다. 등선은 가늘고 검으며, 숨문 위와 밑선에 붉은 살돌기가 있고, 그 위에 빳빳하고 날카로운 검은 자모가 있어서 밤송이처럼 보인다. 숨문은 검고 테두리가 연노랑색이며, 가슴다리는 검다. 제1배마디 숨문 주위에 흰 네모꼴 무늬가 있다.

습성 가지에 붙으며, 배다리만 가지에 붙인 채 머리와 배 끝을 아래로 늘어뜨린다. 흙 속에서 번데기가 된다.

서식지 낮은 위치의 활엽수림

발생 8~10월 초(어른벌레 6월 말~8월, 연 1회)

먹이식물 신나무, 단풍나무, 고로쇠나무, 복자기(단풍나무과 Aceraceae)

분포 한국(지리산 이북), 일본(대마도), 중국, 타이완, 히말라야 저지대에서 인도지나반도 북부까지

수컷

4살 애벌레

자란 애벌레

비고 '꽃술'은 어른벌레의 배 끝에 달린 털 다발을 일컫는다. 앉을 때, 배 끝을 위아래로 움직이며 털 다발을 펼친다. 아마 박쥐같은 천적을 피하려는 행동으로 보인다.

좁은날개재주나방(재주나방과) *Phalera angustipennis* Matsumura, 1919

생김새 몸길이 40mm 안팎(날개 길이 57mm 안팎)으로 머리와 배 끝은 검다. 몸은 검고, 흰 선들이 있다. 각 배마디 중앙에 옅은 등색 띠가 있다. 각 마디마다 이 띠와 이어진 옅은 노란색 자모 다발과 만나 전체가 격자무늬처럼 보인다. 다리는 검다.

습성 무리를 지으며, 땅속에서 번데기로 겨울을 난다.

서식지 활엽수림

발생 8~9월(어른벌레 7~8월, 연 1회)

먹이식물 푸조나무(느릅나무과 Ulmaceae)

분포 한국(제주도), 일본, 중국, 타이완

수컷

자란 애벌레

자란 애벌레

참나무재주나방(재주나방과) *Phalera assimilis* (Bremer et Grey, 1853)

생김새 몸길이 60mm 안팎(날개 길이 50~60mm)으로 4살 애벌레까지는 머리와 항문위판이 검다가 자란 애벌레가 되면 어두운 갈색이 된다. 희고 긴 자모는 몸 등에 수북하다.

암컷

습성 무리 짓는 성질이 강해 자란 애벌레 때에도 무리를 짓는다. 자극을 받으면 일제히 움직이지 않고 머리를 쳐든다. 흙 속에서 번데기 상태로 겨울을 난다.

서식지 참나무 숲

발생 6월(어른벌레 7~8월, 연 1회)

중간 애벌레

먹이식물 여러 참나무류(참나무과 Fagaceae), 푸조나무(느릅나무과 Ulmaceae)

분포 한국(전국), 일본, 중국, 타이완, 러시아 극동지역

비고 무리를 이루고, 눈에 잘 띄는 붉은색인 이유가 천적을 피하려는 전략으로 보인다. 낮에 노출이 심한 나비와 잠자리 중에는 붉은 종이 많다.

4살 애벌레

자란 애벌레

먹무늬재주나방(재주나방과) *Phalera flavescens* (Bremer et Grey, 1853)

생김새 몸길이 50mm 안팎(날개 길이 48~56mm)으로 3살 애벌레까지는 머리와 항문위판이 검고, 몸이 붉은 바탕이다가 4살 애벌레부터 몸이 청자색을 머금은 검은색이 되고, 길고 노란 기가 있는 흰 자모가 수북해진다. 앞 종과의 차이는 어린 애벌레에서 몸에 검은 무늬가 없고, 자란 애벌레에서 털이 노란색을 띠어 다르다.

수컷

습성 무리 짓는 성질이 강해 자란 애벌레 때에도 무리를 짓는다. 자극을 받으면 일제히 실을 타고 내려가거나, 머리를 들거나, 몸을 '∩'자 모양으로 구부린다. 흙 속에서 번데기로 겨울을 난다.

서식지 활엽수림

발생 8~9월(어른벌레 6~8월, 연 1회)

먹이식물 산사나무, 벚나무류, 배나무, 팥배나무(장미과 Rosaceae), 버드나무과 Salicaceae

분포 한국(전국), 일본, 중국, 타이완, 러시아 극동지역, 베트남, 태국, 미얀마

비고 도시의 왕벚나무 가로수에 대규모 발생하여 잎을 모조리 먹는 바람에 피해를 입힌다.

3살 애벌레

3살, 4살 애벌레

자란 애벌레

붉은머리재주나방(재주나방과) *Phalera minor* Nagano, 1916

생김새 몸길이 70mm 안팎(날개 길이 50~70mm)으로 머리와 항문위판은 붉다. 몸통은 보라 기가 있는 검은색으로, 전체에 황백색의 긴 자모가 덮인다. 각 마디의 뒤에서 절반 쯤 노란 잔털이 덮여 알록달록하다. 어릴 때 붉은색의 긴 자모로 몸을 덮는다.

습성 무리 짓는 성질이 강하지만 자라면 흩어진다. 잎 뒤에 붙어 있으며, 애벌레가 많은 경우 나무 전체의 잎을 먹기도 한다. 쉴 때에는 배 끝을 들어 'ㄴ' 모양이 된다. 번데기로 겨울을 난다.

서식지 활엽수림

발생 9월(어른벌레 6~8월, 연 1회)

먹이식물 여러 참나무류(참나무과 Fagaceae)

분포 한국(경북), 일본, 중국, 타이완, 인도차이나 반도

암컷

3살, 4살 애벌레

자란 애벌레

애벌레 머리

배얼룩재주나방(재주나방과) *Phalera grotei* Moore, 1852

생김새 몸길이 65mm 안팎(날개 길이 55~65mm)으로 머리는 반짝이는 적갈색이고, 개안 주위에 요철이 있다. 몸통은 가늘고 긴 모양으로 등 부분이 넓게 회백색이다. 숨문선 위는 적갈색이, 아래는 노란색이 띠를 이룬다. 가슴다리는 적갈색, 배다리는 검다. 숨문은 뚜렷하고 검다. 앞가슴 앞 양쪽에 노란 살돌기가 있고 적갈색 작은 돌기가 있다. 제8배마디 등은 조금 솟는다.

습성 흙 속에서 번데기로 겨울을 난다.

서식지 관목림, 활엽수림 가장자리

발생 9월(어른벌레 6~8월, 연 1회)

먹이식물 아까시나무, 싸리류 등 콩과 Fabaceae

분포 한국(전국), 중국, 베트남, 미얀마, 네팔, 인도 북부

비고 어른벌레는 불빛에 날아와 앉으면 흑갈색과 적갈색의 날개를 둥글게 마는 습성이 있어 썩은 나무 토막처럼 보인다.

수컷

중간 애벌레

자란 애벌레(위)

자란 애벌레(옆)

노린재나무재주나방(재주나방과) *Neodrymonia delia* (Leech, 1889)

암컷

생김새 몸길이 23mm 안팎(날개 길이 40~46mm)으로 머리는 둥글고 옅은 황록색에 그물 같은 무늬가 있으며, 1쌍의 검은 줄이 있다. 머리 폭은 높이보다 넓다. 몸통은 옅은 풀색으로 통통하며, 몸 등에는 가느다란 노란 선이 있다. 그 중 등밑선이 굵고 뚜렷하며, 가운데와 뒷가슴에 붉은 띠가 생긴다. 만약 이 붉은 띠가 배 끝까지 이어지면 고려재주나방(*Neodrymonia coreana* Matsumura, 1922)이다.

습성 흙 속에서 앞번데기 상태로 겨울을 나고 봄에 번데기가 된다.

서식지 낙엽활엽수림

발생 7~9월(어른벌레 6~8월, 연 1~2회)

먹이식물 노린재나무(노린재나무과 Symplocaceae)

분포 한국(전국), 일본

중간 애벌레

자란 애벌레(위)

자란 애벌레(옆)

밤나무재주나방(재주나방과) *Fentonia ocypete* (Bremer, 1861)

수컷

생김새 몸길이 35mm 안팎(날개 길이 40~46mm)으로 머리는 옅은 보라 바탕에 짙은 보라색 줄이 세로로 있다. 몸 등은 옅은 보라색의 가는 선들로 이루어진 복잡한 무늬가 있다. 제2~4배마디의 등에는 노란 점을 포함한 짙은 보라 무늬가 있다. 풀색 부분은 가슴 좌우에 보인다.

습성 잎 뒤 주맥에 거꾸로 붙는다. 자라면 흙 속에 들어가 번데기가 된다. 번데기 상태로 겨울을 난다.

서식지 활엽수림

발생 6~7월, 8~9월(어른벌레 5월, 8~9월, 연 2회)

먹이식물 여러 참나무류(참나무과 Fagaceae)

분포 한국(전국), 일본, 중국, 타이완, 러시아 극동지역, 베트남

비고 영어 이름은 'Narrow-winged prominent'인데, 가늘고 긴 날개를 뜻한다. 밤나무 해충으로 알려져 있다. 밤나무 재배지에서는 이 애벌레 때문에 디프수화제(水和劑) 유기인제(有機燐劑)를 쓴다.

중간 애벌레

자란 애벌레

애벌레 위치

먹무늬은재주나방(재주나방과) *Wilemanus bidentatus* (Wileman, 1911)

생김새 몸길이 28mm 안팎(날개 길이 30~36mm)으로 앞 종과 닮으나 제3~7배마디의 등이 짙은 자갈색을 띠어서 얼핏 보면 색이 더 짙은 느낌이 든다. 배마디에 풀색을 띠는 부분도 다르다.

습성 앞 종과 다르지 않으며, 잎 뒤의 주맥에 거꾸로 붙는다. 자라면 나무에서 내려와 흙 속에서 번데기가 된다. 번데기 상태로 겨울을 난다.

암컷

서식지 활엽수림

발생 6~7월, 8~9월(어른벌레 5~9월 초, 연 2회)

먹이식물 벗나무, 배나무(장미과 Rosaceae)

분포 한국(내륙, 제주도), 일본, 러시아 극동지역

비고 가끔 애벌레가 다른 식물에서 발견되는 일이 있으나 실제 잎을 먹지 않는다. 먹이식물인지 아닌지를 알려면 애벌레가 그 식물을 먹는 것을 확인할 필요가 있다.

중간 애벌레

자란 애벌레(위)

자란 애벌레(옆)

끝흰재주나방(재주나방과) *Allodonta leucodera* Staudinger, 1892

생김새 몸길이 35mm 안팎(날개 길이 40~47mm)으로 머리는 풀색 바탕에 2개의 흑갈색 세로띠가 있다. 앞머리 높이는 중봉선의 1/3 정도이다. 등방패는 끝이 붉은 1쌍의 작은 돌기가 있다. 제3, 8배마디 위로 작은 돌기가 나오는데, 제8배마디는 옆에서 보면 삼각형이다. 등선은 붉은데, 제3~8배마디는 풀색이다. 몸에는 짧은 자모가 많다.

습성 번데기로 겨울을 난다.

서식지 활엽수림

발생 7~10월(어른벌레 5~8월, 연 2회)

먹이식물 참나무류(참나무과 Fagaceae)

분포 한국(전국), 일본, 중국, 러시아 극동지역, 타이완

수컷

중간 애벌레(위)

중간 애벌레(옆)

자란 애벌레

까마귀재주나방(재주나방과) *Allodonta plebeja* (Oberthür, 1880)

생김새 몸길이 40mm 안팎(날개 길이 50~57mm)으로 앞 종과 닮으나 다음의 차이가 있다. 머리 양쪽에 흰 띠가 뚜렷하고, 제3배마디의 돌기가 없고 제8배마디의 돌기가 더 크다. 옆에서 보면 각 몸마디에 숨문 주위로 붉은 사선이 뚜렷하다.

습성 잎 주맥에 붙는다.

서식지 활엽수림

발생 9월(어른벌레 7~8월, 연 1회)

먹이식물 참나무류(참나무과 Fagaceae)

분포 한국(전국), 중국 동북부, 러시아 극동지역

수컷

중간 애벌레

자란 애벌레

곧은줄재주나방(재주나방과) *Peridea gigantea* Butler, 1877

수컷

생김새 몸길이 40mm 안팎(날개 길이 40~45mm)으로 머리와 몸은 옅은 풀색이다. 머리에는 2쌍의 희고 가는 세로선이 있다. 머리 옆에는 옅은 노란색의 짧은 선이 있다. 등선은 이중으로 흰색이다. 앞가슴의 숨문 뒤에서 가운데가슴 중앙까지 부푼 부분에 붉은 띠가 있으며, 검고 작은 점이 뚜렷하다. 몸 옆에는 작은 연미색 점들이 가득하다.

습성 잎 뒤의 주맥에서 잎을 먹는다. 위협을 받으면 가슴을 부풀리고 머리를 쳐든다. 번데기로 흙 속에서 겨울을 난다.

서식지 참나무 숲

발생 7~9월(어른벌레 6~8월, 연 2회)

먹이식물 여러 참나무류(참나무과 Fagaceae)

분포 한국(전국), 일본, 러시아 극동지역

중간 애벌레

자란 애벌레(위)

자란 애벌레(옆)

*Peridea*속의 먹이식물

양코스키재주나방 *Peridea jankowskii* Oberthür, 1879 ··· **참나무**

긴날개재주나방 *Peridea lativitta* (Wileman, 1911) ··· **참나무**

노고지리재주나방 *Peridea elzet* Kiriakoff, 1963 ··· **참나무**

삼봉재주나방 *Peridea graeseri* (Staudinger, 1892) ··· **느릅나무**

옹이재주나방 *Peridea aliena* (Staudinger, 1892) ··· **장미과**

곧은줄새주나방 *Peridea gigantea monetaria* Oberthür, 1879 ··· **참나무**

오리나무재주나방 *Peridea oberthueri* (Staudinger, 1892) ··· **자작나무과**

남방재주나방 *Peridea moltrechti* (Oberthür, 1911) ··· **참나무**

461

주름재주나방(재주나방과) *Pterostoma gigantina* Staudinger, 1892

수컷

생김새 몸길이 50mm 안팎(날개 길이 55~67mm)으로 머리와 몸은 백록색 바탕이고 머리색이 조금 짙다. 머리는 둥글고 개안은 검다. 몸통은 긴 편으로, 제7배마디가 조금 높다. 등선은 옅은 파란색으로 가늘다. 숨문선 위에는 가느다란 파란 띠가 있고, 아래에는 굵은 노란 띠가 있다. 가슴다리는 깨알 같은 검은 점이 있고, 배다리에는 가늘고 검은 띠가 있다.

습성 낙엽 밑에서 번데기가 된다.

서식지 관목림, 활엽수림

발생 6~7월, 9월(어른벌레 5~6월, 8~9월, 연 2회)

먹이식물 등나무, 다릅나무, 아까시나무, 싸리(콩과 Fabaceae)

분포 한국(전국), 일본, 중국 동부, 러시아 극동지역

비고 '등먹재주나방'이라는 딴 이름이 있다. 등나무와 관련 있는 것으로 보인다. '주름'이라는 이름은 날개 무늬에서 따왔다.

자란 애벌레(위)

자란 애벌레(옆)

긴띠재주나방(재주나방과) *Shaka atrovittatus* (Bremer, 1861)

수컷

생김새 몸길이 50mm 안팎(날개 길이 48mm 안팎)으로 머리는 풀색이다. 몸은 숨문선 위로 백록색이다. 숨문은 붉고, 숨문선은 노란색이다. 가슴다리와 배다리 밑에는 황백색 띠와 적자색이 보인다. 가슴다리는 적갈색으로 작으나 그 밑에 적자색 무늬가 있다. 배 밑에는 붉은 띠가 다리 사이에서 보인다.

습성 건드리면 머리를 말아 뒤로 젖혀서 다리의 적자색과 붉은 무늬를 보이게 한다. 번데기로 겨울을 난다.

서식지 활엽수림

발생 7~9월 초(어른벌레 6~8월, 연 2회)

먹이식물 당단풍나무, 고로쇠나무(단풍나무과 Aceraceae)

자란 애벌레(위)

자란 애벌레(옆)

겹날개재주나방(재주나방과) *Semidonta biloba* (Oberthür, 1880)

생김새 몸길이 35mm 안팎(날개 길이 42mm 안팎)이며 머리는 풀색으로 둥글고 양쪽으로 검은색의 가는 띠가 있다. 몸은 풀색으로 가늘고 길다. 항문다리는 정상이다. 숨문은 검고, 숨문선은

수컷

자란 애벌레

노란 띠가 있는데, 붉은 띠가 사진처럼 가슴에만 보이기도 하고, 한여름에 때때로 몸 전체에서 보이기도 한다.

습성 흙 속에서 번데기가 되며, 번데기로 겨울을 난다.

서식지 활엽수림

발생 7~9월 초(어른벌레 6~8월, 연 2회)

먹이식물 당단풍나무, 고로쇠나무(단풍나무과 Aceraceae)

분포 한국(전국), 일본, 중국, 러시아 극동지역

푸른곱추재주나방(재주나방과) *Euhampsonia splendida* (Oberthür, 1880)

생김새 몸길이 70mm 안팎(날개 길이 70~80mm)으로 머리는 크고 둥글며, 4살 애벌레 전까지는 머리에 세로띠가 있으나 자라면 없어진다. 몸은 풀색이 도는 흰색으로, 별다른 무늬가 없다. 몸통은 잔주름이 잘게 나타나며, 얼핏 흰 가루기 덮인 것처럼 보인다.

수컷

습성 건드리면 앞다리와 머리를 들어 뒤로 젖히나 배 끝을 들지 않는다. 대부분 잎 뒤에 있다가 밤에 잎을 먹는다. 자란 애벌레는 흙 속에서 번데기가 되고 그대로 겨울을 난다.

서식지 활엽수림

발생 6~10월 초(어른벌레 5~8월, 연 2회), 애벌레는 주로 가을에 보인다.

먹이식물 여러 참나무류(참나무과 Fagaceae)

분포 한국(전국), 일본, 중국, 타이완, 러시아 극동지역, 라오스, 태국, 미얀마

비고 '곱추'는 어른벌레의 가슴 위에 솟은 털 다발이 마치 등이 굽어보인다는 뜻이다. 허운홍(2012)은 이 종과 다음 종의 사진이 바뀌었다.

3살 애벌레

자란 애벌레(위)

자란 애벌레(옆)

곱추재주나방(재주나방과) *Euhampsonia cristata* (Butler, 1877)

수컷

생김새 몸길이 70mm 안팎(날개 길이 57~65mm)으로 머리는 크고 둥글고, 정수리에 2개의 흰 선이 있다. 큰턱은 노란색으로 눈에 잘 띈다. 등은 백록색이고, 제2~7배마디의 등밑선 아래에서 비스듬한 흰 띠가 있다. 숨문은 붉고, 그 테두리는 희다. 항문위판의 뒷가장자리도 붉고, 그 아래에 노란 테두리가 있다.

습성 건드리면 가슴다리와 머리를 들어 뒤로 한껏 젖히나 배 끝을 들지 않는다. 번데기로 겨울을 난다.

4살 애벌레(위)

4살 애벌레(옆)

자란 애벌레

서식지 활엽수림

발생 6~10월 초(어른벌레 5~8월, 연 2회)

먹이식물 여러 참나무류(참나무과 Fagaceae)

분포 한국(전국), 일본, 중국 중부, 러시아 극동지역

비고 최근 도시의 야산에서 대발생하는 일이 있는데, 폭염이 주원인이라는 신문 보도(Newsis, 2018, https://www.msn.com/ko-kr/news/national/)가 있다. 이는 환경조건을 편향된 시각으로 본 것이다. 숲 경

관 변화에 따른 현상으로 보는 것이 합리적 추론이다.

때죽나무재주나방(재주나방과) *Syntypistis cyanea* (Leech, 1889)

생김새 몸길이 28mm 안팎(날개 길이 41~44mm)으로 다음 종과는 생김새의 차이가 적다. 다만 이 종에서 머리에 흰 띠가 뚜렷하게 보이고, 등방패 앞 가장자리의 노란 띠가 짤막하고 가운데가 검고 붉은 선으로 나뉜다. 배 끝의 붉은 띠가 없다. 숨문은 이 종이 붉고, 다음 종은 검다.

습성 잎 뒤에 거꾸로 붙어 있으며, 잘 움직이지 않는다. 번데기로 겨울을 난다.

서식지 활엽수림

발생 5~9월(어른벌레 4~9월, 연 2회)

먹이식물 쪽동백나무(때죽나무과 Styracaceae)

분포 한국(울릉도), 일본, 타이완

비고 다음 종과 이 종은 닮아 그동안의 국내 기록이 정확하지 않다. 다시 조사할 필요가 있다.

수컷

자란 애벌레(위)

자란 애벌레(옆)

애벌레 머리

연갈색재주나방(재주나방과) *Syntypistis subgeneris* (Strand, 1915)

생김새 몸길이 30mm 안팎(날개 길이 40~43mm)으로 몸은 둥글고 통통하며, 풀색을 띤다. 2개의 등선과 등밑선은 잘게 끊어지며 노랗다. 배 끝의 등선 사이가 짧고 붉은 무늬가 있다. 숨문은 검고, 테두리가 노랗다. 숨문 위에서 등밑선 사이에는 작고 좁쌀 모양의 노란 점들이 퍼져 있다.

습성 잎 뒤에 거꾸로 붙어 있으며, 잘 움직이지 않는다. 번데기로 겨울을 난다.

서식지 활엽수림

발생 5~9월(어른벌레 4~9월, 연 2회)

먹이식물 때죽나무, 쪽동백나무(때죽나무과 Styracaceae)

수컷

분포 한국(중부 이남), 일본, 타이완

2살 애벌레

4살 애벌레

자란 애벌레

회색재주나방(재주나방과) *Syntypistis pryeri* (Leech, 1899)

생김새 몸길이 32mm 안팎(날개길이 47~55mm)으로 앞 종과 닮는다. 머리는 청록색으로 옆에서 보면 흰 선이 있다. 몸은 옅은 황록색으로 노란 점이 퍼져 있다. 등방패 앞 가장자리는 노란색, 등선도 노란색으로 붉은 점이 이어져, 붉고 노랗고를 반복한다. 어릴 때 등선의 붉은색이 없다. 등밑선도 노란색으로 등밑선을 서로 잇는 선이 각 마디에 있다. 숨문은 붉다.

수컷

1살 애벌레

습성 어린 애벌레는 무리 짓는데, 늘 머리를 한 방향으로 한다. 흙 속에서 번데기 상태로 겨울을 난다.

서식지 활엽수림

발생 5~9월(어른벌레 5~6월, 8월, 연 2회)

먹이식물 여러 참나무류(참나무과 Fagaceae)

분포 한국(전국), 일본, 중국, 타이완, 미얀마

중간 애벌레

자란 애벌레(위)

자란 애벌레(옆)

▶Family **Erebidae** (Leach, 1815) 태극나방과

날개 길이가 5~127mm, 소~대형으로, 다양한 종류가 포함된 과이다. '독나방과'와 '불나방과'가 아과로 포함된다. Zahiri et al.(2012)의 계통발생학 연구로 '밤나방과'와 '태극나방과'의 관계가 명확해졌다. 형태 연구로는 단일계통

신부짤름나방
[*Naganoella timandra* (Alphéraky, 1879)]

흰줄태극나방
[*Metopta rectifasciata* (Ménétriès, 1863)]

의 독나방아과와 불나방아과, Micronoctuini가 이 과에 묶이고, 밤나방과에 속했던 여러 아과가 이 과로 옮겨왔다. 주요 특징인 날개 제5맥이 제6맥보다 제4맥과 엮어져 밤나방과와 다르다. 애벌레는 다양한 체계를 갖추고 있어서 한 마디로 정의내리기 어렵다. 불나방아과와 독나방아과에서는 몸에 털이 가득하고, 뒷날개나방 (*Catocala*)들처럼 몸이 매끈하기도 한다. 이 과(태극나방과)의 이름은 김성수 등(2016)이 처음 지었는데, 이는 Erebidae의 대표 족인 Erebini에서 태극나방이 주요 종이어서 따왔다. 또 태극은 우리 고유의 문양인 점도 고려하였다. 영어 이름은 Underwings, Litter moths, Tiger, Lichen, and Wasp moths, Tussock moths, Snout moths 등 다양하다. 세계에 24,600여 종이 분포하고, 우리나라에 490여 종이 분포한다. Zahiri et al.(2012)의 유전자 분석에 따른 아과의 계통에 따른 배열은 다음과 같다. 이 책에서는 독나방아과와 불나방아과를 먼저 설명하였다.

Subfamily **Scoliopteryginae** 톱니큰나방아과

Subfamily **Rivulinae** 대나무짤름나방아과

Subfamily **Anobinae**

Subfamily **Hypeninae** 노랑수염나방아과

Subfamily **Lymantriinae** 독나방아과

Subfamily **Pangraptinae** 짤름나방아과

Subfamilies **Herminiinae** 줄수염나방아과 and **Aganainae** 남방구리잎나방아과

Subfamily **Arctiinae** 불나방아과

Subfamily **Calpinae** 갈고리큰나방아과

Subfamily **Hypocalinae** 가을뒷노랑큰나방아과

Subfamily **Eulepidotinae**

Subfamily **Toxocampinae** 줄까마귀나무결나방아과(신칭)

Subfamily **Tinoliinae** 수리나방아과

Subfamily **Scolecocampinae**

Subfamlly **Hypenodlnae** 꼬마짤름나방아과

Subfamily **Boletobiinae** 잎짤름나방아과

Subfamily **Erebinae** 태극나방아과

사발무늬독나방(태극나방과, 독나방아과) *Calliteara conjuncta* (Wileman, 1911)

생김새 몸길이 30mm 안팎(날개 길이 40mm 안팎)으로 털이 많고 적은 2가지 형이 있다. 추운 지역에서는 털이 적고 날씬하며, 머리가 붉고 적갈색 털 다발이 솟는데, 더운 지역에서는 털이

수컷

4살 애벌레

많고 배 등에 짙은 적갈색 털 다발이 솟는다. 2형 모두 앞으로 향하는 긴 털 다발이 뻗친다.

습성 털을 섞어 고치를 틀고 그 속에서 번데기가 된다. 번데기로 겨울을 난다.

서식지 활엽수림, 관목림

발생 6~7월, 9월(어른벌레 5~6월, 7~8월, 연 2회)

먹이식물 참나무류(참나무과 Fagaceae)

분포 한국(전국), 일본, 러시아 극동지역

자란 애벌레

자란 애벌레(위)

자란 애벌레(옆)

남방수염독나방(태극나방과, 독나방아과) *Calliteara contexta* Kishida, 1998

생김새 몸길이 36mm 안팎(날개 길이 45~52mm)으로 머리는 붉고, 자모가 수북하다. 어릴 때에는 제1~3배마디 부분에 검은 자모 다발이 있어 퉁퉁해 보인다. 배 끝마디에도 자모 다발이

수컷

애벌레 머리

있다. 자라면 가슴 부분에 황갈색 무늬가 있다. 제1~4배마디의 등에는 짧고 밀도가 높은 솔 모양의 자모 다발이 있고, 각 마디의 등밑선에 길고 날카로운 자모가 있다. 숨문 아래로는 노란 자모가 난다.

습성 여느 독나방 애벌레들처럼 노출된 상태로 잎을 먹는다. 겨울나기 등 자세한 생태는 아직 알려지지 않았다.

서식지 활엽수림

발생 8월(어른벌레 9월, 연 1회로 추정)

먹이식물 졸참나무, 종가시나무(참나무과 Fagaceae)

분포 한국(남부, 제주도), 중국, 타이완

비고 우리나라에 처음 기록되며, 논문으로 발표할 예정이다.

3살 애벌레

자란 애벌레(위)

자란 애벌레(옆)

붉은수염독나방(태극나방과, 독나방아과) *Calliteara lunulata* (Butler, 1877)

생김새 몸길이 40mm 안팎(날개 길이 50~65mm)으로 제1~4배마디의 등에 짙은 자모 다발이 있으나 짧아서 덜 두드러진다. 위에서 보면 잔가시 뻗친 비늘가루가 있는 긴 자모 다발이 있다. 앞 종과 닮으며, 배의 뒷마디들이 짙은 적자색을 띤다.

습성 번데기로 겨울을 난다.

서식지 참나무 숲

발생 6월, 9월(어른벌레 5~6월, 7~8월, 연 2회)

먹이식물 참나무과 Fagaceae

분포 한국(전국), 일본, 중국, 타이완, 러시아 극동지역

수컷

암컷

자란 애벌레

어리사과독나방(태극나방과, 독나방아과) *Calliteara pudibunda* (Linnaeus, 1758)

생김새 몸길이 32mm 안팎(날개 길이 36~56mm)으로 다음 종과 닮으나 다음의 차이가 있다. 몸통을 덮는 긴 털이 짧아서 제1~4배마디의 등에 있는 밀도가 높은 솔 모양의 자모 다발과 제

수컷

4살 애벌레

5~7배마디 숨문 위의 검은 선이 뚜렷이 드러난다. 갈색형은 짧고 붉은 털 다발이 나온다.

습성 건드리면 몸을 둥글게 마는데, 이때 제1~2배마디와 제2~3배마디 사이에서 각각 검은 무늬가 노출되어 세로띠가 나타난다. 번데기로 겨울을 난다.

서식지 풀밭, 활엽수림, 강가, 습지

발생 5월, 9월(어른벌레 4~5월, 7~8월, 연 2회)

먹이식물 여러 식물

분포 한국(전국), 러시아 극동지역~유럽

자란 애벌레(위)

자란 애벌레(옆)

자란 애벌레(옆)

사과독나방(태극나방과, 독나방아과) *Calliteara pseudabietis* Butler, 1885

생김새 몸길이 30mm 안팎(날개길이 33~54mm)으로 몸통에는 황백색의 긴 털로 고슴도치처럼 덮는다. 제1~4배마디의 등에는 짧고 밀도가 높은 솔 모양의 자모 다발이 있는데, 노란색 또는

수컷

암컷

갈색을 띤 노란색이다. 이 색이 노란색이면 사과독나방이다. 제8배마디 등에는 붉거나 갈색인 자모 다발이 길게 뒤 방향으로 솟구친다.

습성 건드리면 각 검은 무늬가 노출되어 세로띠가 나타난다. 번데기로 겨울을 난다.

서식지 활엽수림, 습지

중간 애벌레

자란 애벌레

발생 5~6월, 9월(어른벌레 4~5월, 7~8월, 연 2회)

먹이식물 버드나무과 Salicaceae, 장미과 Rosaceae, 자작나무과 Betulaceae, 느릅나무과 Ulmaceae 등

분포 한국(전국), 일본, 러시아 극동지역

콩독나방(태극나방과, 독나방아과) *Cifuna locuples* Walker, 1855

생김새 몸길이 30mm 안팎(날개 길이 40~46mm)으로 머리와 몸은 검다. 앞가슴 양 옆의 살돌기가 크게 튀어나오고 그곳에서 긴 검은 자모 다발이 앞쪽으로 뻗친다. 다음 종과 털이 뻗친 모습이 닮는데, 제1~4배마디의 자모 다발은 흑갈색(붉은색)이고, 제8배마디와 옆으로 뻗는 자모 다발들은 검다. 어린 애벌레는 검은색만 띤다.

습성 어릴 때에는 무리를 짓지만 곧 흩어진다. 번데기로 겨울을 난다.

서식지 활엽수림

발생 4~6월, 9월(어른벌레 7~9월, 연 2회)

먹이식물 콩과 Fabaceae, 버드나무과 Salicaceae, 참나무과 Fagaceae, 자작나무과 Betulaceae, 예덕나무(대극과 Euphorbiaceae) 등

분포 한국(전국), 일본, 러시아 극동지역

암컷

자란 애벌레

자란 애벌레

포도독나방(태극나방과, 독나방아과) *Ilema eurydice* (Butler, 1885)

생김새 몸길이 40mm 안팎(날개 길이 40~50mm)으로 머리는 등색이고, 몸통의 등선에 굵고 노란 줄이 있다. 앞가슴 양 옆의 살돌기가 크게 튀어나오고 그곳에서 긴 검은 자모 다발이 앞쪽으로 뻗친다. 제1~4, 8배마디 위에 브러시 같은 자모 다발이 나온다. 몸의 가장자리를 향하는 수북한 털이 길게 뻗는다.

습성 알로 겨울을 난다.

서식지 활엽수림

발생 4~7월(어른벌레 7~9월, 연 2회)

수컷

먹이식물 머루, 포도, 담쟁이덩굴(포도과 Vitaceae)

분포 한국(전국), 일본, 러시아 극동지역

비고 닮은 종인 갈색독나방(*I. jankowskii*)이 있는데, 아직 애벌레가 발견되지 않았다. 허운홍(2012: 324)의 갈색독나방은 포도독나방이다.

자란 애벌레

자란 애벌레

앞번데기

남방독나방(태극나방과, 독나방아과) *Ilema nachiensis* (Marumo, 1917)

생김새 몸길이 40mm 안팎(날개길이 48m 안팎)으로 머리는 둥글고 붉다. 앞가슴 양 옆의 살돌기에서 검고 긴 자모 다발이 앞으로 나오고, 제8배마디 양쪽 뒤로 검고 긴 자모 다발이 나온다. 제

수컷

암컷

1~4배마디와 8배마디의 등에 적갈색의 수북한 자모 다발이 나온다. 제5~7배마디 등선이 노랗다.

습성 알로 겨울을 난다.

서식지 활엽수림

발생 4~5월, 7~9월(어른벌레 6~9월, 연 2회)

먹이식물 졸참나무, 종가시나무(참나무과 Fagaceae), 예덕나무(대극과 Euphorbiaceae)

분포 한국(거문도, 추자도, 제주도), 일본, 중국, 타이완

비고 야간 조사에서 한 번도 수컷을 보지 못했다.

중간 애벌레

자란 애벌레

애벌레 머리

애흰무늬독나방(태극나방과, 독나방아과) *Orgyia thyellina* Butler, 1881

생김새 몸길이 20mm 안팎(날개 길이 ♂ 28mm, ♀ 43mm 안팎)으로 앞가슴 양 옆의 등색의 살돌기에서 비스듬하게 검고 긴 자모 다발이 앞으로 나온다. 등선은 검고 그 양쪽이 노란색이다. 제1~4배마디 등은 흰 자모 다발이 있다. 제8배마디에도 검은 자모 다발이 위로 솟는다.

습성 알로 겨울을 난다.

서식지 활엽수림

발생 4~5월, 7~9월(어른벌레 6~9월, 연 2회)

먹이식물 상수리나무, 너도밤나무(참나무과 Fagaceae)

분포 한국(울릉도, 강원도), 일본, 러시아 극동지역, 타이완

암컷

어린 애벌레

중간 애벌레

자란 애벌레

지옥독나방(태극나방과, 독나방아과) *Telochurus recens* (Hübner, 1819)

생김새 몸길이 27mm 안팎(날개 길이 ♂ 27mm, ♀ 18mm 안팎)으로 앞가슴 양 옆의 살돌기에서 나온 검고 긴 자모는 앞으로 뻗어 'V'자 모양을 이룬다. 또 제8배마디 위에 길고 검은 자모 다발이 뒤로 뻗친다. 제1~4배마디 위의 흑갈색의 칫솔 같은 자모 다발이 있다. 등선은 주황색인데, 검은 무늬와 섞인다. 숨문선 부근의 붉은 띠가 눈에 띈다.

습성 잎 위에 위치하고, 잎을 가는 실로 엉성하게 친 후, 그 속에서 번데기가 된다. 애벌레로 겨울을 난다.

서식지 풀밭, 습지, 갯가

발생 4~7월(어른벌레 6월, 8월, 연 2회)

먹이식물 참나무과 Fagaceae, 장미과 Rosaceae, 버드나무과 Salicaceae, 콩과 Fabaceae, 벼과 Poaceae

분포 한국(지리산 이북), 일본, 러시아 극동지역~유럽

비고 수컷은 낮에 날지만 밤에 불빛에 날아온다. 암컷은 짧은 날개를 가져 날지 못한다. '지옥'이 무슨 뜻인지 모르나 한번 애벌레 독모에 쏘이면 견디기 어려운 쓰라림 때문에 생긴 것 같다.

수컷

3살 애벌레

4살 애벌레

자란 애벌레

사초독나방(태극나방과, 독나방아과) *Laelia coenosa* (Hübner, 1808)

수컷

자란 애벌레

생김새 몸길이 30mm 안팎(날개 길이 30~40mm)으로 머리와 몸은 노란색이고, 이마방패와 더듬이는 희다. 몸통의 등선은 검은데, 제6~7배마디에 원통형으로 솟는 부분이 있다. 제1~4배마디에는 갈색 자모 다발이 있다. 앞가슴 양 옆의 살돌기에서 길고 검은 자모 다발이 앞쪽으로 뻗친다. 제8배마디의 등에 난 긴 자모 다발은 검다.

습성 알 또는 1살 애벌레로 겨울을 난다.

서식지 습지

발생 4월, 9월(어른벌레 5~6월, 8~9월, 연 2회)

먹이식물 피뿌리풀(벼과 Poaceae)

분포 한국(중부 이북), 일본~유럽

상제독나방(태극나방과, 독나방아과) *Arctornis album* (Bremer, 1861)

수컷

어른벌레

생김새 몸길이 18mm 안팎(날개 길이 30mm 안팎)으로 머리와 몸은 옅은 풀색이고, 몸에 흰 자모가 가득하다. 가운데가슴, 제4, 8배마디에 붉고 긴 자모가 있는데, 개체에 따라 탈락하기도 한다. 등선은 굵고 뚜렷한 흰색이다.

습성 잎 뒤에 위치하고, 가는 실로 엉성하게 친 후, 그 속에서 번데기가 된다.

서식지 참나무 숲

발생 4~6월(어른벌레 6월 말~8월, 연 1회)

먹이식물 여러 참나무류(참나무과 Fagaceae)

분포 한국(전국), 일본(대마도), 러시아 극동지역

비고 이강운(2015)은 상제독나방과 점흰독나방의 애벌레를 나누어 설명했으나 모두 이 종이다.

중간 애벌레

자란 애벌레(위)

자란 애벌레(옆)

점흰독나방(태극나방과, 독나방아과) *Arctornis kumatai* Inoue, 1956

생김새 몸길이 28mm 안팎(날개 길이 45mm 안팎)으로 머리는 붉은 색이다. 사진의 2살 애벌레는 검고, 중간 애벌레는 가슴과 배 끝마디가 짙은 붉은색인데, 하지만 자라면 몸 색이 검어진다. 아직 자란 애벌레를 관찰하지 못했다. 숨문은 검다.

습성 건드리면 아래로 잘 떨어진다.

발생 6~7월, 9월(어른벌레 5~6월, 8~9월, 연 2회)

먹이식물 나도밤나무(나도밤나무과 Sabiaceae)

분포 한국(남부, 제주도), 일본

비고 허운홍(2021: 299)의 점흰독나방은 상제독나방이다.

수컷

2살 애벌레

3살 애벌레

3살 애벌레

엘무늬독나방(태극나방과, 독나방아과) *Arctornis l-nigrum* (Müller, 1764)

생김새 몸길이 20mm 안팎(날개 길이 45mm 안팎)으로 바탕이 되는 흑갈색 또는 적갈색 자모가 있고 긴 흰 자모가 나온다. 앞가슴에서 나오는 끝이 흰 검은 자모는 매우 길고 앞으로 뻗친다.

습성 잎 위에 위치하고, 잎과 잎 사이를 가는 실로 엉성하게 친 후, 그 속에서 번데기가 된다.

서식지 활엽수림

수컷

발생 4~6월(어른벌레 7~8월, 연 1회)

먹이식물 느릅나무, 느티나무(느릅나무과 Ulmaceae)

분포 한국(내륙), 일본(대마도), 러시아 극동지역~유럽

중간 애벌레

자란 애벌레(흑갈색)

자란 애벌레(적갈색)

끝검은독나방(태극나방과, 독나방아과) *Dicallomera olga* (Oberthür, 1879)

생김새 몸길이 16mm 안팎(날개 길이 23mm 안팎)으로 어릴 때 머리와 몸은 검고 그 밖에는 검붉다. 자라면 머리와 몸통이 옅은 풀색이 된다. 앞가슴 양 옆의 살돌기에서 나오는 검고 긴 자모는 앞으로 뻗으므로 'V'자 모양이다. 제8배마디 위에 길고 검은 자모 다발이 뒤로 뻗친다. 제1~4배마디 위의 연미색의 밀집한 자모 다발이 있다. 등밑선은 폭넓게 옅은 노란색을 띠며, 제3~4배마디 각각의 뒷부분에 선홍색 점이 있다. 몸 옆 살돌기 옆에 연미색 자모가 수북하다.

습성 잎 뒤에 위치하는데, 자세한 습성이 알려지지 않았다.

서식지 추운 지역의 활엽수림

발생 6~7월(어른벌레 9월, 연 1회)

먹이식물 서어나무(자작나무과 Betulaceae)

분포 한국(지리산 이북), 중국, 러시아 극동지역

비고 한랭성 종으로 보기 어렵다.

암컷

어린 애벌레

자란 애벌레

황다리독나방(태극나방과, 독나방아과) *Ivela auripes* (Butler, 1877)

생김새 몸길이 40mm 안팎(날개 길이 45mm 안팎)으로 머리는 둥글고 검다. 몸은 노란 바탕에 검은 무늬가 짙게 나타난다. 숨문 부근보다 등밑선까지 노란 무늬 없이 검다. 위에서 보면 검은 무늬가 사다리꼴로 보인다. 등과 옆에 검게 튀어나온 살돌기에 길고 검은 자모 다발이 있는데, 위에서 보면 양옆으로 수

북하다.

습성 잎을 붙여 송편처럼 만들고 그 속에서 지낸다. 이 습성은 우리나라 독나방과 중에서 유일하다. 번데기는 잎 뒤에서 보인다. 알로 겨울을 난다.

서식지 활엽수림

발생 3~5월(어른벌레 5~6월, 연 1회)

먹이식물 층층나무(층층나무과 Cornaceae)

분포 한국(전국), 일본, 중국, 러시아 극동지역

비고 어른벌레는 밤에 불빛에 오지만 낮에도 날아다니는데, 최성기 때에는 저녁나절 먹이식물 위를 수컷들이 나비처럼 날아다니는 모습을 볼 수 있다.

수컷

중간 애벌레

자란 애벌레

둥지

검정무늬독나방(태극나방과, 독나방아과) *Kuromondokuga niphonis* (Butler, 1881)

생김새 몸길이 30mm 안팎(날개 길이 ♂ 35mm, ♀ 48mm 안팎)으로 몸은 옅은 갈색이고, 자모가 온몸에 가득하다. 앞가슴 양 옆의 살돌기에서 검고 긴 자모가 앞으로 나온다. 제1~2배마디의 등에 자모 다발이 있다. 4살 애벌레의 몸과 자모는 밝은 색이다.

습성 3살 애벌레로 겨울을 난다.

서식지 활엽수림

발생 7~9월(어른벌레 6~9월, 연 2회)

수컷

중간 애벌레(위)

중간 애벌레(옆)

먹이식물 개암나무(자작나무과 Betulaceae), 벚나무(장미과 Rosaceae)

분포 한국(내륙), 일본, 중국, 러시아 극동지역

자란 애벌레(위)

자란 애벌레(옆)

흰띠독나방(태극나방과, 독나방아과) *Numenes disparilis* Staudinger, 1887

생김새 몸길이 40mm 안팎(날개 길이 47mm 안팎)으로 머리는 검고, 몸통은 굴색 전대를 두른 모습인데 그 사이가 검고 굴색인 부분이 일정 간격으로 나타난다. 등밑선은 흰 점들이 이어지고, 각 마디의 살돌기에서 4살인 경우, 황적색과 검은 자모 다발이 생기지만 자라면 황적색 자모 다발이 밀생한다.

습성 애벌레로 겨울을 나는 것으로 보인다.

서식지 풀밭, 습지, 활엽수림

발생 4~5월, 7월, 9~10월(어른벌레 6~9월, 연 2회)

먹이식물 까치박달(자작나무과 Betulaceae), 관중과 Dryopteridaceae

분포 한국(전국), 일본, 러시아 극동지역

비고 수컷 어른벌레는 낮에 날아다니고, 암컷은 불빛에 날아온다. 일본에서 이 애벌레는 몸이 흑갈색으로 차이가 크다.

수컷

암컷

자란 애벌레

매미나방(태극나방과, 독나방아과) *Lymantria dispar* (Linnaeus, 1758)

생김새 몸길이 60~70mm(날개 길이 ♂ 48mm, ♀ 80mm 안팎)로 머리는 노란 바탕에 검은 띠무늬가 '팔(八)'자처럼 있다. 4살까지는 몸이 노랗고 붉은색을 띠나 자란 애벌레에서는 흑갈색 바탕에 가슴과 제1배마디 등밑선의 한 쌍의 돌기는 파란색이나 제2배마디 이후는 붉다. 몸통 옆 살돌기는 자모 다발이 선인장 가시처럼 돋는다.

습성 바위, 나무, 집 벽에 낳아 붙인 알 덩어리는 암컷의 배 끝의 털로 덮으며, 이른 봄에 애벌레가 깨나 자라면서 흩어진다. 알로 겨울을 난다.

서식지 활엽수림

발생 3~5월(어른벌레 6월 말~8월 초, 연 1회)

먹이식물 참나무과 Fagaceae, 자작나무과 Betulaceae, 버드나무과 Salicaceae, 장미과 Rosaceae, 포도과 Vitaceae, 진달래과 Ericaceae, 감나무과 Ebenaceae 등

분포 한국(전국), 일본, 중국, 러시아 극동지역~유럽, 북미

비고 1살 애벌레의 자모에는 독털이 있어 잘못 닿으면 알레르기를 일으키기도 한다. 때때로 대발생하여 삼림 해충으로 여긴다.

수컷	암컷	알 덩어리들
알에서 깨어난 1살 애벌레	중간 애벌레	중간 애벌레
애벌레 머리	자란 애벌레(위)	자란 애벌레(옆)

얼룩매미나방(태극나방과, 독나방아과) *Lymantria monacha* (Linnaeus, 1758)

생김새 몸길이 45~55mm(날개 길이 ♂ 40mm, ♀ 65mm 안팎)로 어린 애벌레는 머리가 검고, 몸통이 가운데가슴과 제5~6배마디의 등 부분이 갈색으로 밝을 뿐 나머지는 검다. 자모는 상대적으로 길다. 자라면 머리와 몸이 흑갈색으로 변한다. 등밑선에 한 쌍의 돌기는 파란색을 띤다. 몸통의 옆에 돋은 살돌기

에 자모 다발이 선인장 가시처럼 돋는데, 앞가슴 앞에서 길고 수북하다.

습성 잎 위에서 잎을 조금 말고, 그 속에서 번데기가 된다.

서식지 활엽수림

발생 3~7월(어른벌레 7~8월, 연 1회)

먹이식물 참나무과 Fagaceae, 자작나무과 Betulaceae

분포 한국(전국), 일본, 중국, 러시아 극동지역~유럽, 북미

수컷

어린 애벌레

4살 애벌레

자란 애벌레

붉은매미나방(태극나방과, 독나방아과) *Lymantria mathura* Moore, 1865

생김새 몸길이 60~70mm(날개 길이 ♂ 40mm, ♀ 80mm 안팎)로 어릴 때에는 가슴과 제4배마디가 황갈색이다가 자라면 머리와 몸이 검고, 갈색의 등선과 등밑선이 있다. 앞, 가운데가슴의 등은 붉은 기가 있지만 뒷가슴의 등은 옅다. 제4배마디에 '팔(八)'자 모양의 무늬가 있고, 배 끝이 희다. 살돌기를 중심으로 선인장 가시 같은 자모 다발이 생기는데, 앞가슴 숨문 앞의 돌기의 자모는 앞으로 뻗어 'V'자이다. 또 배 끝에도 4개의 길고 뒤로 뻗는 자모 다발이 있다.

수컷

암컷

3살 애벌레

4살 애벌레

자란 애벌레

서식지 활엽수림

발생 3~7월(어른벌레 7~8월, 연 1회)

먹이식물 참나무과 Fagaceae, 장미과 Rosaceae, 느릅나무과 Ulmaceae

분포 한국(전국), 일본, 중국, 타이완, 러시아 극동지역, 말레이반도, 인도

물결매미나방(태극나방과) *Lymantria lucescens* (Butler, 1881)

생김새 몸길이 40mm 안팎(날개 길이 ♂ 46mm, ♀ 66mm 안팎)으로 머리는 황갈색 바탕에 좌우로 짙은 흑갈색의 굵은 띠와 점이 있다. 몸은 흑갈색 바탕에 등밑선 아래로 노란 띠가 나타난다. 자모 다발이 총총히 난 자모 받침의 살돌기는 등밑선에서 붉고 뚜렷하며, 숨문윗선에서 황갈색이다. 앞가슴과 배 끝 마디의 자모 다발은 각각 앞과 뒤로 뻗치며, 앞에서 보면 머리가 털로 쌓여 있다.

수컷

암컷

수컷

애벌레 머리

습성 자신의 입에서 뽑은 실로 엮은 잎 사이에서 번데기가 된다. 알로 겨울을 난다.

서식지 활엽수림

발생 3~7월(어른벌레 8~9월, 연 1회)

먹이식물 떡갈나무 등(참나무과 Fagaceae)

분포 한국(내륙), 일본

1살 애벌레

중간 애벌레

자란 애벌레

Lymantria sp.(태극나방과, 독나방아과)

생김새 몸길이 40mm 안팎으로 *Lymantria*속 종들은 매미나방을 포함하여 주요 산림 해충이다. 우리나라에는 아래의 11종이 분포한다. *Lymantria*속 종들의 애벌레에 대해 앞으로 더 조사할 필요가 있다. 오른쪽 사진의 애벌레는 붉은매미나방과 닮으나 살돌기의 색 등이 다르다.

Lymantria sp.

우리나라 매미나방류	
남방매미나방 *L. albescens* Hori et Umeno, 1930	남방얼룩매미나방 *L. minomonis* Matsumura, 1934
쥐색매미나방 *L. bantaizana* Matsumura, 1933	얼룩매미나방 *L. monacha* (Linnaeus, 1758)
매미나방 *L. dispar* (Linnaeus, 1758)	북방얼룩매미나방 *L. monachoides* Schintlimeister, 2004
남방붉은매미나방 *L. fumida* Butler, 1877	큰물결매미나방(외래종) *L. xylina* Swinhoe, 1903
물결매미나방 *L. lucescens* (Butler, 1881)	주홍매미나방(신칭) *L. sugii* Kishida 1986
붉은매미나방 *L. mathura* Moore, 1865	

검은꼬리노랑독나방(태극나방과, 독나방아과) *Nygmia staudingeri* (Leech, 1889)

생김새 몸길이 47mm 안팎(날개 길이 40mm 안팎)으로 머리는 검다. 등방패에 있는 돌기형 주걱은 끝이 빨갛고, 밑이 검으며 길고 검은 자모가 있다. 몸 등에는 희고 청회색의 미세한 인편이

암컷

자란 애벌레

흩어져 있다. 제6~7배마디 주황색의 등쪽과 제1, 2, 8배마디의 등의 털 다발은 짧고 갈색이다.

습성 잎 위에서 발견된다.

서식지 활엽수림

발생 8~9월(어른벌레 7~9월, 연 2회)

먹이식물 겨우살이(단향과 Santalaceae), 팽나무(삼과 Cannabaceae), 느티나무(느릅나무과 Ulmaceae), 벚나무(장미과 Rosaceae), 참나무류(참나무과 Fagaceae)

분포 한국(내륙), 일본, 중국, 네팔, 인도

비고 일본의 이 종의 생활사를 Yoshitomi and Ozaki(2019)가 밝혔는데, 위의 먹이식물을 언급했다.

띠무늬독나방(태극나방과, 독나방아과) *Euproctis fulvatus* Kim, Choi and Kim, 2019

생김새 몸길이 22mm 안팎(날개 길이 19~33mm)으로 머리와 몸은 검은 바탕에 검은 털로 덮인다. 앞가슴과 배마디 등밑선에 노란 띠가 이어진다. 가슴에는 붉은 살돌기가 고리처럼 있다. 가슴 앞으로 솟은 털다발이 한 쌍 있다. 숨문밑선에 희고 붉은 띠가 이어진다.

습성 잎 위에서 발견된다.

서식지 풀밭

발생 7월, 9월(어른벌레 6월, 8~9월, 연 2회)

먹이식물 살갈퀴(콩과 Fabaceae)

분포 한국(중·남부)

비고 한국 고유종으로, 글쓴이들과 목포대 최세웅 교수가 2019년에 기재한 신종이다. 허운홍(2021: 305)의 노랑독나방은 이 종이다.

수컷

자란 애벌레(위)

자란 애벌레(옆)

독나방(태극나방과, 독나방아과) *Artaxa subflava* (Bremer, 1864)

생김새 몸길이 30mm 안팎(날개 길이 ♂ 19mm, ♀ 38mm 안팎)으로 어릴 때에는 노란색이다가 자랄수록 점차 검어진다. 머리는 검고, 몸은 갈색으로 제1, 2, 8배마디가 검어진다. 각 배마디 위에는 검은 살돌기가 있으며, 검거나 흰 자모 다발이 있다.

수컷

암컷

습성 어린 애벌레가 무리 짓는 것을 보면 알을 한꺼번에 낳는 것으로 보인다. 9월경에 잎을 먹다가 추워지면 낙엽 속에서 겨울을 난다.

서식지 풀밭, 습지, 활엽수림

발생 연중(어른벌레 6~8월, 연 1회)

어린 애벌레

중간 애벌레

자란 애벌레

먹이식물 참나무과 Fagaceae, 장미과 Rosaceae, 버드나무과 Salicaceae, 콩과 Fabaceae, 마디풀과 Polygonaceae, 국화과 Asteraceae 등

분포 한국(전국), 일본, 중국, 러시아 극동지역

비고 위생해충으로 유명하다. 애벌레 때의 독침을 지닌 암컷에 닿으면 알레르기를 일으킬 수 있다.

무늬독나방(태극나방과, 독나방아과) *Kidokuga piperita* (Oberthür, 1880)

암컷

생김새 몸길이 30mm 안팎(날개 길이 28~36mm)으로 머리와 몸은 검고, 등선에 주황색 띠가 있는데, 폭이 닮은 종보다 좁은 편이다. 이 띠는 제1, 2, 8배마디에서 좌우가 검은색으로 이어지고 자모 다 발이 그 위에도 생긴다. 숨문선은 등색이고, 그 위의 검은 털다발 가운데에 흰 점무늬들이 있다.

습성 무리 짓는 일이 없으며, 홀로 발견된다. 겨울나기는 아직 밝혀지지 않았다.

서식지 풀밭, 습지, 활엽수림

발생 연중(어른벌레 6~8월, 연 1회)

먹이식물 참나무과 Fagaceae, 자작나무과 Betulaceae, 인동과 Caprifoliaceae, 장미과 Rosaceae, 버드나무과 Salicaceae, 단풍나무과 Aceraceae, 콩과 Fabaceae, 마디풀과 Polygonaceae 등

분포 한국(전국), 일본, 중국, 타이완, 러시아 극동지역

자란 애벌레(위)

자란 애벌레(옆)

꼬마독나방(태극나방과, 독나방아과) *Somena pulverea* (Leech, 1889)

생김새 몸길이 30mm 안팎(날개 길이 28~36mm)으로 앞 종과 닮으나 미세한 차이가 있다. 1) 앞 가슴 위의 붉은 돌기가 길다. 2) 숨문선에 돋은 살돌기는 붉다. 3) 등선이 노란색이다. 4) 제1배

수컷

암컷

마디 위의 노란 무늬는 'Y'자 모양이다. 실제 현장에서 앞 종과 구별하기가 쉽지 않다.

습성 애벌레가 무리 짓는 일이 없으며, 홀로 발견된다. 겨울나기는 아직 밝혀지지 않았다.

서식지 풀밭, 습지, 활엽수림 가장자리, 하천, 공원

발생 연중(어른벌레 6~8월, 연 1회)

먹이식물 참나무과 Fagaceae, 자작나무과 Betulaceae, 인동과 Caprifoliaceae, 장미과 Rosaceae, 버드나무과 Salicaceae, 단풍나무과 Aceraceae, 콩과 Fabaceae, 마디풀과 Polygonaceae 등

분포 한국(전국), 일본, 중국, 타이완, 러시아 극동지역

자란 애벌레(위)

자란 애벌레(옆)

흰독나방(태극나방과, 독나방아과) *Sphrageidus similis* (Fuessly, 1775)

생김새 몸길이 30mm 안팎(날개 길이 26~28mm)으로 노란색의 애벌레는 제1, 2, 8배마디가 노란 무늬이지만 검은 무늬의 흔적이 보인다. 검은색의 애벌레는 무늬독나방과 닮으나 전체 크기가 작고, 등선의 노란 무늬가 더 넓다.

습성 무리 짓는 일이 없으나 식물의 잎 위에서 자주 눈에 띈다. 일본에서는 노란색의 애벌레는 주로 뽕나무를, 검은색의 애벌레는 주로 장미과 식물을 먹는 것으로 알려져 있다.

서식지 풀밭, 습지, 활엽수림

수컷

검은 애벌레

노란 애벌레

발생 연중(어른벌레 5~8월, 연 2~3회)

먹이식물 장미과 Rosaceae, 뽕나무과 Moraceae, 참나무과 Fagaceae, 자작나무과 Betulaceae, 인동과 Caprifoliaceae, 버드나무과 Salicaceae, 단풍나무과 Aceraceae, 콩과 Fabaceae, 마디풀과 Polygonaceae 등

분포 한국(전국), 일본, 중국, 러시아 극동지역~유럽

어린 애벌레

중간 애벌레

뒷검은독나방(태극나방과, 독나방아과) *Kidokuga torasan* (Holland, 1889)

생김새 몸길이 20mm 안팎(날개 길이 18~25mm)으로 몸은 등황색에 가까운 노란색이고, 가슴과 배 위 검은 살돌기는 매우 작다. 배마디의 등에는 작고 검은 점들이 이어진다. 닮은 종들보

암컷

자란 애벌레

다 몸 색이 가장 밝다. 앞가슴 앞 가장자리에 붉은 살돌기 위로 앞 쪽으로 뻗은 검은 털 다발이 있다.

습성 애벌레가 무리 짓는다.

서식지 상록수림

발생 연중(어른벌레 6~8월, 연 1회)

먹이식물 예덕나무(대극과 Euphorbiaceae) 등 여러 활엽수

분포 한국(제주도), 일본

차독나방(태극나방과, 독나방아과) *Arna pseudoconspersa* (Strand, 1914)

생김새 몸길이 25mm 안팎(날개 길이 22~32mm)으로 자란 애벌레는 머리와 몸이 등색 바탕이다. 제1~2배마디 위에 검은 자모 다발이 이어진다. 사진은 중간 애벌레로, 노란색이 많아 밝다. 숨문선은 어둡고, 숨문은 검다.

습성 잎 뒤에 있으며, 중간까지 무리를 짓는다. 알로 겨울을 난다.

서식지 상록수림

수컷

발생 연중(어른벌레 6~7월, 10월, 연 2회)

먹이식물 동백나무(차나무과 Theaceae)

분포 한국(제주도), 일본, 중국, 타이완

비고 수컷 어른벌레는 아침과 저녁에 날아다닌다. 잘못 애벌레가 있는 나뭇잎을 건드릴 경우, 무리를 짓기 때문에 여러 마리의 독 털에 쏘일 위험이 있다.

중간 애벌레

별박이불나방(태극나방과, 불나방아과) *Pelosia muscerda* (Hufnagel, 1767)

생김새 몸길이 13mm 안팎(날개 길이 23mm 안팎)으로 머리와 몸은 검고, 등선과 등밑선에 검고 긴 막대무늬가 보이나 두드러지지 않는다. 각 마디의 등밑선 안쪽에 비교적 짧고 센 자모 다발이 있다. 등 방패 좌우에 희미한 붉은 무늬가 있다. 숨문 주위가 갈색을 띤다.

습성 충남 태안군 신두리 해변의 산책길에서 목책을 잇는 밧줄에 붙어 있었는데, 습기 때문에 이끼류가 많았다.

서식지 해안, 침엽수림 내

발생 6~9월(어른벌레 5~6월, 8~9월, 연 2회)

먹이식물 이끼류(태류)

분포 한국(제주도), 일본, 중국 동북부, 러시아 극동지역~유럽

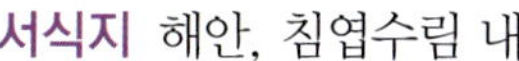
암컷

자란 애벌레(위)

자란 애벌레(옆)

노랑테불나방(태극나방과, 불나방아과) *Collita griseola* (Hübner, 1803)

생김새 몸길이 15mm 안팎(날개 길이 36mm 안팎)으로 몸은 검고 등밑선에 주황색 줄무늬가 있는데, 각 마디에서 끊어진다. 몸에 난 검은 살돌기에는 짧고 검은 자모 다발이 나 있다. 이 속의

암컷

자란 애벌레

487

종들은 매우 닮아서 분류하기 어렵다.

습성 자세한 습성은 알려지지 않았다.

서식지 활엽수림 내

발생 5~8월(어른벌레 5~9월, 연 2회)

먹이식물 지의류 Lichen

분포 한국(내륙), 일본~유럽

비고 사진은 자란 애벌레가 번데기가 되기 위해 배회하는 장면이다.

극동노랑테불나방(태극나방과, 불나방아과) *Collita digna* (Ignatyev et Witt, 2007)

생김새 몸길이 15mm 안팎(날개 길이 37mm 안팎)으로 앞 종과 닮으나 가슴과 배 끝, 몸통 중앙에 검은 띠가 굵다. 등방패 아래의 검은 무늬는 위에서 보면 '산(山)'자 모양의 무늬가 된다. 몸통 앞뒤가 연분홍색으로 닮는다. 등밑선에 다홍색 무늬가 있다.

습성 자세한 습성은 알려지지 않았다.

서식지 활엽수림 내

발생 5~8월(어른벌레 5~9월, 연 2회)

먹이식물 지의류 Lichen

분포 한국(내륙, 울릉도), 러시아 극동지역

비고 어른벌레로는 앞 종과의 차이가 적으나 어른벌레의 생식기와 애벌레는 생김새가 다르다.

어린 애벌레

자란 애벌레

자란 애벌레

노랑배불나방(태극나방과, 불나방아과) *Katha depressa* (Esper, 1787)

생김새 몸길이 17mm 안팎(날개 길이 30~35mm)으로 머리는 검고, 위에서 보면 등밑선까지 흰색으로, 가운데와 뒷가슴, 제4, 7배마디 위는 검은 띠로 되어 있다. 몸에 돋은 살돌기는 황적색을 띤다. 이 살돌기에는 짧은 자모 다발이 나온다. 옆에서 보면 숨문선을 따라 검은 무늬가 이어지고 그 아래로 붉은 기가 있는 회백색이다.

습성 자세한 습성은 알려지지 않았다.

수컷

 서식지 활엽수림, 습지

발생 5~6월(어른벌레 6~9월, 연 2회)

먹이식물 지의류 Lichen

분포 한국(전국), 일본~유럽

자란 애벌레(위)

자란 애벌레(옆)

금빛노랑불나방(태극나방과, 불나방아과) *Wittia sororcula* (Hufnagel, 1766)

생김새 몸길이 20mm 안팎(날개 길이 27mm 안팎)으로 머리는 검고, 생김새는 극동노랑테불나방과 닮으나 등방패와 배 끝 마디의 색과 무늬가 다르다. 또 몸에 돋은 흰 자모는 더 수북하다. 등밑선의 원모양의 붉은 무늬는 중앙이 검다.

습성 나무에 붙은 이끼 또는 지의류를 먹는다. 자신의 털과 입에서 실을 뽑아 이끼 속에 모기장 같은 고치를 틀고 번데기가 된다.

암컷

서식지 활엽수림, 습지, 하천, 저수지

발생 7~9월(어른벌레 5~9월, 연 2회)

먹이식물 이끼류, 지의류 Lichen

분포 한국(내륙), 러시아 극동지역~유럽

자란 애벌레(위)

자란 애벌레(옆)

흰불나방(태극나방과, 불나방아과) *Manulea degenerella* (Walker, 1863)

수컷

생김새 몸길이 20mm 안팎(날개 길이 27mm 안팎)으로 머리는 둥글고 검으며 높이에 비해 폭이 더 넓다. 몸은 회갈색으로, 흑회색의 불규칙한 무늬가 퍼지나 각 마디의 등에 흰색을 띤다. 배 중앙이 두껍고, 숨문밑선이 동그랗게 튀어나온다. 2차 자모 없이 많은 자모가 나온다. 흰 숨문은 작다.

습성 나무에 붙은 지의류를 먹는다. 옅은 갈색의 고치를 틀고 번데기가 된다.

서식지 습지, 하천, 저수지, 강가

발생 7~9월(어른벌레 5~9월, 연 2회)

먹이식물 지의류 Lichen

분포 한국(내륙), 일본

자란 애벌레(위)

자란 애벌레(옆)

점박이불나방(태극나방과, 불나방아과) *Agrisius fuliginosus* Moore, 1872

암컷

생김새 몸길이 35mm 안팎(날개 길이 40mm 안팎)으로 머리와 앞가슴, 제9~10배마디는 주홍색이고, 나머지는 짙은 노란색이다. 이 노란 부분인 가운데가슴부터 제8배마디까지는 가슴에 4개, 각 배마디에 6개의 검은 점이 있다. 옆에서 보면 숨문 아래에도 검은 점이 있고, 살돌기가 있다. 이 부분에서 검고 흰 자모가 섞여 길게 나온다.

습성 잎 뒤에서 애벌레가 위치하고, 어린 애벌레로 겨울을 난다.

서식지 참나무 숲

발생 6~7월, 8월 말~9월(어른벌레 5~8월, 연 2회)

먹이식물 참나무과 Fagaceae

분포 한국(전국), 일본, 중국, 인도 북부

비고 어른벌레는 낮에 날아다니기도 하지만 밤에도 불빛에 잘 날아온다.

어린 애벌레

중간 애벌레

자란 애벌레

목도리불나방(태극나방과, 불나방아과) *Macrobrochis staudingeri* (Alphéraky, 1897)

수컷

생김새 몸길이 37mm 안팎(날개 길이 40mm 안팎)으로 머리는 갈색이고 반짝인다. 앞가슴과 가운데가슴 사이에 노란 띠가 있다. 매미나방처럼 각 마디 뒤로 각각 파란 자모 받침이 혹처럼 4개가 튀어나온다. 이곳에서 긴 자모가 나와 전체를 성기게 덮는다. 등밑선은 노란 띠가 나타나며, 점선처럼 보인다.

습성 중간 애벌레까지는 먹이식물을 벗어나지 않으나 자란 경우 주변 바위, 담 벽에서 발견되기도 한다.

서식지 참나무 숲 내

발생 7~8월(어른벌레 6~7월, 연 1회)

먹이식물 참나무과에 붙은 지의류 Lichen

분포 한국(전국), 일본, 중국, 타이완, 인도 북부

중간 애벌레

자란 애벌레

애벌레 머리

넉점박이불나방(태극나방과, 불나방아과) *Lithosia quadra* (Linnaeus, 1785)

생김새 몸길이 30mm 안팎(날개 길이 40mm 안팎)으로 머리와 가운데가슴, 제3, 7배마디 위가 검다. 등밑선에는 검은 줄이 이어지는데, 각 마디 사이에 붉은 점이 있다. 이 등밑선 위로 회색 바탕에 흰 선 4개가 있다. 숨문선에 살돌기가 있으며, 이 부분에 검은 자모 다발이 나오는데, 수가 적은 편이어서 몸 색과 무늬가 그대로 노출된다.

습성 어린 애벌레로 겨울을 난다.

서식지 풀밭, 참나무 숲 내

발생 연중(어른벌레 5~6월, 8~9월 초, 연 2회)

먹이식물 참나무과 Fagaceae, 지의류 Lichen

분포 한국(전국), 일본, 러시아 극동지역~유럽

수컷	암컷	어른벌레
중간 애벌레	자란 애벌레(위)	자란 애벌레(옆)

검은반디불나방(태극나방과, 불나방아과) *Atolmis rubricollis* (Linnaeus, 1758)

생김새 몸길이 30mm 안팎(날개 길이 40mm 안팎)으로 몸은 검고, 위에서 보면 회갈색 바탕에 'V'자 모양의 갈색 무늬가 있다. 숨문 아래 살돌기에서 나오는 흰 자모 다발이 있다. 등선 좌우에 넉점박이불나방보다 작은 붉은 점이 4개씩 있다.

습성 나무줄기에 붙어 있으며, 지표면에서 엉성한 고치를 틀고 번데기가 된다.

서식지 소나무와 활엽수과 혼합된 산림

발생 5~6월(어른벌레 7~8월 초, 연 1회)

먹이식물 지의류 Lichen, 조류 Algae

분포 한국(북한, 제주도), 러시아 극동지역~유럽

중간 애벌레

중간 애벌레

자란 애벌레

점이끼불나방(태극나방과, 불나방아과) *Siccia obscura* (Leech, 1899)

생김새 날개 길이 17mm 안팎이다. 직접 애벌레를 관찰하지 못했다.

습성 암컷은 지의류가 많은 나무껍질에 앉아 수십 여 개의 알을 한 꺼번에 낳아 붙이는 장면을 관찰했는데, 그 위에 자신의 배털로 덮었 다. 번데기는 나무껍질에서 발견된다.

서식지 활엽수림

발생 8월(어른벌레 6~8월 초, 연 1회)

먹이식물 지의류 Lichen

분포 한국(중 · 남부, 완도), 일본

비고 아주 작은 나방으로, 습한 산지에 산다.

어른벌레와 알

붉은줄불나방(태극나방과, 불나방아과) *Cyana hamata* (Walker, 1854)

생김새 몸길이 25mm 안팎(날개 길이 30mm 안팎)으로 머리와 몸은 검은 바탕에 등선의 2개의 노란 띠가 있으며, 그 선 안 각 마디에서 등적색의 살돌기가 돋는다. 몸에 길고 날카로운 검은색의 자모가 돋 는다.

습성 애벌레로 겨울을 나고 6월경에 번데기가 된다. 이때 속이 보이 는 엉성한 그물 모양으로 고치를 튼다. 이 번데기를 울릉도의 너도 밤나무 줄기에서 발견하였다.

서식지 활엽수림

발생 5~7월(어른벌레 6~9월 초, 연 2회)

먹이식물 지의류 Lichen

분포 한국(전국), 일본, 중국, 타이완, 태국

수컷

자란 애벌레

고치

어리붉은줄불나방(태극나방과, 불나방아과) *Cyana adelina* (Staudinger, 1887)

생김새 몸길이 25mm 안팎(날개 길이 31mm 안팎)으로 전체 생김새로 보면 앞 종과 차이가 크지 않으나 다음과 같은 차이가 있다. 1) 몸 등의 붉은 무늬의 폭이 이 종이 더 넓다. 2) 등의 살돌기들은 더 벌어져 등밑선 부분에 있다. 3) 몸에 돋은 검은 털이 더 빽빽하고 갈색을 띤다. 4) 고치의 털들의 밀도가 더 높다.

습성 앞 종과 큰 차이가 없는 것으로 보인다.

서식지 활엽수림

발생 5월(어른벌레 6~8월 초, 연 1회)

먹이식물 지의류 Lichen

분포 한국(전국), 중국 동북부, 러시아 극동지역

비고 지금까지 우리나라 목록에 *Cyana alba* (Moore, 1878)로 다루고 있으나 위의 학명으로 정리되었다.

수컷

자란 애벌레

고치

놀란 애벌레

알락노랑불나방(태극나방과, 불나방아과) *Stigmatophora flava* (Bremer et Grey, 1852)

생김새 몸길이 25mm 안팎(날개 길이 28mm 안팎)으로 다음 종과는 다음의 차이가 있다. 1) 등선이 뚜렷하고, 붉은색과 노란색 띠가 뚜렷하다. 2) 2차 자모의 길이가 더 길고, 수북하다.

습성 다음 종보다 개체수가 적은 편이다. 애벌레로 겨울을 난다.

서식지 활엽수림, 하천, 계곡

발생 7~9월(어른벌레 6~7월, 8~9월 초, 연 2회)

먹이식물 지의류 Lichen

수컷

중간 애벌레

자란 애벌레(위)

자란 애벌레(옆)

민무늬알락노랑불나방(태극나방과, 불나방아과) *Stigmatophora leacrita* (Swinhoe, 1894)

수컷

생김새 몸길이 25mm 안팎(날개 길이 28mm 안팎)으로 머리와 몸은 흑갈색 바탕에 흰 무늬가 섞인다. 제1~8배마디 중앙 부분의 등선에 넓게 흰무늬가 일정하며, 등밑선에 노란 호 무늬가 있으나 서로 떨어진다. 몸에는 흑갈색의 긴 자모가 수북하다.

습성 지의류가 많은 바위, 묘지석, 큰 느티나무 등 여러 나무에 붙어 있으며, 건드리면 몸을 말면서 아래로 떨어진다. 애벌레로 겨울을 난다.

서식지 활엽수림, 계곡

발생 7~9월(어른벌레 6~7월, 8~9월 초, 연 2회)

먹이식물 지의류 Lichen

분포 한국(전국), 일본, 중국, 러시아 극동지역

자란 애벌레(위)

자란 애벌레(옆)

홍줄불나방(태극나방과, 불나방아과) *Barsine striata* (Bremer et Grey, 1852)

임깃

생김새 몸길이 30mm 안팎(날개 길이 38mm 안팎)으로 머리와 몸은 전체가 검으며, 머리는 반짝인다. 몸통에는 등밑선, 숨문윗선, 숨문밑선에서 자모 받침이 혹처럼 튀어나오고 그 자리에서 밤송이처럼 센털이 모둠으로 난다.

습성 지의류 사이에 있는데, 천천히 움직인다.

서식지 활엽수림, 계곡

발생 6~9월(어른벌레 5~9월 초, 연 수회)

먹이식물 지의류 Lichen, 여러 식물의 낙엽

분포 한국(전국), 일본, 러시아 극동지역

 일반적으로 어른벌레는 암컷이 수컷보다 크고, 수컷은 붉은 색이, 암컷은 노란색이 강하다.

어린 애벌레

중간 애벌레

어른벌레

교차무늬주홍테불나방(태극나방과, 불나방아과) *Barsine aberrans* (Butler, 1877)

생김새 몸길이 15mm 안팎(날개 길이 20mm 안팎)으로 머리는 반짝이는 흑갈색이며, 둥글고 작은 편이다. 몸은 회흑색으로, 짧고 검은 두터운 털 다발이 비로도 같은 모양으로 덮여 있다. 가슴다리는 옅은 갈색, 배다리와 항문다리는 황갈색으로, 연한 털로 덮는다.

습성 습기가 많은 고목 또는 목책 등에 붙은 지의류 사이에서 보인다. 건드리면 몸을 둥글게 만다.

서식지 활엽수림, 계곡, 해안

발생 7~8월, 9월(어른벌레 5~9월 초, 연 수회)

먹이식물 지의류 Lichen

분포 한국(전국), 일본, 중국 동북부, 러시아 극동지역

수컷

자란 애벌레(위)

자란 애벌레(옆)

어른벌레

톱날무늬노랑불나방(태극나방과, 불나방아과) *Miltochrista ziczac* (Walker, 1856)

생김새 몸길이 15mm 안팎(날개 길이 20mm 안팎)으로 머리와 몸은 갈색 바탕에 자기 몸 높이만한 밤색 털로 수북하다. 이 자모 다발은 혹처럼 생긴 자모 받침에서 나온다. 가슴과 배다리는 옅은 황갈색이다. 앞 종보다 빽빽하게 보이는 자모는 연해 보이고 갈색을 띤다.

습성 먹이식물인 지의류 사이 또는 자기 몸 색을 띠는 나무껍질에 붙는다.

수컷

서식지 활엽수림, 계곡

발생 7~8월, 9월(어른벌레 4~5월, 8~9월 초, 연 2회)

먹이식물 지의류 Lichen

분포 한국(전국), 일본, 중국, 타이완

중간 애벌레

자란 애벌레(위)

자란 애벌레(옆)

흰무늬왕불나방(태극나방과, 불나방아과) *Aglaomorpha histrio* (Walker, 1855)

생김새 몸길이 60mm 안팎(날개 길이 70mm 안팎)으로 머리와 몸은 검은색이고, 살돌기에서 뻗은 자모 다발이 마치 밤송이처럼 날카롭다. 몸통의 등밑선에는 각 마디마다 검은 살돌기가 한 쌍씩 나온다. 중간 애벌레는 몸에 난 털이 적어 등의 자모 받침을 뚜렷이 볼 수 있다.

습성 건들면 몸을 둥글게 말고 떨어져 한동안 움직이지 않는다. 자란 애벌레가 낙엽 사이에 엉성한 고치를 틀고 그 속에서 번데기가 된다.

서식지 풀밭, 계곡, 하천

발생 9~10월(어른벌레 5~6월, 7~9월 초, 연 2회)

먹이식물 장미과 Rosaceae, 마디풀과 Polygonaceae

분포 한국(전국), 일본(대마도), 중국, 타이완

비고 어른벌레는 낮에 날지 않지만 자극을 주면 날아가는 모습을 볼 수 있다.

중간 애벌레

자란 애벌레

어른벌레

무늬흰불나방(태극나방과, 불나방아과) *Nyctemera adversata* (Schaller, 1788)

생김새 몸길이 45mm 안팎(날개 길이 48mm 안팎)으로 머리는 반짝이는 적갈색이다. 몸은 검은색으로 적갈색이 돈다. 등선에는 흰 무늬가 발달하는데, 가슴 위는 온전하나 배 위는 세로로 잘게 갈라진다. 숨문

선은 흰색이다. 앞가슴 앞으로 긴 자모가 'V'자형으로 나고, 마디 좌우로 일정하게 짧은 자모가 나온다. 가슴과 배다리, 항문다리는 붉다.

수컷

자란 애벌레

습성 잎 뒤에 붙어 있으며, 발견하기 어렵다.

서식지 풀밭

발생 7~8월(어른벌레 6~10월, 연 수회)

먹이식물 개망초(국화과 Asteraceae)

분포 한국(남부, 제주도), 일본, 중국, 타이완, 동남아시아~인도

비고 남부 지방에서는 외국에서 우연히 날아온 것으로 보이지만 제주도에는 정착하는 것으로 보인다.

굴뚝불나방(태극나방과, 불나방아과) *Epatolmis caesarea* (Goeze, 1781)

생김새 몸길이 25mm 안팎(날개 길이 35mm 안팎)으로 머리는 검고 중봉선이 노랗다. 몸은 흑갈색 바탕이다. 등선과 등밑선은 노란색인데, 등선이 굵다. 숨문은 검고, 그 아래에 붉은 자모 받침이 있다. 등밑선과 숨문선에 자모 받침에서 검고 흰 자모가 나온다.

어른벌레

자란 애벌레

습성 잎 뒤에 붙어 있으며, 발견하기 어렵다.

서식지 풀밭

발생 5월(어른벌레 5~6월, 연 1회)

먹이식물 질경이(질경이과 Plantaginaceae), 민들레(국화과 Asteraceae), 버드나무과 Salicaceae

분포 한국(내륙), 일본, 중국 동북부, 러시아 극동지역~유럽

아마불나방(태극나방과, 불나방아과) *Phragmatobia amurensis* Seitz, 1910

생김새 몸길이 25mm 안팎(날개 길이 35mm 안팎)으로 머리는 흑갈색 또는 검은색이고, 인(人)자 무늬가 있으며, 양쪽에 붉은 무늬가 있다. 몸은 적갈색으로 기다란 적갈색 자모로 촘촘하다.

수컷

암컷

가슴다리와 배다리는 적갈색이다. 숨문은 흰색이다.

습성 자란 애벌레는 눈에 잘 띄나 워낙 이 종의 분포 범위가 좁아 쉽게 볼 수 없다.

서식지 풀밭, 관목림

발생 6~7월(어른벌레 7~8월, 연 1회)

먹이식물 회양목(회양목과 Buxaceae), 병꽃나무(인동과 Caprifoliaceae), 아마(아마과 Linaceae), 민들레(국화과 Asteraceae) 등

분포 한국(중부 이북), 일본, 중국 동북부, 러시아 극동지역

자란 애벌레(위)

자란 애벌레(옆)

뒷노랑왕불나방(태극나방과, 불나방아과) *Pericallia matronula* (Linnaeus, 1758)

생김새 몸길이 60mm 안팎(날개 길이 75mm 안팎)으로 머리와 몸은 적갈색이 도는 검은색인데, 몸에 솟은 뻣뻣한 자모는 빈틈없이 가득하다. 드물게 적갈색인 경우도 있다.

습성 자란 애벌레는 길가에서 발견되는 일이 많다. 추운 지역에서 볼 수 있으며, 알부터 어른벌레가 되는 데까지 2년이 걸린다고 한다.

어른벌레

서식지 낙엽활엽수림

발생 연중(어른벌레 7~8월, 연 1회)

먹이식물 민들레(국화과 Asteraceae) 등

분포 한국(중부 이북), 일본, 중국 동북부, 러시아 극동지역~유럽

자란 애벌레

자란 애벌레(검은색)

자란 애벌레(적갈색)

미국흰불나방(태극나방과, 불나방아과) *Hyphantria cunea* (Drury, 1773)

생김새 몸길이 48mm 안팎(날개 길이 75~100mm)으로 머리와 몸 등은 검은색이고 긴 자모가 난다. 옆에서 보면 바탕이 청백색으로 검은 잔 점이 퍼져 있고, 등밑선 아래와 숨문 위로 주황색 큰 원 무늬가 있다. 숨문은 희고 테두리가 검다. 숨문 밑에 주황색 작은 도드라진 자모 받침에서 긴 흰 자모가 옆으로 뻗는다. 바닥선은 흰 잔선이 퍼진 연미색이다.

습성 3살 애벌레까지는 무리를 짓는다. 처음에는 잎의 표피와 맥을 남기며 먹지만 나중에는 전체를 먹는다. 번데기로 겨울을 난다.

서식지 풀밭, 농촌, 경작지, 도시

발생 4~10월(어른벌레 5월, 7~9월 초, 연 2회)

먹이식물 뽕나무(뽕나무과 Moraceae), 양버즘나무(버즘나무과 Platanaceae), 벚나무류(장미과 Rosaceae), 아까시나무, 등나무(콩과 Fabaceae) 등

분포 한국(중부), 일본, 중국, 북미, 유럽

비고 한국전쟁 때 미국에서 유입된 것으로 보고 있다. 가로수와 정원수 등을 보기 흉하게 만든다. 원산지는 미국, 캐나다, 멕시코이다. 김헌규(1962)는 이 나방의 박멸 대책에 대한 논문에서 당시는 플라타너스에 가장 많은 피해를 입힌다고 언급하였다. 최근 김동언·길지현(2012)은 먹이식물이 62과 219종이라고 정리하였다.

피해를 입은 뽕나무

짝짓기와 알 낳기

2살 애벌레

3살 애벌레

3살, 4살 애벌레

자란 애벌레

별박이안주홍불나방(태극나방과, 불나방아과) *Diacrisia amurensis* (Bremer, 1861)

생김새 몸길이 60mm 안팎(날개 길이 60~75mm)으로 머리와 몸은 짙은 갈색이고, 자모 다발은 일반 불나방 애벌레와 닮는다. 등선은 밝은 황갈색으로 뚜렷하고, 각 마디에 4개의 자모 받침

수컷

암컷

이 있는데, 앞 2개는 크고 뒤 2개는 조금 작고 서로 가깝다. 가슴다리는 검고, 숨문은 흰색이다.

습성 애벌레가 나무에 걸쳐 죽은 모습을 볼 수 있는데, 이는 자낭균 일종인 *Entomophaga* sp.가 들어갔기 때문이다. 애벌레로 겨울을 난다.

서식지 풀밭, 경작지, 하천

발생 6~7월(어른벌레 7~8월, 연 1회)

먹이식물 왕벚나무(장미과 Rosaceae), 뚱딴지(국화과 Asteraceae), 마디풀과 Polygonaceae 등

분포 한국(전국), 일본, 중국, 러시아 극동지역

2살, 3살 애벌레

4살 애벌레

자란 애벌레

흰제비불나방(태극나방과, 불나방아과) *Chionarctia nivea* (Ménétriès, 1859)

생김새 몸길이 60mm 안팎(날개 길이 60~75mm)으로 머리는 검고 반짝이며, 개안 부분이 붉은색을 띤다. 또 역 'Y'자 모양의 옅은 주황색 무늬가 있다. 몸은 원통형으로, 전체가 검고 등선이 암회색으로 뚜렷하다. 몸의 살돌기에서 긴 자모 다발이 수북하다. 가슴다리는 붉다.

습성 애벌레로 겨울을 난다.

4살 애벌레

자란 애벌레

어른벌레

서식지 풀밭, 활엽수림

발생 연중(어른벌레 7~9월 초, 연 1회)

먹이식물 장미과 Rosaceae, 콩과 Fabaceae, 국화과 Asteraceae

분포 한국(전국), 일본, 중국, 러시아 극동지역

비고 수컷 어른벌레는 배 끝에서 긴 발향기가 나와 암컷을 유인하다.

배점무늬불나방(태극나방과, 불나방아과) *Spilosoma lubricipeda* (Linnaeus, 1758)

생김새 몸길이 35mm 안팎(날개 길이 34mm 안팎)으로 어린 애벌레
는 몸이 갈색이고 머리와 배 끝 부분이 주황색을 띤다. 등선은 연미
색으로 뚜렷하고, 제1, 7배마디 양쪽에 검은 살돌기가 있다. 자란 애
벌레는 바탕이 짙어지고 검은 자모 다발이 가득하다. 숨문선은 갈색
이다.

습성 잎 사이에서 몸에 난 털을 섞은 채로 만든 고치 속에서 번데기
가 된다. 겨울나기는 아직 알려지지 않았다.

서식지 풀밭, 경작지, 하천, 강가, 계곡

발생 연중(어른벌레 4~9월 초, 연 2~3회)

먹이식물 뽕나무과 Moraceae, 장미과 Rosaceae, 민들레(국화과 Asteraceae) 등

분포 한국(전국), 일본, 러시아 극동지역~유럽

수컷

4살 애벌레

자란 애벌레

애벌레 머리

점무늬불나방(태극나방과, 불나방아과) *Spilosoma punctaria* (Stoll, 1782)

생김새 몸길이 50mm 안팎(날개
길이 38mm 안팎)으로 전체가 가
시 같은 자모 다발이 많아 털벌
레로 보이는 점이 앞 종과 닮으
나 다음의 특징이 이 종에만 있
다. 1) 몸통의 등선이 등색이다.
2) 몸 옆의 숨문선이 등색이다.

수컷

애벌레 머리

습성 잎 사이에서 몸에 난 털을 섞은 고치 속에서 번데기가 된다. 겨울나기는 아직 알려지지 않았으나 가을 늦게 자란 애벌레가 보이는 점으로 미루어 보아 여러 단계인 것으로 추측된다.

서식지 풀밭, 경작지, 하천, 강가, 계곡

발생 연중(어른벌레 4~9월 초, 연 2~3회)

먹이식물 마디풀과 Polygonaceae, 국화(국화과 Asteraceae) 등 여러 초본식물

분포 한국(전국), 일본, 중국, 러시아 극동지역

2살 애벌레

4살 애벌레

자란 애벌레

줄점불나방(태극나방과, 불나방아과) *Spilarctia seriatopunctata* (Motschulsky, 1860)

생김새 몸길이 43mm 안팎(날개 길이 40mm 안팎)으로 어릴 때 머리는 검고 몸이 연두색에 가슴과 배 끝이 조금 노랗다. 검은 자모는 듬성듬성 난다. 중간 애벌레는 갈색으로 변하고 자모가

수컷

암컷

많아진다. 자라면 몸과 자모 모두 붉어진다. 특히 자모는 빈틈이 없다.

습성 잎 사이에서 몸에 난 털을 섞어 실로 엮은 고치 속에서 번데기가 된다.

서식지 풀밭, 활엽수림, 하천

발생 연중(어른벌레 4~9월 초, 연 2회)

먹이식물 여러 활엽수, 마디풀과 Polygonaceae, 고사리류

분포 한국(전국), 일본, 러시아 극동지역

중간 애벌레

자란 애벌레

애벌레 머리

배붉은흰불나방(태극나방과, 불나방아과) *Spilarctia subcarnea* (Walker, 1855)

생김새 몸길이 40mm 안팎(날개 길이 42mm 안팎)으로 어릴 때 몸이 황적색 바탕이고, 가슴과 배 끝 부분에 검은 살돌기가 있다. 자라면 몸은 흑갈색 바탕에 등선과 숨문선이 밝은 황적색을 띤다. 얼핏 앞 종과 닮지만 앞 종은 자모가 온몸에 빽빽한데 반해 이 종은 살돌기를 중심으로 선인장 가시처럼 자모 다발이 나온다.

습성 잎 사이에서 몸에 난 털이 섞은 고치 속에서 번데기가 된다.

서식지 활엽수림

발생 연중(어른벌레 4~9월 초, 연 2회)

먹이식물 뽕나무과 Moraceae, 장미과 Rosaceae 등

분포 한국(전국), 일본, 중국, 타이완

수컷

암컷

애벌레 머리

3살 애벌레

4살 애벌레

자란 애벌레

외줄점불나방(태극나방과, 불나방아과) *Spilarctia lutea* (Hufnagel, 1766)

생김새 몸길이 35mm 안팎(날개 길이 38mm 안팎)으로 어릴 때 머리는 검고 몸이 붉은색이 많다가 자라면서 전체적으로 검어진다. 몸의 체계는 앞 2종과 차이가 크지 않다. 줄점불나방의 애벌레가 검은 형도 있으며, 이 종도 붉은 형이 있다.

암컷

3살 애벌레

습성 어릴 때 무리 짓는다. 잎 사이에서 몸에 난 털을 섞어 실로 엮은 고치 속에서 번데기가 된다.

서식지 풀밭, 활엽수림, 하천, 섬 지역

발생 연중(어른벌레 4~9월 초, 연 2회)

먹이식물 여러 활엽수, 마디풀과 Polygonaceae, 민들레(국화과 Asteraceae), 질경이(질경이과 Plantaginaceae), 도 둑놈의갈고리(콩과 Fabaceae) 등

분포 한국(전국), 일본, 러시아 극동지역~유럽

비고 어른벌레는 앞날개 전연 밑에 검은 띠가 없다.

4살 애벌레

자란 애벌레(위)

자란 애벌레(옆)

홍배불나방(태극나방과, 불나방아과) *Spilarctia alba* (Bremer et Grey, 1853)

생김새 몸길이 35mm 안팎(날개 길이 38mm 안팎)으로 머리는 적갈색이고, 몸은 주황색 바탕에 등밑선과 마디 사이가 적갈색 띠이다. 생김새는 배붉은불나방과 닮으나 머리의 무늬가 다르고, 몸 색이 더 밝으며, 자모가 더 긴 편이다.

습성 길 위를 배회하거나 잎 위에 붙는다.

서식지 풀밭, 활엽수림, 하천, 섬 지역

발생 연중(어른벌레 4~9월 초, 연 2회)

먹이식물 사위질빵(미나리아재비과 Ranunculaceae), 민들레(국화과 Asteraceae) 등

분포 한국(중부 이남, 울릉도), 중국, 타이완

수컷

자란 애벌레(위)

자란 애벌레(옆)

남방줄점불나방(태극나방과, 불나방아과) *Spilarctia graminivora* Inoue, 1988

생김새 몸길이 30mm 안팎으로 몸은 검고, 가슴과 제1, 4~8배마디 등에 검고 긴 자모가, 제2~3배마디

등에 적갈색의 긴 자모가 있다.
몸 옆에도 긴 자모가 있으며, 배
마디 옆에 자모는 적갈색이다.
중간애벌레는 몸 색이 노랗고
검은 자모 받침에 많지 않은 자
모가 나온다.

자란 애벌레

자극을 받은 애벌레

습성 제주도에서 길 위를 배회
하는 행동만 보았다. 건드리면 몸을 동그랗게 만다.

서식지 해안, 풀밭

발생 7월

먹이식물 일본에서는 뽕나무, 수국, 머루가 알려져 있다.

분포 한국(제주도), 일본

비고 어른벌레까지 날개돋이 시키지 못했다.

꼬마줄점불나방(태극나방과, 불나방아과) *Lemyra inaequalis* (Butler, 1879)

생김새 몸길이 25mm 안팎(날개
길이 40~46mm)으로 머리는 적
갈색이고 세로로 길다. 몸은 바
탕이 검고, 청람색 살돌기와 그
위에 난 자모 다발이 있다. 등선
은 희나 뚜렷하지 않다. 등밑선

수컷

암컷

아래로는 황갈색으로 밝아진다. 숨문윗선에는 작고 흰 점이 있다. 몸통 옆으로 난 자모는 적갈색이다.
숨문은 타원형으로 흰색이다.

습성 가을에 어린 애벌레들이 무리지어 실로 잎을 싸고 그 속에서 잎의 표피를 먹고, 나무에서 내려와
낙엽 속에서 겨울을 난다. 자란 애벌레의 자모는 잘 떨어지며, 이럴 경우 몸 내부가 잘 보인다. 다 자랄
때까지 무리를 짓는 습성이 유지되는 편이다.

서식지 활엽수림

발생 연중(어른벌레 6~9월 초, 연 2회)

어린 애벌레

중간 애벌레

자란 애벌레

먹이식물 뽕나무과 Moraceae, 장미과 Rosaceae, 참나무과 Fagaceae 등

분포 한국(남부, 제주도), 일본

등붉은뒷흰불나방(태극나방과, 불나방아과) *Lemyra boghaika* Tsistjakov et Kishida, 1994

생김새 몸길이 27mm 안팎(날개 길이 42~47mm)으로 앞 종과 매우 닮아 머리가 적갈색인 점, 몸통의 색이 청흑색이고, 등에 난 청보라빛 살돌기 등은 공통의 특징이나 몸에 돋은 돌기가 흰 것과 검은 것이 섞여 있어 차이가 난다. 가슴과 배다리는 붉으며, 배다리는 길다.

습성 가을에 어린 애벌레들이 무리지어 실로 잎을 싸고 그 속에서 잎의 표피를 먹고, 나무에서 내려와 낙엽 속에서 겨울을 난다. 봄에 더 자라고 번데기가 된다.

서식지 활엽수림

발생 연중(어른벌레 6~8월, 연 2회)

먹이식물 뽕나무과 Moraceae

분포 한국(지리산 이북의 산지), 러시아 극동지역

수컷

암컷

어린 애벌레

중간 애벌레

자란 애벌레(위)

자란 애벌레(옆)

Lemyra sp.(태극나방과, 불나방아과)

생김새 몸길이 35mm 안팎으로 꼬마줄점불나방과 닮는다. 다만 머리가 탁한 붉은색, 숨문윗선 아래로 황갈색을 띠는데, 몸 옆의 자모는 조금 붉어 달라 보인다. 이 *Lemyra*속은 아직 분류학적으로 정리된 상태가 아니다.

습성 제주도에서만 볼 수 있다.

서식지 상록수림

수컷

발생 3월

먹이식물 복분자딸기(장미과 Rosaceae)

분포 한국(제주도)

자란 애벌레(위)

자란 애벌레(옆)

수검은줄점불나방(태극나방과, 불나방아과) *Lemyra imparilis* (Butler, 1877)

생김새 몸길이 40mm 안팎(날개 길이 35~50mm)으로 머리는 검으나 이따금 붉은 개체도 있다. 몸은 검은색이다. 등선이 황백색인데, 주황색 살돌기에 의해 끊어진다. 이 주황색 살돌기는

수컷

암컷

제주도 개체들은 대부분 청흑색으로만 보인다. 이 살돌기에는 양옆으로 뻗는 자모 다발이 있는데, 색이 희거나 검다. 이 자모 중에는 2배 이상 긴 것도 있다. 제3~6배마디의 옆에는 살돌기가 청흑색이다.

습성 가을에 1살 애벌레들이 실로 잎을 싸고 그 속에서 잎의 표피를 먹는다. 이후 겨울을 나기 위해 나무에서 내려온다. 애벌레의 기간이 길다.

서식지 활엽수림

발생 10월~이듬해 6월(어른벌레 7~9월, 연 1회)

앞번데기

어린 애벌레

먹이식물 뽕나무과 Moraceae, 장미과 Rosaceae, 참나무과 Fagaceae, 수국과 Hydrangeaceae 등

분포 한국(전국), 일본, 중국, 태국

비고 수컷 어른벌레의 날개색은 옅은 검은색, 암컷이 옅은 노란색으로 다르다. 우리 이름 '수검은'은 수컷이 검다는 뜻이다. 제주도에서는 이른 봄 복분자딸기에서 애벌레를 많이 볼 수 있다.

중간 애벌레

자란 애벌레(위)

자란 애벌레(옆)

중부 지방 애벌레

제주도 애벌레(위)

제주도 애벌레(옆)

애기나방(태극나방과, 불나방아과) *Amata fortunei* (d'Orza, 1869)

생김새 몸길이 25mm 안팎(날개길이 34mm 안팎)으로 머리와 몸은 흑갈색이고, 조금 적갈색을 띤다. 머리는 앞쪽으로 검은 털이 나오고, 몸에는 각 마디에 검은 자모 받침이 일정하게 있고, 거기에서 짧고 날카로운 검은 자모 다발이 나온다.

어른벌레

자란 애벌레

습성 생잎도 먹지만 마른 잎도 먹는데, 자연 상태에서 마른 잎을 주로 먹는 것으로 보인다. 애벌레로 겨울을 난다.

서식지 풀밭, 습지, 활엽수림, 하천

발생 7월, 9월~이듬해 5월(어른벌레 6월, 8~9월, 연 2회)

먹이식물 민들레(국화과 Asteraceae), 거북꼬리(쐐기풀과 Urticaceae) 등 여러 풀

분포 한국(내륙), 일본, 중국, 타이완

노랑애기나방(태극나방과, 불나방아과) *Amata germana* Felder, 1862

암컷

생김새 몸길이 24mm 안팎(날개 길이 30mm 안팎)으로 머리가 붉은 장미알락나방과 닮지만 머리가 검고, 조금 크다. 밤송이 같은 자모는 위에서 보면 말미잘처럼 질서정연한 방사상이고, 흰색이다.

습성 앞 종과 같은 습성으로 보인다.

서식지 풀밭, 습지, 활엽수림, 하천

발생 4월, 9월(어른벌레 5~6월, 8~9월, 연 2회)

먹이식물 여러 나무와 풀(외떡잎식물도 먹는다.)

분포 한국(울릉도를 뺀 전국), 일본, 중국, 러시아 극동지역, 타이완

비고 앞 종과 이 종은 어른벌레가 낮에 날아다니며, 개망초 등 여러 꽃에 날아온다.

자란 애벌레(위)

자란 애벌레(옆)

번데기

앞점무늬짤름나방(태극나방과) *Rhesala imparata* Walker, 1865

암컷

생김새 몸길이 19mm 안팎(날개 길이 21mm 안팎)으로 머리는 둥글고, 반짝이는 노란색이며 조금 풀빛이 돈다. 등방패와 항문위판은 몸 색과 같다. 몸통은 옅은 풀색으로 색이 균일하다. 등선 좌우로 흰 띠가 뚜렷하고 마디 사이가 희다. 자모는 연미색이다.

습성 잎을 서로 엮고 그 사이에서 사는데, 여러 마리가 있으면 잎이 지저분해 보인다.

서식지 마을, 하천, 강가

자란 애벌레

먹은 흔적

발생 5~9월 초(어른벌레 6~11월, 연 2회)

먹이식물 자귀나무(콩과 Fabaceae)

분포 한국(중·남부), 일본, 타이완, 인도, 스리랑카, 네팔, 술라웨시

볼록짤름나방(태극나방과) *Ectogonia butleri* (Leech, 1900)

생김새 몸길이 25mm 안팎(날개 길이 30mm 안팎)으로 머리와 몸은 고동색이고, 등밑선의 노란 띠가 뚜렷하다. 마디에 넓게 짙은 갈색의 띠가 호처럼 나타난다. 숨문은 검다.

습성 잎을 마치 거미줄 같은 흰 실을 토해 붙이고 그 속에서 산다. 애벌레로 겨울을 난다.

서식지 활엽수림

발생 7월, 9월~이듬해 4월(어른벌레 5~8월, 연 2회)

먹이식물 노박덩굴(노박덩굴과 Celastraceae), 작살나무(마편초과 Verbenaceae) 등

분포 한국(중·남부), 일본

수컷

자란 애벌레

둥지

뿔수염나방(태극나방과) *Latirostrum bisacutum* Hampson, 1895

생김새 몸길이 35mm 안팎(날개 길이 48mm 안팎)으로 머리는 풀색이고 정수리가 볼록하다. 몸은 옅은 풀색으로 마디의 색이 더 옅다. 등선은 연두색 점들이 이어진다. 등밑선은 풀색이고, 등선과 등밑선 사이에도 연두색 점이 성글게 있다.

습성 잎 뒤에 위치한다. 어른벌레로 겨울을 나나 어떻게 지내는지 알려져 있지 않다.

서식지 활엽수림

발생 6~7월 초(어른벌레 7~9월, 연 1회)

먹이식물 나도밤나무(나도밤나무과 Sabiaceae)

분포 한국(남부), 일본, 인도

암컷

자란 애벌레(위)

자란 애벌레(옆)

각시뒷노랑수염나방(태극나방과) *Hypena claripennis* (Butler, 1878)

암컷

생김새 몸길이 25mm 안팎(날개 길이 30mm 안팎)으로 몸은 등색이 강하다. 다음 종과 닮아 맨눈으로 구별하기 어렵다. 구별하려면 머리의 자모의 배치, 겉면의 미세구조를 살펴야 한다. 제3배마디의 배다리는 퇴화한다.

습성 다음 종과 같은 장소에서 함께 보이기도 한다. 암컷은 오후에 날아다니면서 알을 낳는다. 여름에 자란 애벌레는 먹이식물의 잎의 가운데 맥에서 잎을 엮어 붙여 그 속에서 번데기가 되나 가을에는 땅으로 내려와 흙 속에 들어가 번데기가 된다. 번데기는 적갈색이다.

서식지 풀밭, 습지, 활엽수림

발생 연중(어른벌레 5~10월, 연 2~3회)

먹이식물 왜모시풀, 거북꼬리, 왕모시풀, 모시풀(쐐기풀과 Urticaceae)

분포 한국(남부, 제주도), 일본, 중국

자란 애벌레

번데기

어른벌레

뒷노랑수염나방(태극나방과) *Hypena amica* (Butler, 1878)

생김새 몸길이 25mm 안팎(날개 길이 30mm 안팎)으로 앞 종과의 차이점은 이 종의 몸 겉면을 150배 정도 확대하면 작은 돌기가 있는 것을 확인할 수 있다. 몸은 황록색인데 검은 무늬가 많아 전체가 검어지기도 하지만 황록색 바탕은 변하지 않는다. 배다리와 항문다리의 옆에는 검은 무늬가 있다.

습성 앞 종과 습성이 같으며, 흙 속에서 번데기 상태로 겨울을 나기 때문에 이른 봄에 어른벌레를 볼 수 있다.

서식지 풀밭, 습지, 활엽수림

발생 연중(어른벌레 5~10월, 연 2~3회)

먹이식물 왜모시풀, 거북꼬리, 왕모시풀, 모시풀(쐐기풀과 Urticaceae), 참느릅나무(느릅나무과 Ulmaceae)

분포 한국(중 · 남부, 제주도, 울릉도), 일본, 중국

중간 애벌레

자란 애벌레

자란 애벌레

대만수염나방(태극나방과) *Hypena trigonalis* (Guenée, 1854)

생김새 몸길이 25mm 안팎(날개 길이 30mm 안팎)으로 앞 종과 생김새가 차이가 나지 않는다. 다만 몸 곁을 확대하면 자모 받침이 작은 돌기처럼 보인다. 몸 색은 변이가 있다.

습성 앞 종과 습성이 같다.

서식지 풀밭, 습지, 활엽수림

발생 연중(어른벌레 5~10월, 연 2~3회)

먹이식물 왜모시풀, 거북꼬리, 왕모시풀, 모시풀(쐐기풀과 Urticaceae)

분포 한국(남부, 제주도), 일본, 중국

암컷

중간 애벌레

중간 애벌레(풀색)

중간 애벌레(적갈색)

^{신칭} 남방쌍줄수염나방(태극나방과) *Hypena innocuoides* Poole, 1989

생김새 몸길이 21mm 안팎(날개 길이 24mm 안팎)으로 머리와 몸은 반짝이는 옅은 풀색이고, 특별한 무

늬가 없다. 미세한 검은 자모 받침에 흰 자모가 가느다랗게 나온다.

습성 잎 뒤에 붙어 있으며, 앞 종들과 섞여 있다. 어른벌레 상태로 겨울을 나는 것으로 보이는데, 이른 봄에 어른벌레를 볼 수 있기 때문이다. 하지만 연중 생활사 과정이 이어지는 것으로 보인다.

서식지 풀밭, 상록수림

발생 연중(어른벌레 3~4월, 6~10월, 연 2~3회)

먹이식물 모시풀, 섬모시풀(쐐기풀과 Urticaceae)

분포 한국(남부, 제주도), 일본

비고 우리나라에 처음 기록되며, 논문으로 발표할 예정이다. 허운홍(2021: 413)의 미해결종은 이 종으로 보인다.

암컷

중간 애벌레

중간 애벌레

활무늬수염나방(태극나방과) *Bomolocha bicoloralis* Graeser, 1889

생김새 몸길이 22mm 안팎(날개 길이 26mm 안팎)으로 머리와 몸은 풀색이고, 머리의 색이 연두색에 가깝다. 머리는 크고 작은 검은 점이 퍼져 있다. 자모 받침은 검고 하나의 검은 자모가 침처럼 나온다. 숨문은 검고, 그 위에 검은 점이 특히 크다. 가슴다리는 적갈색이고, 배와 항문다리는 끝이 적갈색이다.

암컷

사란 애빌레

습성 자란 애벌레는 잎을 실로 엮고 그 속에서 번데기가 된다.

서식지 낙엽활엽수림

발생 7월, 9월(어른벌레 6~9월, 연 2회)

먹이식물 느릅나무, 느티나무(느릅나무과 Ulmaceae)

Bomolocha sp. 자란 애벌레

분포 한국(지리산 이북), 일본, 중국, 러시아 극동지역

비고 위 사진의 *Bomolocha* sp.의 애벌레는 이 종과 닮았으나 몸 색이 옅고, 자모 받침이 더 두드러진다.

세줄짤름나방(태극나방과) *Colobochyla salicalis* (Denis et Schiffermüller, 1775)

암컷

생김새 몸길이 24mm 안팎(날개 길이 23mm 안팎)으로 머리와 몸은 풀색이고, 가늘고 길어 보인다. 머리의 개안 부위에 검은 점이 보인다. 등선 등 몸통의 세로선은 보이지 않는다. 제4배마디의 다리는 제5~6배마디보다 더 짧다.

습성 잎을 실을 토해 붙이고 그 속에 은신하다가 먹을 때에만 밖으로 나온다. 번데기로 겨울을 난다.

발생 7월, 9월(어른벌레 6~9월, 연 2회)

먹이식물 버드나무, 사시나무(버드나무과 Salicaceae)

분포 한국(지리산 이북), 일본, 중국 동북부, 러시아 극동지역~유럽

자란 애벌레(위)

자란 애벌레(옆)

어른벌레

우묵날개짤름나방(태극나방과) *Euwilemania angulata* (Wileman, 1911)

암컷

생김새 몸길이 18mm 안팎(날개 길이 20mm 안팎)으로 머리는 앞에서 보면 앞머리가 풀색이고, 정수리가 옅은 풀색이다. 정수리 중앙에 노란 점이 있다. 몸은 풀색 바탕에 등선이 노란 점과 선이 이어지다가 끊어진다. 등밑선의 노란 띠는 뚜렷하다. 숨문은 검고, 그 아래에 등 부분과 같은 노란 무늬가 이어진다. 제5~6배마디의 배다리와 항문다리가 있다.

습성 잎 뒤에 위치하며, 번데기도 나뭇잎을 붙인 사이에서 보인다.

서식지 활엽수림

자란 애벌레(위)

자란 애벌레(옆)

애벌레 머리

발생 6~7월, 9월(어른벌레 5~8월, 연 2회)

먹이식물 풍게나무, 팽나무(삼과 Cannabaceae)

분포 한국(전국), 일본, 중국

붉은띠수염나방(태극나방과) *Gonepatica opalina* (Butler, 1879)

생김새 몸길이 25mm 안팎(날개 길이 27mm 안팎)으로 어린 애벌레
는 옅은 풀색이다. 4살 애벌레는 머리가 살구색이고, 몸통 마디가
노랗고 옅은 풀색과 황토색이다가 자라면 그물 구조로 된 흑갈색 바
탕에 몸통 마디가 황갈색인 흑갈색을 띤다. 앞가슴 등에는 검고 네
모인 작은 무늬가 있다. 제3~4배마디의 다리는 발달하고 위에서 보
면 옆으로 뻗친다.

수컷

습성 잎 뒤에서 살아가며, 주로 주맥에 붙는다. 자라면 잎 사이를 엮고 그 사이에서 번데기가 된다.

서식지 활엽수림

발생 7월 말~9월 초(어른벌레 6~7월, 연 1회)

먹이식물 신갈나무 등 참나무류(참나무과 Fagaceae)

분포 한국(내륙), 일본, 중국, 러시아 극동지역

3살 애벌레

4살 애벌레

자란 애벌레

주황얼룩수염나방(태극나방과) *Lophomilia flaviplaga* (Warren, 1912)

생김새 몸길이 20mm 안팎(날개 길이 28mm 안팎)으로 머리는 옅은
풀색이고, 몸통은 가늘고 길며, 황백색 바탕에 등선이 가슴에서 풀
색이 짙어진다. 제3배마디의 배다리는 없고 제4배마디의 배다리는
작다. 배의 각 마디는 중앙이 부풀고 마디 사이가 좁아진다.

습성 여름에는 잎 뒤에서 번데기가 된다. 가을에는 낙엽 사이에서
번데기가 된 후 겨울을 난다.

수컷

서식지 참나무 숲

발생 6~7월, 9월(어른벌레 5월, 7~8월, 연 2회)

먹이식물 참나무과 Fagaceae

분포 한국(지리산 이북), 일본, 러시아 극동지역

3살 애벌레

4살 애벌레

자란 애벌레

알락무늬짤름나방(태극나방과) *Scedopla diffusa* Sugi, 1959

수컷

생김새 몸길이 25mm 안팎(날개 길이 33mm 안팎)으로 머리와 몸은 풀색이고, 머리는 조금 밝다. 노란색의 등밑선은 뚜렷하며, 이따금 붉은 무늬가 섞이기도 한다. 제3~4배마디의 다리는 퇴화된다. 숨문은 검다.

습성 잎 뒤에 위치하며, 맥을 남긴 채 잎을 먹는다. 흙 속에서 번데기가 된다. 번데기로 겨울을 난다.

서식지 활엽수림

발생 7월, 9월(어른벌레 6~8월, 연 2회)

먹이식물 쪽동백나무(때죽나무과 Styracaceae)

분포 한국(내륙), 일본

자란 애벌레(위)

자란 애벌레(옆)

쌍줄짤름나방(태극나방과) *Leiostola mollis* (Butler, 1879)

수컷

생김새 몸길이 22mm 안팎(날개 길이 24mm 안팎)으로 몸은 가늘고 긴 편이며 옅은 풀색이다. 등선은 뚜렷하지 않으나 등밑선은 황백색으로 뚜렷하다. 제3~4배마디는 흔적뿐이나 제5~6배마디는 발달한다. 검은 자모 받침이 있으며, 겨우 눈에 띄는 정도이다. 항문다리는 'V'자 모양으로 뒤로 향한다.

습성 번데기로 겨울을 난다.

서식지 활엽수림

발생 6~7월, 9월(어른벌레 5~9월 초, 연 2회)

먹이식물 때죽나무, 쪽동백나무(때죽나무과 Styracaceae)

분포 한국(내륙), 일본

자란 애벌레(위)

자란 애벌레(옆)

두흰점이끼꼬마짤름나방(태극나방과) *Enispa bimaculata* (Staudinger, 1892)

생김새 몸길이 15mm 안팎(날개 길이 16mm 안팎)으로 전체 모습은 가늘고 길다. 몸통은 반투명하여 내부의 기관이 투시된다. 가루 상태의 지의류를 뒤집어쓴 탓으로 원래 모습을 살펴보기 어렵다. 이 외투의 제2~4배마디의 등에 돌기가 생긴다(붉은 화살표).

암컷

자란 애벌레

습성 왕벚나무와 느티나무에 붙은 지의류 사이에서 발견하였다. 아마 다른 나무에서도 볼 수 있을 것으로 보인다. 애벌레 상태로 겨울을 난다.

서식지 마을 주변, 갯가

발생 5~6월 초(어른벌레 6~8월, 연 1회)

먹이식물 *Physcia* spp.(지의류 Lichen)

분포 한국(내륙), 일본

비고 지의류는 녹조류와 세균과 공생하는 복합 유기체로, 여느 균류, 조류와 다르다. 공해가 덜한 지역에 많으며, 북극부터 사막, 바닷가, 화산지대 등 극한 환경에서도 산다.

연푸른이끼꼬마짤름나방(태극나방과) *Enispa masuii* Sugi, 1982

생김새 몸길이 19mm 안팎(날개 길이 18mm 안팎)으로 앞 종보다 조금 통통한 느낌이 있으며, 몸 등의 지의류를 높게 돌기처럼 만들지 않지만 온몸에 지의류를 뒤집어쓴 생김새는 같다. 배다리가 적어 얼핏 자나방류 같은 느낌이 든다.

습성 앞 종보다 활동적이어서 건드리면 잘 움직인다. 앞 종과 거의 같은 환경에서 발견하였는데, 실제는 서로 구별하지 못하고 기른 후, 종을 동정하였다.

서식지 마을 주변, 갯가

발생 5~6월 초(어른벌레 6~8월, 연 1회)

먹이식물 *Physcia* spp.(지의류 Lichen)

분포 한국(내륙), 일본

비고 Choi et al.(2020)이 처음으로 우리나라에 분포한다고 발표하였다.

암컷

자란 애벌레

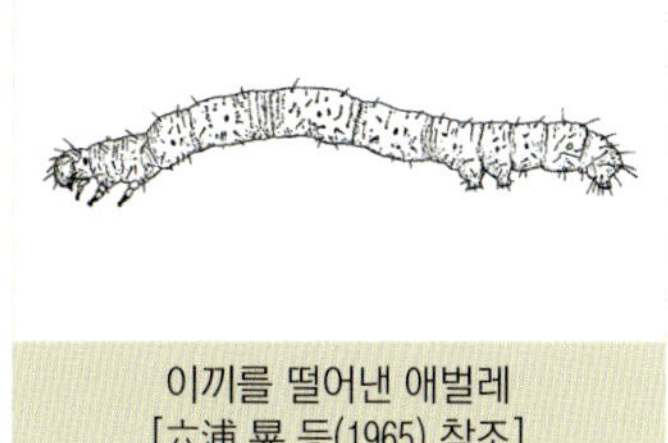

이끼를 떨어낸 애벌레
[六浦 晃 등(1965) 참조]

검은줄애기짤름나방(태극나방과) *Corgatha pygmaea* Wileman, 1911

생김새 몸길이 13mm 안팎(날개 길이 14mm 안팎)으로 몸은 중앙이 조금 넓고 앞뒤로 가면서 조금 가늘어진다. 머리는 작고, 미세한 알갱이들이 붙은 상태이다. 겉에는 옅은 풀색의 지의류를 붙이는데, 제2~6배마디의 등선에는 뚜렷하게 타원형의 검은 점들이 보인다(붉은 화살표). 숨문 테두리는 검다.

수컷

습성 바위에 붙은 백록색 지의류 사이에서 발견할 수 있으며, 어린 애벌레 상태로 겨울을 나고 이른 봄부터 자라기 시작한다.

서식지 마을 주변, 물가

발생 6~7월 초(어른벌레 7~8월, 연 1회)

자란 애벌레(위)

자란 애벌레(옆)

먹이식물 지의류 Lichen

분포 한국(내륙), 일본

꽃꼬마짤름나방(태극나방과) *Lophoruza pulcherrima* (Butler, 1879)

생김새 몸길이 25mm 안팎(날개 길이 24~27mm)으로 머리와 몸은 적갈색 또는 흑갈색이다. 제1~3배마디의 끝에 사슴뿔과 같은 한 쌍의 돌기가 있다. 그 아래는 노란 띠무늬가 있다. 배 끝에는 위로 솟는 굵은 뿔이 있다. 이 뿔 아래에 노란 태극무늬가 있다.

습성 으름밤나방 애벌레보다 훨씬 작지만 앉아 있는 모습은 닮는다. 머리를 숙이고, 제1~4배마디 부분을 동그랗게 만든다. 자라면 줄기 밑동 근처의 흙 입자를 실로 엮고 고치를 만들어 번데기가 된다.

서식지 활엽수림

발생 7~9월(어른벌레 5~9월, 연 2회)

먹이식물 밀나물, 청미래덩굴, 청가시덩굴(청미래덩굴과 Smilacaceae)

분포 한국(중부 이남), 일본, 중국, 인도

암컷

자란 애벌레

어른벌레

별박이수염나방(태극나방과) *Adrapsa simplex* (Butler, 1879)

생김새 몸길이 19mm 안팎(날개 길이 28mm 안팎)으로 몸은 어린 애벌레 때 갈색을 띠다가 자라면 거의 검어진다. 몸에는 검은 자모 받침이 두드러지는데, 특히 등밑선에 위치한 받침이 크다. 머리와 등방패는 같은 폭이나 이보다 넓은 폭인 가운데가슴부터 배 끝까지는 일정하게 이어진다. 배마디 사이가 홀쭉해 위에서 보면 몸이 울퉁불퉁해 보인다.

암컷

중간 애벌레

자란 애벌레(위)

자란 애벌레(옆)

습성 낙엽층에서 발견된다.

서식지 활엽수림

발생 6~9월(어른벌레 5~9월, 연 2~3회)

먹이식물 여러 활엽수의 낙엽으로, 조금 마른 잎을 좋아한다.

분포 한국(남해안 섬, 추자도, 제주도), 일본, 중국, 타이완

잔물결수염나방(태극나방과) *Paracolax fentoni* (Butler, 1879)

생김새 몸길이 20mm 안팎(날개 길이 19~22mm)으로 머리는 갈색이고, 개안 주위가 조금 검다. 몸은 흑갈색으로 노란 자모 받침이 흩어져 있다. 제4~5배마디의 등에 타원형 황갈색 무늬가 뚜렷하다. 옆에서 보면 제8배마디 이후는 급격하게 낮아진다. 숨문은 검다.

습성 몸 색과 비슷한 마른 가지에 붙으며, 잘 움직이지 않는다.

서식지 습지

발생 5~9월(어른벌레 5~9월, 연 수회)

먹이식물 활엽수 마른 잎

분포 한국(내륙), 일본, 중국, 타이완

암컷

자란 애벌레(위)

자란 애벌레(옆)

어른벌레

넓은띠담흑수염나방(태극나방과) *Hydrillodes morosa* (Butler, 1879)

생김새 몸길이 16mm 안팎(날개 길이 23~28mm)으로 머리는 반짝이는 어두운 적갈색이다. 등방패는 검고 반짝인다. 몸통은 붉은 기가 있는 흑갈색이다. 자모는 가늘고 짧으며, 자모 받침은 검은데, 겨우 눈에 띈다. 어릴 때 몸이 붉다.

습성 어릴 때에는 잎 표면을 핥듯이 먹지만 차츰 자라면서 잎맥만 남기고 믹어 지워 앙상하게 잎맥만 남긴다. 먹은 자리는 갈색으로 변한다. 자라면 땅 표면에서 번데기가 된다.

서식지 활엽수림

발생 5~9월(어른벌레 5~9월, 연 수회)

이른벌레

먹이식물 참나무류(참나무과 Fagaceae), 야광나무(장미과 Rosaceae) 등 여러 활엽수의 마른 잎

분포 한국(전국), 일본, 중국, 러시아 극동지역

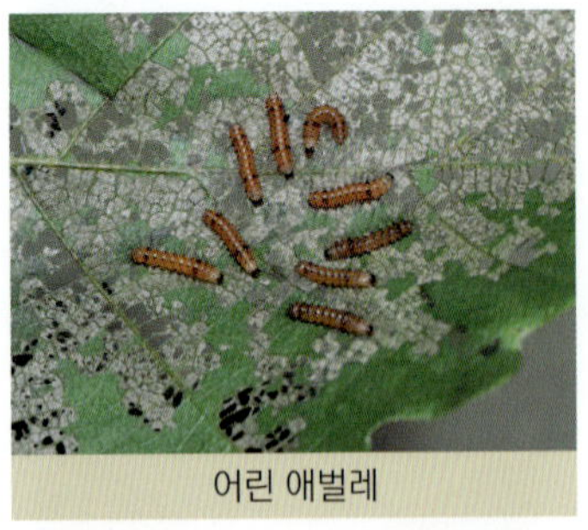
어린 애벌레

자란 애벌레(위)

자란 애벌레(옆)

황민무늬수염나방(태극나방과) *Pseudalelimma miwai* Inoue 1965

생김새 몸길이 50mm 안팎(날개 길이 40~46mm)으로 우리나라 수염나방류 중에서 가장 크다. 머리는 노란색으로, 개안 주위가 검다. 등선은 어두운 청록색이고, 숨문선 위로 밝은 청록색 바탕에 작은 흰 점들이 일정하게 퍼져 있다. 숨문 아래로 노랗다. 배다리의 크기는 일정하며 모두 노란색이다.

수컷

애벌레 머리

습성 회양목명나방과 같은 장소에서 보이는데, 실을 치지 않고 노출된 상태이나 쉽게 눈에 띄지 않는다. 자란 애벌레는 잎을 실로 엮고 그 속에서 흑갈색의 통통한 번데기가 된다.

서식지 석회암 지역

발생 5월(어른벌레 6~7월, 연 2회)

먹이식물 회양목(회양목과 Buxaceae)

분포 한국(충북, 강원의 일부 지역), 일본

비고 강원도 정선, 영월, 충북 제천, 경북 안동 등지로 분포 범위가 좁다.

자란 애벌레(위)

자란 애벌레(옆)

번데기

굵은수염나방(태극나방과) *Nodaria tristis* (Butler, 1879)

생김새 몸길이 28mm 안팎(날개 길이 23~30mm)으로 머리와 몸은 적갈색이다. 등방패와 등선의 색이 어둡다. 각 마디 점으로 이루어진 사다리꼴의 꼭지에 해당하는 부분에 검은 자모가 있다. 숨문은 검다.

습성 마른 잎을 먹기도 하지만 생생한 잎도 먹는데, 처음에는 잎살만 먹어서 아래 사진처럼 맥만 남겨진다.

서식지 참나무 숲

발생 8~10월(어른벌레 7~8월, 9월, 연 2회)

먹이식물 참나무류(참나무과 Fagaceae)의 마른 잎으로 생잎도 먹는다.

분포 한국(내륙), 일본, 중국

수컷

어린 애벌레

중간 애벌레

자란 애벌레

혹수염나방(태극나방과) *Zanclognatha lunalis* (Scopoil, 1763)

생김새 몸길이 30mm 안팎(날개 길이 25~36mm)으로 머리는 옅은 적갈색이고 개안이 검다. 몸은 머리와 색이 같으며, 겉에 가로 주름과 과립 모양의 작은 돌기가 가득하다. 뒷가슴과 제1배마디, 제8배마디가 조금 부푼다. 등선은 짙은 적갈색으로 뚜렷하고, 그 밖의 선들은 희미하다. 자모는 짧고, 맨눈으로 확인하기 어렵다. 앞 종과 차이가 크지 않다.

습성 마른 잎을 먹기도 하지만 사진처럼 생잎도 먹는다. 일부 나뭇잎이 갈색으로 변한 나뭇잎에서 발견되며, 어릴 때에는 모여 살다가 흩어진다.

서식지 참나무 숲

수컷

중간 애벌레

자란 애벌레

발생 8~10월(어른벌레 7~8월, 9월, 연 2회)

먹이식물 참나무류(참나무과 Fagaceae)를 비롯한 여러 활엽수의 마른 잎

분포 한국(전국), 일본, 중국, 러시아 극동지역~유럽

비고 가을에 나타나는 어른벌레는 여름 개체보다 작다.

꼬마혹수염나방(태극나방과) *Zanclognatha tarsipennalis* (Treitschke, 1835)

생김새 몸길이 20mm 안팎(날개 길이 20~30mm)으로 앞 종과 생김새가 닮아 구별하기 어려우나 몸 색이 조금 붉고 어둡다. 앞 종은 몸의 검은 점이 뚜렷한 편이나 이 종은 숨문 주위를 빼면 희미하다. 또 각 마디에서 앞 종의 붉은 점이 더 뚜렷하여 조금 다르다.

습성 마른 잎을 먹는데, 일부 갈색으로 변한 나뭇잎에서 가을에 발견된다.

어른벌레

서식지 참나무 숲

발생 7~10월(어른벌레 5~9월, 연 2회)

먹이식물 참나무류(참나무과 Fagaceae)를 비롯한 여러 활엽수의 마른 잎

분포 한국(전국), 일본, 중국, 타이완, 사할린, 러시아 극동지역~유럽, 북미

비고 가을에 나타나는 어른벌레는 여름보다 작다.

중간 애벌레

자란 애벌레(위)

자란 애벌레(옆)

끝점혹수염나방(태극나방과) *Zanclognatha triplex* (Leech, 1900)

생김새 몸길이 20mm 안팎(날개 길이 20~26mm)으로 머리와 몸은 밝은 갈색 바탕에 갈색 점과 줄이 불규칙하게 보이는데, 과립 모양이다. 개안은 검다. 몸통은 가느다란 분홍 줄이 있고, 각 마디 앞쪽에 검은 잔 점들이 열 지어 있다.

습성 마른 잎을 먹는데, 일부 나뭇잎이 갈색으로 변한 나뭇잎에서 가을에 잘 발견된다. 자라면 새 잎도 잘 먹는다.

어른벌레

서식지 참나무 숲

발생 7~10월(어른벌레 6~9월, 연 2회)

먹이식물 참나무류(참나무과 Fagaceae)를 비롯한 여러 활엽수의 마른 잎

분포 한국(전국), 일본, 중국, 러시아 극동지역

비고 가을에 나타나는 어른벌레는 여름 개체보다 작다.

중간 애벌레

자란 애벌레(위)

자란 애벌레(옆)

날개수염나방(태극나방과) *Polypogon tarsicrinata* (Bryk, 1948)

생김새 몸길이 22mm 안팎(날개 길이 28mm 안팎)으로 머리와 몸은 자갈색이고 짧은 갈색 자모가 빽빽하다. 개안은 검다. 등선은 굵고 짙으며, 숨문선 주위로 꽈리풍선 같은 무늬가 이어진다. 숨문밑선 아래로 색이 밝아진다. 몸통의 겉면은 과립 모양으로 보인다.

습성 낙엽송 잎 사이에 붙어서 살아가는데, 활엽수 낙엽을 먹기도 한다.

수컷

서식지 혼합림

발생 7~10월(어른벌레 5~9월, 연 수회)

먹이식물 낙엽송(소나무과 Pinaceae), 참나무류(참나무과 Fagaceae)를 비롯한 여러 활엽수의 마른 잎

분포 한국(북, 중부), 일본, 러시아 극동지역

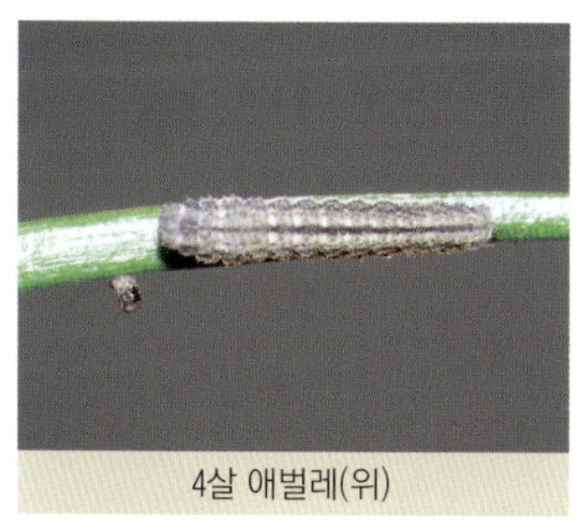

4살 애벌레(위)

4살 애벌레(옆)

잎살을 파고든 애벌레

갈색줄수염나방(태극나방과) *Herminia tarsicrinalis* (Knoch, 1782)

생김새 몸길이 20mm 안팎(날개 길이 20~30mm)으로 머리는 갈색이고 개안이 검다. 몸은 머리와 색이 같으며, 곁에 가로 주름과 과립 모양의 작은 돌기가 가득하다. 등선과 등밑선 부분에 'V'자 모양의 무늬가 뚜렷하게 생긴다. 숨문 주위로 비스듬한 선이 짙게 확인된다. 자모는 매우 짧다. 제7~9배마디 위에

흰 점이 이어진다.

습성 마른 잎을 먹는데, 일부 나뭇잎이 갈색으로 변한 나뭇잎에서 가을에 잘 발견된다.

서식지 참나무 숲

발생 7~10월(어른벌레 5~9월, 연 2~3회)

먹이식물 참나무류(참나무과 Fagaceae)를 비롯한 여러 활엽수의 마른 잎

분포 한국(전국), 일본, 러시아 극동지역~유럽

수컷

자란 애벌레(위)

자란 애벌레(옆)

애벌레 위치

세줄무늬수염나방(태극나방과) *Herminia arenosa* Butler, 1878

생김새 몸길이 20mm 안팎(날개 길이 19~27mm)으로 머리는 갈색이고 개안이 검다. 몸은 머리와 색이 같으며, 붉고 가는 선과 겉에 주름과 과립 모양의 검은 돌기가 가득하다. 등선과 등밑선 부분에 'V'자 모양의 무늬가 만들어지나 뚜렷하지 않다. 숨문 주위로 비스듬한 선이 확인된다. 자모는 매우 짧다.

습성 마른 잎을 먹기도 하지만 아래 사진처럼 생생한 잎도 먹는다. 일부 나뭇잎이 갈색으로 변한 나뭇잎에서 발견된다.

서식지 참나무 숲

발생 7~10월(어른벌레 5~9월, 연 2~3회)

먹이식물 참나무류(참나무과 Fagaceae)를 비롯한 여러 활엽수의 마른 잎

분포 한국(전국), 일본, 러시아 극동지역

중간 애벌레

자란 애벌레

어른벌레

물결수염나방(태극나방과) *Herminia innocens* Butler, 1878

수컷

생김새 몸길이 16mm 안팎(날개 길이 18~24mm)으로 머리는 흑갈색이고 검은 잔 점이 가득하다. 몸통은 적갈색 바탕에 등 쪽의 마름모 모양의 무늬가 자갈색을 띤다. 제7배마디 등밑선 부분에 흰 점이 한 쌍 있다. 갈색줄수염나방과 닮으나 등의 무늬가 더 넓은 편이고, 제7배마디의 흰 점의 수가 다르다.

습성 잎맥만 남긴 채 먹는데, 쉴 때에는 시든 잎 위에 자리한다.

서식지 참나무 숲

발생 6~10월(어른벌레 5~9월, 연 수회)

먹이식물 참나무류(참나무과 Fagaceae)를 비롯한 여러 활엽수의 마른 잎

분포 한국(전국), 일본, 중국

비고 가을에 나타나는 어른벌레는 여름 개체보다 작다.

중간 애벌레

자란 애벌레

꼬마수염나방(태극나방과) *Herminia grisealis* (Denis et Schiffermüller, 1775)

암컷

생김새 몸길이 16mm 안팎(날개 길이 19mm 안팎)으로 머리와 몸은 짙은 자갈색이다. 등선이 굵다. 등방패와 말피기관이 있는 부분에 노란 무늬가 있다. 몸통의 검은 자모 받침은 눈에 띠며, 검은 자모가 나온다.

습성 마른 잎을 먹지만 새 잎도 먹는다. 낙엽층이나 나무의 시든 잎이 있으면 그 사이에 은신한다.

서식지 활엽수림

발생 5~10월 초(어른벌레 4월 말~9월, 연 수회)

먹이식물 여러 활엽수의 마른 잎

분포 한국(전국), 일본, 중국, 타이완, 러시아 극동지역~유럽

비고 가을에 나타나는 어른벌레는 여름 개체보다 작다.

자란 애벌레(위)

자란 애벌레(옆)

꽃날개수염나방(태극나방과) *Hipoepa fractalis* (Guenée, 1854)

수컷

생김새 몸길이 18mm 안팎(날개 길이 19~24mm)으로 머리는 짙은 적갈색이고 둥글다. 앞가슴등판과 항문위판은 적갈색이다. 몸통은 자갈색으로 잔 돌기가 가득하다. 제6배마디 위에 흰 점이 한 쌍 있다. 배마디를 위에서 보면 삼각형 무늬가 이어진다.

습성 습기가 있어 완전히 마르지 않고 떨어진 나뭇잎을 먹는데, 처음에는 잎맥을 남기다가 커지면 남김없이 먹어치운다.

서식지 참나무 숲

발생 7~10월(어른벌레 5~9월, 연 수회)

먹이식물 참나무류(참나무과 Fagaceae)를 비롯한 여러 활엽수의 마른 잎

분포 한국(전국), 일본, 중국, 러시아 극동지역, 타이완, 동남아시아~아프리카 인도양의 섬들, 호주

중간 애벌레

자란 애벌레

번데기

태극나방(태극나방과) *Spirama retorta* (Clerck, 1759)

생김새 몸길이 70mm 안팎(날개 길이 60mm 안팎)으로 몸은 가늘고 길다. 머리는 윗머리가 없는 대머리처럼 보인다. 머리와 몸은 회갈색과 황갈색으로, 황갈

태극나방 암컷

톱니태극나방 암컷

색 또는 갈색 무늬가 섞여 있다. 제3~4배마디의 다리는 짧고, 항문다리는 뒤 방향으로 나온다. 몸은 평활하며, 자모 받침은 솟지 않는다. 숨문은 원형으로 갈색이고 검은 테두리가 있다.

습성 자귀나무의 줄기에 붙는다. 번데기로 겨울을 난다.

서식지 활엽수림

발생 5~9월(어른벌레 4월 말~9월, 연 3회)

먹이식물 자귀나무, 아까시나무(콩과 Fabaceae)

분포 한국(중부 이남), 일본, 중국, 타이완, 동남아시아, 인도

비고 닮은 종인 톱니태극나방[*S. helicina* (Hübner, 1831)]과의 애벌레 형태 차이는 거의 없다. 허운홍 (2012: 378, 379)의 사진은 모두 같은 종으로 보인다.

자란 애벌레(위)

자란 애벌레(옆)

애벌레 머리

금빛갈고리큰나방(태극나방과) *Calyptra lata* (Butler, 1881)

생김새 몸길이 40mm 안팎(날개 길이 43mm 안팎)으로 어린 애벌레는 파란 기가 있는 옅은 풀색이다. 자라면 머리는 노란 바탕에 검고 원형인 점 6개가 있다. 등방패의 검은 무늬는 앞에서 여러 개로 갈라진다. 몸통은 검은 바탕에 등밑선에 흰 잔선들이 있다. 어린 애벌레 때 검은 원점이 있던 부분에 바탕보다 더 짙어진 검은 점이 생긴다. 가슴다리는 노랗고, 각 배다리는 크기가 같으며, 끝이 조금 노랗다.

수컷

습성 제1~3배마디가 동그란 모습이다. 잎을 덧붙여 고치를 만들고 그 속에서 번데기가 된다. 겨울나기는 알려지지 않았다.

서식지 풀밭

중간 애벌레

자란 애벌레

애벌레 머리

발생 7~8월(어른벌레 6~10월, 연 2회)

먹이식물 금꿩의다리(미나리아재비과 Ranunculaceae), 새모래덩굴(방기과 Menispermaceae)

분포 한국(내륙), 일본, 러시아 극동지역

북방갈고리큰나방(태극나방과) *Calyptra hokkaida* (Wileman, 1922)

생김새 몸길이 42mm 안팎(날개 길이 43mm 안팎)으로 어릴 때 머리는 노랗고, 둥글고 검은 점들이 보인다. 몸은 옅은 풀색인데, 등밑선에 검은 점이 뚜렷하다. 자라면 앞 종과 거의 차이가 없으나 등에 흰 무늬가 뚜렷하지 않아서 몸통이 거의 검다. 등밑선에 검고 긴 점이 띄엄띄엄 보인다.

습성 제1~3배마디가 동그란 모습이다. 겨울나기는 알려지지 않으며, 앞 종과 생태가 거의 같은 것으로 보인다.

서식지 풀밭

발생 7~8월(어른벌레 6~10월, 연 2회)

먹이식물 금꿩의다리(미나리아재비과 Ranunculaceae)

분포 한국(내륙), 일본, 중국, 러시아 극동지역

비고 앞 종과 달리 이 종은 몸에 흰 잔선 무늬가 잘 보이지 않는다.

수컷

중간 애벌레

자란 애벌레

우묵갈고리큰나방(태극나방과) *Calyptra fletcheri* (Berio, 1956)

생김새 몸길이 48mm 안팎(날개 길이 51mm 안팎)으로 어릴 때 몸은 풀색 바탕에 등밑선을 따라 검은 점과 띠가 이어진다. 중간 애벌레 이후는 몸이 황갈색, 다 자라면 흑갈색으로 변한다. 머리는 노랗고, 검은 점이 있다. 옆에서 보면 제2배마디가 둥글게 솟고, 배 끝 마디가 삼각형으로 보인다.

습성 자란 애벌레는 잎을 붙이고 그 속에서 번데기가 된다.

서식지 풀밭

발생 8월(어른벌레 6~10월, 연 2회)

먹이식물 눈괴불주머니(현호색과 Fumariaceae)

분포 한국(중·남부), 중국, 타이완, 네팔

비고 다음은 지금까지 밝혀진 우리나라 *Calyptra*속 나방의 먹이식물이다.

수컷

나방 이름	먹이식물 과명	먹이식물
우묵갈고리큰나방 *C. fletcheri*	현호색과 Fumariaceae	눈괴불주머니
왕갈고리큰나방 *C. gruesa*	방기과 Menispermaceae	댕댕이덩굴
북방갈고리큰나방 *C. hokkaida*	현호색과 Fumariaceae, 미나리아재비과 Ranunculaceae	현호색, 꿩의다리
금빛갈고리큰나방 *C. lata*	방기과 Menispermaceae, 미나리아재비과 Ranunculaceae	새모래덩굴, 댕댕이덩굴, 금꿩의다리
갈고리큰나방 *C. thalictri*	미나리아재비과 Ranunculaceae	꿩의다리

4살 애벌레(위)

4살 애벌레(옆)

작은갈고리큰나방(태극나방과) *Oraesia emarginata* (Fabricius, 1794)

생김새 몸길이 38mm 안팎(날개
길이 32~40mm)으로 머리는 작
고 검은데, 여러 개의 노란 무늬
가 있다. 몸은 반짝이는 검은색
으로 각 마디의 등밑선에 노란
무늬와 붉은 무늬가 점처럼 있

수컷

암컷

다. 가슴다리는 검다. 배다리 바깥이 옅은 검은색이고, 안쪽이 어두운 갈색이다.

습성 옆에서 보면 제1~3배마디는 동그란 모습이지만 일자 모습일 때도 있다. 잎 뒤에서 잎을 잘게 잘
라 고치를 만들어 그 속에서 번데기가 된다.

서식지 활엽수림, 풀밭

발생 6~10월(어른벌레 5~11월, 연 3~4회)

먹이식물 댕댕이덩굴(방기과 Menispermaceae)

자란 애벌레

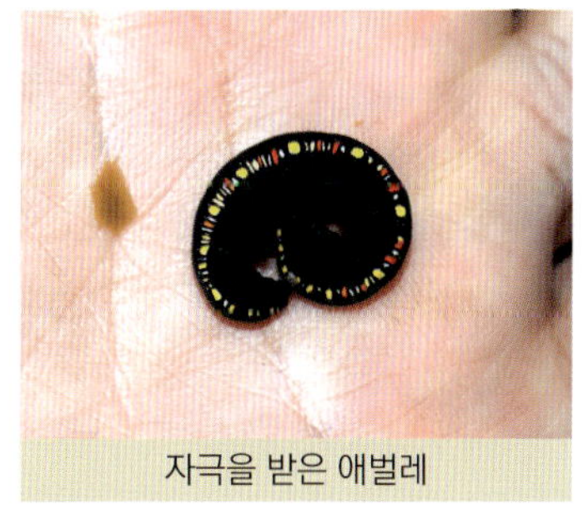

자극을 받은 애벌레

고치

분포 한국(전국), 일본, 중국, 동남아시아

비고 제주도에서는 12월에도 애벌레가 관찰된다.

은무늬갈고리큰나방(태극나방과) *Plusiodonta casta* (Butler, 1878)

암컷

생김새 몸길이 25mm 안팎(날개 길이 24~31mm)으로 머리는 둥글고, 주황색으로 검은 무늬가 있다. 몸은 청람색이 보이는 검은색과 흰색이 어울려 얼핏 보면 새똥처럼 보인다. 옆에서 보면 청람색 부분에 등색의 원형 무늬가 있다.

습성 제1~3배마디가 동그란 모습을 한다. 잎 뒤에 잎을 잘게 잘라 고치를 만들어 그 속에서 번데기가 된다.

서식지 풀밭

발생 6~10월(어른벌레 5~10월, 연 2~3회)

먹이식물 댕댕이덩굴, 새모래덩굴, 함박이(방기과 Menispermaceae)

분포 한국(전국), 일본, 중국, 러시아 극동지역

중간 애벌레

자란 애벌레

고치

가을뒷노랑큰나방(태극나방과) *Hypocala deflorata* (Fabricius, 1794)

생김새 몸길이 40mm 안팎(날개 길이 47mm 안팎)으로 어릴 때 머리가 적갈색, 몸이 흑자색 또는 머리가 연두색, 몸이 풀색이 있다. 자라면 모두 풀색을 띤다. 머리는 좌우로 검고 굵은 띠가 있거나 없다. 등방패와 제1, 8배마디에 붉은색, 검은색 등 몸 색의 변화가 많다.

습성 여린 잎을 싸매고 그 속에 은신한다. 나무가 잘리고 새순이 돋는 나무에서 볼 수 있다.

수컷

번데기

둥지

서식지 마을, 경작지, 야산

발생 6~10월(어른벌레 5~10월, 연 2~3회)

먹이식물 감나무(감나무과 Ebenaceae)

분포 한국(중부 이남), 일본, 중국, 동남아시아, 인도, 호주

비고 남방계인 어른벌레는 이동성이 강해 여름철에 중부 지방에 진출한다. 감나무가 자라는 곳에 한정된다.

중간 애벌레

자란 애벌레(풀색)

자란 애벌레(흑자색)

으름큰나방(태극나방과) *Eudocima tyrannus* (Guenée, 1852)

생김새 몸길이 70mm 안팎(날개길이 100mm 안팎)으로 머리는 원형이고 녹갈색이다. 몸이 녹갈색 또는 흑갈색, 황갈색 바탕에 파란색 잔 점이 있다. 제2~3배마디에 눈 모양 무늬가 있다. 닮은 종과의 차이는 이 눈 모양 무늬로 알 수 있다. 제5배마디에는 그물 같은 연노란 무늬가 있다.

수컷

자란 애벌레

습성 제2배마디가 가장 위로 가도록 구부리고 동시에 배 끝을 들고 앉는다. 어른벌레 상태로 겨울을 난다.

서식지 풀밭

발생 6~8월(어른벌레 4~10월, 연 3~4회)

자란 애벌레(적갈색)

자란 애벌레(자갈색)

자란 애벌레(녹갈색)

먹이식물 으름덩굴(으름덩굴과 Lardizabalaceae)

분포 한국(전국), 일본, 중국, 타이완, 러시아 극동지역

비고 어른벌레는 이동성이 강해 도심에서도 밤에 전등에 날아온다.

목화잎큰나방(태극나방과) *Cosmophila flava* (Fabricius, 1775)

생김새 몸길이 30mm 안팎(날개
길이 20~25mm)으로 머리는 탁
한 노란색 또는 풀색이고 매끄
럽다. 몸은 백록색 바탕에 등선
과 등밑선에 2줄의 작은 흰 점이
이어진다. 배다리의 끝은 조금

암컷

번데기

붉고, 항문다리는 옆으로 'V'자 모양으로 뻗는다. 제3배마디의 배다리는 없고, 제4배마디의 배다리는 작
아 자나방처럼 걷는다.

습성 잎의 여러 곳에서 발견되며, 자라면 잎의 일부를 접어 실로 엮고 그 속에서 번데기가 된다. 겨울나
기는 알려지지 않았으나 서귀포의 따뜻한 곳에서는 알과 애벌레로 월동한다. 원래 따뜻한 곳에서 사나
여름에 분포 범위를 북쪽으로 넓힌다.

서식지 풀밭, 경작지 주변

발생 7~11월(어른벌레 6~10월, 연 2회)

먹이식물 어저귀, 부용, 닥풀(아욱과 Malvaceae)

분포 한국(전국), 일본, 중국 등 범세계종

비고 영명은 'Cotton semi-looper'이며, 목화의 해충으로 알려져 있다.

어른벌레

4살 애벌레

자란 애벌레

무궁화잎큰나방(태극나방과) *Gonitis mesogona* (Walker, 1858)

생김새 몸길이 45mm 안팎(날개 길이 36mm 안팎)으로 머리와 몸은 황록색 바탕이다. 몸통은 등밑선과
숨문선이 약하지만 보인다. 흰 테두리로 된 검은 자모 받침이 있으며, 자모는 짧다. 제3배마디의 배다리
는 가장 작고, 제4배마디 다리는 조금 작으며, 나머지는 완전하다. 배다리의 끝은 붉다. 숨문은 검으나
개체에 따라 붉기도 한다.

습성 잎 뒤에 있으며, 자라면 잎을 실로 엮고 그 속에서 번데기가 된다. 겨울나기는 알려지지 않았다.

서식지 활엽수림 가장자리

발생 7~9월(어른벌레 6~10월, 연 2~3회)

먹이식물 산딸기, 나무딸기 등 산딸기속(장미과 Rosaceae)

분포 한국(전국), 일본, 중국, 미얀마, 말레이시아, 인도, 스리랑카

암컷

자란 애벌레(위)

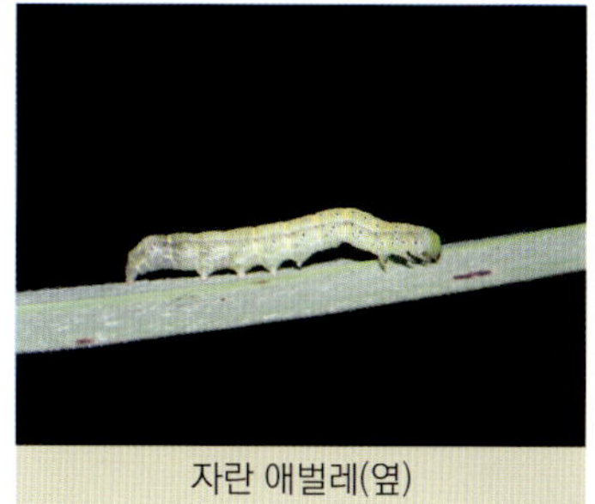

자란 애벌레(옆)

자란 애벌레(풀색)

왕붉은잎큰나방(태극나방과) *Rusicada privata* (Walker, 1865)

생김새 몸길이 42mm 안팎(날개 길이 40mm 안팎)이고 머리는 노란색으로 검게 그을린 부분처럼 보인다. 등선과 등밑선이 노란색이다. 머리 뒤에 검은 점이 있고, 가슴 등의 앞으로 검은 점이 있다. 배마디의 등에 '⌂' 모양의 무늬가 있다. 이 중 제1~2배마디의 것이 검다. 제7~8배마디는 이 검은 부분이 띠처럼 보인다. 배다리는 완전하다.

암컷

습성 애벌레의 색이 나무줄기와 닮아 줄기에 붙으면 찾기 어렵다. 번데기로 겨울을 난다.

서식지 마을, 학교, 도로 옆

발생 4~5월, 6~7월(어른벌레 5월, 7~9월, 연 2회)

먹이식물 무궁화(아욱과 Malvaceae)

분포 한국(전국), 일본, 중국, 북미

4살 애벌레(위)

4살 애벌레(옆)

자란 애벌레

톱니큰나방(태극나방과) *Scoliopteryx libatrix* (Linnaeus, 1758)

생김새 몸길이 40mm 안팎(날개 길이 43mm 안팎)으로 머리는 몸통보다 작다. 몸은 황록색으로 가늘고 긴 편이다. 배다리는 4쌍으로 정상이다. 머리 중앙을 가르는 검은 선이 있다. 등선은 겨우 눈에 띌 정도이다. 숨문윗선은 가느다랗고 노란데, 그 아래가 검어진다.

습성 새 잎을 모아 붙이고 그 속에 은신하며, 번데기가 된다. 어른벌레로 겨울을 난다.

서식지 활엽수림, 계곡

발생 4~5월, 7~8월(어른벌레 5~6월, 8월 말~이듬해 4월, 연 2회)

먹이식물 버드나무, 갯버들(버드나무과 Salicaceae)

분포 한국(내륙), 일본, 중국, 러시아 극동지역~유럽, 북미

암컷

자란 애벌레

번데기가 되기 직전의 애벌레

넓은띠잎큰나방(태극나방과) *Goniocraspidum pryeri* (Leech, 1889)

생김새 몸길이 45mm 안팎(날개 길이 42mm 안팎)으로 머리와 몸은 풀색이다. 등밑선은 연두색으로 가늘다. 등방패에 작은 점들이 있고, 검은 무늬가 보이는 개체도 있는 등 색 변이가 있다. 숨문은 붉고, 몸에는 짧고 검은 자모가 난다.

습성 암컷은 붉가시나무의 겨울눈 위에 하나씩 알을 낳는다. 사진은 동백나무의 잎을 오므려 그 속에서 번데기가 되려는 모습이다. 어른벌레로 겨울을 난다.

서식지 상록수림

발생 5월(어른벌레 6월 말~9월, 연 1회)

먹이식물 종가시나무, 붉가시나무(참나무과 Fagaceae)

분포 한국(남해안 섬), 일본, 타이완

암컷

번데기가 되기 직전의 애벌레

번데기 둥지

검은띠큰나방(태극나방과) *Dinumma deponens* Walker, 1858

생김새 몸길이 35mm 안팎(날개 길이 40mm 안팎)으로 머리와 몸은 풀색이고 먹이식물의 잎 색을 닮는다. 가슴다리는 짙은 풀색이고, 제5~6배마디에 배다리가 있다. 등선과 등밑선, 숨문선은 노랗다. 이 중 숨문선이 가장 뚜렷하다. 숨문은 희고 테두리가 가늘게 갈색이다.

암컷

습성 잎 뒤의 주맥에 붙어 있으며, 잘 움직이지 않아 발견하기 어렵다. 다만 먹은 흔적을 살피면 좋다. 잔잎을 서로 붙이고 그 속에서 번데기가 된다. 어른벌레로 겨울을 난다.

서식지 활엽수림 가장자리, 물가, 경작지

발생 7~8월(어른벌레 7월~이듬해 5월, 연 1회)

먹이식물 자귀나무(콩과 Fabaceae)

분포 한국(내륙), 일본, 중국~인도

4살 애벌레(위)

4살 애벌레(옆)

자란 애벌레

줄까마귀나무결나방(태극나방과) *Apopestes indica* Moore, 1883

암컷

생김새 몸길이 69mm 안팎(날개 길이 76mm)으로 대형종이며, 머리와 몸은 옥색이다. 머리와 등방패에는 검은 점들이 뚜렷하고, 몸은 등밑선에 2개의 검은 줄이 있고 그 아래로 검은 점들이 이어지며, 노란색을 띤다. 숨문은 검고, 굵고 검은 점들이 있다. 다리도 옥색 바탕에 검은 점이 있다.

습성 줄기에 붙으나 노출되어 쉽게 눈에 띈다. 생활사 대부분을 잘 모르는 상태이다. 어른벌레로 동굴에서 겨울을 난다.

서식지 관목림, 석회암 지대

발생 5~7월(어른벌레 9월~이듬해 5월, 연 1회)

먹이식물 고삼(콩과 Fabaceae)

분포 한국(중부 이북), 중국, 러시아 극동지역, 인도, 네팔

4살 애벌레

자란 애벌레(위)

자란 애벌레(옆)

사랑무늬나방(태극나방과) *Chrysorithrum amatum* (Bremer et Grey, 1853)

암컷

생김새 몸길이 58mm 안팎(날개 길이 60~67mm)으로 중간 정도 자라면 머리는 갈색 그물무늬가 생기고, 몸은 연두색 또는 적갈색 바탕에 흑갈색 줄무늬가 생긴다. 자라면 등방패는 갈색으로 머리색과 같고, 몸 등은 흑갈색, 몸 아래는 옅은 갈색으로 변하며, 등에 하트 모양의 갈색 무늬가 나타난다.

습성 머리와 가슴을 배 쪽으로 구부려 위협자세를 취한다. 건드리면 뛰듯이 파드득 하며 아래로 떨어진다. 2살 애벌레까지는 무리를 짓다가 이후 흩어진다.

3살 애벌레

자란 애벌레(위)

자란 애벌레(옆)

서식지 활엽수림, 관목림

발생 7월(어른벌레 5~9월 초, 연 2회)

먹이식물 싸리류(콩과 Fabaceae)

분포 한국(내륙), 일본, 중국, 러시아 극동지역, 타이완

깊은숲띠나방(태극나방과) *Euclidia mi* (Clerck, 1759)

생김새 몸길이 38mm 안팎(날개 길이 42mm 안팎)으로 머리와 몸은 갈색이다. 머리에서 생긴 줄무늬가 몸통을 거쳐 배 끝까지 이른다. 몸통은 가늘고 길어 자나방류처럼 보인다. 등밑선이 흑갈색으로 짙어지는 개체도 있다. 숨문밑선은 넓게 갈백색을 띤다. 제3~4배마디의 다리는 없다.

습성 한라산 고산 풀밭의 김의털 사이에서 발견된다. 건드리면 아래로 떨어진다. 흙 속에서 번데기로 겨울을 난다.

서식지 풀밭

발생 8~9월(어른벌레 5~7월 초, 연 1회)

먹이식물 김의털(벼과 Poaceae)

분포 한국(백두산, 한라산), 중국 동북부, 러시아 극동지역~유럽, 영국

비고 어른벌레는 낮에 난다.

암컷

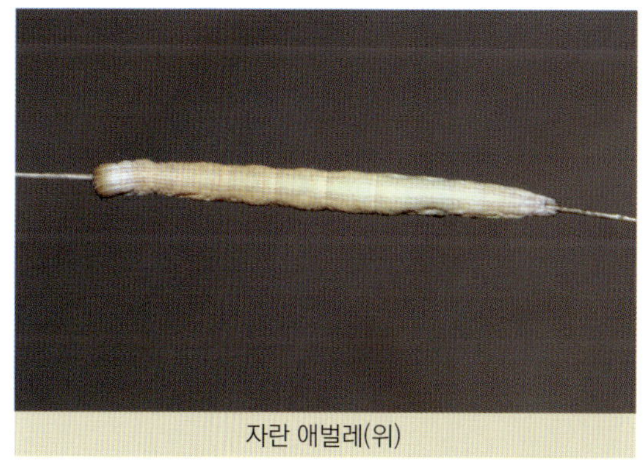

자란 애벌레(위)

자란 애벌레(옆)

만주(북방)수중다리나방(태극나방과) *Dysgonia mandschuriana* (Staudinger, 1892)

생김새 몸길이 43mm 안팎(날개 길이 38mm 안팎)으로 중간 애벌레까지 머리와 몸은 회백색이다. 자라면 머리와 몸은 갈색 바탕에 흑갈색 무늬가 섞이지만 대체로 색이 균일해 보인다. 머

수컷

애벌레 머리

리 뒤로 흰 점 무늬가 있다. 개체에 따라 이 흰 점 무늬가 한 쌍 더 있는 경우도 있다. 제2배마디가 튀어 나오고 다음에 색이 짙어 오목한 느낌이 든다. 제3~4배마디의 다리는 짧다.

습성 줄기에 잘 붙는다. 자라면 잎을 실로 엮어 그 속에서 번데기가 된다.

서식지 활엽수림

발생 6월, 8~9월(어른벌레 5~8월, 연 2회)

먹이식물 광대싸리(여우주머니과 Phyllanthaceae)

분포 한국(내륙), 일본, 중국 동북부, 러시아 극동지역

중간 애벌레(위)

중간 애벌레(옆)

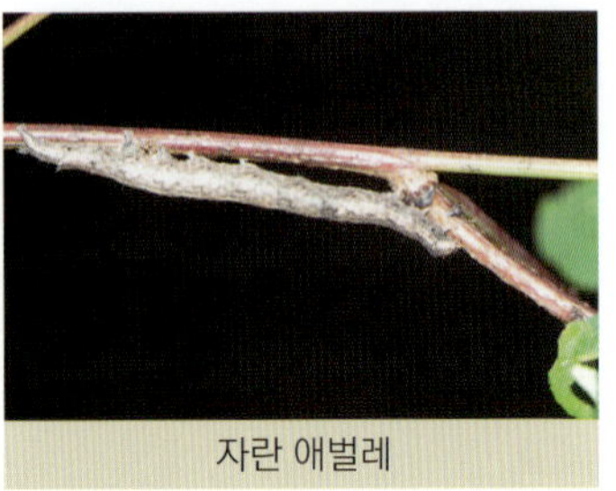

자란 애벌레

검은수중다리나방(태극나방과) *Dysgonia obscura* (Bremer et Grey, 1853)

생김새 몸길이 30mm 안팎(날개 길이 40mm 안팎)으로 머리와 몸은 회백색이다. 머리에는 세로로 줄이 나 있는데, 좌우의 흰 띠가 넓다. 등선에는 흰 띠가 있으나 눈에 잘 띄지 않는다. 제2배마디에는 작고 검은 점이 있다. 제3~6배마디에 배다리가 있으며, 이중 제3~4배마디의 배다리는 작다.

수컷

습성 줄기에 붙어 주변의 잎을 다 먹으면 눈에 잘 띈다.

서식지 활엽수림

발생 6월, 8~9월(어른벌레 5~8월, 연 2회)

먹이식물 광대싸리(여우주머니과 Phyllanthaceae)

분포 한국(내륙), 중국, 러시아 극동지역

비고 *Dysgonia coreana* (Leech, 1889)는 이 종의 동종이명이다.

자란 애벌레(위)

자란 애벌레(옆)

Dysgonia sp.(태극나방과)

생김새 만주수중다리나방과 닮으나 미세한 차이가 있다. 이 종은 머리 정수리의 흰 띠무늬가 뚜렷하고, 앞머리가 붉다. 또 애벌레의 몸 색이 더 짙으며, 몸의 미세한 무늬가 다르다.

습성 만주수중다리나방과 거의 같다.

서식지 관목림

발생 7월(어른벌레 5-6월)

먹이식물 광대싸리(여우주머니과 Phyllanthaceae)

분포 한국(영월, 제천)

비고 어른벌레의 생김새는 만주수중다리나방과 닮아 구별하기 어려우나 생식기의 차이가 뚜렷하고, 애벌레의 의미 있는 차이가 있다. 앞으로 이 종의 정체성을 밝힐 예정이다.

수컷

애벌레 머리

어린 애벌레

자란 애벌레(위)

자란 애벌레(옆)

구름무늬나방(태극나방과) *Mocis annetta* (Butler, 1878)

생김새 몸길이 57mm 안팎(날개 길이 42mm 안팎)으로 머리와 몸은 옅은 갈색, 흑갈색, 적갈색이 섞이고, 전체가 가늘고 길다. 머리 중앙에서 시작된 등선이 배 끝까지 이른다. 머리 양쪽에서 시작된 등밑선, 그 아래 숨문선도 있다. 몸의 세로선이 잘 보이지 않는 개체도 있다. 제3~4배마디의 다리는 없다.

습성 줄기에 붙어 주변의 잎을 다 먹으면 눈에 잘 띤다. 잎을 붙인 상태로 공간을 만들고 그 속에서 번데기가 된다. 번데기로 겨울을 난다.

서식지 활엽수림

발생 6~7월, 8~9월(어른벌레 5~9월, 연 2회)

암컷

애벌레 머리

먹이식물 돌콩, 도둑놈의갈고리(콩과 Fabaceae)

분포 한국(전국), 중국, 러시아 극동지역

중간 애벌레(위)

중간 애벌레(옆)

자란 애벌레

무궁화무늬나방(태극나방과) *Thyas juno* (Dalman, 1823)

생김새 몸길이 60mm 안팎(날개 길이 88mm 안팎)으로 몸과 머리는 회갈색이며, 전체가 가늘고 길다. 자라면서 회갈색, 적갈색, 흑갈색 등으로 변한다. 제3~4배마디의 다리는 있으나 작다. 머리는 앞에서 보면 황백색의 팔(八)자 무늬가 있고 그 양쪽에 넓은 황백색 무늬가 있다. 제6배마디 앞에 파랗고 작은 타원 무늬가 있고, 제8배마디 뒤에 황백색 돌기가 솟는다.

습성 줄기에 붙어 지내는데, 잘 눈에 띄지 않는다.

서식지 활엽수림

발생 5~6월 초(어른벌레 7~9월, 연 1회)

먹이식물 종가시나무, 여러 참나무류(참나무과 Fagaceae), 가래나무(가래나무과 Juglandaceae)

분포 한국(전국), 일본, 중국, 러시아 극동지역, 타이완, 필리핀, 동남아시아, 인도, 네팔

수컷

4살 애벌레

자란 애벌레(위)

3살 애벌레

4살 애벌레

자란 애벌레(옆)

우수리무늬나방(태극나방과) *Blasticorhinus ussuriensis* (Bremer, 1861)

생김새 몸길이 48mm 안팎(날개 길이 40mm 안팎)으로 머리와 몸은 붉은 기가 있는 갈색이고 불규칙하게 점이 퍼진다. 머리는 위에서 보면 정수리 위만 검어 보인다. 몸에는 붉은 세로선들이 있다. 제 3~4배마디의 다리는 매우 작다. 온몸에 검고 센 자모가 나온다.

습성 줄기에 붙어 지내는데, 잘 눈에 띄지 않는다. 건드리면 용수철이 튀듯 떨어진다. 알로 겨울을 난다.

서식지 활엽수림, 침엽수림

발생 5~6월(어른벌레 6~8월, 연 1회)

먹이식물 칡, 도둑놈의갈고리(콩과 Fabaceae)

분포 한국(전국), 일본, 중국, 러시아 극동지역

수컷

중간 애벌레(위)

중간 애벌레(옆)

자란 애벌레

회색붉은뒷날개나방(태극나방과) *Catocala electa* (Vieweg, 1790)

생김새 몸길이 75mm 안팎(날개 길이 70~83mm)으로 머리는 자갈색 또는 적갈색이고, 편평하다. 몸은 적회색 또는 회색으로, 전체에 미세한 자모가 난다. 제6배마디 위에 타원형으로 솟은 살돌기가 있으며, 위에서 보면 노란색을 띤다. 등밑선 위에 붉은 자모 받침이 각 마디에 2쌍씩 있다.

습성 자란 애벌레는 잎을 엮고 그 속에서 번데기가 된다. 이 속 중에서 발생 시기가 늦는 편이다. 알로 겨울을 난다.

서식지 활엽수림

발생 5~6월 초(어른벌레 7~9월, 연 1회)

먹이식물 호랑버들, 버드나무(버드나무과 Salicaceae)

암컷

애벌레 머리

번데기

분포 한국(전국), 일본, 러시아 극동지역~유럽

비고 *Catocala*속의 애벌레들은 배다리가 4쌍이다.

자란 애벌레(위)

자란 애벌레(옆)

번데기가 되기 직전의 애벌레

붉은뒷날개나방(태극나방과) *Catocala dula* Bremer, 1861

생김새 몸길이 65mm 안팎(날개 길이 63~67mm)으로 머리는 큰 편이고, 적갈색이다. 몸은 회색과 붉은 색이 섞인 갈색이다. 제1배마디에는 옅은 부분이 있다. 등선에 미세한 자모가 있고, 등밑선에 미세한 자모가 생긴다. 이 자모 밑에는 뾰족한 받침이 있다. 제6배마디의 색이 짙어 몸이 줄어든 것처럼 보인다.

습성 색이 나무줄기와 닮아 줄기에 붙으면 잘 보이지 않는다. 자극을 받으면 몸을 흔든다.

서식지 활엽수림

발생 5월(어른벌레 6월 말~9월, 연 1회)

먹이식물 여러 참나무(참나무과 Fagaceae)

분포 한국(내륙), 일본, 중국, 러시아 극동지역

비고 *Catocala*속 나방은 대부분 참나무과 식물의 잎을 먹는다. 이 속은 제3~4배마디의 다리가 작다.

암컷

자란 애벌레(위)

자란 애벌레(옆)

깨소금노랑뒷날개나방(태극나방과) *Catocala nubila* Butler, 1881

생김새 몸길이 60mm 안팎(날개 길이 52mm 안팎)으로 머리는 뚜렷한 노란색이고 가장자리가 검은 띠로 되어 있다. 큰턱은 검어진다. 몸은 황백색으로, 거의 무늬가 없다. 제8배마디 등밑선 부

암컷

애벌레 머리

분에 돌기가 위로 솟는다. 숨문 테두리는 검다.

습성 자란 애벌레는 잎 뒤의 주맥에 붙는다. 알로 겨울을 난다.

서식지 너도밤나무 숲

발생 5~6월(어른벌레 7~8월, 연 1회)

먹이식물 너도밤나무(참나무과 Fagaceae)

분포 한국(울릉도), 일본, 러시아 극동지역, 사할린

중간 애벌레

자란 애벌레(위)

자란 애벌레(옆)

작은흰무늬박이뒷날개나방(태극나방과) *Catocala nagioides* Wileman, 1924

생김새 몸길이 42mm 안팎(날개 길이 48~53mm)으로 머리는 짙은 갈색이고 정수리의 눈썹 모양 부분이 밝다. 몸은 회갈색으로 위에서 보면 각 마디의 등밑선에도 약하게 'V'자 모양의 무늬가 뾰족한 붉은 돌기를 중심으로 이어진다. 이 돌기는 배 끝으로 갈수록 조금 커진다.

습성 알로 겨울을 난다. 이밖에 알려진 내용이 없다.

서식지 활엽수림

발생 5~6월(어른벌레 6월 중순~10월, 연 1회)

먹이식물 상수리나무, 갈참나무, 떡갈나무(참나무과 Fagaceae)

분포 한국(지리산 이북), 일본, 중국, 러시아 극동지역

비고 일본에서는 먹이식물로 떡갈나무만 알려졌으나 우리나라에서는 참나무과의 여러 종류를 먹는다.

암컷

자란 애벌레(위)

자란 애벌레(옆)

연노랑뒷날개나방(태극나방과) *Catocala streckeri* Staudinger, 1888

생김새 몸길이 45mm 안팎(날개 길이 47~54mm)으로 머리는 회백색 바탕에 검은 점이 가득하고, 정수리 양쪽에 눈썹 같은 무늬가 있다. 몸 색은 변화가 많은데, 대체로 회색 가루가 보이는 회백색이다. 등밑선 은 옅은 띠가 있다. 가슴다리는 주홍색으로, 배다리와 항문다리는 몸 색과 닮는다. 위에서 보면 항문다

리는 'V'자 모양이다.

습성 잎 사이를 엉성하게 붙여 해먹 모양으로 만들고 그 속에서 번데기가 된다. 알로 겨울을 난다.

서식지 참나무 숲

발생 5월(어른벌레 5~8월, 연 1회)

먹이식물 여러 참나무(참나무과 Fagaceae)

분포 한국(내륙), 일본, 중국, 러시아 극동지역

비고 이 속 중에서 가장 이른 시기에 나타난다.

수컷

3살 애벌레

4살 애벌레

자란 애벌레(위)

자란 애벌레(옆)

꼬마노랑뒷날개나방(태극나방과) *Catocala duplicata* Butler, 1885

생김새 몸길이 50mm 안팎(날개 길이 42mm 안팎)으로 머리는 앞머리가 적갈색이고 나머지는 흑갈색이며, 몸은 보통 회갈색이나 흑갈색을 띠는 등 변화가 있다. 제1~2배마디 등에 흰 무늬가 넓게 나타나는데, 어릴 때에는 이 흰 무늬가 작지만 배 끝까지 이어진다. 자모는 검고 짧으며 센털이다.

습성 잎에 붙어 지낸다. 알로 겨울을 난다.

서식지 활엽수림

발생 4~5월(어른벌레 7~8월, 연 1회)

먹이식물 참나무류(참나무과 Fagaceae)

분포 한국(전국), 일본, 중국

암컷

3살 애벌레

4살 애벌레

자란 애벌레

뾰족노랑뒷날개나방(태극나방과) *Catocala jonasii* Butler, 1877

생김새 몸길이 55mm 안팎(날개 길이 64~74mm)으로 머리와 몸은 갈색이고 회색과 섞여 나무줄기와 같은 모습이다. 머리에 세로로 붉은 띠와 검은 띠가 있다. 등밑선에는 도드라진 등갈색 자모 받침과 미세한 자모가 있다. 제1배마디 위에 옅은 색 부분이 있고, 제5~6배마디 사이는 색이 짙어 잘록한 모습이다.

습성 알로 겨울을 난다. 이밖에 알려진 내용이 없다.

서식지 활엽수림

발생 5~6월(어른벌레 7~9월, 연 1회)

먹이식물 느티나무(느릅나무과 Ulmaceae)

분포 한국(내륙), 일본, 중국

수컷

자란 애벌레(위)

자란 애벌레(옆)

광대노랑뒷날개나방(태극나방과) *Catocala fulminea* (Scopoli, 1763)

생김새 몸길이 58mm 안팎(날개 길이 47~53mm)으로 머리는 흑갈색이고, 정수리에 눈썹 모양의 붉은 무늬가 있다. 몸은 흑갈색 바탕에 등밑선과 숨문윗선, 숨문밑선에 뾰족한 자모 받침이

암컷

자란 애벌레

붉은 돌기처럼 나오고 제2, 3, 8배마디 등 밑에 굵은 돌기가 8>2>3의 순서로 작아진다. 제5배마디에는 이보다 더 긴 뿔돌기가 나오는데, 거의 끝에서 한번 휜다.

습성 잎에 붙어 지내며, 자라면 잎을 꼬이게 붙여 그 속에서 번데기가 된다.

서식지 활엽수림

발생 4~5월(어른벌레 7~8월, 연 1회)

먹이식물 벗나무류(장미과 Rosaceae)

분포 한국(전국), 일본, 중국 동북부, 러시아 극동지역~유럽

날개물결짤름나방(태극나방과) *Hyposemansis albipuncta* (Wileman, 1914)

생김새 몸길이 34mm 안팎(날개 길이 35mm 안팎)으로 머리는 갈색이고 중봉선 좌우로 흑갈색 띠가 있

다. 몸은 풀색인데, 번데기가 되기 직전에 주홍색으로 변한다. 숨문은 적갈색으로 그 아래에 적갈색 무늬가 배 방향으로 가는 선 모양으로 있다. 항문위판에도 적갈색 무늬가 있다.

습성 흙 속에서 번데기가 된다.

서식지 상록활엽수림

발생 6~7월, 9월(어른벌레 5~9월, 연 2회)

먹이식물 합다리나무(나도밤나무과 Sabiaceae)

분포 한국(남부, 제주도), 타이완, 네팔

암컷

자란 애벌레

번데기가 되기 직전의 애벌레

굴뚝애기잎나방(태극나방과) *Mecodina cineracea* (Butler, 1879)

생김새 몸길이 36mm 안팎(날개 길이 41mm 안팎)으로 머리는 노란색이고 앞에서 보면 사각형이다. 몸은 풀색이다. 등에는 여러 개의 황록색 선이 있는데, 숨문 윗선이 굵게 우윳빛을 띤다. 숨

암컷

애벌레 머리

문은 검고, 바닥선은 옅은 청록색이다. 번데기되기 직전에 분홍색을 띤다.

습성 자라면 흙 속에 들어가 번데기가 된다. 번데기의 겉에는 흰 가루가 덮인다.

서식지 상록수림

발생 7월, 9월(어른벌레 5~10월, 연 2회)

먹이식물 천선과나무(뽕나무과 Moraceae)

분포 한국(남해안과 인근 섬들, 제주도), 일본, 중국, 인도

자란 애벌레(위)

자란 애벌레(옆)

번데기가 되기 직전의 애벌레

흰줄썩은잎나방(태극나방과) *Sypnoides picta* (Butler, 1877)

생김새 몸길이 67mm 안팎(날개
길이 50mm 안팎)으로 머리는 적
갈색 바탕에 앞머리에 검은 세
로띠가 있다. 머리 앞은 칼로 베
듯 납작하며, 정수리 테두리가
노란색이다. 몸은 풀색과 갈색

암컷

자란 애벌레

이 섞이며, 등선에 긴 선 무늬가 각 마디마다 나타나는데, 배 끝 마디 위에서 가장 뚜렷하다.

습성 건드리면 후들거리듯 몸을 흔든다. 알로 겨울을 난다.

서식지 활엽수림

발생 5월, 8월(어른벌레 6~9월)

먹이식물 산딸기, 나무딸기, 찔레꽃(장미과 Rosaceae), 참나무과 Fagaceae

분포 한국(전국), 일본, 중국, 러시아 극동지역

애흰줄썩은잎밤나방(태극나방과) *Sypnoides fumosa* (Butler, 1877)

생김새 몸길이 63mm 안팎(날개
길이 48mm 안팎)으로 머리는 칼
로 베듯 납작하고, 적갈색을 띠
며, 정수리 테두리가 노란색이
다. 몸통은 황록색으로, 각 마디
뒤 1/3로는 적갈색을 띤다. 배

수컷

자란 애벌레

끝 마디의 등에 긴 타원 무늬가 눈에 띈다.

습성 건드리면 후들거리듯 몸을 흔든다. 알로 겨울을 난다.

서식지 활엽수림

발생 5월, 8월(어른벌레 6~9월)

먹이식물 산딸기, 나무딸기, 찔레꽃(장미과 Rosaceae), 참나무과 Fagaceae

분포 한국(내륙), 일본, 중국, 러시아 극동지역

흰띠썩은잎나방(태극나방과) *Sypnoides hercules* (Butler, 1881)

생김새 몸길이 50mm 안팎(날개 길이 45mm 안팎)으로 머리는 적자갈색이고 특별한 무늬가 없다. 몸은
자갈색으로, 등선이 조금 옅은 자백색이다. 제1배마디에 검은 테두리로 된 작은 흰 점이 있다. 배 밑은
흰색이다. 제3배마디의 배다리는 짧고, 다음 배다리는 조금 축소되었으며, 그 다음의 배다리는 동등한
크기로 발달한다. 항문다리는 길게 뒤로 뻗는다.

습성 건드리면 후들거리듯 몸을 흔든다. 알로 겨울을 난다.

서식지 활엽수림

발생 5~7월(어른벌레 6~8월, 연 2회)

먹이식물 참나무과 Fagaceae

분포 한국(중·북부), 일본, 중국, 러시아 극동지역, 네팔

수컷

2살 애벌레

3살 애벌레

4살 애벌레

자란 애벌레

검스레흰별썩은잎나방(태극나방과) *Hypersypnoides submarginata* Walker, 1865

생김새 몸길이 48mm 안팎(날개 길이 50mm 안팎)으로 어릴 때 어두운 연두색이다가 중간 애벌레 때 머리는 검고 몸은 갈색을 띤다. 자라면 머리는 적갈색, 몸은 흑갈색을 띠는데, 제1배마디 등밑선, 제8배마디 등선에 흰 무늬가 있으며, 이밖에도 흰 무늬가 작게 나타난다. 제3배마디의 다리는 짧다.

습성 낙엽 밑에서 번데기가 된다. 어른벌레로 겨울을 난다.

서식지 상록수림

수컷

어린 애벌레

자란 애벌레(위)

자란 애벌레(옆)

발생 6~9월(어른벌레 4~6월, 9월, 연 2회)

먹이식물 참나무과 Fagaceae, 복분자딸기(장미과 Rosaceae)

분포 한국(남부, 제주도), 일본, 중국, 러시아 극동지역

아리랑꼬마짤름나방(태극나방과) *Chorsia rectilineata* (Ueda, 1987)

암컷

생김새 몸길이 17mm 안팎(날개 길이 18mm 안팎)으로 어릴 때 등밑
선이 약하게 나타나나 자라면 머리와 몸은 풀색이 된다. 머리는 양
가장자리로 검은색의 반원형 무늬가 있다. 숨문은 검다.

습성 잎 2장을 붙이고 그 사이에서 번데기가 된다.

서식지 상록수림

발생 6~9월(어른벌레 5~9월, 연 수회)

먹이식물 신갈나무, 상수리나무, 갈참나무(참나무과 Fagaceae)

분포 한국(중부)

비교 우리나라 고유종이다.

자란 애벌레

자란 애벌레

애벌레 머리

◗Family **Euteliidae** Grote, 1882 비행기나방과

날개 길이가 27~45mm로 중형이다. 이 과에 속한 종들은 모두 하나의 계통으로 이루어진다. 어른벌레는 날개
를 접고 배를 위로 말고 앉는데, 날개가 몸과 45~90도의 각도를 유지한다. 이 모습은 마치 비행기를 연상시켜
우리 이름의 유래가 된다. 애벌레는 밤나방과 유연관계가 가까워 제1배마디에 SV2 자모가 있거나 없으며, 배
다리의 발톱이 닮는 점, 번데기의 배 끝 돌기가 없는 점 등으로 그동안 밤나방과의 한 아과로 다루었다가 분리
되었다. 세계에 520여 종, 우리나라에 8종이 있다.

비행기나방(비행기나방과) *Eutelia geyeri* (Felder et Rogenhofer, 1874)

생김새 몸길이 30mm 안팎(날개 길이 35mm 안팎)으로 머리와 몸은 옅은 풀색 바탕이고, 통통한 느낌을
준다. 등밑선은 황록색으로 뚜렷하다. 몸통에는 노란 잔 점이 있는데, 가슴이 등 부분에는 없고, 배 부
분의 각 마디에 4~6개 있다. 숨문은 붉다. 다음 종과 달리 등 부분의 잔 점의 수가 훨씬 적다.

습성 흙 속에서 번데기가 된다. 겨울나기는 알려져 있지 않다.

서식지 활엽수림

발생 5~6월(어른벌레 6~8월, 연 1회)

먹이식물 붉나무(옻나무과 Anacardiaceae)

분포 한국(전국), 일본, 중국, 타이완, 인도, 스리랑카

비고 '비행기'라는 이름은 날개를 접은 모습에서 유래한 듯 보이나 불빛에 날아올 때 이 나방이 땅바닥에서 빙빙 도는 모습도 이름에 영향을 준 것으로 보인다.

수컷

자란 애벌레(위)

자란 애벌레(옆)

갈색점비행기나방(비행기나방과) *Atacira grabczewskii* (Püngeler, 1903)

생김새 몸길이 17mm 안팎(날개 길이 26mm 안팎)으로 머리는 반짝이는 검은색이고, 그물 무늬가 있다. 몸은 탁한 유백색으로, 몸통의 세로선들은 끊어지듯 불규칙하게 어두운 적갈색을 띤다. 숨문은 테두리가 탁한 흰색이다.

습성 잎 뒤에서 갈색 잎 조각을 조밀하게 몸에 붙이고 생활한다. 이 모습은 옆에서 보면 낙타 등처럼 보인다. 번데기로 겨울을 나는 것으로 보인다.

암컷

서식지 활엽수림

발생 7~8월(어른벌레 6~7월, 연 1회)

먹이식물 단풍나무(단풍나무과 Aceraceae)

분포 한국(지리산 이북), 일본

자란 애벌레

자란 애벌레

긴수염비행기나방(비행기나방과) *Anuga multiplicans* (Walker, 1858)

생김새 몸길이 35mm 안팎(날개길이 38mm)으로 머리는 풀색 또는 노란색이다. 사진처럼 머리가 노란색인 경우 앞가슴 일부까지 노란 기운이 돈다. 옆에서 보면 몸통은 가운데가슴이 가장 높고 그 앞과 뒤가 줄어든다. 위에서 보면 폭도 같은 생김새이다. 숨문선이 노란 선일 뿐 이외의 특별한 선이 없고, 검고 작은 점들이 퍼져 있다. 배다리는 완전하다.

수컷

어른벌레

습성 낙엽 밑에서 번데기가 된다. 겨울나기는 알려져 있지 않다.

서식지 활엽수림

발생 5~6월(어른벌레 6~8월, 연 1회)

먹이식물 옻나무과 Anacardiaceae

분포 한국(중부), 중국, 인도, 타이완, 필리핀, 스리랑카

비고 애벌레가 9월에 보이는 경우도 있는데, 가을에 한 번 더 발생하기도 한다. 이 나방의 생활사는 아직 해명되지 않았다.

2살 애벌레

3살 애벌레(위)

자란 애벌레(위)

3살 애벌레

3살 애벌레(옆)

자란 애벌레(옆)

◑ Family **Nolidae** Bruand, 1847 혹나방과

날개 길이가 8~78mm로, 소~중형이다. 최근 혹나방과의 개념이 확장되어 혹나방아과(Nolinae)에 속하던 종들과 밤나방과로 다루었던 푸른나방아과(Chloephorinae), 모나방아과(Westermannia), 가중나무껍질나방아과(Eligminae), 남방껍질나방아과(Collomeninae), 고구마껍질나방아과(Risobinae), 꼬마푸른나방아과(Eariadinae)가 추가되었다. 이 무리의 주요 특징은 혹나방아과의 애벌레가 제3배마디에 다리가 없고, 칙칙한 색과 짧은 털 다발이 있으며, 수직으로 된 탈출구가 있는 고치가 보트 또는 방추체 모양인 점이다. 우리 이름은 아마 일본 이름(혹 = コブ)에서 유래한 듯 보이며, 날개에 돋은 혹 모양의 비늘가루 때문으로 보인다. 세계에 1,730여 종, 우리나라에 60여 종이 있다.

신선혹나방(혹나방과) *Meganola strigulosa* (Staudinger, 1887)

생김새 몸길이 8mm 안팎(날개 길이 12mm 안팎)으로 머리와 몸은 유백색이다. 중간 애벌레까지는 폭 넓은 흰 등선이 있다. 등밑선, 숨문윗선, 숨문밑선에서 나오는 혹 같은 받침에서 흰 자모가 길고 빽빽하게 나온다.

습성 낙엽 밑에서 번데기가 된다. 겨울나기는 알려져 있지 않다.

서식지 참나무 숲

발생 7~9월(어른벌레 6~9월, 연 2회)

먹이식물 참나무류(참나무과 Fagaceae)

분포 한국(내륙), 중국 동북부, 러시아 극동지역

암컷

2살 애벌레

4살 애벌레

자란 애벌레

쌍줄혹나방(혹나방과) *Meganola fumosa* (Butler, 1878)

생김새 몸길이 14mm 안팎(날개 길이 18~22mm)으로 머리는 검다. 제2~3배마디의 검은 살돌기는 검고 긴 자모가 생긴다. 이 밖의 살돌기는 붉고, 흰색 또는 흰색과 검은색 자모가 섞인다. 이따금 몸이 흰 개체도 보인다.

수컷

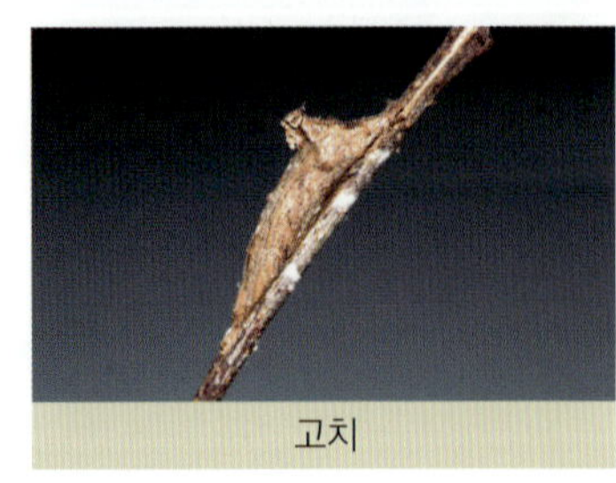

고치

습성 잎맥을 남긴 채 먹는다. 자라면 작은 가지에 갈색의 방추형의 고치를 만들어 붙인다.

서식지 풀밭, 참나무 숲

발생 5월, 8~9월(어른벌레 6~10월, 연 2회)

먹이식물 참나무류(참나무과 Fagaceae)

분포 한국(전국), 일본, 중국 동북부, 러시아 극동지역

자란 애벌레

자란 애벌레

자란 애벌레(흰색)

이 밖의 혹나방과 애벌레

선비혹나방 *Nola confusalis* (Herrich-Schäffer, 1847)

먹이식물 떡갈나무

암컷

어린 애벌레

자란 애벌레

Meganola sp. 1

먹이식물 참나무류

Meganola sp. 2

먹이식물 올괴불나무

자란 애벌레

고치

자란 애벌레

사과혹나방(혹나방과) *Evonima mandschuriana* (Oberthür, 1880)

생김새 몸길이 17mm 안팎(날개
길이 16~24mm)으로 가슴과 배
의 등에 갈색의 긴 자모 다발이
있다. 이밖의 몸의 특징은 이 털
들 때문에 파악하기 어렵다.

습성 허물을 벗을 때마다 머리

암컷

7살 애벌레

의 탈피각을 머리 위에 붙이는데, 이것이 계속 되기 때문에 탑처럼 차곡차곡 붙는다. 사진의 애벌레는
7살로, 8살이 마지막이다. 자란 애벌레는 작은 가지에 방추형의 고치를 만든 후 그 속에서 번데기가 되
는데, 머리 탈피각은 고치에 붙여 놓는다.

서식지 풀밭, 참나무 숲

발생 6월(어른벌레 6~8월, 연 1회)

먹이식물 참나무류(참나무과 Fagaceae), 사과나무, 벚나무(장미과 Rosaceae)

분포 한국(내륙), 일본, 중국 동북부, 러시아 극동지역

비고 혹나방아과의 애벌레는 얼핏 보면 불나방과와 닮은 점이 많으나 배다리가 3쌍뿐인 점으로 구별할
수 있다.

애기푸른나방(혹나방과) *Macrochthonia fervens* Butler, 1881

생김새 몸길이 25mm 안팎(날개 길이 37mm 안팎)으로 머리와 몸은
풀색이다. 머리는 정수리에 노란 눈썹 무늬가 있다. 등에는 혹 같은
연미색 받침이 점 또는 띠 모양으로 나오며, 숨문선이 연미색이다.
제3~6배마디에 다리가 있다. 숨문은 연미색이다.

습성 잎 뒤에 위치하며, 움직임이 느리다. 연두색 고치를 만든다.

서식지 활엽수림

발생 5~6월(어른벌레 6~8월 초, 연 1회)

먹이식물 느티나무, 느릅나무, 시무나무(느릅나무과 Ulmaceae)

분포 한국(내륙), 일본, 중국, 러시아 극동지역, 타이완

암컷

자란 애벌레(위)

자란 애벌레(옆)

고치

푸른나방(혹나방과) *Clethrophora distincta* (Leech, 1889)

암컷

생김새 몸길이 25mm 안팎(날개 길이 34mm 안팎)으로 중간 애벌레는 적갈색이고, 이후 몸이 풀색이 도는 적갈색을 띠다가 자라면 머리와 몸 전체가 풀색이 짙어진다. 가슴은 부풀고 통통하며 배 끝으로 갈수록 점차 가늘어진다. 등선과 등밑선 사이의 색이 밝다. 몸에는 흰 자모 받침이 일정하게 이어진다. 다리는 옅은 풀색이다.

습성 새 잎 사이에 위치하며, 움직임이 느리다. 노란 고치를 만든다.

서식지 활엽수림

발생 5~6월, 9월(어른벌레 6~10월 초, 연 2회)

먹이식물 붉가시나무(참나무과 Fagaceae)

분포 한국(남부, 완도), 일본, 중국, 타이완, 인도 북부

중간 애벌레(위)

중간 애벌레(옆)

쌍줄푸른나방(혹나방과) *Pseudoips prasinanus* (Linnaeus, 1758)

암컷

생김새 몸길이 25mm 안팎(날개 길이 34mm 안팎)으로 머리는 둥글고 청록색 바탕이다. 풀색 바탕의 몸통은 머리와 가슴이 굵으며 배 끝으로 갈수록 조금씩 가늘어진다. 몸통의 등밑선을 따라 연미색 선이 이어지고, 머리와 가슴 사이는 뚜렷하게 연미색 선으로 나뉘며, 각 마디 사이가 가느다란 연미색 선으로 나뉜다. 몸 전체에는 연미색 점이 가득하다. 항문다리에는 붉은 선이 뚜렷하다.

습성 나뭇잎 밑에 연두색 고치를 틀고 그 속에서 번데기가 된다. 번데기로 겨울을 난다.

서식지 활엽수림

발생 6월, 8월(어른벌레 4~6월, 7~8월, 연 2회)

먹이식물 여러 참나무류(참나무과 Fagaceae), 자작나무과 Betulaceae

분포 한국(전국), 일본~유럽

비고 닮은 종인 큰쌍줄푸른나방(*P. sylpha*)은 봄형인 경우, 수컷이 몸과 날개가 주홍색을 띠고, 앞날개 중앙과 바깥만 겨우 풀색인 점, 암컷은 앞날개 뒷가장자리가 홍색을 띤 점이 다르다. 여름형의 경우, 수컷

은 뒷날개가 희다. 하지만 잘 살피지 않으면 2종의 구별이 쉽지 않다. 애벌레는 큰쌍줄푸른나방이 몸통의 등선이 붉고, 숨문과 다리가 붉으나 항문다리의 붉은 선이 없어 다르다.

자란 애벌레

큰쌍줄푸른나방 애벌레

깨소금껍질나방(혹나방과) *Nycteola degenerana* (Hübner, 1799)

생김새 몸길이 19mm 안팎(날개 길이 28mm 안팎)으로 부채껍질나방 (*Nycteola asiatica*)과 닮으며, 머리와 몸은 풀색으로 다른 색이 없다. 머리는 반짝이고 둥글다. 몸통의 마디 사이는 고무줄을 매듯 줄어들고, 조금 색이 옅다. 몸에 난 자모는 가늘고 흰색이다.

습성 새순 사이에 실을 치고 그 속에서 잎을 먹는다. 한 쪽 위가 뽀족한 흰 고치를 틀고 그 속에서 번데기가 된다.

암컷

서식지 활엽수림, 습지, 갯가

발생 6월, 9월(어른벌레 4~9월, 연 2~3회)

먹이식물 버드나무, 호랑버들(버드나무과 Salicaceae)

분포 한국(지리산 이북), 일본~유럽

자란 애벌레(위)

자란 애벌레(옆)

앞무늬부채껍질나방(혹나방과) *Nycteola costalis* Sugi, 1959

생김새 몸길이 15mm 안팎(날개 길이 23mm 안팎)으로 어릴 때 유백색이다가 자라면서 풀색으로 변한다. 머리는 둥글고 무늬가 없다. 몸통은 원통형으로, 맨눈으로 보면 잘 보이지 않지만 길고 흰 자모가 나오는데, 깨소금껍질나방보다 흰 자모 받침이 뚜렷하다.

습성 새순 사이에 있는데, 이 나무의 잎에 털이 많아 잘 보이지 않는다. 보트 모양의 옅은 풀색의 고치를 만든다.

서식지 상록수림

발생 6월, 9월(어른벌레 4~9월, 연 2~3회)

먹이식물 붉가시나무(참나무과 Fagaceae)

분포 한국(완도, 제주도), 일본

암컷

어린 애벌레

중간 애벌레

자란 애벌레

검은띠애나방(혹나방과) *Gelastocera exusta* Butler, 1877

생김새 몸길이 24mm 안팎(날개 길이 22~28mm)으로 머리와 몸의 숨문 위로 붉고 회색 바탕에 검은 점이 일정한 간격으로 퍼져 있다. 숨문 아래에 붉은 부분이 더 넓어진다. 숨문 위로는 흰색의 긴 털이 혹 같은 살돌기 위에 퍼져 있다. 숨문은 검고, 제7~8배마디의 숨문 부분에 큰 흰 무늬가 있다. 몸 색이 연두색인 개체를 한번 발견하였다.

수컷

습성 잎 뒤에서 잎 가장자리를 먹는다. 갈색 고치도 잎 뒤의 맥에서 발견된다.

서식지 활엽수림

발생 6월, 9월(어른벌레 5~6월, 7~8월, 연 2회)

먹이식물 나도밤나무(나도밤나무과 Sabiaceae), 사방오리나무(자작나무과 Betulaceae)

분포 한국(내륙, 제주도), 일본, 러시아 극동지역

자란 애벌레(붉은색)

자란 애벌레(노란색)

고치

붉은무늬갈색애나방(혹나방과) *Siglophora sanguinolenta* (Moore, 1888)

생김새 몸길이 22mm 안팎(날개 길이 19mm 안팎)으로 머리는 둥글고, 작고 검은 점이 있으나 거의 눈에 띄지 않는다. 몸은 가늘고 길지만 배 끝이 더 가늘어서 위에서 보면 배가 쭈글쭈글해 보인다. 머리와 몸은 풀색으로 별다른 무늬가 없다.

습성 잎 뒤에서 잎이 조금 오므린 상태가 되도록 흰 실을 복잡하게 치고 자리한다. 잎맥을 남긴 채 잎살을 먹는다. 돌기가 솟은 고치를 만들고 번데기가 된다.

서식지 참나무 숲

발생 6월, 9월(어른벌레 5~9월, 연 2회)

먹이식물 상수리나무(참나무과 Fagaceae)

분포 한국(중부 이남), 중국, 필리핀, 인도 북부, 네팔

암컷

자란 애벌레

애벌레 위치

고치

은무늬모진애나방(혹나방과) *Gabala argentata* Butler, 1878

생김새 몸길이 20mm 안팎(날개 길이 23mm 안팎)으로 어린 애벌레는 전체가 연미색이다. 자라면 머리는 황록색이고, 몸은 회녹색이다. 몸통은 배 끝으로 갈수록 차차 가늘어진다. 등선은 거의 확인되지 않고, 등밑선은 제1~6배마디에서 옅고 굵게 보인다. 몸의 마디가 잘록하고 색이 옅다.

습성 잎 뒤 주맥에서 잎을 먹는다. 고치는 가느다란 돌기로 이어져 떠 있다. 어른벌레로 겨울을 나고 봄에 나타난 암컷이 알을 낳는다.

암컷

어린 애벌레

자란 애벌레

고치

서식지 활엽수림

발생 7월, 9~10월 초(어른벌레 6~9월, 연 2회)

먹이식물 옻나무, 붉나무(옻나무과 Anacardiaceae)

분포 한국(전국), 일본, 러시아 극동지역~유럽

그물애나방(혹나방과) *Sinna extrema* (Walker, 1854)

생김새 몸길이 25mm 안팎(날개 길이 33mm 안팎)으로 머리는 둥글고 노란색이며 검은 점이 퍼져 있다. 몸은 옅은 풀색으로 위에서 보면 각 마디 중앙에 자모와 함께 튀어나온다. 등선은 짙은 풀색으로 희미하나 뚜렷한 노란 등밑선이 있다. 온몸에 검은 점과 붉은 점이 퍼져 있다.

습성 잎 뒤에서 생활하며, 잎 뒤에서 흰 보트 모양의 고치를 만드는데, 가을에는 먹이식물에서 다른 장소로 이동하여 번데기가 되는 것으로 보인다. 번데기로 겨울을 난다.

서식지 활엽수림

발생 6월, 9~10월 초(어른벌레 5~9월, 연 2회)

먹이식물 가래나무, 굴피나무(가래나무과 Juglandaceae)

분포 한국(내륙), 일본, 중국, 러시아 극동지역, 타이완

암컷	어른벌레	고치
어린 애벌레	중간 애벌레	자란 애벌레

붉은가꼬마푸른나방(혹나방과) *Earias pudicana* Staudinger, 1887

생김새 몸길이 15mm 안팎(날개 길이 21mm 안팎)으로 머리는 검고 작다. 몸은 파리 구더기 같은 모양으로, 제1배마디가 가장 높고 배 끝으로 갈수록 낮아진다. 몸은 회색으로 등선 양쪽 제1배마디에서 배 끝까지 흰 무늬가 있다. 몸 옆에 특별한 무늬가 없다.

습성 새 잎을 엮어 엉성한 둥지를 만들고 그 속에 은신한다. 번데기로 겨울을 난다.

서식지 활엽수림

발생 5~9월(어른벌레 4~9월, 연 2~3회)

먹이식물 버드나무(버드나무과 Salicaceae), 굴피나무(가래나무과 Juglandaceae), 참싸리(콩과 Fabaceae)

분포 한국(전국), 일본, 중국, 러시아 극동지역, 사할린, 인도 북부, 아프가니스탄

비고 손재천(2006: 410)의 철쭉을 먹는 종류는 이 종과 가까운 분홍꼬마푸른나방(*Earias roseifera* Butler, 1881)이다.

암컷

어른벌레

자란 애벌레(위)

자란 애벌레(옆)

목화꼬마푸른나방(혹나방과) *Earias cupreoviridis* (Walker, 1862)

생김새 몸길이 15mm 안팎(날개 길이 20mm 안팎)으로 머리는 검고 작다. 몸통은 해삼 모양으로 납작한 편이다. 옆에서 보면 제1배마디가 가장 높고 앞뒤로 차츰 낮아진다. 몸은 회색 또는 황갈색의 2가지 바탕으로 위에서 보면 흑갈색 무늬가 서로 떨어져 제1~2배마디와 제5~8배마디에 넓게 있다. 몸에는 등밑선과 숨문윗선에 크고 작은 살돌기가 삐죽 튀어나온다.

습성 잎 위에서 발견되고, 움직임이 느리다.

서식지 풀밭

발생 6월, 8~9월(어른벌레 5~8월, 연 수회)

먹이식물 목화, 공단풀(아욱과 Malvaceae)

분포 한국(제주도), 일본~동남아시아

비고 과거 Leech(1898: 205)가 북한의 원산에서 채집한 기록이 있지만 믿기 어렵다. 이 종은 따뜻한 지역의 목화 재배지에서 보인다. 김성수가 서귀포시 강정동에서 처음 발견하였다.

암컷

자란 애벌레

자란 애벌레

고치

남방껍질나방(혹나방과) *Gadirtha impingens* Walker, 1857

생김새 몸길이 48mm 안팎(날개 길이 45mm 안팎)으로 머리는 둥글고 주황색이다. 몸은 풀색이다. 등선은 검고 가늘다. 제1, 2, 8, 9배마디의 등밑선에 노란 살돌기가 나오는데, 제1, 8배마디에는 검은색이 끝에서 쌍으로 보여 4개가 있다. 등밑선 각 마디 아래로는 길고 검은 자모와 희고 조금 짧은 자모 여러 개 보인다. 자라면 검은 등선이 뚜렷해지고, 등밑선의 노란 띠도 뚜렷해진다. 또 검은 살돌기의 모양이 달라진다.

암컷

습성 자란 애벌레는 나무껍질을 뜯어 붙여 고치를 만들고 그 속에서 번데기가 된다. 번데기는 '가중나무껍질나방'처럼 소리를 내는 것으로 알려져 있다.

서식지 활엽수림

발생 5월, 9월(어른벌레 6월, 10월~이듬해 봄, 연 2회)

먹이식물 사람주나무(대극과 Euphorbiaceae)

분포 한국(남부, 제주도), 일본, 중국, 타이완, 동남아시아, 인도, 호주

비고 허운홍(2016: 288)의 사진은 *Gadirtha*속의 다른 종으로 보인다. 우리나라의 이 종과 관련해서 분류 검토가 더 필요하다.

어린 애벌레

중간 애벌레(위)

중간 애벌레(옆)

가중나무껍질나방(혹나방과) *Eligma narcissus* (Cramer, 1775)

생김새 몸길이 50mm 안팎(날개 길이 75mm 안팎)으로 머리는 검고, 몸은 노란색이며 각 마디의 중앙에 굵고 검은 띠가 뚜렷하다. 가슴다리와 배다리는 노랗다. 몸 전체에 희고 긴 털이 난다. 검은 띠는 개체에 따라 무늬가 다른 경우도 있다.

암컷

습성 자극을 주면 고치 속의 번데기가 소리를 낸다.

서식지 마을, 경작지, 낮은 산지

발생 8~9월(어른벌레 9~10월, 연 1회)

먹이식물 가죽나무(소태나무과 Simaroubaceae)

분포 한국(중 · 남부), 일본, 중국, 타이완, 동남아시아, 인도

비고 일본에서는 이 종이 중국에서 날아온다는 것이 증명되었다고 한다. 우리나라도 서해안과 가까운 지역에 많으므로, 중국에서 날아온 것으로 볼 수 있지만 그 여부는 아직 밝혀지지 않았다. 가중나무는 가죽나무와 같으며, 가짜 죽(대)나무라는 뜻이다.

중간 애벌레

자란 애벌레

고치

흰무늬껍질나방(혹나방과) *Negritothripa hampsoni* (Wileman, 1911)

생김새 몸길이 20mm 안팎(날개 길이 22mm 안팎)으로 머리는 둥글고 노란색이다. 몸은 연미색으로 푸른 기가 있다. 몸통 각 마디의 등 밑선에는 크고 노란 살돌기가 나오고 그 위에 고슴도치처럼 검고 길며 빳빳한 자모가 나온다. 위에서 보면 노란 타원이 머리에서 배 끝으로 이어진 것처럼 보인다. 숨문선은 조금 짙게 나타나고, 그 아래로 작은 살돌기가 있다.

암컷

습성 어린 애벌레는 잎살을 먹다가 자라면 잎에 구멍을 내면서 먹는다. 몸에 난 털은 끈적끈적하다. 나무껍질을 뜯어 붙여 고치를 만들고 그 속에서 번데기가 된다.

서식지 활엽수림

발생 5월, 8월(어른벌레 5~6월, 9월, 연 2회)

먹이식물 여러 참나무류(참나무과 Fagaceae)

분포 한국(남부), 일본

비고 '껍질나방'이라 함은 어른벌레의 날개색보다 애벌레가 고치를 나무껍질과 닮게 만든다는 뜻이 더 맞다. 어른벌레의 날개의 콩팥무늬에는 자모 다발이 솟는다.

자란 애벌레

애벌레 위치

고치

날개 길이가 8~78mm로, 소~대형이다. 어른벌레는 뒷가슴 뒤에 고막기관이 있다. 애벌레는 등방패 뒤의 옆에 샘을 갖는 경우가 많다. 제3~6배마디의 다리를 갖추나 일부 종에서 제3과 제4의 배다리가 퇴화하기도 한다. 일부(Acronictinae)는 자모가 불나방처럼 빽빽하기도 하지만 매끈한 종류가 많다. 또 극히 일부는 육식성 종이 있지만 대부분 식물을 먹는다. 세계에 11,772종이 분포하여 나비목의 과(family) 중에서 가장 종류가 많았으나 이 과에 속했던 여러 아과들이 태극나방과와 혹나방과, 비행기나방과로 옮겨졌기 때문에 현재 태극나방과가 더 많다. 우리나라에 660여 종이 있다. 우리 이름은 밤(야간)에 활동한다는 뜻으로 지어졌다.

큰알락밤나방(밤나방과) *Abrostola major* Dufay, 1957

생김새 몸길이 28mm 안팎(날개 길이 29~33mm)으로 다음 종과 닮으나 차이는 다음과 같다. 이 종은 1) 앞머리가 옅은 풀색(다음 종은 짙은 풀색 또는 자갈색), 2) 앞머리 바깥쪽의 그물무늬는 흑갈색(다음 종은 짙은 풀색 또는 자갈색), 3) 제1배마디 위의 흰 무늬는 삼각형 다음 종은 'V'자 모양이다.

수컷

습성 다음 종과 거의 같다.

서식지 활엽수림 가장자리

발생 6월(어른벌레 7~9월, 연 1회)

먹이식물 거북꼬리, 풀거북꼬리, 쐐기풀(쐐기풀과 Urticaceae)

분포 한국(중부 이남), 일본, 중국

비고 허운홍(2012: 398, 2016: 311)의 애벌레는 중복되어 있으며, 날개돋이 한 표본을 살피면 다음 종으로 보인다. 이 종과 다음 종의 구별은 Murase(1997)에 따른다.

자란 애벌레

자란 애벌레

쐐기풀알락밤나방(밤나방과) *Abrostola triplasia* (Linnaeus, 1758)

생김새 몸길이 28mm 안팎(날개 길이 29~33mm)으로 머리와 몸은 어두운 갈색 또는 풀색이다. 몸통은 뒤로 가면서 서서히 굵어진다. 제1, 2, 8배마디의 등에 짙은 무늬가 위에서 보면 도드라진다. 또 제1배

마디 옆에 'V'자 모양 무늬가 있
다. 숨문윗선은 가늘고 희다. 제
3~4배마디의 배다리는 작은 편
이다. 숨문은 흰색이다.

습성 배다리는 모두 정상이나
걸을 때 자나방처럼 몸을 구부
린다. 흙 속에서 번데기가 되어
겨울을 난다.

서식지 활엽수림 가장자리

발생 5~6월, 9월(어른벌레 4~5월, 7~9월, 연 2회)

먹이식물 느릅나무(느릅나무과 Ulmaceae), 왕팽나무(삼과 Cannabaceae), 거북꼬리, 풀거북꼬리, 쐐기풀(쐐기
풀과 Urticaceae)

분포 한국(전국), 일본, 중국, 타이완, 러시아, 유럽

암컷

자란 애벌레

붉은금무늬밤나방(밤나방과) *Chrysodeixis erisoma* (Doubleday, 1843)

생김새 몸길이 40mm 안팎(날개 길이 34mm 안팎)으로 머리는 옅은
황록색이고, 옆에 검은 무늬가 보인다. 몸은 황록색으로 가늘고 길
다. 제3~4배마디는 흔적뿐이다. 몸통의 흰 선 중에서 숨문선이 가
장 뚜렷하다. 등밑선에 원무늬가 보인다. 자모 받침은 흰색 또는 검
은색이다. 숨문은 유백색이다.

습성 배마디가 적어 자나방처럼 걷는다. 먹이식물에 흰 막을 치고
그 속에서 번데기가 된다.

서식지 풀밭

발생 6~10월(어른벌레 5~10월, 연 수회)

먹이식물 국화과 Asteraceae, 배추과 Brassicaceae

분포 한국(전국), 일본, 중국, 타이완, 동남아시아, 남아시아, 중동, 호주

암컷

자란 애벌레(위)

자란 애벌레(옆)

번데기

콩은무늬밤나방(밤나방과) *Ctenoplusia agnata* (Staudinger, 1892)

먹이식물 들깨(꿀풀과 Lamiaceae)

암컷

자란 애벌레(위)

자란 애벌레(옆)

긴금무늬밤나방(밤나방과) *Ctenoplusia albostriata* (Bremer et Grey, 1853)

생김새 몸길이 30mm 안팎(날개 길이 31~35mm)으로 머리는 반짝이는 황록색이다. 몸통은 배 끝으로 갈수록 굵어지는데, 옆에서 보면 제8배마디가 볼록하게 솟는다. 흰 자모 받침은 앞 종보다 두드러진다. 숨문은 검고 뚜렷하다. 제3~4배마디의 다리는 흔적뿐이다.

습성 잎을 조금 오므린 상태에서 위에 흰 막을 치고 그 속에서 번데기가 된다. 겨울나기는 알려지지 않으나 제주도처럼 따뜻한 곳에서는 어른벌레로 겨울을 날 것으로 보인다.

서식지 풀밭

발생 6~10월(어른벌레 5~10월, 연 수회)

먹이식물 국화과 Asteraceae

분포 한국(전국), 일본, 중국, 타이완, 필리핀, 동남아시아, 호주, 뉴질랜드, 피지

수컷

3살 애벌레(위)

3살 애벌레(옆)

자란 애벌레

은무늬밤나방(밤나방과) *Macdunnoughia purissima* (Butler, 1878)

생김새 몸길이 27mm 안팎(날개 길이 30mm 안팎)이고 머리는 풀색으로 반짝인다. 몸은 옅은 풀색 바탕에 위에서 보면 백록색 'V'자 무늬가 겹쳐서 이어진다. 숨문은 검고 숨문선 아래가 넓게 희다. 흰 자모 받침에서 흰 자모가 나오나 잘 눈에 띄지 않는다.

습성 줄기에 붙어 있으며, 쑥색으로 보여서 좀처럼 발견하기 어렵다. 쑥 잎을 엮고 그 속에서 번데기가 된다. 겨울나기 등의 생태가 잘 알려지지 않았다.

서식지 풀밭

발생 6~10월(어른벌레 5~10월, 연 수회)

먹이식물 쑥(국화과 Asteraceae)

분포 한국(전국), 일본, 중국, 러시아 극동지역, 타이완

어른벌레

자란 애벌레(위)

자란 애벌레(옆)

참금무늬밤나방(밤나방과) *Diachrysia pales* (Mell, 1939)

생김새 몸길이 35mm 안팎(날개 길이 42mm 안팎)으로 머리는 반짝이는 풀색이고, 개안 위로 검은 띠가 있다. 몸통은 배 끝으로 갈수록 통통해진다. 옆에서 보면 배마디의 위는 마디가 골이 되고 중앙이 마치 산처럼 튀어나온다. 위에서 보면 등 부분이 'V'자 무늬가 이어지고, 각 마디 등밑선에 작은 흰 자모 받침이 있다. 숨문은 검고, 숨문선은 희다.

습성 잎 뒤에 오므리고, 흰 막을 친 후 그 속에서 번데기가 된다.

서식지 풀밭, 활엽수림 가장자리

발생 7~8월(어른벌레 7~9월, 연 1회)

먹이식물 등골나물(국화과 Asteraceae)

분포 한국(내륙), 일본, 중국

비고 *D. coreae*는 이 종의 동종이명이다.

수컷

자란 애벌레(위)

자란 애벌레(옆)

쑥꼬마밤나방(밤나방과) *Phyllophila obliterata* (Rambur, 1833)

생김새 몸길이 30mm 안팎(날개 길이35mm 안팎)으로 머리는 옅은 갈색이고 두개봉선과 그 가장자리가

선처럼 갈색이 짙어진다. 몸은 옅은 풀색으로 등선과 등밑선 등 여러 연미색 선이 이어지는데, 희미하다. 이 중에서 숨문선이 가장 뚜렷하다. 숨문은 회백색으로 검은 테두리가 있다. 가슴다리와 배 밑은 옅은 풀색이다.

습성 잎 뒤에 위치하며 쑥 잎을 구멍을 내면서 먹는다. 자란 애벌레는 적갈색으로 변하며, 땅속에 들어가 고운 흙 입자를 실로 엮고 그 속에서 번데기가 된다. 번데기로 겨울을 난다.

서식지 풀밭, 활엽수림 가장자리

발생 6~9월(어른벌레 5~8월, 연 2회)

먹이식물 쑥(국화과 Asteraceae)

분포 한국(내륙), 일본, 중국, 러시아 극동지역~유럽

암컷

2살 애벌레

3살 애벌레

꼬마흰별밤나방(밤나방과) *Amyna axis* (Guenée, 1852)

생김새 몸길이 20mm 안팎(날개 길이 22mm 안팎)으로 머리와 몸은 풀색이다. 항문위판은 자갈색을 띤다. 머리와 등방패에는 검은 점이 퍼지는데, 모두 자모 받침이다. 머리의 검은 점은 가장자리 부분이 크다. 가운데가슴까지 4개의 검은 자모 받침이 있고, 여기에서 검은 자모가 나온다. 배마디는 조금 잘록하고 색이 밝다. 제3~4배마디는 다리가 없다.

습성 잎에 붙으며, 거의 움직이지 않는다.

서식지 풀밭, 마을, 경작지, 강가

발생 6~9월(어른벌레 5~9월, 연 2회)

먹이식물 쇠무릎(비름과 Amaranthaceae)

분포 한국(남부, 제주도), 일본, 중국, 아시아, 아프리카, 남미, 북미

암컷

자란 애벌레(위)

자란 애벌레(옆)

꼬마봉인밤나방(밤나방과) *Sphragifera biplaga* (Walker, 1858)

수컷

자란 애벌레

생김새 몸길이 20mm 안팎(날개 길이 22mm 안팎)으로 머리는 풀색, 몸은 옅은 풀색이다. 머리에는 2개의 연미색 점이 뚜렷하다. 몸 각 마디에는 4개의 흰 점이 있는데, 등방패에서 가장 뚜렷하다. 등밑선은 연미색 띠가 머리와 이어져 배 끝까지 이른다. 제3~4배마디의 다리는 작다.

습성 잎 뒤의 주맥에 붙으며, 겨울나기에 대해 알려지지 않았다.

서식지 활엽수림

발생 6~9월(어른벌레 5~9월, 연 2회)

먹이식물 굴피나무(가래나무과 Juglandaceae)

분포 한국(남부, 제주도), 일본, 중국, 타이완

^{개칭} 노랑상제밤나방(상제꼬마밤나방, 밤나방과) *Xanthodes albago* (Fabricius, 1794)

수컷

암컷

생김새 몸길이 62mm 안팎(날개 길이 28~31mm)으로 머리는 노랗고, 검은 원 무늬가 있다. 몸통은 노란 기가 있는 풀색으로 등선과 등밑선 사이가 회색이고, 흑갈색 무늬가 있는데 몸통 측면까지 다다른다. 몸에는 흰 자모가 있다. 가슴다리는 검고, 배다리는 노란색이다. 이따금 풀색을 띠는 개체가 보이는데, 이들은 암컷이다.

습성 다음 종과 거의 같은 습성이다.

서식지 풀밭

발생 6~11월(어른벌레 5~9월, 연 3회)

먹이식물 어저귀(아욱과 Malvaceae)

분포 한국(제주도), 일본, 타이완, 동아시아 일대, 인도, 호주

어린 애벌레

4살 애벌레

자란 애벌레

 다음 종과 같은 장소에서 발견된다.

노랑세로줄밤나방(횡줄무늬밤나방, 밤나방과) *Xanthodes transversa* Guenée, 1852

생김새 몸길이 38mm 안팎(날개 길이 37~40mm)으로 머리는 작고, 몸 색과 같으며 늘 아래로 향해 잘 보이지 않는다. 제3~4 배마디의 다리는 없다. 몸은 연두색 바탕으로 어릴 때에는 등

암컷

번데기

선 양쪽의 검은 점무늬(중앙을 향해 'V'자 모양)가 없으나 자라면 뚜렷하게 나타난다. 배 끝 위에는 선홍색 무늬가 있다. 흰 자모가 길게 나온다.

습성 잎 위에 위치하며 잎을 구멍내듯 먹는다. 번데기로 겨울을 난다.

서식지 풀밭

발생 6~11월(어른벌레 5~9월, 연 3회)

먹이식물 부용(아욱과 Malvaceae)

분포 한국(제주도), 일본, 타이완, 필리핀, 베트남, 미얀마, 인도네시아, 인도

비고 Muddasar and Venkateshalu(2017)가 이 종과 앞 종의 애벌레를 다루었다.

중간 애벌레

자란 애벌레(위)

자란 애벌레(옆)

노랑무늬꼬마밤나방(밤나방과) *Acontia bicolora* Leech, 1889

생김새 몸길이 20mm 안팎(날개 길이 20mm 안팎)으로 머리와 몸은 자갈색의 가느다란 선들이 가득하다. 숨문선은 흰 무늬가 이어진다. 앞가슴과 가운데가슴, 제1~8배마디의 등밑선 부분에는 검은 테두리로 된 붉은 원이 있다. 또 등과 배에 검은 세모무늬가 있다.

습성 자극을 받으면 가슴 부분을 부풀린다. 자란 애벌레는 여름에 잎을 엮어 번데기가 되고, 가을에 땅으로 내려와 낙엽 사이에서 번데기가 된 채로 겨울을 난다.

수컷

서식지 풀밭, 과수원 주변

발생 7~10월(어른벌레 5~9월, 연 2회)

먹이식물 수까치채(아욱과 Malvaceae)

분포 한국(전국), 일본, 중국

비고 몸이 가늘고 길어서 얼핏 보면 자벌레처럼 보이나 다리 구조가 다르다.

어른벌레

자란 애벌레

암청색줄무늬밤나방(밤나방과) *Arcte coerula* (Guenée, 1852)

생김새 몸길이 65mm 안팎(날개 길이 76~82mm)으로 머리와 몸이 검거나 노란색을 띠는데, 개체에 따라 머리가 붉기도 한다. 옆에서 보면 몸높이가 거의 일정하다. 위에서 보면 가로로 짧은 선이 빽빽하게 이어진다. 숨문윗선은 희고 이중의 검은 선이 감싼다. 숨문은 붉으며 테두리가 검다.

수컷

습성 자극을 받으면 애벌레의 머리를 세차게 좌우로 흔든다. 자라면 낙엽 밑 흙 위에서 번데기가 된다. 대발생한 경우, 몸 색이 검어지는데, 이 현상은 먹이식물이 부족할 경우로, 아마 의태현상과 관련된 것으로 추측한다.

서식지 풀밭, 습지, 강가, 하천

발생 7~9월초(어른벌레 7월~이듬해 4월, 연 1회)

먹이식물 거북꼬리, 모시풀, 풀거북꼬리, 모시물통이, 가는잎쐐기풀, 좀깨잎나무(쐐기풀과 Urticaceae)

분포 한국(전국), 일본, 중국, 타이완, 러시아 극동지역, 동남아시아, 인도, 오세아니아

비고 영어 이름은 'Ramie moth'이다. 'ramie'는 모시 또는 모시로 만든 섬유를 말한다.

자란 애벌레(위)

자란 애벌레(옆)

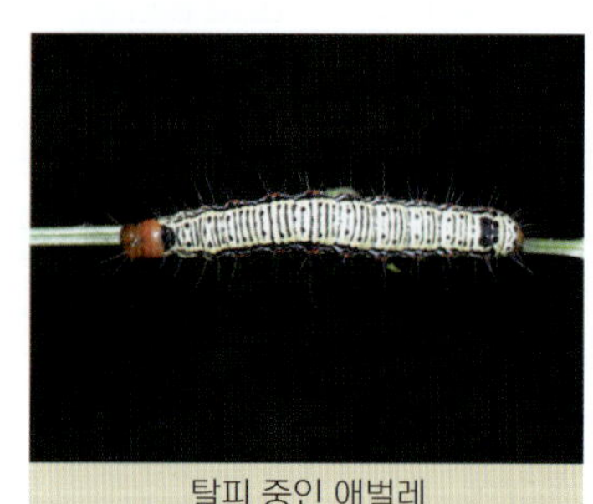
탈피 중인 애벌레

버짐나방(밤나방과) *Anacronicta caliginea* (Butler, 1881)

암컷

생김새 몸길이 45mm 안팎(날개 길이 39~46mm)으로 머리와 몸은 노랗다. 등선은 검은 무늬가 비치나 뚜렷하지 않다. 몸에 도드라진 부분에 노란 자모 다발이 가득하다. 그 중 제1배마디의 숨문 위에 검고 긴 자모 다발이 있는데, 자모의 수가 적다. 숨문은 갈색으로 눈에 잘 띄지 않는다.

습성 가을에 자란 후, 갈색으로 변하며, 흙 속에 들어가 번데기가 되는데, 이 상태로 겨울을 난다.

서식지 풀밭

발생 6월, 9~10월(어른벌레 5~8월, 연 2회)

먹이식물 억새, 갈대(벼과 Poaceae)

분포 한국(전국), 일본, 중국, 러시아 극동지역

자란 애벌레(위)

자란 애벌레(옆)

배노랑버짐나방(밤나방과) *Trichosea champa* (Moore, 1879)

생김새 몸길이 60mm 안팎(날개 길이 39~51mm)으로 머리와 몸은 검거나 적갈색 바탕이고, 숨문 위로 길고 검은 자모가 성기게 나온다. 숨문 아래의 배 밑 방향으로 흰 자모가 수북하다.

수컷

암컷

제1~2배마디 위에 흰 점들이 있다. 등선은 붉고, 붉은 사선이 있다. 가운데가슴과 제8배마디의 등에 자모다발이 수북한 산돌기가 있다. 숨문은 희다.

습성 자극을 받으면 머리를 아래로 숙여 가슴의 마디에서 흰 무늬가 드러나게 한다. 몸에 털 다발이 나 있어 독나방과 애벌레처럼 보인다. 일본에서는 번데기로 겨울을 난다고 알려졌으나 제수도에서 2월 조에 2살 애벌레 상태로 잎에서 발견했다. 앞으로 이에 대한 조사가 더 필요하다.

서식지 활엽수림

발생 6월, 8~9월(어른벌레 5~9월 초, 연 2~3회)

먹이식물 벚나무, 비파나무, 매실나무, 홍가시나무(장미과 Rosaceae), 버드나무(버드나무과 Salicaceae), 진달래(진달래과 Ericaceae)

분포 한국(울릉도를 뺀 전국), 일본, 중국, 타이완, 러시아 극동지역

어린 애벌레

4살 애벌레

자란 애벌레

탐시버짐나방(밤나방과) *Xanthomantis contaminata* (Draudt, 1937)

생김새 몸길이 35mm 안팎(날개 길이 40mm 안팎)으로 머리는 반짝이는 적갈색이고 정수리에 흑갈색 무늬가 있는데, 얼핏 보면 강아지 얼굴 같다. 몸은 적갈색 또는 자갈색으로 구둣솔 같은 털 다발들이 나 있다. 등에는 이 털이 짙고 빽빽하나 숨문선 아래

수컷

애벌레 머리

에는 성기다. 앞가슴과 제9~10배마디, 몸 옆에 긴 센털이 성기게 뻗는다.

습성 잎 뒤에서 생활하는데, 어릴 때에는 잎 사이에 들어가나 자라면 노출된다. 자극을 받으면 몸을 고슴도치처럼 똘똘 마는데, 이때 마디 사이에 숨겨져 있던 검은 무늬가 보인다.

서식지 활엽수림

발생 8~9월(어른벌레 5~6월, 연 1회)

먹이식물 참나무류(참나무과 Fagaceae), 벚나무류(장미과 Rosaceae), 단풍나무(단풍나무과 Aceraceae), 느티나무(느릅나무과 Ulmaceae)

분포 한국(지리산 이북), 중국, 러시아 극동지역

중간 애벌레

4살 애벌레(위)

4살 애벌레(옆)

노랑날개버짐나방(밤나방과) *Xanthomantis cornelia* (Staudinger, 1888)

생김새 몸길이 35mm 안팎(날개 길이 40mm 안팎)으로 머리는 흑갈색 바탕에 잔 점들이 가득하다. 전체 모습은 탐시버짐나방과 닮으나 각 마디에 솟은 자모 돌기가 성기고 더 길다. 몸 바탕

수컷

자란 애벌레

이 적갈색으로 더 짙다. 뒷가슴과 제8배마디가 조금 크고 솟는다. 등선에 붉은 점이 보이고, 위에서 보면 등밑선에 'V'자 모양의 무늬가 있다.

습성 어릴 때에는 잎 뒤에서 잎을 붙여 엮은 후 그 속에서 지내다가 자라면 집에서 나와 잎 뒤에 자리한다. 이후 잎을 자신의 털과 함께 엮고 그 속에서 번데기가 된다. 겨울나기는 알려지지 않았다.

서식지 활엽수림

발생 8~9월(어른벌레 6~7월, 연 1회)

먹이식물 참나무과 Fagaceae

분포 한국(지리산 이북), 중국 동북부, 러시아 극동지역

솔버짐나방(밤나방과) *Panthea coenobita* (Esper, 1785)

생김새 몸길이 25~30mm(날개 길이 22~25mm)로 머리는 갈색에서 흑갈색이다. 몸통의 색도 다양하며, 회갈색, 갈색, 흑갈색 등이 있다. 몸 등은 갈색으로 검은 털과 흰 털 다발이 섞인다. 특히 가슴과 제1, 8배마디가 더 수북하다. 옆에서 보면 흰 숨문을 중심으로 선홍색이지만 개체에 따라 파란색도 보인다. 숨문 아래의 배마디에는 '∧'자 모양의 흰 무늬가 있다.

수컷

습성 자극을 받으면 머리를 아래로 숙여 가슴의 마디에서 흰 무늬가 드러나게 한다. 몸에 털 다발이 나 있어 독나방과 애벌레처럼 보인다. 번데기 상태로 겨울을 난다.

서식지 침엽수림

자란 애벌레(위)

자란 애벌레(옆)

발생 6월, 8~9월(어른벌레 5~9월 초, 연 2회)

먹이식물 소나무, 낙엽송(소나무과 Pinaceae)

분포 한국(전국), 일본, 중국 북부, 러시아 극동지역~유럽

잎말이밤나방(밤나방과) *Balsa leodura* (Staudinger, 1887)

암컷

생김새 몸길이 25~30mm(날개 길이 22~25mm)로 머리는 옅은 청록색, 몸은 풀색 바탕에 흰 점이 가득하다. 등밑선은 가늘고 끊어지듯 배 끝까지 이른다. 흰 자모는 짧고 성기다. 항문다리는 뒤로 뻗으며, 'V'자 모양이다. 제4~6배마디에 다리가 있다. 얼핏 쌍줄푸른나방과 닮아 보인다.

습성 잎 뒤에 위치하며, 잘 움직이지 않는다.

서식지 활엽수림

발생 8~9월(어른벌레 6~8월, 연 1회)

먹이식물 돌배나무(장미과 Rosaceae)

분포 한국(내륙), 일본, 중국, 러시아 극동지역

자란 애벌레(위)

자란 애벌레(옆)

세무늬저녁나방(밤나방과) *Cymatophoropsis trimaculata* (Bremer, 1861)

수컷

생김새 몸길이 40mm 안팎(날개 길이 33mm 안팎)으로 머리는 반짝이는 노란색이고 앞이마가 청백색이다. 몸통은 양 등밑선 사이가 청백색을 띠고 등선이 노란색으로 색이 옅다. 등밑선에서 숨문밑선까지 노란색이다. 몸통 각 마디의 등밑선에 청흑색 점이 2쌍씩 나란히 배열한다. 이 중 등방패에서 가장 크다.

습성 잎 뒤에 붙어 지낸다. 자라면 땅으로 내려와 흙 속에서 번데기가 된다. 번데기로 겨울을 난다.

서식지 활엽수림

발생 7월, 8~9월 초(어른벌레 5~6월, 8~9월, 연 2회)

먹이식물 갈매나무(갈매나무과 Rhamnaceae)

분포 한국(중부 이북), 일본, 러시아 극동지역

4살 애벌레

자란 애벌레

애벌레 머리

산저녁나방(밤나방과) *Anabelcia staudingeri* (Leech, 1900)

생김새 몸길이 33mm 안팎(날개 길이 37mm 안팎)으로 머리와 몸은 적갈색이고 머리는 반짝인다. 몸통 각 마디의 끝부분이 색이 짙어지고 배마디에서는 가느다란 흰 네모 무늬가 있다. 옆에서 보면 배마디에 흰 무늬가 넓게 보인다. 제8배마디 뒤로는 색이 붉다. 몸에는 꺼슬꺼슬해 보이는 자모가 뻗친다.

습성 자란 애벌레는 잎과 함께 자모를 섞어 고치를 만들고 번데기가 된다.

서식지 활엽수림

발생 8월(어른벌레 7~9월 초, 연 1회)

먹이식물 벚나무 등(장미과 Rosaceae), 참느릅나무(느릅나무과 Ulmaceae)

분포 한국(중부 이북), 중국

4살 애벌레

자란 애벌레

탈피 중인 애벌레

높은산저녁나방(밤나방과) *Moma alpium* (Osbeck, 1778)

생김새 몸길이 30mm 안팎(날개 길이 33~38mm)으로 머리는 검으나 옆에 그물무늬가 있다. 몸 등은 검고, 숨문윗선, 숨문선, 숨문밑선은 주황색이며, 그보다 아래가 더 밝아진다. 몸통의 살돌기 위의 자모는 갈색으로 길다. 제1, 3, 6배마디 위에 흰색 또는 주황색 무늬가 눈에 띤다. 제8배마디에 2개의 흰 무늬

가 있다. 숨문은 검다.

습성 사진은 자란 애벌레가 번데기가 되기 위해 배회하는 장면이다. 번데기로 겨울을 난다.

서식지 활엽수림

발생 8월(어른벌레 5~7월, 연 1회)

먹이식물 참나무류(참나무과 Fagaceae)

분포 한국(내륙), 일본, 중국, 러시아 극동지역~유럽

수컷

자란 애벌레(위)

자란 애벌레(옆)

애벌레 머리

비바리저녁나방(밤나방과) *Moma tsushimana* Sugi, 1982

생김새 몸길이 27mm 안팎(날개 길이 29mm 안팎)으로 앞 종과 거의 같은 무늬의 생김새이나 제3배마디의 굵은 흰 띠가 없다. 자라면 양 흰 띠 사이에 붉은 띠가 4개 생긴다. 몸에 수북한 자모는 앞 종보다 덜하다. 이 종은 발육 단계에 따라 몸 색의 변화가 심해 동정에 유의해야 한다.

습성 앞 종과 습성이 거의 같다.

서식지 활엽수림

발생 7~8월(어른벌레 6~7월, 연 1회)

먹이식물 신갈나무(참나무과 Fagaceae)

분포 한국(내륙), 일본(대마도), 중국

비고 이 속은 유럽부터 우리나라와 일본에 이르기까지 3종뿐으로, 모두 우리나라에 분포한다. 어른벌레가 매우 닮아 구별하기 어렵다.

암컷

자란 애벌레(위)

자란 애벌레(위)

자란 애벌레(옆)

흰무늬애저녁나방(밤나방과) *Gerbathodes paupera* (Staudinger, 1892)

생김새 몸길이 18mm 안팎(날개 길이 27~31mm)으로 머리는 풀색이고 2차 자모가 없다. 4살까지는 등선이 굵게 연미색이나 자라면 몸통은 풀색이고, 노란 띠로 된 등밑선이 뚜렷하다. 번데기가 되기 직전에는 몸이 분홍색으로 변한다. 몸에는 독나방 같은 긴 털들이 가득한데, 흰색으로, 앞가슴과 제10배마디는 각각 앞뒤로 향한다.

습성 얼핏 독나방과 닮아 보인다. 잎 뒤에서 살아간다. 번데기가 되기 위해서 2잎을 겹쳐놓은 후 주맥을 따라 몸을 위치한 채 번데기가 된다.

서식지 활엽수림

발생 9~10월(어른벌레 5~9월, 연 2회)

먹이식물 신갈나무, 졸참나무(참나무과 Fagaceae)

분포 한국(내륙), 일본

암컷

4살 애벌레

자란 애벌레(위)

자란 애벌레(옆)

벚나무저녁나방(밤나방과) *Acronicta adaucta* (Warren, 1909)

생김새 몸길이 28mm 안팎(날개 길이 35mm 안팎)으로 머리는 검은색이지만 정수리 부분이 붉다. 몸은 풀색이고, 등선은 붉으며 가슴과 제3~8배마디 흑갈색 무늬가 넓거나 좁다. 또 등선 양 옆으로 흑갈색 살돌기가 있고 검은 자모가 위로 난다. 4살 애벌레는 이런 부분의 색이 짙지 않다.

습성 잎 위에 해먹처럼 실을 붙이고 그 위에 위치한다. 이 때 잎은 실 때문에 조금 오므라진다. 번데기로 겨울을 난다.

수컷

4살 애벌레

자란 애벌레(위)

자란 애벌레(옆)

서식지 활엽수림

발생 7월, 8~9월(어른벌레 5~6월, 7~8월, 연 2회)

먹이식물 벚나무, 왕벚나무(장미과 Rosaceae)

분포 한국(전국), 일본, 중국, 러시아 극동지역

왕뿔무늬저녁나방(밤나방과) *Acronicta major* (Bremer, 1861)

생김새 몸길이 50mm 안팎(날개 길이 60mm 안팎)으로 머리는 검붉다. 몸통은 편평한 느낌을 준다. 긴 흰 자모가 몸 전체에 가득하다. 몸 등은 중앙이 노랗고, 검은 무늬가 다이아몬드 형으로 이어진다. 배 밑은 검고, 가슴다리와 배다리도 검다.

습성 자란 애벌레는 마치 독나방 애벌레와 닮는다. 번데기로 겨울을 난다.

서식지 활엽수림

발생 8월(어른벌레 5월, 8월, 연 2회)

먹이식물 뽕나무과 Moraceae, 장미과 Rosaceae, 참나무과 Fagaceae, 단풍나무과 Aceraceae 등

분포 한국(전국), 일본, 러시아 극동지역

수컷

자란 애벌레(위)

자란 애벌레(옆)

자극을 받은 4살 애벌레

자극을 받은 자란 애벌레

애벌레 머리

흰털저녁나방(밤나방과) *Acronicta pruinosa* (Guenée, 1852)

생김새 몸길이 27mm 안팎(날개 길이 38mm 안팎)으로 머리는 검고 광택이 강하다. 등방패와 항문위판은 검다. 몸은 주황색으로 등밑선 과 숨문윗선, 숨문밑선, 각 마디의 앞과 중앙에도 가는 흰 띠가 있 다. 제1배마디 가운데의 혹(瘤起)에서 검은 털 다발이 나오고, 이어 서 끝마디까지 이보다 작은 털다발이 있다. 몸에는 흰 털 돌기가 나

수컷

오는데, 가슴 쪽에서 3배 정도 길다.

습성 얼핏 독나방 애벌레와 닮아 보인다. 자세한 생태는 알려지지 않았다.

서식지 낮은 위치의 상록수림, 마을 주변

발생 7~8월, 11월(어른벌레 5~6월, 8~10월, 연 2회)

먹이식물 보리장나무(보리수나무과 Elaeagnaceae)

분포 한국(남부 해안, 추자도, 제주도), 일본, 중국 남부, 티베트, 타이완, 베트남, 미얀마, 방글라데시, 네팔, 인도, 스리랑카, 필리핀, 말레이시아, 인도네시아

비고 제주도에서는 해안 마을의 보리장나무에서 11월까지 애벌레가 보이는데, 흔하지 않다.

자란 애벌레(위)

자란 애벌레(옆)

오리나무저녁나방(밤나방과) *Acronicta cuspis* (Hübner, 1813)

생김새 몸길이 33mm 안팎(날개 길이 37mm 안팎)으로 머리는 반짝이는 검은색이다. 몸의 등선은 붉은색이고 등밑선까지 노란 띠가 있다. 제1배마디 위에 길고 뾰족한 자모 다발이 있다. 이 다발의 끝은 희다. 숨문을 중심으로 그 위는 검은 바탕에 흰 점이 있고, 아래는 노란색이다. 등에는 길고 검은 자모가 있고, 옆에 흰 자모가 있다. 제8배마디 등 위도 조금 솟는다.

암컷

습성 잎 뒤에서 머문다. 자란 애벌레는 잎과 함께 자모를 섞어 고치를 만들고 번데기가 된다.

서식지 낙엽활엽수림

발생 7월, 9월(어른벌레 6~9월 초, 연 2회)

중간 애벌레

자란 애벌레(앞)

자란 애벌레(옆)

먹이식물 호랑버들(버드나무과 Salicaceae), 산오리나무(자작나무과 Betulaceae)

분포 한국(중부 이북), 일본, 중국, 러시아 극동지역~유럽

칼무늬저녁나방(밤나방과) *Acronicta sugii* (Kinoshita, 1990)

생김새 몸길이 40mm 안팎(날개 길이 37~43mm)으로 다음 종과 닮으나 숨문선 위아래의 색이 다음 종은 자갈색이지만 이 종은 검고 붉은색이어서 다르다. 또 등밑선에 솟은 혹 부분의 흰

수컷

자란 애벌레

점이 이 종 쪽이 작다. 제8배마디 위의 혹은 이 종이 두드러진다. 무엇보다 이 종은 먹이식물이 자작나무과뿐이어서 차이가 있다.

습성 잎 위에 위치하며, 붉은색이어서 독을 품은 의태를 하는 것으로 보인다. 자란 애벌레는 흙 속에 들어가 번데기가 된다.

서식지 활엽수림

발생 6월, 9~10월(어른벌레 5~6월, 8~9월, 연 2회)

먹이식물 물박달나무(자작나무과 Betulaceae)

분포 한국(지리산 이북), 일본, 러시아 극동지역

사과저녁나방(밤나방과) *Acronicta intermedia* (Warren, 1909)

생김새 몸길이 45mm 안팎(날개 길이 41~50mm)으로 머리는 반짝이는 적갈색이다. 얼핏 보면 무늬독나방 애벌레와 닮는다. 앞가슴에서 앞으로 뻗는 'V'자 모양의 자모 다발이 없고, 등밑선의 흰 점무늬가 크며 여러 개가 이어져 다르다. 배 밑에는 자갈색의 부분이 있다. 가슴과 배다리는 흑갈색이다.

수컷

습성 자란 애벌레는 흙 속에 들어가 번데기가 된다.

자란 애벌레(위)

자란 애벌레(옆)

서식지 활엽수림

발생 6월, 9~10월(어른벌레 5~6월, 8~9월, 연 2회)

먹이식물 벚나무 등(장미과 Rosaceae), 사방오리나무(자작나무과 Betulaceae), 버드나무과 Salicaceae

분포 한국(내륙), 일본, 중국, 타이완, 러시아 극동지역, 베트남

신갈나무저녁나방(물참나무저녁나방, 밤나방과) *Acronicta alni* (Linnaeus, 1758)

생김새 몸길이 35mm 안팎(날개 길이 41mm 안팎)으로 머리는 반짝이는 검은색이다. 몸 등은 독특한데, 검은 바탕에 노랗고 넓은 띠가 각 마디의 앞에 위치한다. 또 등밑선 노란 부분에 나비

수컷

자란 애벌레

더듬이 같은 길고 검은 자모가 나온다. 또 그 앞에 조금 폭 좁은 짧은 자모가 있다.

습성 나뭇잎 위에 위치한다. 자란 애벌레는 나무껍질을 긁어 실로 엮은 고치를 만들고 번데기가 된다.

서식지 낙엽활엽수림

발생 7월(어른벌레 6~8월, 연 1회)

먹이식물 버드나무(버드나무과 Salicaceae), 신갈나무(참나무과 Fagaceae)

분포 한국(내륙), 중국, 러시아 극동지역~중부

비고 애벌레의 독특한 모습은 새똥을 의태하는 것으로 보인다. 원래 이름 '물참나무'는 우리나라에 자생하지 않는 일본의 ミズナラ(*Quercus crispula*)를 말한다. 여기에서 우리나라에 흔한 신갈나무로 바꾼다.

검은저녁나방(밤나방과) *Acronicta carbonaria* Graeser, 1889

생김새 몸길이 38mm 안팎(날개 길이 45~50mm)으로 자란 애벌레의 머리와 앞가슴 전체, 제3~6배마디의 등이 자회색이고, 나머지는 자갈색을 띤다. 몸통을 옆에서 보면 제3~6배마디의 자갈색 숨문선이 선처럼 이어진다. 또 숨문밑선 밑과 다리는 노란색이다. 머리와 앞가슴에 난 긴 털은 흰색이지만 나머지 부분은 작고 붉은 살돌기 위에 주황색 긴 털이 나며, 일부는 끝이 검다.

수컷

습성 경기도 수원 칠보산의 상수리나무 잎 위에서 발견하였다. 번데기로 겨울을 나는 것으로 보인다.

서식지 낙엽활엽수림

발생 6월, 9월(어른벌레 5월, 7~8월, 연 2회)

먹이식물 상수리나무(참나무과 Fagaceae)

분포 한국(전국), 일본, 러시아 극동지역

비고 *Acronicta*속은 세계에 150여 종이 알려져 있다. 구북구에는 60여 종이 분포하는데, 그 대부분이 한국, 일본, 중국의 낙엽활엽수림에서 산다.

자란 애벌레(위)

자란 애벌레(옆)

노랑뒷날개저녁나방(밤나방과) *Acronicta catocaloida* Graeser, 1889

생김새 몸길이 37mm 안팎(날개 길이 43mm 안팎)으로 머리와 몸은 적자색이고 특별한 무늬가 없다. 다만 제8~9배마디 위가 색이 짙어지며, 이 부분의 자모 끝이 검다. 머리에는 2차 자모가 없고, 몸통에는 연미색 자모 받침에서 선인장 가시 같은 자모가 나온다.

수컷

자란 애벌레

습성 번데기로 겨울을 난다.

서식지 낙엽활엽수림

발생 6월(어른벌레 7~8월 초, 연 1회)

먹이식물 참나무류(참나무과 Fagaceae)

분포 한국(내륙), 일본, 중국, 러시아 극동지역

배저녁나방(밤나방과) *Acronicta rumicis* (Linnaeus, 1758)

생김새 몸길이 30~35mm(날개 길이 43mm 안팎)로 머리는 검고, 몸은 흑갈색에서 황갈색 등 색 변이가 많다. 몸통 각 마디에 살돌기 위에 긴 털이 나온다. 이 털은 앞가슴에서만 검고, 나머지 부분은 담갈색에서 회갈색이다. 배의 등선을 따라 각 마디의 앞 가장자리에 1개의 작은 등갈색 무늬가 있다. 또 등밑선으로 황백색의 넓은 띠무늬가 있다. 숨문은 흰색이고, 숨문밑선은 등갈색에서 황갈색이다.

수컷

습성 번데기로 겨울을 난다.

서식지 정원, 공원, 과수원, 경작지, 하천변, 활엽수림

발생 5~10월(어른벌레 4~10월, 연 2~4회)

먹이식물 배, 사과(장미과 Rosaceae), 버드나무(버드나무과 Salicaceae), 싸리(콩과 Fabaceae), 소리쟁이(마디풀과 Polygonaceae), 국화(국화과 Asteraceae) 등

분포 한국(전국), 일본, 중국, 러시아 극동지역, 몽골~유럽

비고 '배'는 배나무의 잎을 먹는다고 해서 붙었는데, 일본 이름에서 유래하였다. 하지만 애벌레는 나무보다 풀에서 더 많이 발견된다.

다양한 자란 애벌레들

Acronicta sp.(밤나방과)

생김새 몸길이 38mm 안팎으로 점줄저녁나방[*Acronicta hercules* (Felder et Rogenhofer, 1874)]과 닮으나 머리가 검고, 몸이 짙은 적자색이며, 자모 받침이 검고 넓다. 앞가슴 위에 굵고 검은 띠가 뚜렷하다. 이와 달리 점줄저녁나방은 머리와 몸통이 밝은 적갈색, 자모 받침의 색도 몸 색과 같으며, 앞가슴 위에 '11'자 모양의 띠가 있으나 희미하여 차이가 있다.

습성 잎 위에서 생활하며, 몸을 한쪽으로 구부린다.

서식지 낙엽활엽수림

발생 10월

먹이식물 느릅나무(느릅나무과 Ulmaceae)

분포 한국(울진)

자란 애벌레

상수리저녁나방(밤나방과) *Acronicta subornata* (Leech, 1889)

생김새 몸길이 40~45mm(날개길이 54~56mm)로 머리는 주황색이고, 몸은 노란색이다. 머리의 개안 주위는 검은 산 점이 있고, 흰 자모가 나온다. 가슴의 등은 노란 자모 받침에 검은 자모와 앞으로 긴 흰 자모가 나온

암컷

자란 애벌레

다. 배 등에는 검은 자모 받침이 있는데, 제7배마디의 등과 등받침은 가슴과 색이 같다.

습성 자란 애벌레는 잎을 엮어 그 속에서 고치를 만든 후 번데기가 된다.

서식지 낙엽활엽수림

발생 6월, 9월(어른벌레 5월, 7~8월, 연 2회)

먹이식물 신갈나무, 갈참나무(참나무과 Fagaceae)

분포 한국(내륙), 일본

애기얼룩나방(밤나방과) *Mimeusemia persimilis* Butler, 1875

생김새 몸길이 40~45mm(날개 길이 54~56mm)로 얼핏 보면 다음
의 뒷노랑얼룩나방과 닮으나 이 종은 다음의 특징이 있다. 1) 머리
가 반짝이는 검은색이다. 2) 등선과 등밑선이 희고 뚜렷하다. 3) 가
슴 위에 붉은 무늬가 있다. 4) 옆에서 본 배마디의 붉은 무늬가 덜하
다. 제주도에서 발견한 애벌레는 색이 붉었는데, 어른벌레까지 사육
하지 못했다.

수컷

습성 가을에 자라면, 갈색으로 변하며, 흙 속에 들어가 번데기가 되는데, 이 상태로 겨울을 난다. 건드
리면 입에서 액체를 분비한다.

서식지 활엽수림

발생 6월, 8~9월(어른벌레 6~8월, 연 2회)

먹이식물 머루, 담쟁이덩굴(포도과 Vitaceae)

분포 한국(내륙, 제주도), 일본, 중국, 러시아 극동지역, 베트남

비고 어른벌레가 낮에 날며 여러 꽃을 방문한다. 잠깐 앉기도 하지만 인기척에 빠르게 반응한다. 기생
얼룩나방이라고 한 손재천(2006: 361)의 사진은 이 종이다.

자란 애벌레(위)

자란 애벌레(옆)

제주도 애벌레

얼룩나방(밤나방과) *Chelonomorpha japana* Motschulsky, 1861

생김새 몸길이 40mm 안팎(날개 길이 53mm 안팎)으로 머리는 반짝이는 검은색이다. 등방패와 항문위판
이 주황색이어서 애벌레의 앞뒤가 헷갈린다. 이 밖의 부분은 붉은 기가 있는 노란색으로 검은 줄과 점이
길게 번갈아 이어지는데, 몸에는 긴 흰 자모가 생긴다.

수컷

습성 암컷 어른벌레는 먹이식물의 잎, 줄기에 하나씩 알을 낳으며, 짧은 애벌레 기간을 지나 초여름에 번데기가 된 후, 땅속에서 긴 번데기 기간을 보낸다.

서식지 활엽수림

발생 6~7월(어른벌레 4~5월, 연 1회)

먹이식물 청가시덩굴(청가시덩굴과 Smilacaceae)

분포 한국(중·남부), 일본, 중국, 러시아 극동지역, 미얀마, 인도

비고 어른벌레가 낮에 날아다니며 여러 꽃을 방문한다.

자란 애벌레(위)

자란 애벌레(옆)

뒷노랑얼룩나방(밤나방과) *Sarbanissa subflava* (Moore, 1877)

생김새 몸길이 40mm 안팎(날개 길이 45~50mm)으로 머리는 둥글고 반짝이는 등황색이며, 검은 자모 받침에 갈색의 자모가 나온다. 등방패는 등황색이다. 몸통은 원통형이나 제8배마디 위가 부풀며, 이 부분은 위가 흰색, 옆과 아래는 등갈색인데 제8배마디는 검은 점이 가득하다. 항문위판은 반짝이는 등갈색으로 앞쪽이 검다. 숨문은 검고, 가슴다리는 흑갈색, 배다리는 길고 검다.

수컷

습성 가을에 자라면 갈색으로 변해 흙 속에 들어가 번데기가 되는데, 이 상태로 겨울을 난다. 건드리면 입에서 액체를 분비한다.

중간 애벌레

자란 애벌레

서식지 활엽수림

발생 5~7월, 8~10월(어른벌레 4~6월, 7~8월, 연 2회)

먹이식물 머루, 담쟁이덩굴(포도과 Vitaceae)

분포 한국(울릉도를 뺀 전국), 일본, 중국, 러시아 극동지역

비고 어른벌레가 낮에 난다고 하나 실제 한낮에는 관찰이 어렵고, 수컷들이 해질 무렵 암컷을 찾아 비행하는 모습을 관찰하였다. 밤에 전등에 날아온다.

맵시곱추밤나방(밤나방과) *Cucullia pustulata* Eversmann, 1842

생김새 몸길이 45mm 안팎(날개 길이 50mm 안팎)으로 머리는 검고, 앞이마선을 따라 흰 선이 있다. 몸통은 매끄럽고, 노란 바탕이다. 등선은 두껍게 노랗지만 옆에서 보면 각 마디 중앙에 '▮', 마디 사이에 '⧖'의 청흑색 무늬가 교대로 나타난다. 가슴과 배다리가 있는 부분에 청흑색 무늬가 있다.

습성 먹이식물의 줄기에서 보인다. 자라면 흙 속에 들어가 번데기가 된다.

서식지 풀밭, 활엽수림 가장자리

발생 8~10월 초(어른벌레 6~7월, 8~9월, 연 2회)

먹이식물 왕고들빼기(국화과 Asteraceae)

분포 한국(내륙), 일본, 중국, 러시아 극동지역~유럽

비고 이 종의 학명으로 쓰였던 *Cuculia fraterna*는 이 종의 동종이명이다.

수컷

자란 애벌레(위)

자란 애벌레(옆)

긴무늬곱추밤나방(밤나방과) *Cucullia elongata* Butler, 1880

생김새 몸길이 40~45mm(날개 길이 50mm 안팎)로 머리는 검고, 앞이마선 위로 노랗다. 몸은 매끄럽고, 자모가 거의 보이지 않는다. 등선은 노랗고, 그 양 가장자리로 청흑색과 흰 무늬가 교대로 나타난다. 숨문은 유백색이다. 숨문 아래는 노랗다. 가슴과 배다리는 유백색으로, 배다리 밑에 검은 무늬가 있다.

습성 자란 애벌레는 흙 속에서 번데기가 되며, 이 상태로 겨울을 난다.

서식지 풀밭, 활엽수림가장자리

발생 6~7월(어른벌레 7~8월, 연 1회)

먹이식물 쑥부쟁이(국화과 Asteraceae)

분포 한국(중부 이북), 일본, 중국, 러시아 극동지역, 몽골, 시베리아

비고 독특한 생김새 때문에 눈에 잘 띄는 편이다.

수컷

자란 애벌레(위)

자란 애벌레(옆)

점곱추밤나방(밤나방과) *Cucullia maculosa* Staudinger, 1888

수컷

생김새 몸길이 35mm 안팎(날개 길이 40mm 안팎)으로 머리는 풀색 바탕에 중봉선 좌우와 정수리 양쪽으로 흰 세로띠가 있다. 몸통은 마디 중앙이 백록색이고 튀어나와 전체가 울퉁불퉁하다. 등선은 분홍색을 머금은 백록색 띠가 뚜렷하고, 마디 중앙 등밑선 부분에 검은 점이 도드라진다. 숨문 주위가 분홍색이다.

습성 애벌레는 쑥 열매를 먹으며, 몸 색이 쑥 열매와 매우 닮는다. 다 자란 애벌레는 흙 속에 들어가 겨울을 나고 이듬해 늦여름에 날개돋이 한다.

서식지 풀밭, 목장, 묵밭

발생 9~10월 초(어른벌레 8~9월 초, 연 1회)

먹이식물 쑥(국화과 Asteraceae)

분포 한국(내륙), 일본, 중국, 러시아 극동지역

비고 애벌레는 쑥 열매를 의태한다.

애벌레 머리

자란 애벌레(위)

자란 애벌레(옆)

흰눈까마귀밤나방(밤나방과) *Amphipyra monolitha* Guenée, 1852

수컷

생김새 몸길이 35~50mm(날개 길이 58~65mm)로 머리와 몸은 옅은 풀색이다. 머리는 작고 몸은 통통하며, 제9배마디에 예리한 꼬리돌기가 있다. 숨문에는 파란 테두리가 있다. 등선과 숨문선은 옅은 노란색이다. 등밑선은 보이지 않고 노란 점들이 열 지어 있다. 꼬리돌기 옆에 '∧'자 모양의 연노란 무늬가 있다.

습성 건드리면 머리와 가슴 부분을 들고 움츠려 'ㄱ'자 모양이 된다. 자란 애벌레는 잎을 오므린 방에서 번데기가 된다. 어른벌레로 겨울을 난다.

서식지 활엽수림

발생 5~6월(어른벌레 7~10월, 연 1회)

먹이식물 물푸레나무(물푸레나무과 Oleaceae), 병꽃나무, 수수꽃다리(인동과 Caprifoliaceae)

분포 한국(내륙), 일본, 중국, 타이완

자란 애벌레

자란 애벌레

제8배마디

피라밑까마귀밤나방(밤나방과) *Amphipyra pyramidea* (Linnaeus, 1758)

생김새 몸길이 32~45mm(날개 길이 54~62mm)로 앞 종과 매우 닮으나 다음의 차이가 있다. 1) 이 종은 가운데가슴에서 등밑선 부분의 옅은 노란 부분이 조금 크다. 2) 숨문이 검으나 앞 종은 전체 숨문이 희고, 뚜렷한 검은 테두리가 뚜렷하다. 3) 몸 등의 색은 이 종이 옥색에 가까우나 앞 종은 풀색에 가깝다.

습성 앞 종과 습성이 닮는다. 어른벌레 상태로 겨울을 난다.

서식지 활엽수림

발생 5~6월(어른벌레 7~10월, 연 1회)

먹이식물 참나무과 Fagaceae, 벚나무 등(장미과 Rosaceae)

분포 한국(전국), 일본, 중국, 타이완, 러시아 극동지역~유럽

수컷

자란 애벌레(위)

자란 애벌레(옆)

Amphipyra sp.(밤나방과)

생김새 몸길이 47mm 안팎으로 어릴 때에는 흰눈까마귀밤나방과 차이가 크지 않다. 자라면 희고 노란 숨문선의 굵기가 훨씬 두껍고 일정하다. 이는 흰눈까마귀밤나방이 가늘고 일정하지 않은 특징과 다르다. 또 배다리 받침이 노란색이고, 제9배마디의 돌기 끝의 모습이 미세하게 다른데, 이 종이 더 납작해

보인다. 몸 등의 노란 점이 더 크고 뚜렷하다.

습성 흰눈까마귀밤나방과 차이가 없다.

서식지 활엽수림

발생 5~6월

먹이식물 왕벚나무(장미과 Rosaceae)

분포 한국(남부, 제주도)

비고 한라산에서 발견하여 사육했지만 기생을 당해 어떤 종인지 확인하지 못했다. 가장 가까운 종으로는 흰눈까마귀밤나방과 닮은 남도까마귀밤나방(*A. horiei* Owada, 1997)으로 추정된다. 이 종은 한반도 남부 섬 지방의 개체로 Sohn and Choi(2013)가 기록하였다.

중간 애벌레

자란 애벌레(위)

자란 애벌레(옆)

지옥까마귀밤나방(밤나방과) *Amphipyra erebina* Butler, 1878

생김새 몸길이 27mm 안팎(날개 길이 39~50mm)으로 어린 애벌레는 머리가 살구색, 몸이 풀색이다. 자라면 머리와 몸이 풀색을 띤다. 피라밑까마귀부전나비와 비교하여 몸에서 보이는 흰 자모 받침이 더 적고, 제8배마디와 숨문선 부분이 흰색이어서 차이가 있다. 제8배마디의 부푼 부분이 덜하고 덜 도드라진다. 숨문은 흰색이고, 배다리 끝은 적갈색이다.

습성 건드리면 머리와 가슴 부분을 들고 움츠려 'ㄱ'자 모양이 된다.

서식지 활엽수림

발생 5~6월(어른벌레 7~8월, 연 1회)

먹이식물 벚나무(장미과 Rosaceae), 참나무과 Fagaceae

분포 한국(전국), 일본, 중국, 러시아 극동지역

수컷

중간 애벌레

자란 애벌레

흰줄까마귀밤나방(밤나방과) *Amphipyra tripartita* Butler, 1878

생김새 몸길이 30mm 안팎(날개 길이 45~55mm)으로 머리는 작고, 풀색이다. 몸통은 제8배마디가 삼각형으로 솟는다. 전체가 풀색 바탕에 흰 무늬가 있는데, 등선이 희다. 위에서 보면 옆으로 비스듬한 흰 선이 보인다. 옆에서 보면 숨문선이 가슴과 제3배마디부터 넓어지고, 제8배마디의 삼각형으로 솟은 부분에서 희다. 나머지는 잔 흰 점이 퍼져 있다. 숨문은 붉고 테두리가 검다.

수컷

습성 건드리면 머리와 가슴 부분을 들고 움츠려 'ㄱ'자 모양이 된다. 자란 애벌레는 잎을 오므린 방에서 번데기가 된다. 어른벌레로 겨울을 난다.

서식지 활엽수림

발생 5~6월(어른벌레 8~10월, 연 1회)

먹이식물 개머루, 다래(포도과 Vitaceae), 참나무과 Fagaceae, 단풍나무과 Aceraceae

분포 한국(전국), 일본, 중국

중간 애벌레

자란 애벌레

자란 애벌레

까마귀밤나방(밤나방과) *Amphipyra livida* (Denis et Schiffermüller, 1775)

생김새 몸길이 40mm(날개 길이 39~45mm)로 머리는 반짝이는 연두색이다. 몸은 조금 반투명한 풀색으로, 각 선은 흰색이다. 위에서 보면 등선이 가장 넓고 등밑선과의 사이에 흰 점이 이어진다. 제8배마디의 등이 부푸나 높지 않다. 숨문은 희고, 테두리가 얇게 옅은 청흑색이다.

습성 자라면 땅 속으로 들어가 번데기가 된다. 어른벌레로 겨울을 난다.

서식지 활엽수림

발생 4~5월(어른벌레 6~11월, 연 1회)

수컷

자란 애벌레(위)

자란 애벌레(옆)

먹이식물 산벚나무(장미과 Rosaceae), 으아리(미나리아재비과 Ranunculaceae), 꼭두서니(꼭두서니과 Rubiaceae)

분포 한국(내륙), 일본, 중국, 러시아 극동지역~유럽

북방톱날무늬밤나방(밤나방과) *Belosticta cinerea* (Butler, 1881)

생김새 몸길이 40mm 안팎(날개 길이 40~43mm)으로 머리는 검고 반짝인다. 몸은 황백색 바탕에 몸 둘레를 가느다랗고 구부러진 검은 선들이 가슴부터 배 끝까지 등선과 옆선에서 보이

수컷

애벌레 머리

고, 하나 건너 색이 짙다. 자모 받침은 노랗고 조금 튀어나오며, 흰 자모가 나온다.

습성 가지 끝의 서너 잎을 실로 엮고 그 속의 공간에서 살아간다. 알로 겨울을 난다.

서식지 활엽수림

발생 4~6월(어른벌레 10월 말~11월, 연 1회)

먹이식물 느릅나무, 난티나무(느릅나무과 Ulmaceae)

분포 한국(내륙), 일본, 중국, 러시아 극동지역, 시베리아 동부, 사할린

자란 애벌레(위)

자란 애벌레(옆)

둥지와 먹은 흔적

왕담배나방(밤나방과) *Helicoverpa armigera* (Hübner, 1808)

생김새 몸길이 40mm 안팎(날개 길이 29~39mm)으로 몸은 황록색에서 갈색까지 다채롭다. 머리는 등갈색으로 큰턱에 줄모양의 돌기가 4개 있는데, 안쪽에 작은 돌기가 없다. 보통 숨문선,

암컷

어른벌레

숨문밑선은 흰색인 개체가 많으나 이 선이 없는 개체도 있다. 몸에 여러 과립과 가시털을 갖는다. 배다리는 4쌍, 항문다리가 뚜렷하다.

습성 여러 밭작물을 해친다. 번데기로 겨울을 난다.

발생 어른벌레는 6월부터 늦가을까지 연 2~3회 발생한다. 애벌레는 8~10월에 잘 보인다.

서식지 풀밭, 정원, 공원, 과수원, 경작지

먹이식물 담배, 피망, 토마토, 고추 등(가지과 Solanaceae), 콩과 Fabaceae, 국화과 Asteraceae, 무궁화(아욱과 Malvaceae), 배추과 Brassicaceae 등

분포 한국(전국), 유럽에서 아시아까지(태평양 중앙의 여러 섬들)

비고 어른벌레는 이동성이 강하다. 왕담배나방과 담배나방의 자란 애벌레는 매우 닮는데, 제7~8배마디의 숨문 길이에 대한 SD1 가시털 받침 지름의 비율 차이가 담배나방 쪽이 더 크다. 사실 이 두 종류의 애벌레는 생김새로만으로 구별하기 어려워 어른벌레가 되기까지 기다리거나 DNA로 구별해야 한다.

자란 애벌레(흑자색)

자란 애벌레(흑록색)

번데기

고추 속으로 파고드는 애벌레

꽃을 먹는 애벌레

잎을 먹는 애벌레

담배나방(밤나방과) *Helicoverpa assulta* (Guenée, 1775)

생김새 몸길이 35mm 안팎(날개 길이 28~36mm)으로 머리는 등갈색이고 큰턱 안쪽에 줄모양의 돌기가 3개 있는데, 안쪽에 작은 돌기가 있다. 몸은 옅은 황록색으로, 자모 받침이 검고 두드러진다. 등밑선, 숨문선, 숨문밑선이 흰색인 개체가 많으나 가끔 보이지 않는 개체도 있으며, 몸 전체가 거의 풀색 또는 노란색으로 보이는 개체도 있다. 몸에 여러 과립과 가시털을 갖는다. 배다리는 4쌍, 항문다리가 뚜렷하다.

암컷

습성 잎 위에 위치한다. 번데기로 겨울을 난다.

서식지 정원, 공원, 과수원, 경작지

발생 어른벌레는 연 2~3회 발생하는데, 애벌레는 8~10월에 잘 보인다.

먹이식물 담배, 피망, 고추 등(가지과 Solanaceae)

분포 한국(전국), 인도에서 호주와 미국까지

비고 여러 밭작물을 해치므로 앞 종처럼 해충으로 여긴다. 여러 방제법이 있다. 애벌레에게 농약 저항성이 있다고 알려져 있다. 대표 실험 곤충이다.

중간 애벌레(위)

중간 애벌레(옆)

자란 애벌레

개미자리밤나방(밤나방과) *Heliothis maritima* Graslin, 1855

수컷

생김새 몸길이 31~40mm(날개 길이 30~36mm)로 특별한 무늬 없이 머리와 몸이 풀색 또는 갈색의 2가지가 있는데, 사진은 갈색 계통이다. 숨문 아래 부분이 흰색이지만 갈색 개체들에게 덜 두드러진다. 숨문은 검고, 그 주변에 같은 크기의 작고 검은 점들이 드문드문 있으며, 가시털이 듬성듬성 나 있다. 4쌍의 배다리와 항문다리는 뚜렷하다.

습성 꽃과 잎을 먹고 자라며, 여러 밭작물을 해친다. 번데기로 겨울을 난다.

발생 8~11월(어른벌레 6~9월, 연 2회)

서식지 바닷가 둘레의 콩과가 많은 풀밭

먹이식물 자귀풀, 붉은토끼풀 등(콩과 Fabaceae)

분포 한국(전국 해안), 유럽에서 아시아까지, 인도 북부, 파키스탄

비고 '개미자리'는 일본 이름에서 유래하였으며, 이 나방의 먹이식물과 관련이 없는 석죽과 식물이다. 마음 같아서는 '토끼풀담배나방'이라고 부르고 싶다.

어른벌레

자란 애벌레(위)

자란 애벌레(옆)

세모무늬밤나방(밤나방과) *Pyrrhia bifasciata* (Staudinger, 1888)

생김새 몸길이 38mm 안팎(날개 길이 28~33mm)으로 머리는 둥글고, 몸통은 가늘며 길게 보인다. 머리

는 옅은 풀색이고, 몸은 풀색 바탕에 숨문선 위로 많은 세로줄이 생겨 위에서 보면 등이 흰색으로 보인다. 등선은 짙은 풀색이다.

습성 잎 뒤에서 구멍을 내면서 잎을 먹으며, 주로 잎맥에 자리한다. 자라면 땅으로 내려와 흙 속에서 번데기가 된다. 번데기로 겨울을 난다.

발생 8~9월(어른벌레 7~9월, 연 2회)

서식지 활엽수림, 풀밭, 마을 주변

먹이식물 가래나무(가래나무과 Juglandaceae), 오동나무(오동나무과 Paulowniaceae)

분포 한국(중부 이북), 일본, 중국, 러시아 극동지역, 타이완

비고 우리 이름 '세모무늬'는 어른벌레의 날개에 있는 무늬 때문에 붙여졌다.

암컷

4살 애벌레

자란 애벌레

먹은 흔적

엉겅퀴밤나방(밤나방과) *Niphonyx segregata* (Butler, 1878)

생김새 몸길이 30mm 안팎(날개 길이 32mm 안팎)으로 머리는 반짝이는 옅은 황록색이고, 몸은 황록색 또는 풀색으로 옅은 노란색의 각 선이 뚜렷하다. 다만 4살까지는 이 선들이 희미하다. 자모 받침은 노랗고, 갈색 자모는 짧으나 맨눈으로 잘 보이지 않는다.

습성 애벌레는 잎 뒤에 착 달라붙는데, 건드리면 뚝 뛰듯이 떨어지는 습성이 있다. 자란 애벌레는 흙 속에 들어가 번데기가 된다. 번데기로 겨울을 난다.

서식지 풀밭, 하천, 습지, 경작지, 마을

어른벌레

4살 애벌레(위)

4살 애벌레(옆)

자란 애벌레

발생 6~9월(어른벌레 5~9월, 연 2회)

먹이식물 환삼덩굴, 홉(삼과 Cannabaceae)

분포 한국(전국), 일본, 중국, 러시아 극동지역

중국두점박이밤나방(밤나방과) *Acosmetia chinensis* (Wallengren, 1860)

암컷

생김새 몸길이 30mm 안팎(날개 길이 28mm 안팎)으로 머리와 몸은 풀색이고, 가늘고 긴 몸통을 가진다. 제8배마디 위가 조금 솟으며, 그 뒤로 급하게 낮아진다. 등선과 등밑선은 가늘고 잘 눈에 띄지 않으나 숨문선은 연미색으로 뚜렷하고 굵다. 숨문은 연미색으로 둘레가 조금 검다. 배다리의 끝은 분홍색이다.

습성 잎의 주맥과 줄기에 착 달라붙는데, 이럴 경우 보호색을 띠어 잘 보이지 않는다. 잎을 먹은 흔적이 있는 경우 줄기를 살피면 볼 수 있다. 자란 애벌레는 흙 속에 들어가 번데기가 된다.

서식지 풀밭, 경작지, 마을, 습지

발생 6~8월(어른벌레 5~8월, 연 2회)

먹이식물 미국가막사리, 도깨비바늘(국화과 Asteraceae)

분포 한국(울릉도를 뺀 전국), 일본, 중국, 타이완, 베트남, 러시아 극동지역~유럽, 아프리카

자란 애벌레(위)

자란 애벌레(옆)

애벌레 위치

어린밤나방(밤나방과) *Callopistria juventina* (Stoll, 1782)

암컷

생김새 몸길이 38mm 안팎(날개 길이 30~34mm)으로 머리는 검고, 몸은 옅은 풀색이다. 몸통 등에는 넓게 '⌒' 모양의 무늬가 있는데, 이 무늬의 윗가장자리가 흰 테두리이고, 나머지 부분은 몸바탕보다 조금 짙다. 몸 색에는 자갈색과 풀색의 2가지가 있다.

습성 자란 애벌레는 흙 속에서 고치를 틀고 번데기가 되며, 이 상대로 겨울을 난다.

서식지 풀밭

발생 6월, 9월(어른벌레 5~8월, 연 2회)

먹이식물 고사리, 실고사리(잔고사리과 Dennstaedtiaceae)

분포 한국(전국), 일본, 중국, 타이완, 베트남, 러시아 극동지역~유럽, 아프리카

자란 애벌레(위)

자란 애벌레(옆)

애벌레(푸른색)

얼룩어린밤나방(밤나방과) *Callopistria repleta* Walker, 1858

생김새 몸길이 35mm 안팎(날개 길이 26mm 안팎)으로 머리는 검고, 몸통은 4살까지 풀색 바탕이다. 자라면 몸 등의 가운데와 뒷가슴, 제2~6, 8배마디 위에 검은 띠가 보이는데, 개체에 따라 변이가 조금 있다.

수컷

자란 애벌레

습성 자란 애벌레는 흙 속에서 고치를 틀고 번데기가 되며, 이 상태로 겨울을 난다.

서식지 관목림, 활엽수림 가장자리

발생 7~9월(어른벌레 6~9월 초, 연 2회)

먹이식물 야산고비(관중과 Dryopteridaceae)

분포 한국(전국), 일본, 중국, 러시아 극동지역, 베트남, 말레이시아, 인도네시아, 네팔, 인도, 파키스탄

비고 닮은 종인 붉은보라어린밤나방(*Callopistria japonibia* Inoue et Sugi, 1958)의 애벌레는 이 종과 닮으나 제1~7배마디에 검은 띠가 있어 다르다.

파밤나방(밤나방과) *Spodoptera exigua* (Hübner, 1808)

생김새 몸길이 26mm 안팎(날개 길이 28mm 안팎)으로 머리는 옅은 풀색 또는 옅은 갈색이다. 몸은 풀색 또는 때때로 옅은 녹갈색 바탕에 등선이 가늘고 짙게 나타난다. 이밖에 특별한 무늬와 색이 없다. 숨문은 흰색이고 그 앞으로 조금 붉다. 숨문밑선은 흰색이다.

습성 잎 위에 붙는데, 여러 마리가 사진처럼 한 식물을 다 먹은 경우가 많다. 애벌레와 번데기의 상태로 겨울을 난다.

서식지 풀밭

발생 7~10월(어른벌레 7~11월, 연 2회)

먹이식물 비름(비름과 Amaranthaceae) 등 여러 초본식물

분포 한국(전국), 전 세계

비고 실험 곤충에 해당한다.

수컷

자극을 받은 애벌레

먹은 흔적

중간 애벌레

자란 애벌레(위)

자란 애벌레(옆)

담배거세미나방(밤나방과) *Spodoptera litura* (Fabricius, 1775)

생김새 몸길이 38mm 안팎(날개 길이 43mm 안팎)으로 머리는 흰색의 중봉선을 빼면 갈색이고, 몸은 회녹색, 자갈색, 풀색, 갈색 등 다양하다. 등선은 옅은 노란색 또는 붉은 기가 있는 노란색이고, 등밑선은 옅은 노란색이며, 검은 무늬가 제1배마디에서 가장 크다. 숨문은 회흑색으로 등에 검은 무늬와 등황색 무늬가 있다. 숨문 아래에 굵고 노란 선이 있고, 그 아래가 옅은 회색을 띤다.

습성 잎 위에 붙는다. 애벌레와 번데기의 상태로 겨울을 난다.

서식지 풀밭

발생 7~10월(어른벌레 7~11월, 연 2회)

수컷

자란 애벌레

자란 애벌레

자란 애벌레

먹이식물 뚜껑덩굴(박과 Cucurbitaceae), 콩과 Fabaceae, 가지과 Solanaceae, 마디풀과 Polygonaceae, 국화과 Asteraceae 등

분포 한국(전국), 일본, 중국, 동남아시아, 인도, 호주

비고 많은 농작물을 해친다.

흰점국화밤나방(밤나방과) *Athetis albisignata* (Oberthür, 1879)

수컷

생김새 몸길이 25~28mm(날개 길이 28~34mm)로 머리는 반짝이는 적갈색 또는 흑갈색이고, 4살 애벌레는 갈색 바탕이나 자라면 흑갈색으로 몸에 있는 무늬가 거의 보이지 않게 된다. 가슴과 제1~4배마디의 각 마디에는 등선 주위에 검은 무늬가 일정하게 보인다.

습성 처음에는 잎살만 먹다가 차츰 잎을 남김없이 먹어치운다. 사육할 때, 자신의 배설물이 꽉 찬 상태에서도 잘 견디는 것 같다.

서식지 활엽수림 가장자리, 풀밭

발생 7~8월(어른벌레 6~9월 초, 연 2회)

먹이식물 쑥, 민들레(국화과 Asteraceae), 마디풀과 Polygonaceae

분포 한국(전국), 일본, 러시아 극동지역

중간 애벌레

자란 애벌레

자란 애벌레

뒷흰날개담색밤나방(밤나방과) *Athetis dissimilis* (Hampson, 1909)

암컷

생김새 몸길이 25mm 안팎(날개 길이 29mm 안팎)으로 머리는 반짝이는 흑갈색이고, 몸통은 작은 과립형 돌기가 덮는다. 등선과 등밑선 사이의 무늬가 자란 애벌레가 되면 희미하게 눈에 띈다. 숨문은 검고, 숨문선이 넓게 밝은 띠로 보인다. 가슴다리는 흑갈색이고, 배다리는 이보다 색이 조금 옅다. 전체에 짧은 자모가 있다.

습성 쉴 때에는 민들레의 줄기 밑에 자리한다. 자란 애벌레는 땅속으로 들어가 번데기가 된다. 번데기로 겨울을 난다.

서식지 활엽수림 가장자리, 풀밭, 경작지, 마을 주변

발생 6~10월(어른벌레 5~10월, 연 2~3회)

중간 애벌레

자란 애벌레(위)

자란 애벌레(옆)

메밀거세미나방(밤나방과) *Trachea atriplicis* (Linnaeus, 1758)

생김새 몸길이 50mm 안팎(날개 길이 47mm 안팎)으로 머리는 적갈색이고 별 무늬가 없다. 몸은 황갈색, 녹갈색, 회갈색 등 변화가 심하다. 등선은 검으며, 미색 점무늬가 빼곡히 이어진다. 제8배마디 부분이 통통하고 위로 삼각형으로 솟으며, 주홍 무늬가 등밑선에 있다. 숨문선은 노랗고 굵으며, 가슴에 주홍색 무늬가 있다. 가슴다리와 배, 항문다리도 주홍색이다.

수컷

습성 자란 애벌레는 땅속으로 들어가 번데기가 된다. 번데기로 겨울을 난다.

서식지 풀밭, 경작지

발생 5~6월, 10월(어른벌레 5~6월, 8~9월, 연 2회)

먹이식물 참소리쟁이(마디풀과 Polygonaceae)

분포 한국(전국), 일본, 중국, 러시아 극동지역~중앙아시아~유럽

자란 애벌레(노란색)

자란 애벌레(감청색)

자극을 받은 애벌레

흰점숨대밤나방(밤나방과) *Trachea punkikonis* Matsumura, 1927

생김새 몸길이 40mm 안팎(날개 길이 44mm 안팎)으로 4살 애벌레는 머리가 황갈색, 몸이 옅은 풀색이고 등선과 등밑선에 흰 점으로 이어지는 선이 있다. 제8배마디는 위로 솟고 ㄴ 뒤로 급하게 내려간다. 자라면 머리는 황갈색, 앞이마에 갈색 무늬가 있다. 몸은 녹갈색으로 위에서 보면 흰 점이 있는 부분에 갈색 띠가 'V'자 모양으로 나타난다. 숨문은 희다.

습성 낮에는 거의 움직이지 않
다가 밤에 먹는 습성이 있다. 흙
속에서 번데기가 된다. 번데기
로 겨울을 난다.

서식지 습지 주변의 풀밭

발생 6~7월, 9월(어른벌레 5~6
월, 8~9월, 연 2회)

먹이식물 여뀌, 고마리(마디풀과 Polygonaceae)

분포 한국(전국), 일본, 중국, 러시아 극동지역, 타이완

수컷

4살 애벌레

모진밤나방(밤나방과) *Orthogonia sera* Felder et Felder, 1862

생김새 몸길이 50~55mm(날개
길이 56~60mm)로 머리는 반짝
이는 짙은 적갈색이다. 등방패
는 적갈색이다. 몸은 흑갈색으
로, 밝고 어두운 부분이 불규칙
하게 있다. 몸통의 등선은 검어

암컷

자란 애벌레

서 희미하다. 가운데와 뒷가슴에 작고 흰 원무늬가 있다. 숨문은 검다. 가슴과 배다리는 거무튀튀한 노
란색이다. 항문위판과 항문다리는 검다.

습성 애벌레는 우연한 장소에서 발견되며, 따뜻한 지역에서는 겨울에도 애벌레가 활동한다. 봄에 번데
기가 되었다가 초여름에 어른벌레가 된다.

서식지 활엽수림

발생 5~6월, 10월(어른벌레 6~10월, 연 2회)

먹이식물 참소리쟁이(마디풀과 Polygonaceae)

분포 한국(울릉도를 뺀 전국), 일본, 중국

먹구름띠밤나방(밤나방과) *Dryobotodes pryeri* (Leech, 1900)

생김새 몸길이 38mm 안팎(날개 길이 35~39mm)으로 머리는 반짝이
는 적갈색이고, 검은 테로 된 안경 같은 무늬가 있다. 몸은 짙은 흑
갈색 바탕에 옅은 갈색 무늬가 섞인다. 노란 등선과 등밑선이 띄엄
띄엄 나타난다. 가슴다리와 배다리는 옅은 황갈색이다.

습성 나뭇잎에 붙어 있는 경우가 많고, 자라면 땅으로 내려온다. 가
을에 암컷이 알을 낳고 죽는다. 알 상태로 겨울을 난다.

서식지 활엽수림

암컷

먹이식물 신갈나무(참나무과 Fagaceae), 자작나무과 Betulaceae

분포 한국(울릉도를 뺀 전국), 일본, 중국, 러시아 극동지역

자란 애벌레(위)

자란 애벌레(옆)

큰이른봄밤나방(밤나방과) *Xylena fumosa* (Butler, 1878)

수컷

생김새 몸길이 60mm 안팎(날개 길이 63mm 안팎)으로 대형이며, 머리와 몸은 원통형이고, 풀색 바탕이다. 등밑선과 숨문선은 노랗다. 등밑선 안쪽으로 검은 테두리로 된 흰 점이 각 마디에 있는데, 앞가슴에는 검은 점으로, 가운데와 뒷가슴에는 하나는 검고, 다른 하나는 흰 점이며, 제1배마디부터는 2개의 흰점이 있다. 흰 숨문은 테두리가 검고, 그것을 중심으로 짧고 붉은 선이 지난다.

습성 잎 위에 위치하며, 자라면 땅 속에서 번데기가 된다. 늦가을에 어른벌레가 되고 그 상태로 겨울을 난다.

서식지 풀밭, 활엽수림

발생 5~6월(어른벌레 10월~이듬해 5월, 연 1회)

먹이식물 소리쟁이(마디풀과 Polygonaceae), 쑥(국화과 Asteraceae), 오이풀(장미과 Rosaceae)

분포 한국(경상도, 전라북도, 제주도), 일본, 러시아 극동지역

자란 애벌레(위)

자란 애벌레(옆)

애벌레 머리

남방이른봄밤나방(밤나방과) *Xylena nihonica* (Höne, 1917)

수컷

자란 애벌레

생김새 몸길이 47mm 안팎(날개 길이 50mm 안팎)으로 머리는 정수리와 얼굴 가장자리가 적갈색이고 나머지 부분은 연두색에 가깝다. 머리는 앞가슴 밑으로 숙여 위에서 잘 보이지 않는다. 등방패에 검은 띠가 있다. 몸은 풀색 또는 갈색을 띤다. 뒷가슴 앞뒤로 굵고, 이후로 제7배마디까지 서서히 가늘어지나 제8배마디는 봉긋하게 솟는다. 다리 끝부분은 적갈색이다.

습성 자라면 땅 속에서 번데기가 된다. 어른벌레로 겨울을 난다.

서식지 상록수림

발생 5~6월 초(어른벌레 11월~이듬해 5월, 연 1회)

먹이식물 동백나무(차나무과 Theaceae), 졸참나무(참나무과 Fagaceae)

분포 한국(남부 해안의 섬), 일본, 중국(복건성, 협서성)

비고 허운홍(2021: 382)의 남방이른봄밤나방은 이 종이 아니라 *Xylena changi* Horie, 1993로 보인다.

이른봄밤나방(밤나방과) *Xylena formosa* (Butler, 1878)

수컷

어른벌레

생김새 몸길이 53mm 안팎(날개 길이 60mm 안팎)으로 다 자라기 전까지 풀색인 경우가 많다. 자라면 사진처럼 적갈색으로 변하거나 녹갈색 등으로 변한다. 숨문선은 희고 뚜렷하다. 등방패는 양쪽이 희고 네모꼴로 된 자주색, 흑갈색, 검은색 부분이 있다. 숨문은 등황색으로 검은 테두리가 있다.

습성 몸 색에 따라 앉는 장소가 다르며, 자라면 땅 속에서 번데기가 된다. 늦가을에 어른벌레가 되고 그 상태로 겨울을 난다.

서식지 활엽수림

2살 애벌레

3살 애벌레

3살 애벌레

발생 5~6월(어른벌레 10월~이듬해 5월, 연 1회)

먹이식물 산딸기, 국수나무(장미과 Rosaceae), 별꽃(석죽과 Caryophyllaceae), 쪽동백나무(때죽나무과 Styracaceae), 병꽃나무(인동과 Caprifoliaceae), 흰말채나무(층층나무과 Cornaceae) 등

분포 한국(울릉도를 뺀 전국), 일본, 중국, 타이완, 러시아 극동지역

중간 애벌레

중간 애벌레

꽃을 먹는 중간 애벌레

자란 애벌레

애벌레 머리

열매를 먹는 애벌레

가을검은밤나방(밤나방과) *Lithophane ustulata* (Butler, 1878)

생김새 몸길이 38mm 안팎(날개 길이 39~41mm)으로 4살 애벌레는 머리가 옅은 갈색이고 몸이 옅은 청백색인데, 흰 등선이 겨우 보이는 정도이다. 몸의 도드라진 자모 받침은 흰색으로 각 마디에 퍼져 있다. 자라면 머리는 흑갈색, 등방패가 짙은 흑자색, 몸이 자갈색이다. 적갈색 등선이 희미하고, 각 마디의 등선 둘레에 역 '△' 꼴의 짙은 무늬가 보인다. 자모 받침은 적갈색으로 약하게 눈에 띤다.

암컷

습성 잎 뒤에 위치하며, 자라면 땅 속에서 번데기가 된다. 늦가을에 어른벌레가 되고 그 상태로 겨울을 난다.

중간 애벌레

자란 애벌레(위)

자란 애벌레(옆)

서식지 활엽수림

발생 5~6월 초(어른벌레 10월~이듬해 5월 초, 연 1회)

먹이식물 신갈나무, 상수리나무(참나무과 Fagaceae)

분포 한국(지리산 이북), 일본, 러시아 극동지역

어깨회색밤나방(밤나방과) *Lithophane rosinae* Püngeler, 1906

생김새 몸길이 30~35mm(날개 길이 39mm 안팎)로 머리는 갈색이다. 몸통은 제8배마디가 위로 조금 솟는다. 몸은 흰 가루가 덮인 모양이고, 등선이 붉고 뚜렷하다. 이 등선 주위로 청흑색 무

수컷

자란 애벌레

늬가 퍼져 있고, 가운데가슴에서 제8배마디까지 1쌍의 흰 점이 있다. 붉은 등밑선은 희미하다. 등방패에는 검은 무늬가 있다. 숨문 둘레에 청흑색 무늬가 옅게 퍼져 있다.

습성 잎 뒤에 위치하며, 자라면 땅 속에서 번데기가 된다. 늦가을에 어른벌레가 되고 그 상태로 겨울을 난다.

서식지 활엽수림

발생 5~6월 초(어른벌레 10월~이듬해 5월 초, 연 1회)

먹이식물 신갈나무, 상수리나무(참나무과 Fagaceae)

분포 한국(지리산 이북), 일본, 러시아 극동지역

비고 이 종에는 '어깨밤나방'이라는 이름이 붙어 있었다.

굴뚝회색밤나방(밤나방과) *Lithophane remota* Hreblay et Ronkay, 1998

생김새 몸길이 34mm 안팎(날개 길이 43mm 안팎)으로 머리는 회녹색이고 특별한 무늬가 없다. 몸은 회색을 띠는 풀색으로 색이 짙다. 등선과 등밑선이 같은 폭으로 넓다. 닮은 종인 유럽회색밤나방 [*Lithophane socia* (Hufnagel, 1766)]은 등선만 눈에 띄게 굵다. 흰 자모받침은 두 종이 닮는다.

암컷

습성 잎 뒤에 위치하며, 자라면 땅 속에서 번데기가 된다. 늦가을에 어른벌레가 되고 그 상태로 겨울을 난다.

서식지 활엽수림

발생 5~6월 초(어른벌레 10월~이듬해 5월 초, 연 1회)

먹이식물 산오리나무(자작나무과 Betulaceae)

분포 한국(지리산 이북), 일본, 타이완

 허운홍(2016: 336)의 굴뚝회색밤나방은 날개돋이한 개체의 앞날개 후각의 모습으로 보아 유럽회색밤나방으로 보인다.

자란 애벌레(위)

자란 애벌레(옆)

네줄무지개밤나방(밤나방과) *Eupsilia quadrilinea* (Leech, 1889)

수컷

생김새 몸길이 30mm 안팎(날개 길이 38mm 안팎)으로 자란 애벌레는 머리가 얼굴 부분만 반짝이는 검은색이고, 뒷머리 쪽으로 붉다. 등방패는 몸보다 조금 짙은 정도로 몸 색과 같고, 나머지 몸통은 선이 거의 나타나지 않으며, 전체가 짙은 흑자색이다. 배 끝으로 갈수록 조금 굵어진다.

습성 잎 뒤에 위치하며, 자라면 땅 속에서 번데기가 된다. 어른벌레로 겨울을 나는 것으로 보인다.

서식지 활엽수림

발생 4~5월(어른벌레 10월~이듬해 5월, 연 1회)

먹이식물 벚나무류(장미과 Rosaceae), 참나무과 Fagaceae 등

분포 한국(중부 이남), 일본

비고 늦가을이나 이른 봄에 당밀로 유인해 쉽게 관찰할 수 있다.

자란 애벌레(위)

자란 애벌레(옆)

애벌레 머리

세점무지개밤나방(밤나방과) *Eupsilia tripunctata* Butler, 1878

생김새 몸길이 35~40mm(날개 길이 38mm 안팎)로 4살 애벌레는 머리가 검다. 자라면 머리는 크고 뚜렷

한 붉은색으로 변한다. 몸통은 황백색 바탕에 검은 무늬가 있으며, 앞 종과 거의 닮는다. 하지만 등방패 중앙과 제10배마디 끝에 붉은 무늬가 있어 다르다. 또 숨문 아래는 노란 바탕이다.

습성 앞 종처럼 잎을 접어 그 속에 들어가는데, 중간 애벌레까지는 잎을 송편 모양으로 접고 그 속에 들어가는 모습이 다르다.

서식지 상록수림

발생 4월 말~5월(어른벌레 11월~이듬해 4월, 연 1회)

먹이식물 팽나무(삼과 Cannabaceae)

분포 한국(남부, 제주도), 일본, 타이완

비고 어른벌레는 불빛과 당밀에 날아온다.

수컷

중간 애벌레

자란 애벌레

둥지

가시나무밤나방(밤나방과) *Rhynchaglaea fuscipennis* Sugi, 1958

생김새 몸길이 25mm 안팎(날개 길이 34mm 안팎)으로 머리는 옅은 풀색, 몸은 옅은 풀색에 흰 띠와 점들이 퍼져 있다. 등선은 가늘고, 등밑선은 더 굵으나 굵기가 일정하지 않다. 등방패는 색이 옅다. 제8~9배마디에는 등밑선이 거의 보이지 않는다. 자라면 자갈색으로 변하는 개체도 있다. 숨문은 희고, 테두리가 가늘게 검다.

습성 잎을 말고 그 속에 들어가 산다. 흙 속에서 번데기가 된다. 어른벌레로 겨울을 난다.

서식지 상록수림

발생 4~5월(어른벌레 11월~이듬해 4월, 연 1회)

당밀에 온 어른벌레

어린 애벌레

자란 애벌레

자란 애벌레

먹이식물 붉가시나무, 종가시나무(참나무과 Fagaceae)

분포 한국(완도, 제주도), 일본

비고 어른벌레는 불빛과 당밀에 날아온다.

떡갈나무밤나방(밤나방과) *Conistra ardescens* (Butler, 1879)

생김새 몸길이 34mm 안팎(날개 길이 36mm 안팎)으로 머리는 반짝이는 적갈색과 검은색이 섞인다. 몸통은 위에서 보면 짙은 적갈색이다. 옆에서 보면 제8배마디가 조금 높으며 그 뒤에 갈색 부분이 있다. 등밑선은 희미하고, 흰 점이 마디에 4개씩 있다. 숨문선은 노란색으로 옅다. 숨문은 검다.

습성 늦가을에 어른벌레가 되고 그 상태로 낙엽 밑에서 월동한다.

서식지 활엽수림

발생 5~6월 초(어른벌레 10월~이듬해 5월 초, 연 1회)

먹이식물 신갈나무(참나무과 Fagaceae), 벚나무(장미과 Rosaceae)

분포 한국(내륙), 일본, 중국, 러시아 극동지역

수컷

어린 애벌레

중간 애벌레

자란 애벌레

날개점밤나방(밤나방과) *Conistra albipuncta* (Leech, 1889)

생김새 몸길이 35mm 안팎(날개 길이 34~40mm)으로 어릴 때에는 머리가 붉다가 자라면 머리가 적갈색, 등방패가 짙은 자갈색이 된다. 몸통은 굵고 적갈색이며, 등에 짧은 선으로 된 무늬가 퍼져 있다. 등방패 좌우에는 붉은 띠가 있고, 이것과 이어지는 몸통에도 겨우 눈에 띄는 정도의 선이 나타난다. 숨문은 검다.

수컷

암컷

습성 밤에 잎을 먹고 낮에는 잠을 잔다. 건드리면 사진처럼 몸을 원 모양으로 굽는데, 야외에서는 이런 행동을 하면 아래로 떨어진다. 어른벌레로 겨울을 난다.

서식지 활엽수림

발생 4~5월(어른벌레 10월~이듬해 5월, 연 1회)

먹이식물 참나무류, 종가시나무(참나무과 Fagaceae), 벚나무류(장미과 Rosaceae)

분포 한국(울릉도를 뺀 전국), 일본, 중국, 러시아 극동지역

3살 애벌레

4살 애벌레

자란 애벌레

점줄밤나방(밤나방과) *Conistra fletcheri* Sugi, 1958

수컷

생김새 몸길이 37mm 안팎(날개 길이 37mm 안팎)으로 머리는 반짝이는 적갈색이다. 몸통은 위에서 보면 배 끝만 빼고 짙은 흑갈색 바탕이다. 옆에서 보면 제8배마디가 높게 솟으며 그 뒤에 적갈색의 무늬가 있다. 등밑선은 희미하게 보인다. 숨문선은 물결 모양으로 노란 선으로 이어지고, 그 아래로 적갈색 띠가 넓게 나타난다. 숨문은 검다.

습성 붉은 나뭇가지나 꽃에서 보이며, 잎뿐만 아니라 꽃도 먹는다. 늦가을에 어른벌레가 되고 그 상태로 겨울을 난다.

서식지 활엽수림

발생 5~6월 초(어른벌레 10월~이듬해 5월 초, 연 1회)

먹이식물 느릅나무(느릅나무과 Ulmaceae), 신갈나무(참나무과 Fagaceae), 벚나무(장미과 Rosaceae)

분포 한국(울릉도를 뺀 전국), 일본, 중국, 러시아 극동지역

비고 이 종을 포함한 *Conistra*속은 구별이 어렵다.

자란 애벌레(위)

자란 애벌레(옆)

점줄무늬밤나방(밤나방과) *Conistra grisescens* Draudt, 1950

생김새 몸길이 38mm 안팎(날개 길이 37mm 안팎)으로 머리는 적갈색이고 검은 무늬가 있다. 등방패는 색이 짙다. 몸 전체에 회백색의 점무늬가 퍼져 있다. 항문위판은 적갈색이다. 숨문은 적갈색으로 테두리가 검다. 가슴과 배다리는 적갈색이다.

습성 밤에 잎을 먹는다. 어른벌레로 겨울을 난다.

서식지 활엽수림

발생 4~5월(어른벌레 10월~이듬해 5월, 연 1회)

먹이식물 느릅나무(느릅나무과 Ulmaceae), 신갈나무(참나무과 Fagaceae), 벚나무, 찔레(장미과 Rosaceae), 붉은 병꽃나무(인동과 Caprifoliaceae)

분포 한국(울릉도를 뺀 전국), 일본, 중국, 러시아 극동지역

암컷

3살 애벌레

4살 애벌레

자란 애벌레

귤빛밤나방(밤나방과) *Jodia sericea* (Butler, 1878)

생김새 몸길이 30mm 안팎(날개 길이 40mm 안팎)으로 어린 애벌레는 머리가 옅은 적갈색, 몸은 백록색이다. 등선과 등밑선은 가늘다. 위에서 보면 작고 흰 점이 가슴에는 일렬로, 배에는 4개가 사다리꼴로 보인다. 옆에도 흰 점이 있다. 자라면 머리는 적갈색, 등방패가 밝고, 배 등이 갈색으로 변하고, 숨문밑선 아래로 색이 밝다.

수컷

2살 애벌레

3살 애벌레

4살 애벌레(위)

4살 애벌레(옆)

습성 잎 위에 위치한다. 늦가을에 어른벌레가 되고 그 상태로 겨울을 난다.

서식지 활엽수림

발생 5~6월 초(어른벌레 10월~이듬해 4월, 연 1회)

먹이식물 신갈나무, 굴참나무(참나무과 Fagaceae)

분포 한국(내륙), 일본, 중국, 러시아 극동지역

풀색톱날무늬밤나방(밤나방과) *Antivaleria viridimacula* (Graeser, 1889)

생김새 몸길이 35~40mm(날개 길이 40mm 안팎)로 머리는 반짝이는 옅은 풀색이고 큰 편이다. 몸통은 굵은 편으로, 청록색 바탕에 자모 밑 부근에 흰 점이 퍼져 있다. 숨문선은 검고 위가 흐려진다. 숨문 밑에는 뚜렷한 흰 띠가 굵게 보인다. 숨문은 검은

수컷

애벌레 머리

테두리로 된 흰색이다. 가슴다리는 붉고, 배와 항문다리의 끝은 주황색이다.

습성 잎 뒤에 위치하며, 자라면 땅 속에서 번데기가 된다. 알로 겨울을 나는 것으로 보인다.

서식지 활엽수림

발생 4~5월(어른벌레 10~11월, 연 1회)

먹이식물 벗나무, 찔레꽃(장미과 Rosaceae), 참나무과 Fagaceae 등

분포 한국(울릉도를 뺀 전국), 일본, 러시아 극동지역

2살 애벌레

자란 애벌레(위)

자란 애벌레(옆)

꼬마복숭아밤나방(밤나방과) *Etlorta edentata* (Leech, 1889)

생김새 몸길이 35~40mm(날개 길이 40mm 안팎)로 1살 애벌레는 머리가 노랗고, 풀색을 띠며, 2살 애벌레 이후 적자갈색을 띤다. 중간 애벌레는 숨문 아래에 흰 띠가 있다. 자라면 머리는 적자색이 되고, 등방패는 매우 짙은 자갈색이 된다. 이 등방패에서 이어지는 흰 등 밑선은 희미하다. 등선도 희미하다. 몸통에는 거의 흰 자갈색 점들이 가득하다.

어른벌레

습성 잎 사이에 있거나 잎 뒤에 위치한다. 밤에 잎을 먹고, 자라면 나무에서 내려와 땅 속으로 들어가 번데기가 된다. 번데기 기간은 거의 6개월이다.

서식지 활엽수림

발생 4월 말~6월 초(어른벌레 9월 말~10월, 연 1회)

먹이식물 벚나무(장미과 Rosaceae), 참나무과 Fagaceae, 철쭉(진달래과 Ericaceae)

분포 한국(울릉도를 뺀 전국), 일본, 중국, 러시아 극동지역

중간 애벌레

자란 애벌레(위)

자란 애벌레(옆)

네줄붉은밤나방(밤나방과) *Pygopteryx suava* Staudinger, 1887

생김새 몸길이 25mm 안팎(날개 길이 33mm 안팎)으로 머리는 반짝이는 검은색이고, 정수리와 등방패에 등선과 등밑선과 이어진 노란 띠가 살짝 보인다. 몸은 붉은 기가 조금 있는 갈색으로 일정하지 않다. 등선은 희고, 등밑선은 검은데, 각 마디 중앙 위아래로 긴 타원형의 흑갈색 무늬가 있다. 위에서 보면 컵 모양의 무늬가 있다.

암컷

습성 잎 주맥을 중심으로 잎 양쪽을 감아 집을 만들고 밤에 나와 주위 잎을 먹는다. 항상 몸을 한쪽 방향으로 구부린다. 자란 애벌레는 나무에서 내려와 땅 속에 들어가거나 낙엽 밑에서 번데기가 된다.

서식지 활엽수림

발생 4~5월(어른벌레 9월, 연 1회)

먹이식물 물푸레나무(물푸레나무과 Oleaceae)

분포 한국(내륙), 일본, 중국, 러시아 극동지역

4살 애벌레

자란 애벌레

느릅밤나방(밤나방과) *Cosmia affinis* (Linnaeus, 1767)

암컷

생김새 몸길이 30mm 안팎(날개 길이 33mm 안팎)으로 머리는 반짝이는 옅은 풀색이다. 몸은 풀색으로, 가슴과 배 끝이 조금 짙다. 등선과 등밑선, 숨문선은 노랗다. 이 중에서 등선이 가장 굵다. 숨문은 검고 그 둘레가 노란색이며, 바깥이 검어서 눈에 띈다. 자모와 자모받침은 옅은 갈색으로 거의 눈에 띄지 않는다. 가슴다리는 검다.

습성 잎을 엮고 그 속에서 지낸다. 자란 애벌레는 땅속으로 들어가 번데기가 된다.

서식지 활엽수림

발생 5월(어른벌레 6~8월, 연 1회)

먹이식물 느릅나무, 느티나무(느릅나무과 Ulmaceae), 풍게나무, 왕팽나무(삼과 Cannabaceae)

분포 한국(전국), 일본, 중국, 몽골, 러시아 극동지역~유럽

3살 애벌레

4살 애벌레

자란 애벌레

네점박이밤나방(밤나방과) *Cosmia restituta* Walker, 1857

생김새 몸길이 30mm 안팎(날개 길이 33mm 안팎)으로 머리는 황갈색이고 앞머리와 정수리에 검은 무늬가 있다. 몸은 회백색 바탕이다. 등선은 흰색에 가깝다. 위에서 보면 각 마디마다 네모의 검은 무늬가 반듯하게 열 진다. 이 검은 무늬 속에는 흰 점이 있기도 한다. 4살까지는 이 무늬가 옅다.

습성 잎 뒤에 위치하며, 자라면 잎을 엮고 그 속에서 번데기가 된다.

서식지 활엽수림

발생 5~6월(어른벌레 7~9월, 연 1회)

먹이식물 느릅나무(느릅나무과 Ulmaceae), 풍게나무, 왕팽나무(삼과 Cannabaceae)

분포 한국(울릉도를 뺀 전국), 일본, 중국, 타이완, 러시아 극동지역, 인도 북부, 네팔

암컷

4살 애벌레

자란 애벌레

제주꼬마밤나방(밤나방과) *Cosmia achatina* Butler, 1879

생김새 몸길이 30mm 안팎(날개 길이 33mm 안팎)으로 머리는 반짝이는 검은색이다. 몸은 회녹색 바탕으로, 앞 종들보다 가느다란 느낌이 든다. 등선과 등밑선의 생김새는 앞 종들과 다름없다. 숨문선은 희지만 검은 숨문 아래에 검은 점 무늬가 띄엄띄엄 이어진다. 가슴다리는 검고, 배다리는 끝 부분만 옅은 주홍색을 띤다.

습성 잎을 엮고 그 속에서 지낸다. 자란 애벌레는 잎을 엮고 번데기가 된다.

서식지 활엽수림

발생 5~6월 초(어른벌레 6~7월, 연 1회)

먹이식물 풍게나무, 팽나무(삼과 Cannabaceae)

분포 한국(울릉도를 뺀 전국), 일본, 중국, 타이완, 네팔

암컷

중간 애벌레

자란 애벌레(위)

자란 애벌레(옆)

회색쌍줄밤나방(밤나방과) *Cosmia camptostigma* (Ménétriès, 1859)

생김새 몸길이 30mm 안팎(날개 길이 35mm 안팎)으로 이 속의 다른 종들과 생김새가 다르다. 먼저 중간 애벌레까지는 머리가 검고, 몸이 회흑색이다. 자란 애벌레는 머리가 반짝이는 적갈색이고, 몸은 흑자색이다. 등선은 노란색이다. 각 배마디의 등에 가운데 흰 점이 2개 있는 검은 점이 한 쌍씩 있다. 숨문 아래에는 노란색의 '△'의 무늬가 있다. 가슴다리는 흰색이다.

암컷

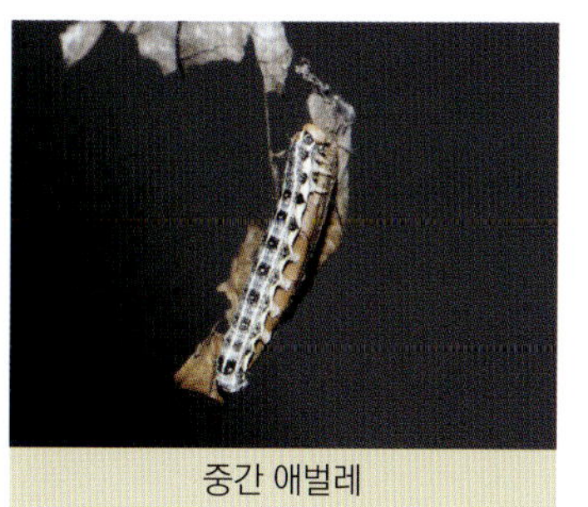

중간 애벌레

자란 애벌레(위)

자란 애벌레(옆)

습성 여러 잎을 엉성하게 엮어 방을 만들고 그 속에서 지낸다. 자란 애벌레는 자신이 지내던 방에서 번데기가 된다.

서식지 활엽수림

발생 5~6월 초(어른벌레 6~8월, 연 1회)

먹이식물 참나무과 Fagaceae

분포 한국(울릉도를 뺀 전국), 일본, 중국, 러시아 극동지역

한국밤나방(밤나방과) *Cosmia trapezina* (Linnaeus, 1758)

생김새 몸길이 33mm 안팎(날개 길이 30mm 안팎)으로 느릅밤나방, 깊은산밤나방과의 생김새와 닮으나 다음의 차이가 있다. 1) 몸 등에는 흰 자모가 난 검은 잔 점(자모 받침)이 있다. 2) 숨문선은 뚜렷하게 굵다. 3) 가슴다리가 풀색이다.

습성 애벌레는 잎을 엮고 그 속에서 지낸다. 자란 애벌레는 잎을 엮고 번데기가 된다.

서식지 활엽수림

발생 5~6월 초(어른벌레 6~9월, 연 1회)

먹이식물 장미과 Rosaceae, 참나무과 Fagaceae, 조록나무과 Hamamelidaceae 등

분포 한국(전국), 일본, 중국, 러시아 극동지역~유럽

수컷

중간 애벌레

자란 애벌레(위)

자란 애벌레(옆)

고동색줄무늬밤나방(밤나방과) *Cosmia sanguinea* Sugi, 1955

생김새 몸길이 40mm 안팎(날개 길이 30mm 안팎)으로 머리와 몸은 옅은 풀색이고, 별다른 무늬가 없다. 몸의 등선은 연미색으로 가늘게 이어진다. 등밑선과 숨문밑선도 연미색 점들로 이어진다. 이들 선무늬 사이에 연미색 자모 받침이 퍼져 있다.

습성 잎을 싸고 그 속에서 지내다가 자라면 번데기가 된다.

서식지 활엽수림

발생 6~7월(어른벌레 7~8월, 연 1회)

먹이식물 노린재나무(노린재나무과 Symplocaceae), 노각나무(차나무과 Theaceae)

암컷

자란 애벌레(위)

자란 애벌레(옆)

양코스키밤나방(밤나방과) *Xanthocosmia jankowskii* (Oberthür, 1884)

생김새 몸길이 35mm 안팎(날개 길이 33mm 안팎)으로 머리와 몸은 반투명한 백록색이고, 별다른 무늬가 없다. 숨문 테두리는 갈색이다. 가슴다리와 배다리, 항문다리는 몸 색과 같다.

습성 잎과 잎을 엮은 사이에서 지내며, 번데기로 겨울을 나는 것으로 보인다.

서식지 낙엽활엽수림

발생 6~7월(어른벌레 7~9월 초, 연 1회)

먹이식물 찰피나무(아욱과 Malvaceae)

분포 한국(강원도 이북), 일본, 중국 동북부, 러시아 극동지역

암컷

중간 애벌레

자란 애벌레

번데기가 되기 직전의 애벌레

큰얼룩무늬밤나방(밤나방과) *Protegira songi* (Chen et Zhang, 1995)

생김새 몸길이 30mm 안팎(날개 길이 40mm 안팎)으로 4살 애벌레는 머리가 옅은 녹살색이고 정수리에 인경 모양의 무늬가 있는데, 자란 애벌레에서도 나타난다. 자란 애벌레는 머리와 몸통이 흑갈색으로 변하고, 흰 숨문선 위로 색이 짙어지며 검은 무늬가 나타난다. 등선에 두터운 검은 무늬가 불규칙하다.

수컷

습성 잎 뒤에 붙으며, 대개 여러 마리가 있어서인지 남아 있는 잎이 없을 정도로 먹어치운다. 번데기가 되려면 땅으로 내려와 흙 속으로 들어간다.

서식지 낮은 위치의 활엽수림, 경작지 주변

발생 7~9월(어른벌레 5~9월, 연 2회)

먹이식물 두충(두충과 Eucommiaceae)

분포 한국(중·남부), 일본, 중국

중간 애벌레

자란 애벌레(위)

자란 애벌레(옆)

은빛밤나방(밤나방과) *Chasminodes albonitens* (Bremer, 1861)

생김새 몸길이 25~30mm(날개 길이 24mm 안팎)로 머리는 반짝이는 검은색이다. 몸은 엷은 회색으로, 등선과 등밑선이 뚜렷하다. 검은 자모 받침이 가슴 각 마디 앞에 열 지어 있고, 배에는 중앙에 퍼져 있다. 가슴과 배, 항문다리는 흰색에 가깝다.

습성 애벌레는 먹이식물 잎 뒤에 위치하며, 주맥을 중심으로 하나 또는 두 장의 잎을 구부려 잎 가장자리를 실로 봉지처럼 묶은 속에 서 있는데, 그 속에는 잎살을 먹고 싼 똥이 차 있다. 자라면 흙 속에서 번데기가 된다.

암컷

서식지 활엽수림

발생 5~6월(어른벌레 7~8월, 연 1회)

먹이식물 찰피나무(아욱과 Malvaceae)

분포 한국(지리산 이북, 울릉도), 일본, 중국, 러시아 극동지역

비고 허운홍(2012: 456)의 애벌레 사진은 머리가 희고, 몸에 검은 자모 받침이 없어 다른 종이다. 아마 *Chasminodes aino*로 보이나 워낙 이 속의 종들이 닮기 때문에 어른벌레의 생식기를 살펴야 한다.

자란 애벌레

자란 애벌레

둥지

자란 애벌레 / 둥지

검은점은빛밤나방(*C. aino* Sugi, 1956)
먹이식물: 찰피나무(아욱과 Malvaceae)

자란 애벌레 / 4살 애벌레

굵은점은빛밤나방(*C. sugii* Kononenko, 1981)
먹이식물: 피나무(아욱과 Malvaceae)

소나무붉은밤나방(밤나방과) *Panolis japonica* Draudt, 1935

생김새 몸길이 32mm 안팎(날개 길이 32~38mm)으로 머리는 반짝이는 녹두색이고 정수리 부분이 적갈색이다. 몸통은 가느다랗다. 몸은 풀색으로 굵은 등밑선이 흰색이다. 숨문은 검고, 숨

수컷

자란 애벌레

문선은 넓게 흰색이다. 가슴다리와 배다리는 검은색이 포함된 풀색이다.

습성 6월경에 땅속에서 번데기가 된 후, 그대로 겨울을 난다.

서식지 활엽수림

발생 6월(어른벌레 4~5월, 연 1회)

먹이식물 소나무, 잣나무(소나무과 Pinaceae)

분포 한국(중부 이북, 울릉도), 일본, 중국 중부, 러시아 극동지역

각시얼룩무늬밤나방(밤나방과) *Pseudopanolis heterogyna* (Bang-Haas, 1927)

생김새 몸길이 35mm 안팎(날개 길이 39~42mm)으로 4살일 때 머리가 검다가 자라면 가장자리가 넓게 흑갈색, 안쪽이 흰색으로 변한다. 등방패에 검은 무늬가 4개 있다. 등선은 넓게 노랗고, 등밑선은 흰데, 그 사이가 쑥색으로 마디마다 검은 점이 나

수컷

애벌레 머리

타난다. 숨문선 아래로 노랗고, 등밑선과 숨문선 사이가 넓게 노랗다. 가슴다리는 검고, 배다리는 노란 바탕에 쑥색 무늬가 있다. 등방패는 검은 바탕에 흰 띠가 있다. 숨문은 짙은 쑥색이다.

습성 뾰족한 바늘잎에 붙으며, 잘 눈에 띄지 않는다. 번데기로 겨울을 난다.

서식지 침엽수림

발생 5~6월(어른벌레 4~5월, 연 1회)

먹이식물 소나무, 전나무(소나무과 Pinaceae)

4살 애벌레

자란 애벌레(위)

자란 애벌레(옆)

얼룩무늬밤나방(밤나방과) *Clavipalpula aurariae* (Oberthür, 1880)

암컷

둥지

생김새 몸길이 32mm 안팎(날개 길이 33~38mm)으로 4살 애벌레까지는 머리의 검은 점이 뚜렷하고, 몸바탕이 짙다. 자라면 머리는 점이 없어지고 옅은 백록색으로, 3쌍의 검은 무늬가 보인다. 몸은 연두색이다. 등선과 등밑선, 숨문밑선은 노란색으로 대비가 덜 된 탓에 희미한 편이다. 몸에는 흰 점들이 가득하다. 배다리는 5쌍으로 몸 색과 같다.

습성 잎을 포개어 붙이고, 그 속에서 지낸다. 자라면 나무에서 내려와 땅속에 들어가 번데기가 된 후, 그대로 겨울을 난다.

서식지 활엽수림

발생 6~7월(어른벌레 4~5월, 연 1회)

먹이식물 장미과 Rosaceae, 참나무과 Fagaceae, 버드나무과 Salicaceae, 아까시나무(콩과 Fabaceae)

분포 한국(전국), 일본, 중국, 타이완, 러시아 극동지역

4살 애벌레

자란 애벌레(위)

자란 애벌레(옆)

선녀밤나방(밤나방과) *Perigrapha hoenei* Püngeler, 1914

생김새 몸길이 40mm 안팎(날개 길이 36~42mm)으로 중간 애벌레는 숨문 아래로 폭 넓게 흰 띠가 있으나 다 자란 6살이 되면 없어진다. 자란 애벌레는 머리가 반짝이는 갈색 바탕에 조금 짙은 그물무늬가 있

다. 몸은 어두운 흑갈색으로, 등밑선 부분에 무늬가 있으나 희미하다. 가슴다리는 갈색이고, 배다리의 색은 옅다.

습성 자라면 흙 속에 들어가 번데기가 되며, 이 상태로 겨울을 난다.

서식지 활엽수림

발생 5~6월(어른벌레 4~5월, 연 1회)

먹이식물 장미과 Rosaceae, 참나무과 Fagaceae 등

분포 한국(중부 이북), 일본, 중국, 러시아 극동지역~아무르

어른벌레

4살 애벌레(위)

4살 애벌레(옆)

자란 애벌레

북극선녀밤나방(밤나방과) *Anorthoa munda* (Denis et Schiffermüller, 1775)

생김새 몸길이 35~40mm 안팎(날개 길이 40~45mm)으로 머리는 적갈색이고, 짙은 그물무늬가 있다. 몸은 어두운 회갈색, 적갈색 등 변화가 있다. 등선과 등밑선은 가늘게 흰 선으로 이어지거나 끊어진다. 숨문윗선은 검고, 숨문 아래에 흰 점이 이어지는 흰 물결무늬가 있다. 가슴과 배다리는 몸보다 색이 옅다. 앞 종보다 색이 짙고 숨문선 밝은 부분의 위쪽에 물결 모양 무늬가 있다.

암컷

습성 중간 애벌레 이후, 줄기에 머무르는 일이 많다. 자라면 흙 속에 들어가 번데기가 되며, 이 상태로 겨울을 난다.

서식지 활엽수림

발생 5~6월(어른벌레 4~6월 초, 연 1회)

먹이식물 장미과 Rosaceae, 참나무과 Fagaceae, 감나무과 Ebenaceae, 물푸레나무과 Oleaceae 등

분포 한국(울릉도를 뺀 전국), 일본, 중국, 타이완, 러시아~유럽 중·남부

4살 애벌레

자란 애벌레

애벌레 머리

가는띠밤나방(밤나방과) *Anorthoa angustipennis* (Matsumura, 1926)

생김새 몸길이 33mm 안팎(날개 길이 36~42mm)으로 다음 종처럼 머리와 몸 색의 변화가 심한데, 다음의 차이가 있다. 1) 머리는 색에 관계없이 검은 점이 뚜렷하나 이따금 점이 없는 경우도 있다. 2) 몸 색은 검은 바탕이 드물다. 3) 제8배마디 이후의 흰 세로띠가 가늘다. 4) 등선은 굵고 뚜렷하다.

수컷

둥지

습성 애벌레는 잎 사이에서 둥지를 엉성하게 만들고 지낸다. 자라면 흙 속에 들어가 번데기가 되며, 이 상태로 겨울을 난다.

서식지 활엽수림

발생 5~6월(어른벌레 4~5월, 연 1회)

먹이식물 장미과 Rosaceae, 참나무과 Fagaceae, 자작나무과 Betulaceae, 물푸레나무과 Oleaceae 등

분포 한국(중부 이북), 일본, 러시아 극동지역~아무르

4살 애벌레(허물벗기 준비 중)

자란 애벌레(위)

자란 애벌레(옆)

곧은띠밤나방(밤나방과) *Orthosia paromoea* (Hampson, 1905)

생김새 몸길이 30~35mm(날개 길이 31~35mm)로 머리는 검은색, 황갈색, 황록색 바탕에 검은 무늬가 퍼지는 등 변화가 많다. 몸 등도 검회색에서 황록색까지 변화가 심하다. 검은 개체가 야

수컷

둥지

외에서 가장 잘 발견된다. 머리가 검고, 흰 등선이 뚜렷하며, 제8배마디가 조금 솟는데, 그 뒤로 흰 띠가 넓어지고, 뒤로 갈수록 희미해진다.

습성 자라면 흙 속에 들어가 번데기가 되며, 이 상태로 겨울을 난다.

서식지 활엽수림

발생 5~6월(어른벌레 4~5월, 연 1회)

먹이식물 신갈나무(참나무과 Fagaceae), 개암나무(자작나무과 Betulaceae), 장미과 Rosaceae, 조록나무과 Hamamelidaceae 등

분포 한국(내륙), 일본, 중국, 러시아 극동지역

자란 애벌레(백록색)

자란 애벌레(위)

자란 애벌레(옆)

주홍띠밤나방(밤나방과) *Orthosia evanida* (Butler, 1879)

생김새 몸길이 35mm 안팎(날개 길이 39~45mm)으로 어릴 때 회록색 바탕에 검은 자모 받침이 보인다. 자라면 머리와 몸은 연두색이 된다. 몸통은 통통해진다. 몸에는 흰색 또는 황백색의 잔 점들이 가득하다. 등선을 비롯한 여러 선이 확인되지 않으며, 등선은 점으로 이어진 듯 보인다. 제8배마디 등 위와 항문다리 쪽으로의 노란 띠가 생긴다. 테두리가 검은 숨문은 흰색이나 잘 눈에 띄지 않는다.

습성 자라면 흙 속에 들어가 번데기가 되며, 이 상태로 겨울을 난다.

서식지 활엽수림

발생 5~6월 초(어른벌레 4~5월, 연 1회)

먹이식물 참나무과 Fagaceae, 장미과 Rosaceae

분포 한국(내륙, 제주도), 일본, 러시아 극동지역

수컷

3살 애벌레

자란 애벌레(위)

자란 애벌레(옆)

뒷보라밤나방(밤나방과) *Orthosia clla* (Butlcr, 1878)

생김새 몸길이 35mm 안팎(날개 길이 39~45mm)으로 머리는 옅은 황갈색이고, 몸은 옅은 풀색 바탕에 흰색의 잔 점이 퍼져 있거나 적갈색을 띤다. 등선을 비롯한 횡선은 있으나 거의 흔적뿐이다. 숨문 위아

래로 2개의 흰 띠가 있는데, 그 사이가 조금 밝아 얼핏 흰 띠처럼 보이거나 검은 띠로 이어진다. 숨문은 회황색으로 검은 테두리가 있다. 가슴다리는 옅은 황갈색이다.

습성 자라면 흙 속에 들어가 번데기가 되며, 이 상태로 겨울을 난다.

서식지 활엽수림

발생 5~6월 초(어른벌레 4~5월, 연 1회)

먹이식물 국화과 Asteraceae, 마디풀과 Polygonaceae, 콩과 Fabaceae 등 여러 초본식물

분포 한국(내륙), 일본, 러시아 극동지역, 아무르

수컷

자란 애벌레(위)

자란 애벌레(옆)

애벌레 머리

자란 애벌레(위)

자란 애벌레(옆)

둥지

가흰밤나방(밤나방과) *Orthosia limbata* (Butler, 1879)

생김새 몸길이 30~35mm(날개 길이 31~35mm)로 머리와 등방패는 반짝이는 검은색이다. 등방패를 포함하여 몸에는 자백색 등선이 가늘게 이어진다. 등선 좌우와 등밑선 가까이 둥글게 솟은 검은 자모 받침이 뚜렷하다. 숨문 둘레에 주황색 띠가 있으며, 여기에도 검은 자모 받침이 있다. 몸에 난 자모는 흰색으로 비교적 길다. 항문위판은 솟으며, 주황색이 넓어진다.

습성 자라면 흙 속에 들어가 번데기가 되며, 이 상태로 겨울을 난다.

서식지 활엽수림

발생 5~6월 초(어른벌레 4~5월, 연 1회)

먹이식물 장미과 Rosaceae, 인동과 Caprifoliaceae, 참나무과 Fagaceae 등

분포 한국(중·남부), 일본, 중국, 타이완, 태국, 네팔, 인도

수컷

중간 애벌레

자란 애벌레(위)

자란 애벌레(옆)

먹무늬밤나방(밤나방과) *Orthosia nigromaculata* (Höne, 1917)

생김새 몸길이 42mm 안팎(날개 길이 36mm 안팎)으로 어린 애벌레는 머리가 검고, 몸이 풀색 바탕인데, 몸의 뒷마디에서 연두색을 띤다. 자란 애벌레의 머리가 노란 바탕에 검은 점이 있다. 몸통은 밝은 회녹색 바탕에 검은 점들이 가득한데, 다만 가슴과 배 끝 마디의 점들 위치가 다른 부분과 엇갈린다.

수컷

습성 애벌레는 자랄 때까지 무리를 짓는다. 잎 뒤에 붙어 일시에 잎을 먹는데, 먹고 남은 잎은 헤진 휴지 조각처럼 된다. 자라면 땅으로 내려와 흙 속에서 번데기가 된다.

서식지 활엽수림

발생 5~6월 초(어른벌레 3~5월 초, 연 1회)

먹이식물 보리장나무(보리수나무과 Elaeagnaceae)

분포 한국(남부, 제주도), 일본, 중국, 타이완

비고 애벌레에게 보리수나무를 주어도 잘 먹는다.

3살 애벌레

4살 애벌레

애벌레 머리

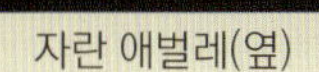

자란 애벌레(위)

자란 애벌레(옆)

먹은 흔적

한일무늬밤나방(밤나방과) *Orthosia carnipennis* (Butler, 1878)

생김새 몸길이 40mm 안팎(날개 길이 41~46mm)으로 머리는 볼록하며 반짝이는 적갈색이다. 몸은 회흑색 바탕에 짙은 흑자색 네모 무늬가 각 마디 등에 이어진다. 가끔 이 무늬가 희미해지는 개체도 있다. 등선과 등밑선, 숨문선, 숨문밑선은 흰색으로 뚜렷하다. 배 밑은 색이 옅다. 숨문은 검다. 가슴다리는 적갈색, 배다리는 검다.

습성 잎을 잘라 덮고 그 속에서 지낸다. 이 부분을 손으로 떼면 흰 막 같은 실을 볼 수 있다. 자라면 땅으로 내려와 흙 속에 들어가 번데기가 되며, 이 상태로 겨울을 난다.

서식지 활엽수림

발생 5~6월 초(어른벌레 4~5월, 연 1회)

먹이식물 장미과 Rosaceae, 참나무과 Fagaceae 등 여러 식물

분포 한국(전국), 일본, 중국, 타이완, 러시아 극동지역

수컷

자란 애벌레

자란 애벌레

자란 애벌레

고동색밤나방(밤나방과) *Orthosia odiosa* (Butler, 1878)

생김새 몸길이 35mm 안팎(날개 길이 35~39mm)으로 머리와 몸 전체가 옥색이고, 몸 등은 회백색에 가까우며, 특별한 무늬가 없다. 제8배마디는 조금 솟으며, 이후 배 끝으로 급격히 낮아진다. 숨문은 흰색이다.

습성 잎 뒤에 있으며, 자극을 받으면 몸을 한쪽으로 틀어 동그랗게 만다. 자라면 흙 속에 들어가 번데기가 되며, 이 상태로 겨울을 난다.

수컷

애벌레 머리

어린 애벌레

자란 애벌레(위)

자란 애벌레(옆)

서식지 활엽수림

발생 5~6월 초(어른벌레 4~5월, 연 1회)

먹이식물 장미과 Rosaceae, 참나무과 Fagaceae, 느릅나무과 Ulmaceae, 감나무과 Ebenaceae 등 여러 식물

분포 한국(내륙, 제주도), 일본, 중국, 러시아 극동지역

깨소금띠밤나방(밤나방과) *Orthosia fausta* Leech, 1889

수컷

생김새 몸길이 32mm 안팎(날개 길이 36mm 안팎)으로 머리와 몸은 풀색인데, 어릴 때 색이 옅다. 머리에는 검은 자모 받침이 가득하고, 등선과 등밑선, 숨문선은 가늘다. 옆에서 보면 숨문선 위 등밑선 아래의 색이 짙다. 숨문은 희고 테두리가 검다. 자라면 몸에 있는 검은 자모 받침이 생긴다. 제8배마디는 위로 솟는다.

습성 잎과 잎을 겹쳐 그 안에 은신한다. 자라면 흙 속에서 번데기가 된다. 번데기로 겨울을 난다.

서식지 활엽수림

발생 5~6월(어른벌레 3~5월 초, 연 1회)

먹이식물 붉가시나무, 졸참나무(참나무과 Fagaceae), 팽나무(삼과 Cannabaceae)

분포 한국(남부, 제주도), 일본

3살 애벌레

4살 애벌레

둥지

막대무늬밤나방(밤나방과) *Orthosia askoldensis* (Staudinger, 1892)

수컷

생김새 몸길이 43mm 안팎(날개 길이 34~39mm)으로 머리는 반짝이는 황록색이다. 몸은 밝은 황록색, 가느다란 양 등밑선 사이에 흰 점이 퍼져 있다. 등선은 굵고 뚜렷하다. 숨문밑선은 뚜렷하게 흰색으로 위 테두리가 짙다. 숨문은 갈색으로 주위가 연미색이다.

습성 번데기로 겨울을 난다.

서식지 활엽수림

발생 5~6월(어른벌레 3~5월 초, 연 1회)

먹이식물 참나무과 Fagaceae, 장미과 Rosaceae

분포 한국(내륙), 중국, 러시아극동지역, 몽골

비고 일본에는 *Orthosia gothica* (Linnaeus, 1758)가 분포하며, 우리나라에서도 이 학명을 오랫동안 사용하였다.

4살 애벌레

자란 애벌레(위)

자란 애벌레(옆)

흰뒷날개밤나방(밤나방과) *Dioszeghyana mirabilis* (Sugi, 1955)

생김새 몸길이 30mm 안팎(날개 길이 31mm 안팎)으로 머리는 회갈색이며, 정수리에 검은 점이 있다. 앞머리는 검고, 이마방패는 옅은 적갈색이며 반짝인다. 등선은 희미한 노란색이다. 각 마디는 노란색과 흰색이 섞인 검은색을 띤다. 제8배마디 위가 높이 솟았다가 이후 급격히 낮아지는 형태이며, 그 뒤로 황갈색이 넓어진다. 숨문은 검고, 숨문윗선이 물결모양이며 그 아래가 황갈색이다.

습성 흙 속에서 번데기가 되며, 번데기로 겨울을 난다.

서식지 활엽수림

발생 5~6월 초(어른벌레 3~5월 초, 연 1회)

먹이식물 개암나무(자작나무과 Betulaceae), 왕벚나무(장미과 Rosaceae), 참나무과 Fagaceae

분포 한국(전국), 일본, 러시아 극동지역

암컷

자란 애벌레(위)

자란 애벌레(옆)

도둑나방(밤나방과) *Mamestra brassicae* (Linnaeus, 1758)

생김새 몸길이 37mm 안팎(날개 길이 33mm 안팎)으로 4살까지는 머리와 몸은 옥색이다가 자라면 몸은 짙은 풀색, 흑갈색, 회흑색 등 다양해진다. 등선은 흰색으로 뚜렷하지 않다. 숨문은 회황색으로 검은 테두리가 있다. 숨문밑선 아래로 황갈색에서 등색까지 여러 색을 띤다. 어릴 때에도 색의 변화가 심하다. 다리는 적갈색을 띤다.

암컷

습성 낮에 잎 사이나 주변의 풀 사이에 숨어 있다가 밤에 잎을 먹는다. 몸 색의 변화는 애벌레 수에 의해 달라진다. 즉 고밀도가 되면 몸이 검어진다고 한다.

서식지 풀밭, 습지, 경작지

발생 6~7월, 9~10월(어른벌레 4~5월, 7~8월, 연 2회)

먹이식물 벼과 Poaceae, 가지과 Solanaceae, 마디풀과 Polygonaceae, 배추과 Brassicaceae, 제비꽃과 Violaceae, 비름과 Amaranthaceae, 장미과 Rosaceae, 국화과 Asteraceae, 느릅나무과 Ulmaceae, 자리공과 Phytolaccaceae 등

분포 한국(전국), 일본, 중국, 동남아시아, 인도 북부, 네팔, 파키스탄, 러시아~유럽

비고 여러 채소의 해충으로 알려져 있다. 독성이 있는 미국자리공도 사진처럼 먹는다.

4살 애벌레

자란 애벌레

미국자리공을 먹은 흔적

흰점도둑나방(밤나방과) *Melanchra persicariae* (Linnaeus, 1761)

생김새 몸길이 40mm 안팎(날개 길이 33mm 안팎)으로 머리와 몸은 풀색 또는 적갈색이고 밝고 어두운 부분이 있다. 등방패, 제1~2배마디, 제8배마디의 가장자리가 흑자색을 띤다. 숨문 주위에 비스듬하게 짙은 풀색을 띤다. 제8배마디는 옆에서 보면 삼각형이다. 숨문은 흰색이고, 테두리가 흑갈색이다. 가슴다리는 갈색이다.

수컷

습성 뒷가슴에서 제3배마디까지 들어 올린 자세로 쉰다.

서식지 풀밭

발생 6월, 9~10월(어른벌레 4~5월, 7~8월, 연 2회)

먹이식물 인동과 Caprifoliaceae, 국화과 Asteraceae, 미나리과 Apiaceae, 느릅나무과 Ulmaceae, 운향과 Rutaceae 등

분포 한국(울릉도를 뺀 전국), 일본, 중국, 몽골, 러시아 극동지역~유럽, 리비아, 카나리아제도

비고 여러 채소의 해충으로 알려져 있다.

자란 애벌레(녹색)

자란 애벌레(갈색)

애벌레 머리

뒤흰도둑나방(밤나방과) *Sarcopolia illoba* (Butler, 1878)

생김새 몸길이 45mm 안팎(날개 길이 35~46mm)으로 머리는 등갈색이고 별다른 무늬가 없다. 큰턱에 삼각형 돌기가 있다. 몸 색은 다양한데, 사진처럼 적갈색을 띠거나 연갈색에서 어두운 황갈색까지 다양하다. 몸 등에는 검거나 흰 점들이 가득하다. 숨문 아래로 희거나 노란 띠가 굵게 보인다. 숨문은 희다. 가슴과 배다리는 몸 색과 다름없다.

습성 잎 뒤나 줄기에 붙는데, 사진처럼 먹은 흔적을 보인다.

서식지 풀밭

발생 7월, 9~10월(어른벌레 5~6월, 9월, 연 2회)

먹이식물 마디풀과 Polygonaceae, 배추과 Brassicaceae, 장미과 Rosaceae, 비름과 Amaranthaceae, 국화과 Asteraceae 등

분포 한국(전국), 일본, 중국, 러시아, 인도 북부, 네팔

비고 여러 채소의 해충으로 알려져 있다.

암컷

자란 애벌레(위)

자란 애벌레(옆)

먹은 흔적

굴뚝밤나방(밤나방과) *Dypterygia caliginosa* (Walker, 1858)

생김새 몸길이 40mm 안팎(날개 길이 mm 안팎)으로 머리는 흑갈색이다. 몸은 흑자색 또는 적갈색, 흑갈색이다. 등선이 흰색으로 희미하다. 숨문선은 밝은 선처럼 보이고, 숨문밑선에 폭 넓게 황백색을 띤다. 자모 받침은 흰색이고, 숨문은 흰색으로 테두리가 검다. 제8배마디가 위로 조금 솟고 뒤로 급하게 낮아지는데, 옆에서 보면 삼각 모양이다.

습성 흙 속에서 고치를 틀고 번데기가 된다.

서식지 풀밭

발생 7월, 9~10월(어른벌레 5~9월, 연 2회)

수컷

자란 애벌레(위)

자란 애벌레(옆)

먹이식물 참소리쟁이(마디풀과 Polygonaceae)

분포 한국(내륙), 일본, 중국, 러시아 극동지역

멸강나방(밤나방과) *Mythimna separata* (Walker, 1865)

생김새 몸길이 37mm 안팎(날개 길이 40mm 안팎)으로 머리는 갈색이고, 검은 띠가 있다. 등방패는 반짝이며 고동색에 가깝고, 좌우로 검은 무늬가 생긴다. 몸은 갈색으로, 등선은 검고 등밑선이 황백색으로 뚜렷한 편이다. 숨문윗선과 숨문선, 숨문밑선은 황백색이다. 숨문은 흑갈색이고, 뚜렷하다. 자모 받침은 작고 검은 점으로 보인다.

습성 잎 뒤나 줄기에 붙는다.

암컷

서식지 풀밭

발생 6~10월(어른벌레 4~10월, 연 수회)

먹이식물 조릿대, 벼 등(벼과 Poaceae)

분포 한국(전국), 일본, 중국, 타이완, 러시아 극동지역, 동남아시아, 호주(퀸즐랜드)

비고 어른벌레는 이동성이 강하고, 이따금 대발생하는데, 이런 경우 벼과의 해충이 된다.

자란 애벌레(위)

자란 애벌레(옆)

어른벌레

썩은밤나방(밤나방과) *Axylia putris* (Linnaeus, 1761)

생김새 몸길이 32mm 안팎(날개 길이 35~40mm)으로 머리는 검은색 또는 흑갈색 등이다. 머리 뒤에 흰 점이 2개 있다. 몸은 짙은 적갈색 바탕에 등선이 뚜렷하지 않지만 각 마디에 흰 점이 있다. 배의 등밑선 부분에 검은 무늬가 한 쌍씩 있다. 숨문은 흑갈색이고, 그 둘레가 붉은색을 띤다. 제8배마디 위가 삼각형으로 솟는데, 배 끝으로 가면서 낮아진다.

암컷

습성 앉을 때 뒷가슴과 제1배마디가 높아지며, 그 부분이 동그랗다. 자세한 생활사는 알려지지 않았다.

서식지 경작지, 활엽수림 가장자리

발생 7~9월(어른벌레 5~9월, 연 2회)

먹이식물 국화과 Asteraceae, 질경이과 Plantaginaceae, 바늘꽃과 Onagraceae, 콩과 Fabaceae, 마디풀과

Polygonaceae, 비름과 Amaranthaceae 등 여러 초본식물

분포 한국(전국), 일본, 중국, 러시아 극동지역~유럽, 동남아시아, 인도, 네팔

비고 여러 채소의 해충으로 알려져 있다.

어린 애벌레

자란 애벌레(위)

자란 애벌레(옆)

물결밤나방(밤나방과) *Diarsia canescens* (Butler, 1878)

생김새 몸길이 27~35mm(날개 길이 35~46mm)로 머리는 갈색 또는 흑갈색이고 그물 무늬가 있다. 몸통은 배 끝으로 갈수록 조금 굵어지며, 항문위판 뒤로 급격히 낮아진다. 몸은 갈색~흑갈색으로, 제1~8배마디의 등밑선 부분에 검은 무늬가 일정하다. 등선과 등밑선, 숨문선 등은 뚜렷하지 않으며, 흰 무늬가 거의 눈에 띄지 않는다. 숨문은 흑갈색으로 검은 테두리가 있다. 자모 받침은 흑갈색이다.

수컷

습성 낮에는 거의 움직이지 않다가 밤에 먹는 습성이 있다. 어른벌레로 겨울을 나는 것으로 보인다. 늦가을에 억새 줄기에서 일광욕을 한다.

서식지 습지 주변의 풀밭

발생 5~10월(어른벌레 4~9월, 연 2회)

먹이식물 마디풀과 Polygonaceae, 국화과 Asteraceae, 배추과 Brassicaceae, 장미과 Rosaceae, 뽕나무과 Moraceae 등 여러 식물

분포 한국(전국), 일본, 중국 동북부, 러시아 극동지역, 캄차카

비고 여러 채소의 해충으로 알려져 있다.

중간 애벌레

자란 애벌레(위)

자란 애벌레(옆)

부록
Appendix

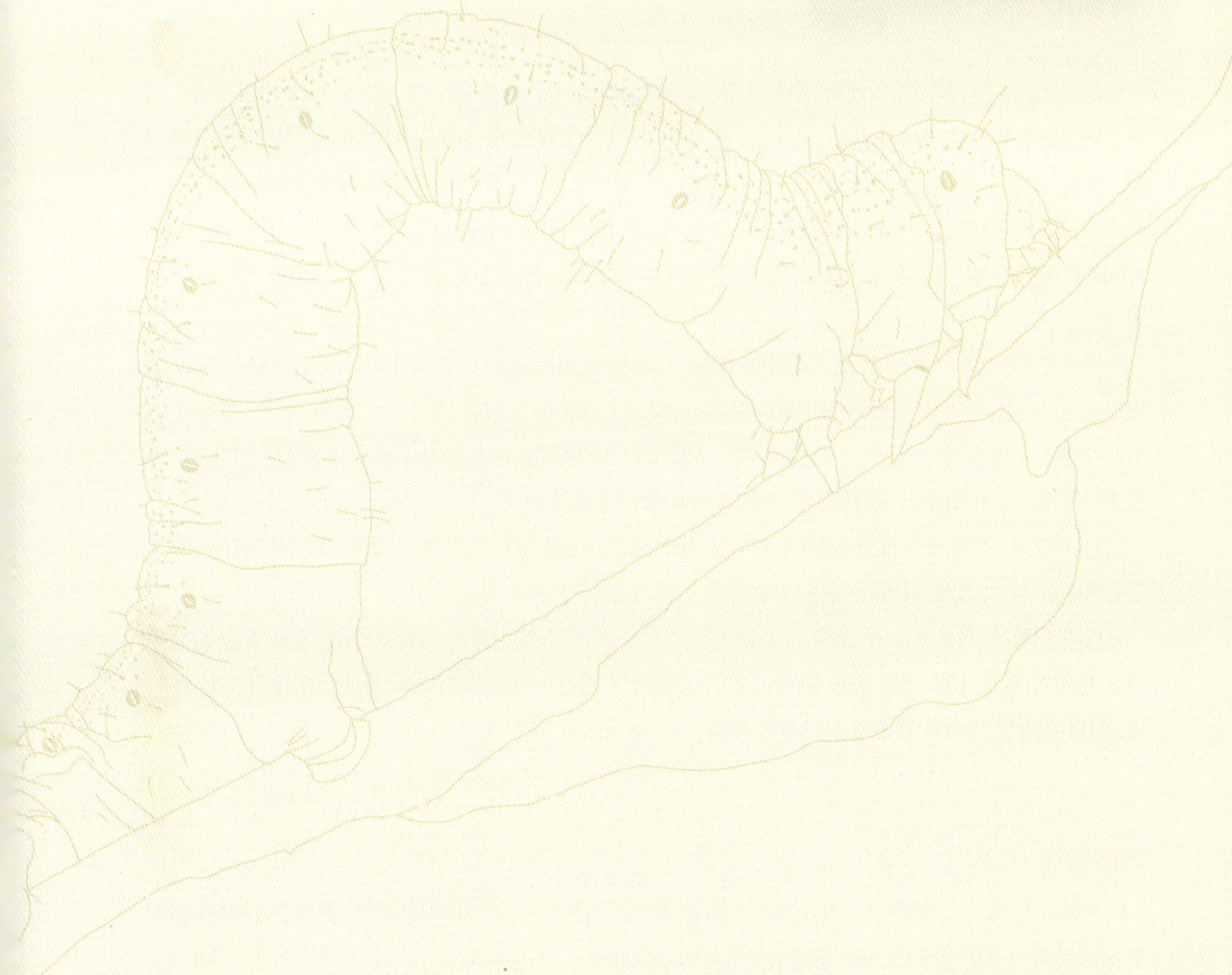

나비목(Lepidoptera)은 고대 그리스어로, 비늘가루(lepís = scale)와 날개(ptera = wings)의 합성어인데, 즉 비늘가루가 날개와 몸을 덮는 나비와 나방을 일컫는다. 전 세계에 180,000여 종(나비는 2만여 종)이 있고, 126과(family), 46상과(superfamily)로 이루어지며, 전 생명체의 10%에 해당한다. 나비목의 대다수는 열대 지방에서 발견된다(그림 1). 지금까지 지구상에 알려진 종보다 훨씬 많을 것으로 추정되며, 벌목(Hymenoptera), 파리목(Diptera), 딱정벌레목(Coleoptera)과 함께 곤충의 4대 무리에 속한다.

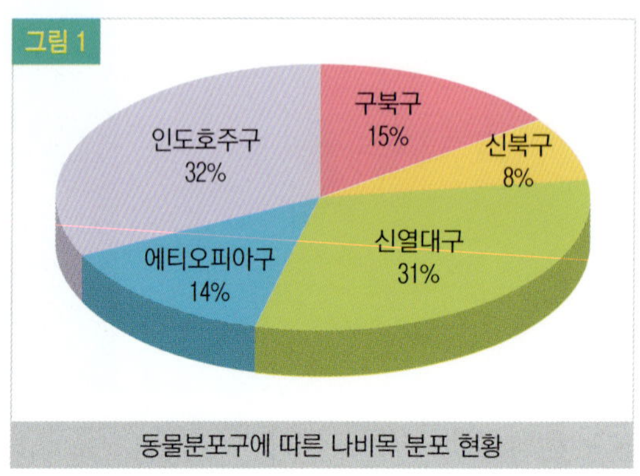

남극을 뺀 모든 대륙, 사막에서 열대 우림, 초원, 고원에 이르기까지의 대부분의 육상 생태계에서 살아간다. 많은 유기체 중에서 특히 속씨식물(꽃식물)과 관련이 깊으며, 일부는 유기체에 기생하거나 새 둥지, 벌집, 박쥐 동굴, 썩은 과일 속, 쓰레기 더미에서 살기도 한다. 육식을 하는 종류도 있다.

한반도에서도 나비와 나방류의 가짓수는 실로 엄청나다. 나비는 269종이지만 탐사가 덜 끝난 나방은 5,000종 이상일 것으로 추정된다. 또한 해마다 새로 이입되는 외래종도 적지 않아 그 끝을 헤아리기 쉽지 않다.

나비목은 수백만 년에 걸쳐 날도래목(Trichoptera)에서 진화된 것으로 보았다(Capinera, 2008). 이들 중 약 55%가 '작은 나방류(미소나방류, Microlepidoptera)'로, 애벌레가 잎을 싸거나 묶기도 하고, 줄기와 과일, 씨앗에 구멍을 뚫고 들어가 산다. 반면 45%의 큰 나방류(Macrolepidoptera)의 애벌레는 상대적으로 발견하기 쉽고, 색과 무늬, 돌기 등이 뚜렷해 비교적 동정하기 쉽다.

알과 애벌레, 번데기 단계가 있으며, 이들은 생김새가 어른벌레와 딴판이다. 번데기 시기가 뚜렷한 완전탈바꿈을 하며, 몇몇 나비와 많은 나방 종은 번데기가 되기 전 고치를 튼다.

나비와 나방은 수분매개 등 생태계의 중요한 역할을 하지만 애벌레는 식물을 먹기 때문에 농업에 미치는 영향이 엄청나다. 어떤 종은 암컷이 200~600개의 알을 낳고, 또 어떤 종은 3만여 개의 알을 낳는데, 이런 엄청난 번식력 때문에 인간과의 대립각이 늘 세워져 있었다.

외부 형태

나비목은 앞서서 설명했듯이 비늘가루가 있는 점에서 다른 곤충과 대비된다. 가장 작은 나방은 멕시코 남동부의 유카탄 반도에 사는 꼬마굴나방과(Nepticulidae)의 '*Stigmella maya*'로, 날개 길이가 2.5mm(앞날개길이 1.2mm)에 불과하다. 반면 가장 큰 나방은 아틀라스산누에나방(*Attacus atlas*)으로, 날개 길이가 무려 24cm, 알렉산드라새날개나비(Queen Alexandra's Birdwing)는 25cm에 이른다.

비늘가루
scale

층상 또는 칼날 구조이며, 작은 자루가 있다. 때때로 머리카락 모양으로 변형되며, 복잡한 구조로 이루어져 회절격자를 포함한 메커니즘으로 구조색을 띨 수 있다. 비늘가루는 체온 조절 뿐 아니라 일부 수컷에서 페로몬을 생성하는 역할을 한다. 또 위장이나 모방 등 의태와 동료 또는 짝에게 보내는 신호로 활용된다.

머리
head

한 쌍의 겹눈과 더듬이가 있다. 겹눈은 수많은 낱눈으로 이루어지고, 더듬이의 생김새도 다양하다. 둘로 갈라진 입은 꽃 꿀이나 액체를 빨아들이는 데 사용된다. 원시나방류(Micropterigidae)는 별도로 움직이는 턱이 있다(그림 2).

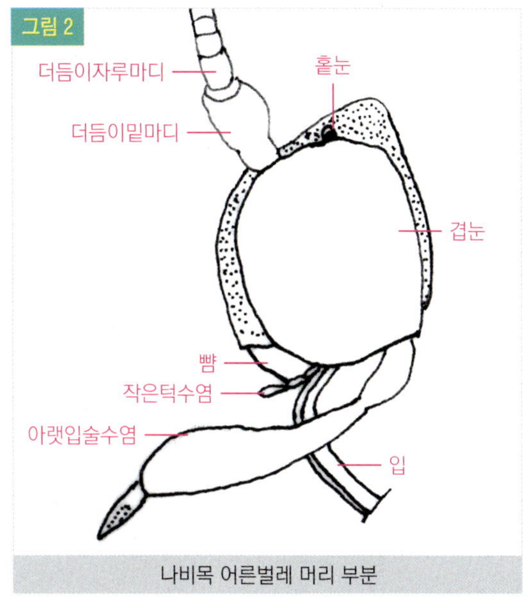

나비목 어른벌레 머리 부분

가슴
thorax

앞가슴(T1), 가운데가슴(T2), 뒷가슴(T3)으로 세분되며 각각 한 쌍의 다리가 달린다. 네발나비과(Nymphalidae)의 일부 수컷에서 앞다리는 짧아져 쓰임새가 없다. 다리에는 후각기가 있어서 냄새를 맡게 된다. 2쌍의 날개는 가운데와 뒷가슴에서 나오며, 비늘로 덮여있고 다양한 색상과 패턴을 만든다. 앞날개 밑에는 날 수 있는 근육이 붙어 있다. 밤나방상과(Noctuoidea)의 날개에는 고막이 달려 있어 청각 기관을 담당한다.

배
abdomen

가슴보다 부드럽고, 10개의 마디로 나뉘며, 그 사이에 막이 있어 쉽게 구부릴 수 있다. 이 중 끝 마디는 생식기로 변형된다. 이 생식기의 특징으로 종을 구별할 수 있다. 수컷 생식기에는 짝짓기 중에 암컷 배를 붙잡는 파악판(valva)이 있다. 암컷의 약 98%는 짝짓기를 위한 기관과 수컷의 정자를 운반해 보관하는 별도의 외부 관을 가지고 있다.

나비와 나방의 차이

나비와 나방이 왜 다른 지보다 어떻게 다른지에 더 궁금해 하는 사람들이 많다. 낮에 날면 나비이고, 밤에 날면 나방이라고 생각하나 낮에 날아다니는 나방이 적지 않고, 새벽 또는 황혼에 나는 나비도 더러 있다. 또 날개색이 밝고 화려하면 나비이고 어둡고 칙칙하면 나방이라는데, 꼭 그렇지 않다. 오히려 나비가 더 칙칙하고, 나방이 더 화려한 경우도 적지 않다. 지구상에는 나비와 나방의 비율이 약 1 : 9로,

나방이 훨씬 많다.

이들을 어떻게 구별해야 할까? 나방에는 일부만 빼면 앞날개와 뒷날개를 이어주는 주름띠(frenulum)라는 연결 장치가 있고, 나비에게는 유일하게 이 장치가 있는 호주의 'Regent skipper'를 제외하면 모두 없다. 또 나비는 더듬이 끝이 곤봉 모양이지만 나방은 깃털 또는 톱날 모양 등 다양하고, 일부 예외가 있어서 곤봉 모양인 종류도 있다.

이들의 외형의 차이는 사실 환경 적응력 때문에 얻어진 진화의 결과이다. 꼭 이들을 나누는 논쟁이 필요할까? 이들은 공통의 조상에서 유래한 친척으로 나비는 낮에 적응해서 시각이 발달하여 색이 쓸모 있지만 밤에 적응한 나방은 시각이 쓸모없어 칙칙하다. 또 밤에 나는 나방은 기온이 낮아 두툼한 털로 몸을 덮는다. 이처럼 한 뿌리의 나비와 나방은 삶의 방식에 따라 제각각의 특징이 달라진 것뿐이다.

애벌레란?

생태계의 먹이사슬 면에서 볼 때, 나비와 나방 애벌레의 위치는 매우 중요하다. 이들은 새와 같은 다양한 소비자들의 요긴한 먹이원이기 때문이다. 어떤 작은 새는 새끼 하나를 기르기 위해 자기 몸무게의 2배 이상의 애벌레가 필요하다고 한다. 만약 숲에서 애벌레가 사라진다면 다양한 박쥐와 새, 일부 척추동물의 중요한 먹이원이 사라지기 때문에 숲은 봄에 침묵할 것이다. 또한 애벌레는 거대한 소비자로, 낙엽을 분해하고, 죽은 나무에 구멍을 내며, 떨어진 열매의

번데기 반찬

과육을 먹어 싹트게 함으로써 자연계의 에너지 순환을 가속화 시킨다. 한 마디로 지구 생태계를 떠받드는 거대한 무리임에 틀림없다.

애벌레는 사람과도 긴밀하다. 의복의 소재가 되는 넥타이, 속옷, 스카프는 물론 낙하산 등에 쓰이는 실의 재료는 누에(*Bombyx mori*)의 고치에서 유래한다. 또 많은 사람들의 식단에 나방 애벌레가 오른다. 산누에나방과의 어떤 애벌레(*Gonimbrasia belina*)는 보츠와나와 짐바브웨 등 아프리카 남부의 사람들이 정말 맛있게 튀겨먹는다. 누에(*Bombyx mori*) 번데기는 한국과 중국에서 진미로 삼는다(그림 3).

애벌레는 경쟁자인 다른 초식동물을 억제하기 위해 움직일 수 없는 식물에게 압력을 은근히 줌으로써 간접적이지만 식물에게 미치는 영향은 무시할 수 없다. 따라서 식물이 더 오래 살아남으려고 애벌레가 싫어하는 여러 방어물질, 즉 라텍스, 알칼로이드, 테르펜, 탄닌과 같은 화학물질을 만드는 진화가 일어났다. 이렇게 만들어진 화합물 중에는 의약품(아편, 살리실산, 아스피린, 디티니스, 탁솔)도 있고, 요리의 재료(차, 커피, 후추, 계피, 파프리카, 기타 향료)와 함께 쓰이며, 상업용(고무)으로도 요긴하다. 아무튼 애벌레가 하찮게 보이더라도 이들이 자연계뿐 아니라 우리에게 많은 영향을 끼치고 있음은 분명한 사실이다.

애벌레의 일반적인 특징

딱딱한 머리와 원통형 몸통으로 되어 있다. 몸통은 모두 13마디로, 가슴 3마디(앞가슴, 가운데가슴, 뒷

가슴)와 배 10마디로 이루어져 있다. 가슴 각 마디에는 가슴다리(thoracic leg)가 있고, 제3~6, 10배마디에는 흡판(crochet)이 있는 배다리(proleg)가 있다(그림 4).

머리와 몸과의 각도는 먹이를 먹는 과정과 밀접하다. 앞입형(전구식, prognathous)은 머리가 몸과 수평으로, 입이 앞을 향한다. 이런 종류는 잎속살이 무리에서 볼 수 있다. 아랫입형(하구식, hypognathous)은 머리가 수직으로 아래를 향하며, 큰 나방류가 이런 모습이다. 반아랫입형(반하구식, semihypognathous)은 중간 특징으로 은폐하여 생활하는 작은 나방류(Microlepidoptera)가 속한다.

애벌레 대부분은 목을 자유로이 움직일 수 있으며, 원시나방과(Micropterygidae)와 쐐기나방과, 부전나비과의 애벌레는 앞가슴 속으로 머리가 절반 정도 들어간다. 이 밖의 여러 구조로 된 기관이 있으며, 이 중 근육이 발달한 큰턱은 둥글다.

나비와 나방류의 애벌레들은 어느 정도 진화되었는가는 겉모습에 따라 다르다. 진화한 종류들은 대개 큰 편으로, 배다리가 잘 발달하고, 몸에 2차 자모와 여러 돌기들이 생긴다. 반면 원시 종류들은 대부분 작은 편으로, 1차 자모가 기본이고, 배다리가 단순하며, 몸에 특별한 돌기가 생기지 않는다. 또 겉보기에 밑들이목과 파리목, 딱정벌레목, 벌목의 애벌레와 닮는다. 특히 작은 나방류(Microlepidoptera)의 애벌레들은 잎벌류의 애벌레와 아주 닮는다.

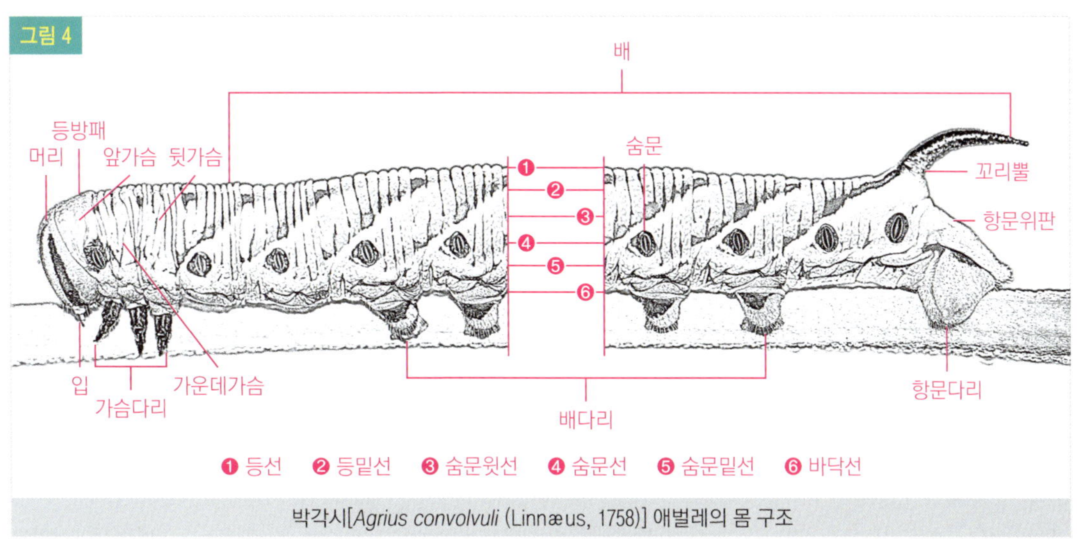

박각시[*Agrius convolvuli* (Linnæus, 1758)] 애벌레의 몸 구조

머리
head

머리의 겉은 딱딱하고 매끄럽다. 때로 곰보 모양의 돌기가 생기거나 뿔처럼 생긴 돌기가 있다. 머리에는 앞에서 보면 역 'Y'자 모양의 봉합선이 있으며, 양 가시 부분은 전액봉선(frontal suture), 아래는 중봉선(coronal suture)이라고 한다. 전액봉선 바깥에는 허물을 벗을 때 갈라지는 부전액봉선(adfrontal suture)이 있다. 이 부전액봉선은 나비와 나방 애벌레에

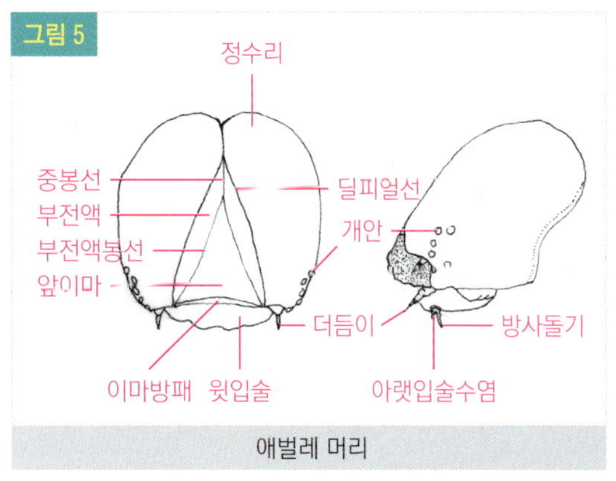

애벌레 머리

서만 보이는데, 그 주위를 특별히 얼굴(frons)이라고 한다. 얼굴 아래에는 2개의 짧은 더듬이 사이에 좁은 머리방패(clypeus)가 있다. 머리의 아래 중앙에 있는 방사돌기(spinneret)는 실이 나오는 곳이며, 아래로 늘어진다. 실은 몸에서 액체로 나오지만 공기에 노출되면 바로 고체 섬유가 된다. 원시나방과(Micropterygidae)에서는 머리의 각 부분이 분리되지 않는다(그림 5).

입(mouth parts)은 정교한 여러 구조물로 이루어지며 잘 씹을 수 있다. 윗입술(labrum)은 앞 가장자리 중앙이 오목하게 들어가는데, 과(family)에 따라 모습이 달라 애벌레 분류에 쓰이는 형질이다. 또 턱(maxillar), 아랫입술(labium) 등의 기관이 있다. 더듬이는 3마디로, 큰턱과 개안 부위의 사이에 있다. 개안(stemmata)은 양쪽에 각각 6개씩 반원형으로 배열되며, 다섯 번째는 대개 더듬이 쪽으로 떨어져 있다. 나중에 어른벌레의 겹눈으로 발달하며, 어른벌레의 홑눈과 다르다.

가슴 thorax

3마디로 이루어지고, 앞가슴의 등에는 등방패(shield)라는 짙은 색의 딱딱한 부분이 있다. 작은 나방류는 이 방패 위에 6개의 자모가 생긴다. 또 옆 아래에 2개, 위에 1~3개의 자모가 있다. 각 마디에 1쌍의 가슴다리가 있으며, 어른벌레가 될 때의 다리로 변한다. 식물의 잎 살에 들어가 사는 종류는 다리가 작아지거나 없어진다. 가슴다리는 밑들이류보다 더 뚜렷하지만 잎벌류보다 덜하다. 발끝에는 뾰족한 발톱이 있다. 숨문은 앞가슴과 제1~8배마디에 있으며, 이것으로 숨을 쉰다. 물풀나방류는 물속에서 살기 때문에 앞가슴의 숨문이 없거나 흔적뿐이다.

배 abdomen

10마디로 이루어진다. 다만 원시나방과(Micropterygidae)의 *Neomicropteryx*속과 쐐기나방과 애벌레는 제10마디가 없다. 보통 제3~6, 10배마디에 각각 배다리와 항문다리가 있다. 원시 종의 애벌레인 경우 특별히 배다리가 없을 수 있다. 만약 배다리가 많고, 머리가 아래위로 긴 타원형이면 잎벌류의 애벌레이다. 각 다리 바닥에는 물체를 잡을 수 있는 갈고리발톱

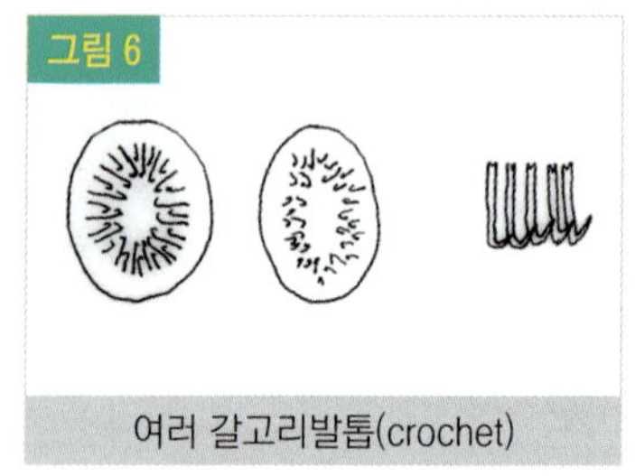

(crochet)이 있는데(그림 6), 생김새가 종마다 달라서 중요한 분류 기준이 된다. 이것으로 애벌레가 매끄러운 유리 겉면을 거꾸로 기어갈 수 있다. 한편 자벌레는 배다리가 적다. 원시나방과(Micropterygidae)와 쐐기나방과, 부전나비과는 배다리 대신 흡반이 발달한다. 이 배다리는 진화한 종류일수록 발달한다. 제10배마디 위에는 항문위판(anal plate)이 있는 종류가 많다. 이밖에 배에는 돌기가 생기기도 한다.

생김새에 따른 애벌레 구분

1) 기본형

애벌레는 어른벌레처럼 머리, 가슴, 배의 3부분으로 나뉘며, 가슴이 3마디, 배가 10마디이다. 가슴다리는 가슴 3마디에 1쌍씩 있다. 배다리는 제3~6, 10배마디에 각 1쌍씩 또는 전부 5쌍이 있다. 제10배마디의 것을 특별히 항문다리라 부른다.

2) 가슴다리의 변화

가슴다리의 변화는 크지 않다. 다만 뒷검은재주나방 등 일부 종류만 길어져 위협용으로 쓰인다. 또 쐐기나방과 애벌레는 가슴과 배다리가 퇴화하여 민달팽이처럼 보인다.

3) 배다리의 변화

배다리의 유무는 애벌레의 걸음걸이로 쉽게 알 수 있다. 자벌레는 걸을 때 몸을 동그랗게 말면서 가슴다리와 배다리가 거의 맞닿았다가 길게 뻗는다. 이는 제3, 4, 5배마디 3쌍의 다리가 퇴화되었기 때문이다. 하지만 자나방 중 이른봄자나방아과 애벌레는 제3~6배마디의 배다리가 있다.

밤나방과 애벌레(야도충)도 기본형을 따른다. 태극나방과 애벌레(Semilooper)는 제3~4배마디의 배다리가 짧거나 퇴화하여, 제5~6배마디의 2쌍의 배다리와 항문다리만으로 걷는다.

4) 항문다리의 변화

태극나방과의 수염나방류와 짤름나방류, 재주나방류는 항문다리가 길게 늘어난다(그림 7~9). 그 중 재주나방류 애벌레가 가장 두드러지게 변해서, 항문다리는 가늘고 길며, 걷는 것보다 위협 자세에서 사용된다. 자극을 받으면 회초리 모양의 가슴다리와 항문다리를 들어 달달 떨면서 방어 자세를 취한다. 대개 곤봉 모양의 항문다리는 갈고리 모양의 구조물인 갈고리발톱[鉤爪]이 퇴화하여 전혀 걸을 수 없다.

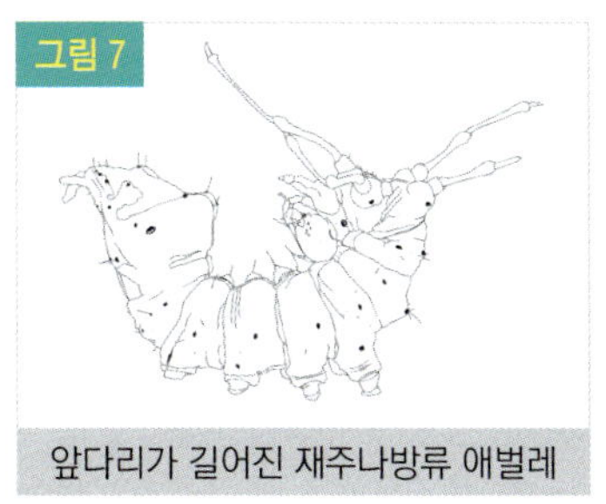

앞다리가 길어진 재주나방류 애벌레

배다리가 퇴화한 자나방류 애벌레

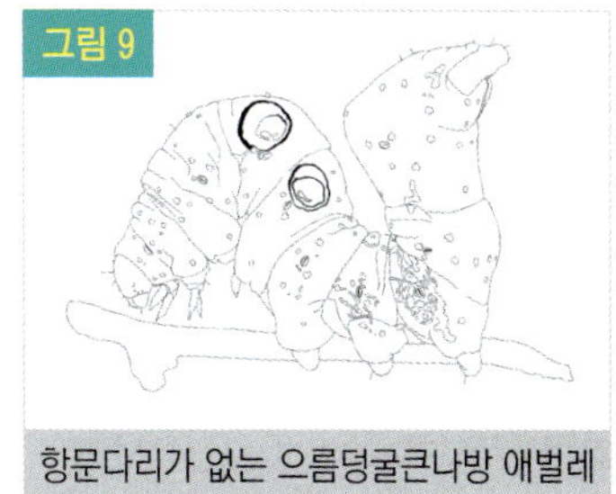

항문다리가 없는 으름덩굴큰나방 애벌레

5) 자모의 발달

애벌레 몸에는 자모가 있으며(그림 10, 11), 그 수와 위치가 속과 과의 특징이 된다. 또 자모의 배열이 각 애벌레를 구분하는 데 매우 중요한 기준이 된다. 이들의 배열은 Hinton (1946)이 고안한 방식이 널리 쓰인다.

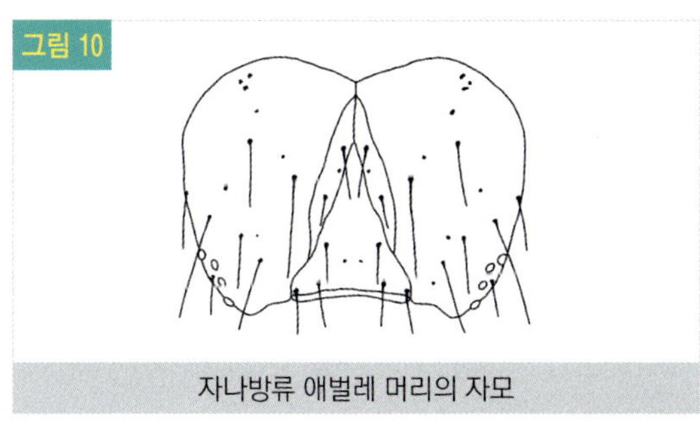

자나방류 애벌레 머리의 자모

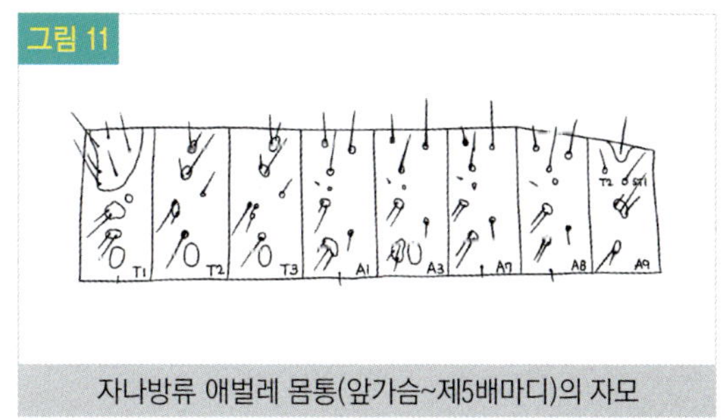

자나방류 애벌레 몸통(앞가슴~제5배마디)의 자모

때때로 자모가 수북한 털벌레 같은 종류를 볼 수 있다. 불나방과 독나방, 솔나방, 알락나방류, 저녁나방류(밤나방과)들이 털벌레형이다(그림 12, 13). 이 중 독나방과의 *Euproctis*속의 애벌레는 사람 피부에 알레르기 반응을 일으키는 독침이 있다. 이들 어른벌레의 날개가루에도 독을 품기 때문에 불빛에 날아온 것을 잘못 건드리면 알레르기를 일으키게 된다. 하지만 모든 사람에 해당하지 않으며, 일부 민감한 사람에게만 나타난다.

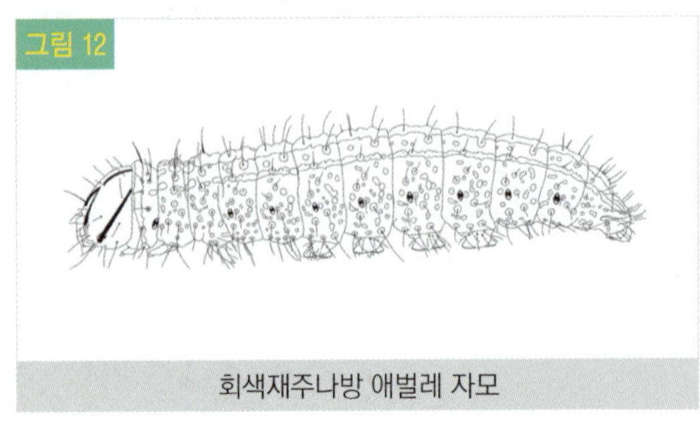

회색재주나방 애벌레 자모

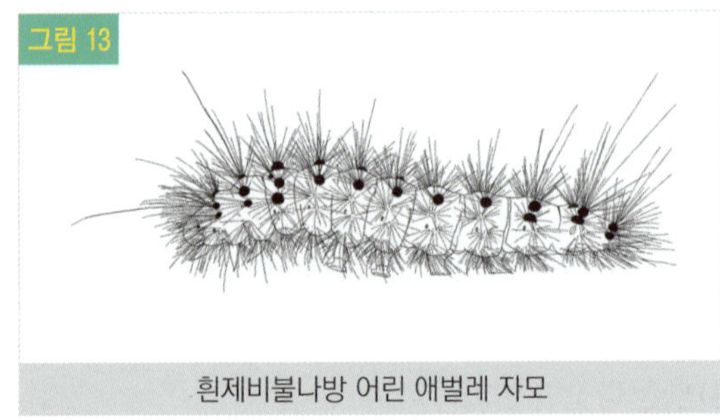

흰제비불나방 어린 애벌레 자모

한편 쐐기나방과의 애벌레(쐐기벌레)는 가시 모양의 침으로 사람을 꽤 아프게 한다. 또 일부 솔나방과 애벌레도 알레르기를 일으키기 때문에 주의가 필요하다. 아프지 않지만 이 자모가 특화하여 살덩어리가 변한 꽃술재주나방도 있다.

6) 돌기의 발달

일부 재주나방과와 박각시과 애벌레는 제8배마디 위에 뿔 모양의 긴 돌기가 만들어지는데, 미세한 과립이 덮는다. 일부 자나방, 네발나비과의 줄나비류, 오색나비류 등은 머리와 가슴 등에 사슴 뿔 모양의 날카로운 돌기가 발달한다. 이것이 어떤 역할을 하는지에 대해 특별히 알려지지 않았다.

7) 항문위판(anal plate)의 발달

배 끝마디의 위에는 키틴화한 딱딱한 부분이 있으며, 때로 변형되어서 돌기가 되기도 한다. 갈고리나방과에서는 이 돌기가 매우 길다.

발육 단계에 따른 애벌레 구분

나비와 나방 애벌레는 보통 4회 정도의 허물벗기를 한다. 처음 알에서 깨어나면 1살 애벌레, 허물벗기의 순서에 따라 2살, 3살, 4살 애벌레라고 하며, 마지막 단계를 5살(자란) 애벌레 또는 6~8살(자란) 애벌레라고 한다. 대부분의 애벌레들은 각 나이에 따라 색과 생김새가 달라질 수 있다. 보통 1살에서 2살 애벌레가 될 때 모습이 많이 달라지지만 왕물결나방, 네눈박이산누에나방처럼 자란 애벌레가 될 때 비로소 몸에 돋은 돌기가 떨어지는 종류도 있다.

습성과 행동에 따른 애벌레 구분

1) 홀로 또는 무리지어 사는가?

대부분 부화한 애벌레는 홀로 살아간다. 또 다 자랄 때까지 무리를 짓는 종류가 있기는 하지만 어릴 때에 무리 짓다가 커짐에 따라 흩어지는 종류도 적지 않다. 무리를 짓는 종류는 자모가 발달하여 무리에게 위협이 생기면 집단으로 방어한다. 만약 무리 중 한두 마리를 떼어 기르게 되면 생육이 늦어지고 잘 죽게 된다. 이와 반대로 홀로 사는 종류를 한꺼번에 기르면 잘 자라지 않는다.

2) 먹은 흔적을 보면 애벌레 종류를 알 수 있다

1살 애벌레는 보통 잎의 표피와 맥을 남기고 속살만 먹는 경우가 많다. 이럴 경우 먹은 자리가 갈색으로 변한다. 이와 달리 자란 애벌레는 잎 살, 잎맥 심지어 잎자루까지 먹게 된다. 먹는 습성은 종에 따라 다르다. 먹그림나비의 경우, 주맥만 남기고 잎을 먹으며, 그 자신이 남겨진 주맥 끝에 위치한다. 대부분은 입에서 토해낸 실로 잎을 엮어 여러 모양의 집을 짓고, 그 속에서 숨어 있다가 밤에 나와 주변 잎을 먹는다.

애벌레가 잘 살아가려면

나비와 나방 애벌레를 노리는 적은 헤아리기 어려울 정도로 많다. 이들을 피하려는 애벌레의 처절한 노력도 종에 따라 각각 다르다. 애벌레를 잡아먹는 박쥐, 고슴도치, 두더지, 개구리, 뱀 등 척추동물 뿐 아니라 거미, 잠자리, 딱정벌레, 침노린재, 말벌, 지네와 같은 무척추동물이 있다. 이런 천적들을 회피하기 위해 나비, 나방 애벌레는 흉내, 의태, 숨기, 경계색 띠기 등을 한다.

1) 숨기(hiding)

대부분의 나비와 나방 애벌레는 자신의 입에서 실을 뽑아 잎이나 가지 등을 싸서 그 속에 은신한다. 자신을 감싼 잎을 직접 먹기도 하지만 대부분 천적이 적은 밤에 나와 잎을 먹는다. 명나방 애벌레처럼 자신만 통과할 수 있도록 긴 터널을 만들어 밖으로 이동한다. 도롱이나방류는 몸에 둥지를 두르고 다닌다(그림 14~17).

둥지를 몸에 두른 도롱이나방류

실로 만든 방어막 속의 뿔나방류 일종

잎을 돌돌 말은 잎말이나방류 일종

고치가 되려고 잎을 뭉친 밤나무산누에나방

2) 물리적 방어(movement response)

애벌레가 몸을 움직여 천적을 피하는 방법으로, 재주나방 애벌레처럼 머리를 젖히고 배 끝을 추켜올려 다리를 달달 떨거나 박각시 애벌레처럼 머리를 좌우로 심하게 흔드는 적극적 방어를 말한다. 또 입에서 실을 토하면서 완전히 떨어지지 않고 실에 매달렸다가 적이 사라지면 실을 타고 원 자리로 돌아오기도 한다(그림 18). 이를 정리하면 다음과 같다.

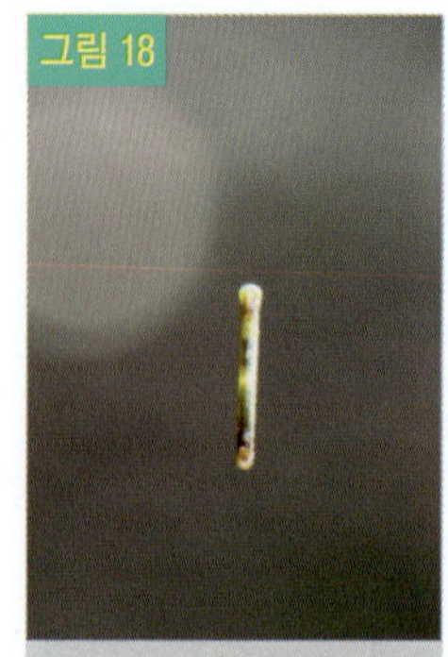

실을 뽑아 아래로 떨어진 애벌레

❶ 나무에서 떨어지기
❷ 입에서 실을 뽑아 아래로 떨어지기
❸ 스프링처럼 튀어나가기
❹ 죽은 척 하기

3) 닮기(crypsis)와 보호색(camouflage)

주변 물질이나 배경과 닮아 천적을 피하는 방법으로 다음이 있다.

❶ 식물의 잎을 닮기
❷ 노출된 부분은 어두운 색으로, 그늘진 부분은 밝은 색이 되기
❸ 잔가지와 나무줄기 닮기
❹ 꽃이나 열매 닮기
❺ 이끼나 지의류 닮기

가지를 닮은 섭나방(왼쪽)과 몸큰가지나방(오른쪽)

줄기에 붙은 대만나방 애벌레

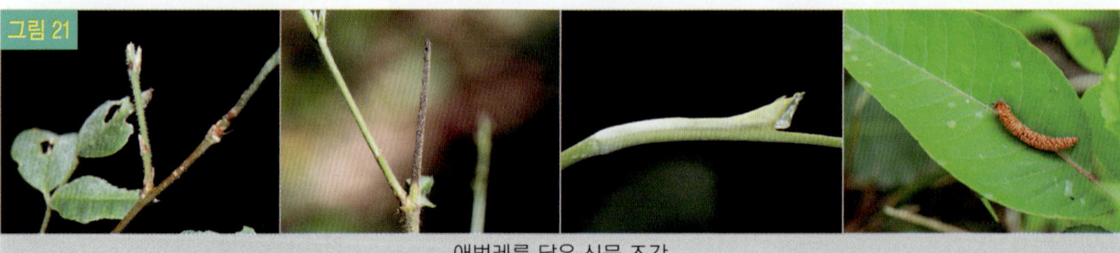

애벌레를 닮은 식물 조각

4) 경계색과 의태(Warning colour and mimicry)

 애벌레가 주변의 물체나 배경과 비교하여 밝은 색 또는 붉은색, 노란색, 검은색을 띠는 경계색은 천적이 다가오지 못하게 하는 효과가 있다. 이들 애벌레 중에는 스스로 독을 만들기도 하고, 먹이식물에서 독소를 추출하여 몸에 품기도 한다. 주변과 대조되는 색상은 육식동물에게 입맛에 맞지 않다는 신호로 작용해서 몇 번 맛을 본 후 그대로 두는 기억이 새겨진다. 여기에 더해 맛좋고 해가 없는 종들이 맛없고 해로운 모델을 흉내를 내는 경우가 많은데, 이를 베이츠 의태(Batesian mimicry)라고 한다. 또 뮐러 의태(Müllerian mimicry)는 둘 이상의 유해한 종끼리 서로 닮아가는 현상을 말한다. 이는 모델과 의태종들 모두에게 이익이 되는 수렴진화의 상호과정으로, 심지어 여러 분류군에 속하는 유해한 동물들이 천적을 효과적으로 대항할 수 있게 함으로 결국 이들 모두에게 이익이 된다. 대개 검은색과 노란색, 또는 붉은 줄무늬 등으로 색과 무늬가 닮게 된다. 한 예로, 우리나라에서는 독을 품는 얼룩가지나방류(*Abraxas* spp.)와 닮는 나방류가 꽤 있다(그림 22, 23).

 일부의 종에서 날개에 뱀눈 같은 무늬가 있는데, 잠재적으로 해치려는 사람을 포함한 천적을 놀라게 하는 역할을 한다. 또 부전나비류의 뒷날개 항각에 있는 눈 모양무늬와 돌기는 마치 머리가 있는 것처럼 천적을 속여 진짜 자신의 머리를 다치지 않도록 유도시킨다.

 이따금 앞가슴을 한껏 부풀리는 비교적 몸집이 큰 애벌레(제비나비류, 박각시류 등)도 있다. 이는 뱀 머리처럼 보이게 하는 의태로, 새와 같은 천적들에게 효과가 있다고 알려져 있다(그림 24). 이밖에 제비나비붙이는 온몸에 흰 가루를 덮는 등 애벌레의 방어 행동은 다양하다.

몸에 독을 품은 애기얼룩나방 애벌레

독이 없는 먹줄귤빛가지나방 애벌레

머리가 뱀처럼 생긴 큰알락흰가지나방 애벌레

5) 새똥 닮기

 사람처럼 새들은 자신의 배설물을 피하기 마련이다. 자연계에는 의외로 새똥과 닮은 애벌레가 많으며, 어른벌레에서도 적지 않게 보인다. 이런 경우 흰색 또는 검은색, 또는 이 2색이 혼합된 경우가 적지 않다. 이런 현상을 돋보이게 하기 위해 몸을 물음표(?) 모양으로 만들기도 한다. 또한 이 특징은 크기가 중요한 요인이 되어서 호랑나비처럼 자라기 전 작을 때에만 유용하다가 몸이 커지는 시기에는 풀색으로 변하여

새똥을 닮은 가시가지나방 애벌레

새똥

보호색을 띠는 다른 전략을 구사한다(그림 25, 26).

6) 애벌레 방어 태세와 분비물

포식자가 다가오면 애벌레가 머리를 들어 올려 머리 밑과 앞가슴의 붉은 색 등을 드러내 놀라게 하는 재주나방류가 있다. 이들은 또한 배 끝의 긴 꼬리돌기를 휘저어 포식자를 놀라게 한다. 이 때 새가 부리로 애벌레를 잡으려 한다면 애벌레는 앞가슴의 분비샘에서 매운 개미산을 분출한다. 이밖에 호랑나비 애벌레는 머리와 가슴에서 냄새뿔이 나와 고약한 냄새를 피우기도 하며, 얼룩나방은 입에서 소화액을 토한다.

7) 털벌레

수많은 애벌레에게는 많건 적건 간에 자모(털)가 있다. 노출이 심한 솔나방과, 독나방과, 불나방과, 밤나방과의 저녁나방류, 알락나방과 등에게는 이 자모가 많으며, 생존에 필요한 것으로 보인다. 특히 독나방과 쐐기나방, 솔나방 애벌레에게는 독이 있는 자모로 무장한다. 사과독나방은 새가 접근하면 머리를 아래로 숙이고 검은 띠 모양을 돋보이게 함으로써 자신에게 독이 있는 털이 있음을 극대화시킨다.

8) 개미를 이용

부전나비, 개미집살이좀나방 등에게는 주변에 개미들이 늘 꼬인다. 이들 애벌레의 제7배마디 위에 꿀샘(Newcomer's gland)이 있으며, 여기에서 개미를 유인하기 위해 당 성분, 아미노산, 여러 화합물이 혼합되어 있는 액체가 솟아난다. 결국 개미를 이용하여 자신을 보호할 수 있게 된다. 애벌레와 개미의 관계는 공생(Myrmecophily)이라고 할 수 있다.

9) 기생벌과 기생파리

나비목 애벌레는 자신의 모든 단계에서 기생하려는 벌과 파리가 적지 않다. 알 단계에는 알좀벌류, 애벌레 단계에서는 여러 기생벌과 파리 등이 있으며, 심지어 어른벌레의 몸에서 선충이 발견되기도 한다(그림 27, 28).

기생벌에 기생당한 가는띠밤나방 애벌레

기생파리 고치

곰팡이에 감염된 황민수염나방 애벌레

10) 병

이밖에 나비목 애벌레를 죽이는 바이러스, 곰팡이 외에 동충하초라 불리는 버섯이 있다(그림 29).

애벌레를 쉽게 찾으려면

애벌레의 성장이 더딘 종류가 있지만 대부분 잎 위에 노출된 종류들은 새와 같은 천적을 피하기 위해서 애벌레의 성장이 매우 빠르다. 반면 애벌레 시기가 길면 자신을 보호할 여러 장치를 마련한 종류가 많다. 아래는 그동안 야외에서 관찰했던 경험을 토대로 일반적으로 애벌레를 쉽게 찾을 수 있는 방법을 정리해 보았다.

❶ 잎이 새로 나오는 5월경과 장마를 지난 7~8월에 애벌레가 많다.
❷ 식물의 종류를 잘 파악해야 한다.
❸ 식물의 잎을 잘 살피자. 보통 잎 위보다 잎 아래에 많으며, 잎을 서로 붙이고 그 사이에서 쉬는 경우도 있다. 이런 경우, 먹은 흔적을 꼭 남긴다.
❹ 단식성(monophagous), 협식성(oligophagous), 다식성(polyphagous)인지 확인한다.

나방 애벌레로 오해하는 종류

애벌레를 관찰할 때, 꽤 능숙한 사람이더라도 이따금 갸우뚱해지는 애벌레를 만나기도 하고, 뜻밖의 종류도 만나게 된다(그림 30~35). 아예 나방으로 오해하는 종류도 적지 않다. 특히 나방과 가까운 날도래목은 물론 파리목, 벌목, 일부 딱정벌레목 등이 이에 속한다. 이들은 어떤 종류가 있는지 몇몇을 소개해 본다.

그림 30 참나무잎벌 애벌레

그림 31 플라나리아 일종

그림 32 잎벌류 애벌레

그림 33 잎벌류 애벌레

그림 34 잎벌류 애벌레

그림 35 사시나무잎벌레 애벌레

애벌레를 잘 기르려면

　애벌레를 기른다는 것은 결코 쉽지 않다. 종마다 특성이 달라 전문가도 특별한 종류를 기를 때 실패할 가능성이 있기 때문이다. 이는 몸이 연약할 뿐더러 기온, 습도, 천적, 병, 공식(애벌레끼리 잡아먹는 일) 등 뜻하지 않은 일들이 많아서이다. 혹 번데기까지 길렀다고 해도 어른벌레가 나오지 않는 일이 허다하다. 이를 극복하기 위해 다음의 기본 수칙을 지켜보자.

　야외에서 데려온 애벌레를 크기와 마릿수에 알맞은 사육 통을 고른다. 너무 작으면 애벌레가 잘 자라지 못하고, 너무 크면 수분 조절이 어렵다. 필요한 사육도구는 그림 36과 같다. 식물에게서 수분을 얻는 대부분의 애벌레는 건조에 취약하다. 따라서 솜이나 휴지, 플로랄 폼(floral foam) 등에 물을 뿌려 촉촉이 해주어야 한다. 산소 공급을 원활히 하기 위하여 사육 통에 구멍이 내면 좋으나 만약 없으면 가끔 뚜껑을 열어 환기시키기를 권한다(그림 37).

여러 사육 도구

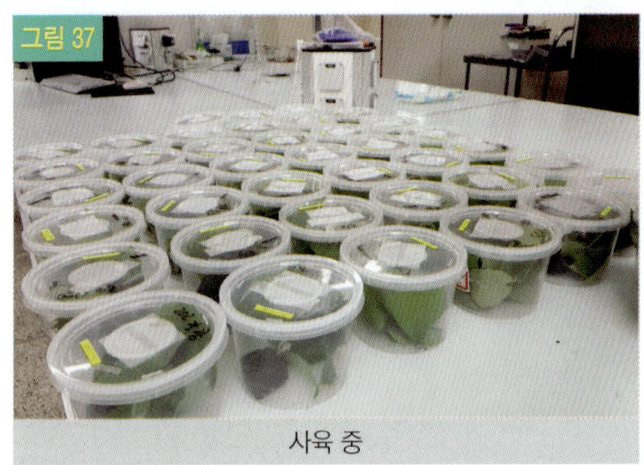

사육 중

　애벌레를 기를 때 먹이식물이 부족해지면 실패할 수 있다. 또한 사소한 자극에도 민감한데, 특히 온도가 높아지거나 낮아지면 좋지 않다. 먹이식물을 갈아줄 때에도 애벌레를 함부로 떼어내지 말고 애벌레가 붙은 채 시든 식물의 일부를 잘라 옮기면 된다. 1~3일 간격으로 신선한 먹이식물을 갈아주고, 수분을 공급하여야 한다. 배설물 때문에 곰팡이와 세균이 자랄 수 있어 때맞춰 치워준다.

　애벌레는 피부가 늘어나지 못하기 때문에 자라기 위해서는 꼭 허물을 벗어야 한다. 이 시기가 되면 애벌레의 머리와 앞가슴 사이가 부풀어 오르며, 잘 움직이지 않는다. 이 경우 죽은 것으로 착각하기 쉬운데 진득하게 기다릴 필요가 있다. 번데기가 되는 과정이나 된 후에도 마찬가지이다. 심지어 배설물 치우기도 미루는 편이 좋다.

　따라서 애벌레를 기르는 손쉬운 방법은 없으며, 정성과 관심이 가장 좋은 사육법이랄 수 있다. 이 밖의 애벌레 기르기는 손재천(2006)의 '주머니 속 애벌레 도감'을 참고하기 바란다.

　애벌레를 길러보면 나비, 나방의 생활사와 행동, 먹이식물 등 그동안 잘 알려지지 않던 생태를 더 잘 이해할 수 있게 되므로 한번 시도해 보기를 권한다.

번데기 돌보기

　자란 애벌레는 먹이식물에서 곧바로 번데기가 되기도 하지만 대부분 먹이식물에서 내려와 흙 속에 들어가 번데기가 되므로, 이와 유사하게 사육 통 바닥에 흙이나 휴지를 두툼하게 깔아두거나 나뭇가지나 나뭇잎을 넣어 두면 좋다.

번데기의 기간은 종마다 다르다. 따라서 오래 관리해야 하는 종류에 대해서는 다음을 유념하자. 크기, 애벌레가 고치를 만드는지 여부, 어른벌레가 언제 나오는지 등이다. 특히 번데기 상태로 겨울을 나고 봄에 어른벌레가 되는 경우, 보관 시 세심히 온도와 습도 관리에 신경 써야한다.

엉성하게 만든 고치 안에 번데기가 되는 경우에는 고치를 제거하고 사육 통 안에 얕게 흙을 깔아준 뒤 보관할 수 있다. 개방된 고치의 이점은 살아 있는 번데기인지 죽은 번데기인지 쉽게 알 수 있기 때문이다. 이와 달리 솔나방과(Lasiocampidae)와 산누에나방과(Saturniidae), 일부 재주나방과(Notodontidae)의 종은 단단하고 독특한 고치를 튼다. 이런 고치는 온전하게 놔둔다.

용어 해설

다음은 애벌레에 쓰이는 용어에 대한 설명이다(Nichols, 1989, Peterson, 1962, Stehr, 1987). 일본 자료에 의존한 어렵고 어설픈 한자 용어를 순화하였다.

가운데가슴(T2, Mesothorax): 가슴의 둘째 마디

갈고리발톱(鉤爪, Crochets): 애벌레의 배다리 밑에 원 모양으로 갈고리 모양의 구조물

개안(Stemma, Stemmata): 애벌레의 눈으로, 어른벌레의 홑눈과 다르며, 단일 렌즈와 소수의 감각 세포로 구성된 단순한 눈이다. 한 애벌레에 보통 6개가 있다. 낱눈(Ommatidium)은 겹눈을 가진 무척추동물의 눈을 구성하는 낱개의 원뿔형 하부 구조이다.

경피판(Pinaculum, Pinacula): 작은 나방들에서 각 자모 밑에 키틴으로 변하여 굳은 판으로 이 부분이 있는 지 또는 없는지 그 발달 정도로 종을 구별할 수 있다.

경화된(sclerotized): 딱딱하게 굳은 것으로 그 부분이 노란색이거나 검어진다.

과립(顆粒): 낟알 모양의 작은 알갱이

꼬리빗(Anal comb, Anal fork): 제10배마디의 항문 바로 위에 포크 모양의 굳은 구조물로, 똥을 멀리 쳐내 는데 사용한다. 집을 만들어 사는 뿔나방과, 잎말이나방과, 팔랑나비과의 애벌레에서 보인다.

낙엽성(deciduous): 자연적으로 떨어진 식물의 잎으로, 애벌레 중 낙엽을 먹는 종류가 있다.

더듬이(촉각, Antenna): 애벌레의 더듬이는 3마디로, 짧고 원통형이다.

독모(Poison hair, Urticating hairs): 독나방 등에서 독을 품은 자모이다.

동종이명(Synonym): 한 종에 다른 이름이 붙어있는 경우로, 가장 먼저 만들어진 이름이 우선한다.

뒷가슴(T3, Metathroax): 가슴의 3번째 마디

등방패(Prothoracic shield): 앞가슴 위에 딱딱하게 굳어 있는 판 모양의 부분으로, 검은색인 경우가 많다.

먹이식물(Food plant): 애벌레가 먹이로 삼는 식물을 말한다. 이를 기주식물(寄主植物)이라고 하는데, 이를 국어대사전에 기생 식물의 숙주가 되는 식물로 나와 있다. 따라서 일본에서 유래한 기주식물 대신 우 리말로 순화한 먹이식물이 올바르다.

몸통(Body): 가슴과 배를 합친 부분을 말한다.

발톱(Tarsus, Tarsi): 애벌레 가슴다리 밑에 있는 5번째 마디로 매우 가늘다.

방사돌기(Spinneret): 애벌레 머리의 윗입술(Labium) 위에 있는 실을 뽑아내는 구조물을 일컫는다.

배다리(Abdominal prolegs): 항문다리를 뺀 배에 있는 다리

배마디(A, Abdominal segment): 배에 있는 10개의 마디

부패물을 섭취하는, 부생(腐生, saprophagous): 애벌레 중에는 때로 사체 또는 부패한 물질을 먹는다.

부화(孵化, Eclosion): 1살 애벌레가 알에서 깨나는 것

살(영, Instar): 허물 벗고 그 다음 허물벗기까지의 애벌레 기간으로, 알에서 깨면 1살, 다음 허물벗기 후는 2살로 부른다. 마지막을 자란 애벌레라 하고, 5살에서 8살까지 있다.

샘(Gland): 호랑나비과의 애벌레가 머리와 앞가슴 사이에서 늘었다 줄었다 하는 냄새뿔이나 독나방과 제 6~7배마디 등 중앙에서 보이는 돌출물에 샘이 있다. 한편 부전나비과 애벌레의 꿀샘에는 개미가 꼬인 다. 그러면 개미를 이용해 적을 피할 수 있게 된다.

숨문선(Spiracular line): 숨문에 아주 가깝거나 숨문과 일치한 선

식식성(Phytophagous): 식물을 먹이로 삼는다.

아랫입술수염[Labial palpus (palpi)]: 아랫입술에서 나오는 감각기관

앞가슴(T1, Prothorax): 가슴의 첫째 마디

앞번데기(Prepupa, 전용): 번데기 되기 위해 자란 애벌레가 몸이 줄어들고, 굵어지며, 번데기가 되려고 준 비하는 상태

애벌레: 알에서 번데기 사이의 단계로 갖춘탈바꿈(완전변태) 하는 곤충은 'Larva (Larvae)'로 부르고, 특별한 차이는 없지만 뚜렷한 머리, 3쌍의 가슴다리, 여러 배다리를 갖는 나비, 나방, 밑들이, 잎벌류의 애벌레 를 'Caterpillar'로 쓰인다.

움푹 팸(emarginate): 애벌레의 구조에서 움푹 팬 모양

윗입술(Labrum): 입 앞부분으로, 그 뒤의 더 섬세한 입 부분을 보호한다.

잎속살이[잠엽성(潛葉性), Leaf miner]: 애벌레가 잎 살을 먹는 습성을 말한다. 잠엽성은 국어대사전에 없는 말이다. 우리말로 순화하였다.

자모(棘毛, Setae): 몸에 난 털이나 가시로, 1살 애벌레는 1차자모를 가지고, 이후를 2차자모라 한다. 천적 을 감지하기 위한 감각기관이다.

자모 받침(Pinaculum): 자모 밑에 경화된 부분이다.

자벌레(Looper): 자벌레는 주로 제3~5배마디의 다리가 없는 자나방 애벌레에만 쓰이지만 영어권에서는 태극나방과 중에서 제3~4배마디에 다리가 없는 종류까지를 포함시킨다.

작은 나방류(Microlepidoptera): 미소나방류라고도 하며, 풀나방과(Crambidae)보다 원시 종들을 말한다.

작은턱(Maxilla, Maxillae): 아래턱 뒤의 옆에 위치한다.

잠(Stadium, Stadia): 탈바꿈 중의 기간

중봉선(中縫線, Epicranial suture; Coronal suture): 머리 위 중앙에서 나오는 부전액봉선(Adfrontal suture)과 만나는 역 'Y'자 모양의 봉합선이 있다. 이것은 큰 나방류(Macrolepidoptera) 등의 하구식 머리에서는 길 다. 반면 잎속살이 하는 종류는 없어지기도 한다.

큰 나방류(Macrolepidoptera): 풀나방과(Crambidae)보다 진화된 종들을 말한다.

탈피열선(脫皮裂線): 허물벗기 할 때 찢겨지는 선

털 다발, 털 뭉치(Tuft): 털이 여러 개가 뭉쳐나는 모습

항문다리(Anal prolegs): 제10배마디에 있는 배 끝의 다리

항문위판(Anal plate, Anal shield): 제10배마디 위를 덮는 판

횡선(Transverse line): 몸통에 있는 등선, 등밑선, 숨문윗선, 숨문선, 숨문밑선, 바닥선을 말한다.

Newcomer's organ: 애벌레 제7배마디에 있는 샘으로, 맛있는 액체 때문에 개미가 몰린다.

retracted: 머리를 앞가슴 밑으로 숨기는

참고문헌

Bae, Y.S., B.K. Byun and M.K. Paek, 2008. Pyralid Moths of Korea (Lepidoptera: Pyraloidea). 426pp. Korea National Arboretum. Pocheon.

Beljaev, E.A., S.W. Choi and A.A. Kuzmin, 2021. Notes on the genus *Zaranga* Moore with description of a new species in the *Zaranga pannosa* species group (Lepidoptera: Notodontidae). Zootaxa 4926(4): 577-589.

Byun, B.K. and C.H. Shin, 1999. *Eucoegenes ancyrota* (Meyrick) (Lepidoptera, Tortricidae) attacking to *Ternstroemia japonica* Thunb. new to Korea. Korean J. Appl. Entomol. 38(1): 15-17.

Byun, B.K. and K.T. Park, 1990. Korean species of Thyrididae (Lepidoptera). Ins. Koreana 7: 67-86.

Byun, B.K., B.W. Lee, E.S. Lee, D.S. Choi, Y.M. Park, C.Y. Yang, S.K. Lee and S.W. Cho, 2012. A review of the genus *Adoxophyes* (Lepidoptera Tortricidae) in Korea, with description of *A. paraorana* sp. nov. Animal Cells and Systems 16(2): 154-161.

Byun, B.K., B.W. Lee, I.K. Kim, J.H. Kim, I.K. Park and S.C. Shin, 2010. A first discovery of *Artona martini* Efetov (Lepidoptera: Zygaenidae) from Korea. Journal of Asia-Pacific Entomology 13: 391-393.

Byun, B.K., C.H. Park, H. Yamanaka and B.Y. Lee, 1997. A newly recorded species of Phycitinae, *Dioryctria juniperella* Yamanaka (Lepidoptera, Pyralidae). Korean J. Appl. Entomol. 36(2): 134-136.

Byun, B.K., C.S. Kim and J.K. Kim, 1998. *Eupithecia abietaria debrunneata* Staudinger (Lepidoptera: Geometridae) feeding on the cone of the Korean white pine new to Korea. Korean J. Entomology 28(4): 341-343.

Byun, B.K., K.J. Weon, S.G. Lee and B.Y. Lee, 1996. A psychid species, *Acanthopsyche nigraplaga* Wileman (Lepidoptera, Psychidae) new to Korea. Korean J. Appl. Entomol. 35(1): 15-17.

Capinera, J.L., 2008. "Butterflies and moths". Encyclopedia of Entomology. 4 (2nd ed.). Springer. pp. 626-672. ISBN 9781402062421. Archived from the original on 24 June 2016.

Choi, G.M., S.C. Han, M.H. Lee, W.S. Cho, S.B. Ahn, and S.H. Lee, 1990. Ecology and management of insect pest on vegetable. 224pp. Sammi publishing, Suwon.

Choi, S.W., 2001. Phylogenetic of *Eulithis* Hübner and related genera (Lepidoptera: Geometridae), with an implication of wing pattern evolution. American Museum Novitates 3318: 1-37.

Choi, S.W., B.R. Shin, S,Y. Ahn and S.S. Kim, 2021. *Agonopterix issikii* (Lepidoptera: Depressariidae), new to Korea. Anim. Syst. Evol. Divers. 37(4): 322-329.

Choi, S.W., S.S. Kim, U.H. Heo, N.H. Kim and J.A. Jeon, 2020. Four Species of the Family Erebidae (Lepidoptera), new to Korea. Anim. Syst. Evol. Divers. 36(2): 123-127.

Dolinskaya, I.V., 2008. Taxonomic variation in larval mandibular structure in Palaearctic Notodontidae (Noctuoidea). Nota lepidopterologica 31: 165-177.

Dugdale, J.S., N.P. Kristensen, G.S. Robinson and M.J. Scoble, 1999. The smaller Microlepidoptera grade superfamilies, Chapter 13. In Kristensen, Niels Peder (ed.). Lepidoptera, Moths and Butterflies. Volume 1: Evolution, Systematics, and Biogeography. Handbuch der Zoologie. Eine Naturgeschichte der Stämme des Tierreiches / Handbook of Zoology. A Natural History of the phyla of the Animal Kingdom. Band / Volume IV Arthropoda: Insecta Teilband / Part 35. Berlin, New York: Walter de Gruyter. pp. 217-232.

Dugdale, J.S., N.P. Kristensen, G.S. Robinson, and M.J. Scoble, 1998. The smaller Microlepidoptera-grade superfamilies. In: Kristensen NP (Ed.) Lepidoptera: Moths and butterflies. Berlin, Walter de Gruyter 1: 217-232.

Dugdale, J.S., N.P. Kristensen, G.S. Robinson, and M.J. Scoble, 1999 [1998]. The smaller microlepidoptera grade superfamilies, Ch. 13., pp. 217-232 in Kristensen, N.P. (Ed.). Lepidoptera, Moths and Butterflies. Volume 1: Evolution, Systematics, and Biogeography. Handbuch der Zoologie. Eine Naturgeschichte der Stämme des Tierreiches / Handbook of Zoology. A Natural History of the phyla of the Animal Kingdom. Band / Volume IV Arthropoda: Insecta Teilband / Part 35: 491pp. Walter de Gruyter, Berlin, New York.

Efetov, K.A. and G. Tarmann, 2012. A Checklist of the Palaearctic Procridinae (Lepidoptera: Zygaenidae). 108pp. Crimean State Medical University Press Simferopol - Innsbruck.

Gaedike, R., 1977. Revision der nearktischen und neotropischen Epermeniidae (Lepidoptera). Beiträge zur Entomologia 27(2): 301-312.

Gaedike, R., 1979. Katalog der Epermeniidae der Welt (Lepidoptera). Beiträge zur Entomologia 29: 201-209.

Gilligan, T.M. and S.C. Passoa, 2014. Lep. Intercept- An identification resource for intercepted Lepidoptera larvae. http://idtools.org/id/leps/lepintercept/

Groenen, F. and B.K. Byun, 2008. Discovery of *Rhopobota toshimai* Kawabe, 1978 (Lepidoptera, Tortricidae) in Korea. J. Asia-Pacific Entomol. 11: 97-98.

Han H.-X., A.C. Galsworthy and D.Y. Xue, 2012. The Comibaenini of China (Geometridae: Geometrinae), with a review of the tribe. Zoological Journal of the Linnean Society 165: 723-772.

Han, Y.G., S.H. Nam, Y.J. Kim, M.J. Choi and Y.H. Cho, 2013. A Study of the Characteristics of the appearances of Lepidoptera larvae and foodplants at Mt. Gyeryong National Park in Korea. J. Ecol. Environ. 36(4): 245-254.

Hashimoto, S., 1982. Immature stages of four Japanese Trichopterygini (Lepidoptera: Geometridae: Larentiinae). Tinea 11: 99-112.

Heikkilä, M., M. Mutanen, M. Kekkonen, and L. Kaila, 2014. Morphology reinforces proposed molecular phylogenetic affinities: a revised classification for Gelechioidea (Lepidoptera). Cladistics, 30(6): 563-589. doi:10.1111/cla.12064

Henwood, B. and P. Sterling, 2020. Field guide to the Caterpillars of Great Britain and Ireland. 447pp. Bloomsbury Wildlife, Bloomsbury Publishing Pic. London.

Hinton, H.E., 1946. On the homology and nomenclature of the setae of lepidopterous larvae, with some notes on the phylogeny of the Lepidoptera. Trans. R. ent. Soc. Lond. 97: 1-37.

Hirowatari, T., 2011. Biology of leafmining insects. 236pp. Hokuryukan Co., Ltd. Tokyo. (In Japanese)

Hwang, C.Y and K.T. Park, 1986. Morphological Characteristics of the Oriental Tobacco Budworm (*Heliothis assulta*) and th Corn earworm (*H. armigera*). Korean J. Plant Prot. 25(1): 33-35.

Jeong, N.R., M.J. Kim, S.S. Kim, S.W. Choi and I.S. Kim, 2021. Morphological, Ecological, and Molecular Divergence of *Conogethes pinicolalis* from *C. punctiferalis* (Lepidoptera: Crambidae). Insects 2021, 12, 455. https://doi.org/10.3390/insects12050455

Kim, C.W., 1955. Notes on the tortricid moth of *Carposina coreana* sp. nov., as a pest of the fruit of *Cornus officinalis*. J. Biol. Ins. Seoul Natn. Univ. 11(1): 83-88.

Kim, C.W., J.I. Kim and S.H. Kim, 1968. Biological control of Fall Webworm, *Hyphantria cunea* Drury in Korea- Ⅱ. Studies on the natural enimies imported. Bull. Ent. Inst. Korea Univ. Vol. 3. (In Korean)

Kim, C.W., Y.T. No, J.H. Go, J.I. Kim, J.G. Oh and Y.G. Ki, 1967. Biological control of fall webworm, *Hyphantria cunea* Drury in Korea. Bull. Inst. Korea Univ. 3: 1-27. (In Korean)

Kim, C.W., Y.T. Noh and J.I. Kim, 1968. Studies on the natural enimies proper in Korea attacking fall webworm, *Hyphantria cunea* Drury. Bull. Ent. Inst. Korea Univ. Vol. 3. (In Korean)

Kim, H.K., 1960. The life cycle of *Samia cyntnia pryeri* Butler. 梨大韓文院論叢 2: 299-354.

Kim, H.K., U. Bayarsaikhan, S.M. Na, D.J. Lee, J.H. Ko, T.G. Lee, Y.B. Cha, C.M. Jang and Y.S. Bae, 2019. Two newly recorded species of Tischeriidae (Lepidoptera: Tischerioidea) from Korea. Journal of Asia-Pacific Biodiversity 12: 273-277.

Kim, M.J., S.S. Kim, S.W. Choi and I.S. Kim, 2015. *Saturnia jonasii* Butler, 1877 on Jejudo Island, a new saturnid moth of South Korea with DNA data and morphology (Lepidoptera: Saturniidae). Zootaxa 3946(3): 374-386.

Kim, N.H., J.C. Sohn and S.W. Choi, 2014. Larvae and host plants of eleven lepidopteran species from Mt. Jirisan, South Korea. Japan Heterocerists' J. 272: 556-558.

Kim, N.H., J.C. Sohn and S.W. Choi, 2015. Larvae and host plants of ten lepidopteran species from Mt. Jirisan (South Korea) with two species of Tortricidae new to Korea. Japan Heterocerists' J. 275: 634-637.

Kim, N.H., S.W. Choi and S.S. Kim, 2019. One new species and one new record of lymantriine moths (Lepidoptera: Erebidae: Lymantriinae) in Korea. Journal of Species Research 8(3): 288-293.

Kim, S., and Y.S. Bae, 2007. A new species of *Psychoides* Bruand (Lepidoptera, Tineidae, Teichobiinae) from Korea, with some biological information. J. Asia-Pacific Entomol. 10(1): 21-26.

Kim, S.S. and J.C. Sohn, 1999. Record of host plants of 44 Korean moth species. J. Lepid. Soc. Korea 11: 45-51. (In Korean)

Kim, S.S., 1991. Moths collected at the summit area Mt. Halla, Cheju Is. J. Amat. Lepid. Soc. Korea 4: 27-28.

Kim, S.S., J.C. Sohn and S.W. Cho, 2004. A taxonomic revision of *Illiberis* Walker (Lepidoptera: Zygaenidae: Procridinae) in Korea. Entomological Research 34(4): 235-251.

Kim, S.S., S.W. Choi, J.C. Sohn, T.W. Kim and B.W. Lee, 2017. The Geometrid moths of Korea (Lepidoptera: Geometridae). 499pp. Junghaengsa Pub. Seoul. (In Korean)

Kim, S.S., Y.S. Bae and B.K. Byun, 2012. Discovery of two unrecorded species of the family Crambidae (Lepidoptera) from Korea. Korean J. Appl. Entomol. 51(4): 439-442.

Ko, J.H. and S.O. Lee, 1968. Research on the distribution and damage of the Fall Webworm, *Hyphantria cunea* Drury. J. Korean Forest. Suwon, Korea No. 7. (In Korean)

Ko, J.H., 1969. A list of forest insect pests in Korea. 373pp. Forest Research Institute. Seoul. (In Korean)

Ko, J.H., 1972. Forest insect pests in Korea (Supplment). Forest Research Institute 19: 51-64. (In Korean)

Komai, F., Y. Yoshiyasu, Y. Nasu and T. Saito (eds), 2011. A guide to the Lepidoptera of Japan. X x +1308pp. Tokai University Press. Kanagawa. (In Japanese)

Kononenko, V.S., S.B. Ahn, and L. Ronkay, 1998. Illustrated Catalogue of Noctuidae in Korea (Lepidoptera) 507pp. Jeonghaeng-sa, Seoul.

Koshkin, E.S. and S.I. Yevdoshenko, 2019. Diversity and ecology of hawk moths of the genus *Hemaris* (Lepidoptera, Sphingidae) of the Russian Far East. Journal of Asia-Pacific Biodiversity 12: 613-625.

Lee, C.M., Y.S. Bae and Y. Arita, 2004. Morphological description of *Synanthedon bicingulata* (Staudinger, 1887) in life stages (Lepidoptera, Sesiidae). J. Asia-Pacific Entomol. 7(2): 177-185.

Lee, G.E. and Y.C. Jeun, 2022. Eighteen species of Microlepidoptera (Lepidoptera) new to Korea, Journal of Asia-Pacific Biodiversity, https://doi.org/10.1016/j.japb.2022.01.005

Leech, J.H., 1898. Lepidoptera of Heterocera from Northern China, Japan and Korea. Trans. Ent. Soc. Lond. 3: 353-355.

Leger, T., R. Mally, C. Neinhuis and M. Nuss, 2020. Refining the phylogeny of Crambidae with complete sampling of subfamilies (Lepidoptera, Pyraloidea). Zool. Scr. 2020;00:1-6. https://doi.org/10.1111/zsc.12452

Li, H., H. Zhang, R. Guan and X. Miao, 2013. Identification of differential expression genes associated with host selection and adaptation between two sibling insect species by transcriptional profile analysis. BMC Genomics 14: 582.

Lieutier, F., K.R. Day, A. Battisti, J.C. Grégoire, and H.F. Evans, 2007. Bark and wood boring insects in living trees in Europe, a Synthesis. Springer Science & Business Media. pp. 512-514.

Liu, T. and S. X. Wang, 2015. First report of the family Urodidae from China, with descriptions of the immature stages of *Wockia magna* Sohn, 2014 (Lepidoptera: Urodoidea). Shilap Revta. lepid., 43(171): 499-505

Minet, J., 1986. Ébauche d'une classification moderne de l'ordre des Lépidoptères. Alexanor 14(7): 291-313.

Minet, J., 2002. The Epicopeiidae: phylogeny and a redefinition, with the description of new taxa (Lepidoptera: Drepanoidea) Ann. Soc. entomol. Fr. (n.s.) 38(4): 463-487.

Moreira, G.R.P., C.M. Pereira, V.O. Becker, A. Specht and G.L. Gonçcalves, 2019. A new cecidogenous species of many-plumed moth (Alucitidae) associated with *Cordiera* A. Rich. ex DC. (Rubiaceae) in the Brazilian Cerrado. ZOOLOGIA 36: e34604 | https://doi.org/10.3897/zoologia.36.e34604

Muddasar M. and Venkateshalu, 2017. Faunistic studies on the genus *Xanthodes* (Lepidoptera: Noctuidae: Bagisarinae) associated with Bhendi ecosystem of Karnataka. Journal of Entomology and Zoology Studies 5(3): 247-251.

Murase, M., 1997. Lavae of three species of *Abrostola* (Noctuidae, Plusiinae). Japan Heterocerists J. 195: 323-324. (In Japanese)

Na, S.M., D.J. Lee and Y.S. Bae, 2018. Taxonomic review of *Yponomeuta evonymella* group in Korea, with a newly recorded species (Lepidoptera, Yponomeutidae, Yponomeutinae). Journal of Asia-Pacific Biodiversity 11: 538-543.

Nakajima, H., 1970. A contribution to the knowledge of the immature stages of Drepanidae occurring in Japan. Tinea 8(1): 167-184. (In Japanese)

Nakajima, H., Y. Sakamoto, Y. Matsui and H. Naka, 2017. The life history of a winter geometrid moth *Sebastosema bubonaria* Warren (Geometridae, Ennominae) Tinea 23(6): 281-290. (In Japanese)

Nichols, S.W. (compiler) 1989. The Torre-Bueno Glossary of Entomology. Revised Edition of a Glossary of Entomology by J. R. de la Torre-Bueno, including Supplement A by G. S. Tulloch. The New York Entomological Sociey and the American Museum of Natural History, New York. 840pp.

Oku, T., 2005. Some olethreutine moths (Lepidoptera, Tortricidae) from Japan confused with or allied to other known species. Tinea 18(Supplement 3): 96-114.

Owada, M. and H. Hara, 2002. Immature stages of *Pseudopsyche* and *Austrapoda* (Lepidoptera, Limacodidae) Tinea 17(1): 1 9.

Paik, W.H. and J.S. Park, 1961. A list of pests in Korea. pp. 145-156. Pumin Pub. Co. Seoul.

Park, B.S., M.J. Qi, S.M. Na, D.J. Lee, J.W. Kim and Y.S. Bae, 2016. Two newly recorded species of the genus

Herpetogramma (Lepidoptera: Crambidae: Spilomelinae) in Korea. Journal of Asia-Pacific Biodiversity 9(2): 230-233.

Park K.T. 1980. Catalogue of the Pyralidae of Korea (Lepidoptera) 2. Crambinae and Nymphulinae. Korean Journal of Plant Protection 19(3): 181-185.

Park K.T. 1983. Illustrated Flora & Fauna of Korea, vol. 27, Insecta (IX). pp. 302-328. Samhwa. Seoul.

Park, J.H, H. Xi, and J.S. Park, 2020. The complete mitochondrial genome of *Rotunda rotundapex* (Miyata et Kishida, 1990) (Lepidoptera: Bombycidae). Mitochondrial DNA Part B, 5(1): 355-357. https://doi.org/10.1080/238023 59.2019.1703589

Park, K.T, U.H. Heo and B.K. Byun, 2020. The first record of the genus *Eretmocera* Zeller and the species *E. artemisiae* Li(Lepidoptera: Scythrididae) from Korea. Journal of Asia-Pacific Biodiversity 13(4): 735-737.

Park, K.T. and C.S. Wu, 1997. Genus *Scythropiodes* Matsumura in China and Korea (Lepidoptera, Lecithoceridae), with description of seven new species. Insecta Koreana, 14: 29-42.

Park, K.T., K.Y. Choe, J.C. Paik and S.C. Han, 1977. Lepidopterous insect pest an apple tree. Kor. J. Pl. Prot. 16(1): 33-39.

Park, K.T., K.Y. Choe, J.C. Paik and S.C. Han, 1978. Lepidopterous insect pest on soybean. Kor. J. Pl. Prot. 17(1): 1-5.

Park, K.T., M.Y. Kim, Y.D. Kwon and E.M. Ji, 2011. A review of the genus *Oreta* Walker in Korea, with description of a new species (Lepidoptera: Drepanidae). Journal of Asia-Pacific Entomology 14(3): 311-316.

Park, K.T., U.H. Heo, D.S. Kim and B.K. Byun, 2021. A review of larval host plants with some biological notes of the family Gelechiidae (Lepidoptera) in Korea. Journal of Asia-Pacific Biodiversity. https://doi.org/10.1016/ j.japb.2021.10.003

Peterson, A., 1962. Larvae of insects: an introduction to Nearctic species. Part I: Lepidoptera and plant infesting Hymenoptera. Columbus, Ohio. 315pp.

Razowski, J., 1999. Tortricidae of Korea; A faunistic and zoogeographical approach (Insecta: Lepidoptera). SHILAP Revta Lepid. 27(105): 69-123.

Regier, J.C., C. Mitter, D.R., Davis, T.L. Harrison et al., 2014. A molecular phylogeny and revised classification for the oldest ditrysian moth lineages (Lepidoptera: Tineoidea), with implications for ancestral feeding habits of the mega-diverse Ditrysia. Systematic Entomology. 40(2): 409-432. doi:10.1111/syen.12110. ISSN 0307-6970. S2CID 85287782.

Regier, J.C., C. Mitter, M.A. Solis, J.E. Hayden, B. Landry, M. Nuss, T.J. Simonsen, S.H. Yen, A. Zwick, and M.P. Cummings, 2012. A molecular phylogeny for the pyraloid moths (Lepidoptera: Pyraloidea) and its implications for higher-level classification. Systematic Entomology, 37(4): 635-656. https://doi. org/10.1111/j.1365-3113.2012.00641.x

Robinson, G.S., P.R. Ackery, I.J. Kitching, G.W. Beccaloni and L.M. Hernández, 2010. Hosts- A Database of the World's Lepidopteran Hostplants. Natural History Museum, London. http://www.nhm.ac.uk/hosts

Roh, S.J. and B.K. Byun, 2019. The Meessiidae (Lepidoptera: Tineoidea) of Korea. Florida Entomologist 102(1): 65-75. https://doi.org/10.1653/024.102.0110.

Rota, J. and D.L. Wagner, 2006. Predator Mimicry: Metalmark Moths Mimic Their Jumping Spider Predators. Plos One DOI: 10.1371/journal.pone.0000045 · Source: PubMed.

Saitô, K., 1931. More important injurious insects in Corea. Bull. Agr. For. Coll. Suigen. Korea. 4.

Sato, R., 1970. Larvae of Japanese *Calothysanis* (Geometridae, Sterrhinae). Tyô to Ga (Trans. Lèp. Soc. Japan) 21(3 & 4): 91-100.

Sato, R., 1979. Larvae of Japanese *Ectropis* (Lepidoptera: Geometridae) Tinea 10(25): 253-266.

Sato, R., 1984. Taxonomic study of the genus *Hypomecis* Hüubner and its allied genera from Japan (Lepidoptera: Geometridae: Ennominae). Special Bull. Essa Ent. Soc. 1: 49-162. (In Japanese)

Schintlmeister, A., 2013. Notodontidae & Oenosandridae (Lepidoptera) (World Catalogue of Insects). Brill, Netherlands.

Shin, Y.H., K.T. Park and S.H. Nam, 1983. Illustrated flora & fauna of Korea. vol. 27. Insecta (Ⅸ). 1053pp.

Shin, Y.M., J. Lim, B.W. Lee and B.K. Byun, 2020. Three species of the genus *Stigmella* Schrank (Lepidoptera: Nepticulidae) feeding *Quercus* (Fagaceae) new to Korea. Journal of Asia-Pacific Biodiversity 13: 599-604.

Sohn, J.C. and A.L. Lvovsky, 2021. Review of Lypusinae (Lepidoptera: Gelechioidea: Lypusidae) from Korea with a description of a new species of *Agnoea* Walsingham, 1907. Zootaxa 4966(3): 385-391.

Sohn, J.C. and D. Adamski, 2008. A new species of *Wockia* Heinemann, 1890 (Lepidoptera: Urodidae) from Korea. USDA Systematic Entomology Laboratory. Paper 48. http://digitalcommons.unl.edu/systentomologyusda/

Sohn, J.C. and J.A. Lewis, 2012. Catalogue of the type specimens of Yponomeutoidea (Lepidoptera) in the collection of the United States National Museum of Natural History. Zootaxa 3573: 1-17.

Sohn, J.C. and M.P. Alba, 2014. A New Species of *Atemelia* (Lepidoptera, Yponomeutoidea, Praydidae) Feeding on the Ornamental Shrub Mahonia (Ranunculales: Berberidaceae) in Chile. Annals of the Entomological Society of America 107(2): 339-346.

Sohn, J.C. and S.S. Kim, 2000. A larval hostplant list of the Lepidoptera in South Korea (1)- Family Geometridae, Uraniidae and Epicopeiidae. J. Lepid. Soc. Korea 13: 37-48. (In Korean)

Sohn, J.C. and S.S. Kim, 2017. Two Species of Gelechiidae (Lepidoptera: Gelechioidea) New to Korea. Korean J. Appl. Entomol. 56(4): 315-318.

Sohn, J.C. and S.W. Choi, 2013. *Amphipyra horiei* Owada, new to Korea (Lepidoptera: Noctuidae: Amphipyrinae). Tinea 22(3): 214-216.

Sohn, J.C. and S.W. Choi, 2017. A new species of *Naryciodes* Matsumura, 1931 (Lepidoptera: Limacodidae) from Korea. Zootaxa 4273(3): 439-442.

Sohn, J.C., 2009. The presumed larvae of *Illiberis sinensis* Walker from the costal sand-dune area of Sindu-ri, Korea. Japan Heterocerists J. 251: 6-7.

Sohn, J.C., 2012. A new genus and species of Praydidae (Lepidoptera: Yponomeutoidea) from Vietnam. Tinea 22(2): 120-124.

Sohn, J.C., 2012. Identity of *Omphalocera hirta* South, 1901 (Pyraloidea, Pyralidae), a little known pyralid from East Asia. Tinea 22(1): 1-5.

Sohn, J.C., J.C. Regier, C. Mitter, D. Davis, J.F. Landry et al., 2013. A Molecular Phylogeny for Yponomeutoidea (Insecta, Lepidoptera, Ditrysia) and Its Implications for Classification, Biogeography and the Evolution of Host Plant Use. PLoS ONE 8(1): e55066. doi:10.1371/journal.pone.0055066

Sohn, J.C., K.T., Park and S.W. Cho, 2015. Seven species of Olethreutinae (Lepidoptera: Tortricidae) new to Korea, Journal of Asia-Pacific Biodiversity, doi: 10.1016/j.japb.

Sohn, J.C., N.H. Kim and S.W. Choi, 2017. Morphological and functional diversity of foliar damage on *Quercus mongolica* Fisch. ex Ledeb. (Fagaceae) by herbivorous insects and pathogenic fungi. Journal of Asia-Pacific Biodiversity 10: 489-508.

Stehr, F.W., 1987. Order Lepidoptera. In Stehr, F.W. (ed.), Immature Insects. Vol. 1. 754pp. Kendall/ Hunt, Dubuque, Iowa.

Sterling, P. and M. Parsons, 2012. Field guide to the micromoths of Great Britain and Ireland. 416pp. British Wildlife Publishing Ltd. Milton.

Takagi, K., 1929. Outbreak of fearful new insect pest on red pine. Chosen Forestry 53. (In Japanese)

Takagi, K., 1931. On the new Insect pest in Korea. 京城農學關係諸學會大講演集.

Tominaga, S., 2002. Hostplants of two pyraustine Pyralidae in Okinawa island. Japan Heterocerists J. 219: 365-366. (In Japanese)

van Nieukerken, E.J. L. Kaila, I.J. Kitching, N.P. Kristensen, D.C. Lees, J. Minet, C. Mitter, M. Mutanen, J.C. Regier, T.J Simonsen, N. Wahlberg, S.H. Yen, R. Zahiri, D. Adamski, J. Baixeras, D. Bartsch, B. Å. Bengtsson, J.W. Brown, S.B. Bucheli, D.R. Davis, J. De Prins, W. De Prins, M.E. Epstein, P. Gentili-Poole, C. Gielis, P. Hättenschwiler, A. Hausmann, J.D.. Holloway, A. Kallies, O. Karsholt, A.Y. Kawahara, S.(J.C.) Koster, M.V. Kozlov, J.D. Lafontaine, G. Lamas, J.F. Landry, S.M. Lee, M. Nuss, K.T. Park, C. Penz, J. Rota, A. Schintlmeister, B.C. Schmidt, J.C. Sohn, M.A, Solis, G.M. Tarmann, A.D. Warren, S. Weller, R.V. Yakovlev, V.V. Zolotuhin, A. Zwick, 2011. Zhang, Z.-Q. (ed.). "Order Lepidoptera Linnaeus, 1758". Zootaxa. Animal biodiversity: An outline of higher-level classification and survey of taxonomic richness. 3148: 212-221.

Yamamoto, M., K. Nakatomi, R. Sato, H. Nakajima and M. Owada, 1987. Larvae of larger moths in Japan. 458pp. Kodansha, Tokyo.

Yevdoshenko, S.I., 2011. A captive rearing experience of *Clanis undulosa gigantea* Rothschild, 1894 (Lepidoptera, Sphingidae) Neue Entomologische Nachrichten 67: 93-95.

Yoshitomi, H. and K. Ozaki, 2019. Host Plant and Larva of *Nygmia staudingeri* (Lepidoptera: Lymantriidae). Japanese Journal of Systematic Entomology, 25(2): 129-131.

Zahiri, R., J.D. Holloway, I.J. Kitching, J.D. Lafontaine, M. Mutanen and N. Wahlberg, 2012. Molecular phylogenetics of Erebidae (Lepidoptera, Noctuoidea). Systematic Entomology 37: 102-124.

Zolotuhin, V.V., 1996. To a study of asiatic Lasiocampidae 3. Short taxonomic notes on *Paralebeda* Aurivillius, 1894 (Lepidoptera). Band 17, Heft 13: 245-256.

Zolotuhin, V.V., S.N. Pugaev, V.V. Sinjaev and T.J. Witt, 2011. The biology of Mirinidae with description of preimaginal instars of *Mirina confucius* Zolotuhin et Witt, 2000 (Lepidoptera, Mirinidae). Tinea 21(4): 189-198.

고상현 등, 2018. 생활권 수목 해충도감. 연구신서 제 110호. 244pp. 국립산림과학원. 서울.

고제호 · 이상옥, 1968. 미국흰불나방의 피해와 분포 조사. J. Korean Forest Soc. Suwon Korea 7.

具建, 1964. 농작물주요해충방제법. 부민문화사.

具建, 1964. 임업해충학. 일조각.

김동언 · 길지현, 2012. 국내 미국흰불나방의 최근 발생 및 피해보고. 한국응용곤충학회지 51: 285-293.

김상수 · 백문기, 2020, 한국나방도감. 781pp. 자연과생태. 서울.

김성수, 1991. 한국산 나비목 곤충 수 종의 식초 및 유생기에 관하여. 한국인시류동호인회지 4: 32-37.

김성수 · 서영호, 2012. 한국나비생태도감. 538pp. 사계절. 파주.

김성수·손재천, 2000. 한국산 나비목 곤충의 기주식물에 관한 연구(1). -자나방과, 제비나방과, 제비나비붙이과. 한국나비학회지 13: 37-48.

김성수·오득실·손재천·정성태, 2016. 완도수목원의 자생자원(곤충Ⅱ) 완도수목원의 나방. 415pp. 완도수목원, 전남.

김성수·최세웅·V. Kononenko·A. Schintlmeister·손재천, 2016. 최근 분류 체계로 본 한반도 밤나방상과(上科)의 목록 재정리. Entomological Research Bulletin 32(2): 138-160.

金憲奎, 1962. 미국흰불나방(*Hyphantria cunea*)의 撲滅對策. 한국응용동물학회지 3: 281-294.

박경태, 1995. 韓國未記錄 암작은날개원뿔나방(新稱)의 기록. 한국나비학회지 8: 36.

박규택, 2012. 대한민국 생물지. 한국의 곤충. 갈고리나방류. 150pp. 환경부 국립생물자원관. 16권 4호.

박규택·권영대, 2011. 대한민국 생물지. 한국의 곤충. 재주나방류. 266pp. 환경부 국립생물자원관. 16권 2호.

박규택·손재천·한휘림, 2006. 밤나방과 유충의 기주식물. 136pp. 농업과학기술원. 수원.

박지두·이상길·김철수·변봉규, 1998. 도토리거위벌레의 생활사 및 도토리 해충의 종류. 산림과학논문집 57: 151-156.

박철하·변봉규, 1997. 도토리나방(나비목, 솔나방과)의 생활사. 한국응용곤충학회지 36(1): 73-76.

박해철·한만종·이영보·이관석·강태화·한태만·김태우, 2010. 조선왕조실록과 해괴제등록 분석을 통한 황충의 실체와 방제 역사. 한국응용곤충학회지 49(4): 375-384.

배양섭·김용기·박보선·차무지에, 2014. 한국의 곤충 명나방류 Ⅰ (절지동물문: 곤충강: 나비목, 명나방상과, 풀명나방과). 159pp. 제 16권 13호. 환경부 국립생물자원관. 인천.

배양섭·백문기, 2006. 명나방상과의 기주식물. 180pp. 한국경제곤충지 26호, 농업과학기술원. 수원.

변봉규·김철수·김종국, 1998. 한국산 솔알락명나방과 큰솔알락명나방(나비목, 명나방과)의 분류학적 특징에 관한 소고. 산림과학논문집 59: 76-82.

福田 晴夫·岸田 泰則(ed.), 2005. 日本産幼蟲圖鑑. pp. 114-225. 學研. 東京.

杉 繁郎 (編), 1987. 日本産蛾類生態図鑑. 453pp. 講談社. 東京.

손재천, 2006. 주머니속 애벌레도감. 455pp. 황소걸음. 서울.

申裕恒, 1976. 넓은띠잠자리나방의 生活史에 關하여. 慶熙大學校 産業科學技術研究所 論文集 4: 42-45.

심상준·이기영·황환준·한상섭·변봉규, 2000. 한국산 대만나방(나비목: 솔나방과)의 생태적 특성. 한국응용곤충학회지 39(2): 83-87.

안성복, 1984. 우리나라 소나무류의 솔방울을 加害하는 나방류에 대한 分類學的 硏究. 서울대학교 농생물학과 응용곤충학 전공 석사학위논문. 38pp.

六浦 晃·山本 義丸·服部伊楚子 (一色 周知 監修), 1965. 原色日本蛾類幼蟲圖鑑(上) 238pp. 保育社. Osaka.

六浦 晃·山本 義丸·服部伊楚子·黑子 浩·兒玉 行·保田 淑郎·森內 茂·齊藤 壽久 (一色 周知 監修), 1969. 原色日本蛾類幼蟲圖鑑(下) 237pp. 保育社. Osaka.

윤주경, 1966. 갈무늬재주나방(*Naganoea manleyi* Leech)의 생태와 살충제 효과비교시험. 전남대학교. vol. 4.

이강운, 2015. 한국의 나방 애벌레도감Ⅰ. 303pp. 국립생물자원관. 인천.

이강운, 2016. 캐터필러Ⅰ. 도서출판 홀로세. 289pp. 횡성.

이덕상·박세욱, 1958. 참빗살좀나방(*Yponomeuta polystigmella*)의 천적에 대하여. Bull. For. Expt. Sta. Korea. No. 7.

이덕상·박세욱, 1959, 맴이나방(Gipxy moth)의 생태 및 방제시험. For. Expt. Sta. Korea.

이덕상·조도연, 1963. 한국산 산림해충. For. Expt. Sta. Korea.

이문홍 · 최귀문 · 한만종 · 안성복 · 이승환 · 최준열 · 최동노, 1994. 원색 약용식물 해충도감. 214pp. 농업기술연구소. 수원.

이범영 · 정영진, 1997. 한국수목해충도감. 성안당.

이상길 · 권영대 · 김복균 · 변봉규 · 오용기 · 이범영, 1997. 은행나무를 가해하는 검정주머니나방(나비목: 주머니나방과)의 발생 및 생활사. 한국응용곤충학회지 36(3): 243-248.

이상옥, 1963. 참나무재주나방의 생태에 관한 조사 연구. For. Expt. Sta. Korea. 14: 127-132.

이용대 등, 1991. 수목병해충도감. 424pp. 산림청 임업연구원. 서울.

이의순, 1963. 예방과 구제. 농작물 해충. 영강사.

一色 周知 · 河田 薫 · 林 慶, 1957. 日本幼蟲圖鑑. pp. 154-391. 北隆館. 東京.

임업연구원, 1995. 한국수목해충목록집. 임업연구원 연구자료 제 106호. 360pp. 계문사. 서울.

임종옥 · 신영민 · 노승진 · 이봉우 · 오승환, 2019. 한국산 잠엽성 나방 기주식물 목록집. 167pp. 국립수목원. 포천.

町田貞一 · 青山哲四朗, 1930. 朝鮮害蟲編. 後編. 釜山.

町田貞一 · 青山哲四朗, 1937. 朝鮮害蟲編. 後編. Fukokuyen.

정진교 · 서보윤 · 박두상 · 오현우 · 이관석 · 박해철 · 조정래, 2012. *Ostrinia*속(나비목: 포충나방과) 팥 해충의 종 동정과 발육 특성. 한국응용곤충학회지 51(4): 469-477.

朝比齊 正二郎 등, 1959. 日本幼蟲圖鑑. 738pp. 北隆館. 東京.

조서영 · 서경인 · 윤태중 · 나자현 · 배연재, 2011. 우리나라 식품해충 목록. 곤충연구지 27: 19-30.

中臣 謙太郎, 1986. 蛾の幼蟲の見分け方. 97pp. ニュー · サイエンス社. 東京.

최경희 · 이동혁 · 변봉규 · F. Mochizuki, 2009. 사과원의 새로운 해충, 복숭아순나방붙이의 발생. 한국응용곤충학회지 48(4): 417-421.

최귀문 등, 1996. 저장 곡물 해충의 유충 검색 및 생태. 227pp. 농촌진흥청 농업과학기술원. 수원.

최귀문 · 한상천 · 이문홍 · 조왕수 · 안성복 · 이승환, 1990. 원색도감 채소해충 생태와 방제. 224p. 농업기술연구소. 수원.

한국곤충연구소편, 1965. 松蟲의 방제에 관한 연구보고. Bull. Ent. Ins. Korea Univ. 1.

허운홍, 2012. 나방 애벌레 도감. 520pp. 자연과생태. 서울.

허운홍, 2016. 나방 애벌레 도감 2. 392pp. 자연과생태. 서울.

허운홍, 2021. 나방 애벌레 도감 3. 430pp. 자연과생태. 서울.

찾아보기

나와 나비, 나방의 특별한 인연

김성수

백발의 언저리에서 그동안의 삶의 궤적을 되돌아보니 유독 자연 사물에 관심이 컸던 것 같다. 특히 나비와 나방에게 끌리게 된 것은 1978년 이른 봄, 대학생 때였다. 처음에는 나비만 관심 두어 서울에서 가까운 산을 찾았고, 탐방이 더해질수록 깊이 빠져들었다. 이따금 전등 하나에 의지해 나방이 있는 야간의 숲 공간을 쏘다니기도 하였다. 차츰 이들이 내 삶의 한 부분으로 녹아들면서 자연스레 애벌레도 함께 보였다. 어느 따스한 날, 경기도 천마산 꽤 높은 능선에서 족도리풀 잎 뒤의 까만 존재를 의식하고 뒤집어 보니 애호랑나비 애벌레들이 옹기종기 붙어있었다. 한순간 그때까지 경험해보지 못한 '생동감'을 느꼈다. 어른벌레와 달리 애벌레에게서 정적이지만 색다름을 깨달았던 것 같다. 이후 자연스레 나뭇잎이나 풀잎을 예사로이 지나치지 않았다. 차츰 사진 자료와 새로운 관찰 자료가 쌓이다 보니 드디어 2012년에 나비생태도감을 펴내기도 하였다. 하지만 나비와 달리 나방은 다양해서 두서없이 이해하려고만 애쓰다가, 문득 개괄적이나마 정리해서 낯선 사람들과 공감하겠다는 목표를 세웠다. 그만큼 지금의 문명에서 살아가는 우리에게 자연이라는 공간이 가장 소중하다는 생각이 들었다. 하지만 책을 내는 시점이 되어서도 여전히 부족함을 절감하고 있다.

수년째 원고를 다듬고 다듬어 이제 비로소 책이 나오는 빛의 순간이 기다려진다.

김낭희

2013년 봄, 쌀쌀한 기운이 감도는 목포대학교 교정에서 최세웅 지도교수님과의 만남은 나비목 애벌레를 알게 된 계기였다고 기억한다. 같은 해 신록이 한창 싱그러운 5월 어느 날, 김성수 선생님과의 만남에서 사육에 대한 기초를 다질 수 있었다. 이때부터 나와 애벌레와의 인연이 시작되었다.

석박사 과정의 주제는 '지리산국립공원 온대림에 서식하는 나비목 애벌레의 다양성과 먹이식물'이었고, 이를 수행하는 과정에서 무려 1,000여 마리를 사육하였다. 점차 지리산의 조사 지역을 눈감고도 다닐 정도로 방문하다 보니 당시의 익숙했던 정경이 지금도 가슴에 남아 있다. 이때는 아침에 눈을 뜨면 밤새 먹이가 떨어진 애벌레들이 아른거려 실험실로 발걸음을 재촉해야 했다. 다행이 대부분은 이른 시기에 어른벌레가 나와서 곧 동정하여 결과를 얻어 좋았다. 이와 달리 180일이나 넘게 키웠던 오얏나무나방(*Pyrosis eximia*) 애벌레를 보살피면서 언제 번데기가 될지 애태웠던 기억도 있다. 탈피 때마다 탈피각을 머리에 쌓아 얹고 다니던 사과혹나방(*Evonima mandschuriana*) 애벌레와 우리나라에 기록이 없던 띠무늬독나방(*Euproctis fulvatus*) 애벌레를 발견했던 기억은 소중하다.

졸업 후, 국립농업과학원에서 박사후 연구원으로 잠시 장수풍뎅이, 흰점박이꽃무지, 갈색거저리 등 식용곤충을 사육하였다. 현재는 국립생태원에 근무하며, 생태계를 교란하는 생물인 외래 곤충을 집중 조사하고 사육도 겸하고 있다.